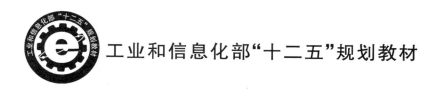 工业和信息化部"十二五"规划教材

MATLAB 教程

（R2022a）

张志涌　杨祖樱　编著

北京航空航天大学出版社

内 容 简 介

本书以 MATLAB R2022a 为编写基础，系统讲解 MATLAB 的两个基本工作环境（传统工作环境和实时工作环境）特点和操作要旨，阐述两个计算体系（数值计算和符号计算）的功用及能力，展开两套图形可视化系统（Figure 和 UIFigure）；表述两种编程思维（面向过程和面向对象），叙述两种最重要的应用平台（Simulink 和 App Designer）的基本功能和使用要领。

本书以纸质和数码两种载体向读者提供所有 165 个算例可执行代码、计算结果及彩色图形及动画。数码文档包含 M 脚本/函数文件、MLX 实时脚本/函数文件、SLX 模块仿真文件、MLAPP 应用程序类定义文件等。这些文件都能可靠运行，可确保重现本书所涉文字、数学公式、代码、彩色动态图形的全部信息。

作为教材，本书专门设计了 87 个习题供读者实践使用。

考虑到自学和翻阅的需求，本书又特设了四级标题目录和 MATLAB 命令索引。这样既可帮助读者从中文词义模糊查阅，又可以按英文命令检索出相关内容的章节。

本书内容翔实、算例独立、篇幅紧凑，专为理工科院校本科生、研究生系统学习 MATLAB 而撰写，也可供科研技术人员自学使用。它既可用作课程教材、仿真实验指导书、课程设计和毕业设计参考用书，也可作为自学用书和查阅手册。

图书在版编目（CIP）数据

MATLAB 教程：R2022a / 张志涌，杨祖樱编著 . --
北京 ：北京航空航天大学出版社，2023.9
　　ISBN 978 - 7 - 5124 - 4019 - 7

　　Ⅰ．①M… Ⅱ．①张… ②杨… Ⅲ．①Matlab 软件—教
材　Ⅳ．①TP317

中国国家版本馆 CIP 数据核字（2023）第 013285 号

MATLAB 教程（R2022a）
张志涌　杨祖樱　编著
责任编辑　蔡　喆
*
北京航空航天大学出版社出版发行

北京市海淀区学院路 37 号（邮编 100191）　http://www.buaapress.com.cn
发行部电话：(010)82317024　传真：(010)82328026
读者信箱：goodtextbook@126.com　邮购电话：(010)82316936
三河市天利华印刷装订有限公司印装　各地书店经销
*
开本：787×1 092　1/16　印张：31　字数：794 千字
2023 年 10 月第 1 版　2025 年 2 月第 2 次印刷　印数：3001-6000 册
ISBN 978 - 7 - 5124 - 4019 - 7　定价：95.00 元

版 权 声 明

数字资源获取方式

1. 数码辅助文档

本书为读者配套提供"数码辅助文档"，包含内容和使用方法，参见附录 B"数码辅助文档使用指南"。

下载方式一：直接用微信或浏览器扫描二维码(A)，下载。

下载方式二：扫描百度云盘二维码(B)，将数字资源转存到您的云盘上，提取码：2022。

下载方式三：在微信中搜索并关注"北航科技图书"微信公众号(C)，回复"4019"获取下载地址链接和百度云盘分享地址。

2. 彩色动图汇集

本书"彩色动图汇集"为第 5 章的算例和习题中的动态彩图。读者可关注"北航科技图书"微信公众号，回复"4019 动图"查看全部彩色动图。

3. 习题参考解答

本书被全国多所高等院校的教师选为教材，为辅助教学，仅面向授课教师提供配套"习题参考解答"。请需要的授课教师发送电子邮件到 goodtextbook@126.com 免费申请，咨询电话 010-82317036。

A   B   C

2022a 适配版修订说明

像许多 MATLAB 专门书籍一样,本书此前各版都专注于讲述 MATLAB 应用的如下内容:两个计算体系(数值计算和符号计算);一个传统工作环境(命令窗＋M 文件编辑器＋M 文件＋图形窗);一个"面向过程"的编程思维;一个应用工具包 Simulink。

此次修订,本书内容覆盖面被扩展为:MATLAB 的两个工作环境(传统工作环境和实时工作环境)、两个计算引擎(数值计算和符号计算)、两种编程思维(面向过程和面向对象)、两个重要应用(Simulink 和 App 设计平台)。

MATLAB 传统工作环境的特点为:借助 M(脚本/函数)承载较大规模的程序代码,借助命令窗收纳较小规模程序代码和计算所得的(以 ASCII 字符表达的)数值及/符号计算结果,以及借助图形窗表现计算产生各种图形。代码、数字结果、图形等要素之间呈现分立状态。

MATLAB 新的实时工作环境由实时编辑器和 MLX 实时脚本及函数构成。实时环境首推于 2016 年,现已成长为 MATLAB 运行的又一主要工作环境。新工作环境的集成程度超过传统工作环境,主要表现为:实时脚本既可有程序代码,又可有中英文叙文、标题、LaTex 标准数学式及插入图像等格式化文本;实时环境中的计算结果,无论是数字结果、还是静动态图形都和谐地镶嵌在实时脚本中;更令人赏心悦目的是,符号计算产生的有理数、有理分式、根号、指数、微积分等解析表达式都能以 LaTex 标准形式呈现,而不再是传统工作环境那样呆板的一行行 ASCII 字符。

本次修订的主要目标之一是:使读者较快地熟悉和运用实时工作环境。具体修订措施如下:

- 为本书所有示例(除 Simulink 和 App 应用程序外)升级配套一组 MLX 实时脚本。它们不仅具有 M 文件的全部功能,如借助文件名调用,在命令窗中输出计算结果、在图形窗中输出图形等;而且可将代码编辑、运行,计算结果及图形显示融合在实时编辑器同一环境中。更可贵的是:实时脚本还能像 Word 等文字环境一样编辑、添加格式文本、编写纸质教科书般的数学公式。换个角度说,实时脚本可成为活灵活现的课堂讲稿、学术演讲提纲、学生的数码作业、自学者的数码笔记。
- 把本书中所有算例图形从图形窗格式修改为实时脚本格式。
- 把书中所有符号计算的数字及表达式结果从原先简陋的 ASCII 字符表达修改为简明悦目的 LaTex 标准数学式。
- 用分布在三章中的 11 个示例,全面介绍并表现实时编辑器和实时脚本的使用方法及工作要领,以使读者全面且顺利地掌握并应用实时工作环境。
- 在第 6 章中专辟节次介绍实时编辑器、实时脚本、实时函数。
- 此外,专供学校教师及其他特需专业人士的习题解答也都配置了 MLX 实时脚本。

本次修订的另外两个目标是:

一,全面介绍和讲述 App 设计平台使用要领和应用程序制作,以应顺 MATLAB"即将废止图形用户界面设计工具 GUIDE"的官宣,使读者能通过相关章节的学习,轻松地掌握 App

应用程序的开发技巧。

　　二，结合 App 应用程序实际，简明但具体地介绍面向对象编程的逻辑特点、类定义文件的程序结构、构造函数、属性及方法，让读者具备更丰满的编程思维，更全面地融通面向过程及面向对象的思维特点及编程能力。

　　此外，为适应大数据处理需要，本修订版还配合 polyfit、polyval 两个命令应用对数学建模、数据拟合和预测观察各阶段的工作机理、使用要旨及注意事项作了更为详细的叙述。

　　除以上所列修订内容外，本版以 MATLAB R2021a 及 R2022a 为基础，一如既往地对全书内容进行了适配性修改，以确保本书及数码文档为读者提供学习和实践的可靠参照。

作　者

2023 年 5 月

前　　言

1. 编写背景

自 1981 年问世以来，MATLAB 在数学原理、数值方法和解算应用上的创造性处理模式，不仅使它具有无与伦比、精准有效的数学解算能力和卓越超群的函数、数据特征的图形揭示能力，而且使非数学专业人士和不完全掌握复杂算法要领的科研人员对 MATLAB 具有独特的亲和力和应用能力。问世 40 多年来，MATLAB 广泛而深刻地改变了各国高校理工科教学模式，广泛而深刻地改变了各国科技界的研究和设计模式。正如 2012 年 IEEE 计算机协会向 MATLAB 发明创始人 Cleve Moler 颁发"先驱奖"的颁奖词中所说："MATLAB 对科研领域影响之深广是难以言表的。MATLAB 已经成为计算机科学和计算机系统的基本组成部分。"

在我国，现今 MATLAB 的应用已十分广泛。MATLAB 通用的科学计算能力、系统仿真能力、数据、数学函数及计算结果的可视化能力，早已被科学研究、工程计算、金融经济各领域所倚重，早已成为高校各学科本科生、硕士生、博士生所必须掌握的基本计算软件。

2. 编写宗旨

从 MATLAB 自身的特点出发，融入作者本人多年积累的本科和研究生教学经验及持续不断 MATLAB 编程实践体验，把本书编写宗旨定位于：以应用为主，兼顾原理和算法说明；以本科内容为主，兼顾研究生课程需要；注重 MATLAB 的基本内容，跟踪 MATLAB 的版本升级。

具体措施：

一，本书将所涉数学内容控制在本科大纲及研究生通用基础课程水平。

二，本书不涉及 MATLAB 专业工具包（如控制、信号处理、图像处理、通信、金融、生物信息等）的内容，而着力阐述：求解问题的 MATLAB 表述，计算命令的调用格式，多命令协调配用，以及计算结果或函数的适当表达（数据或图形）。

三，本书特别强调 MATLAB 面向复数、面向数组的运算特点，强调数组化编程，适量引入面向对象编程要素，精心设计向读者警示数值计算、符号计算注意事项的典型算例。

四，本书展示了依托 MATLAB 建立的 Simulink 的"模块＋鼠标"的交互式建模能力，展示了 Simulink 在功能级和元器件级两个层面上的仿真能力。

五，考虑到教师课堂讲授、专业人士学术演讲、本科课程、毕业设计及研究生论文需要，又为应顺 MATLAB 自身提档升级的变化，本书自本次修订版起，在保持原先基本内容的前提下，在以下两方面做出了特别的努力。

- 顺应 MATLAB 的变化，删除旧版第 8 章中关于 guide 工具及图形用户界面制作的全部内容，而更新为全面叙述 App Designer 设计平台及 App 应用程序制作，并以 App 类定义文件为典型阐述面向对象和面向过程的两种编程思维。这一方面可使 App 设计者享受面向对象方便的继承性和灵活的属性设置，另一方面也可让 App 设计者尽情发挥原有面向过程编程的优势。App 设计平台生成的 MLAPP 应用程序文件，结构规范、清晰，便于阅读理解、掌握和维护升级。

● 同样为适应 MATLAB 升级变化，本书在保持原书框架不变前提下，不仅继续全面介绍 MATLAB 传统工作环境（命令窗＋M 编辑器＋ M 脚本/函数＋图形窗），而且还增添了大量表述 MATLAB 的一种全新实时工作环境（实时编辑器＋MLX 实时脚本/函数）应用及影响的内容。这部分增写及改写内容全面反映在本书（除第 8 章外）的所有章节、习题及随书数码文档中。作者希望通过这部分内容帮助读者更快、更自然地接受并运用实时工作环境。

3. 本书结构

全书由"目录""正文""习题""附录""索引"和"数码文档"组成。正文共 8 章，包含 165 个算例，87 个习题。

章节内容遵循由浅入深原则编排。数多量大的算例是本教材一大特色。每个算例都经过精心设计，从不同角度展示 MATLAB 的特点、规则和注意事项。习题分章安排在正文之后，参考答案在各章习题的数码文档中。本教材习题承载两个功能：一，培养学生独立解决问题的能力；二，拓展学生对 MATLAB 的认识。

附录 A 简单介绍字符数组、元胞数组和结构体数组。附录 B 介绍与书配套的数码文档的用法。附录 C 为索引，便于读者根据命令名称寻找相关内容。该附录汇集了本教材所涉及的 MATLAB 命令。除标点符号在最前外，所有命令按英文字母次序排列。每个符号或命令后，指明本书介绍或使用该命令的具体节次。

配套数码文档是作者专为读者编写、组织的特色资料。该文档需要读者根据附录 B 中提供的地址下载获得。这些辅助文档并不包含纸质书的文字内容，但包含可以直接在 MATLAB 中运行的 M 脚本/函数文件、鲜活的 MLX 实时脚本/函数文件、Simulink 仿真模型 SLX 文件，以及 App 设计平台制作的 MLAPP 应用程序文件。

4. 各章内容简介

全书共 8 章。

第 1 章　基础准备及入门　详细讲述 MATLAB 工作界面 Desktop 及其各主要界面窗口的功用，介绍 MATLAB 的基本语法、规则和使用方法、讲授如何借助 MATLAB 的自带帮助系统解决所遇到的问题。任何 MATLAB"新手"借助本章都可以比较顺利地跨入 MATLAB 之门。

第 2 章　符号计算　演绎数学问题的解析计算和任意精度数值解。符号计算的解题理念、计算过程、计算结果与高校教科书中的理论内容原本就十分相似，而实时脚本的出现，更使符号计算如虎添翼。在实时编辑环境中，符号计算的数学显示结果都是与教科书一样的标准 LaTex 格式、亲和又简洁。值得指出，相对依赖于数值计算引擎的本书其他的章节而言，本章内容建立在符号计算引擎上，因此本章内容相对独立。

第 3 章　数组运算及数组化编程　介绍 MATLAB 基本运算单元"数组",阐述以数组为基本运算单元的算术、关系、逻辑运算符所服从的"数组运算通则",避免和减少循环和条件转向的 MATLAB 数组化编程。此外,还安排专门节次详述:矩阵与数组的区别,即如何使用 MATLAB 独具的矩阵化编程。

第 4 章　数值计算　分类讲述基本数学问题(如微积分、极值、微分方程、矩阵和代数方程、随机流的生成和操控、概率统计、统计数据拟合和预测、多项式和卷积等)的数值解算命令和要领,帮助学生建立起正确的数值计算概念。

第 5 章　数据和函数的可视化　阐释离散数据和理论数学函数可视化的基本步骤、基本命令和协调使用,理解图形对象体系、图形对象属性及属性值的设置,培养学生借助图形获知、探索、揭示离散数据内在本质的能力。

第 6 章　M 脚本/函数及 MLX 脚本/函数　系统介绍 MATLAB 程序中最常用的四种控制结构、M 脚本及函数的构造、MLX 实时脚本及函数的编辑及应用、主函数和子函数关系、脚本和局域函数关系、具名及匿名函数句柄、含参和无参匿名函数句柄。最后一节专门叙述"集文字、数学式、M 代码、计算结果、图形于一体"的可交互鲜活实时脚本的应用示例。

第 7 章　Simulink 交互式仿真集成环境　采用算例引导、纵向深入的方式描述 Simulink 模型的交互式创建和仿真方法。四个典型算例分别是:基于微分方程的连续系统仿真、基于传递函数的连续系统分析、基于滤波模块的采样离散系统仿真以及基于元器件级模块的电路瞬态分析。本章无意对 Simulink 解决信号与系统问题、电路分析问题进行全面阐述,而着力于让学生体验 Simulink 崭新、强大的仿真能力。

第 8 章　App 开发和面向对象编程　借助 10 个示例,从入门引导开始,逐步走向多控件协调和面向对象编程的纵深。本章不仅介绍 App 设计平台的使用要领,还教授典型控件属性设置和回调函数编写技巧。

5. 教材内容稳定性和软件版本适配性

MATLAB 问世 40 年来,虽已历经(大小)数十次版本升级,其自身容量已从几百 KB 膨胀到 10 GB 量级,其数据结构已从单一的双精度扩展为多种数据类型,其操作平台从 DOS 迁移到 Windows,但其基本语法、操作规则和核心命令几乎没有变化。这完全归功于 Mathworks 公司的远见卓识和精湛的面向对象处理技术。

本教材内容除第 2 章符号计算和第 7 章仿真集成环境外,其余内容都用于阐述 MATLAB 主包的基本语法、操作规则和核心命令。这从根本上保证了本教材内容的稳定性。

保证教材与 MATLAB 升级适配,保证教材时新性是作者和出版社尽力保障的一个特点。这基于两方面的考虑:一方面,2006 年 MATLAB 的制造商宣布,MATLAB 将每隔半年升级一次;另一方面,教材的时新性有利于增强初学者对 MATLAB 的"亲和感"和"学习心态的愉悦",有利于初学者更快地掌握和使用 MATLAB。

2022 版本教程的修订就是为适应 MATLAB 自 2016 年以来重大且已稳定的升级变化而进行的,主要表现在:科学计算与实时脚本的有机融合;App 设计平台的使用及用户 App 制作(替换旧版 GUI)。

Simulink 是 MATLAB 中与真实过程(系统)"距离"最近的仿真环境,是 MATLAB 走向实时仿真的主要途径,是当今 MATLAB 中最具活力、变化最快的工具包。从另一侧面看,这也意味着,Simulink 模型对版本是比较敏感的。旧版本的 Simulink 模型或许在新版本的 Simulink 中不能直接运行,但只需用新环境中的同种模块替换后,即可再运行。基于 Simulink 的这种版本特点,本教材对于每个 Simulink 块图模型的模块参数、仿真算法、步长选取、示波器的设置都加以详细描述,以便确保读者可重现算例演示。

6. 教学建议

（1）教学环境和形式

- 建议在多媒体教室讲授。本教材中所有算例的计算结果（包括数据和图形）都应该在教学现场实时产生,以便学生亲眼目睹教师操作,感受计算过程和计算结果。
- 对于涉及 MATLAB 内容较多的课程,请使用 MLX 实时脚本制作讲稿。原因是:实时脚本不仅可以书写文字,所含的程序代码都可以实时修改、实时运行,而且计算结果能按优雅的 LaTex 格式实时显示,彩色图形可实时镶嵌于脚本;动画不仅能活灵活现,而且可借自动生成的控件重播。这样,通过本课程潜移默化的影响,学生很容易掌握实时脚本的使用。
- 虽然本教材为每个算例配置的 MLX 实时脚本都可直接运行,但学习本教材的每个学生都应该在计算机上亲自演练本教材中的算例。要特别重视算例命令的直接键入练习,只有这样才能加深对 MATLAB 的理解,纠正自己的误解和误操作。建议:学生尽可能采用实时脚本形式解答本书习题。

（2）教学内容安排

- 作为入门内容的第 1 章必须最先讲授,但不必太细。除 MATLAB 及其工作界面的最基本特点和操作技法外,其余内容可以渗透在以后的课程中介绍。
- 本教材之所以把"符号计算"安排在第 2 章,是出于本章所涉计算的推演模式相似于大学（数学或相关专业）教材的考虑。假如摒弃以上考虑,本章内容安排在第 3、4 章以后讲授也是合适的。
- 本书中,除代码很少且简单的算例外,绝大多数算例的每行代码都附注解释。对教师而言,这种安排可让教师通过若干典型算例的讲解,涉及尽量多的教学内容,也便于掌控教学进度。对学生而言,可通过附注解释顺利自学,知道代码的写法和缘由。

7. 致　谢

在本书再次修订出版之际,向给予我们帮助支持的凌云高级工程师表示衷心的感谢,向 20 年多来持续不断给予我们鼓励、关心的北京航空航天出版社表示最真诚的感谢。

本书基本内容虽经多年教学的筛选提炼、修订,但限于作者知识,赘病、错误和偏见仍难避免。在此,恳切期望得到各方面专家和广大读者的指教,作者电子信箱:zyzh@njupt.edu.cn。

作　者

初成于 2006 年 4 月

修改于 2023 年 5 月

目　　录

第1章　基础准备及入门 ·········· 1

1.1　MATLAB 桌面 ············· 1

1.1.1　MATLAB 桌面的启动 ····· 1

1.1.2　MATLAB 桌面的布局 ····· 1

1.2　命令窗运行入门 ·········· 2

1.2.1　命令窗简介 ········ 2

1.2.2　最简单的计算器使用法 ··· 3

1.2.3　数值、变量和表达式 ····· 4

1.3　命令窗操作要旨 ·········· 13

1.3.1　命令窗的显示方式 ······ 14

1.3.2　命令行中的标点符号 ····· 16

1.3.3　命令窗的常用控制命令 ··· 17

1.3.4　命令窗中命令行的编辑 ··· 18

1.4　当前文件夹和路径设置器 ··· 19

1.4.1　当前文件夹及其使用 ····· 19

1.4.2　搜索路径和路径设置 ····· 20

1.5　工作空间和历史命令窗 ···· 21

1.5.1　工作空间和变量编辑器 ··· 21

1.5.2　历史命令窗和MLX编辑器 ·· 22

1.6　图形窗及图形的绘制编辑 ··· 24

1.6.1　与工作空间变量交互绘图 ·· 24

1.6.2　图形窗和属性编辑器 ····· 24

1.7　帮助系统及其使用 ········ 27

1.7.1　浏览器帮助系统 ······· 27

1.7.2　浏览函数图标的现场帮助 ·· 29

1.7.3　命令窗的 help 帮助命令 ··· 30

习题 1 ················· 31

第2章　符号计算 ·········· 33

2.1　符号体系引导 ·········· 33

2.2　基本符号对象的创建 ······ 34

2.2.1　符号数的创建 ······· 34

2.2.2　符号变量的创建 ······· 39

2.3　符号运算操作基础 ········· 47

2.3.1　符号算术运算符及函数 ··· 47

2.3.2　符号关系和符号逻辑表述 ·· 49

2.4　符号表达式和符号函数 ···· 54

2.4.1　创建符号表达式和符号方程 · 54

2.4.2　创建符号函数 ········ 56

2.5　符号表达式的简化、重写和子对象置换 ············ 64

2.5.1　符号表达式的简化 ······ 64

2.5.2　符号表达式的重写 ······ 69

2.5.3　符号表达式的子对象置换 ·· 70

2.6　变精度计算及数字类型转换 ·· 78

2.6.1　有限精度符号数和变精度计算 · 78

2.6.2　符号数字转换成双精度数字 · 81

2.6.3　不同类型数字的相互转换 ·· 81

2.7　符号微积分 ············· 83

2.7.1　序列/级数的符号求和 ···· 84

2.7.2　极限的求取 ········· 86

2.7.3　符号导数及级数展开 ····· 88

2.7.4　符号积分 ·········· 96

2.8　符号变换及应用 ········· 104

2.8.1　Fourier 变换及频率函数求取 ·· 104

2.8.2　Laplace 变换/反变换 ····· 108

2.8.3　Z 变换及差分方程求解 ···· 110

2.9　常微分方程的符号解法 ···· 112

2.9.1　符号解法和数值解法的互补作用 ·············· 112

2.9.2　常微分方程组 ODEs 概述 ··· 113

2.9.3　常微分方程的符号解算命令 ·· 113

2.10　矩阵和代数方程的符号算法 ·············· 117

2.10.1　符号矩阵及计算 ······· 117

2.10.2　线性方程组的符号解 ···· 129

2.10.3 各类等式/不等式方程的符号解 ·············· 131
2.10.4 代数状态方程求符号传递函数 ·············· 135

2.11 符号函数的可视化 ············· 139
2.11.1 功能绘图命令汇集 ············· 139
2.11.2 线图绘制及修饰 ············· 139
2.11.3 面图绘制及修饰 ············· 142
2.11.4 符号数学和可视化应用 ········· 145
习题 2 ············· 151

第 3 章 数组运算及数组化编程
············· 156

3.1 数组、结构和创建 ············· 156
3.1.1 数组及其结构 ············· 156
3.1.2 行(列)数组的创建 ········· 158
3.1.3 二维通用数组的创建 ········· 160
3.1.4 数组构作技法综合 ········· 164
3.2 数组元素编址及寻访 ········· 165
3.2.1 数组元素的编址 ········· 165
3.2.2 二维数组元素的寻访 ········· 167
3.3 数组运算 ············· 169
3.3.1 实施数组运算的算符 ········· 169
3.3.2 实施数组运算的函数 ········· 174
3.3.3 数组运算中的溢出及非数处理
············· 175
3.3.4 数组化编程 ············· 176
3.4 矩阵及其运算 ············· 178
3.4.1 矩阵和数组的异同 ········· 178
3.4.2 矩阵运算符和矩阵函数 ········· 179
3.4.3 矩阵化编程 ············· 182
习题 3 ············· 184

第 4 章 数值计算 ············· 186

4.1 数值微积分 ············· 186
4.1.1 近似数值极限及导数 ········· 186
4.1.2 数值求和与近似数值积分 ········· 190
4.1.3 计算精度可控的数值积分 ········· 192
4.1.4 函数极值的数值求解 ········· 196

4.1.5 常微分方程的数值解 ········· 199
4.2 矩阵和代数方程 ············· 201
4.2.1 矩阵的标量特征参数 ········· 201
4.2.2 矩阵的变换和特征值分解 ········· 203
4.2.3 线性方程的解 ············· 206
4.2.4 一般代数方程的解 ········· 208
4.3 概率分布和统计分析 ········· 213
4.3.1 概率函数、分布函数、逆分布函数和
随机数的发生 ············· 213
4.3.2 全局随机流、随机数组和统计分析
············· 218
4.4 多项式运算和卷积 ············· 225
4.4.1 多项式的运算函数 ········· 225
4.4.2 多项式拟合和最小二乘法 ········· 231
4.4.3 两个有限长序列的卷积 ········· 237
习题 4 ············· 240

第 5 章 数据和函数的可视化 ········ 242

5.1 引 导 ············· 242
5.1.1 离散数据的可视化 ········· 242
5.1.2 连续函数的可视化 ········· 244
5.1.3 图形对象分层结构和属性寻访
············· 246
5.2 二维曲线和图形 ············· 250
5.2.1 二维曲线绘制的基本命令 plot
············· 251
5.2.2 轴系形态和标识 ············· 258
5.2.3 多次叠绘、双纵坐标和多子图 ··· 267
5.2.4 获取二维图形数据的命令 ginput
············· 273
5.3 三维曲线和曲面 ············· 275
5.3.1 三维线图命令 plot3 ········· 275
5.3.2 三维曲面/网面图 ········· 277
5.3.3 曲面/网线图的精细修饰 ········· 280
5.3.4 曲面绘制技巧 ············· 288
5.4 高维数据可视化 ············· 292
5.4.1 等位线的绘制和标识 ········· 292
5.4.2 简单高维信息的三维表现 ········· 293
5.4.3 体数据可视化 ············· 296

5.5　动态变化图形 ⋯⋯⋯⋯⋯ 300

　　5.5.1　直接命令法生成动态图形 ⋯ 300

　　5.5.2　实时动画和影片动画 ⋯ 303

习题 5 ⋯⋯⋯⋯⋯⋯⋯⋯⋯ 308

第 6 章　M 脚本/函数及 MLX 脚本/函数 ⋯⋯⋯⋯⋯ 314

6.1　MATLAB 控制流 ⋯⋯⋯ 314

　　6.1.1　if - else - end 条件控制 ⋯ 315

　　6.1.2　switch - case 控制结构 ⋯ 318

　　6.1.3　for 循环和 while 循环 ⋯ 319

　　6.1.4　控制程序流的其他常用命令 ⋯ 323

6.2　M 脚本和函数 ⋯⋯⋯⋯ 324

　　6.2.1　概　述 ⋯⋯⋯⋯⋯ 324

　　6.2.2　基本空间变量、局部变量和全局变量 ⋯⋯⋯⋯⋯⋯⋯⋯ 325

　　6.2.3　M 函数结构和运行 ⋯ 326

6.3　MATLAB 的函数类别 ⋯ 331

　　6.3.1　主函数 ⋯⋯⋯⋯⋯ 331

　　6.3.2　子函数 ⋯⋯⋯⋯⋯ 331

6.4　函数句柄 ⋯⋯⋯⋯⋯⋯ 336

　　6.4.1　函数句柄概述 ⋯⋯⋯ 336

　　6.4.2　具名函数句柄的有效创建 ⋯ 336

　　6.4.3　匿名函数及其句柄 ⋯⋯ 343

6.5　MLX 实时脚本和实时函数 ⋯ 347

　　6.5.1　实时脚本及实时编辑器 ⋯ 347

　　6.5.2　实时编辑器中的实时脚本创建 ⋯⋯⋯⋯⋯⋯⋯⋯⋯⋯ 352

　　6.5.3　实时函数 ⋯⋯⋯⋯ 361

习题 6 ⋯⋯⋯⋯⋯⋯⋯⋯⋯ 364

第 7 章　Simulink 交互式仿真集成环境 ⋯⋯⋯⋯⋯⋯⋯ 365

7.1　连续时间系统的建模与仿真 ⋯ 365

　　7.1.1　基于微分方程的 Simulink 建模 ⋯⋯⋯⋯⋯⋯⋯⋯⋯⋯ 366

　　7.1.2　基于传递函数的 Simulink 建模 ⋯⋯⋯⋯⋯⋯⋯⋯⋯⋯ 377

7.2　离散时间系统的建模与仿真 ⋯ 382

7.3　Simulink 实现的元件级电路仿真 ⋯⋯⋯⋯⋯⋯⋯⋯⋯⋯ 386

习题 7 ⋯⋯⋯⋯⋯⋯⋯⋯⋯ 393

第 8 章　App 开发和面向对象编程 ⋯⋯⋯⋯⋯⋯⋯⋯⋯ 395

8.1　App 开发入门 ⋯⋯⋯⋯ 395

8.2　影响 App 行为和性能的编程要素 ⋯⋯⋯⋯⋯⋯⋯⋯⋯⋯ 404

　　8.2.1　启动函数和 App 界面初始化 ⋯ 404

　　8.2.2　辅助函数和 App 程序代码的去冗 ⋯⋯⋯⋯⋯⋯⋯⋯⋯⋯ 407

　　8.2.3　自定义属性和数据共享 ⋯ 410

　　8.2.4　接受外部输入的 App 应用程序 ⋯⋯⋯⋯⋯⋯⋯⋯⋯⋯ 415

8.3　App 应用程序开发流程 ⋯ 419

　　8.3.1　App 开发目标的界定 ⋯ 420

　　8.3.2　可视化程序的准备和功能分解 ⋯⋯⋯⋯⋯⋯⋯⋯⋯⋯ 421

　　8.3.3　App 应用程序的构建 ⋯ 422

　　8.3.4　App 开发流程归纳 ⋯ 429

8.4　基于设计平台的面向对象编程 ⋯⋯⋯⋯⋯⋯⋯⋯⋯⋯ 430

　　8.4.1　面向对象编程简介 ⋯ 430

　　8.4.2　设计平台面向对象开发 App ⋯ 434

　　8.4.3　多控件协调和面向对象程序的调试 ⋯⋯⋯⋯⋯⋯⋯⋯⋯⋯ 443

习题 8 ⋯⋯⋯⋯⋯⋯⋯⋯⋯ 454

附录 A　字符、元胞及结构体数组 ⋯⋯⋯⋯⋯⋯⋯⋯⋯ 456

A.1　字符数组 ⋯⋯⋯⋯⋯⋯ 456

A.2　元胞数组 ⋯⋯⋯⋯⋯⋯ 459

A.3　结构体数组 ⋯⋯⋯⋯⋯ 460

附录 B　数码辅助文档使用指南 ⋯⋯⋯⋯⋯⋯⋯⋯⋯ 462

B.1　如何获得本书数码辅助文档 ⋯⋯⋯⋯⋯⋯⋯⋯⋯⋯ 462

B. 2   数码辅助文档概略 ················· 462

B. 3   配图文件夹 Mfig 的内容及功用
·· 463

B. 4   运行文件夹 Mfile 的内容及功用
·· 464

B. 5   动图文件夹 mgif 的使用说明
·· 465

附录 C   MATLAB 命令索引 ······· 467

C. 1   标点及特殊符号命令 ·········· 467

C. 2   主要函数命令 ················· 468

C. 3   Simulink 模块 ················· 480

参考文献 ································· 481

第1章

基础准备及入门

本章目的:从感性入手,引导读者了解和掌握 MATLAB 最基本的操作环境、运作规则,以及遇到困难时的自助途径。

本章的第一节讲述:MATLAB 环境的启动。因为命令窗是 MATLAB 最重要的操作界面,所以本章用第 1.2、1.3 两节以最简单通俗的叙述、算例讲述命令窗的基本操作方法和规则。这部分内容几乎对 MATLAB 各种版本都适用。第 1.4、1.5 节专门介绍 MATLAB 的当前目录文件夹、历史命令窗、工作空间、变量编辑器、MLX 实时编辑器。

为适应 MATLAB 图形显示系统的全面升级,本章第 1.6 节专门介绍图形窗的属性编辑器,以帮助读者感性地接受图形对象及属性设置对图形显示形态的影响。

鉴于实际应用中,帮助信息和求助技能的重要性,本章专设第 1.7 节叙述 MATLAB 的帮助体系和求助方法。

作者建议:不管读者此前是否使用过 MATLAB,都不要忽略本章。

1.1 MATLAB 桌面

1.1.1 MATLAB 桌面的启动

(1) 方法一

当 MATLAB 安装到硬盘上以后,一般会在 Windows 桌面上自动生成 MATLAB 的 LOGO 图标。在这种情况下,只要直接点击图标即可启动 MATLAB,打开如图 1.1 - 1 所示的 MATLAB 操作桌面(Desktop)。注意:本书作者建议用户优先采用"方法一"。

(2) 方法二

假如 Windows 桌面上没有 MATLAB 图标,那么直接点击 MATLAB\bin 目录下的 matlab. exe,即可启动 MATLAB。当然,为今后操作方便,也可以为 matlab. exe 在 Windows 桌面上生成一个快捷操作图标 matlab。

1.1.2 MATLAB 桌面的布局

MATLAB R2022a 中文版操作桌面(Desktop)如图 1.1 - 1 所示。该桌面最上方有三个通栏工具带:主页(HOME)、绘图(PLOTS)和应用程序(APP)。

桌面(Desktop)的中下部分包含体现 MATLAB 特征的三个功能窗口:命令行窗口(也称

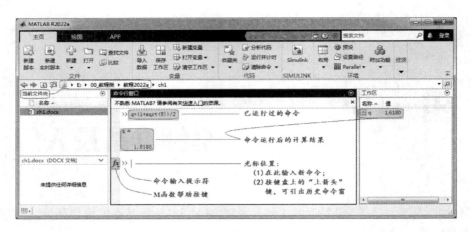

图 1.1－1　中文版 Desktop 操作桌面

命令窗,Command Window)、当前文件夹(Current Folder);工作区(基本工作内存,Workspace)。其中命令行窗口是最基本、最重要、历史最悠久的窗口,位于桌面正下方,占最大版面。

此外,在桌面右顶部还有包含帮助浏览器开启按键�在内的快捷工具条,在工具带和功能窗口区之间有当前文件夹设置操作区。

值得指出的是:各功能窗与工具带上各种工具菜单的交互使用,可便捷地完成许多功能。关于它们功用的叙述将在此后分节展开。

1.2　命令窗运行入门

MATLAB 的使用方法和界面有多种形式。但最基本的,也是入门时首先要掌握的是:MATLAB 命令窗的基本表现形态和操作方式。本书作者相信,通过本节的文字解释,读者将对 MATLAB 使用方法有一个良好的初始感受。

1.2.1　命令窗简介

MATLAB 命令窗默认地位于 MATLAB 桌面的中间,如图 1.2－1 所示。假如,用户希望MATLAB 桌面只保留命令窗,而隐藏其他窗口,那么可采用以下操作步骤:

● 点击 MATLAB 桌面最右上角的"功能卡最小化"🔺键,使展开功能卡中的所有图标全部隐藏。

● 点击命令窗下方的"快速入门"条最右侧的"X"号,关闭此提示条。(非初学者,通常都关闭此条。)

● 右击命令窗右上角的⊙键,在弹出菜单中,选择"最大化(Maximize)"菜单项,就可获得如图 1.2－1 所示的界面。

🔆说明

● 若用户希望恢复原先的 MATLAB 桌面,则可采取以下操作实现。

　□ 点击命令窗条最右侧的"还原"图标;

图 1.2 - 1　命令窗被最大化的桌面

　　□ 点击界面左上角的"主页"标签,引出工具带;

　　□ 再点击此工具带右下角"还原工具条"的图钉按键即可。

● 图 1.2 - 1 命令窗中的内容为例 1.2 - 1 运行的情况。

1.2.2　最简单的计算器使用法

　　为易于学习,本节以算例方式叙述,并通过算例归纳一些 MATLAB 最基本的规则和语法结构。建议读者在深入学习之前,先读一读本节。

例【1.2 - 1】　求 $\left(12+2\sin\dfrac{\pi}{6}\right)\div 3.25^{2}$ 的运算结果。本例演示:最初步的命令输入形式和必需的操作步骤;数学表达式和 M 码表达式的区别。

　　1) 用键盘在 MATLAB 命令窗的 >> 提示符后输入内容

```
(12 + 2 * sin(pi/6))/3.25^2
```

　　2) 在输入上述表达式后,按[Enter]键,执行该命令,并显示结果

```
ans =

    1.2308
```

说明

● 命令行"头首"的" >>"是自动生成的。为使本书简洁,在此后的输入命令前将不再附带提示符">>"。

● MATLAB 的运算符(如＋、－ 、＊ 、／ 等)都是各种计算程序中常见的习惯符号;表达式中的 pi 表示圆周率 π。

● 一条命令输入结束后,必须按[Enter]键,命令才被执行。

● 由于本例输入命令是"不含赋值号的表达式",所以计算结果被赋给 MATLAB 的一个默认变量"ans"。它是英文"answer"的缩写。ans 被保存于 MATLAB 的基本工作内存(Workspace)。

例【1.2 - 2】　"续行"输入法。本例演示:或由于命令太长,或出于某种需要,输入命令行必须多行书写时,该如何处理?

```
S = 1 - 1/2 + 1/3 - 1/4 + ...
1/5 - 1/6 + 1/7 - 1/8

S =

    0.6345
```

💡说明

- MATLAB 用 3 个或 3 个以上的连续"."表示"续行",即表示下一行是上一行的继续。
- 本例命令中包含"赋值号",因此表达式的计算结果被赋给了变量 S。
- 命令执行后,变量 S 会自动地被保存在 MATLAB 的 Workspace 工作内存中,以供后用。如果用户不用 clear 命令清除它,或对它重新赋值,那么该变量会一直保存在工作内存中,直到本 MATLAB 被关闭为止。

1.2.3　数值、变量和表达式

1.2.2 小节算例只是演示了"计算器"功能,那仅是 MATLAB 全部功能中的九牛一毛。为深入学习 MATLAB,有必要系统介绍一些基本规定。本节先介绍关于变量的若干规定。

1．数值的记述

(1) 变量赋值——数值运算的前提

与任何实施数值计算的语言一样,MATLAB 进行数值计算的前提是:参与运算的所有变量必须是已被赋值,并存在于工作内存之中。比如,计算 a * sin(b) 的前提是,内存中必须有变量 a 和 b;假如没有,那就必须在运行 a * sin(b) 之前,先对变量 a 和 b 分别赋值。

(2) 输入数值的 M 码表述

在 MATLAB 中,数值最常用带正负号和小数点的十进制记述。这种十进制浮点数,既可采用诸如 9.456、−0.003421 等所谓简单记述形式表示,也可以采用诸如 1.3e−3、−4.5e12 等科学记述形式(可参见表 1.3−1)。常见的浮点记述示例如下:

$$3 \qquad -99 \qquad 0.001 \qquad 9.456 \qquad +4.5e33$$

在采用 IEEE 浮点算法的计算机上,数值默认地采用"占用 64 位内存的双精度"表示。其相对精度为 2^{-52},即大约保持 16 位有效数字,而可表达的实数数值范围在 10^{-308} 到 10^{308} 之间。

2．变量命名规则

- 变量名、函数名是对字母大小写敏感的。如变量 myvar 和 MyVar 表示两个不同的变量。sin 是 MATLAB 定义的正弦函数名,但 SIN,Sin 等都不是。
- 变量名的第一个字符必须是英文字母,最多可包含 63 个字符(英文、数字和下连符)。如 myvar201 是合法的变量名。
- 变量名中不得包含空格、标点、运算符,但可以包含下连符。如变量名 my_var_201 是合法的,且读起来更方便。而"my,var201"由于逗号的分隔,表示的就不是一个变量名。
- 用户定义变量名的两个忌讳:
  □ 用户变量名不应与 MATLAB 关键词(如 for, if/else, end 等)同名。
  □ 用户变量名尽量不与 MATLAB 自用的变量名(如 eps, pi 等)、函数名(如 sin, eig 等)、文件夹名(如 rtw, toolbox 等)相同。
- 为帮助用户判断所定义变量名(如 UserName)是否与 MATLAB 关键词相同,是否与 MATLAB 自用变量名、函数名、文件夹名相同,可借助 MATLAB 的如下两个命令进行检验。假设用户想使用的变量名为 VarName,则具体的检验操作如下。

□ 检验 VarName 是否关键词的运行命令

`iskeyword VarName`

若运行结果为 0,表示不同于 MATLAB 关键词。

□ 检验 VarName 是否 MATLAB 自用变量名、函数名、文件夹名的运行命令

`exist VarName`

若运行结果为 0,表示 VarName 不同于 MATLAB 自用变量名、函数名、文件夹名。

3. MATLAB 的特殊数值及专用变量名

为程序编写和运算结果的表述需要,MATLAB 为一些特殊数值(Special Values)设计了专用变量名,具体见表 1.2 - 1。

每当 MATLAB 启动,这些变量就被产生。这些变量都有特殊含义和用途。建议:用户在编写命令和程序时,应尽可能不对表 1.2 - 1 所列预定义变量名重新赋值,以免产生混淆。

表 1.2 - 1　MATLAB 为特殊数值定义的专用变量名

专用变量名	代表的特殊值	专用变量名	代表的特殊值
eps	浮点数相对精度 2^{-52}	NaN 或 nan	不是一个数(Not a Number),如 $0/0,0*\infty,\infty/\infty$
i 或 j	虚单元 $i=j=\sqrt{-1}$		
Inf 或 inf	无穷大,如 1/0	pi	圆周率 π
intmax	可表达的最大正整数,默认 (2147483647)	realmax	最大正实数,默认 1.7977e+308
intmin	可表达的最小负整数,默认 (-2147483648)	realmin	最小正实数,默认 2.2251e-308

说明

- 假如用户对表中任何一个专用变量进行赋值,则该变量的默认值将被用户新赋的值临时覆盖。所谓"临时"是指:假如使用 clear 命令清除 MATLAB 内存中的该变量,或 MATLAB 被关闭后重新启动,那么所有的专用变量名将被重置为默认值,而不管这些专用变量名曾被用户赋过什么值。
- 在遵循 IEEE 算法规则的机器上,被 0 除是允许的。它不会导致程序执行的中断,只是在给出警告信息的同时,用专用变量名 Inf 或 NaN 记述。这种专用变量名将在以后的计算中以合理的形式发挥作用。
- 关于它们的更详细的帮助信息,可借助 MATLAB 帮助浏览器获得。

例【1.2 - 3】 运行以下命令,以便初步了解那些代表特殊数值的专用变量名。本例演示:各专用变量的数学含义。

```
format long e              % 对浮点数采用 16 位数字的科学记述格式
RMAd = realmax('double')   % 双精度类型(默认)时最大实数
RMAs = realmax('single')   % 单精度类型时最大实数
RMAd =
   1.797693134862316e + 308
```

```
RMAs =
  single
    3.4028235e + 38
```
IMA64 = intmax('int64')   % int64 整数类型时最大正整数
IMA32 = intmax   % int32（默认）整数类型时最大正整数
IMA16 = intmax('int16')   % int16 整数类型时最大正整数
```
IMA64 =
  int64
    9223372036854775807
IMA32 =
  int32
    2147483647
IMA16 =
  int16
    32767
```
e1 = eps   % 双精度表达 1 时的绝对精度。
                                     % 它也常被粗略地用作双精度数的相对精度
e2 = eps(10)   % 双精度表达 10 时，所具有的绝对精度
```
e1 =
    2.220446049250313e - 16
e2 =
    1.776356839400250e - 15
```
pi   % 圆周率
```
ans =
    3.141592653589793e + 00
```

4. 运算符和表达式

（1）MATLAB 的运算符

表 1.2 - 2 汇总了 MATLAB 的所有运算符。表中各种算符的名称，准确地表明了算符的功用。假如参与运算的是标量，那么读者完全可以按照在教科书中养成的概念使用这些算符，因为标量仅是数组或矩阵的一个特例，即只有一个元素的数组或矩阵。

与其他传统程序语言相比，MATLAB 运算符的功能更为丰富。假若按算符对运算单元的作用规则划分，算符可被分为两类：

● 数组运算符

这类算符的基本运算单元是"（复数）数组"。算符对数组的作用，可理解为该算符同时、平行地对数组中每个元素的作用。入门算例可参见例 1.2 - 9、例 1.2 - 10。关于数组运算的更详细阐述，请看第 3.3 节。

● 矩阵运算符

这类算符的基本运算单元是"（复数）矩阵"。换句话说，被运算的矩阵自身是一个整体；组成矩阵的元素是相互关联的。关于矩阵运算，请看第 3.4 节。

表 1.2 - 2　　MATLAB 的各种运算符

矩阵运算规则	算术运算	名称	加	减	矩阵乘	矩阵左除	矩阵右除	矩阵幂
		算符	+	−	*	\	/	^
数组运算规则	算术运算 Arithmetic Operations	算符			.*	.\ 或 ./		.^
		名称	加	减	数组乘	数组左除或数组右除		数组幂
	关系运算 Relational Operations	算符	>	<	>=	<=	==	~=
		名称	大于	小于	大于等于	小于等于	等于	不等于
	逻辑运算 Logical Operations	算符	&	|	~		xor	
		名称	与	或	非		异或	

（2）MATLAB 的表达式

MATLAB 表达式由已赋值变量、运算符和已经存在函数组成。该表达式的运算结果可以借助赋值符"＝"向某个变量赋值，并保存在 MATLAB 的工作内存空间中。不带赋值符的表达式运行后产生的结果被默认地保存在 ans 变量中。（关于 ans 的说明，请看例 1.2 - 1 的说明。）

- 表达式的书写规则与"算式的单行手写规则"几乎完全相同。
- 表达式将按与常规相同的优先级自左至右执行运算。优先级的规定是：指数运算级别最高，乘除运算次之，加减运算级别最低。英文状态下键入的圆括号（）可以改变运算的次序。

5．面向复数设计的运算

MATLAB 的特点之一：所有运算都是定义在复数域上的。这样设计的好处是：在进行运算时，不必像其他程序语言那样把实部、虚部分开处理。为描述复数，虚数单位 $\sqrt{-1}$ 用预定义变量 i 或 j 表示。

复数 $z = a + bi = re^{i\theta}$ 直角坐标表示和极坐标表示之间转换的 MATLAB 命令如下。

real(z)　　　给出复数 z 的实部 $a = r\cos\theta$。

imag(z)　　　给出复数 z 的虚部 $b = r\sin\theta$。

abs(z)　　　给出复数 z 的模 $\sqrt{a^2 + b^2}$。

angle(z)　　　以弧度为单位给出复数 z 的幅角 $\arctan\dfrac{b}{a}$。

◀例【1.2 - 4】　复数 $z_1 = 4 + 3i, z_2 = 1 + 2i, z_3 = 2e^{\frac{\pi}{6}i}$ 表达，以及计算 $z = \dfrac{z_1 z_2}{z_3}$。本例演示：正确的复数输入法；涉及复数表示方式的基本命令。

1）经典教科书的直角坐标表示法

```
z1 = 4 + 3i            %注意：养成在数值、运算符、虚单元符之间不留空格的习惯        <1>
z1 =
    4.0000 + 3.0000i
```

2）采用运算符构成的复数直角坐标表示法和极坐标表示法

```
z2 = 1 + 2 * 1i                     %运算符构成的复数直角坐标表示法        <2>
z3 = 2 * exp(1i * pi/6)             %运算符构成的复数极坐标表示法
z = z1 * z2/z3
z2 =
    1.0000 + 2.0000i
z3 =
    1.7321 + 1.0000i
z =
    1.8840 + 5.2631i
```

3）复数的实虚部、模和幅角计算

```
real_z = real(z)
imag_z = imag(z)
magnitude_z = abs(z)
angle_z_radian = angle(z)           %弧度单位
angle_z_degree = angle(z) * 180/pi  %度数单位
real_z =
    1.8840
imag_z =
    5.2631
magnitude_z =
    5.5902
angle_z_radian =
    1.2271
angle_z_degree =
    70.3048
```

说明

- 关于虚数表达的说明
  - 写法一：如行〈1〉中的 3i 那样，它是一个完整的虚数。数字和虚单元 i 之间不能有"空格"。
  - 写法二：如行〈2〉中的 2 * i，这是一种运算表达。
- 本书建议：读者从开始学习 MATLAB 起，就养成良好的、避免被 MATLAB 误读的表达式、函数命令输入习惯——在同一个表达式的变量名、数字、运算符、虚单元符等之间都不要输入空格。换句话说，同一个表达式的所有符号都应该"个个紧挨"。因为在 MATLAB 中，空格被用作矩阵或数组元素之间的分隔符。

例【1.2－5】 复数 $z_1 = 4 + 3i, z_2 = 1 + 2i$ 的和（图 1.2－2）。本例演示：MATLAB 的运算在复数域上进行；命令后"分号"的作用；复数加法的几何意义；感受 MATLAB 的可视化能力。

1）一行中输入多条命令

```
z1 = 4 + 3i;z2 = 1 + 2i;            %但各命令间要用"分号"或"逗号"分开
                                    %命令后采用"分号"结尾,使运算结果不显示
```

2）MATLAB 的运算符定义在复数域上

```
z12 = z1 + z2          %实现复数运算。不需要对实部、虚部分别进行
z12 =
   5.0000 + 5.0000i
```

3）复数的运算的几何意义

```
clf                    %clf 清空图形窗
hold on                %3 个 plot 命令绘制的图形在同一张图纸上
plot([0,z1,z12],'-b','LineWidth',3)
plot([0,z12],'-r','LineWidth',3)
plot([z1,z12],'ob','MarkerSize',8)
hold off               %释放"同图纸绘图控制"
grid on                %画图纸分格线
axis equal             %横轴、纵轴等刻度
axis([0,6,0,6])
text(3.5,2.3,'z1')
text(5,4.5,'z2')
text(2.5,3.5,'z12')
xlabel('real')
ylabel('imag')
```

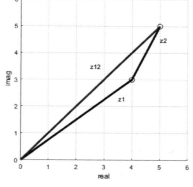

图 1.2-2　两个复数相加

◆例【1.2-6】　用 MATLAB 计算 $\sqrt[3]{-8}$ 能得到 -2 吗？本例演示：MATLAB 运算定义在复数域的实质；命令后"分号"抑制运算结果的显示；MATLAB 的方根运算规则；更复杂命令的表示方式；展现 MATLAB 的图形表现力（见图 1.2-3）。对于本例命令，读者能有体验就可，不必强求理解。

1）采用求幂算符计算，只能得到处于第一象限的方根

```
a = -8;
r_a = a^(1/3)          %给出第一象限的 3 次根                                    <2>
r_a =
   1.0000 + 1.7321i
```

2）利用专门命令 nthroot 可求实根

```
r_n = nthroot(a,3)     %假如实根存在,给出实数根
r_n =
   -2
```

3）$\sqrt[3]{-8}$ 的全部方根计算如下

```
%先构造一个多项式 p(r) = r³ - a
p = [1,0,0,-a];        %p 是多项式 p(r) = 1r³ + 0r² + 0r - a 的系数向量
                       %命令末尾的"英文状态分号"使该命令运行后,不显示结果
R = roots(p)           %求多项式 p(r) = r³ - a = 0,即 r³ - (-8) = 0 的根
R =
  -2.0000 + 0.0000i
   1.0000 + 1.7321i
   1.0000 - 1.7321i
```

4）图形表示（见图 1.2 - 3）

```
MR = abs(R(1));              % 计算复根的模
t = 0：pi/20：2 * pi；        % 产生参变量在 0 到 2 * pi 间的一组采样点
x = MR * sin(t)；
y = MR * cos(t)；
plot(x,y,'b：'),grid on       % 画一个半径为 R 的圆
                             % 注意"英文状态逗号"在不同位置的作用
hold on
plot(R(2),'.','MarkerSize',30,'Color','r')      % 画第一象限的方根
plot(R([1,3]),'o','MarkerSize',15,'Color','b')  % 画另两个方根
hold off
axis([ - 3,3, - 3,3]),axis square               % 保证屏幕显示呈真圆
xlabel('x  (real)'),ylabel('y  (imag)')
title('\bf( - 8)^{1/3}的全部立方根')
```

💡说明

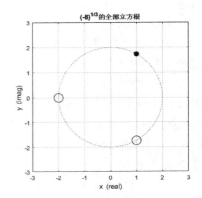

图 1.2 - 3　负数的全部立方根

- 本例有助于理解 MATLAB 实施复数运算式的特点。
- 图 1.2 - 3 中,所画的 3 个点,标出了 r^3 − (− 8) = 0 在复平面上的全部根。而实心点则是 r^3 − (− 8) = 0 的"主根"。像行〈2〉中 a^(1/3) 那样的代码,MATLAB 进行运算时,只给出处于"第一象限"的主根。

6. 面向数组和矩阵设计的运算

MATLAB 的特点之二：在 MATLAB 中,标量数据被看作（1×1）的数组（Array）数据。所有的数据都被存放在适当大小的数组中。为加快计算速度,MATLAB 对以数组形式存储的数据设计了两种基本运算：一种是所谓的数组运算；另一种是所谓的矩阵运算。在此仅以算例展示 MATLAB 的计算特点,更详细的叙述请见第 3 章。

◀例【1.2 - 7】　实数数组 $AR = \begin{bmatrix} 1 & 3 \\ 2 & 4 \end{bmatrix}$ 的"一行"输入法。本例演示：二维数组的最基本、最常用输入法；二维数组输入的三大要素。

1）在键盘上输入下列内容

```
AR = [1,3；2,4]              % 在此,逗号分隔"元素",分号分隔"行"
```

2）按［Enter］键,命令被执行。

3）在命令执行后,MATLAB 命令窗中将显示以下结果：

```
AR =
    1    3
    2    4
```

☀说明

- 在 MATLAB 中,不必事先对数组维数及大小作任何说明,将自动配置内存。
- 二维数组输入的三大要素:数组标识符"[ ]";元素分隔符空格或逗号",";数组行间分隔符分号";"或"回车键"。注意:所有标点符号都是"英文状态的符号"。
- MATLAB 对字母大小写是敏感的。比如本例中的数组赋给了变量 AR,而不是 Ar,aR,ar 。
- 在全部键入一个命令行内容后,必须按下[Enter]键,该命令才会被执行。请读者务必记住此点。出于叙述简明的考虑,本书此后将不再重复提及此操作。

◀例【1.2-8】　实数数组 $AI = \begin{bmatrix} 5 & 7 \\ 6 & 8 \end{bmatrix}$ 的"分行"输入法。

```
AI = [5,7
      6,8]
AI =
     5     7
     6     8
```

☀说明

- 本例采用这种输入法是为了视觉习惯。当然,对于较大的数组也可采用此法。
- 在这种输入方法中,"回车"符用来分隔数组中的行。

◀例【1.2-9】　对复数数组 $A = \begin{bmatrix} 1-5i & 3-7i \\ 2-6i & 4-8i \end{bmatrix}$ 进行求实部、虚部、模和幅角的运算。本例演示:复数数组的生成;MATLAB 命令对数组元素"并行操作"的实质;通过与(标量+循环)传统方法的比较,展示 MATLAB 数组运算的简捷。

1) 创建复数数组

```
AR = [1,3;2,4];AI = [5,7;6,8];     %生成(2 * 2)的实、虚部矩阵
A = AR - AI * 1i                    %复数矩阵生成法之一:实、虚部矩阵合成法
A =
   1.0000 - 5.0000i   3.0000 - 7.0000i
   2.0000 - 6.0000i   4.0000 - 8.0000i
```

2) 求复数数组的实部和虚部

```
A_real = real(A)
A_image = imag(A)
A_real =
     1     3
     2     4
A_image =
    -5    -7
    -6    -8
```

3) 求复数数组中各元素的模和幅角——(标量+循环)法(笨拙!)

```
for m = 1:2
    for n = 1:2
```

```
                Am1(m,n) = abs(A(m,n));
                Aa1(m,n) = angle(A(m,n)) * 180/pi;        % 以度为单位计算幅角
        end
        end
        Am1,Aa1
        Am1 =
            5.0990      7.6158
            6.3246      8.9443
        Aa1 =
          - 78.6901   - 66.8014
          - 71.5651   - 63.4349
```

4) 求复数数组中各元素的模和幅角——直接法

```
        Am2 = abs(A)
        Aa2 = angle(A) * 180/pi
        Am2 =
            5.0990      7.6158
            6.3246      8.9443
        Aa2 =
          - 78.6901   - 66.8014
          - 71.5651   - 63.4349
```

☀ **说明**

- 函数 real,imag,abs,angle 同时、并行地作用于数组的每个元素。对 4 个元素运算所需的时间大致与对单个元素运算所需时间相同。这有利于运算速度的提高。这是"数组化"运算的一种形式。更详细的阐述请见第 3 章。
- 本例给出了循环法求各元素模和幅角的命令,但这不是很有效的计算方法。对于 MATLAB 以外的许多编程语言来说,可能不得不采用"标量＋循环"处理方式来解本例。记住:对于 MATLAB 来说,应该尽量摒弃"标量＋循环"处理,而采用"数组化"处理方式。更详细的阐述请见第 3 章。

◀ **例【1.2-10】**　画出衰减振荡曲线 $y = e^{-\frac{t}{3}} \sin 3t$,$t$ 的取值范围是 $[0, 4\pi]$(见图 1.2-4)。

本例演示:展示数组运算的优点;展示 MATLAB 的可视化能力。

```
        t = 0:pi/50:4 * pi;          % 定义自变量 t 的取值数组
        y = exp( - t/3). * sin(3 * t);   % 计算相应 t 的 y 数组;注意:乘法符前的小黑点      <2>
        plot(t,y,'- r','LineWidth',2)    % 绘制曲线
        grid on
        axis([0,4 * pi, - 1,1])
        xlabel('t'),ylabel('y')
```

☀ **说明**

- 本例行〈2〉命令中的". * "符号表示乘法是在两个数组相同位置上的元素间进行的。本书把这种乘法称为"数组乘"。数组乘的引入,不但使得程序简洁自然,而且避免了耗费机时的"循环计算"。关于数组运算的详细叙述请见第 3 章。

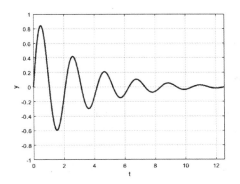

图 1.2 - 4　衰减振荡曲线

● 本例行〈2〉命令是典型的"数组化"处理形式。本书作者建议,只要可能,应尽量采用
"数组化"运算形式。

例【1.2 - 11】 复数矩阵 $B = \begin{bmatrix} 3+2i & 2+6i \\ 5+3i & 4-2i \end{bmatrix}$ 的生成,以及计算 $A \cdot B$ 矩阵乘积。本例演
示:展示 MATLAB 矩阵运算命令的简捷性。

```
AR = [1,3;2,4];AI = [5,7;6,8];
A = AR - AI * i;              %复数矩阵生成法之一:实部、虚部矩阵组合法
B = [3 + 2i,2 + 6i;5 + 3i,4 - 2i]   %复数矩阵生成法之二:复元素组合法
                             %注意标点符号的作用
C = A * B                     %矩阵乘法
B =
   3.0000 + 2.0000i   2.0000 + 6.0000i
   5.0000 + 3.0000i   4.0000 - 2.0000i
C =
   49.0000 - 39.0000i  30.0000 - 38.0000i
   62.0000 - 42.0000i  40.0000 - 40.0000i
```

说明

● 当数组被赋予变换属性时,二维数组就被称为矩阵。只有当两个矩阵的内维大小相等
时,矩阵乘法才能进行。本例中,矩阵 A 的列数与矩阵 B 的行数相等,所以可以进行
A 乘 B。

● 从表达方式看,矩阵相乘的命令格式与标量相乘命令格式一样。在其他编程语言中,
矩阵乘法不得不依赖循环进行。

● MATLAB 的矩阵运算像标准线性代数那样简洁易读、自然流畅。关于矩阵计算、数组
计算的更详细的描述,请见第 3 章。

1.3　命令窗操作要旨

借助算例,读者已对 MATLAB 命令窗的使用方法有了一个直观的感受。本节将在此基
础上对控制命令窗的命令和操作进行较系统的归纳,以便读者更全面地了解 MATLAB,更方

便地使用 MATLAB。

1.3.1　命令窗的显示方式

1. 默认的输入显示方式

MATLAB 命令窗中的字符、数值等采用醒目的分色显示:

- 对于输入命令中的 if,for,end 等控制数据流的 MATLAB 关键词自动地采用蓝色字体显示。
- 对于输入命令中的非控制命令、数码,都自动地采用黑色字体显示。
- 输入的合法字符串自动呈现为紫色。
- 而不合 MATLAB 语法规则的输入则呈现为红色。

2. 运算结果的显示

在命令窗中显示的输出有:命令执行后,数值结果采用黑色字体输出;而运行过程中的警告信息和出错信息用红色字体显示。

运行中,屏幕上最常见到的数字输出结果由 5 位数字构成。这是"双精度"数据的默认输出格式。用户不要误认为,运算结果的精度只有 5 位有效数字。实际上,MATLAB 的数值数据默认地占用 64 位(bit)内存,以 16 位有效数字的"双精度"进行运算和输出。MATLAB 为了比较简洁、紧凑地显示数值输出,才默认地采用 format short 格式显示较少的数字。用户根据需要,可以在 MATLAB 命令窗中,直接输入相应的命令,或者在菜单弹出框中进行选择,都可获得所需的数值计算结果显示格式。MATLAB 数值计算结果显示格式的类型见表 1.3-1。

表 1.3-1　数值显示格式的控制命令

命　令	含　义	举例说明	
		数值	格式下的显示
format format short	短格式显示(默认):尾数含 4 位有效小数	pi	3.1416
		10000 * pi	3.1416e+04
format long	长格式显示:双精度数的尾数含 15 位有效小数	pi	3.141592653589793
		10000 * pi	3.141592653589793e+04
format shortE	科学记述短格式显示:尾数含 4 位有效小数	pi	3.1416e+00
		10000 * pi	3.1416e+04
format longE	科学记述长格式显示:双精度数的尾数含 15 位有效小数	pi	3.141592653589793e+00
		10000 * pi	3.141592653589793e+04
format shortEng	工程记述短格式显示:尾数含 4 位有效小数;指数是 3 的倍数	pi	3.1416e+000
		10000 * pi	31.4159e+003
format longEng	工程记述长格式显示:双精度数 15 位有效数字;指数是 3 的倍数	pi	3.14159265358979e+000
		10000 * pi	31.4159265358979e+003

续表 1.3－1

命　令	含　义	举例说明	
		数值	格式下的显示
format shortG	定数位短格式显示：至多 5 位有效数字	pi	3.1416
		10000 * pi	31416
format longG	定数位短格式显示：双精度数至多 15 位有效数字	pi	3.14159265358979
		10000 * pi	31415.9265358979
format rat	以有理数形式显示	pi	355/113
		10000 * pi	439823/14
format bank	（金融）元、角、分表示	pi	3.14
		10000 * pi	31415.93
format compact	紧凑显示：运行命令与其结果显示之间没有空行		
format loose	松散显示：运行命令与其结果显示之间有空行		

※ 说明

● format 或 format short 是默认的显示格式 。
● 该表中实现的所有格式设置仅在 MATLAB 的当前执行过程中有效。

3. 显示方式的永久设置

前文介绍的"借助 format 命令进行显示格式和版式的设置"都只能在当前运行的 MAT-LAB 环境中发挥作用。换句话说，一旦关闭 MATLAB,这些现场设置也就被清除,而不可能在再次开启的 MATLAB 环境中产生影响。

如果用户需要对命令窗、Desktop 桌面的其他窗口以及文件编辑器等界面中色彩、字体、数值显示格式进行"永久"设置,那么就应借助 MATLAB 提供的个性化(Preferences)设置对话窗进行。具体操作如下:

● 在 MATLAB 桌面"主页(HOME)"工具带的"环境(ENVIROMENT)"区中,选中"预设(Preferences)"菜单图标 ⊚ 预设 ,引出如图 1.3－1 所示预设(Preferences)项对话窗。

● 在如图 1.3－1 所示预设项对话窗左侧的"可预设对象名录窗"中,选择并点击需要设置的对象名称,便会在对话窗右侧展现出待设置对象的勾选条目、下拉菜单等控件,供用户挑选。

□ 选中左侧"可预设对象名录窗"中的{命令行窗口 Command Window}节点,显示出如图 1.3－1 所示的右侧界面。在此界面上,可对命令窗中计算结果的数值显示格式进行永久设置。

□ 选中左侧"可预设对象名录窗"中的{字体 Fonts}节点,可对 Desktop 桌面各窗口的字体进行永久设置。

□ 选中左侧"可预设对象名录窗"中的{颜色 Colors}节点,可对 Desktop 桌面各窗口的背景色、字体颜色进行永久设置。

● 假如用户在完成选择后，点击［OK］键，那么所选的个性化设置将被永久保留，即这种设置不因 MATLAB 关闭和开启而改变，除非用户进行重新设置。

图 1.3－1　选中命令行窗口时的预设项对话窗

1.3.2　命令行中的标点符号

通过前面算例，读者可能已对标点符号的作用有所体会。在此要强调指出：标点在 MAT-LAB 中的地位极其重要。为此，把各标点的作用归纳成表 1.3－2。

表 1.3－2　MATLAB 常用标点的功能

名　称	标　点	作　用
空格		（为机器辨认）用作输入量与输入量之间的分隔符； 数组元素分隔符
逗号	，	用作要显示计算结果的命令与其后命令之间的分隔； 用作输入量与输入量之间的分隔符； 用作数组元素分隔符号
黑点	．	数值表示中，用作小数点； 用于运算符号前，构成"数组"运算符； 用于对象的属性援引
分号	；	用于命令的"结尾"，抑制计算结果的显示； 用作不显示计算结果命令与其后命令的分隔； 用作数组的行间分隔符
冒号	：	用以生成一维数值数组； 用作单下标援引时，表示全部元素构成的长列； 用作多下标援引时，表示那维上的全部元素
注释号	％	由它"启首"的所有物理行部分被看作非执行的注释
单个单引号	'	复数数组共轭转置

续表 1.3 - 2

名 称	标 点	作 用
黑点单引号	.'	复数数组非共轭转置
单引号对	' '	字符串记述符
圆括号	( )	改变运算次序; 在数组援引时用; 函数命令输入量列表时用
方括号	[ ]	输入数组时用; 函数命令输出量列表时用
花括号	{ }	元胞数组记述符; 图形中被控特殊字符括号
赋值号	=	把右边计算值赋给左边的变量
下连符	_	(为使人易读)用作一个变量、函数或文件名中的连字符; 图形中被控下脚标前导符
续行号	...	由三个以上连续黑点构成。它把其下的物理行看作该行的"逻辑"继续,以构成一个"较长"的完整命令
"At"号	@	放在函数名前,形成函数句柄; 匿名函数前导符; 放在目录名前,形成"用户对象"类目录
惊叹号	!	把后随内容发送给 DOS 操作系统

说明
- 为确保命令正确执行,以上符号一定要在英文状态下输入,因为 MATLAB 不能识别含有中文标点的命令。
- 关于它们的更详细的帮助信息,可在 MATLAB 帮助浏览器界面的〔MATLAB＞语言基础知识〕找到。
- 关于它们的帮助信息,也可在 MATLAB 帮助浏览器左上方的搜索栏中输入"运算符和特殊字符",经搜索获得。

1.3.3 命令窗的常用控制命令

命令窗的常用操作命令及含义,如表 1.3 - 3 所列。

表 1.3 - 3 常见操作命令

命 令	含 义	命 令	含 义
ans	最新计算结果的默认变量名	edit	打开 MATLAB 文件编辑器
clc	清除命令窗中显示内容	exit	关闭/退出 MATLAB
clear	清除 MATLAB 工作空间中保存的变量	help	在命令窗中显示帮助信息
clf	清除图形窗	more	使其后的显示内容分页进行
close	关闭图形窗	quit	关闭/退出 MATLAB
diary	把命令窗输入记录为文件	return	返回到上层调用程序;结束键盘模式
dir	列出指定文件夹下的文件和子文件夹清单	type	显示指定 M 文件的内容
doc	引出帮助浏览器,或在浏览器中,显示相关帮助信息	which	指出其后文件所在的文件夹

☀️**说明**

- 表 1.3 - 3 所列的命令是基本的，适用于 MATLAB 各版本。
- 尽管随着版本的升级，不断增添着列表中命令的"等价"菜单选项操作或工具条图标操作，但这种"等价"仅对"人机交互"过程而言。至于这些命令在 M 文件中的作用仍是不可替代的。
- clear 清除内存变量的操作，可以通过桌面 Desktop"主页 HOME"工具带"变量 VARI-ABLE"区的"清除工作区 Clear Workspace"图标🗑实现。但值得指出：clear 的功能并非都可以被交互操作所替代。比如 clear all 不仅可清除工作内存中的全部变量，而且同时重置符号计算引擎使所有关于符号变量的假设清空。
- edit 命令的等价操作可通过鼠标操作在 MATLAB 桌面 HOME 主页工具带"文件 FILE"区中实施，新建（或打开）诸如脚本（New Script）、实时脚本（Live Script）、函数（Function）、实时函数（Live Function）等。

1.3.4 命令窗中命令行的编辑

为了操作方便，MATLAB 不但允许用户在命令窗中对输入的命令行进行各种编辑和运行，而且允许用户对过去已经输入的命令行进行回调、编辑和重运行。具体的操作方式见表 1.3 - 4。

表 1.3 - 4   MATLAB 命令窗中实施命令行编辑的常用操作键

键　名	作　用
↑	前寻式调回已输入过的命令行
↓	后寻式调回已输入过的命令行
←	在当前行中左移光标
→	在当前行中右移光标
PageUp	前寻式翻阅当前窗中的内容
PageDown	后寻式翻阅当前窗中的内容
Home	使光标移到命令窗的左上端
End	使光标移到当前行的尾端
Delete	删去光标右边的字符
Backspace	删去光标左边的字符
Esc	清除当前行的全部内容

☀️**说明**

- 表 1.3 - 4 所列的操作适用于 MATLAB 各版本。
- 事实上，MATLAB 把命令窗中输入的所有命令都记录在内存中专门开辟的"命令历史空间 Command History"中，只要用户对它们不进行专门的删除操作，它们则不会因为用户对命令窗进行"清屏"操作（即运行 clc 命令）而消失。关于"历史命令窗"的使用请看第 1.5.3 节。

例【1.3-1】 命令行操作过程示例。

1) 若用户想计算 $y_1 = \dfrac{2\sin(0.3\pi)}{1+\sqrt{5}}$ 的值,那么用户应依次键入以下字符:

y1 = 2 * sin(0.3 * pi)/(1 + sqrt(5))

2) 按[Enter]键,该命令便被执行,并给出以下结果:

```
y1 =

   0.5000
```

3) 通过反复按键盘的箭头键,可实现命令回调和编辑,进行新的计算。

若又想计算 $y_2 = \dfrac{2\cos(0.3\pi)}{1+\sqrt{5}}$,用户当然可以像前一个算例那样,通过键盘录入相应字符,但也可以较方便地用操作键获得该命令,具体办法是:先用[↑]上箭头键调回已输入过的命令 **y1 = 2 * sin(0.3 * pi)/(1 + sqrt(5))**;然后移动光标,把 **y1** 改成 **y2**;把 **sin** 改成 **cos**;再按[Enter]键,就可得到结果。即

y2 = 2 * cos(0.3 * pi)/(1 + sqrt(5))

```
y2 =

   0.3633
```

说明

可以借助"历史命令窗"进行历史命令的再运行,相关内容请看第1.5.3节。

1.4　当前文件夹和路径设置器

当在命令窗中运行一条命令时,MATLAB 是怎样从庞大的函数和数据库中找到所需的函数和数据的呢? 用户怎样才能保证自己所创建的文件能得到 MATLAB 的良好管理,又怎样能与 MATLAB 原有环境融为一体呢? 这就是本节要介绍的内容。

1.4.1　当前文件夹及其使用

1. 设置当前文件夹的必要性

由于 MATLAB 每次启动后,所自动呈现的当前文件夹(Current Folder)往往是 MATLAB 根目录下的 bin 文件夹。这是一个存放着许多 MATLAB 重要文件的文件夹。而 MATLAB 使用过程中,所产生的 M 文件、数据文件都直接存放于当前文件夹。为保证 MATLAB 根文件夹的完整性,用户应避免在此文件夹上存放任何自己的文件。

本书作者建议:在 MATLAB 开始工作的时候,或应把用户自己设置的文件夹作为当前文件夹,或把 MATLAB 自动开设的 C:\Users\User\Documents\MATLAB 设置成当前文件夹。

2. 设置当前文件夹

设置当前文件夹的交互操作法有两种。

(1) 借助历史记录表设置当前文件夹

点击"历史记录导出按键"图标,就可引出如图 1.4-1 所示的"历史曾用的当前文件夹列

表"。用户可以从该列表中选择所需的文件夹作为当前文件夹。

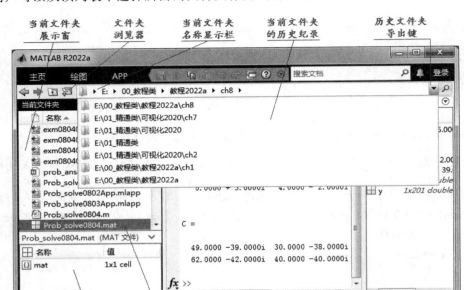

图 1.4 - 1　当前文件夹及其相关构件

(2) 借助文件夹浏览器设置当前文件夹

假如需要把历史记录中没有的新文件夹设置为当前文件夹,那么点击"文件夹浏览器"图标,就能引出标准的 Windows 资源管理器对话窗。通过一系列交互操作,就可将所需的文件夹设置为当前文件夹。

3. 当前文件夹浏览窗

该浏览窗采用标准的 Windows 和 MATLAB 图标分别标注具有不同扩展名的各类文件。用户借助鼠标、现场菜单及键盘操作,就可对该浏览窗的文件进行复制、删除、开启、运行等各种操作。

该浏览窗中的 MATLAB 文件若被选中,就会在浏览窗的下方显示出相应文件内含的附加信息。比如,在图 1.4 - 1 中,"点亮"选中文件是"Prob_solve0804.mat",于是在其下方就会显示该文件内含元胞数组。

1.4.2　搜索路径和路径设置

1. MATLAB 的搜索路径

MATLAB 的所有(M、MAT、MEX)文件都被存放在一组结构严整的文件夹树上。MATLAB 把这些文件夹按优先次序设计为"搜索路径"上的各个节点。此后,MATLAB 工作时,就沿着此搜索路径,从各文件夹上寻找所需的文件、函数或数据。

当用户从命令窗送入一个名为 cont 的命令后，MATLAB 的基本搜索过程大体如下。

● 检查 MATLAB 内存，看 cont 是不是变量；假如不是变量，则进行下一步。
● 检查 cont 是不是内建函数（Built－in Function）；假如不是，再往下执行。
● 在当前文件夹上，检查是否有名为 cont 的 M 文件存在；假如不是，再往下执行。
● 在 MATLAB 搜索路径的其他文件夹中，检查是否有名为 cont 的 M 文件存在。

应当指出的是：实际搜索过程远比前面描述的基本过程复杂。但又有一点可以肯定，凡不在搜索路径上的内容，不可能被搜索到。此外，命令 exist、which、load 执行时，也都遵循搜索路径定义的先后次序。

2. 搜索路径的设置

假如用户有多个文件夹需要同时与 MATLAB 交换信息，那么就应把这些文件夹放置在 MATLAB 的搜索路径，使得这些文件夹上的文件或数据能被调用。又假如其中某个文件夹需要用来存放运行中产生的文件和数据，那么还应该把它设置为当前文件夹。

在 MATLAB 桌面"主页 HOME"工具带的"环境 EVIROMENT"功能区中，点击"设置路径（Set Path）"图标，或在命令窗中运行 pathtool，就能引出如图 1.4－2 所示的设置路径对话框。借助该对话框，用户可以很容易地把自己所需的文件夹添加到 MATLAB 的搜索路径上。

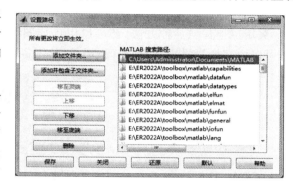

图 1.4－2   路径设置对话框

应当指出的是：

● 搜索路径列表窗最上端列出的文件夹 C:\Users\User\Documents\MATLAB，是在用户安装 MATLAB 时自动生成的。该文件夹供用户存储自己的工作文件、数据文件。
● 假如修改路径设置后，不点击［Save］键，那么这种路径修改会随本次 MATLAB 的关闭而消失。
● 新添的文件夹只能置于原搜索路径顶部或底部，而 MATLAB 原先设定的搜索路径本体千万不要随便更改，以免在 MATLAB 运行中引起难以觉察的错误。

1.5   工作空间和历史命令窗

1.5.1   工作空间和变量编辑器

1. 工作空间

"工作空间 Workspace"默认地处于命令窗右侧（参见图 1.2－1 或图 1.6－1）。该工作区罗列着存在于内存中的变量名称（Name）、储存内容（也称值，Value）、最小值（Min）、最大值（Max）。而变量的数据类型则用不同的图标和储存内容简注标识。如双精度 double 、元胞

cell、符号对象 sym 等。

借助 MATLAB 界面"主页 HOME"工具带"变量 VARIABLE"功能区中的各种图标,或借助右击工作区所引出的现场菜单,可对工作区中的变量进行装载、文件保存、清除等操作。

2. 变量编辑器

MATLAB 提供的变量编辑器,既可用于打开已有的内存变量,也可用于创建变量。

(1) 打开已有内存变量的方法

假设在工作内存中,已经存在变量 A,那么引出显示 A 的变量编辑器的方法有以下三种:

● 方法一:双击 MATLAB 桌面工作空间中的变量 A。
● 方法二:在 MATLAB 桌面"主页 HOME"工具带上,单击"打开变量 Open Variable"图标按键,在引出的下拉菜单中,选择变量 A。
● 方法三:在命令窗中运行 openvar('A')。注意:openvar 的输入量必须是"字符"。

采用以上任何一种方法,都可以引出如图 1.5 - 1 所示的变量编辑器。在该编辑器界面上,可对内存变量进行观察、修改、插入、绘图等交互操作。

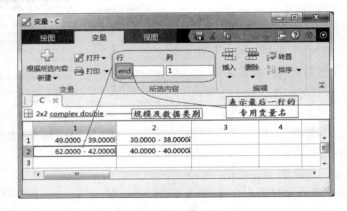

图 1.5 - 1　变量编辑器

(2) 创建新变量

用户如果想输入中小规模的数组浮点数数组,那么变量编辑器是比较合适的输入、编辑工具。详见例 3.1 - 3。

1.5.2　历史命令窗和 MLX 编辑器

现在的 MATLAB 采用如图 1.5 - 2 所示的弹出式"历史命令窗 Command History"。该窗记录着在本次和以往(Current and Previous Sessions)MATLAB 工作期间,从命令窗中键入的所有运作命令,并记录着输入那些命令的日期和时间。

历史命令窗中的所有命令都可以被删除、复制、重运行或生成 M 脚本文件。

例【1.5 - 1】　在例 1.2 - 10 中那 5 行命令已经运行过的前提下,利用历史命令窗中的记录,生成 exm010501. mlx 脚本文件。

1) 引出历史命令 Command History 窗

当光标在命令窗的当前提示符后时,按计算机键盘的向上方向键"↑",就能弹出如

图 1.5-2 所示的历史命令窗。

2）在历史命令窗中点亮所需的命令

- 在如图 1.5-2 所示的历史命令窗中，点击"成组代码线"，所需的 5 行历史命令就被选中。
- 在命令窗输入提示符后便出现那 5 行代码，再按[回车]键，便运行生成相应的图形。
- 若在"点亮"处右击，就引出现场菜单；若选中"创建实时脚本"菜单项，就会引出如图 1.5-3 所示的含有这 5 行命令的实时编辑器。

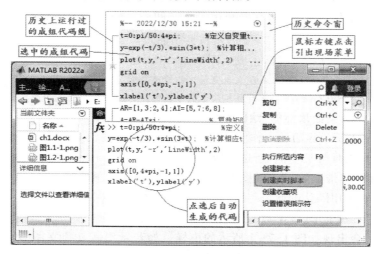

图 1.5-2　历史命令窗及其现场菜单

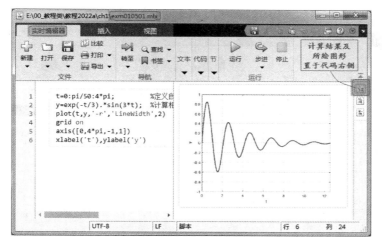

图 1.5-3　保存并运行后实时编辑器

3）借助实时编辑器生成并运行 mlx 文件

- 利用编辑器工具条上的"保存"图标，可把此文件以 exm010501 的名称保存在用户自己的文件夹上。注意：该文件保存名就是今后该文件的调用名。
- 点击实时编辑器工具条上的"运行"图标，就能在代码右侧栏中看到所绘的曲线图形（见图 1.5-3）。

● 值得指出：实时编辑器的功能十分丰富，详细请见第 6.5 节。

1.6　图形窗及图形的绘制编辑

1.6.1　与工作空间变量交互绘图

本节借助算例叙述。

◢例【1.6-1】　本例演示，如何直接利用工作空间中已经存在的变量 t、y，借助 MATLAB 桌面工具图标绘制出类似于图 1.2-4 的衰减振荡曲线。

1）在命令窗中运行以下代码，生成绘图数据

```
t = 0:pi/50:4 * pi;              % 定义自变量 t 的取值数组
y = exp( - t/3). * sin(3 * t);   % 计算相应 t 的 y 数组；注意：乘法符前的小黑点
```

2）点击 Desktop 桌面顶部的"绘图 PLOTS"标签，展开绘图工具带。

3）在图 1.6-1 所示界面的工作空间，点选变量 t，然后按住 Ctrl 键再点选变量 y；于是这两个变量就出现在工具带最左侧"所选内容 SELECTION"区。

4）再选中该工具带上的 plot 线图图标，就可绘出形状与图 1.2-4 相同的衰减振荡曲线，不过在此绘出曲线采用默认的蓝色，且没有坐标网格线（参见图 1.6-1）。

5）假如用户希望把图形窗放置进图形窗，那么请点击图形窗菜单条最右侧的"停靠 Dock"图标 ，就会出现如图 1.5-1 所示的模样。如若希望恢复独立图形窗，则右击该停靠图形窗顶部的图窗条或 图标，在其引出的现场菜单中，选中"取消停靠（Undock）Figure1"即可。

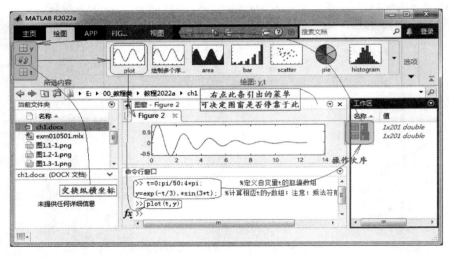

图 1.6-1　MATLAB 的工作空间及绘图应用

1.6.2　图形窗和属性编辑器

MATLAB 图形窗不仅是一个被动的显示窗口，而且是一个可以对图形对象进行属性编辑的交互界面。

1. 图形窗界面简介

（1）图形窗工具图标

MATLAB 图形窗的工具条中除了 Windows 标准按键外，还有如图 1.6-2 所示的 MAT-LAB 特有按键。具体说明如下：

- ▢插入色条 Insert Colorbar 键：按下此键，在图形窗中增添色条。
- ▦插入图例键 Insert Legend 键：此键是用来加入不同的图例以区分不同参数在图形上的表示。
- ▯编辑绘图 Edit Plot 键：按动该键后，该图标呈凹陷状，表示图形进入编辑状态。至于需选择哪个图形对象，可用鼠标点选期待编辑的图形对象。
- ▥显示属性编辑器 Show Plot Tools 键：点击该键，将在图形窗右侧或左侧显现属性检查器。

（2）坐标区现场图标

当图形窗处于非编辑状态时，只要位于坐标区范围内，在坐标区的右上角就会浮现出专司坐标操作的现场工具图标，参见图 1.6-2。

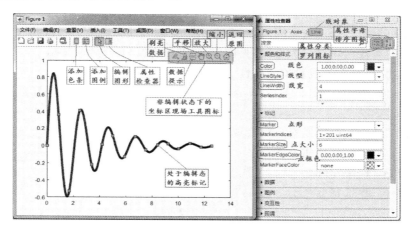

图 1.6-2　图形窗工具条专用按键

- ▥刷亮数据图标：点击此图标后，光标变成"＋"符，可用于框选图形，使部分高亮；并可用右键引出进一步处理的现场菜单。
- ▤数据提示图标：点击此图标后，光标变成"空心十字"；左击图形面、线、点等，便现场显示点击处的坐标数据；右击，则引出允许多种处理的现场菜单。
- ◎三维旋转图标：一旦点击此图标，光标变成带箭头的圆圈；按住鼠标左键，三维图形将随鼠标的移动而转动。注意：在旋转过程中，图形窗左下角将用方位角、俯视角数据对（az, el）实时地显示当前的观察位置。据此，用户可以再通过命令 view（[az, el]），使最佳观察重现。（注意：该图标仅在显示三维坐标时出现。）
- ✋平移图标：按下此图标，光标呈"手掌状"；推拉鼠标可以移动图形。
- ⊕放大图标：按下此图标后，可以用鼠标左键点击或拖拉的方法，对全图或局部加以放大。若按动鼠标右键，则缩小图形。

- ⊖缩小图标:其作用与放大键相反。
- ⌂还原图标:点击该图标,可撤销以往操作而恢复原图形。

2. 属性编辑器和图形修饰

本节以示例形式展开。

例【1.6-2】 通过对图 1.6-1 所示曲线线色、线粗的设置,简单介绍属性编辑器的使用方法。

1) 为保证示例完整,先运行以下代码,生成绘图数据

```
t = 0:pi/50:4 * pi;              % 定义自变量 t 的取值数组
y = exp( - t/3). * sin(3 * t);   % 计算相应 t 的 y 数组;注意:乘法符前的小黑点
```

2) 采用例 1.6-1 的交互方法,在独立图形窗中绘制出蓝色的衰减振荡曲线。

先点击 MATLAB 桌面上的"绘图"工具带标签;在工作空间中,点选 t、y 变量;选中绘图工具带上的 plot 图标,就在独立图形窗中绘出曲线。

3) 引出属性编辑器

- 点击图形窗工具条最右侧的"属性检查器";
- 再选中那条已画出的蓝色细实线,便在线上生成"小方块"标记。这表示:此线对象已经处于可编辑状态。与此同时,在图形窗下方的属性编辑器的界面将呈现出线对象的最常用的属性编辑对话控件(参见图 1.6-2 下方)。

4) 通过界面控件,修改线对象的属性

- 点击"线色"按钮,引出典型的 Windows 式下拉调色板;选中"红色",线对象即刻变成"红线"。
- 在"线宽"栏填写"4",线对象就变成图 1.6-2 那样的"粗红线"。
- 在"点形"栏选择小黑实心点。
- 在"点大小"栏填写"6"。
- 在"点框色"栏选择蓝色。

说明

- 关于线对象属性设置的说明
  - □ 本例修改线色、线宽的方法,也可推广应用于修饰线对象的其他属性,如可通过"点形"按钮,从下拉菜单中选择不同的数据点标记,并进而借助"点面色""点框色"按钮引出的菜单,生成各种不同形状色彩的数据标记点。
  - □ 用户如果想获知或修改线对象的其他各种属性,或可从分类展开栏目中选取,或可从按字母排序的列表中选取。
  - □ 值得指出:掌握以上操作方法对今后进行更细致的图形修饰十分有用。
- 关于其他图形对象属性设置的说明
  - □ MATLAB 自 R2014b 版起,整个图形显示系统已架设在面向对象的平台上。从图形窗起的各种图形要素都是"对象",如图形窗对象、坐标轴系对象、线对象、面对象等。
  - □ 用户如需在坐标框中绘制网格线,则可以通过点击图形窗中坐标框,使属性编辑器面板呈现出坐标轴系最常用属性设置的各种控件;然后勾选"网格"栏,就能画出网

格线。同样,点击"更多属性"按钮,可引出关于轴系所有属性的列表。

　　□ 以上介绍的操作方法,适用于图形窗中的任何图形对象。

1.7　帮助系统及其使用

　　MATLAB 安装时随带的帮助系统有三个:帮助浏览器、浏览函数图标、命令窗 help 帮助。下面以三小节分别介绍。

1.7.1　浏览器帮助系统

1. 帮助浏览器的主要构件

　　点击 MATLAB 桌面上的 ❓ 帮助图标,或在命令窗中运行 doc 命令,都能引出如图 1.7 - 1 所示的帮助浏览器。其主要图标的功能介绍如下(参见图 1.7 - 1)。

图 1.7 - 1　帮助浏览器展开目录后的初始界面

● ⚙ "预设项"图标(位于帮助窗顶部工具条上):

　　□ 点击该图标,可引出"MATLAB 帮助预设项"对话窗。

　　□ 该对话窗中"语言"栏目中有"简体中文"和"英文"两个选项。假如在安装 MAT-LAB 时选用了"中文"版,那么引出的默认帮助浏览器显示中文。在这情况下,若用户寻求英文帮助,则可以通过重选语言项解决。

   □ 值得提醒:中文版的帮助资源仍少于英文版,比如,迄今尚无关于符号计算的中文版帮助。因此,若感觉中文版的帮助信息不足,则可以尝试从英文版寻求帮助。

● "编辑预设项"超链接(位于帮助浏览器初始页 Simulink 蓝块上方)。其功能与 ⚙ 图标相同,可引出"MATLAB 帮助预设项"对话窗。

● ✚"添加搜索记录页"图标,为新搜索开辟新的页面以收纳新的搜索信息。假如不点击此图标,那么后续搜索信息将覆盖其前的历史搜索信息。

● 标有淡灰色搜索文档字样的"搜索词填写栏"及"搜索"图标🔍(位于帮助窗右上方):

   □ 在填写栏中键入搜索词的过程中,该栏下方即刻展现与键入文字部分匹配的相关词条,可供用户选择;选择后,就可在下方窗展示更详细的帮助信息。

   □ 假如帮助浏览器中不显示"搜索词填写栏",请点击"搜索"图标🔍。

   □ 若用户键入待搜索词后,点击"搜索"图标🔍,则会在下方窗中罗列出比较多且详细的相关条目,供用户挑选。用户选中所列某条目后,就会进一步展现详细的帮助信息。

● ☰"左侧目录收展"图标(位于帮助窗左上侧):点击该图标,可展开或收起左侧目录窗。

2. 帮助浏览器使用须知

(1) 中文帮助浏览器的使用说明

如若用户安装了中文版 MATLAB,那么默认开启的帮助浏览器为中文版。

● 经近十年的中文化进程,现今的中文版帮助浏览器,已经能提供许多中文关键词的搜索(见图 1.7 – 2)。

● 中文版帮助浏览器可以提供对英文字母构成的各种函数进行搜索,但不能提供对"英文关键词"的搜索。

● 假如用户需要进行"英文关键词"搜索,请借助"预设项"图标,将帮助浏览器转换为英文版。

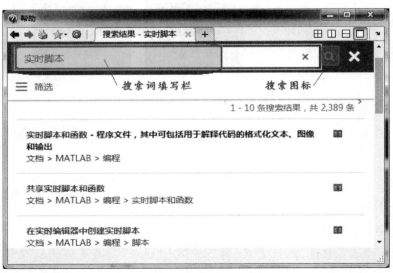

图 1.7 – 2 可搜索中文关键词的中文版帮助浏览器

（2）帮助文档的阅读

在帮助浏览器上，点击｛MATLAB｝条目，就可引出 MATLAB 帮助文档简介、入门及目录，再点击"快速入门"就可产生如图 1.7-3 所示界面。

- 对于寻求入门的 MATLAB 自学用户而言，建议先通读"MATLAB 快速入门"中的全部内容。
- 对于熟悉 MATLAB 的用户来说，快速浏览这部分入门材料也有益于了解版本变化。
- 帮助浏览器左侧所列之目录，涉及内容更深、更全面。用户可根据需要仔细阅读并实践。值得指出：本书以不同于帮助浏览器的视角和方式系统阐述目录所列之内容。

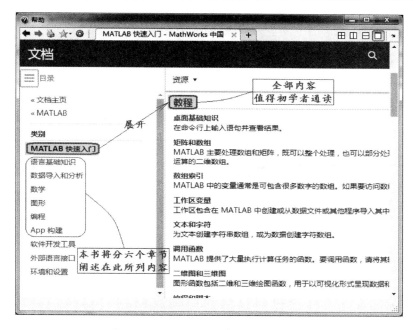

图 1.7-3　MATLAB 帮助资源的使用

1.7.2　浏览函数图标的现场帮助

左击 MATLAB 桌面命令窗提示符左侧的"浏览函数"图标 fx，就能引出函数分类目录和待搜索命令填写栏（图 1.7-4）。有如下两种方法搜索函数命令：

- 分类搜索法：
  □ 通过点击分类目录中的条目，一层一层地展开，直至展现具体的函数命令列表。用户再选中所需函数命令，就能获知该命令的基本调用格式。
  □ 这种方法适用于"知道使用目的，而不知道有哪些适用命令"的场合。
- 命令字母搜索法（图 1.7-5）：
  □ 在"待搜索命令填写栏"中依次键入待查命令的字母，该栏下方就会列出具有相同"词首部分"的各种命令。字母写得愈多，搜索范围就愈窄、愈准确。
  □ 这种搜索方法适用于模糊记得命令时。

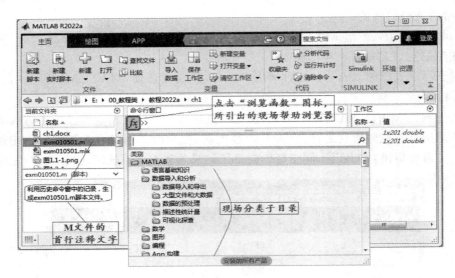

图 1.7 - 4　点击浏览函数图标引出的现场分类目录

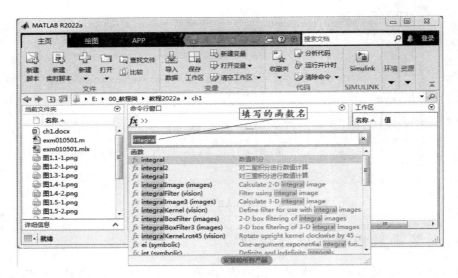

图 1.7 - 5　用函数名现场搜索结果

1.7.3　命令窗的 help 帮助命令

在"知道具体函数命令名称,但不知道该函数如何使用"的场合,借助 help 命令可得到很好的帮助信息(见图 1.7 - 6)。help 命令的调用方法如下:

help	列出所有函数分组名(Topic Name)
help TopicName	列出指定名称函数组中的所有函数
help FunName	给出指定名称函数的使用方法

❄说明

● 在此,TopicName、FunName 分别用来表示待搜索的分组函数名、函数文件名(参见图 1.7 - 6)。

- help 搜索的资源是 M 文件帮助注释区的内容。这部分资源用纯文本形式写成,简明地叙述该函数的调用格式和输入输出量含义。该帮助内容最原始,但也最真切可靠。
- 显然,作为 DOS 时代的主力求助命令,help 的作用在不断地衰退。尽管如此,help 命令至今仍拥有帮助浏览器所不具备的能力,即对非 MATLAB 制造商提供的 M 文件头部注释信息的搜索,因为帮助浏览器只能依赖经二次编写的 HTML 和 XML 文件。

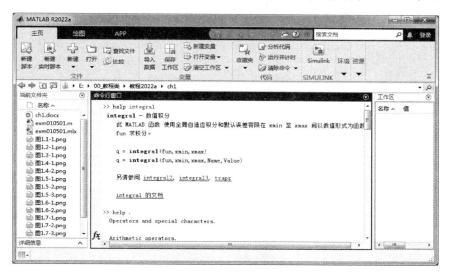

图 1.7 - 6　在命令窗中使用 help 获取函数命令的帮助信息

习题 1

1. 请指出如下 5 个变量名中,哪些是合法的?

   abcd-2　　xyz_3　　3chan　　a 变量　　ABCDefgh

2. 在命令窗中,运行命令 a＝sqrt(2)。然后请回答以下问题:计算结果 a 是精准的 $\sqrt{2}$ 吗?该计算结果只是 5 位有效数字精度的 $\sqrt{2}$ 近似吗?请在命令窗中,显示出具有最多位有效数字的 $\sqrt{2}$ 近似值?再请恢复 MATLAB 数值结果显示的默认设置。

3. 设 a＝－8,运行以下三条命令,问运行结果相同吗?为什么?

   ```
   w1 = a^(2/3)
   w2 = (a^2)^(1/3)
   w3 = (a^(1/3))^2
   ```

4. 命令 clear,clf,clc 各有什么用处?

5. 想要在 MATLAB 中产生二维数组 $S = \begin{bmatrix} 1 & 2 & 3 \\ 4 & 5 & 6 \\ 7 & 8 & 9 \end{bmatrix}$,下面哪些命令能实现目的?

   ```
   S = [1.2.3;4.5.6;7.8;9]
   S = [1  2  3;4  5  6;7  8  9]
   S = [1.2.3;4.5.6;7.8;9]              % 整个命令在中文状态下输入
   ```

6. 创建一个 MLX 实时脚本文件,用以计算两个复数 $z_1 = 4 + 3i$, $z_2 = 1 + 2i$ 的积,并在直角坐标系中用从原点出发的线段图示这两个复数及其积。

7. 以例 1.6 - 2 为基础,在不使用任何命令代码的情况下,请尝试借助属性编辑器和图形窗工具图标操作,使图 1.6 - 2 中的坐标框中画出"网格线",使整个图形与图 1.2 - 4 一样。

8. MATLAB 桌面上有哪些图标和超链接可引出帮助浏览器?它们又有什么不同?

第2章

符号计算

本书之所以把符号计算内容放在第 2 章,是出于以下考虑:一,相对于 MATLAB 的数值计算而言,符号计算的"引擎"和"函数库"是独立的;二,在很多时候,符号计算解算问题的命令和过程,显得比数值计算更自然、更简明;三,大多数本科学生在学过高等数学和其他专业基础课以后,比较习惯符号计算的解题理念和模式。

MATLAB 自收购 MuPAD 计算引擎以来,历经数年的融合、改造、升级,现今符号数学包算力已远非昔日可比。自 2016 年引入实时编辑器、2021 年引入新的符号阵类 symmatrix 对象后,符号计算产生的各种符号表达式、符号函数、符号矩阵都被自动显示为人们习惯的教科书版 LaTex 形式或 MathML 标准数学形式,更加令人赏心悦目。

为适应 MATLAB 工作环境的不断改善和升级,本章新增了表述符号(量)矩阵和符号阵区别及相互转换的内容,增添了符号计算在实时编辑器环境中运作优越于 MATLAB 命令窗的相关示例。此外,随书提供的各示例数码文档都被升级为 mlx 实时脚本文件。

编写本章时,作者在充分考虑符号计算独立性的同时,还考虑到章节的自完整性。为此,本章不但全面阐述符号计算,而且将在最后一节详细叙述符号计算结果的可视化。这样的安排将使读者在学习完本章后,就可以运用 MATLAB 的符号计算能力去解决一些具体问题。

2.1 符号体系引导

MATLAB 有两个独立的计算体系:数值计算体系和符号计算体系。

数值计算体系以数值(诸如双精度、单精度、整数等)对象为基本要素,实施各种代数、函数、逻辑关系、微积分等运算。在数值计算体系中,所有计算都是在有限精度、有限规模尺度、有限时间范围的约束下进行的。

符号计算体系则不同。它是以绝对准确、无误差的符号对象为基本要素,按照严格的理论代数、函数、逻辑关系、微积分等运算法则实施推演并得到无限精度、无限尺度、无限时间范围的演绎结果。

符号计算的准确性、无限性以大量或无限消耗计算资源为代价。为了避免资源消耗黑洞,符号计算引入了折中的变精度符号计算。它可以在计算进程中尽量保持"准确、无限"意义上的演绎,但在无法获得封闭解,或过多消耗资源的计算环节,实施可指定精度的符号数值计算。

按经典理论数学教科书模式,采用"面向对象"设计理念,符号计算体系包含:

- 符号体系中所有数、量、式等参与运算的对象,几乎全都属于"sym 符号类"。
- "sym 符号类对象"是符号计算的基本运算要素。这些对象又可细分为常数、变量、函数、表达式、逻辑表达式等。
- 为"sym 符号类对象"定义各种方法函数。它们包括(加、乘等)代数运算、(sin、exp 等)规范数学函数、自定义抽象函数、方程、不等式、逻辑运算等。
- 符号计算为矩阵计算和分析提供了 sym 和 symmatrix 两类不同对象。前者适用符号矩阵计算,后者适用于简练经典的矩阵理论分析。
- 符号计算结果的可视化命令,如 fplot、fsurf 等,可以直接把符号计算获得表达式或函数,在指定的区间上给予图形表现。
- 符号计算结果的 LaTex 或 MathML 化数学式代码映射和书面状表达。这样的表达式在实时脚本支持下,凸显了符号计算的简明优雅。

2.2   基本符号对象的创建

2.2.1   符号数的创建

众所周知,有限字长数字计算机在记述数字时可能存在截断误差,因而不能始终保证准确。为使参与符号计算的数字不包含记述误差,创建不含任何误差的准确符号数是进行严格解析计算的基础。

1. 非超长符号实数的创建

sym(HandNum)	直接由双精度数值环境下的数字创建符号数
sc＝sym(HandNum)	直接由双精度数值环境下的数字创建符号常数变量

说明

- 关于输入量 HandNum 的说明:
  - □ 输入量 HandNum 是指用户通过键盘直接输入的屏幕显示数字,或在程序代码中写出的数字。换句话说,是参与运算前的原始数。
  - □ HandNum 必须是单个实数。该实数只能用有理数、十进制小数或浮点数的科学记述形式的单个数字,如 -35、$137/273793$、327.8374、$1.9737e-33$ 等;除标准书写的有理数外,不允许"由运算符连接的几个数字构成的数字表达式",诸如 $1+2$、$273793\backslash137$ 等;更不允许 HanNum 是以数字为输入的函数,如 $\sin(1.5)$ 等。
  - □ HandNum 必须是"非超长"数字。这里非超长是指:有效数字位数不得超过 15 位,否则会引起圆整误差。
- 关于以上命令返回量的说明:
  - □ 在以上规约下,sym(HandNum)返回的符号数,一定不含误差准确表达 HandNum 的理论数值。
  - □ 输出量 sc 一定是不含误差表达 HandNum 理论数值的符号常数变量。
  - □ 返回结果或输出量 sc 中的符号数,默认采用有理数表述。
- 最后还需说明:

　　□ 小写英文字母 i,j 不但在 MATLAB 数值计算环境中是表示"虚数单元"的数,而且也是符号计算环境中承认的"虚数单元"。

　　□ 运行命令 isAlways(i＝＝sym(i))返回"逻辑 1",表示"始终恒等"。

2. 超长符号实数的创建

假如需要创建有效数字位数大于 15 的准确符号数,那么可采用如下创建格式。

sym('HandNum')　　　　　　　**由数字字符串创建符号数**

sc＝sym('Num')　　　　　　　**由数字字符串创建符号常数变量**

🔆**说明**

- 该格式的特点是:输入数字必须放在英文单引号"'"内。
- 关于输入量 HandNum 的说明:
  - □ 输入量 HandNum 是指用户通过键盘直接输入的屏幕显示数字,或在程序代码中写出的数字。换句话说,是参与运算前的原始数。
  - □ HandNum 的位数可为任意长的单个实数(除标准书写的有理数外),且该实数只能用有理数、十进制小数、科学记述的浮点数表示。
- 关于以上命令返回量的说明:
  - □ 在以上规约下,sym('HandNum')返回的符号数,一定不含误差准确表达 HandNum 的理论数值。
  - □ 输出量 sc 一定是不含误差表达 HandNum 理论数值的符号常数变量。
  - □ 最后还需说明:千万不能运行 sym('i')或 sym('j'),这可能引起复数表达的严重混乱。
- 关于 sym(pi)和 sym('pi')的特别说明:
  - □ sym(pi)返回绝对准确圆周率 π 的符号数值;
  - □ sym('pi')返回不具有任何数值意义的名为 π 的符号变量。

◀**例【2.2－1】**　通过几种典型数据输入生成的结果,演示:非超长符号实数和超长符号实数的正确创建法;圆周率 pi、虚数单元 i 或 j 的符号表达与数值表达的恒等性;符号虚数单元常数变量必须采用直接输入法创建;借助 symType 命令检查符号对象的类型。

1) 直接数字输入创建的准确非超长符号实数(即指少于 15 位数字的)

```
a1 = sym( － 12345678901234)          %少于 15 位有效数字的整数          <1>
a2 = sym(0.12345)                     %少于 15 位有效数字的十进制小数    <2>
a3 = sym(1.627e － 3)                  %少于 15 位有效数字的科学计数浮点数 <3>
a4 = sym(1234567/7654321)             %少于 15 位的有理数               <4>
a1,a2,a3,a4
a1 =
 － 12345678901234
a2 =
 2469
─────
20000
a3 =
```

```
      468950821998835
   288230376151711744
a4 =
    2905546020954131
   18014398509481984
```

2）数字字符串输入创建准确的超长符号实数

b1 = sym('1.23456789012345678901')   % 21 位有效小数的字符串输入   <6>
b2 = sym('1234567890123456789/9876543210987654321098')   %   <7>
                                    % (19 位)/(21 位)有理数字符串输入

b1,b2
```
b1 =
1.23456789012345678901
b2 =
    1234567890123456789
 9876543210987654321098
```

3）直接超长数字输入不能产生希望的准确符号数

c1 = sym(1.23456789012345678901)   % 21 位小数直接输入   <10>
c2 = sym(1234567890123456789/9876543210987654321098)   %   <11>
                                    % (19 位)/(21 位)有理数直接输入

c1,c2
```
c1 =
 5559999489923579
 4503599627370496
c2 =
    4611685976403399
 36893488147419103232
```

下面借助 32 位的变精度命令,显示"直接超长数字输入"造成的转换误差。
bc1 = vpa(abs(b1 − c1),32),bc2 = vpa(abs(b2 − c2),32)   %   <14>
```
bc1 =
0.0000000000000000098577864525888580828905169849534
bc2 =
0.0000000000000000000001668586279650563823220163916629
```

4）特别注意:pi 符号常数和 pi 符号变量的差别,形同而实不同!!
d1 = sym(pi),symType(d1)   %   <15>
                    % 直接输入法产生符号常数 π;检查 d1 符号对象的类型
```
d1 =
π
ans = "constant"
```
d2 = sym('pi'),symType(d2)   %   <17>
                    % 字符输入法产生符号变量 π;检查 d2 符号对象的类型
```
d2 =
π
ans = "variable"
```

5）虚数单元 i、j 只有经由"直接输入法"才能产生正确的符号虚单元常数变量

e1 = sym(1i),e2 = sym(1j),symType([e1,e2])　　　　　　　　　　　　　　　　% 　〈19〉
% 最后语句检查符号对象 e1、e2 的类型

```
e1 =
i
e2 =
i
ans = 1×2 string
"complex" "complex"
```

6）绝不能借助"字符串输入法"产生符号虚单元常数变量

f1 = sym('i'),f2 = sym('j'),symType([f1,f2])　　　　　　　　　　　　　　　% 　〈21〉
% 最后语句检查符号对象 f1、f2 的类型

```
f1 =
i
f2 =
j
ans = 1×2 string
"variable" "variable"
```

说明

- 由本例得到的几个体验：
  □ 数字直接输入法,可方便准确地用于创建"非超长符号"实数;可方便准确地创建符号"pi 常数"变量;可用于方便准确地创建符号虚数单元 i 或 j 的常数变量。
  □ 数字字符串输入法,主要用于"超长符号"实数的创建;在符号计算中,千万不要使用 sym('i') 或 sym('j') 命令,否则后果严重!
  □ 假如超长数字借助直接输入法创建符号数,那么该超长输入数字一定是经双精度截断后再变换为符号数的,所以一定是不准确的。行〈14〉的运行结果就是验证。
- vpa 是变精度计算命令。该命令可按用户需要,给出精准符号结果的任意精度近似值。比如,行〈14〉中的 vpa(abs(b1 − c1),32)就是把 b1 和 c1 之间的精准误差用 32 位近似值表现。
- symType 命令可用于检验"sym 符号类"对象的子类型,参见行〈15〉〈17〉〈19〉〈21〉。这里强调的"sym 符号类"是指:由 sym 或 syms 命令创建的基本符号对象,以及由这些基本符号对象衍生而来的符号对象。

3. 符号复数的创建

从符号计算关于数与数字表达式的严格区分角度说,复数应归属于符号数字表达式范畴。这是因为不管采用哪种形式表达复数,它们都是由数字、虚数单元、算符或符号函数构成的表达式。下面以算例形式,给出创建符号复数的几种模式。

例【2.2−2】　演示 6 种非超长实虚部准确符号复数的创建代码;演示 2 种非超长指数形式准确符号复数的创建代码;演示;超长实虚部准确符号复数的创建代码,尽量避免单独使用

虚单元符 i 或 j,而应采用 1i 或 1j 为宜(注意)。

1) 非超长实虚部复数的直接数字输入法

```
clear
a0 = sym(1.65) + sym(3.47) * sym(1i)        % 创建"非超长实虚符号复数"最严谨代码        <2>
a0 =
```
$$\frac{33}{20} + \frac{347}{100} i$$
```
a1 = sym(1.65) + sym(3.47i);                % 与上面等效的简化代码 1
a2 = sym(1.65) + 1i * sym(3.47);            % 与上面等效的简化代码 2
a3 = sym(1.65) + 3.47i;                     % 与上面等效的简化代码 3
a4 = 1.65 + 3.47 * sym(1i);                 % 与上面等效的简化代码 4
a5 = sym(1.65 + 3.47i);                     % 与上面等效的简化代码 5        <7>
a0 == a1&&a0 == a2&&a0 == a3&&a0 == a4&&a0 == a5    % 6 个数恒等吗?
ans = logical
    1
```

2) 非超长指数形式复数的直接数字输入法

```
b0 = sym(2) * exp(sym(1i) * sym(3) * sym(pi)/sym(4))                    %        <9>
                            % 创建"非超长指数符号复数"最严谨代码
b1 = sym(2) * exp(1i * pi * sym(3/4));      % 与上面等效的简化代码        <11>
b0,isAlways(b0 == b1)

b0 =
```
$$\sqrt{2} \ (-1 + i)$$
```
ans = logical
    1
```

3) 超长实复部复数的数字字符串输入法

```
c0 = sym('1.234567890123456789') + sym('9.876543210987654321') * sym(1i)
                            % 创建"超长实虚部"符号复数"最严谨代码        <14>
c1 = sym('1.234567890123456789') + sym('9.876543210987654321') * 1i;
                            % 与上面等效的简化代码        <16>
c0,c1
c0 =
1.234567890123456789 + 9.876543210987654321 i
c1 =
1.234567890123456789 + 9.876543210987654321 i
```

☀️说明

- **非超长实虚部形式准确符号复数创建中的注意要点:**
  - □ 既不允许在实部中出现运算符,也不允许在虚部中出现运算符。换句话说,不允许创建过程中发生数值之间的代数运算。
  - □ 由于实部数字与虚部数字之间不存在任何关联运算,所以行〈7〉的代码也是合理的。
  - □ 无论哪种创建形式,至少要出现一次 sym 命令。以此表明,创建在符号规则下实施。

- 非超长指数形式准确符号复数创建中的注意要点：
  - □ 因为 MATLAB 总以实部、虚部形式存储复数，所以输入的指数形式复数必须经过运算，转换成实虚部，加以保存。因此，一定要保证参与运算的符号数字是准确的。
  - □ 必须如行〈9〉那样，对复数模的数字和复数幅角中的数字进行独立的符号数字创建。
- 在超长实虚部形式准确符号复数创建中，必须对超长的实部、虚部分别采用独立的数字字符串创建法，参见行〈13〉〈15〉。

2.2.2 符号变量的创建

1. 基本符号变量的创建

在经典教科书里，常把表达式 $e^{-ax}\sin bx$ 中的 a,b 称为参数，而把 x 称作变量。在 MATLAB 的符号计算中，a,b,x 统称为"基本符号变量"。而当对符号表达式进行求解、绘图等操作时，假如不做专门设定，那么 x 总被默认为"待解符号变量"或称"自由符号变量"，而其他的基本符号变量被作为"符号参数"处理。

下面介绍三种定义基本符号变量的命令格式：

x＝sym(x,'clear')	创建单个不带任何限定条件的复数符号变量 x
x＝sym('x')	创建单个"继承已有限定条件"的符号变量 x
syms x1 x2 xN	创建单个或多个复数域符号变量 x1、x2、xN

※ 说明

- 关于 x、x1、x2、xN 的说明：
  - □ 它们分别代表待创建基本符号变量名。它们的具体取名规则与 MATLAB 数值计算环境相同。用户所取的变量名应不同于 MATLAB 的预定义变量名、函数名（可借助 isvarname 命令检查）。
  - □ 在 syms x1 x2 xN 格式中，命令与变量、变量与变量之间必须用"空格"分隔。
- sym 和 syms 命令功能的异同：
  - □ x＝sym('x')创建的符号变量 x 总会继承符号空间中已有的关于 x 的限定条件。
  - □ 只有 x＝sym(x,'clear')格式才能清空此前关于 x 的所有限定条件，保证创建出无约束的复数符号变量 x。
  - □ syms x1 x2 xN 用于创建单个或多个符号变量，且总是无约束的复数符号变量。换句话说，不管 x1、x2、xN 曾被做过什么限定，那些限定都先被统统解除。
  - □ sym 和 syms 两命令功用的异同，请见表 2.1－1。

2. 符号数组的创建

就数组与其元素的创建先后而言，有如下两种数组创建法：

（1）分步创建法

该法先借助 sym 或 syms 命令创建基本符号变量，然后以这些基本符号变量为元素，借助方括号"[ ]"、逗号"，"、分号"；"等按序排列成数组。请见例 2.2－3。

表 2.1 - 1 sym 和 syms 命令功能异同比较

功用类别	sym 命令的功用	syms 命令的功用
符号数字、符号常数的创建	sym(2) a＝sym(2/3)	—
命令本身能否出现在符号表达式中	sym(pi)^2 * sqrt(sym(2))	
继承已有限定性假设的单个符号变量的创建	sym('x')	
无限定假设的单个符号变量的创建	x＝sym(x,'clear')	syms x
多个符号变量的成批创建（无限定或带限定假设）	—	syms x1 x2 xN syms x1 x2 xN positive
通用符号函数及符号变量的同时创建	—	syms f(x,y)
变量限定性假设的撤销	x＝sym('x','clear')	syms x1 x2 clear

（2）同步创建法

该法通过指定元素变量，在 sym 命令作用下，创建指定规模的数组。具体命令格式如下：

A＝sym('a',[1,n])　　　　　创建以"a ＋ 列号"为元素的长度为 n 的符号行数组 A

A＝sym('a',[m,1])　　　　　创建以"a ＋ 行号"为元素长度为 m 的符号列数组 A

A＝sym('a%d%d',[m,n])　　创建以"a ＋ 行列号"为元素规模为（m * n）的符号数组 A

syms A [m,n]　　　　　　　创建以"A ＋ 行列号"为元素规模为（m * n）的符号数组 A

💡 说明

● 关于输入量的说明：

　□ a 用于指定待创建数组的元素名。请注意：它一定处于英文单引号中。

　□ ％d％d 仅用于指定元素下标表述形式。

　□ 在生成具体符号数组时，输入量 m、n 必须是具体的数值。

● 关于输出量的说明：

　□ A 是数组对象，并存在于 MATLAB 工作空间中。

　□ 元素 a 仅用于具体描述 A 数组的内部结构，不独立地存在于 MATLAB 工作空间。

下面以算例分别介绍这两类创建法。

◀例【2.2 - 3】　演示分步法创建矩阵的步骤；观察符号矩阵（数组）的显示特点。注意，分步创建生成数组中的各元素变量也都存在于工作空间。

1）分步法创建小规模矩阵

```
clear                    % 清空工作空间；为 whos 显示内容可重现而设
syms a b c d e f g h k   % 先定义元素符号变量
A = [a,b,c;d,e,f;g,h,k]  % 再用元素变量生成矩阵
A =
```

$$\begin{pmatrix} a & b & c \\ d & e & f \\ g & h & k \end{pmatrix}$$

2）分步法创建符号表达式矩阵

B = [3 * a + 4 * b,sin(c) * exp(d);sqrt(c/b),log(d * f)]　　　　　　　　%　　　　　　　<4>

　　　　　　　　　　　　　%分步适于创建这类符号表达式矩阵

B =

$$\begin{pmatrix} 3a + 4b & e^{d}\sin(c) \\ \sqrt{\dfrac{c}{b}} & \log(df) \end{pmatrix}$$

3）显示 MATLAB 工作空间中的变量

whos　　　　　　　　　　%显示工作空间内容　　　　　　　　　　　　<6>

Name	Size	Bytes	Class	Attributes
A	3x3	8	sym	
B	2x2	8	sym	
a	1x1	8	sym	
b	1x1	8	sym	
c	1x1	8	sym	
d	1x1	8	sym	
e	1x1	8	sym	
f	1x1	8	sym	
g	1x1	8	sym	
h	1x1	8	sym	
k	1x1	8	sym	

💡说明

● 分步法的适用性：
　　□ 适于创建规模很小的矩阵（数组）。对于规模较大的矩阵（数组），该创建法就显得过于繁琐。
　　□ 适于创建由无规律表达式构成的矩阵。参见行 <4> 代码。
● 分步法创建矩阵（数组）后,元素变量和矩阵变量都存在于 MATLAB 工作空间。

◢例【2.2 - 4】　本例演示:抽象符号数组创建法;抽象符号数组的显示形式以及在工作空间列表中的表述;在抽象矩阵符号运算中的应用;利用抽象符号数组快速生成多个独立编序元素变量。

1）行（或列）数组的元素单序号格式创建法

clear

A1 = sym('a',[1,15])　　　　　% 创建以 a 为元素名的(1 * 15)行数组

B1 = sym('b',[3,1])　　　　　% 创建以 b 为元素名的(3 * 1)列数组

A1 =

$(a_1 \quad a_2 \quad a_3 \quad a_4 \quad a_5 \quad a_6 \quad a_7 \quad a_8 \quad a_9 \quad a_{10} \quad a_{11} \quad a_{12} \quad a_{13} \quad a_{14} \quad a_{15})$

B1 =

$$\begin{pmatrix} b_1 \\ b_2 \\ b_3 \end{pmatrix}$$

2）数组的元素双下标创建法

```
A2 = sym('a%d%d',[2,2])          % 创建以 a 为元素名的(2 * 2)数组
B2 = sym('b%d%d',[2,2])          % 创建以 b 为元素名的(2 * 2)数组
A2 =
```

$$\begin{pmatrix} a_{11} & a_{12} \\ a_{21} & a_{22} \end{pmatrix}$$

```
B2 =
```

$$\begin{pmatrix} b_{11} & b_{12} \\ b_{21} & b_{22} \end{pmatrix}$$

3）显示 MATLAB 工作空间变量

```
whos                             % 显示工作空间的内容          <6>
  Name        Size           Bytes  Class    Attributes
  A1          1x15               8   sym
  A2          2x2                8   sym
  B1          3x1                8   sym
  B2          2x2                8   sym
```

4）矩阵运算

```
C = A2 * B2                      % 注意"矩阵乘 *"运算的结果       <7>
d = det(A2)                      % 矩阵 A2 的行列式
c, d
C =
```

$$\begin{pmatrix} a_{11}\,b_{11} + a_{12}\,b_{21} & a_{11}\,b_{12} + a_{12}\,b_{22} \\ a_{21}\,b_{11} + a_{22}\,b_{21} & a_{21}\,b_{12} + a_{22}\,b_{22} \end{pmatrix}$$

```
d =
```

$$a_{11}\,a_{22} - a_{12}\,a_{21}$$

5）数组运算

```
G = A2. * B2                     % 注意"数组乘 . *"运算结果       <9>
G =
```

$$\begin{pmatrix} a_{11}\,b_{11} & a_{12}\,b_{12} \\ a_{21}\,b_{21} & a_{22}\,b_{22} \end{pmatrix}$$

6）基于 A1 快速产生 15 个独立的编序变量名

```
syms(A1)

who

您的变量为:

A1   B1   C    a1   a11   a13   a15   a3   a5   a7   a9
A2   B2   G    a10  a12   a14   a2    a4   a6   a8   d
```

💡说明

● 关于抽象符号数组内存特点的说明:
  □ 本例行〈6〉代码运行后显示的 MATLAB 工作空间中变量列表中,只有创建生成的抽象符号数组名,而没有创建命令中输入的"元素名"。
  □ 请读者把本例行〈6〉运行结果与上例(例 2.2 - 3)行〈6〉运行结果进行对照比较,观察

两者之间的异同。
- 这种抽象符号数组、矩阵适用于理论分析、全解析运算。
- 就元素组织形式和保存方式而言,二维数组和矩阵没有任何区别。这两个名称在不同的运算法则下,特别要注意区分运算名称。比如本例行〈7〉代码执行"两个矩阵的乘运算",而行〈9〉代码执行的"两个数组的乘运算"。

3. 受限符号变量的创建

若不对符号变量进行任何限定性设置,那么该符号变量总被默认为"复数变量"。在实际应用中,常常需要对符号变量、符号表达式进行某种限定性假设(Assumptions for symbolic variables),比如某变量是否是实数、某几个变量必须满足某条件、某表达式是否大于 0 等。归纳起来说,受限符号变量由两部分组成:
- 符号变量本身,存在于 MATLAB 工作空间中;
- 限定性假设,存在于执行符号计算的 MuPAD 工作空间中。

正由于这种工作存储机理,使得受限符号变量的创建和清除显得更复杂些。下面介绍两种受限符号变量的创建方法:"简单限定法"和"专门命令限定设置法"。

（1）简单限定法

sym、syms 带附加选项的调用格式如下:

x＝sym('x','Set')	创建属于 Set 所指定数集的符号变量 x
syms x y z Set	创建属于 Set 所指定数集的符号变量 x、y、z

💡说明
- Set 可取以下四种集合选项:integer 整数集;positive 正数集;rational 有理数集;real 实数集。随带以上任何选项所创建的符号变量就只能在指定的集合上运算,并生成指定集合中的结果。
- 假如创建变量时,不带任何集合选项,比如直接写 syms x y z,那么所建符号变量 x、y、z 就定义在默认的复数域。与此同时,这种创建格式命令会把此前施加在那变量上的包括集合在内的所有约束统统清除。
- 如果想表达以上四种集合的"并集"(比如正有理数集),那么对于 sym 和 syms 将采用不同语法格式:
  - □ sym 命令的并集格式,例如 sym(x,{'positive','rational'})或 sym(x,["positive", "rational"]);
  - □ syms 命令的并集格式,举例 syms x positive rational。

（2）专用命令限定设置法

assume(expr,'Set')	废除已有的全部假设,申明 expr 符号表达式属于 Set 集合
assume(Conds)	废除已有的各种假设,申明相关符号变量必须满足 Conds 条件
assumeAlso(expr,'Set')	在已有假设基础上,再要求 expr 必须属于 Set 集合
assumeAlso(Conds)	在已有假设基础上,追加必须满足的新的 Conds 条件

💡说明
- assume、assumeAlso 命令运行时,假设所涉及的符号变量都已经被定义而存在。
- 再次强调 assume 和 assumeAlso 的区别:

□ assume	该命令先废除相关的已有假设,然后设置全新的假设。参见例 2.2－5 的行〈6〉。
□ assumeAlso	在已有假设的基础上,该命令再增加新的假设。

● 输入量 expr　　　表示已存在的符号变量,以及由它们构成的符号表达式或符号数组。
　　　　　　　　　注意:如果 expr 是数组,那么 assume(expr,set)就意味着该数组的每个元素都属于 set 集合。

● 输入量 Set　　　可取以下四个选项字符串:

□ integer	整数集。
□ positive	正数集。
□ rational	有理数集。
□ real	实数集。

● 输入量 Conds　　符号表达式或表达式矩阵、符号方程或方程矩阵、符号关系式或关系式矩阵。

（3）典型限定性假设的表述示例
见表 2.2－2。

表 2.2－2　限定性假设表述典型示例

假设表达方式的示例	含　义	算例序号
assume(x,'real')	实数集	
assume(x,'rational')	有理数集	
assume(x/pi,'integer')	x 是 π 的整数倍	
assume(x ～= 0)	x 不等于 0	
assume(real(x) > 0)	x 的实部为正	例 5.1－6
assume(x/2,'integer')	x 是偶数	
assume((x−1)/2,'integer')	x 是奇数	
assume(x<−1 ∣ x>1)	$abs(x)>1$	
assume(x>0 & x<2 * pi)	$x \in (0,2\pi)$	
assume(in(x,'integer') & x>2 & x<10)	x 是 2 与 10 之间的整数	

说明

assume 命令所采用的所有假设表达方式也适用于 assumeAlso 命令。

4. 符号变量的清除和限定设置的检测与撤销

　　由于组成受限符号变量的符号变量本身和限定设置条件分别存储在不同工作空间,因此清除变量和清除限定设置条件不能混为一谈。下面列出清除符号变量本身和清除限定条件的各种命令调用格式。

clear var1 var2	清空 MATLAB 工作空间中的变量 var1、var2
clear	清空 MATLAB 工作空间所有变量
clear all	清除工作空间所有变量、函数,并清空所有已有的限定假设
clear classes	清除所有类及对象(含符号类),并清空所有已有的限定假设

assumptions(expr)	给出关于符号表达式或方程 expr 中所有变量的全部限定性假设
assumptions	给出 MATLAB 工作空间中全部变量的各种假设
assume(expr, 'clear')	撤销 expr 中关于 var 的全部假设
assume([var1 var2], 'clear')	撤销关于 var1、var2 的全部假设

🔆 **说明**

- 关于 clear 的使用说明：
  - □ clear var、clear 命令只能清除 MATLAB 工作空间中的变量。
  - □ clear all、clear classes 命令,既清除 MATLAB 空间的所有变量,又清除 MuPAD 内存中的其所有限定性设置。
- assumptions 用于咨询指定符号变量 var 或所有符号变量已有的限定性设置。
- 关于 assume 撤销命令的说明
  - □ assume(expr, 'clear') 用于撤销施加在 expr 所涉变量上的所有限定性设置。
  - □ assume([var1 var2], 'clear')用于撤销所有涉及 var1、var2 的全部限定性设置。

◀**例【2.2-5】** 演示:在无假设下创建的符号变量,默认在复数域;assume 能也只能对已经存在的符号变量进行假设设置;assumeAlso 可以在已有假设基础上追加"限定性假设";assumptions 可用于获知符号变量的现有假设;实施新的符号计算应考虑的问题及正确的处理步骤。

1）创建符号变量、方程并求解

```
clear all          % 为保证本例结果重现,清空 MATLAB 内存和重启 MuPAD      <1>
syms x             % 创建非受限符号变量 x
Eq = x^3 + 1 == 0  % 定义符号方程                                      <3>
Eq =
x^3 + 1 = 0
S1 = solve(Eq)     % 解无约束方程,可得符号方程在复数域的所有 3 个根        <4>
S1 =
```

$$\begin{pmatrix} -1 \\ \dfrac{1}{2} - \dfrac{\sqrt{3}\,i}{2} \\ \dfrac{1}{2} - \dfrac{\sqrt{3}\,i}{2} \end{pmatrix}$$

```
assumptions(x)     % 咨询 x 的限定。若"空",表示 x 是复域符号变量          <5>
ans =
Empty sym: 1 - by - 0
```

2）借助 assume 进行假设设置

```
assume(real(x)>0)  % 限定根的实部为正                                 <6>
S2 = solve(Eq)     % 注意所得结果是否满足限定条件                        <7>
S2 =
```

$$\begin{pmatrix} \dfrac{1}{2} - \dfrac{\sqrt{3}\,i}{2} \\ \dfrac{1}{2} - \dfrac{\sqrt{3}\,i}{2} \end{pmatrix}$$

```
assumptions(x)                 % 检测出,x 限定在第 1、4 象限            <8>
ans =
0<real(x)
```

3) 借助 assumeAlso 追加假设

```
assumeAlso(imag(x) > 0)        % 再要求 x 的虚部也为正                   <9>
S3 = solve(Eq)                 % 再观察所得结果的变化
S3 =
```

$$\frac{1}{2} + \frac{\sqrt{3}\ i}{2}$$

```
assumptions(x)                 % 可检测到,要求 x 在第 1 象限            <11>
ans =
(0 < imag(x)   0 < real(x))
```

4) 进行新的符号计算

下面演示:在清空 MATLAB 工作空间后,求新代数方程解,但对变量 x 不作任何约束。

```
clear                          % 清除此前的所有符号变量                <12>
x = sym ('x');                 % 虽重新定义符号变量 x,但它继续已有的约束   <13>
Ex = x^2 + x + 5 == 0          % 待解的新符号方程
Ex =
```

$$x^2 + x + 5 = 0$$

```
SS1 = solve(Ex)                % 求方程 Ex 关于 x 的解                 <15>
SS1 =
Empty sym: 0 - by - 1
```

由理论可知,任何二次方程在复数域总存在 2 个解。因此,断定以上解算代码不正确。经下面代码查询可知原因所在。

```
assumptions                    % 查询此前所有假设                      <16>
ans =
(0 < imag(x)   0 < real(x))
```

必须先清除留存下来的关于 x 的限定性假设,才能保证 x 是复数域变量。

```
assume(x,'clear')              % 撤销关于 x 符号变量的所有假设          <17>
assumptions(x)                 % 再检查关于 x 的假设
ans =
Empty sym: 1 - by - 0
SS2 = solve(Ex)                % 重新求解方程 Ex                      <19>
SS2 =
```

$$\begin{pmatrix} -\dfrac{1}{2} - \dfrac{\sqrt{19}\ i}{2} \\ -\dfrac{1}{2} + \dfrac{\sqrt{19}\ i}{2} \end{pmatrix}$$

💡说明

● 本例的限定性设置无法借助 sym 或 syms 实施。

● 本例从行〈1〉到行〈11〉代码的演示围绕"符号变量的限定性设置及其影响"展开。行〈6〉的假设限定解的"实部大于 0",行〈9〉在原基础上再追加"虚部大于 0"的假设。

- 本例从行〈12〉到行〈16〉代码则展示：
  - □ 如果在展开新的解方程计算前,仅借助行〈12〉清空 MATLAB 工作空间,然后由行〈13〉行〈14〉代码定义符号变量、构建新符号方程,那么行〈15〉代码解新方程,所得结果就出现错误。原因在于：MuPAD 工作空间中还留存着原先关于 x 的限定性假设。（参见行〈16〉的运行结果）
  - □ 行〈17〉清除所有留存的关于 x 的限定性假设,才保证行〈19〉代码解算出 Ex 方程在复数域里的一对共轭解。
- 要注意：
  - □ 对本例而言,第一行代码 clear all 是适当的、必需的。
  - □ 为重现本例运算过程中的结果,请不要随便更改本例代码的运行次序。
- 再次强调性,"彻底清除指定变量上附加限定性假设"的命令代码有以下三种：
  - □ syms x　　　　　　　　　创建不带任何限定条件的复数符号变量 x；
  - □ sym(x,'clear')　　　　　创建不带任何限定条件的复数符号变量 x；
  - □ assume(x,'clear')　　　清除已有符号变量 x 上的所有限定条件。

2.3　符号运算操作基础

2.3.1　符号算术运算符及函数

1. 符号数学和数值数学中算术运算的异同

正如前面所述,符号数学中被算术运算的是符号对象,而数值数学中被算术运算的是数值对象,如双精度数值对象。就算术运算所产生的结果来说,在符号数学中,所得结果是经过默认简化的符号表达式;而在数值数学中,产生的就是数值。

尽管符号算术、数值算术所处理的对象及产生的结果的类型不同,但这些算术算符在运算代码中体现的理论意义及实际影响相同。

正是基于以上的异同,MATLAB 内码采用面向对象技术,为算术运算设计了一组字符统一的算术算符和许多名称完全相同的算术函数。它们既适用于数值数学环境,又适用于数值数学环境。据此,下面几小节仅作简要归纳。

2. 符号算术运算符

MATLAB 为数值计算和符号计算设计了一组统一的运算符。在应用中,这些算符会根据参与运算的对象是数值或符号,而自动去调用为数值计算或符号计算编写的程序代码。

算术运算符归纳如下：

- 符合矩阵运算法则的算符：
  "＋""－""＊""\""/""^"分别表示矩阵间的加、减、乘、左除、右除、求幂运算。此外,还有矩阵共轭转置算符"'"。
- 符合数组运算法则的算符：
  "＋""－"".＊"".\"".//""./"".^"分别表示"作用在数组元素上"的加、减、乘、左除、右除、求幂。此外，还有数组转置符（即矩阵的非共轭转置符）".'"。注意：数组左除和数组右除是等价的。

3. 符号计算的工具包函数

MATLAB 的内码采用面向对象技术编写。许多同一名称的函数，以类方法的身份，重复地装载在不同类别中。这就是面向对象的覆盖（Overriding）和重载（Overloading）技术。

函数会根据用户所给输入量的类别，调用相应的类方法进行计算处理。因此，从形式上看，用于数值计算的函数名与用于符号计算的函数名没有什么区别。

出于篇幅考虑，这里仅归纳性地列出一些代表性的函数，如表 2.3-1 和表 2.3-2 所列，以供读者了解梗概。

表 2.3-1　常用的符号数学工具包函数

类　别	情况描述	与数值计算对应关系
常用函数	三角函数、双曲函数及反函数；除 atan2 外	名称和使用方法相同
	指数、对数函数（如 exp，expm，log）	名称和使用方法相同
	矩阵分解函数（如 eig，svd）	名称和使用方法相同
	方程求解函数 solve	不同
	微积分函数（如 diff，int）	不完全相同
	积分变换和反变换函数（如 laplace，ilaplace）	只有离散 Fourier 变换
	绘图函数（如 fplot，fsurf）	数值绘图指令更丰富

表 2.3-2　其他符号数学工具包函数

类　别	函数名	含　义
取整、取小数、取模及商余运算函数	ceil	向正无穷取整
	fix	向 0 取整
	floor	向负无穷取整
	frac	取小数（数值计算中无）
	mod	取模运算
	quorem	求商和余数（数值计算中无）
	round	就近取整
共轭、虚实部函数	conj	共轭运算
	imag	取虚部
	real	取实部
累和、累积函数	cumprod	累计积
	cumsum	累计和

2.3.2　符号关系和符号逻辑表述

1. 符号关系逻辑与数值关系逻辑的异同

MATLAB 数值计算环境中的关系运算和逻辑运算有以下特点：

- 在关系符或逻辑符两侧的是数值对象或数值表达式。比如代码 ii+1＞k 中的 ii、k 都是事先被赋值的数值对象，ii+1 也是数值确定的表达式。
- 关系式或逻辑式的结论是简单、清晰、确定无疑的。比如，若 ii 被赋 5，k 被赋 3。那么关系式 ii+1＞k 意味着 6＞3。这无疑是成立的事实，因此可以返回运算结果"逻辑 1"。

但在符号计算环境中，情况就不同：

- 在关系符或逻辑符两侧的是符号对象，它可能是符号数字、符号变量、符号表达式。比如在 x 被 syms x 定义为符号变量后，式 x+1＞sym(2) 的左边是符号表达式，右边是符号数字。这时，x+1＞sym(2) 可以理解为"希望被求解的不等式方程"，也可以被理解为"希望被判断是否成立的不等关系式"。
- 对关系式或逻辑式的处理将取决用户的目的：
  - □ 若用户希望求解该不等式，就可以借助 solve 命令对 x 进行求解。（关于 solve 的使用，请看第 2.10.3 节。）
  - □ 若用户希望对该式是否成立做出判断，就要借助命令 isAlways 或 logical 实施，若不等式成立，则给出"逻辑 1"。（关于这两个命令的使用，请看下页有关内容。）

由以上分析可知，符号关系、逻辑式只有在 isAlways 或 logical 等命令作用下，才会给出"逻辑 1 或 0"的结果，表明被判断符号关系的成立与否，获得逻辑组合的结果。

2. 纯关系纯逻辑表述符及函数

本节三张表格中所列的符号、函数（除 in 外），既可用于处理数值对象，又可用于处理符号对象。值得再次强调指出：虽然符号形式或名称一样，但它们分别是两个不同类（数值类和符号类）的类方法。当这些符号或函数处理不同数据对象时，它们就分别调用各自的类方法。

对于符号对象而言，表 2.3-3、表 2.3-4、表 2.3-5 中所涉的关系符、关系函数、逻辑符、逻辑函数都是用于符号对象间纯粹意义上的关系或逻辑表述的，希望读者切记。

表 2.3-3　符号对象的纯关系表述符

纯关系符	==	～=	＞	＞=	＜	＜=
含义	等于	不等于	大于	大于等于	小于	小于等于
对应函数 （符号类方法）	eq	ne	gt	ge	lt	le

表 2.3-4　符号对象的纯关系函数

纯关系函数（符号类方法）	含义
in(x,type)	描写符号对象属于 type 类的纯粹关系

表 2.3 − 5   符号对象的纯逻辑表述符

纯逻辑符	&	|	～	
含义	逻辑与	逻辑或	逻辑非	逻辑或非
对应函数 （符号类方法）	and	or	not	xor

3. 关系逻辑判断函数和直接逻辑判断函数

MATLAB 符号数学工具包中有两个基本判断函数 isAlways 和 logical。它们的调用格式如下：

La＝isAlways(cond)   对 cond 成立性、逻辑性给出数学逻辑判断结论

La＝isAlways(cond,'Unknown','false')   功能与上相同,不显示任何警告性提示

La＝logical(cond)   对 cond 成立性或符号数是否非 0 给出直接逻辑判断结论

💡说明

- 关于 isAlways 两种调用格式的说明：
  - □ isAlways(cond)在无法判断 cond 是否成立时,给出"逻辑 0"判断结果的同时,还会给出说明"无法判断"的警告信息。
  - □ isAlways(cond,'Unknown','false')在无法判断 cond 是否成立时,只给出"逻辑 0"判断结果。
- 关于 isAlways 和 logical 命令的说明：
  - □ 笼统而言,isAlways 和 logical 都是对输入量 cond 符号对象、符号关系式、符号逻辑关系式进行逻辑判断的命令。
  - □ 但 isAlways 和 logical 的工作机理、代码设计、适用场合等方面存在明显的差别,见表 2.3 − 6。注意："逻辑算符"的存在不会改变表中所列的适用范围。

表 2.3 − 6   关于 isAlways 和 logical 命令功能及适用范围对照表

逻辑判断命令名称		isAlways	logical
输入量 cond	带限定条件的 符号变量关系式	推荐使用	杜绝使用,以免误判
	（需要数学恒等变换的） 复杂符号变量关系式	推荐使用	杜绝使用,以免误判
	简单的含＞或＜号的 符号变量不等式	推荐使用	不能使用
	简单的 符号变量等式或不等式	推荐使用	建议不用
	纯符号数字各种关系式	推荐使用	推荐使用
	不含关系符的 纯符号数字表达式	杜绝使用,以免误判	推荐使用
	不含关系符的 纯符号数字	杜绝使用,以免误判	推荐使用

逻辑判断命令名称		isAlways	logical
运行机理及能力	考虑符号变量的限定条件	有考虑限定条件的能力	没有考虑变量限定条件的能力；只能按复数变量处理
	实施数学恒等变换	有恒等变换能力	没有恒等变换的能力；只按字面处理
	比较符号关系式的依据	在数学理论意义上	在字符比较的意义上
	判断符号数字是否非 0	无此判断机制	具有判断能力
输出结果 La		返回与输入量 cond 同样规模的逻辑 1 或 0 组成的数组	

例【2.3 - 1】　通过实例演示：数值关系式、符号关系式运行后所产生的不同结果；符号关系式成立与否，必须借助 isAlways、logical 命令才能判断；isAlways 与 logical 命令的功能差别。

1）回顾数值计算中的关系式及其运算返回的"判断结论"逻辑结果

```
clear all
A = 10;                              % 创建数值对象变量 A
B = sqrt(5);                         % 创建数值对象变量 B
Rn1 = A>B                            % 建立 A 大于 B 的不等式。若此关系成立，返回"逻辑 1"    <4>
Rn1 = logical
   1
W1 = (A + B)^2;                      % 由数值变量构成的表达式，仍是具体数值
W2 = (A^2 + 2 * A * B + B^2);        % 数值变量构成的恒等变换表达式，也是具体数值
Rn2 = abs(W1 - W2)<abs(W1) * eps     % 差的绝对值小于运算误差？若是，则 Rn2 为"逻辑 1"    <7>
Rn2 = logical
   1
```

2）符号关系式及其运算返回的"非判断意义"的符号结果

```
a = sym(10);                         % 创建符号数值变量 a
b = sqrt(sym(5));                     % 创建符号数值变量 b
Rs1 = a>b                            % 建立 a>b 的不等式，并记录于 Rs1 符号对象中    <11>
Rs1 =
```
$$\sqrt{5} < 10$$
```
w1 = (a + b)^2;                      % 用符号变量 w1 记录符号表达式
w2 = (a^2 + 2 * a * b + b^2);        % 用符号变量 w2 记录恒等变换表达式
Rs2 = w1 - w2 == 0                   % 建立 w2 - w1 == 0 关系式，并记录于 Rs2 符号对象中    <14>
Rs2 =
```
$$(\sqrt{5} + 10)^2 - 20\sqrt{5} - 105 = 0$$
```
whos Rs *                            % 显示 MATLAB 工作空间前导字符为 Rs 的全部变量    <15>
   Name      Size          Bytes  Class     Attributes
   Rs1       1x1               8  sym
   Rs2       1x1               8  sym
```

3）采用 isAlways 对符号关系式进行数学推理判断

```
isAlways(Rs1)                        % 若 Rs1 表述关系式成立,返回"逻辑 1"        <16>
ans = logical
   1
isAlways(Rs2)                        % 若 Rs2 表述关系式成立,返回"逻辑 1"        <17>
ans = logical
   1
```

4）采用 logical 对符号关系式进行字面判断

```
logical(Rs1)                         % logical 能正确判断                      <18>
ans = logical
   1
logical(Rs2)                         % logical 错判恒等关系                    <19>
ans = logical
   0
```

☀说明

- 把行〈4〉和〈7〉的运行结果与行〈11〉和〈14〉的结果进行比较,可以清楚看到:数值关系式与符号关系式之间的差别。
- 符号关系式只有在 isAlways 或 logical 命令作用下才会给出逻辑判断结果。参见行〈16,17〉和行〈18,19〉。
- 如需要考虑恒等变换的符号变量关系式,不应使用 logical 命令判断（见行〈19〉给出错误判断结果）。

◀例【2.3-2】 本例详尽演示:logical、isAlways 两个命令判断符号关系式成立性的机理差别和判断正确性差别。

1）试验一:进行"纯符号数字关系式成立性判断"时,两命令的正确性验证

```
clear all                                              % 必不可少
AL1 = isAlways((sym(2) + 3)^2 == sym(2)^2 + 2 * sym(2) * 3 + 3^2)    % 结果正确
GL1 = logical((sym(2) + 3)^2 == sym(2)^2 + 2 * sym(2) * 3 + 3^2)     % 结果正确
AL1 = logical
   1
GL1 = logical
   1
```

2）试验二:进行"含大于号的纯符号数字不等式成立性判断"时,两命令的正确性验证

```
a = sym(2);b = sym(3);                                 % 符号常数变量
AL2 = isAlways((a + b)^2 + 1 > a^2 + 2 * a * b + b^2)   % 结果正确
GL2 = logical((a + b)^2 + 1 > a^2 + 2 * a * b + b^2)    % 结果正确
AL2 = logical
   1
GL2 = logical
   1
```

3）试验三:进行"简单符号变量等式成立性判断"时,两命令的正确性验证

```
syms c d                                               % 默认复数域符号变量
```

```
AL3 = isAlways(a * c * d^2 − 2 * d^2 * c == 0)          % 结果正确
GL3 = logical(a * c * d^2 − 2 * d^2 * c == 0)          % 结果正确
AL3 = logical
  1
GL3 = logical
  1
```

4）试验四：进行"需等价变换的符号变量关系式成立性判断"时，两命令的正确性验证

```
AL4 = isAlways(sin(c)/cos(c) == tan(c))          % 结果正确
AL4 = logical
  1
GL4 = logical(sin(c)/cos(c) == tan(c))          % 结果错误
GL4 = logical
  0
```

5）试验五：进行"附带限定条件的符号变量关系式成立性判断"时，两命令的正确性验证

```
syms x integer                                   % 限定 x 为整数
AL5 = isAlways(sin(x * pi) == 0)                 % 结果正确
AL5 = logical
  1
GL5 = logical(sin(x * pi) == 0)                  % 结果错误
GL5 = logical
  0
```

6）试验六：进行"含＞号的符号变量逻辑关系式成立性判断"时，两命令的正确性验证

```
AL6 = isAlways(a * b > 0&c * conj(c) >= 0)       % 结果正确
AL6 = logical
  1
GL6 = logical(a * b > 0&c * conj(c) >= 0)        % 无法执行
GL6 = logical(a * b > 0&c * conj(c) >= 0)
错误使用  sym/logical  （第 451 行）
Unable to prove '0 < 6 & 0 <= c * conj(c)' literally. Use 'isAlways' to test the statement mathe-
matically.
```

7）试验七：进行"纯符号数字或数字表达式是否非 0 判断"时，两命令的正确性验证

```
R = [sym(0),sym(11.3),sin(sym(3)),sqrt(sym(5))];
                    % 前 2 个元素是可用有理数表示的符号数；后 2 个元素是符号无理数
AL7 = isAlways(R)        % 正确判断前 2 个元素的非 0 性；错误判断后 2 个元素
警告：Unable to prove 'sin(3)'.
警告：Unable to prove '5^(1/2)'.
AL7 = 1 × 4 logical 数组
  0   1   0   0
GL7 = logical(R)        % 结果正确
GL7 = 1 × 4 logical 数组
  0   1   1   1
```

2.4 符号表达式和符号函数

2.4.1 创建符号表达式和符号方程

1. 符号表达式和符号方程概念

相应于理论数学中的表达式、方程,在 MATLAB 的符号计算环境中,也引入了符号表达式、符号方程概念。

- 符号表达式:
  - □ 由符号变量、符号数值、代数运算符、括号、MATLAB 内建函数等基本要素组成,且具有合理的数学含义。
  - □ 其显著特点是:符号表达式不含等号、不等号之类的"关系运算符"。
- 符号方程:
  - □ 由"关系运算符"所联结的左右两个符号表达式组合而成,表达某种约束关系。
  - □ 显著特点是:方程一定包含像等号、不等号这样的"关系运算符"。

2. 符号表达式和符号方程的创建

符号表达式、符号方程的创建步骤如下。

- 先定义基本符号变量。
- 然后创建符号表达式或符号方程:
  - □ 符号表达式由基本符号变量、符号数、算术运算符等组成。在大多数情况下,创建的符号表达式被赋值给某变量加以保存,以便后用。但有时也可以直接在诸如命令窗中或符号工具包函数中,直接输入符号表达式代码。
  - □ 符号方程则由符号表达式以及关系运算符组成。它同样可以被赋值给某变量加以保存,方便后用;也可以直接作为输入编写在命令窗或符号工具包函数中。
- 值得强调:在创建符号表达式或方程时,要特别注意防止出现"数字间的双精度之类数值运算"。

例【2.4-1】 演示:符号表达式、符号方程创建的具体步骤;编写符号表达式时,如何避免双精度计算;solve 的应用。

1) 创建符号表达式

```
clear all
syms a                                    %先定义基本符号变量
Ex21 = a * sin(1 + sqrt(sym(5))) + 1      %符号表达式的正确创建之一      <3>
Ex22 = a * sin(sym(1) + sqrt(sym(5))) + sym(1)   %符号表达式的正确创建之二   <4>
Ex23 = a * sin(1 + sqrt(5)) + sym(1)      %符号表达式的错误创建!       <5>
Ex21 =
asin(√5 + 1) + 1
Ex22 =
```

$$a\sin(\sqrt{5} + 1) + 1$$

Ex23 =

$$1 - \frac{6797541988628755 a}{72057594037927936}$$

2）创建符号方程

syms x　　　　　　　　　　　　　　　% 先定义基本符号变量

Eq21 = x/(1 + sin(pi/sym(2) + 1)) == 1　　% 创建符号方程正确代码之一　　　　〈7〉

Eq22 = x/(1 + sin(sym(pi)/2 + 1)) == 1　　% 创建符号方程正确代码之二　　　　〈8〉

Eq23 = x/(1 + sin(pi/2 + sym(1))) == 1　　% 创建符号方程正确代码之三　　　　〈9〉

Eq21 =

$$\frac{x}{\sin\left(\dfrac{\pi}{2} + 1\right) + 1} = 1$$

Eq22 =

$$\frac{x}{\sin\left(\dfrac{\pi}{2} + 1\right) + 1} = 1$$

Eq23 =

$$\frac{x}{\sin\left(\dfrac{\pi}{2} + 1\right) + 1} = 1$$

3）在解方程 solve 命令中，如何正确输入符号方程

xs1 = solve(Eq21,x)　　　　　　　　% 借助"保存方程"的变量求解

xs =

$$\sin\left(\dfrac{\pi}{2} + 1\right) + 1$$

xs2 = solve(x/(1 + sin(pi/sym(2) + 1)) == 1,x)　% 直接输入符号方程求解　　〈11〉

xs2 =

$$\sin\left(\dfrac{\pi}{2} + 1\right) + 1$$

Eq24 = x/(sym(1) + sin(pi/2 + 1)) == 1　% 创建符号方程的错误代码　　　　〈12〉

xs3 = solve(Eq24,x)　　　　　　　　% 解算结果也不是准确符号解

Eq24 =

$$\frac{2251799813685248 x}{3468452445372835} = 1$$

xs3 =

$$\frac{3468452445372835}{2251799813685248}$$

❋说明

● 在编写符号表达式或符号方程时，要特别注意：表达式内含的各工具包函数输入量或各子括号中是否存在纯数字或纯数字子表达式。假若存在，那么一定要保证这种纯数字表达式中有 sym 定义的数字。

　　□ 在行〈3〉〈4〉〈7〉〈8〉〈9〉代码中，每个纯数字运算的子表达式中都借助 sym 命令参与运算的某个数字进行符号化处理，从而保证生成的严格意义上的符号表达式或方程。

□ 在行〈5〉和〈12〉中,由于存在没有符号化的纯数子表达式,它们执行的是双精度近似计算,因此产生的符号表达式或方程都只是非准确的、近似的符号表达式或方程。

2.4.2 创建符号函数

1. 符号函数概念

相应于理论数学中 $f(x)$、$g(x,y)$ 函数,MATLAB 的符号计算环境中也引入了诸如 g(x)、f(x,y)那样的符号函数。

- 一般地说,符号函数由函数名、自变量名、函数体(Function body)和赋值号组成。符号函数分为两类:符号抽象函数和符号具体函数。
- 顾名思义,符号抽象函数没有具体表达式描述的函数体,而只有函数名、自变量名。
- 符号具体函数的函数体,或用符号表达式描述,或用符号表达式数组描述。
- MATLAB 约定:不管什么符号函数,也不管函数体是符号表达式标量,还是符号表达式数组,符号函数总是标量。更具体地说,用 size 命令检测符号函数,其规模总是(1×1)。

2. 符号抽象函数和符号具体函数的创建

创建符号函数的命令格式如下:

syms f(x,y)	创建抽象符号函数 f 及其输入符号变量 x、y
syms x y a b	(先)创建基本符号变量(供自变量及编写 exprs 用)
f(x,y)=exprs	利用已有符号对象写成的表达式 exprs 创建具体符号函数
syms x y a b	(先)创建基本符号变量(供自变量及编写 exprs 用)
f=symfun(exprs,[x,y])	创建以 exprs 为函数体,x、y 为自变量的符号函数
formula(f)	获知符号函数 f 的函数体 exprs
argnames(f)	获知符号函数的函数自变量

☀说明
- f,符号函数名。
- x、y,构成符号函数的符号自变量。
- exprs,称为符号函数的函数体(Function body):
    □ 它可以用符号表达式或符号表达式数组表述;
    □ 用于构造符号表达式的各种变量必须是已经存在的符号变量;
    □ 特别提醒:在采用 f(x,y)=exprs 格式创建数值常数函数时,exprs 必须是符号数值常数,而不能是"双精度或其他数值类常数"。否则,出错。参见例 2.4 - 2 行〈9〉。

例【2.4 - 2】 演示:抽象符号函数、具体符号函数创建的具体步骤;易犯错误的防范;具体符号函数值的获取方式;函数体和函数自变量的获取;区别函数规模和函数体规模。

1) 创建抽象符号函数

```
clear all                        % 为运行结果重现而设
syms f1(x,y)                     % 创建抽象符号函数、符号自变量          〈2〉
```

```
who                                %检测工作空间中保存的变量                    <3>
```
您的变量为：
```
f1   x   y
```

2）创建具体符号函数

```
syms a b                           %定义其他符号变量                          <4>
F21(x,y) = [a * sin(x);b * cos(y)]  %直接赋值法创建具体符号函数 F21             <5>
F21(x, y) =
```
$$\begin{pmatrix} a\ sin(x) \\ b\ cos(y) \end{pmatrix}$$

```
F22 = symfun([1,a * x + b * exp(y)],[x,y])  %symfun 命令创建具体符号函数        <6>
F22(x, y) =
```
$$(1 \quad ax + be^{y})$$

3）创建符号常数函数

```
G31(x,y) = sym(1/2)                %创建符号常数函数法之一。右边必须是符号常数    <7>
G31(x, y) =
```
$$\frac{1}{2}$$

```
G32 = symfun(sym(1/2),[x,y])       %创建符号常数函数法之二                    <8>
G32(x, y) =
```
$$\frac{1}{2}$$

```
who f1 F * G *                     %列出 f1 及以 F、G 为词首的内存函数信息       <9>
```
您的变量为：
```
F21   F22   G31   G32   f1
```

4）求符号函数的函数值

```
vF21 = F21(pi,pi)                  %数值代入法求 F21(x,y)的函数值              <10>
vF22 = F22(sym(0.3), - 5)          %数值代入法求 F22(x,y)的函数值              <11>
vG31 = G31(100,200)                %数值代入法求 G31(x,y)的函数值              <12>
vF21 =
```
$$\begin{pmatrix} 0 \\ -b \end{pmatrix}$$

```
vF22 =
```
$$\left(1 \quad \frac{3a}{10} + be^{-5}\right)$$

```
vG31 =
```
$$\frac{1}{2}$$

```
size(vF21)                         %F21 函数值的规模                         <13>
ans = 1 × 2
     2      1
size(vF22)                         %F22 函数值的规模                         <14>
ans = 1 × 2
     2      1
```

```
size(vG31)                          % G31 函数值的规模                         <15>
ans = 1 × 2
     1      1
```

5）函数体及函数体分量的获取

```
bf1 = formula(f1)                   % 符号抽象函数的函数体                     <16>
bF21 = formula(F21)                 % 具体函数 F21 的函数体是数组              <17>
bG31 = formula(G31)                 % 常数函数 G31 的函数体是常数              <18>
bf1 =
```

$$f_1(x, y)$$

```
bF21 =
```

$$\begin{pmatrix} a \sin(x) \\ b \cos(y) \end{pmatrix}$$

```
bG31 =
```

$$\frac{1}{2}$$

```
bF21(2)                             % 取 bF21 的第 2 个元素
ans =
```

$$b \cos(y)$$

6）函数自变量的获取

```
af1 = argnames(f1)                  % f1 抽象函数的自变量                      <19>
aF21 = argnames(F21)                % F21 具体函数的自变量
aG31 = argnames(G31)                % G31 常数函数的自变量                     <21>
af1 =
(x, y)
aF21 =
(x, y)
aG31 =
(x, y)
```

7）符号函数和其函数体的区别

```
sbF21 = size(bF21)                  % F21 函数体的规模                         <22>
sbF21 = size(F21)                   % F21 函数的规模                           <23>
sbF21 = 1 × 2
     2      1
sF21 = 1 × 2
     1      1

bF21(2)                             % 获取函数体 bF21 的第 2 个元素表达式       <24>
ans =
```

$$b \cos(y)$$

```
F21(2)                              % 企图获取函数 F21 的第 2 个元素。错！     <25>
```

错误使用 symfun/subsref（第 189 行）

位置 2 处的参数无效。Symbolic function expected 2

input arguments but received 1.

说明

- 请特别注意：
  - 符号函数总是标量，不管其函数体是标量或数组。比如行〈5〉定义的 F21，虽然其函数体是 (2×1) 的函数数组（见行〈22〉检测结果），但用行〈23〉命令 size 检测可知 F21 是 (1×1) 的"符号标量函数"函数。行〈25〉代码的运行错误，再次强调 F21 是"符号标量函数"。
  - 函数值必须采用"符号数值的直接代入法"获取，参见行〈10～12〉。所得函数值的规模与函数体规模一致，参见行〈13～15〉。
  - 函数体的获取必须借助 formula 命令，参见行〈16～18〉。
- 建立符号常数函数时，应使用符号常数，切忌使用"双精度或其他数值常数"，比如把行〈7〉代码写成 G31(x,y)＝1/2，就必定出错。

3. 符号变量及自由变量的认定

"符号变量"是指一个符号表达式中，除运算符、函数关键词、已定义符号常数名、已定义符号表达式名以外，一个个被运算符和函数关键词分隔开的"连续英文字母段"。

"自由变量"是指符号表达式或方程中，那些被认为可以"独立、自由变化"的符号变量。粗略地说，相当于经典教科书中函数的自变量。MATLAB 使用 symvar 指令辨认符号表达式中的符号变量和自由变量。具体调用格式如下。

symvar(expr)	列出 expr 中的所有符号变量
symvar(expr, n)	在 expr 中寻找 n 个符号自由变量

说明

- 输入量 expr，可以是符号表达式、符号函数及其他们构成的数组。
- 输入量 n，是正整数或无限大符 Inf。
- 关于 symvar(expr,n) 格式的说明：
  - 该格式既可以主要用于罗列 expr 中的所有变量（除符号常数变量外），又可以用于检测由 n 指定数目的自由变量。
  - 当 n 大于等于"expr 中变量名总数"或当 n 取 Inf 时，该格式的功能是返回结果与 symvar(expr) 相同，能列出 expr 中（除常数变量名外）所有变量名。
  - 当 n 小于"expr 中变量名总数"时，则按"与小写字母 x 的距离最近选中，以及与 x 等距者则字母表排序在后的选中"的规则挑出自由变量，但选出的自由变量仍按字母表排序。

例【2.4-3】　通过具体实例展示：符号对象中所含变量、自由变量和 MATLAB 工作空间中所保存的变量之间的区别；symvar 两种调用格式的使用特点和区别；符号表达式、符号函数、符号数组的自由变量认定规则；求导操作对自由变量的自动认定。

1) 试验一：符号表达式中变量的罗列与内存空间变量的区别

```
clear                          % 清空内存
syms  b t u v w x y z X A      % 定义 7 个基本符号变量              <2>
C1 = sym(2);C2 = sym(pi);      % 定义符号常数变量                  <3>
```

xE1 = exp(− 1i * t) * sin(x * y);

E2 = C1 * x + 5 * X/u + C2 * w * z + A * xE1   %符号表达式记述量 E2   <5>

E2 =

$$2x + \frac{5X}{u} + Ae^{-ti}sin(xy) + \pi wz$$

R1 = symvar(E2)   %列出表达式记述量 E2 中的全部变量,不含 C1、C2!   <6>

                                     %按字母表自左向右排列,大写在前

R1 =

$(A \quad X \quad t \quad u \quad w \quad x \quad y \quad z)$

who   %列出工作空间所有变量:按字母表序排列;大写在前

您的变量为:

A   C1   C2   E2   R1   Rf1   Rf2   X   b   t   u   v   w   x   xE1   y   z

2) 试验二:表达式中符号自由变量的认定

Rf1 = symvar(E2,2)   %从 E2 中选认 2 个自由变量   <8>

                                     %"离小写 x 近、且在字母表中排序后者"优先,大写在后

Rf1 =

$(x \quad y)$

Rf2 = symvar(E2,3)   %从 E2 中选认 3 个自由变量;选中变量仍按字母表序排列   <10>

Rf2 =

$(w \quad x \quad y)$

3) 试验三:符号函数中自由变量的认定

F(y) = A * sin(w * x) * exp(− b * y)   %创建以 y 为自变量的符号函数   <11>

F(y) =

$Ae^{-by}sin(wx)$

symvar(F,2)   %若希望辨认函数 F 中的 2 个自由变量   <12>

                                     %注意:y 排在最先位置

ans =

$(y \quad x)$

4) 试验四:符号数组中变量和自由变量的认定

R1 = A * sin(y);   %   <13>

R2 = abs(v * z) > 1 & z^2 > = z;   %定义符号关系逻辑式

Q = [E2;F(y);R1;R2]   %定义(4 * 1)符号数组   <15>

Q =

$$\begin{bmatrix} 2x + \dfrac{5X}{u} + Ae^{-ti}sin(xy) + \pi wz \\ Ae^{-by}sin(wx) \\ Asin(y) \\ 1 < (vz) \wedge z \leqslant z^2 \end{bmatrix}$$

symvar(Q)   %Q 数组中的全部符号变量   <16>

ans =

$(A \quad X \quad b \quad t \quad u \quad v \quad w \quad x \quad y \quad z)$

```
symvar(Q,1)                    % 若只在 Q 中认定 1 个自由变量              <17>
ans =
  x
```

5）试验五：自由变量的操作

```
dQ = diff(Q)                   % 对自动认定的自由变量的求导操作          <18>
dQx = diff(Q,x)                % 对指定自由变量的求导操作                <19>
dQ =
```

$$
\begin{bmatrix}
Aye^{-ti}\cos(xy) + 2 \\
Awe^{(-by)}\cos(wx) \\
0 \\
0
\end{bmatrix}
$$

```
dQx =
```

$$
\begin{bmatrix}
Aye^{-ti}\cos(xy) + 2 \\
Awe^{-by}\cos(wx) \\
0 \\
0
\end{bmatrix}
$$

说明

- 虽然行〈5〉代码书写的 E2 中包含 C1、C2、xE1 等变量,但由其运行后的显示结果可见: C1、C2 都被定义它的符号常数替代了;而 xE1 则用定义它的基本变量表达式替代了。所以在行〈6〉命令运行后,C1、C2、xE1 都不会出现在"E2 表达式的所有符号变量列表"中。
- 行〈10〉代码运行结果的说明:由该代码所选出的自由变量是 x、y、w。新版、老版符号工具包都遵循"不等距情况下,离 x 近的字母选出;等距情况下,排序在 x 字母之后的字母选出"这个选择原则,因此行〈10〉选出自由变量的排序为 x、y、w,而不是 x、y、z。
- 试验三表明:对于符号函数而言,在定义函数时指定的自变量总是 symvar 认定的"最优先自由变量",参见行〈11〉〈12〉及运行结果。
- 关于试验四的说明:
  □ Q 是由符号表达式、符号函数构成的数组。
  □ symvar 列出了的变量或自由变量,是对整个 Q 数组而言的。
- 关于试验五的说明:
  □ 行〈18〉〈19〉结果相同的事实表明,对于具体的 Q 数组而言,diff（Q）命令等同于 diff（Q,x）。
  □ diff（Q）的含义被解释为:对 Q 数组每个元素关于"由机器自动认定的单自由变量"求导。由于 Q 中含有 x,所以机器自动认定的单自由变量就是 x。

4. 符号函数和符号表达式的比较

正如前面所说,符号表达式由符号变量、符号数值、代数运算符、括号、MATLAB 内建函数等基本要素组成;符号表达式本身可以用符号变量保存。而符号函数是一种以符号表达式为函数体,并指定函数自变量的符号对象。

本节以算例形式表述,这两者之间在应用中的相似及不同。

◀例【2.4-4】 通过实例展示:符号函数和符号表达式之间的关系、相同及不同点。符号函数可以表达抽象概念;符号函数的组成要素是函数名、自变量以及函数体;经 subs 实施的变量置换,不改变表达式和函数本身的属性;simplify 简化操作、求不定积分操作等对表达式和函数体的作用相同,且不改变它们各自的属性;与理论概念一致,求函数值、求函数解、求函数定积分等操作施加于符号函数时,所得结果也都是符号值(表达式)。

1) 试验一:抽象函数及应用示例

```
clear
syms f(x) g(x)          % 定义符号抽象函数                                    <2>
u = f * g               % 生成函数乘积函数                                    <3>
Du = diff(u,x)          % 验证公式(f(x)·g(x))' = f(x)·g(x)' + f(x)'·g(x)    <4>
u(x) =
f(x)g(x)
Du(x) =
```

$$f(x)\frac{\partial}{\partial x}g(x) \ + \ g(x)\frac{\partial}{\partial x}f(x)$$

```
syms F G                % 为定义设想中的"抽象表达式"而创建                     <5>
w = F * G               % 企图构成"抽象表达式";实际上是变量 F、G 表达式          <6>
Dw = diff(w,x)          % 变量 F、G 构成的表达式对 x 求导,当然应为 0           <7>
w =
FG
Dw =
0
```

2) 试验二:符号具体函数与符号表达式的内涵差别

```
syms a b                % 定义构成表达式所需的符号变量
E2 = a^2 * x^2 + 2 * a * b * x + b^2   % 构成表达式                          <9>
f2(x) = E2              % 生成以上述表达式为函数体的符号函数                    <10>
E2 =
```

$$a^2 x^2 + 2abx + b^2$$

```
f2(x) =
```

$$a^2 x^2 + 2abx + b^2$$

```
% 验证:表达变量没有指定的自变量,而函数有自变量
argnames(E2)            % 获知 E2 保存表达式中的自变量,结果为"空"              <12>
argnames(f2)            % 获知 f2 函数的自变量 x                             <13>
ans =
[ empty sym ]
ans =
x
```

3) 试验三:表达式、函数体经简化操作后各自属性不变

```
E3 = simplify(E2)       % 简化结果仍是表达式                                  <14>
f3 = simplify(f2)       % 简化结果仍是函数                                    <15>
E3 =
```

$$(b + ax)^2$$

$$f3(x) =$$

$$(b + ax)^2$$

4）试验四：函数非自变量的置换只能用 subs 实现

| E4 = subs(E3,{a,b},{1,2}) | % 表达式的任何变量都用 subs 置换； | <16> |

% 且所得结果保持表达式属性不变

| f4 = subs(f3,{a,b},{1,2}) | % 函数的非自变量置换只能用 subs 实现； | <18> |

% 变量置换后的符号结果依然是 x 的符号函数

$$E4 =$$

$$(x + 2)^2$$

$$f4(x) =$$

$$(x + 2)^2$$

5）试验五：采用不同方式置换函数自变量，会产生不同结果

E5 = subs(E4,x,1)	% 表达式变量置换只得借助 subs 实现	<20>
f51 = subs(f4,x,1)	% 借助 subs 实现 x 置换，依然得到符号函数	<21>
f52 = f4(1)	% 直接替代函数自变量，则得到该函数的函数值	<22>

$$E5 =$$

$$9$$

$$f51(x) =$$

$$9$$

$$f52 =$$

$$9$$

6）试验六：不定积分结果的差别

| E6 = int(E4,x) | % 不定积分结果依然是表达式 | <23> |
| f6 = int(f4,x) | % 不定积分结果是"积函数"，与理论概念一致 | <24> |

$$E6 =$$

$$\frac{(x + 2)^3}{3}$$

$$f6(x) =$$

$$\frac{(x + 2)^3}{3}$$

| nf6 = f6([1,2;3,4]) | % 因为 f6 是函数，所以可通过 x 的直接置换求函数值 | <25> |

$$nf6 =$$

$$\begin{pmatrix} 9 & \dfrac{64}{3} \\ \dfrac{125}{3} & 72 \end{pmatrix}$$

7）试验七：定积分结果

| E7 = int(E4,x,0,x) | % 所得结果为表达式 | <26> |
| f7 = int(f4,x,0,x) | % 为与理论概念一致，函数定积分结果应该是表达式 | <27> |

$$E7 =$$

$$\frac{x(x^2 + 6x + 12)}{3}$$

```
f7 =
```

$$\frac{x\,(x^2 + 6x + 12)}{3}$$

NE7 = subs(E7,x,[1,2,3,4,5]/10) 　　　% 表达式求值必须借助 subs 进行 x 置换　　　　〈28〉

nf7 = subs(f7,x,[1,2,3,4,5]/10) 　　　% 表达式求值必须借助 subs 进行 x 置换　　　　〈29〉

```
NE7 =
```

$$\left(\frac{1261}{3000}\quad\frac{331}{375}\quad\frac{1389}{1000}\quad\frac{728}{375}\quad\frac{61}{24}\right)$$

```
nf7 =
```

$$\left(\frac{1261}{3000}\quad\frac{331}{375}\quad\frac{1389}{1000}\quad\frac{728}{375}\quad\frac{61}{24}\right)$$

🖓 说明

- 试验一中，行〈2〉〈3〉形象地展示了符号抽象函数在演绎推理中的魅力。
- 试验二展示了具体符号函数在表达及结构上的差别。
- 试验三的简化操作、试验四的（非函数指定自变量）的符号参数替换操作、符号表达式，也适用于符号函数，且操作后保持表达式、函数的属性不变。
- 试验五表明两种置换有不同的含义。具体如下：
  - □ 行〈21〉借助 subs 命令用 1 置换 f4 符号函数中的 x，只改变其函数体的内容，而不改变符号函数本身的函数属性。
  - □ 而行〈22〉用 1 替代 f4(x) 中的 x，意味着求 f4(x) 函数在 x=1 处的函数值。
- 在试验六中，请注意行〈23〉〈24〉的 int 命令实施的都是不定积分。因此，前者产生结果仍是表达式，而后者则是函数。
- 关于试验七的说明：
  - □ 行〈26〉〈27〉中 int 的调用格式都实施定积分，其中第 4 个输入量是定积分的"上限"。因此，这样操作的结果都应该是"具体的符号定积分值"。行〈27〉代码的显示结果也验证了该理论的结论：符号函数 f4 的 x 上限定积分是一个具体的符号表达式。
  - □ 正因为行〈27〉运行结果 f7 是符号表达式，而不是符号函数，所以当要借助"变上限定积分"计算 x 取具体数值时，必须借助 subs 命令实现（参见行〈29〉）。

2.5　符号表达式的简化、重写和子对象置换

　　与数值计算不同，符号计算所用的输入或符号计算生成的结果一般不是简单的数字，而是数字变量混合的解析表达式。这些表达式有时可能冗长而繁杂，有时也可能其形式不符合使用习惯，有时还需要实施某种变量置换。于是就提出了：表达式的简化、重写和置换问题。

2.5.1　符号表达式的简化

　　表达式是否已经简化与使用场合相关。以多项式为例，其因式分解形式特别适于讨论"根"的场合，而其幂级数形式就特别方便多项式系数的观察。因此，很难笼统地说哪种形式"最简"或"最好"。

　　符号表达式简化相伴符号计算而生。长久以来，符号表达式的简化都是直接借助命令代

码执行的,但随着 2016 年实时编辑器引入 MATLAB,就多了个选择,即借助 MATLAB 提供的专用 App 对符号表达式进行交互式的简化。

1. 代码直接运行简化法

借助命令代码对符号表达式实施简化的方法是使用时间最久、又最基本的操作方法。下面介绍最常用的简化命令。

Nexpr＝simplify(expr)　　　　　　　　　简化 expr 为更短表达式的单输入格式

Nexpr＝simplify(expr,Name,Value)　　　简化 expr 为更短表达式的三输入格式

说明

- expr　　　输入量:符号表达式、符号函数,或它们组成的数组
- Nexpr　　 输出量:形式更为简洁或不同的符号表达式、符号函数,或相应的数组
- 关于 simplify 的说明:
  - □ 该命令是通用简化命令,按 MATLAB 制造商预先设定的模式实施简化操作。
  - □ 该命令对输入数组的元素逐个简化,使其字符较少、形式更短。
  - □ 该命令在执行过程中,能考虑与表达式有关的各种假设。
  - □ 该命令三输入格式,可使简化结果满足某些特殊需要。在三输入格式中,Name/Value 的具体取值和功用参见表 2.5 − 1。
  - □ 顺便指出:MATLAB 符号工具包里还有一个 simplifyFraction 命令,专门用于高效简化比较复杂的符号分式。不过由于 simplifyFraction 的适用面过窄,所以本书作者认为:对于一般的符号分式简化,还是优先使用 simplify 为宜。
- 值得指出:在实时编辑器中,simplify 命令还具有类似 pretty 从复杂表达式中自动提取"冗子式"的简化显示能力(见图 2.5 − 5)。

表 2.5 − 1　simplify 命令三输入格式的设置选项

Name	Value	功　用
'All'	'false' (默认设置)	只返回一个(最)简化结果
	'true'	返回(在 Steps 指定简化次数中获得的)所有恒等表达式
'Criterion'	'default' (默认设置)	按 MATLAB 制造商设定的模式执行
	'preferReal'	经简化操作,使原表达式中处于内层的虚单位 i,尽可能出现在新表达式的外层
'IgnoreAnalyticConstraints'	false (默认设置)	在复数域的严格解析意义上,简化结果等价于原表达式
	true	在简化过程中,降低了指数、对数简化前后的等价尺度
'Seconds'	Inf (默认设置)	对执行时间不设限
	任何正数	(在需要控制运行时间的场合)指定该命令执行时间
'Steps'	1 (默认设置)	按 MATLAB 制造商默认设定的模式执行
	任何正整数	按不同的简化模式执行的次数,可能获得不同或更短的简化结果

▲例【2.5-1】 演示：simplify 命令三输入格式中各种选项的应用。

1）试验一：'Steps' 选项的应用

```
clear all
syms x
f1 = ((exp(-x*i)*1i)/2 -(exp(x*i)*1i)/2)/(exp(-x*1i)/2 + exp(x*1i)/2)
S11 = simplify(f1)                    %按默认简化模式执行 1 步
S12 = simplify(f1,'Steps',40)         %按不同简化模式执行 40 步          <5>
```

$$f1 =$$

$$\frac{\dfrac{e^{-xi}\,i}{2} - \dfrac{e^{xi}\,i}{2}}{\dfrac{e^{-xi}}{2} + \dfrac{e^{xi}}{2}}$$

$$S11 =$$

$$-\frac{e^{2xi} - i}{e^{2xi} + 1}$$

$$S12 =$$

$$\tan(x)$$

```
w = f1;
for k = 1:40;w = simplify(w);end     %按默认简化模式执行 40 次           <7>
S13 = w
```

$$S13 =$$

$$-\frac{e^{2xi}\,i - i}{e^{2xi} + 1}$$

2）试验二：选项 Criterion 的应用

```
f2 = sym(1i)^(1i + 1)                                        %          <9>
S21 = simplify(f2,'Steps',100)         %即使经 100 步简化，指数仍含虚单元  <10>
S22 = simplify(f2, 'Steps',100,'Criterion','preferReal')    %          <11>
                                       %得到的结果是虚数
```

$$f2 =$$

$$i^{1 + i}$$

$$S21 =$$

$$(-1)^{\frac{1}{2} + \frac{1}{2}i}$$

$$S22 =$$

$$e^{-\frac{\pi}{2}}\,i;$$

3）试验三：'IgnoreAnalyticConstraints' 选项的应用

```
syms y a b
f3 = sqrt(x^2) + log(x*y) + (y^a)^b + asin(sin(x))
S31 = simplify(f3,'Steps',100)         %即使经 100 步简化，原表达形式不变  <15>
s32 = simplify(f3,'IgnoreAnalyticConstraints', true)    %                <16>
                                       %非严格解析等价的简化
```

$$f3 =$$

$$asin(sin(x)) + \log(xy) + \sqrt{\frac{1}{x^2} + (y^a)^b}$$

S31 =

$$asin(sin(x)) + \log(xy) + \sqrt{\frac{1}{x^2} + (y^a)^b}$$

s32 =

$$x + \log(x) + \log(y) + \frac{1}{x} + y^{ab}$$

4）试验四：'All' 选项的应用

```
f4 = (exp(2 * x * 1i) + exp(-2 * x * 1i))/2;
S4 = simplify(f4,20,'All',true)         % 简化次数 20 时获得的所有不同表达式        <19>
```

S4 =

$$
\begin{bmatrix}
\cos(2x) \\
1 - 2\sin(x)^2 \\
2\cos(x)^2 - 1 \\
\cot(2x)\sin(2x) \\
\cosh(2xi) \\
\dfrac{\sigma_1(e^{4xi} + 1)}{2} \\
\dfrac{\sigma_1}{2} + \dfrac{e^{2xi}}{2} \\
2\left(\dfrac{e^{-xi}}{2} + \dfrac{e^{xi}}{2}\right)^2 - 1 \\
1 - 2\left(\dfrac{e^{-xi}i}{2} - \dfrac{e^{xi}i}{2}\right)^2
\end{bmatrix}
$$

where

$$\sigma_1 = e^{-2xi}$$

💡说明

- 关于 'Steps' 选项的说明：
  □ 采用不同步数的设置可能获得不同形式的简化结果。
  □ 比较行⟨5⟩和行⟨7⟩的运行结果，可以看出：设置 'Steps' 的步数，并不等同于"重复运行单输入格式的次数"。
- 由于行⟨11⟩代码把 'Criterion' 设置为 'preferReal'，由该行命令运行产生的结果，一眼就能识别出"是虚数"。然而，却很难从行⟨9⟩或行⟨10⟩的结果，看出"是虚数"的同样结论。
- 行⟨16⟩代码中，放宽了"严格解析等价"的约束。比如当 x = -2 时，(1/x^2)^(1/2) 与 1/x 就不是严格意义上等价的。
- 因行⟨19⟩中 'All' 选项的使用结果，列出了在 20 次"不同简化过程"中获得的所有不同表达式。当然，不同简化过程的次数不同，列出的结果数目也不同。

2. 实时编辑器 App 交互简化法

◤例【2.5-2】　本节以例 2.5-1 的实时脚本为基础，演示：如何引入和使用简化符号表达式的 App。

具体步骤如下：

1）创建带符号表达式简化 App 的 exm020502.mlx 实时脚本

以下任何一种方法均可：

● 借助随书数码文档获得法：
　□ 把随书数码文档所在文件夹设置为 MATLAB 的当前文件夹；
　□ 在 MATLAB 界面的当前文件夹窗中，直接双击 exm020502.mlx 即可。

● 读者自己生成带简化 App 的实时脚本法：
　□ 在 MATLAB 界面上，直接点击主页"新建实时脚本"图标，引出实时编辑器。
　□ 在编辑器的代码区中，键入本书例 2.5-1 中的代码，并加以保存，（比如）取名为
　　 exm0205002.mlx。
　□ 先把光标置于文件代码最末端；再点击实时编辑器工具图标"分节符"，使 App 插件
　　 与此前文件代码处于不同分节中（该操作可选择执行）；点击实时编辑器工具图标
　　 "任务"下方的"倒三角"，引出下拉菜单；在下拉菜单最下方的"符号数学"子菜单中，
　　 选中"Simplify Symbolic Expression"；于是，就在实时编辑器文件显示界面的最下
　　 方引入"Simplify Symbolic Expression"的交互界面（见图 2.5-1）。

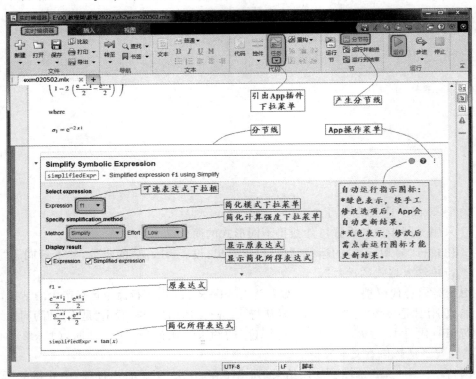

图 2.5-1　引入符号表达式简化 App 的实时编辑器

2）简化 App 的使用

● 点击开打 exm020502 的实时编辑器界面上的"运行"图标，在 MATLAB 基本工作区
　（内存）中，生成各种表达式变量。

- 在简化 App 界面的"可选表达式下拉框"中选择待简化的表达式,比如 f1。
- 简化模式的选择:
  - □ "简化模式下拉菜单"包括的多种简化模式,如 Simplify、Rewrite、Expand 等。
  - □ "简化计算强度下拉菜单"分列五个强度等级:Minimum、Low、Medium、High、Full。
  - □ 一般不选 Full,因为那将耗费很长的计算时间。
- 显示结果的选择:只有在"勾选"状态下,才会显示相应结果。比如,图 2.5 − 1 中的两个勾选框都选,因此表达式简化前后的形式都给予显示。
3) 简化结果的说明
- 实时编辑器中计算结果中的符号表达式都显示为"标准的数学书写形式",其赏心悦目的程度远非命令窗显示形式可比。请参看图 2.5 − 1 所显示的表达式,或直接从实时编辑器中的 exm020501.mlx 或 exm020502.mlx 的运行结果观察。
- 现今的 MATLAB 随带的帮助文档中,已经采用了许多实时编辑器的显示结果。
- 为适应实时编辑器的使用,从本修订版起为各示例都配置了 mlx 数码文档(除少数例外),供读者直接从实时编辑器阅读更美观清晰的计算结果。

2.5.2　符号表达式的重写

除简化以外,实际应用中还经常需要把符号结果采用某种特殊形式表达,即重写。在现今的 MATLAB 版本中,重写的方法有两种:实时编辑器简化 App 交互重写法和 rewrite 命令重写法。关于实时编辑器简化 App 的交互重写法,请读者参照第 2.5.1 小节表述自行实践和试验。本节只介绍 rewrite 命令重写法,具体如下。

Nexpr = rewrite(expr,'target')　　　　　　**把 expr 数学等价地重写成 target 所指定形式的 Nexpr**

🔘说明

- 输入量 expr,需要被重写的符号表达式、符号函数,或它们构成的数组。
- 输入量 'target',希望得到的目标形式。target 可取表 2.5 − 2 所列的任一常用选项名。(注意:实际上 MATLAB 所提供的选项有 23 种。)

表 2.5 − 2　重写命令 rewrite 第二输入量的常用选项名称

选项名	指定的目标形式	选项名	指定的目标形式
cos	重写成余弦形式	sin	重写为正弦形式
exp	重写成指数形式	sincos	重写为正弦余弦形式
heaviside	重写为阶跃函数形式	sqrt	重写成平方根形式
log	重写为对(自然)对数形式	tan	重写为正切形式

◀**例【2.5 − 3】**　简明演示 rewrite 命令的调用方法。

```
clear all
syms a x t
f = a * cos(x)
f =
a cos(x)
rf = rewrite(f,'exp')                    % 把 f 表达式写成指数表达形式
```

```
rf =
```

$$a\left(\frac{e^{-xi}}{2} + \frac{e^{xi}}{2}\right)$$

```
sp = rectangularPulse(0,0.5,t)        % 创建[0,0.5]区间内高度为 1 的方波脉冲
rsp = rewrite(sp, 'heaviside')        % 用阶跃函数表达方波脉冲

sp =
```

$$\text{rectangularPulse}\left(0, \frac{1}{2}, t\right)$$

```
rsp =
```

$$\text{heaviside}(t) - \text{heaviside}\left(t - \frac{1}{2}\right)$$

说明

- 读者可以随书提供的 exm020503.mlx 为基础,引入符号表达式简化 App 进行实践和尝试。
- 图 2.5－2 就显示了在实时编辑器简化 App 采用"分段函数"重写 sp 符号表达式的结果。

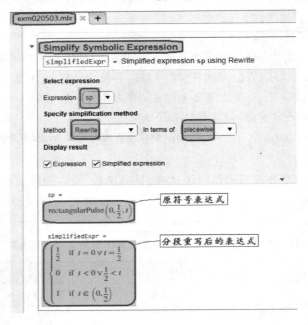

图 2.5－2 简化 App 对符号表达式的重写

2.5.3 符号表达式的子对象置换

子对象置换是符号计算中最常用的操作,涉及:符号表达式中的变量置换、符号矩阵的元素置换、符号表达式中的标量用矩阵或数组置换、为符号表达式数值或符号函数值计算所实施的置换,以及为使冗长符号表达式简洁化所实施的置换。

最常用的子对象置换命令如下:

```
rs＝subs(s,old,new)                    用 new 置换 s 中的 old 后产生 rs
[Nexpr,sigma]＝＝subexpr(expr)         用 sigma 替换 expr 的冗子式,使 expr 简洁易读
```

[Nexpr,var]＝subexpr(expr,var)　　　　　用 var 替换 expr 的冗子式,使 expr 简洁易读

pretty(expr)　　　　　　　　　　　　　　用编序♯号替换 expr 中冗子式(可用但不推荐)

说明

- 三个命令的功用:
  - □ subs　综合型主动置换命令。所谓综合主动是指被实施置换操作的 s 可以是表达式、函数以及由表达式或函数构成的数组;被置换的子对象可以是用户选定的单个变量,多个变量,也可以是表达式;置换的目的,可能是为了进一步计算,可能是为了简洁,也可能是为了得到数值结果。
  - □ subexpr　专用于冗长表达式简洁化表达的半主动置换命令。所谓半主动是指新的替代变量可以由用户指定,且替换后的结果可供用户进一步计算。
  - □ pretty　纯被动置换命令,仅能使冗长表达式简洁化表达。其替换的子对象都是由程序自动选定的;其显示结果不能用于以后的进一步计算。由于实时编辑器的问世,该命令的存在价值已经消失,故而 MATLAB 制造商宣布:该命令将被废止。据此,本书此次修订决定:pretty 命令仅在本节提及。与此同时,复杂表达式将推荐使用实时编辑器。
- 关于 subs 的说明:
  - □ s　输入量,被实施置换的符号表达式、函数及由它们构成的数组。
  - □ old　输入量,s 中需要被替换的子对象:可以是符号单变量或多变量,可以是符号表达式,也可以是数组,还可以是多种子对象混合构成的元胞数组。
  - □ new　输入量,用于替换 old 的新的子对象:可以是符号变量、符号矩阵、符号数值,也可以是由它们组成的数组,还可以是多种对象构成的元胞数组。
  - □ rs　符号类输出量,可以新的符号表达式、符号数组、符号数值。
- 关于 subexpr 的说明:
  - □ subexpr 能够对 expr 表达式进行自动识别,从中挑选出某个"重复出现次数较多,且自身又比较冗长的子表达式(本书简称其为冗子式)",然后采用默认的 sigma 变量或用户指定的变量(如 var)加以替换,使原表达式 expr 可表达成更为简洁的 Nexpr。
  - □ 单输入格式中的第二输出量 sigma 是替换原表达式中冗子式的变量。该变量 sigma 是由程序自动生成的,不可改动。
  - □ 两输入格式中的 var 名称是由用户事先定义的置换变量。注意:该置换变量不能与原表达式 expr 中的任何变量名相同。
  - □ 关于 subexpr 的使用示例,参见例 2.5－5。

例【2.5－4】 集中演示 subs 所能执行的各种置换方式。顺便演示,plot 命令可以接受双精度和符号混合数据,绘制曲线(见图 2.5－3)。

1) 符号表达式中的单个符号变量或表达式置换

```
clear all
syms a b c d x y t
f1 = a * sin(x) + b                    % 创建表达式
s11 = subs(f1,a,c)                     % 置换单个变量
```

```
s12 = subs(f1,sin(x),log(y))                      % 置换单个表达式
f1 =
b + asin(x)
s11 =
b + csin(x)
s12 =
b + alog(y)
```

2) 符号表达式中的多个符号变量或表达式置换

```
s21 = subs(f1,[a,sin(x)],[d * exp(y),cos(y)])     % 借助方括号置换多个对象        <6>
s22 = subs(f1,{a,sin(x)},{d * exp(y),cos(y)})     % 借助花括号置换多个对象        <7>
s21 =
b + de^y cos(y)
s22 =
b + de^y cos(y)
```

3) 符号方程中的子对象置换

```
f3(x) = sin(x + c) + d == x                        % 创建符号方程
s31 = subs(f3,[c,d],[sym(pi/3),1])                 % 置换两个变量              <9>
s32 = subs(f3,{sin(x + c),d},{exp( - x),2})        % 置换表达式和变量          <10>
f3(x) =
d + sin(c + x) = x
s31(x) =
```

$$\sin\left(x + \frac{\pi}{3}\right) + 1 = x$$

```
s32(x) =
e^{-x} + 2 = x
```

4) 符号函数的子对象置换

```
f4(x,y) = x + y                                    % 创建二元符号函数
s41 = subs(f4,[x,y],[a,b])                         % 仅置换函数体内的子对象      <12>
s42(a,y) = subs(f4,x,sin(a))                       % 既置换函数体内对象,又置换函数自变量   <13>
f4(x, y) =
x + y
s41(x, y) =
a + b
s42(a, y) =
y + sin(a)
```

5) 符号数组的子对象置换

```
f5 = [a,b,c/a,d;d,c,b,a * x]                       % 创建 2 * 4 符号数组
s51 = subs(f5,a,sym(pi))                           % 置换 f5 中所有变量名为 a 的元素      <15>
s52 = subs(f5,f5(1,1),sym(pi))                     % 置换 f5 中与(1,1)位置元素相同的所有子对象  <16>
s53 = subs(f5,f5(1,3),sym(7))                      % 置换 f5 中与(1,3)位置元素相同的所有子对象  <17>
f5(1,1) = sym(pi)                                  % 只置换 M5 的(1,1)位置的元素           <18>
f5 =
```

$$\begin{pmatrix} a & b & \dfrac{c}{a} & d \\ d & c & b & ax \end{pmatrix}$$

s51 =

$$\begin{pmatrix} \pi & b & \dfrac{c}{\pi} & d \\ d & c & b & \pi x \end{pmatrix}$$

s52 =

$$\begin{pmatrix} \pi & b & \dfrac{c}{\pi} & d \\ d & c & b & \pi x \end{pmatrix}$$

s53 =

$$\begin{pmatrix} a & b & 7 & d \\ d & c & b & ax \end{pmatrix}$$

f5 =

$$\begin{pmatrix} \pi & b & \dfrac{c}{a} & d \\ d & c & b & ax \end{pmatrix}$$

6）用数组置换表达式中标量

```
f6 = cos(a * t) * exp( - b * t)          % 创建符号表达式
tt = 0:0.01:2;                           % 定义双精度数组
s61 = subs(f6,{a,b,t},{6,1.2,tt});       % f6 中符号变量被双精度数值置换          <21>
ctt = class(tt)
cs61 = class(s61)                        % 检验 s61，可知仍是符号对象
plot(tt,s61,'LineWidth',3)               % 可接受双精度和符号数据绘图 2.5 - 3     <24>
xlabel('tt'),ylabel('s61')               % 标注坐标轴名称
f6 =
e⁻ᵇᵗ cos(at)
```

$f6 =$

$e^{-bt}\cos(at)$

```
ctt =
'double'
cs61 =
'sym'
```

☀ **说明**

- 关于 subs(s,old,new)调用格式下多个符号对象置换的说明：
  - □ 若 s 表达式中多个符号子对象需要被新的标量对象所置换，被置换的多个子对象和新的标量对象既可以借助"方括号"把它们分别集成为 old 和 new 输入量（参见行〈6〉〈9〉〈12〉），也可以借助"花括号"把它们分别集成为 old 和 new 输入量（参见行〈7〉〈10〉）。
  - □ 如果多个被置换符号对象中，有的被标量置换，有的被数组置换，那么此时就必须用"花括号"把被置换对象和新的数据分别集成为 old 和 new 输入量。请参见行〈21〉代码。
- 关于符号函数的置换说明：

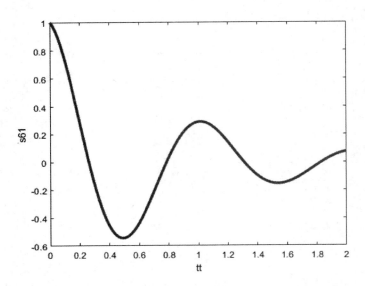

图 2.5 - 3　在双精度数据和符号数据输入下 plot 绘制的曲线

- □ 如果仅仅置换函数体中的符号对象,那么可以像处理表达式那样进行,即在赋值号左边只须书写函数名即可,请参看行〈12〉。
- □ 如果既置换函数体的符号对象,又置换函数的自变量,那么就应该像行〈13〉代码那样。不仅使用 subs 进行函数体的对象置换,还要在赋值号左边重写函数名和列出全部自变量名。
- ● 关于符号矩阵中子对象置换的说明:
  - □ 情况一,如行〈15〉那样,置换矩阵中的变量对象。在此情况下,任何包含该变量的矩阵元素,都将会用新的对象置换掉此变量。
  - □ 情况二,如行〈16〉〈17〉那样,被置换对象采用矩阵元素下标指示。此时,矩阵中任何元素中"与此指定位置元素完全相同"的子对象,都将被置换。
  - □ 情况三,如果只想置换指定位置的元素,而不影响其他元素,那么应采用类似行〈18〉形式的代码。
- ● 关于 subs 命令在简洁化复杂符号对象方面的应用,请参看例 2.5 - 5。
- ● 关于 plot(x,y) 格式命令的说明。现今的 plot 命令中,不管 x 或 y 是双精度数据还是符号数据,只要 x 和 y 的规模相同,就能正常执行,绘出正确的图形。请看行〈24〉的执行结果。

◢例【2.5 - 5】　本例展示同一组程序代码在 MATLAB 命令窗和实时编辑器中运行后,所得计算结果的不同显示;展示复杂符号表达式在两种不同运行环境中的表现形态;演示 simplify、subexpr、subs、pretty 的功能。希望读者能同时在两个环境中阅读和实践本例。

1) 符号矩阵的特征值和特征向量分解（请对照图 2.5 - 4 所示的实时编辑器的运作状况）

```
clear all                        % 清空所有内存变量                          <1>
syms a b c d
A = [a b;b d]                    % 创建符号矩阵
[V,D] = eig(A)                   % 求符号矩阵的特征向量阵 V 和特征值阵 D       <4>
```

```
A =
[a,b]
[b,d]
V =
[(a/2+d/2-(a^2-2*a*d+4*b^2+d^2)^(1/2)/2)/b-d/b,(a/2+d/2+(a^2-2*a*d+4*b^2+d^2)^(1/2)/2)/b-d/b]
[                              1,                              1]
D =
[a/2+d/2 - (a^2 - 2*a*d + 4*b^2 + d^2)^(1/2)/2,                              0]
[                              0,a/2 + d/2 + (a^2 - 2*a*d + 4*b^2 + d^2)^(1/2)/2]
```

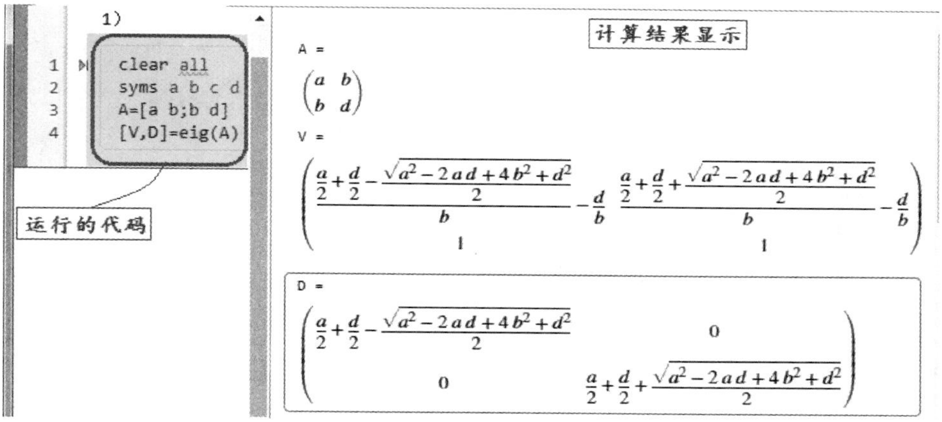

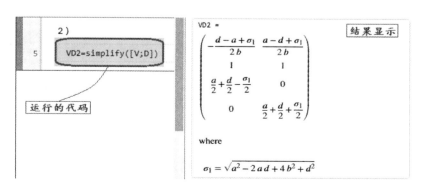

图 2.5 - 4　在实时编辑器中运行的命令和计算结果

2) simplify 对复杂符号表达式的作用(请对照图 2.5 - 5 所示的实时编辑器的运作状况)

```
VD2 = simplify([V;D])          % 简化由 V、D 组合而成 4 * 2 阵并产生 VD 阵          <5>
VD2 =
[a/2+d/2-(a^2-2*a*d+4*b^2+d^2)^(1/2)/2,                              0]
[                              0,a/2+d/2+(a^2-2*a*d+4*b^2+d^2)^(1/2)/2]
[a/2+d/2-(a^2-2*a*d+4*b^2+d^2)^(1/2)/2,                              0]
[                              0,a/2+d/2+(a^2-2*a*d+4*b^2+d^2)^(1/2)/2]
```

图 2.5 - 5　在实时编辑器中特征向量阵和特征值阵的联合简化

3）subexpr 单输入格式的调用（请对照图 2.5－6 所示实时编辑器的运作状况）

`[VD3,sigma]= subexpr([V;D]);`   % 采用默认变量 sigma 置换 VD 阵中的冗子式   <6>
`V3=VD3(1:2,:),D3=VD3(3:4,:),sigma`

V3 =

$$
\begin{bmatrix} -(d - a + sigma)/(2*b), & (a - d + sigma)/(2*b) \\ 1, & 1 \end{bmatrix}
$$

D3 =

$$
\begin{bmatrix} a/2 + d/2 - sigma/2, & 0 \\ 0, & a/2 + d/2 + sigma/2 \end{bmatrix}
$$

sigma =
(a^2 - 2*a*d + 4*b^2 + d^2)^(1/2)

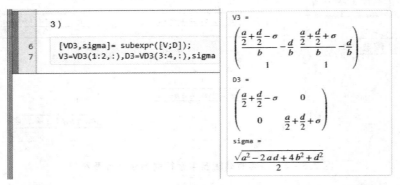

图 2.5－6　在实时编辑器中 subexpr 单输入格式命令的表现

4）subexpr 双输入格式的调用（请对照图 2.5－7 所示实时编辑器的运作状况）

`syms w`   % 定义置换变量 w   <8>
`[VD4,w]= subexpr([V;D],w);`   % 采用指定变量 w 置换冗子式   <9>
`V4=VD4(1:2,:),D4=VD4(3:4,:),w`

V4 =

$$
\begin{bmatrix} (a/2 + d/2 - w)/b - d/b, & (a/2 + d/2 + w)/b - d/b \\ 1, & 1 \end{bmatrix}
$$

D4 =

$$
\begin{bmatrix} a/2 + d/2 - w, & 0 \\ 0, & a/2 + d/2 + w \end{bmatrix}
$$

w =
(a^2 - 2*a*d + 4*b^2 + d^2)^(1/2)/2

5）采用 subs 命令生成的置换表达式（请对照图 2.5－8 所示实时编辑器的运作状况）

`syms Q`
`VD5 = subs([V;D],(a^2 - 2*a*d + 4*b^2 + d^2)^(1/2),Q)`   % 采用 Q 置换冗子式   <12>

```
VD5 =
[(a/2 − Q/2 + d/2)/b − d/b，(Q/2 + a/2 + d/2)/b − d/b]
[                    1，                         1]
[            a/2 − Q/2 + d/2，                   0]
[                    0，           Q/2 + a/2 + d/2]
```

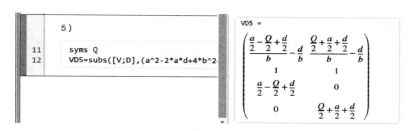

图 2.5 − 7　在实时编辑器中 subexpr 双输入格式命令的表现

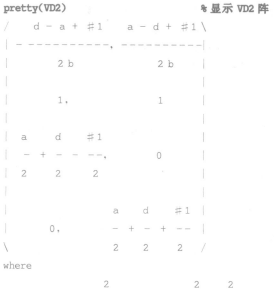

图 2.5 − 8　在实时编辑器中 subs 置换命令的表现

6）在命令窗中 pretty 所显示的组合矩阵 VD2

pretty(VD2)　　　　　　　　　　　% 显示 VD2 阵　　　　　　　　　　　　　　　　　〈13〉

```
/   d − a + #1     a − d + #1\
|   − − − − − − − −,  − − − − − − − − −|
|      2 b              2 b   |
|                             |
|        1,              1    |
|                             |
| a    d   #1                 |
| −  + − − −−,          0     |
| 2    2    2                 |
|                             |
|               a    d   #1   |
|   0,          − +  − + −−   |
\               2    2   2   /
where
               2          2    2
    #1 = = sqrt(a  − 2 a d + 4 b  + d )
```

💡**说明**

- 为演示需要,本例 VD2、VD5 及 pretty 显示结果都是把特征向量阵(2 * 2)的 V 和 (2 * 2)特征值阵 D 纵向排成(4 * 2)的组合阵。在阅读时,请注意上下间的对应关系。
- 在调用 subexpr 双输入格式之前,一定要预先定义置换变量(请参看行⟨8⟩⟨9⟩)。而在 subexpr 单输入调用格式中的输出量 sigma 是由 subexpr 命令程序自动定义的(请参见行⟨6⟩)。
- 虽然 subs 命令通过子对象置换,也能实现简洁化表达,但前提是必须预先知道被置换的冗子式。所以,除非特殊需要,subs 通常不使用于复杂符号对象的简洁化表达。
- 本例行⟨5⟩代码在命令窗中的表现与实时编辑器有显著不同。在图 2.5-5 中,simplify 的表现特别优秀。
- 把行⟨13⟩在命令窗中显示的 VD2 与图 2.5-5 所显示的 VD2 相比较,显然在实时脚本中的显示形式更赏心悦目。pretty 的使命该结束了。

2.6　变精度计算及数字类型转换

2.6.1　有限精度符号数和变精度计算

数值计算与符号计算间的最重要区别在于:数值计算一定存在截断误差,且在计算过程中不断传播,而产生累积误差;符号计算的运算过程是在完全准确情况下进行的,不产生累积误差。符号计算的这种准确性是以降低计算速度和增加内存需求为代价的。借助符号数、符号表达式等的"有限精度符号数值表达"可把纯符号计算变为所谓的"变精度算法",这种算法有两大优点:一,兼顾计算精度和速度;二,使某些无法用"封闭解析式"表达的计算结果以简洁的"精度可任意指定的有限精度符号数值"表达。

精准符号数或符号表达式的有限精度数值表达的控制命令如下:

digits	显示当前符号环境下已设定的有限精度符号数的有效位数
digits(n)	把此后符号环境下的有限精度符号数的有效位数设定为 n
xn＝vpa(x)	输出符号对象 x 在当前符号环境默认的有限精度数值 xn
xn＝vpa(x,n)	输出符号对象 x 的 n 位有效数字的有限精度符号数值 xn

💡**说明**

- 关于环境精度设置命令 digits 的说明:
  - □ 无输入格式调用时,返回当前符号环境下的默认有限精度数值近似的有效数字位数。
  - □ 有输入格式调用时,输入量 n 取正整数。n 用于指定此后符号环境下有限精度近似的有效数字位数。
- 关于变精度命令 vpa 的说明:
  - □ 输入量 x 可以是符号数、符号数表达式、符号数数组。
  - □ 单输入格式 xn＝vpa(x),将采用当前符号环境设定的有效数字位数返回 x 的有限精度近似数值 xn。
  - □ 双输入量格式 xn＝vpa(x,n),将采用 n 位有效数字返回 x 的有限精度近似数值 xn。

值得指出:该命令中的 n 只影响 xn 的有效数字位数。

例【2.6-1】 演示精准符号数和有限精度符号数的关系和差异;环境精度设置和符号数对象的有限精度近似;符号数学包的变精度算法,总把有限精度近似的影响控制在最小范围;演示环境精度设置命令 digits 和变精度命令 vpa 的功用。

1) 两种符号数值

```
clear all                % 清除所有变量及假设,重启符号引擎
a = sym(1)/3             % 定义精准的符号有理数
DefPrec = digits         % 符号环境默认近似精度                          <3>
b = vpa(a)              % 获得 a 的 32 位默认精度的近似符号数               <4>
a =
1
─
3
DefPrec =
    32
b =
0.33333333333333333333333333333333
whos a b                 % 可观察 a、b 两个变量的类别
  Name      Size          Bytes   Class   Attributes
  a         1x1              8     sym
  b         1x1              8     sym
```

2) 精准符号数与有限精度近似数的算术运算在符号环境有限精度上进行

```
isAlways(a == b)         % 该判断在 32 位符号环境中进行,所以结果为逻辑 1!      <6>
S21 = a - b              % 在 32 位环境中,精准符号值与 32 位近似值之差为 0!    <7>
isAlways(S21 == 0)       % 关系运算在 32 位环境精度下实施,给出逻辑 1!
S22 = b^2               % 有限精度数值的算术运算结果
isAlways(S22 == a^2)     % 精准符号数和近似数实施同类算术运算后的比较          <10>
ans = logical
  1
S21 =
0.0
ans = logical
  1
S22 =
0.11111111111111111111111111111111
ans = logical
  0
```

3) 精准符号数与有限精度近似数的函数值运算

```
S31 = cos(a) - cos(b)    % 精准函数值与 32 位近似函数值之差                <11>
isAlways(S31 == 0)       % 当前符号环境中,即 32 位精度下,被判断为逻辑 1!     <12>
S32 = cos(b)/cos(a)      % 把有限精度影响压缩在最小范围                    <13>
S33 = vpa(S32)          % 在 32 位环境精度下,S33 为 1
isAlways(S32 == sym(1))  % 检验表明:S32 不是精准的 1!                    <15>
```

```
S31 =
```

$$\cos\left(\frac{1}{3}\right) - 0.94495694631473766438828400767588$$

```
ans = logical

   1

S32 =
```

$$\frac{0.94495694631473766438828400767588}{\cos\left(\dfrac{1}{3}\right)}$$

```
S33 =

1.0

ans = logical

   0
```

4) 环境精度设置和变精度命令使用

digits(48)	% 把符号环境有限精度设置为 48 位有效数字	<16>
S41 = vpa(a,5)	% 该命令返回 a 的 5 位有效数字近似值	<17>
S42 = vpa(a)	% 采用符号环境精度返回 a 的 48 位近似值	<18>

```
S41 =

0.33333

S42 =

0.333333333333333333333333333333333333333333333333
```

5) 符号环境精度对计算的影响

S51 = abs(a − S41)	% 在 48 位环境中,精准符号值与 5 位近似值之差	
S52 = abs(a − S42)	% 在 48 位环境中,精准符号值与 48 位近似值之差为 0	<20>
isAlways(a == S42)	% 关系比较在 48 位环境精度下实施,所以为逻辑 1	<21>
S53 = abs(a − b)	% 在 48 位环境中,精准符号值与 32 位近似值之差	<22>

```
S51 =

0.00000000000001894780628693600495656331380208333333333350326

S52 =

0.0

ans = logical

   1

S53 =

0.000000000000000000000000000000003061183205266373548738780878221355236238 8657922
```

> ☀️**说明**
> - 符号数有两种表达形式:精准的广义有理表达和有限精度的十进制浮点形式表达。
> - 有限精度符号数主要有以下三个来源:
>   - □ 双精度数值置换符号子对象而引起的有限精度近似符号数。(请参看例 2.5 - 4 行 〈21〉。)
>   - □ 通过 vpa 变精度命令,由符号数对象转换而得的有限精度近似符号数。(见本例行 〈4〉〈17〉〈18〉。)

□ 在符号计算中,当无法得到封闭形式符号解或计算耗时无法忍受时,可寻求解的有限精度近似结果,比如 vpasolve 就是这类命令。

● 在精准符号数和有限精度近似符号数同时存在的混合符号运算中,MATLAB 总会尽量保持理论精准,而把有限精度近似的影响控制在最小范围内。本例行⟨11⟩⟨13⟩的运行结果中都保留着理论值 cos(1/3),而仅仅把 cos(b) 采用有限精度表达。

● 在精准符号数和有限精度近似数同时存在的运算过程中:

□ 只有那些采用默认精度而直接产生的近似数,才被 isAlways 判断为严格等于其精准值。参见本例行⟨6⟩⟨7⟩⟨21⟩的运行结果。

□ 有限精度的截断误差不可避免地会经算术运算或函数作用而传布放大。参见本例行⟨10⟩⟨12⟩⟨15⟩的运行结果。

● 环境精度设置命令 digits:

□ 该命令的无输入格式返回当前环境的默认有限精度近似的有效数字位数,参见本例行⟨3⟩的运行结果。

□ 该命令的有输入格式,用于设置此命令运行后的环境精度。如本例行⟨16⟩运行后,环境精度就被定为 48 位有效数字,参见本例行⟨18⟩代码的运行结果。

● 变精度命令 vpa:

□ 双输入格式 vpa(x,n) 的第 2 输入量 n,只用于指定符号数对象 x 被转换时所采用的有效数字位数。该格式命令的转换精度既不受环境精度设置的影响(见行⟨17⟩的运行结果),也不对环境精度发生影响(见行⟨18⟩的运行结果)。

□ 单输入格式 vpa(x) 采用环境精度把符号数对象转换生成有限精度近似符号数,参见本例行⟨4⟩⟨18⟩的运行结果。

● 本例只是介绍了 vpa 如何把精准符号数转换为有限精度近似数。至于如何借助 vpa 使符号计算执行变精度数值计算,请参见算例 2.7 – 6。

2.6.2 符号数字转换成双精度数字

尽管在形式上,符号数字有时与双精度数字十分相像,但它们数据类别的不同,将影响它们的使用方式。比如,MATLAB 的 integral 等数值计算命令,就不接受符号数字,而只接受包括双精度在内的数值类数字。在这种情况下,就必须采用以下命令进行数据类型转换。

Nd=double(Num_sym)　　　**把符号数字 Num_sym 转换为双精度数字 Nd**

🔆说明

● 数字的类别可以借助 class 辨别。

● 一般说来,Nd 是符号数字 Num_sym 的双精度近似。

● 顺便指出:命令格式 double('Num'),不能把数字字符串中 Num 数字转换成双精度数字,而只能将 Num 中的各个数字字符转换为相应的 ASCII 码值数组。

2.6.3 不同类型数字的相互转换

在 MATLAB 中,形式相似的数字类型主要有三种:双精度数字、符号数字、字符串数字。为实现不同数据类型的相互转换,MATLAB 向用户提供了如图 2.6 – 1 所示的一系列命令。

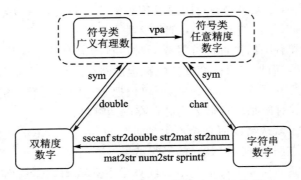

图 2.6 - 1   符号、字符、数值间的相互转换

例【2.6 - 2】 演示三种不同类型的数字；符号数或字符串数如何转换成双精度数，并揭示 str2num、str2double、double 在转换字符串数时的不同表现；符号数或双精度数如何转换成字符串数，展示 num2str 和 sprintf 的使用。

1）定义三种类型的数字

```
clear
format long                          % 定义长显示格式
Nd = 1/2 + 3^(2/3)                   % 创建双精度数，输出是浮点数
Nsym = sym(1)/2 + 3^(sym(2)/3)       % 创建符号数，输出是广义有理数
Nstr = '1/2 + 3^(2/3)'               % 创建广义有理形式的字符串数字
Nd =
     2.580083823051904
Nsym =
```

$$3^{2/3} + \frac{1}{2}$$

```
Nstr =
     '1/2 + 3^(2/3)'
whos Nd Nsym Nstr
    Name        Size         Bytes  Class      Attributes
    Nd          1x1              8  double
    Nstr        1x11            22  char
    Nsym        1x1              8  sym
```

2）符号或字符数字转化为双精度数字

```
N21 = double(Nsym)                   % 符号数值转化为双精度数值                <7>
N22 = str2num(Nstr)                  % 字符串数值转化为双精度数值              <8>
N21 =
     2.580083823051904
N22 =
     2.580083823051904
N23 = double(Nstr)                   % 给出 Nstr 中每个字符的 ASCII 码         <9>
N24 = str2double(Nstr)               % 该命令只能转换浮点型字符串数字，        <10>
                                     % 而不能正确转换字符串广义有理数
```

```
N23 =
    49    47    50    43    51    94    40    50    47    51    41
N24 =
    NaN
```

3）符号或双精度数转化成字符串数

```
N31 = char(Nsym)                %把符号数值转换成字符串数字
N32 = num2str(Nd)               %把双精度数转换成默认短格式字符串数字        <13>
N33 = num2str(Nd,'% 0.15f\n')   %把双精度数转换成指定格式字符串数字          <14>
N34 = sprintf('% 0.15f',Nd)     %把双精度数转换成指定格式字符串数字          <15>
N31 =
    '3^(2/3) + 1/2'
N32 =
    '2.5801'
N33 =
    '2.580083823051904'
N34 =
    '2.580083823051904'
```

🔅说明

- 关于三种类型数字的说明：
  □ 双精度浮点数：不管输入采用什么形式，输出总是浮点数。
  □ 符号数值有两种表现形式：精准的广义有理数和任意精度数（详见 2.6.1 节）。
  □ 字符串数也有两种形式：广义有理数和浮点数。
- 关于 double、str2double、str2num 命令的说明：
  □ double 把输入字符串中的数字、算符逐个转换为相应的 ASCII 码。以行〈9〉代码为例。因为输入量 Nstr 有 11 个字符，所以转换后生成 11 组数字。注意：每个字符对应由"2 个十进制数"构成一组 ASCII 代码。
  □ str2double 只能转换诸如 13.45、1.225e−3 等浮点形式的字符串数字。该命令不能识别字符串中的算术算符及 MATLAB 内建函数名。由于 Nstr 字符串中包含 +、/、^ 等算符而不是浮点形式，所以 str2double 把 Nstr 看作"NaN"非数。参见行〈10〉的运行结果。
  □ str2num 程序是借助 eval 命令运作其输入量的。所以，即使字符串中包含各种算符或 MATLAB 内建函数名，eval 照样可以在 MATLAB 环境中运行该输入量，从而生成双精度数值。请参看行〈8〉的运行结果。
- 关于双精度数转换成字符串数字的说明：
  □ int2str(Nd)、num2str(Nd)是最常用的两个单输入格式命令，它们可分别将双精度整数和浮点数转换成字符串数字。请参看行〈13〉代码及其运行结果。
  □ 借助格式化输入项，num2str 或 sprintf 可以把双精度数转换成用户指定形式的字符串数字。

2.7　符号微积分

可以毫不夸张地说，大学本科高等数学中的大多数微积分问题都能用符号计算解决，手工笔算演绎的烦劳都可以由计算机完成。

2.7.1 序列/级数的符号求和

对于数学上用通式表达的级数(Series)求和问题,即 $\sum_{v=a}^{b} f(v)$,可用 MATLAB 的求和指令解决。具体如下:

F=symsum(f,k)   求级数 $f(k)$ 的"不定和" $F(k) = \sum_{k} f(k)$

F=symsum(f,k,[a,b])   求级数的"确定和" $F = \sum_{k=a}^{b} f(k) = f(a) + f(a+1) + \cdots + f(b)$

B=cumsum(A,dim,direction)   在 dim 维度沿 direction 方向计算 A 数组的累(计)和

💡说明

- 关于 symsum 输入量的说明:
  - □ f   是级数的通项表达式,可以是符号表达式、符号函数、符号数组、符号常数。
  - □ k   求和式或连乘式的指数,取符号变量。
  - □ [a, b]   用于指定"求和指数"的下界与上界,可以是符号数值、符号变量、符号表达式、符号函数。
- 关于 F=symsum(f,k)计算"不定和"的说明:
  - □ 不定和(Indefinite sum)的数学定义为:使 $\Delta F(k) = F(k+1) - F(k) = f(k)$ 满足的 $F(k) = \sum_{k} f(k)$ 被称为级数 $f(k)$"不(确)定和"。
  - □ 不定和与确定和的关系

$$\sum_{k=a}^{b} f(k) = \left(\sum_{k} f(k) \right)_{k=b+1} - \left(\sum_{k} f(a) \right)_{k=a}$$

- 关于 cumsum 输入量的说明:
  - □ A   作为输入量的符号数组。
  - □ dim   用于指定沿哪个维度计算累计和。1 表示沿列维度(此维度也是单输入格式下的默认计算维度);2 表示沿行维度。
  - □ direction   用于指定累计操作"沿上下左右"的哪个方向。'forward' 表示"自上而下或自左而右"(这也是双输入格式下的默认计算方向);'reverse' 表示"自下而上或自右而左"。

◀┃例【2.7-1】   本例举例展示级数"不定和"定义、"不定和"与"确定和"关系、"不定和"与"不定积分"关系;演示 symsum 的四种调用格式,四输入、三输入、双输入、单输入格式。

1) 数学概念实践:级数"不定和"的应用

```
clear
syms n k
f1 = k;                          % 级数通项
F1 = simplify(symsum(f1,k))      % 级数的不定和 F(k) = ∑ f(k)                <4>
                                 k
FF11 = simplify(symsum(f1,k,[1,n]))                        %              <5>
```

$$\% \text{据式 } F_{[1,n]} = \sum_{k=1}^{n} f(k) \text{ 直接计算级数的有限项"确定和"} \qquad <6>$$

```
FF12 = simplify(subs(F1,k,n+1) - subs(F1,k,1))
```

$$\% \text{据 } F_{[1,n]} = \sum_{k=1}^{n} f(k) = F(k) \Big|_{k=1}^{n+1} \text{ 间接计算"确定和"} \qquad <7>$$

```
F1 =
```

$$\frac{k(k-1)}{2}$$

```
FF11 =
```

$$\frac{n(n+1)}{2}$$

```
FF12 =
```

$$\frac{n(n+1)}{2}$$

2）symsum 的单输入格式

```
F21 = simplify(symsum(f1))        % 单输入格式                          <8>
                                  % 命令会自动执行 symvar(f1,1),寻找自由变量
```

```
F21 =
```

$$\frac{k(k-1)}{2}$$

```
f2 = sym(3)
F22 = symsum(f2)                  % 输入为常数的单输入格式运行返回的"不定和"    <11>
                                  % 会默认采用 x 为自由变量
```

```
f2 =
3
F22 =
3x
```

3）无限项数值级数之和

```
f3 = 1/k^2;
F31 = symsum(f3,k,[1,inf])        % 三输入格式                          <13>
F32 = symsum(f3,[1,inf])          % 双输入格式(注意:自由变量缺省)          <14>
F33 = symsum(f3,k,1,inf)          % 四输入格式                          <15>
F31 =
```

$$\frac{\pi^2}{6}$$

```
F32 =
```

$$\frac{\pi^2}{6}$$

```
F33 =
```

$$\frac{\pi^2}{6}$$

4）无限项符号级数之和

f41 = 1/factorial(k);   % 级数通项 $\dfrac{1}{k!}$

F41 = symsum(f41,k,[0,inf])   % 理论结论 $\displaystyle\sum_{k=0}^{\infty}\dfrac{1}{k!}=\mathrm{e}$ ⟨17⟩

f41 =

$$\dfrac{1}{k1}$$

F41 =

e

5）对符号通项数组求和

f5 = [1/(2 * k - 1)^2,(-1)^k/k];   % (1 * 2) 通项数组

F5 = symsum(f5,k,[1,inf])   % 输出结果为(1 * 2)数组   ⟨19⟩

f5 =

$$\left(\dfrac{1}{(2k-1)^2}\quad \dfrac{(-1)^2}{k}\right)$$

F5 =

$$\left(\dfrac{\pi^2}{8}\quad -\log(2)\right)$$

💡**说明**

- 关于 symsum 调用格式的说明：
  - □ symsum(f,k,a,b)四输入格式等同于三输入格式 symsum(f,k,[a,b])，参见行⟨13⟩⟨15⟩。
  - □ 假如由 sym(f,1)认定的 f 通项自由变量为 k，那么 symsum(f,[a,b])二输入格式等同于三输入格式 symsum(f,k,[a,b])，参见行⟨13⟩⟨14⟩。
  - □ 注意：symsum(f,k)双输入格式，返回的是级数的"不定和"。
  - □ 假如由 sym(f,1)认定的 f 通项自由变量为 k，那么 symsum(f)单输入格式等同于双输入格式 symsum(f,k)，返回级数的"不定和"。
  - □ 假如级数通项是常数值，那么 symsum(f)单输入格式返回的级数"不定和"默认地以 x 为自由变量。
- symsum 既可以求级数的有限项和（参见行⟨5⟩），也可以（在级数无限项和存在的前提下）求级数的无限项和（参见行⟨13⟩⟨14⟩⟨15⟩⟨17⟩⟨19⟩），还可以求级数的"不定和"（参见行⟨4⟩⟨8⟩⟨11⟩）。

2.7.2 极限的求取

以下命令可用于求符号表达式/符号函数的左、右及双向极限。

limlt(exf)   对 exf 求其默认变量趋于 0 时的极限

limit(exf,x,a)   对 exf 求 x 趋于 a 时的双向极限，$\lim\limits_{x\to a}exf(x)$

limit(exf,x,a,'right')   求右极限 $\lim\limits_{x\to a^+}exf(x)$

limit(exf,x,a,'left')   求左极限 $\lim\limits_{x\to a^-}exf(x)$

⚙ **说明**

- exf　第一输入量,可以是符号表达式、符号函数以及由它们构成的数组。
- 关于单输入格式 limit(exf)的说明:该命令输出是 exf 默认变量趋于 0 时的极限;而 exf 的默认自由变量由 synvar(exf,1)确定。
- 极限是微积分最基础的概念,求极限是微积分解析的基本方法。

◀**例【2.7 - 2】**　演示 limit 命令的各种调用格式;演示单输入格式下,符号表达式和符号函数极限的差异,特别提醒默认变量的影响;演示左右极限不一致情况下的双向极限。

1) 单输入为符号表达式时的输出结果

```
clear all
syms  t w
```

`f1 = sin(w * t)/t`	% 广义辛格表达式 $f_1 = \omega \cdot \text{sinc}(t) = \omega \cdot \dfrac{\sin(\omega t)}{\omega t}$	`<3>`
`L11 = limit(f1)`	% 求表达式 f1 关于默认变量的极限 $\lim_{\omega \to 0} f_1$	`<4>`
`L12 = limit(f1,t,0)`	% 求表达式 f1 关于指定变量 t 的极限 $\lim_{t \to 0} f_1$	`<5>`

```
f1 =
sin(tw)
───────
   t

L11 =
0

L12 =
w
```

2) 单输入为符号函数时的输出结果

`f2(t) = sin(w * t)/t`	% 广义辛格函数 $f_2(t) = \omega \cdot \text{sinc}(t) = \omega \cdot \dfrac{\sin(\omega t)}{\omega t}$	`<6>`
`L21 = limit(f2)`	% 求函数 f2(t)关于 t 的极限 $\lim_{t \to 0} f_2(t)$	`<7>`
`L22 = limit(f2,t,0)`	% 求函数 f2(t)关于 t 的极限 $\lim_{t \to 0} f_2(t)$	`<8>`

```
f2(t) =
sin(tw)
───────
   t

L21(t) =
w

L22(t) =
w
```

3) 左、右、双向极限

```
f3 = 1/t
```

`L31 = limit(f3,t,0,'left')`	% 左极限为"负无穷"	`<10>`
`L32 = limit(f3,t,0,'right')`	% 右极限为"正无穷"	`<11>`
`L3 = limit(f3,t,0)`	% 双向极限输出为"非数"	`<12>`

```
f3 =
1
─
t

L31 =
```

$- \infty$

L32 =

∞

L3 =

NaN

※说明

- 关于单输入格式 limit 命令的使用:
  - □ 注意:行〈3〉定义的符号表达式 f1＝sin(w＊t)/t 的默认自由变量是 w 而不是 t,所以在单输入格式下,对 w 趋于 0 求 f1 的极限,因此结果是 0。
  - □ 单输入格式下,若输入量是符号函数,输出结果为:该函数关于函数变量趋于 0 时的极限。
- 本例的演示表明:
  - □ 单输入格式下 limit 的输入量应尽量使用自由变量明晰的符号表达式。即用户在书写符号表达式时,自由变量尽量用字母 x,而非自由变量应尽量用远离 x 的字母(如 a、b、c)。
  - □ 单输入格式下,limit 的输入量采用符号函数是比较明智的选择,因为符号函数的自由变量明确清晰。
- 本例行〈10〉〈11〉〈12〉表明:当左右极限不相等时,双向极限格式下的 limit 将返回"非数 NaN"。
- 在数学上,$\sin c_\omega(x) = \dfrac{\sin \omega x}{\omega x}$ 是著名的归一化辛格函数。$\sin c_\omega(t-k)$ 可在 $L^2(R)$ 函数空间中构成带限函数的正交基,因此在数字信号处理和通信理论中常见此函数,参见行〈6〉。
- 在数学上,$\sin c(x) = \dfrac{\sin x}{x}$ 称为非归一化辛格函数。而它在"信号与系统"等教科书中,又常记为 $Sa(t) \hat{=} \dfrac{\sin t}{t}$,称抽样函数。

2.7.3 符号导数及级数展开

1. 符号导数和雅可比矩阵

df＝diff(f,x,n)   求 f 关于 x 的 n 阶导数 $\dfrac{d^n f(x)}{dx^n}$

df＝diff(f,x1,x2,...,xn)   求 f 关于 x1,...,xn 的混合导数 $\dfrac{\partial^n f(x_1, \cdots, x_n)}{\partial x_1 \cdots \partial x_n}$

df＝jacobian(f,v)   求向量多元函数 $f(v)$ 的 Jacobian 矩阵 $\dfrac{\partial f(v)}{\partial v}$

※说明

- f 输入量。它可以是符号表达式、符号函数及它们组成的数组。对数组元素逐个进行求导操作,但自由变量是对整个数组而言的。

- n　输入量。它取正整数，用于指定导数的阶数。
- v　jacobian 命令的第二输入量。v 由符号对象 f 的所有自变量构成，且以列（或行）向量形式出现。
- 向量多元函数 $\boldsymbol{f}(\boldsymbol{x}):R^m \rightarrow R^n$ 在 $\boldsymbol{x}_0$ 的线性近似展开可记为

$$\boldsymbol{f}(\boldsymbol{x}) \approx \boldsymbol{f}(\boldsymbol{x}_0) + J(\boldsymbol{x}_0)(\boldsymbol{x} - \boldsymbol{x}_0)$$

式中，$\boldsymbol{f}(\boldsymbol{x}) = \begin{bmatrix} f_1(\boldsymbol{x}) \\ \vdots \\ f_n(\boldsymbol{x}) \end{bmatrix}$，$\boldsymbol{x} = [x_1, \cdots, x_m]$；$J(\boldsymbol{x}) = \begin{bmatrix} \dfrac{\partial f_1}{\partial x_1} & \cdots & \dfrac{\partial f_1}{\partial x_m} \\ \vdots & \vdots & \vdots \\ \dfrac{\partial f_n}{\partial x_1} & \cdots & \dfrac{\partial f_n}{\partial x_m} \end{bmatrix}$，称为 Jacobian

矩阵。
- 注意：在数值计算中，指令 diff 是用来求差分的。

◆例【2.7-3】　本例演示对 $\boldsymbol{f} = \begin{bmatrix} a & t\cos x & g(x,t) \end{bmatrix}$ 求 $\dfrac{\mathrm{d}\boldsymbol{f}}{\mathrm{d}x}, \dfrac{\mathrm{d}^2\boldsymbol{f}}{\mathrm{d}t^2}, \dfrac{\partial^2\boldsymbol{f}}{\partial x \partial t}$ 和其 Jacobian 矩阵 $\dfrac{\mathrm{d}\boldsymbol{f}}{\mathrm{d}\boldsymbol{v}}$；强调求导运算是对符号数组元素逐个进行的，而求导变量是对整个数组而言的；diff 的单输入格式；混合导数的求取格式；不管函数向量是列形式还是行形式，也不管自变量向量是行形式还是列形式，所得 Jacobian 矩阵的形式相同；注意抽象函数导数的表现形式。

1）符号数组的一阶二阶导数

```
clear
syms a t x g(x,t)              % 定义符号变量和抽象符号函数            <2>
f = [a,t * cos(x),g]           % 创建被研究的(1 * 3)符号数组           <3>
fd11 = diff(f)                 % 不指定自变量格式,求 f 数组的导数       <4>
fd12 = diff(f,t,2)             % 指定自变量格式,求 f 数组对 t 的二阶导数  <5>
f(x, t) =
(  a   tcos(x)   g(x, t))
fd11(x, t) =
```
$\left(0 \quad -t\sin(x) \quad \dfrac{\partial}{\partial x}g(x, t) \right)$

```
fd12(x, t) =
```
$\left(0 \quad 0 \quad \dfrac{\partial^2}{\partial t^2}g(x, t) \right)$

2）混合导数

```
fd21 = diff(f,x,t)             % 求 f 关于 x、t 的混合导数             <6>
fd21(x, t) =
```
$\left(0 \quad -\sin(x) \quad \dfrac{\partial}{\partial x}\dfrac{\partial}{\partial t}g(x, t) \right)$

```
fd22 = diff(diff(f,x),t)       % 求二阶混合导数                      <7>
fd22(x, t) =
```
$\left(0 \quad -\sin(x) \quad \dfrac{\partial}{\partial x}\dfrac{\partial}{\partial t}g(x, t) \right)$

3) 多元函数向量的 Jacobian 矩阵

```
fd31 = jacobian(f,[x,t])        % f 为(1 * 3),v 为(1 * 2)            <8>
fd32 = jacobian(f,[x;t]);       % f 为(1 * 3),v 为(2 * 1)            <9>
fd33 = jacobian(f.',[x;t]);     % f.' 为(3 * 1),V 为(2 * 1)          <10>
fd31(x, t) =
```

$$
\begin{pmatrix}
0 & 0 \\
-t\sin(x) & \cos(x) \\
\dfrac{\partial}{\partial x}g(x,t) & \dfrac{\partial}{\partial t}g(x,t)
\end{pmatrix}
$$

```
isAlways((fd31 == fd32)&(fd31 == fd33))      % 检测 fd31 与 fd32、fd33 相等否   <11>
ans = 3×2 logical 数组
   1   1
   1   1
   1   1
```

💡说明

- diff(f)单输入调用格式,f 的自变量由 symvar(f,1)自动确定。对于本例 f 而言,所确定的自变量是 x。本例行〈4〉的代码等同于 fd11 = diff(f,x)。
- 本例 diff(f,x,t)命令计算混合导数,其结果与 diff(diff(f,x),t)相当。请参看行〈6〉代码及运行结果,并将它们与行〈7〉代码及运行结果比较。
- 关于 jacobian 命令的说明:
  - □ 由行〈11〉结果可知,fd31、fd32、fd33 完全相同。本例"由 3 元素构成的函数"f 关于"由 2 元素构成的自变向量"v 的雅可比矩阵的规模总是(3 * 2)。该雅可比矩阵的第 1 列是 f 函数各元素关于 v 第 1 个自变量的导数;而第 2 列是 f 函数各元素关于 v 第 2 个自变量的导数。
  - □ 行〈10〉代码中 .' 符号使 f 执行非共轭转置。
- 本例行〈4〉〈5〉〈6〉的运行结果给出了抽象函数各种导数的表达方式。熟悉这些表达方式将有助于理解本书及 MATLAB 帮助文档中的有关算例。

◀例【2.7 - 4】 设 $\cos[x + \sin y(x)] = \sin y(x)$,求 $\dfrac{\mathrm{d}y}{\mathrm{d}x}$。本例演示:如何实现隐函数求导。

1) 对方程(隐函数)求导

```
clear
syms x y(x)                        % 创建基本符号对象                 <2>
g = cos(x + sin(y)) == sin(y)      % 建立隐函数符号方程               <3>
dgdx = diff(g,x)                   % 对隐函数符号方程求导             <4>
g(x) =
cos(x + sin(y(x))) = sin(y(x))

dgdx(x) =
```

$$
-\sin(x + \sin(y(x)))\left(\cos(y(x))\frac{\partial}{\partial x}y(x) + 1\right) = \cos(y(x))\frac{\partial}{\partial x}y(x)
$$

2) 用符合规则的新变量名 dydx 替代 dgdx 中的 diff(y(x),x)

```
syms dydx                          % 创建新的替代变量                 <5>
```

```
dgdx1 = subs(dgdx,diff(y(x),x),dydx)          % 必须进行子表达式置换          <6>
dgdx1(x) =
```

$$- \sin(x + \sin(y(x))) * (dydx * \cos(y(x)) + 1) = dydx \cos(y(x))$$

3) 对变量 dgdx1 代表的符号方程求关于 dydx 的解,即使 $\dfrac{\mathrm{d}y}{\mathrm{d}x}$ 通过 x, y 表达出来

```
dydx = solve(dgdx1,dydx)                       % 求 dydx
dydx =
```

$$- \frac{\sin(x + \sin(y(x)))}{\cos(y(x)) + \cos(y(x))\sin(x + \sin(y(x)))}$$

💡说明

- 行⟨2⟩用于创建符号变量 x 和抽象符号函数 y(x)。
- 行⟨6⟩把 dgdx 表达式中的子表达式 diff(y(x),x)替换为 dydx。这是借助 solve 命令解方程所必需的步骤,因为 diff(y(x),x)不能作为求解的变量名使用。

2. 泰勒级数和帕德近似

(1) 数学概述

- 泰勒级数(Taylor Series)展开

$$f(x) \approx \sum_{k=0}^{n-1} \frac{f^{(k)}(c)}{k!}(x-c)^k \tag{2.7-1}$$

□ 式中:n 是正整数,用于 taylor 命令 'Order' 阶数选项的设定;而 k 是[$0, n-1$]中的正整数;c 是展开点;$f^{(k)}(c)$ 是 k 阶导数 $f^{(k)}(x)$ 在 c 处的值。

□ 当 $f(x)$ 是多元函数时,taylor 命令的自变量输入 var 应写成向量形式,展开点也应写成相应的向量形式。

□ 泰勒级数广泛应用于函数近似、复分析、方程近似解。

- 帕德近似(Pade Approximant)为

$$f(x) \approx \frac{(x-c)^p(a_0 + a_1(x-c) + \cdots + a_m(x-c)^m)}{1 + b_1(x-c) + \cdots + b_n(x-c)^n} \tag{2.7-2}$$

□ 式中:n、m 都是正整数;p 是整数(可负、可零、可正);c 是展开点。

□ 对于 pade 命令而言,$(x-c)^p$ 存在与否完全取决于 pade 命令 'OrderMode' 选项的取值(见表 2.7-1)。

若该选项取(默认)值 'absolute',则帕德近似中的 $p=0$。

若展开点为 $f(x)$ 的某零点或极点,则可令 'OrderMode' 选项取值 'relative',以得到更好的近似精度。此时,p 就不为零,而是所在展开点(极点或零点)的重数。

□ 帕德近似是函数 $f(x)$ 在"指定阶数"下的有理分式近似。它往往可给出比泰勒级数更好的近似,甚至可应用于泰勒级数不收敛的某些场合。

□ 帕德近似常用于时滞控制领域。

(2) 计算命令

st＝taylor(f,var,a)	给出符号对象 f 在 var＝a 处的 5 阶泰勒(Taylor)展开 st
st＝taylor(f,var,Name,Value)	在 Name/Value 选项设定下返回 f 的 Taylor 展开 st
sp＝pade(f,var,a)	给出符号对象 f 在 var＝a 处的 3 阶帕德(Pade)近似 sp

sp＝pade(f,var,Name,Value)　　　　在 Name/Value 选项设定下返回 f 的 Pade 近似 sp

※说明

- f　输入量。它可以是符号表达式、符号函数及由它们构成的数组。展开和近似对数组元素分别实施。
- var　输入量。它是对整个数组而言的。它可以缺省,缺省时,var 由 symvar(f,1) 确定。
- a　输入量。它可以是(符号)数、符号变量、符号表达式等。它可以缺省,默认 a＝0。
- Name/Value　输入量对。对于以上两个不同命令,该输入量对的取值如表 2.7－1 所列。

表 2.7－1　可选项的名称及取值

Name	Value	
	taylor	pade
'ExpansionPoint'	0(默认)	
	(符号)数、符号变量、符号表达式	
'Order'	(默认)$n＝6$	(默认)$M＝N＝3$
	任何正整数	$[M,N]$ 任何取值的 二元正整数数组
'OrderMode'	(默认)'absolute' 展开项的最高幂次$\leqslant n-1$	(默认)'absolute' 分子、分母最高阶为 $M＝m$、$N＝n$
	'relative' 展开项的最大幂次差$\leqslant n-1$	'relative' 若 $p＞0$,则 $M＝m+p$; 若 $p＜0$,则 $N＝n-p$

※说明

本表中的 n、m、p 对应式(2.7－1)、(2.7－2)中相应符号。

- 展开点或近似点的设置有两个途径:
  □ "Name/Value 输入量对"设置法。即采用 Name 取 'ExpansionPoint' 选项,Value 取用户所希望的数值、符号数值,或者取"与 f 自变量无关"的符号变量、符号表达式。
  □ "a 第三输入量"设置法。
  □ 根据 MATLAB 制造商的意见,推荐使用"Name/Value 输入量对"设置法。
  □ 如果在同一个命令中,两种设置方式同时存在,那么将以"Name/Value 输入量对"设置为准。

◀例【2.7－5】　演示 taylor 命令的单输入、多输入调用格式;演示 taylor 展开存在的条件,任意阶导数存在;演示如何利用图形对象属性修饰图形曲线;演示 diff、limit、subs、factorial、fplot 命令的协调使用。

1) 一元函数的各阶导数

```
clear
syms x k
```

```
f = sin(x)/x;                                    % 被展开函数                                        <3>
F(5) = f;for ii = 4: - 1:1;F(ii) = diff(F(ii + 1));end,E      % 求各阶导数                        <4>
fd = limit(F,x,0)                                % 注意:limit 命令求 x = 0 处的各阶导数值          <5>
ctaylor = fd. /subs(factorial(k),[4: - 1:0])     % 泰勒展开系数                                    <6>
fd =
```

$$\left(\frac{1}{5} \quad 0 \quad -\frac{1}{3} \quad 0 \quad 1 \right)$$

```
ctaylor =
```

$$\left(\frac{1}{120} \quad 0 \quad -\frac{1}{6} \quad 0 \quad 1 \right)$$

2）单输入格式 taylor 命令实现泰勒展开

```
S2 = taylor(f)                                   % (默认)x = 0 处泰勒展开,最高幂次 < = (6 - 1)    <7>
S2 =
```

$$\frac{x^4}{120} - \frac{x^2}{6} + 1$$

3）带选项格式的 taylor 命令调用

```
S3 = taylor(f,x,0,'Order',8)                     % x = 0 处泰勒展开,最高幂次 < = (8 - 1)         <8>
S3 =
```

$$-\frac{x^6}{5040} + \frac{x^4}{120} - \frac{x^2}{6} + 1$$

4）原函数和泰勒近似的图形观察（见图 2.7 - 1）

```
fplot(f,[ - 4,4],'LineWidth',3,'Color','r');     %                                                <9>
                                                 % 快捷绘制 f1 曲线,并设置线宽为 3、线色为红
hold on                                          % 允许叠画
fplot(S2,[ - 4,4],'LineStyle','- -','Color','b'); %                                               <12>
                                                 % 采用蓝色虚线绘制 6 阶近似曲线
HS = fplot(S3,[ - 4,4]);                         % 绘制 8 阶近似曲线                               <14>
HS.LineStyle = ':';                              % 采用点点线
HS.LineWidth = 2;                                % 线宽为 2
HS.Color = 'g';                                  % 线色为绿                                        <17>
hold off                                         % 不再叠画
grid on                                          % 画方格线
legend('sin(x)/x','6 阶近似 ','8 阶近似 ')        % 添加图例
xlabel('x')
title('sin(x)/x 及其 6 阶、8 阶泰勒近似 ')          % 加注图标题
```

说明

- 函数可泰勒展开的条件是:被展开函数在展开点处的任意阶导数存在,参见本例行〈4〉〈5〉。
- 本例求 x＝0 处函数值及各阶导数值,必须使用 limit 命令实施。如果使用 subs 命令进行,则因存在"零除零"现象而会导致计算中断,参见行〈5〉。
- 本例绘制和修饰图 2.7 - 1 曲线时,采用了如下两种不同的图形对象属性设置技术:
  □ 在 fplot 命令中,直接利用"Name/Value"属性名/属性值对进行设置,如行〈9,12〉。

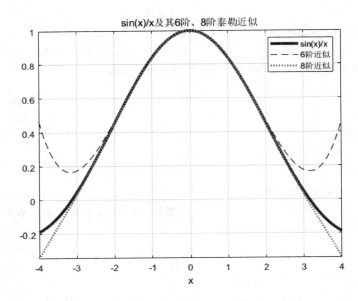

图 2.7 - 1   sin(x)/x 及其泰勒近似

□ 借助"对象＋黑点＋属性名"赋值法，修改图形对象属性，参见〈14～17〉行。

□ 关于 fplot 的更详细说明，请见第 2.11.2 节。

● 关于多元函数的泰勒展开，请看第 2.11.4 节。

◀**例【2.7 - 6】** 演示 pade 命令的单输入、多输入调用格式；让读者感受 pade 近似的具体形态（有理分式）和应用；演示 ilaplace 反变换；演示如何利用 char 命令获知符号计算结果的字符数。

1）时滞传递函数的帕德（Pade）近似的产生

```
clear all
syms s                      % 考虑到例题的控制背景，自变量名称采用 s
F = exp( - 2 * s)/s          % 时滞传递函数：时延阶跃函数的 Laplace 变换
P1 = pade(F)                 % （默认）s = 0 处的最高幂次为 3/3 阶帕德近似                <4>
mn = [1,2];
P2 = pade(F,s,'Order',mn,'OrderMode','relative')                                    % <6>
                            % s = 0 处幂次为 1/2 相对阶模式的帕德近似
```

$$F =$$
$$\frac{e^{-2s}}{s}$$

$$P1 =$$
$$-\frac{2s^3 - 9s^2 + 18s - 15}{3s(s^2 + 4s + 5)}$$

$$P2 =$$
$$-\frac{2s - 3}{s(2s^2 + 4s + 3)}$$

2）对传递函数及其近似进行反变换，获得时域函数及其近似

```
syms t                      % 时域自变量
```

```
f = ilaplace(F,s,t)              % 经 Laplace 反变换，产生时延阶跃函数
p1 = ilaplace(P1,s,t)            % 3/3 阶帕德近似的反变换
p2 = simplify(ilaplace(P2,s,t),"Steps",1600)                              %    <11>
                        % 相对模式 1/2 阶帕德近似的反变换
f =
heaviside(t - 2)
p1 =
```

$$\frac{14e^{-2t}\left(\cos(t) - \dfrac{24\sin(t)}{7}\right)}{3} - \frac{2\delta(t)}{3} + 1$$

```
p2 =
```

$$1 - e^{-t}\left(\cos\left(\frac{\sqrt{2}\,t}{2}\right) + 2\sqrt{2}\sin\left(\frac{\sqrt{2}\,t}{2}\right)\right)$$

关于行〈11〉格式命令的应用和计算结果 p2 的解释，请看例后的说明。

3）绘制原函数及其帕德近似产生的时域响应曲线（图 2.7 - 2）

```
fplot(f,[0,5],'Color','r','LineWidth',3);           % 时延阶跃函数
hold on
fplot(p1,[0,5],'Color','b','LineStyle','--');
                        % 3/3 阶帕德近似的时域响应曲线
fplot(p2,[0,5],'Color','g','LineStyle',':','LineWidth',2);
                        % 4/5 阶帕德近似的时域响应曲线
hold off
axis([0,5,-0.7,1.2])
grid on
Lstr1 = '绝对模式 3 阶近似';
Lstr2 = ['相对模式',int2str(mn(1)),'/',int2str(mn(2)),'阶近似'];
legend('exp(x)/sqrt(x)',Lstr1,Lstr2,'Location','SouthEast')
title('时滞单位阶跃及其帕德近似展开')
xlabel('t'),ylabel('y')
```

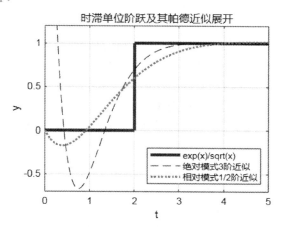

图 2.7 - 2　时延阶跃函数及其帕德近似的时域响应

💡**说明**

- 在经典控制中，由于时滞环节通常体现为含指数（如本例的 e^{-2s}/s）的传递函数，而导致传递函数运算困难。帕德（Pade）近似将可借助控制界熟悉的有理分式近似替换指数函数。正是基于这样的物理背景，帕德近似有理分式的分子最高幂次一般不会设置得高于分母最高幂次。
- 关于帕德近似"绝对模式"和"相对模式"应用的说明：
  □ 因为 F 函数展开点 0 也恰是该函数的极点，所以采用行〈6〉命令，即"相对模式 1/2 阶帕德近似"所得的近似表达式精度仍高于行〈4〉所得之"绝对模式 3 阶帕德近似"。
  □ 图 2.7 - 2 中绿色虚点线显然比蓝色虚划线能更好地近似表现红色粗实线，尤其在绘图区间的左端。
- 行〈11〉采用的简化操作强度较高（简化步数达 1600），为的是获得长度最短的表达式。

2.7.4   符号积分

1. 不定积分概述

数学教科书把 $f(x)$ 的不定积分定义为

$$F(x) = \int f(x)\mathrm{d}x + C$$

式中：$f(x)$ 是被积函数（Integrand），x 是被积变量（Integration Variable），C 是任意常数；$F(x)$ 则是不定积分函数族，且 $\dfrac{\mathrm{d}F(x)}{\mathrm{d}x} = f(x)$。

MATLAB 的 int 命令实施不定积分返回的是 $f(x)$ 的原函数（Antiderivative）$F(x) = \int f(x)\mathrm{d}x$，而不包含任意常数 C。

总体而言，不定积分求取和定积分计算都不轻松。下面简介 MATLAB 符号积分命令返回结果的几种可能情况及应对策略。

- 返回明确清晰的封闭形式的原函数。这是最希望的结果。
- 返回结果采用用户不太熟悉的 MATLAB 符号工具包内建函数名表达。此时，用户可以借助 help 或帮助浏览器获得内建函数的信息，然后再进一步处理。
- 返回结果有多个分支。此时，用户可尝试：
  □ 通过对积分变量及其他符号变量的限定性假设，获得更符合要求的结果。
  □ 可通过 Name/Value 对的选项设置，获得适当结果。
- 返回结果只是输入代码自身。这表明 MATLAB 没有找到原函数。此时可能的解决办法是：
  □ 借助关于符号变量的限定性假设命令，适当收窄积分变量及其他符号变量的定义域。（复数域是默认定义域）
  □ 借助 Name/Value 选项对进行适当的设置。
  □ 借助 vpa 命令，使符号计算以"变精度数值形式"执行。
  □ 先借助级数展开命令对被积函数进行近似表达，然后再实施积分运算。

□ 在感兴趣的区间上,借助 MATLAB 的 cumtrapz、integral 数值计算命令算出若干离散积分点,然后勾画 $F(x)$ 曲线,以观察其形态。

□ 尝试在容量更大的计算机上解算。

□ 当然,有时是被积函数的原函数本身就不存在。此时,用户应该对被积函数本身进行审视。

2. 定积分瑕积分和柯西主值积分

MATLAB 命令 int 所返回的符号定积分具有如下涵义:

● 传统意义上,有限区间上有界被积函数的定积分

$$F = \int_a^b f(x)\,\mathrm{d}x$$

式中:a、b 分别是积分的有界下限和上限;$f(x)$ 在积分区间有界,或具有有限个第一类间断点。

● 传统意义上,定积分或极限定积分存在时的广义积分:

□ 无限区间上有界被积函数的广义定积分

$$F = \int_a^{+\infty} f(x)\,\mathrm{d}x \qquad 或 \qquad F = \int_{-\infty}^b f(x)\,\mathrm{d}x \qquad 或 \qquad F = \int_{-\infty}^{+\infty} f(x)\,\mathrm{d}x$$

□ 有限区间上无界被积函数的广义定积分(瑕积分)

$$F = \int_a^b f(x)\,\mathrm{d}x = \int_a^c f(x)\,\mathrm{d}x + \int_c^b f(x)\,\mathrm{d}x$$
$$= \lim_{\varepsilon_1 \to +0} \int_a^{c-\varepsilon_1} f(x)\,\mathrm{d}x + \lim_{\varepsilon_2 \to +0} \int_{c+\varepsilon_2}^b f(x)\,\mathrm{d}x$$

式中:c 是瑕点,$c \in [a,b]$;$f(c^-) = \pm\infty$,$f(c^+) = \{\pm\infty \mid \mp\infty\}$。

● 非传统意义上,定积分的柯西主值(Cauchy Principal Value)

$$F = \int_a^b f(x)\,\mathrm{d}x = \lim_{\varepsilon \to +0} \left[\int_a^{c-\varepsilon} f(x)\,\mathrm{d}x + \int_{c+\varepsilon}^b f(x)\,\mathrm{d}x \right]$$

式中:c 是奇异点,$c \in [a,b]$;且 $\{f(c^-) = \pm\infty \ \& \ f(c^+) = \mp\infty\}$。

3. 符号积分命令释要

求积分指令的具体使用格式如下:

Fx＝int(f,var)	F 是 f 关于 var 的不定积分
F＝int(f,var,[a,b])	F 是 f 在[a,b]区间上关于 var 的定积分
F＝int(f,var,[a,b],Name,Value)	F 是在 Name/Value 设定下求得的定积分

💡说明

● f　不可缺省的第 1 输入量。从数学角度看,它是被积函数;从代码角度看,它可以是符号表达式、符号函数及由它们构成的数组。

● var　第 2 输入量。它是数学上的积分变量,是代码中的自由符号变量。它缺省时,由 symvar(f,1) 自动认定自由符号变量。

● a，b　求定积分时的输入量。它们分别是积分的下限和上限,允许它们取任何数值、Inf、- Inf 以及符号表达式或符号函数。

● Name/Value   积分特性设定对。选项名称、取值及含义如表 2.7-2 所列。

表 2.7-2   积分命令 int 的选项名称及取值

Name	Value	
	false（默认）	true
' IgnoreAnalyticConstraints '	返回在严格数学理论意义上成立的结果	放松解析约束的前提下，返回更简明的结果
' IgnoreSpecialCases '	false（默认）	true
	返回所有可能数集上的结果	忽略某些数集上的结果
' PrincipalValue '	false（默认）	true
	返回传统意义上的积分结果	返回积分的柯西主值

◢例【2.7-7】   演示 int 命令求取符号不定积分；演示 Name/Value 选项对的调用格式及影响。

1) 试验一：求不定积分 $\int x \ln(e^{ax}) dx$

```
clear all
syms a b x
f1 = x * log(exp(a * x))
F11 = int(f1,x)                          % 双输入格式求不定积分                          <4>
F12 = int(f1,x,'IgnoreAnalyticConstraints',true)            %                          <5>
                          % 带忽略解析约束选项设置的格式调用

f1 =
x log(e^{ax})
F11 =
    x²log(e^{ax})       ax³
    ───────────   −   ────
        2              6

F12 =
    ax³
    ───
     3

isAlways(F11 == F12)              % 在严格数学意义上验证 F11 和 F12 是否始终相等       <7>
警告：Cannot prove '(x^2 * log(exp(a * x)))/2 − (a * x^3)/6 == (a * x^3)/3'.
> In symengine
  In sym/isAlways (line 38)
ans =
    0
```

2) 试验二：求 $\int x^{-b} dx$

```
f2 = 1/x^b
F21 = int(f2)                    % 对 x 默认积分变量求不定积分的单输入格式            <9>
F22 = int(f2,'IgnoreSpecialCases',true)       %                                     <10>
                          % 选项设置导致，符号参数"规模较小数集分支"被忽略
f2 =
```

$$\frac{1}{x^b}$$

F21 =

$$\begin{cases} \log(x) & \text{if } b = 1 \\ -\dfrac{x^{1-b}}{b-1} & \text{if } b \neq 1 \end{cases}$$

F22 =

$$-\frac{x^{1-b}}{b-1}$$

3）试验三：求数组不定积分 $\displaystyle\int \begin{bmatrix} ax & bx^2 \\ \dfrac{1}{x} & \sin x \end{bmatrix} \cdot \mathrm{d}x$

```
f5 = [a * x, b * x^2; 1/x, sin(x)];
F5 = int(f5)          % 对符号数组的每个元素对象分别运算          <13>
F5 =
```

$$\begin{pmatrix} \dfrac{ax^2}{2} & \dfrac{bx^3}{3} \\ \log(x) & -\cos(x) \end{pmatrix}$$

说明

- 关于试验一的说明：
  - □ 该试验旨在展示 IgnoreAnalyticConstraints（忽略解析约束）选项的影响。
  - □ 行〈4〉〈5〉分别给出了解析约束忽略前后所得的两个原函数 F11 和 F12。显然这两个结果的外形不同。同时，由〈7〉的检验结果可知，它们在严格数学意义上也不是恒等的。
  - □ 值得提醒：有些看似以为习以为常的恒等变换，事实上不是严格数学意义恒等的，诸如 $\log(a*b) = \log(a) + \log(b)$、$\ln(\mathrm{e}^x) = x$、$(ab)^x = a^x b^x$、$\arcsin(\sin(x)) = x$、$\mathrm{arcsinh}(\sinh(x)) = x$ 等。
  - □ isAways 可用来判断两个关系式是否恒等。关于该命令的详细说明，请见 2.3.2 节。
- 关于试验二的说明：
  - □ 该试验展示 IgnoreSpecialCases（忽略特殊分支）选项的影响。
  - □ 该选项默认设置为"否（false）"。因此，行〈9〉给出了所有可能的不定积分结果。而行〈10〉代码，把该选项设置为"是（true）"，于是只给出 b 不等于 1 时的结果。
  - □ 通常情况下，符号参数取值数集较小的，会被忽略。如本例忽略了 b=1 的情况，参见行〈10〉的结果。
- 关于试验三的说明：
  - □ 积分操作是对数组的每个元素分别实施的。
  - □ 符号数组被进行积分运算时，积分变量是对整个数组定义的。比如，行〈13〉的代码就是以 symvar(f5,1) 认定的变量 x 对每个元素实施积分的。

例【2.7-8】 演示 int 命令求定积分时的多种调用格式；演示 int 命令处理广义积分、瑕积分、柯西主值积分等的能力；演示符号参数限定性假设对积分结果的影响；演示变精度数值计算更宽泛的积分解算能力。

1）试验一：求一般定积分 $\displaystyle\int_0^1 \ln(1+\sqrt{x})\,\mathrm{d}x$

本试验演示普通定积分的典型计算代码。

```
clear all
syms x
f1 = log(1 + sqrt(x));
F1 = int(f1,x,[0,1])          % int 命令求定积分的三输入格式          <4>
F1 =
```

$$\frac{1}{2}$$

2）试验二：求正态分布函数 $\displaystyle\int_{t_1}^{t_2} \frac{1}{a\sqrt{2\pi}}\mathrm{e}^{-\frac{(x-m)^2}{2a^2}}\,\mathrm{d}x,\ a>0,\ m\geqslant 0$

本试验演示：变量假设对积分结果的影响；"符号函数"表达的被积函数，所得的结果不定积分仍是"符号函数"，而结果定积分则一定是"符号表达式"；展示"符号函数"和"符号表达式"在用于数值计算时的不同编码。此外，该试验还演示 int 命令计算无限区间积分的能力。

```
syms m a t1 t2
assume(a>0),assume(m,'real')          % 限定性假设是必需的
f2(x) = exp(-(x-m)^2/(2*a^2))/(a*sqrt(sym(2)*pi));
                              % "均值 m,标准差 a"的正态概率密度函数的"符号函数"表达形式
F21 = int(f2,x)               % 求 f2 的原函数,即正态分布函数              <9>
F22 = int(f2,x,[t1,t2])       % 求 f2 的[t1,t2]区间定积分                 <10>
F21(x) =
```

$$-\frac{\mathrm{erf}\left(\dfrac{\sqrt{2}\,(m-x)}{2a}\right)}{2}$$

```
F22 =
```

$$\frac{\mathrm{erf}\left(\dfrac{\sqrt{2}\,(m-t_1)}{2a}\right)}{2}-\frac{\mathrm{erf}\left(\dfrac{\sqrt{2}\,(m-t_2)}{2a}\right)}{2}$$

```
P21 = F21(Inf) - F21(-Inf)           % 利用原函数求无穷限区间定积分          <11>
P22 = subs(F22,{t1,t2},{-Inf,Inf})   % 利用上限置换法求无穷限区间定积分       <12>
P21 =
1
P22 =
1
P24 = int(f2,[m-a,m+a])              % 求均值两侧一个标准差区间内的积分       <13>
P25 = vpa(P24)                       % 求有限精度数值                      <14>
P24 =
```

$$\mathrm{erf}\left(\frac{\sqrt{2}}{2}\right)$$

```
P25 =
0.68268949213708589717046509126408
```

3）试验三：求瑕积分 $\int_{-1}^{2}\dfrac{1}{\sqrt{|x|}}\mathrm{d}x$

本试验演示瑕积分的理论概念验证，以及实际计算瑕积分的代码。

```
syms e
f3 = 1/sqrt(abs(x));                    % 在[-1,2]积分区间中,存在积分瑕点 x = 0          <16>
F3_0L = limit(int(f3,x,[-1,e]),e,0,'left')      % 验证:瑕点左积分存在                <17>
F3_0R = limit(int(f3,x,[e,2]),e,0,'right')      % 验证:瑕站右积分存在                <18>
F3 = int(f3,x,[-1,2])                   % 直接求瑕积分                     <19>
F3_0L =
2
F3_0R =
2√2
F3 =
2√2 + 2
```

4）试验四：求积分 $\int_{-1}^{2}\dfrac{1}{x}\mathrm{d}x$ 的柯西主值

本试验演示什么是积分的柯西主值和如何求柯西主值。

```
f4(x) = 1/x;                    % 在[-1,2]积分区间中,存在奇异点 x = 0
F41_0L = int(f4,x,[-1,0])       % 奇异点左积分"负无穷大",表明瑕积分不存在          <21>
F41_0R = int(f4,x,[0,2])        % 奇异点右积分"正无穷大",表明瑕积分不存在          <22>
F41 = int(f4,x,[-1,2])          % 计算结果表明:不存在一般意义积分及瑕积分         <23>
F41_0L =
- ∞
F41_0R =
∞
F41 =
NaN
F42 = int(f4,x,[-1,2],'PrincipalValue',true)                    %          <24>
                                % 积分区间含奇异点时,计算积分的柯西主值
F42 =
log(2)
```

5）试验五：采用变精度数值计算定积分 $\int_{0}^{5}\dfrac{\sin x}{x^2+x+1}\mathrm{d}x$

本试验演示：不能产生封闭形式结果的定积分也许存在"有限精度"的数值定积分。

```
f5 = sin(x)/(x2 + x + 1);
F51 = int(f5,[0,5])             % 其结果表明:该定积分没有封闭形式              <27>
F52 = vpa(int(f5,[0,5]))        % 使定积分值采用 32 位有限精度数值表达           <28>
F51 =
```

$$-\frac{\sqrt{3}\cosint\left(\frac{1}{2}-\sigma_1\right)\sinh(\sigma_3)}{3}-\frac{\sqrt{3}\cosint\left(\frac{1}{2}-\sigma_1\right)\sinh(\sigma_2)}{3}+====$$

```
where
```

$$\sigma_1 = \frac{\sqrt{3}\,\mathrm{i}}{2}$$

$$\sigma_2 = \frac{\sqrt{3}}{2} - \frac{1}{2}\mathrm{i}$$

$$\sigma_3 = \frac{\sqrt{3}}{2} + \frac{1}{2}\mathrm{i}$$

```
F52 =
0.44850907127485983068334941064349
```

💡说明

- 关于试验一的说明：
  - □ 行〈4〉代码是 int 命令计算定积分时最可靠的三输入调用格式。
  - □ 本例行〈13〉〈27〉代码演示 int 定积分的双输入格式，即默认积分变量是 x。
  - □ 行〈24〉代码带 Name/Value 选项设置。

- 关于试验二的说明：
  - □ 正态概率密度函数的不定积分结果和定积分结果，都借助特殊内建函数 erf 表达。请参见行〈9〉〈10〉的计算结果。
  - □ 像 sin、cos 等符号工具包初等内建函数一样，erf 等特殊内建函数都可以用于表达封闭形式积分结果。这些特殊内建函数在接受输入量后，就能输出相应的数值结果，例如行〈11〉〈12〉〈13〉〈14〉返回的数值。
  - □ 在本试验中，因被积函数采用"符号函数"f2(x)定义，所以它的不定积分也一定是"符号函数"（参见行〈9〉的计算结果）。该不定积分结果用于计算定积分时，只要计算其上下限处函数值的差即可。（请参见行〈11〉代码的写法和计算结果）
  - □ 行〈10〉的运算结果表明：不管被积函数用"符号表达式"，还是用"符号函数"表述，其定积分只可能是"符号表达式"。行〈10〉的结果就是一个包含上下限符号变量的"符号表达式"，因此当用此式计算数值上下限定积分时，必须采用行〈12〉那样的代码，即借助 subs 命令进行数值置换。

- 关于试验三、试验四的说明：
  - □ 行〈17〉〈18〉是根据数学教科书定义编写的代码，用于检验"瑕点左右极限是否存在"。当然，这种检验可以用更简洁的代码实施，如行〈21〉〈22〉那样。
  - □ 其实，借助 int 命令计算瑕积分或柯西主值，可直接了当地进行，而没有必要再额外进行瑕点或奇异点处左右极限是否存在的检测。比如行〈23〉的结果清晰表明：被积函数 $\frac{1}{x}$ 在[−1,2]之间没有瑕积分。

- 关于试验五的说明：
  - □ 行〈27〉返回积分结果表明：该积分无法用封闭形式的显式表达。
  - □ 行〈28〉借助 vpa 命令获得定积分的 32 位有限精度数值表达。注意：定积分的有限精度数值表达往往比解析表达更直观明了。

◀例【2.7-9】　本例拓展性地演示：曲线积分、多重积分及围线积分的求取。

1）试验一：求阿基米德（Archimedes）螺线 $r=\theta$ 在 $\theta=0$ 到 φ 间的曲线长度

据直角坐标和极坐标的关系式 $x = r\cos\theta$, $y = r\sin\theta$, 弧长元素表达式 $\mathrm{d}l = \sqrt{(x'_\theta)^2 + (y'_\theta)^2}\,\mathrm{d}\theta$, 可写出曲线长度表达式

$$L(\varphi) = \int_0^\varphi \sqrt{(x'_\theta)^2 + (y'_\theta)^2}\,\mathrm{d}\theta \qquad (2.7-3)$$

于是可写出以下计算代码。

```
clear all
syms r phi theta
r = theta;                          % 螺线定义
x = r * cos(theta);                 % x 的极坐标
y = r * sin(theta);                 % y 的极坐标
dL = sqrt(diff(x,theta)^2 + diff(y,theta)^2);                    <6>
                    % 生成曲线积分的被积函数
L = vpa(int(dL,theta,[0,pi]))  % [0,pi]间螺线的长度的 32 位精度表达   <8>
L =
6.1099193339592926570330394205988
```

2）试验二：求三重积分 $\displaystyle\int_1^2 \int_{\sqrt{x}}^{x2} \int_{\sqrt{xy}}^{x^2 y} (x^2 + y^2 + z^2)\,\mathrm{d}z\,\mathrm{d}y\,\mathrm{d}x$

```
symsx y z
f2 = x^2 + y^2 + z^2;
F2 = int(int(int(f2,z,sqrt(x * y),x2 * y),y,sqrt(x),x2),x,1,2)    <11>
VF2 = vpa(F2)          % 三重积分值的 32 位有限精度数值表达           <12>
F2 =
```

$$\frac{14912\,2^{1/4}}{4641} - \frac{6072064\sqrt{2}}{348075} + \frac{64\,2^{3/4}}{225} + \frac{1610027357}{6563700}$$

```
VF2 =
224.92153573331143159790710032805
```

3）试验三：验证 $F = \displaystyle\oint_P \frac{2z-1}{z(z-1)}\,\mathrm{d}z = 4\pi\mathrm{i}$

为方便实施封闭围线积分（Contour Integral），复变量 z 用 $z = r\mathrm{e}^{\mathrm{i}\varphi}$ 极坐标形式表达。而围线是以原点为圆心、r 为半径的逆时针圆周线，且被积函数的全部极点应始终在逆时针绕围线运动的左侧。于是原围线积分转换为如下的定积分：

$$F = \oint_P \frac{2z-1}{z(z-1)}\,\mathrm{d}z = \int_0^{2\pi} \left[\frac{2r\mathrm{e}^{\mathrm{i}\varphi}-1}{r\mathrm{e}^{\mathrm{i}\varphi}(r\mathrm{e}^{\mathrm{i}\varphi}-1)}\right]\mathrm{d}(r\mathrm{e}^{\mathrm{i}\varphi})$$

$$= \int_0^{2\pi} \left\{\left[\frac{2r\mathrm{e}^{\mathrm{i}\varphi}-1}{r\mathrm{e}^{\mathrm{i}\varphi}(r\mathrm{e}^{\mathrm{i}\varphi}-1)}\right] \cdot \mathrm{i}r\mathrm{e}^{\mathrm{i}\varphi}\right\}\mathrm{d}\varphi \qquad (2.7-4)$$

式中：$c = r\mathrm{e}^{\mathrm{i}\varphi}$；$r$ 可取任何大于 1 的实数。

据此式编写如下计算代码：

```
f3 = (2 * z-1)/z/(z-1);             % 以复变量 z 表达的被积函数
c = 2 * exp(1i * phi);              % r 取 2，把极点 0 和 1 都包在围线左侧
ff3 = simplify(subs(f3,z,c) * 1i * c)    % 式(2.7-2)被积函数             <15>
F3 = int(ff3,phi,[0,2 * pi])        % 返回围线积分结果                   <16>
```

```
ff3 =
```
$$\frac{(4e^{\varphi i} - 1)i}{2e^{\varphi i} - 1}$$
```
F3 =
```
$$4\pi i$$

🔆**说明**

- 关于试验一（曲线积分）的说明：

  不管是平面曲线，还是空间曲线，任何曲线积分都是在"线度"上的定积分。因此，求取曲线积分的关键在于：曲线元 dL 的表达，如式（2.7-1），参见行〈6〉。

- 关于试验二（多重积分）的说明：

  □ 计算多重积分时，要保证代码中内外层积分变量的次序与理论积分式一致，参见行〈11〉。

  □ 相较于 MATLAB 数值积分命令 integral，符号积分法处理内积分中的"非定值"上下限比较简便。

- 关于试验三（复数围线积分）的说明：因为围线可以取任何形状，只要包围复数被积函数的极点就可。具体到本例，围线既可以取矩形，也可取圆形。本例取半径固定的圆周，可以把复数积分转换为对"幅角"的普通定积分。提醒注意：本书例 4.1-6 采用数值积分法计算与本例相同的围线积分。

2.8 符号变换及应用

Fourier 变换、Laplace 变换、Z 变换和卷积在信号处理和系统动态特性研究中起着重要作用。本节将讨论这些变换和卷积符号算法的实现。

2.8.1 Fourier 变换及频率函数求取

1. Fourier 变换/反变换通用定义

在 MATLAB R2015b 版以前，符号数学包中的 fourier 和 ifourier 命令是根据一种特定 Fourier 变换/反变换定义公式设计的，由它们所得的变换结果也仅在其特定定义（见表 2.8-1 定义 1）下成立。然而，实际上在不同文献及应用中，可以见到多种形式不同的 Fourier 变换/反变换定义公式（参见表 2.8-1）。这就大大限制了 MATLAB 符号变换 fourier/ifourier 命令的使用范围。

现今，MATLAB 符号数学包中的 fourier/ifourier 命令是根据如下"Fouier 变换/反变换通用定义"

$$G(w) = c \int_{-\infty}^{+\infty} g(t) e^{jswt} \, dt \tag{2.8-1}$$

$$g(t) = \frac{|s|}{2\pi c} \int_{-\infty}^{+\infty} G(w) e^{-jswt} \, dw \tag{2.8-2}$$

编写的，在此"变换通式"中：$g(t)$、$G(w)$ 分别是在上述定义下成立的 Fourier 变换/反变换所得时域（或空间域）、频域对应函数；t、w 分别是时域（或空间域）变量、频域变量；而 c、s 分别是符号预设置参数。

通过 c、s 参数的不同预设置，可获得不同定义的 Fouier 变换/反变换。表 2.8 - 1 列出了 Fourier 变换/反变换的三种最常见定义，而表 2.8 - 2 则列出了四种典型时域函数在三种不同变换定义下的对应频域函数。

表 2.8 - 1　三种常见 Fourier 变换/反变换定义对应的 c，s 取值

分　类	定义 1（默认）	定义 2	定义 3
参数预设置	$c = 1$、$s = -1$、$w = \omega$	$c = \dfrac{1}{\sqrt{2\pi}}$，$s = -1$、$w = \omega$	$c = 1$、$s = -2\pi$、$w = f$
Fourier 变换及反变换	$G(\omega) = \displaystyle\int_{-\infty}^{+\infty} g(t)\mathrm{e}^{-\mathrm{j}\omega t}\,\mathrm{d}t$ $g(t) = \dfrac{1}{2\pi}\displaystyle\int_{-\infty}^{+\infty} G(\omega)\mathrm{e}^{\mathrm{j}\omega t}\,\mathrm{d}\omega$	$G(\omega) = \dfrac{1}{\sqrt{2\pi}}\displaystyle\int_{-\infty}^{+\infty} g(t)\mathrm{e}^{-\mathrm{j}\omega t}\,\mathrm{d}t$ $g(t) = \dfrac{1}{\sqrt{2\pi}}\displaystyle\int_{-\infty}^{+\infty} G(\omega)\mathrm{e}^{\mathrm{j}\omega t}\,\mathrm{d}\omega$	$G(f) = \displaystyle\int_{-\infty}^{+\infty} g(t)\mathrm{e}^{-\mathrm{j}2\pi f\cdot t}\,\mathrm{d}t$ $g(t) = \displaystyle\int_{-\infty}^{+\infty} G(f)\mathrm{e}^{\mathrm{j}2\pi f\cdot t}\,\mathrm{d}f$

表 2.8 - 2　四种典型时域函数在三种变换定义下的对应频域函数

时域函数	频域函数		
	由定义 1（默认）产生	由定义 2 产生	由定义 3 产生
$\delta(t)$	1	$\dfrac{1}{\sqrt{2\pi}}$	1
$u(t)$	$\pi\left(\delta(\omega) + \dfrac{1}{\mathrm{j}\pi\omega}\right)$	$\sqrt{\dfrac{\pi}{2}}\left(\delta(\omega) + \dfrac{1}{\mathrm{j}\pi\omega}\right)$	$\dfrac{1}{2}\left(\delta(f) + \dfrac{1}{\mathrm{j}\pi f}\right)$
$(\mathrm{e}^{-at}\sin bt)\,u(t)$ $a > 0$	$\dfrac{b}{(a+\mathrm{j}\omega)^2 + b^2}$	$\dfrac{1}{\sqrt{2\pi}}\left(\dfrac{b}{(a+\mathrm{j}\omega)^2 + b^2}\right)$	$\dfrac{b}{(a+\mathrm{j}2\pi f)^2 + b^2}$
$\mathrm{e}^{-\left(\frac{t}{b}\right)^2}$	$b\sqrt{\pi}\,\mathrm{e}^{-\left(\frac{b\omega}{2}\right)^2}$	$\dfrac{b}{\sqrt{2}}\mathrm{e}^{-\left(\frac{b\omega}{2}\right)^2}$	$b\sqrt{\pi}\,\mathrm{e}^{-(b\pi f)^2}$

2. 所需变换/反变换定义的参数预设值

如果用户不对 Fourier 变换 c、s 参数预设置，那么 MATLAB 符号工具包将按"定义 1"实施 Fourier 变换/反变换。

如果用户因工作需要，希望实施定义 2 或定义 3 的 Fourier 变换/反变换，则必须在实施变换前先借助 sympref 命令对 c、s 参数进行设置。

关于 sympref 命令值得说明以下三点：

● 在现今版本中，被该命令处理的预置项涉及三个方面（见表 2.8 - 3）：Fourier 变换/反变换的定义；阶跃函数间断点的函数取值；活脚本（Live Scripts）的显示格式和是否简写长表达式。

● 预置项内容只能通过 sympref 获知、改置及恢复默认设置。

● 预置项内容，不受 clear all、clear classes、reset 的运行而改变，也不受 MATLAB 的关闭重启而改变。换句话说，预置内容是"连续存在的"，除非被 sympref 的重新设置而改变。

3. Fourier 变换/反变换命令

```
Gw＝fourier(gt,t,w)     求以 t 为自变量的函数 ft 关于频域 w 变量的 Fourier 变换 Gw
gt＝ifourier(Gw,w,t)    求以 w 为自变量的频域函数 Fw 关于 t 变量的 Fourier 反变换 gt
```

表 2.8 - 3　sympref 的设置项及其取值

应用环境	Name 设置项	Value 取值	影　响
符号数学 环境	'FourierParameters'	二元符号数值数组[c, s]； 比如默认取值为[1, -1]	Fourier 变换/反变换的定义及相 关变换结果
	'HeavisideAtOrigin'	标量符号数值； 比如默认取值为 sym(0.5)	阶跃函数间断点处的函数值
活脚本	'AbbreviateOutput'	标量逻辑数； 比如默认值为逻辑数 1	活脚本中长表达式是否简写
	'TypesetOutput'	标量逻辑数； 比如默认值为逻辑数 1	活脚本中是否以打印形式显示表 达式

说明

- 关于 fourier 命令的说明：
  - □ 再次强调：在没被 sympref 命令进行设置过的前提下，MATLAB 符号工具包默认地按表 2.8 - 1 定义 1 实施 Fourier 变换/反变换。
  - □ 输入量 gt 是以 t 为自变量的时域(或空间域)符号函数。该输入量的代码可以是符号函数标量或数组、符号表达式标量或数组。注意：符号函数、符号表达式不能同时并存在一个 gt 数组中。
  - □ 第 2 输入量 t 可以是标量或数组。该数组各元素用于指定被变换 gt 数组中对应函数的自变量。
  - □ 第 3 输入量 w 是圆频率，它可以是标量或数组。该数组各元素用于指定变换后所得 Gw 数组对应频域函数的自变量。
  - □ 输出量 Gw，是以 w 数组为自变量的频域函数数组。
- 关于 ifourier 命令的说明：
  - □ 第 1 输入量是以第 2 输入量为自变量的频域函数。该输入量的代码可以是符号函数、符号表达式以及由它们构成的数组。
  - □ 第 2 输入量是频域函数 Gw 的自变量数组，第 3 输入量则是反变换后所得时域(或空间域)函数的自变量数组。注意：Gw、w、t 三个数组的规模应该相同。
  - □ 输出量 gt 是以第 3 输入量 t 数组为自变量的时域函数数组。

例【2.8 - 1】 计算矩形脉冲 $y = \begin{cases} A & |t| < \tau/2 \\ 0 & |t| > \tau/2 \end{cases}$ 的 Fourier 变换。演示：heaviside 的调用；

fourier 变换、ifourier 反变换；间断函数曲线的绘制；simplify 的功用；fplot 绘线功能。

1) 求 Fourier 变换

```
clear all
syms A t w tao
yt = A * (heaviside(t + tao/2) - heaviside(t - tao/2));          %                    <3>
                                        % 利用移位阶跃函数构成矩形脉冲
Yw0 = fourier(yt,t,w)                   % Fourier 变换
Yw = simplify(Yw0)
```

Yw0 =

$$A\left(\frac{\sin\left(\dfrac{tao\ w}{2}\right)+\cos\left(\dfrac{tao\ w}{2}\right)i}{w}-\frac{-\sin\left(\dfrac{tao\ w}{2}\right)+\cos\left(\dfrac{tao\ w}{2}\right)i}{w}\right)$$

Yw =

$$\frac{2A\sin\left(\dfrac{tao\ w}{2}\right)}{w}$$

2）反变换验证

Yt = ifourier(Yw,w,t)

Yts = simplify(Yt)

Yt =

$$-\frac{A\left(\pi\ \text{heaviside}\left(t-\dfrac{tao}{2}\right)-\pi\ \text{heaviside}\left(t+\dfrac{tao}{2}\right)\right)}{\pi}$$

Yts =

$$-A\left(\text{heaviside}\left(t-\frac{tao}{2}\right)-\text{heaviside}\left(t+\frac{tao}{2}\right)\right)$$

3）时域曲线绘制（设 A＝1, tao＝2）（见图 2.8－1）

```
yt12 = subs(yt,{A,tao},{1,2});              % 时域函数参数数值化
fplot(yt12,'r','LineWidth',2)               % 函数曲线绘制
hold on
plot([-1,1;-1,1],[0,0;1,1],'w','LineWidth',1.5)   % 间断处曲线白化
plot([-1,1;-1,1],[0,0;1,1],'ro','LineWidth',2)    % 连续线段端点空心化
h0 = heaviside(0);
plot([-1,1],[h0,h0],'r.','MarkerSize',25)   % 间断点函数值红实点
hold off
grid on
axis equal
axis([-3,3,-0.5,1.5])
xlabel('t')
title(char(yt12))                           % 显示图名
```

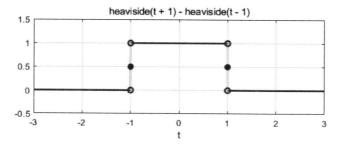

图 2.8－1　由 Heaviside(t) 构造的矩形波

4）频域曲线绘制（见图 2.8－2）

```
Yw12 = subs(Yw,{A,tao},{1,2});              % 频域函数参数数值化
```

```
figure
fplot(Yw12,'b','LineWidth',2)                    % 函数曲线绘制
grid on,axis equal,axis([-9,9,-1,3])
xlabel('w')
title(char(Yw12))                                % 显示图名
```

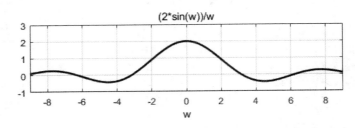

图 2.8 - 2　矩形脉冲的频率曲线

⚙️说明

- 在默认情况下,阶跃函数断点函数值为 0.5。本例行〈3〉生成的矩形脉冲就是借助 2 个默认设置下的阶跃函数构成的。因此,图 2.8 - 1 曲线在 2 个间断点处的函数值为 0.5。
- MATLAB 符号数学包中的 heaviside(t) 是依据以下函数设计的:

$$u(t) = \begin{cases} 1 & t < 0 \\ r & t = 0 \\ 0 & t > 0 \end{cases} \tag{2.8-3}$$

  式中:r 可根据需要取任何实数。最常见的取值是 0、0.5(默认设置)、1 等。r 的设置借助 sympref 实施。

2.8.2　Laplace 变换/反变换

Laplace 变换和反变换的定义为

$$F(s) = \int_0^{+\infty} f(t) e^{-st} dt \tag{2.8-4}$$

$$f(t) = \frac{1}{2\pi j} \int_{c-j\infty}^{c+j\infty} F(s) e^{st} ds \tag{2.8-5}$$

MATLAB 符号数学包提供了实现以上变换的如下命令。

```
Gs=laplace(gt, t, s)          求"时域"函数 gt 的 Laplace 变换 Gs
gt=ilaplace(Gs, s, t)         求"频域"函数 Gs 的 Laplace 反变换 gt
```

⚙️说明

- 关于 laplace 命令的说明:
  □ 输入量 gt 是以 t 为自变量的时域(或空间域)符号函数。该输入量的代码可以是符号函数标量或数组、符号表达式标量或数组。注意:符号函数、符号表达式不能同时并存在一个 gt 数组中。
  □ gt 是以 t 为自变量的"时域"函数。它的代码可以是符号函数标量或数组、符号表达式标量或数组,但不能是由符号函数和符号表达式混合构成的数组。
  □ 第 2 输入量 t 可以是标量或数组。该数组各元素用于指定被变换 gt 数组中对应函

数的自变量。

　□ 第 3 输入量 s 可以是标量或数组。该数组各元素用于指定变换后所得 Gs 数组对应频域函数的自变量。

　□ 输出量 Gs 是以 s 数组为自变量的频域函数数组。

● 关于 ilaplace 命令的说明：

　□ 第 1 输入量 Gs 是被变换的频域函数。该输入量代码可以是符号函数、符号表达式以及由它们构成的数组。

　□ 第 2 输入量是频域函数 Gs 的自变量数组，第 3 输入量则是反变换后所得时域（或空间域）函数的自变量数组。注意：Gs、s、t 三个数组的规模应该相同。

　□ 输出量 gt 是变换所得的时域函数数组。

● 本书作者建议：调用 laplace、ilaplace 命令时，尽量避免使用输入量缺省格式，而应采用三输入格式。这样处理更明确可靠。

◆例【2.8−2】　演示 laplace、ilaplace 命令如何对函数标量和函数数组实施 Laplace 变换/反变换的三输入调用格式；对于包含不同自变量函数的数组，laplace 的第 2 输入量和 ilaplace 的第 3 输入量数组如何编写；如何对非变量符号参数进行限定性设置；如何编写符号常数函数。

1）对函数标量的变换/反变换

```
clear all
syms t a s
gt1 = heaviside(t − a);              % 带时延的单位阶跃函数
Gs11 = laplace(gt1,t,s)              % 由于 a 的取值无限制，变换失败           <4>
Gs11 =
laplace(heaviside(t − a), t, s)

assume(a>0)                          % 把参数 a 限制为正数                    <5>
Gs12 = laplace(gt1,t,s)              % 变换成功                             <6>
Gs12 =
e^(−as)
───
 s

gt1i = ilaplace(Gs12,s,t)            % 运行结果与 gt1 一致                   <7>
gt1i =
heaviside(t − a)
```

2）对函数数组的变换/反变换

```
symsx b n
assume(n>0)
g1(t) = dirac(t);                    % 单位冲激函数，t 为自变量
g2(x) = symfun(1,x);                 % 常数函数 g₂(x) = 1                   <11>
g3(t) = exp(− a * t) * sin(b * t);   % 衰减振荡函数，t 为自变量              <12>
g4(x) = x^n;                         % 正幂次指数函数，x 为自变量            <13>
gt2 = [g1(t),g3(t);g2(x),g4(x)]      % 由符号函数构成的(2*2)数组            <14>
gt2 =
⎛δ(t)   e^(−at) sin(bt)⎞
⎜                      ⎟
⎝ 1          x^n       ⎠
```

tx = [t,t;x,x]   % 根据 gt2 数组，构造自变量数组   `<15>`

Gs2 = laplace(gt2,tx,s)   % 第 1、2 输入量是规模相同的数组   `<16>`

tx =

$$\begin{pmatrix} t & t \\ x & x \end{pmatrix}$$

Gs2 =

$$\begin{pmatrix} 1 & \dfrac{b}{(a+s)^2+b^2} \\ \dfrac{1}{s} & \dfrac{\Gamma(n+1)}{s^{n+1}} \end{pmatrix}$$

gt2i = ilaplace(Gs2,s,tx)   `<17>`

% 为了便于反变换结果与 gt 对照，第 3 输入量使用 tx 数组

gt2i =

$$\begin{pmatrix} \delta(t) & e^{-at}\sin(bt) \\ 1 & x^n \end{pmatrix}$$

💡说明

- 行〈4〉运行后所出现的结果表明，对 heaviside(t−a)的 Laplace 变换失败。这是由于该函数中的符号常数 a 的取值没加限定条件的缘故。
- 经行〈5〉对 a 施加大于 0 的约束后，行〈6〉变换就给出正确结果。
- 由于 Laplace 变换是对 $t \geqslant 0$ 定义的函数实施的，所以被变换函数不必再借助 heviside 进行"因果处理"。参见行〈11〉〈12〉〈13〉定义的函数。
- 再次提醒：laplace、ilaplace 的第 1 输入量为数组时，数组元素或全是符号函数，或全是符号表达式，参见行〈14〉。
- 行〈14〉构造的自变量数组用作行〈16〉代码中的第 2 输入量。因此，它必须根据被变换数组 gt2 中各符号函数的自变量进行组织。
- 行〈17〉第 3 输入量之所以采用 tx 数组，是为了使反变换产生的 gt2i 数组各函数的自变量能与 gt2 相对应。
- MATLAB 符号数学包中 dirac(t) 函数的一种比较浅显而常见的数学定义是

$$\delta(t) = \begin{cases} 0 & t \neq 0 \\ +\infty & t = 0 \end{cases} \quad \text{且} \quad \int_{-\infty}^{+\infty} \delta(t)\mathrm{d}t = 1 \qquad (2.8-6)$$

- Gamma 函数的数学定义如下：

$$\Gamma(a) = \int_0^\infty e^{-t} t^{a-1}\, \mathrm{d}t \qquad (2.8-7)$$

当 a 为正整数$(n+1)$时，下式成立：

$$\Gamma(n+1) = n! = \prod_{k=1}^{n} k \qquad (2.8-8)$$

2.8.3   Z 变换及差分方程求解

离散因果序列的 Z 变换/反变换的定义如下：

$$G(z) = \sum_{n=0}^{+\infty} g(n) z^{-n} \qquad (2.8-9)$$

$$g(n) = \frac{1}{2\pi j} \oint_{|z|=R} G(z) z^{n-1} \mathrm{d}z \tag{2.8-10}$$

式中：$n = 0, 1, 2, \cdots$；R 是某正数，它使 $G(z)$ 在 $|z| = R$ 圆上及圆外解析。MATLAB 符号数学包提供了据以上定义设计的如下 Z 变换/反变换命令。

　　Gz＝ztrans(gn,n,z)　　　　　　求"时域"序列 gn 的 Z 变换 Gz
　　gn＝iztrans(Gz,z,n)　　　　　　求"频域"序列 Gz 的 Z 反变换 gn

🔅说明

- 在 ztrans 命令中：
  - □ gn 是以 n 为自变量的"时域"函数。gn 代码可以是符号函数标量或数组、符号表达式标量或数组，但绝不能是由符号函数和表达式构成的混合数组。
  - □ 第 2 输入量 n 可以是标量或数组。它用于指定被变换 gn 函数标量或数组中各对应函数的自变量。
  - □ 第 3 输入量 z 可以是标量或数组。它用于指定指定变换结果 Gz 函数标量或数组对应频域函数的自变量。
  - □ 输出量 Gz 是以 z 数组为自变量的频域函数数组。
  - □ 假如 ztrans 缺省第 2、3 输入量，那么默认第 2 输入量为 n，第 3 输入量为 z。
- 在 ilaplace 命令中：
  - □ 第 1 输入量 Gz 是被变换的频域函数。该输入量代码可以是符号函数、符号表达式以及由它们构成的数组。
  - □ 第 2 输入量是频域函数 Gz 的自变量数组，第 3 输入量则是反变换后所得时域（或空间域）函数 gn 的自变量数组。注意：Gz、z、n 三个数组的规模应该相同。
  - □ 输出量 gn 是变换所得的时域函数数组。
  - □ 假如 iztrans 缺省第 2、3 输入量，那么默认第 2 输入量为 z，第 3 输入量为 n。
- 建议：调用 ztrans、iztrans 命令时，尽量避免使用输入量缺省格式，而应采用三输入格式。这样处理更明确可靠。

🔺**例【2.8－3】**　演示 ztrans、iztrans 对函数标量或数组实施变换/反变换的三输入调用格式的具体编码；离散单位脉冲、离散阶跃函数、离散恒 1 函数的定义代码及异同。

1) 离散时域函数标量的 Z 变换/反变换

```
clear all
syms n m z T
gn1(n) = sin(n * T);                    % 定义离散时域正弦函数
Gz1 = ztrans(gn1,n,z);                  % 实施 Z 变换
Gz1 =
     z sin(T)
 ───────────────
 z² - 2cos(T)z + 1
gn1i = iztrans(Gz1,z,n)                 % 反变换,验证
gn1i =
sin(Tn)
```

2) 离散时域表达式数组的 Z 变换/反变换

```
g1 = kroneckerDelta(n);                 % 离散单位脉冲
```

```
g2 = heaviside(m);                      %离散单位阶跃函数                          <7>
g3 = 1;                                 %离散恒 1 函数                           <9>
gn2 = [g1,g2,g3]                        %(1 * 3)时域表达式数组                    <10>
Gz2 = ztrans(gn2,[n,m,m],z)             %注意第 2 输入量的写法                     <11>
gn2 =
```
$$(\delta_{n,0} \quad heaviside(m) \quad 1)$$
```
Gz2 =
```
$$\left(1 \quad \frac{1}{z-1} + \frac{1}{2} \quad \frac{z}{z-1}\right)$$
```
gn2i = iztrans(Gz2,z,[n,m,m])           %注意第 3 输入量的写法
gn2i =
```
$$\left(\delta_{n,0} \quad 1 - \frac{\delta_{n,0}}{2} \quad 1\right)$$

说明

- MATLAB 符号数学包中的离散单位脉冲命令 kroneckerDelta(n,m)的数学模型是

$$\delta_{nm} = \begin{cases} 1 & n = m \\ 0 & n \neq m \end{cases} \qquad (2.8-11)$$

  而单输入调用格式 kroneckerDelta(n)则表示除 $n = 0$ 时给出数值 1 外,其他所有 $n \neq 0$ 处都给出数值 0(参见行〈6〉代码)。

- 在默认预置下,行〈7〉离散单位阶跃函数 heaviside(m)在 m＝0 处的函数值为 0.5,而行〈8〉定义的离散恒 1 函数在 m＝0 处的值为 1。

- 关于行〈9〉〈10〉的说明:
  - □ 行〈9〉使 3 个具有不同自变量的函数表达式组成(1 * 3)数组。
  - □ 行〈10〉中,因第 1 输入量数组 gn2 中各表达式的自变量不同,于是第 2 输入量数组中各元素自变量名称也不同(当然,数组第 3 元素的自变量取 m 或 n 都可以)。
  - □ 值得提醒:对于本例具有不同自变量的离散单位脉冲、离散单位阶跃、离散恒 1 函数而言,gn2 数组只能采用符号表达式代码构成,而不能采用符号函数代码构成。这也许是 MATLAB 符号数学包设计中的瑕疵。

2.9   常微分方程的符号解法

2.9.1   符号解法和数值解法的互补作用

从数值计算角度看,与初值问题求解相比,微分方程边值问题的求解显得复杂和困难。对于应用数学工具去解决实际问题的科研人员来说,不妨通过符号计算命令进行求解尝试。因为对于符号计算来说,不论是初值问题,还是边值问题,其求解微分方程的命令形式相同,且相当简单。

当然,符号计算可能花费较多的机时,可能得不到简单的解析解,也可能得不到封闭形式的解,甚至可能无法求解。

不管怎样,既然没有万能的微分方程一般解法,那么请读者记住:求解微分方程的符号法

和数值法有很好的互补作用。

2.9.2　常微分方程组 ODEs 概述

　　MATLAB 符号数学包所提供的程序命令可解算如下附带条件的一般形式的微分方程组（System of Ordinary Differential Equations，简写为 ODEs）。

$$\boldsymbol{F}(\boldsymbol{y}^{(n)}(t),\boldsymbol{y}^{(n-1)}(t),\cdots,\boldsymbol{y}''(t),\boldsymbol{y}'(t),\boldsymbol{y}(t),t)=0 \qquad (2.9-1)$$
$$\boldsymbol{y}^{(k-1)}(a_{k-1})=\boldsymbol{p}, \quad k=1,2,\cdots(k<n) \qquad (2.9-2)$$

- 关于式(2.9-1)的说明：
  - □ t 是标量形式的独立变量。
  - □ $\boldsymbol{y}(t)$ 是待求的向量形式的因变量，或称状态向量；$\boldsymbol{y}^{(n)}(t)$、$\boldsymbol{y}^{(n-1)}(t)$、$\boldsymbol{y}''(t)$、$\boldsymbol{y}'(t)$ 分别是 $\boldsymbol{y}(t)$ 关于 t 的 n 阶、$(n-1)$ 阶、2 阶和 1 阶导数。
  - □ $\boldsymbol{F}$ 表示由多个 n 阶微分方程组成的向量，或称方程组向量；$\boldsymbol{F}$ 中的分量方程可以是显式或隐式的、线性或非线性的、时变或非时变的。
- 关于式(2.9-2)的说明：
  该式表示微分方程组所必须满足的条件：如果 t 表示时间，那么就构成所谓的微分方程初值问题；如果 t 不表示时间，而是表示位置等物理量，那么就形成微分方程边值问题。

　　换句话说，符号数学包提供的程序既可以解微分方程初值问题，又可以解微分方程边值问题。当所给条件不足或完全没有时，所得解中就含有任意常数（通常用 C_1、C_2 等符号表示）。

　　如果微分方程组中包含代数方程，那么就构成所谓的微分代数方程组（System of Differential Algebraic Equations，DAEs）。

2.9.3　常微分方程的符号解算命令

　　求解常微分方程的最主要命令如下：

S=dsolve(eqs)　　　　单输出量 S 承接 eqs 常微分方程（组）的解

S=dsolve(eqs, cond)　　　单输出量 S 承接 cond 条件下 eqs 常微分方程（组）的解

S=dsolve(eqs, cond, Name, Value)

　　　　　　　　单输出量 S 承接 cond 条件下常微分方程 eqs 在 Name/Value 设定下的解

[Y1, ... , Yn]= dsolve(eqs, cond, Name, Value)

　　　　　　　　由多输出量数组承接 cond 条件下常微分方程 eqs 在 Name/Value 设定下的解

☀️说明

- 对于一阶微分方程而言，输入量 eqs 和条件 cond 的构成方法（见例 2.9-1）：
  - □ 先定义抽象函数，比如 syms x(t)。
  - □ 然后直接用该函数 x 和一阶导函数 diff(x,t) 去构建被解的微分方程 eps。
  - □ 条件 cond 就采用题给如 x(0) 之类表达。
  - □ 假如被解微分方程、条件有多个，那么各微分方程间，各条件之间应用"英文逗号"分隔。
- 对于高阶微分方程而言，eqs 和 cond 宜采用辅助导函数表述（参见例 2.9-2），具体如下：

   □ 先定义抽象函数，比如 syms x(t)。

   □ 然后定义各阶辅助导函数，比如 3 阶微分方程，就需要定义

     Dx(t)=diff(x(t),t)；D2x(t)=diff(x(t),t,2)；D3x(t)=diff(x(t),t,3)。

   □ 然后借助 x、Dx、D2x、D3x 写成的符号方程或符号表达式用作 eqs 输入量。

   □ 借助诸如 x(0)==a，Dx(0)==b，D2x(0)==c 表述用作 cond 输入量。

● Name/Value 是成对使用的输入量，用于选项设置。选项设置对 Name/Value 的取值及涵义如表 2.9-1 所列。

● S 是单输出量，是符号数组或构架。

   □ 在解单因变量微分方程（组）时，S 不是构架，而是符号数组。

   □ 在解 n 个因变量微分方程（组）时，S 是一个构架，n 个域名就是求解的因变量名；各个域用于存放相应因变量的解。

   □ 当 'ReturnConditions' 选项设置为 true 时，S 还会增添名为 S. conditions 和 S. parameters 的两个域。前者用于存放相应解成立的条件，后者用于存放为表达解析解和成立条件而自动引入的参数。

● 值得指出：dsolve 命令的输出，也可以采用多个输出变量构成的行数组承接，但本书不推荐使用，详见例 2.9-1 的试验三。

● 当初始或边界条件少于微分方程数时，在所得解中将出现任意常数符 C1，C2，…。解中任意常数符的数目等于所缺少的初始或边界条件数。参看例 2.9-1。

● 在既找不到"显式解"又找不到"隐式解"的情况下，会发布警告信息，并且 S 为空符号对象。

表 2.9-1　dsolve 命令的选项设置对

Name	Value	
	false	true（默认）
'IgnoreAnalyticConstraints'	返回在严格数学理论意义上成立的结果	放松解析约束的前提下，返回更简明的结果
'MaxDegree'	2（默认）	3 或 4
	高于设置阶次的多项式方程，其解将不采用显式表达	

◢例【2.9-1】　求 $\dfrac{\mathrm{d}x}{\mathrm{d}t}=y,\dfrac{\mathrm{d}y}{\mathrm{d}t}=-x$ 的解。本例演示：dsolve 调用格式中，被解方程、条件的两种代码描述方式；推荐使用 dsolve 结果的单输出量格式，警告多输出量数组格式要慎用。

1）试验一：dsolve 命令的抽象函数代码描述法

```
clear all
syms x(t) y(t)                    %创建抽象符号函数，同时指定了自变量 t          <2>
eq11 = diff(x,t) - y;             %默认等于 0 的符号表达式，描述被解微分方程        <3>
eq12 = diff(y,t) == -x;           %符号方程，描述被解微分方程                  <4>
cond = x(0) == sym(0.5);          %符号关系式描述条件                       <5>
S1 = dsolve(eq11,eq12,cond)       %注意：S1 是构架，结果配置保证正确            <6>
                                  %由于缺一个条件，结果中出现"待定参数"C1

S1 =
```

```
    y: [1x1 sym]
    x: [1x1 sym]
disp([S1.x,S1.y])
```

$$\left(\frac{\cos(t)}{2} + C_1\sin(t) \quad C_1\cos(t) - \frac{\sin(t)}{2}\right)$$

2）试验二:慎用多输出量数组承接微分方程的解

[X31,Y31] = dsolve(eq11,eq12,cond)　　　%输出量名称排序正确　　　　　　　　　　　　　〈8〉

X31 =

$$\frac{\cos(t)}{2} + C_1\sin(t)$$

Y31 =

$$C_1\cos(t) - \frac{\sin(t)}{2}$$

[Y32,X32] = dsolve(eq11,eq12,cond)　　　%输出量名称排序错误　　　　　　　　　　　　　〈9〉

Y32 =

$$\frac{\cos(t)}{2} + C_1\sin(t)$$

X32 =

$$C_1\cos(t) - \frac{\sin(t)}{2}$$

说明

- 关于试验一的说明:
  - □ 在创建抽象函数时,不仅确定了被解因变量的名称,而且确定了自变量的名称,参见行〈2〉代码。
  - □ 被解微分方程既可以用符号方程代码表示(参见行〈4〉),也可以用符号表达式形式代码表示(参见行〈3〉)。注意:默认符号表达式右边等于 0。
  - □ 注意:行〈5〉利用抽象函数表述初始条件时,采用关系符"==",而不用赋值符"="。
  - □ 行〈6〉运行结果中包含一个待定参数 C1。这是由于行〈6〉只向 dsolve 提供了"定解"所需的两个初始条件中的一个。
  - □ 单输出 S1 是构架,它的域 x、y 是根据被解抽象函数名自动生成的。这种输出形式始终能保证其求解结果的配置正确。
- 关于试验二的说明:
  - □ 行〈8〉结果正确,而行〈9〉结果配置错误。产生这种现象的原因是:当 dsolve 的输出采用多变量数组承接时,dsolve 总是按照被解变量的"机器认定"次序分别配置给输出数组中的"自左向右"排序的输出量的,而不管输出量采用什么名称。
  - □ 本试验的目的是:告知读者,dsolve 的输出尽量不要采用"多变量输出数组"承接。

例【2.9 - 2】 求解常微分方程:$xy'' - 3y' = x^2$, $y(1) = 0$, $y'(1) = -0.75$。本例演示:dsolve 求解高阶微分方程时的调用格式代码;微分方程解的可视化;fplot 和 plot 的混合使用;参见图 2.9 - 1。

1）试验一:采用抽象函数及直接导函数的微分方程解法

```
clear all
```

```
syms y(x)                                      % 抽象符号函数                        <2>
Dy = diff(y,x);                                % 定义一阶辅助导函数 Dy(x)            <3>
eq1 = x * diff(y,x,2) - 3 * diff(y,x) == x^2;  % 注意"关系符 =="构成方程           <4>
cond = [y(1) == 0,Dy(1) == sym( - 0.75)];      % 注意"关系符 =="使用              <5>
y1 = dsolve(eq1,cond)
y1 =
```

$$\frac{x^4}{16} - \frac{x^3}{3} + \frac{13}{48}$$

2）试验二：借助抽象函数及辅助导函数的微分方程解法

```
D2y = diff(y,x,2);                 % 定义二阶辅助导函数 D2y(x)          <7>
eq2 = x * D2y - 3 * Dy == x^2;     % 使用辅助导函数的微分方程           <8>
y2 = dsolve(eq2,cond)              % 第 3 个输入量用于指定自变量        <9>
y2 =
```

$$\frac{x^4}{16} - \frac{x^3}{3} + \frac{13}{48}$$

3）试验三：微分方程解的可视化

```
fplot(y1,[ -1,6],'LineWidth',2);                          %                    <10>
                                 % 在[ -1,6]区间内画宽为 2 的 y(x)曲线

hold on                          % 允许上图被叠画
plot(1,0,'r.','MarkerSize',25)   % 画边值点[1,0]
hd = quiver(1,0,1, - .75,'Color','r');                    %                    <14>
                                 % 从[1,0]点出发画横长 1,纵长 -0.75 的红色矢量线

hd. MaxHeadSize = 1;             % 使矢量头长度为 1                            <16>
hold off                         % 不再允许叠画
grid on                          % 添加坐标方格
text(1,1,{'y(1) = 0';'y^{''}(1) = -0.75'})  % 两行文字标识边值条件            <19>
ylabel('y')                      % 标识纵轴名称
title(['y(x) = ',char(y1)])      % 重写图形名称
```

💡说明

- 关于试验一的说明：
  - □ 行〈3〉代码定义了 y 的导函数，这是行〈5〉指定一阶导数初值时所需要的。
  - □ 注意：在采用抽象函数代码描述被解微分方程和条件时，必须用"关系符 =="表述"等于"，参见行〈4〉〈5〉代码。
- 关于试验二的说明：
  - □ 行〈8〉使用辅助导函数描述的被解微分方程显得更简洁。
  - □ 再次强调：构造微分方程、初始（或边界）条件时必须使用"关系等于符 =="。
- 关于试验三的说明：
  - □ 行〈14〉中的 quiver 命令用于绘制矢量。在 quiver(x,y,u,v) 格式中，x、y 用于指定矢量的起点，而 u、v 用于指定矢量线的横向、纵向长度。矢量箭头的大小由该对象的 MaxHeadSize 属性决定，如行〈16〉。
  - □ 行〈19〉用于在图上注释两行文字。请注意该行代码中的花括号、分号及一阶导数符

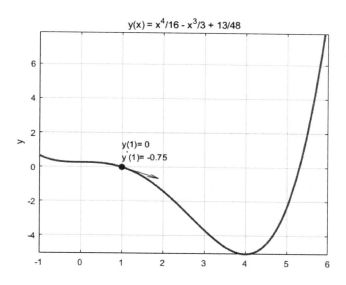

图 2.9 - 1　微分方程初值问题的解曲线

号的代码表述。

● 值得指出：

　　□ 不管是微分方程初值问题，还是边值问题，都可以用 dsolve 命令进行解算，而且计算效率大致相同。假如读者有兴趣，只要把行〈5〉中的 Dy(1)= sym(−0.75)改写为 y(5)= sym(−2)，行〈5〉就成为求解 $xy''-3y'=x^2$，$y(1)=0$，$y(5)=-2$ 的微分方程边值问题的代码。

　　□ 与求解微分方程的数值计算编程相比，不管是初值问题还是边值问题，采用符号编程都显得比较简单明了，所得结果很可能是人们偏爱的封闭解析解，而不是一组离散数值点。当然，对于比较复杂的微分方程问题，仍需要采用数值编程解决。

2.10　矩阵和代数方程的符号算法

2.10.1　符号矩阵及计算

1. 符号矩阵与符号数组的异同

　　(1) 符号矩阵的组织结构与二维符号数组完全相同

　　在元素组织、编序、寻访、存储等方面，符号矩阵与符号数组完全一样。若不涉及运算性质，符号矩阵就是二维的符号数组。比如，$(1 \times n)$ 的符号行数组，也就是 $(1 \times n)$ 符号行向量；$(m \times 1)$ 的符号列数组，也就是 $(m \times 1)$ 符号列向量。

　　(2) 符号矩阵的创建方法与二维符号数组的创建方法完全相同

　　在 2.2.2 小节中介绍的符号数组创建方法：分步创建法和同步创建法，全部适用于符号矩阵的创建。

（3）符号矩阵代数运算与符号数组代数运算的差别

除加、减运算外，符号矩阵代数运算算符及算法都与符号数组的算符、算法不同。

符号数组的所有运算（包括函数）都是直接施加在数组元素上的。比如，两个同规模的数组 $A_{m\times n}$ 和 $B_{m\times n}$ 相乘就意味着：这两个数组对应位置上的元素相乘；相应的 MATLAB 代码是 $A.*B$。A 与 B 之间的数组乘运算规则如下：

$$A_{m\times n}.\times B_{m\times n}=[a_{ij}\times b_{ij}]_{m\times n}=[c_{ij}]_{m\times n}=C_{m\times n}$$

而两个符号矩阵能够相乘条件是：只有当 A 阵的列数与 B 阵的行数相等时，MATLAB 代码 $A*B$ 才能运算，它们相乘的积应符合以下"矩阵乘法"运算规则：

$$A_{m\times p}B_{p\times n}=\left[\sum_{k=1}^{p}a_{ik}\cdot b_{kj}\right]_{m\times n}=[c_{ij}]_{m\times n}=C_{m\times n}$$

由于 MATLAB 是面向对象编程的，所以在 MATLAB 中，不管是符号计算还是数值计算，所采用的运算符是相同的，所服从的算法规则也是相同的。MATLAB 根据参与运算的对象是数值还是符号，将它们发送给不同的计算引擎。数值计算由 MATLAB 的原生引擎执行，符号计算由 MuPAD 引擎执行。

关于数组运算和矩阵计算区别的更详细阐述，请见 3.3 和 3.4 节。例 3.4-1 则展示了在数值计算引擎驱动下数组、矩阵运算的差别。

◀例【2.10-1】 本例展示符号数组和符号矩阵在"乘、除、指数"运算上的不同。

1）符号数组乘和符号矩阵乘

```
A = sym('A%d%d',[2,3]);          % 创建(2*3)符号矩阵
B = sym('B%d%d',[2,3]);          % 创建(2*3)符号矩阵
A,B
A =
```

$$\begin{pmatrix} A_{11} & A_{12} & A_{13} \\ A_{21} & A_{22} & A_{23} \end{pmatrix}$$

```
B =
```

$$\begin{pmatrix} B_{11} & B_{12} & B_{13} \\ B_{21} & B_{22} & B_{23} \end{pmatrix}$$

```
T = A. * B                       % 同规模符号数组乘
T =
```

$$\begin{pmatrix} A_{11}B_{11} & A_{12}B_{12} & A_{13}B_{13} \\ A_{21}B_{21} & A_{22}B_{22} & A_{23}B_{23} \end{pmatrix}$$

```
TT = A * B'                      % A列数与B行数相同的符号矩阵乘
TT =
```

$$\begin{pmatrix} A_{11}\overline{B_{11}}+A_{12}\overline{B_{12}}+A_{13}\overline{B_{13}} & A_{11}\overline{B_{21}}+A_{12}\overline{B_{22}}+A_{13}\overline{B_{23}} \\ A_{21}\overline{B_{11}}+A_{22}\overline{B_{12}}+A_{23}\overline{B_{13}} & A_{21}\overline{B_{21}}+A_{22}\overline{B_{22}}+A_{23}\overline{B_{23}} \end{pmatrix}$$

2）符号数组除和符号矩阵除

```
syms C [2,2]                     % 创建(2*2)方阵
I = sym(eye(2))                  % 创建(2*2)单位阵
I =
```

$$\begin{pmatrix} 1 & 0 \\ 0 & 1 \end{pmatrix}$$

Q = C.\I　　　　　　　　　　%符号数组除

Q =

$$\begin{pmatrix} \dfrac{1}{C_{1.1}} & 0 \\ 0 & \dfrac{1}{C_{2.2}} \end{pmatrix}$$

QQ = C\I　　　　　　　　　　%符号方阵除

QQ =

$$\begin{pmatrix} \dfrac{C_{2.2}}{C_{1.1}C_{2.2}-C_{1.2}C_{2.1}} & -\dfrac{C_{1.2}}{C_{1.1}C_{2.2}-C_{1.2}C_{2.1}} \\ -\dfrac{C_{2.1}}{C_{1.1}C_{2.2}-C_{1.2}C_{2.1}} & \dfrac{C_{1.1}}{C_{1.1}C_{2.2}-C_{1.2}C_{2.1}} \end{pmatrix}$$

simplify(C * QQ)%逆运算用于验算

ans =

$$\begin{pmatrix} 1 & 0 \\ 0 & 1 \end{pmatrix}$$

3）符号数组平方和符号矩阵平方

E = C.^2　　　　　　　　　　%数组平方

E =

$$\begin{pmatrix} C_{1.1}{}^2 & C_{1.2}{}^2 \\ C_{2.1}{}^2 & C_{2.2}{}^2 \end{pmatrix}$$

EE = C^2　　　　　　　　　　%矩阵平方

EE =

$$\begin{pmatrix} C_{1.1}{}^2+C_{1.2}C_{2.1} & C_{1.1}C_{1.2}+C_{1.2}C_{2.2} \\ C_{1.1}C_{2.1}+C_{2.1}C_{2.2} & C_{2.2}{}^2+C_{1.2}C_{2.1} \end{pmatrix}$$

4）常数的符号数组幂和常数的符号矩阵幂

F = 2.^C　　　　　　　　　　%2 的数组幂

F =

$$\begin{pmatrix} 2^{C_{1.1}} & 2^{C_{1.2}} \\ 2^{C_{2.1}} & 2^{C_{2.2}} \end{pmatrix}$$

FF = 2^C;　　　　　　　　　　%2 的方阵幂。由于结果是冗长的非封闭解，在此略

❀说明
- 本例实时脚本的运行结果与经典矩阵教科书的表达相同，简明易读。
- 本例"2^C 方阵幂"的结果表达式非常繁杂，因此没有列出。有兴趣的读者可以从随书数码文档 exm021001.mlx 中查看。

2. 符号矩阵分析及操作函数

表 2.10 - 1 汇集了矩阵操作和分析中一些最常用的命令，供读者选用。该表所列命令都是针对符号矩阵对象设计的。

表 2.10 – 1   符号矩阵分析和操作命令汇总表

命令调用格式	含 义	命令调用格式	含 义
X＝adjoint(A)	伴随阵 X，使 $A^{-1}＝X/\mid A \mid$	X＝linsolve(A,B)	矩阵方程 $AX＝B$ 的解
cat(dim,A1,An)	沿 dim 维度，串接数组 A1、An	R＝logm(A)	方阵 A 的对数函数阵，$F＝\ln(A)$
cp＝charpoly(A,x)	方阵 A 以 x 为变量的特征多项式	[L,U,P]＝lu(A)	LU 分解，使 $PA＝LU$
T＝chol(A)	楚列斯基分解，使 $A＝T'\cdot T$	norm(A)	矩阵的范数
colspace(A)	矩阵的列空间基	null(A)	零空间的基
cond(A)	方阵 A 条件数	numel(A)	A 矩阵的元素总数
det(A)	行列式，$\mid A \mid$	orth(A)	矩阵值空间正交基
diag(A)	抽取矩阵对角元构成向量或矩阵	X＝pinv(A)	矩阵伪逆，使 $A*X*A＝A$ 及 $X*A*X＝X$
d＝divergence(v,x)	向量场 v 关于 x 的散度 $d＝\nabla\cdot\vec{v}$	[Q,R,P]＝qr(A)	QR 分解，使 $AP＝QR$
[V, D]＝eig(A)	特征值分解，使 $AV＝VD$	rank(A)	矩阵秩
[A, b]＝equationsToMatrix(eqs,x)	把一组关于 x 的线性方程转换为矩阵方程 $Ax＝b$	B ＝ reshape (A, n1, n2)	把 m1 * m2 的矩阵 A 重排为 n1 * n2 矩阵 B，要求 m1 * m2＝n1 * n2
F＝expm(A)	方阵 A 的指数函数阵 $F＝e^{A}$	rref(A)	A 的行阶梯形式
F＝funm(A,f)	方阵 A 的 f 函数阵，$F＝f(A)$	[U, V, S]＝smithForm(A)	幺模阵 U、V 和史密斯标准型 S，使 $S＝UAV$
g＝gradient(f,x)	标量函数 f 关于 x 的梯度向量，$g＝\nabla f$	X＝sqrtm(A)	方阵 A 的矩阵平方根，$X^{2}＝A$
[U, H]＝hermiteForm(A)	幺模阵 U 和埃尔米特规范型 H，使 $H＝UA$	s＝svd(A)	符号矩阵的奇异值
H＝hessian(f,x)	多元标量函数 f 关于 x 的海森矩阵，$H＝\partial f/\partial x$	[U,S,V]＝svd(A)	符号数值矩阵的奇异值分解，使 $A＝USV'$
horzcat(A1,An)	水平串接 A1、An	T＝toeplitz(c,r)	以 c、r 为第 1 列、第 1 行的特普利茨矩阵 T
inv(A)	矩阵逆，A^{-1}	tril(A)	取 A 的下三角部分
J＝jacobian(f,x)	多元向量函数 f 关于 x 的雅可比矩阵，$J＝\partial f/\partial x$	triu(A)	取 A 的上三角部分
[V, J]＝jordan(A)	约当标准型 J，使 V\A * V＝J	vertcat(A1,A2)	垂直串接 A1、An

说明

- 表 2.10 - 1 所列命令中，大多数与 MATLAB 双精度数值环境中的同名命令相对应。这些符号计算命令的功能与对应的双精度数值计算命令的功能大致相同。尽管如此，用户使用时，还应注意可能存在的细微差别。
- 与数值运算相比，表 2.10 - 1 中的符号数学包函数命令特别适用于以下矩阵的分析和计算：

　　□ 对元素误差敏感的矩阵(如 Jordan 分解)；

　　□ 规模很小的非数字矩阵；

　　□ 元素是整数或分子分母数位较少的有理分数构成的矩阵；

　　□ 借助 vpa 命令产生的任意精度矩阵；

　　□ 高等学校教科书上的矩阵。

◆例【2. 10 - 2】　以 2 阶符号矩阵 A 为例,采用实时脚本演示若干矩阵函数的应用。

1) 2 阶符号矩阵 A 的对角阵和迹

```
clear
A = sym('A % d % d',[2,2])
```

A =

$$\begin{pmatrix} A_{11} & A_{12} \\ A_{21} & A_{22} \end{pmatrix}$$

```
GA = diag(A)
```

GA =

$$\begin{pmatrix} A_{11} \\ A_{12} \end{pmatrix}$$

```
RA = trace(A)
```

RA =

$A_{11} + A_{22}$

2) 符号矩阵 A 的 LU 分解

```
[L,U] = lu(A)
```

L =

$$\begin{pmatrix} 1 & 0 \\ \dfrac{A_{21}}{A_{11}} & 1 \end{pmatrix}$$

U =

$$\begin{pmatrix} A_{11} & A_{12} \\ 0 & A_{22} - \dfrac{A_{12} A_{21}}{A_{11}} \end{pmatrix}$$

```
L * U                    % 验算:理论上应等于 A
```

ans =

$$\begin{pmatrix} A_{11} & A_{12} \\ A_{21} & A_{22} \end{pmatrix}$$

3) A 的逆、伴随阵、行列式

```
IA = inv(A)              % A 的逆
```

IA =

$$\begin{pmatrix} \dfrac{A_{22}}{A_{11} A_{22} - A_{12} A_{21}} & -\dfrac{A_{12}}{A_{11} A_{22} - A_{12} A_{21}} \\ -\dfrac{A_{21}}{A_{11} A_{22} - A_{12} A_{21}} & \dfrac{A_{11}}{A_{11} A_{22} - A_{12} A_{21}} \end{pmatrix}$$

```
simplify(IA * A)         % 验算:理论上应等于单位阵
```

ans =

$$\begin{pmatrix} 1 & 0 \\ 0 & 1 \end{pmatrix}$$

DA = det(A)　　　　　　% 行列式

DA =

$A_{11} A_{22} - A_{12} A_{21}$

AA = adjoint(A)　　　　　% 伴随阵

AA =

$$\begin{pmatrix} A_{22} & -A_{12} \\ -A_{21} & A_{11} \end{pmatrix}$$

simplify(AA/DA − IA)　　% 验算：理论上应为全 0 阵

ans =

$$\begin{pmatrix} 0 & 0 \\ 0 & 0 \end{pmatrix}$$

4）A 的伪逆

PA = pinv(A)　　　　　% 伪逆

PA =

$$\begin{pmatrix} \dfrac{\overline{A_{11}}\sigma_2}{\sigma_1} - \dfrac{\overline{A_{21}}\sigma_3}{\sigma_1} & \dfrac{\overline{A_{21}}\sigma_5}{\sigma_1} - \dfrac{\overline{A_{11}}\sigma_4}{\sigma_1} \\ \dfrac{\overline{A_{12}}\sigma_2}{\sigma_1} - \dfrac{\overline{A_{22}}\sigma_3}{\sigma_1} & \dfrac{\overline{A_{22}}\sigma_5}{\sigma_1} - \dfrac{\overline{A_{12}}\sigma_4}{\sigma_1} \end{pmatrix}$$

where

$\sigma_1 = A_{11} A_{22} \overline{A_{11}} \ \overline{A_{22}} - A_{11} A_{22} \overline{A_{12}} \ \overline{A_{21}} - A_{12} A_{21} \overline{A_{11}} \ \overline{A_{22}} + A_{12} A_{21} \overline{A_{12}} \ \overline{A_{21}}$

$\sigma_2 = A_{21} \overline{A_{21}} + A_{22} \overline{A_{22}}$

$\sigma_3 = A_{21} \overline{A_{11}} + A_{22} \overline{A_{12}}$

$\sigma_4 = A_{11} \overline{A_{21}} + A_{12} \overline{A_{22}}$

$\sigma_5 = A_{11} \overline{A_{11}} + A_{12} \overline{A_{12}}$

simplify(A * PA * A)　　% 验算：理论上应等于 A

ans =

$$\begin{pmatrix} A_{11} & A_{12} \\ A_{21} & A_{22} \end{pmatrix}$$

5）A 的特征值及特征多项式根

EA = eig(A)　　　　　% 特征值

EA =

$$\begin{pmatrix} \dfrac{A_{11}}{2} + \dfrac{A_{22}}{2} - \dfrac{\sqrt{A_{11}^2 - 2A_{11}A_{22} + A_{22}^2 + 4A_{12}A_{21}}}{2} \\ \dfrac{A_{11}}{2} + \dfrac{A_{22}}{2} + \dfrac{\sqrt{A_{11}^2 - 2A_{11}A_{22} + A_{22}^2 + 4A_{12}A_{21}}}{2} \end{pmatrix}$$

syms x

CA = charpoly(A,x)　　% 特征多项式

CA =

$x^2 + (-A_{11} - A_{22})x + A_{11}A_{22} - A_{12}A_{21}$

S = solve(CA,x)　　　　% 特征多项式的根

S =

$$\begin{pmatrix} \dfrac{A_{11}}{2} + \dfrac{A_{22}}{2} - \dfrac{\sqrt{A_{11}{}^2 - 2A_{11}A_{22} + A_{22}{}^2 + 4A_{12}A_{21}}}{2} \\ \dfrac{A_{11}}{2} + \dfrac{A_{22}}{2} + \dfrac{\sqrt{A_{11}{}^2 - 2A_{11}A_{22} + A_{22}{}^2 + 4A_{12}A_{21}}}{2} \end{pmatrix}$$

6）A 的 1 -范数和 f -范数

N1 = norm(A,1)

N1 =

$\max(\mid A_{11} \mid + \mid A_{21} \mid, \mid A_{12} \mid + \mid A_{22} \mid)$

Nf = norm(A,'fro')

Nf =

$\sqrt{\mid A_{11} \mid^2 + \mid A_{12} \mid^2 + \mid A_{21} \mid^2 + \mid A_{22} \mid^2}$

说明

- 本例实时脚本生成的计算结果与经典教科书的书写形式完全一致，十分赏心悦目。
- 本例没有演示 2 -范数计算命令 norm（A，2），原因是此 2 -范数的表达非常繁琐。

例【2. 10 - 3】 著名的 Givens 旋转（变换）$\boldsymbol{G} = \begin{bmatrix} \cos t & -\sin t \\ \sin t & \cos t \end{bmatrix}$ 对矩阵 $\boldsymbol{A} = \begin{bmatrix} \sqrt{3}/2 & 1/2 \\ 1/2 & \sqrt{3}/2 \end{bmatrix}$ 的旋转作用。本例演示：Givens 旋转的几何意义；符号矩阵乘法；符号矩阵的数值化；图形对象属性设置；旋转动态图形的生成；同一组代码在 MATLAB 命令窗和实时编辑器中的不同运行表现。

1）产生符号矩阵和旋转变换

```
clear
syms t
A = sym([sqrt(3)/2,1/2;1/2,sqrt(3)/2])        % 被旋转的 2 根列向量阵
G = [cos(t), - sin(t);sin(t),cos(t)];          % Givens 符号矩阵
GA = G * A                                      % 旋转后的符号矩阵
```

A =

$$\begin{pmatrix} \dfrac{\sqrt{3}}{2} & \dfrac{1}{2} \\ \dfrac{1}{2} & \dfrac{\sqrt{3}}{2} \end{pmatrix}$$

GA =

$$\begin{pmatrix} \dfrac{\sqrt{3}\cos(t)}{2} - \dfrac{\sin(t)}{2} & \dfrac{\cos(t)}{2} - \dfrac{\sqrt{3}\sin(t)}{2} \\ \dfrac{\cos(t)}{2} + \dfrac{\sqrt{3}\sin(t)}{2} & \dfrac{\sin(t)}{2} + \dfrac{\sqrt{3}\cos(t)}{2} \end{pmatrix}$$

2）Givens 旋转的动态演示（见图 2.10 - 1）

```
figure                                          % 开启新图形窗
Op = [0;0];                                      % 原点坐标
v1 = [Op,A(:,1)]';v2 = [Op,A(:,2)]';             % 绘制矢量用
```

```
Lh = plot(v1(:,1),v1(:,2),'--k',v2(:,1),v2(:,2),'b',...
        A(:,1),A(:,2),'.r');                          %黑虚、蓝实线图示 A 阵 1、2 列        <10>
axis([-1,1,-1,1]),axis square
Lh(1).LineWidth = 4;Lh(2).LineWidth = 4;Lh(3).MarkerSize = 30;    %           <12>
Th = title('Givens 旋转 0 度');
Gh = legend([Lh(1),Lh(2)],{'A(:,1)','A(:,2)'},...
        'Location','southoutside',...
        'Orientation','horizontal');                  %黑、蓝线图例
aa = (0:30) * 12/sym(180) * pi;                       %符号数组
for k = 1:length(aa)
    An = subs(GA,t,aa(k));                            %旋转后的 2 个列向量
    u1 = [Op,An(:,1)]';u2 = [Op,An(:,2)]';
    set(Lh(1),'XData',u1(:,1),'YData',u1(:,2))        %重置向量位置           <21>
    set(Lh(2),'XData',u2(:,1),'YData',u2(:,2))
    set(Lh(3),'XData',An(1,:),'YData',An(2,:))        %           <23>
    Th.String = ['Givens 旋转 ',int2str(12 * (k-1)),' 度'];  %           <24>
                                                      %动态轴图名
    if k == 1;Gh.String = {'An(:,1)','An(:,2)'};end   %改图例           <26>
    pause(0.1)                                        %更新图形,控制速度           <27>
end
```

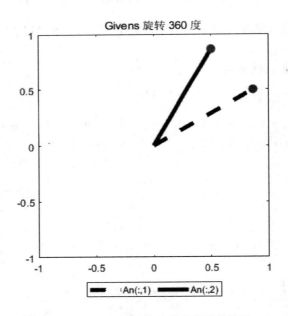

图 2.10 - 1　Givens 旋转动态演示起始图

3）在实时编辑器中运行 exm021003.mlx 所引出的图形带播放控件

值得指出：读者如有兴趣在 MATLAB 实时编辑器中运行由本例代码构成的 exm021003.mlx 文件，将可看到如图 2.10 - 2 右侧所示的动画图形。该图形可以反复重播，并可控制播放速度。

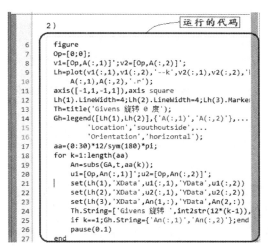

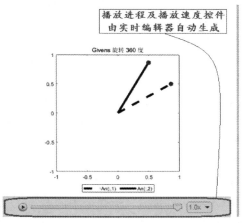

图 2.10 - 2　在实时编辑器中运行代码后生成 Givens 旋转动态演示图

说明

- 本例采用矢量线段(及头)形象表示被旋转的 A 矩阵的 2 个列。矢量位置的变化体现了 A 矩阵被旋转后的具体数值。
- 本例图形的动态对象包括：
  - □ 线对象 Lh 的位置变化是通过其坐标数据属性 XData、YData 实现的,参见行〈21～23〉。
  - □ 轴图名对象 Th 的字符串变化是通过属性 String 实现的,参见行〈24〉。
  - □ 图例对象 Gh 的字符修改,也是通过属性 String 实现的,参见行〈26〉。
- 为了能观察到图形的动态变化,行〈27〉的 pause(0.1)是必须的。它的作用有两个:一,强迫更新屏幕;二,控制更新速度。更详细的说明,请见第 5.5.2 节。
- 本例行〈12〉〈24〉〈26〉采用面向对象的"点调用格式"进行图形对象属性的设置。
- 本例行〈21～23〉,借助 set 命令设置图形对象的属性,这种 MATLAB 老版本中就有的设置方法在新版中依然使用。
- 本例再次表现出,实时编辑器似乎拥有比 MATLAB 命令窗更友善的代码运行环境。

3.　符号阵及其在理论推演中的应用

本章此前所讲的符号矩阵都是借助 sym 或 syms 命令创建的,而且创建过程中都需要规定矩阵元素字符,因此它们严格的英文词汇是 Matrices of Symbolic Scalar Variables,有时也称其为 Symbolic Matrices。对应的中文全译名可以是"符号标量构成的矩阵",或简称为"符号矩阵"。它们的对象类别是 sym。

但从 MATLAB R2021a 起,MATLAB 符号计算工具包又增添了一种新的符号对象类别 symmatrix。这种符号对象的 MATLAB 英文术语为 Symbolic Matrix Variables,其含义是"符号矩阵量"。命令 symmatrix 在创建这种对象时,不含或不带任何矩阵元素,而只是定义矩阵整体的名称及规模(即行、列数)。本书把这种对象简称为"符号阵"。

正如此前所述,符号矩阵可以进行前两节介绍的各种代数运算,适用于表 2.10 - 1 所列的各种操作及计算函数。但对符号阵而言，表 2.10-1 中的操作及运算命令并非都适用，至少目前如此。符号阵的一个显著特点是：它的表述形式与矩阵理论教科书的记述符相同，简洁清晰，在实时编辑器中该特点尤为突出。

符号阵须有专门的格式命令创建，具体命令如下：

A＝symmatrix('A',[m,n])   创建 m 行 n 列的符号阵 A（注意：m、n 必须事先已被数值化）

syms A［m,n］matrix   以上命令的分段格式

A＝symmatrix(S)   用已赋值的数值阵或符号矩阵创建名为 A 的符号阵

aA＝symmatrix2sym(A)   将符号阵 A 转换成符号矩阵

说明

- 特别强调：在以上命令格式中，m、n 必须都已经被赋值。
- A＝symmatrix(S)命令中的 S，可以是任何数值类的矩阵（当然包括向量、标量）、符号（量）矩阵。换句话说，该命令可以把数值阵、符号（量）矩阵转换为符号阵。
- aA＝symmatrix2sym(A)可以粗略地说为 A＝symmatrix(S)的逆变换命令。
- 还需特别指出：符号阵的最好应用及表现环境是实时脚本，而不是 MATLAB 命令窗。

例【2.10-4】 演示：符号阵、符号阵向量的创建方法；比较符号阵在命令窗和实时脚本中的不同记述形态。

1) 符号阵的创建和它们在不同环境中的表现形态差异（见图 2.10-3）

```
clear
A = symmatrix('A',[2,2])        % 创建(2 * 2)符号阵 A
B = symmatrix('B',2)            % 创建 2 阶符号阵 B
syms Y [2,1] matrix;Y           % 分段格式命令创建(2 * 1)向量
I = symmatrix(eye(2))           % 把 2 阶数值单位阵转换为符号阵
1 = symmatrix(ones(2,1))        % 把(2 * 1)的全 1 数值向量转换为符号阵向量
O = symmatrix(zeros(2,1))       % 把(2 * 1)的全 0 数值向量转换为符号阵向量
```

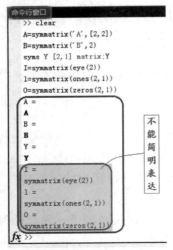
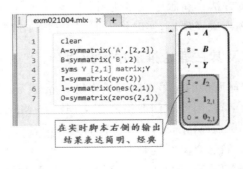

(a) 命令窗中的符号阵记述形态　　　　　(b) 实时脚本中的符号阵记述形态

图 2.10-3　在命令窗和实时脚本中符号阵的不同表现形式之一

2）符号阵代数运算结果在不同环境中的形态表现差异（见图 2.10－4）

```
P = (A + B)            % 加运算
Q = A * B              % 乘运算
R = A/B                % 除运算
S = A. * B             % 点乘运算
T = A. /B              % 点除运算
K = kron(A,B)          % 克罗内克积
```

```
P =
A + B

Q =
A*B

R =
A*B^-1

S =
A . * B

T =
A . / B

K =
kron(A, B)
```

$$P = A + B$$

$$Q = A B$$

$$R = A B^{-1}$$

$$S = A \odot B$$

$$T = A \oslash B$$

$$K = A \otimes B$$

(a) 命令窗中的符号阵记述形态　　　　　　(b) 实时脚本中的符号阵记述形态

图 2.10－4　在命令窗和实时脚本中符号阵的不同表现形式之二

3）符号阵方程解、二次型、微分等计算结果在不同环境中的形态表现差异（见图 2.10－5）

```
X = A\Y                % AX = Y 线性方程的解
w = Y.' * A * Y        % 二次型标量函数
dw = diff(w,Y.')       % 标量对向量求导
```

```
X =
A^-1*Y

w =
Y.'*A*Y

dw =
A*Y + A.'*Y
```

$$X = A^{-1} Y$$

$$w = Y^{T} A Y$$

$$dw = A Y + A^{T} Y$$

(a) 命令窗中的符号阵记述形态　　　　　　(b) 实时脚本中的符号阵记述形态

图 2.10－5　在命令窗和实时脚本中符号阵的不同表现形式之三

※ 说明

- 本算例展示：由 symmatrix 命令创建的符号阵是独立个体。它不依赖符号元素而产生，因此对它实施计算所产生的结果也只能由它自身表达。比如说，A\Y 代码中的"左除 A"就表达成"左乘 A^{-1}"。
- 请读者利用随数数码文档 exm021004.mlx 试验本例。MLX 文件中的代码都是可以直接运行和复制的。

◀例【2.10－5】　演示：符号阵与符号矩阵的形态区别；symmatrix2sym 命令实现从符号阵向符号矩阵的转换。为了充分表现这两类矩阵的异同，下面内容以实时脚本环境中截图表述；每幅图的左侧栏显示被运行的命令代码，右侧栏则显示运算结果。

1）矩阵乘积、点除结果的两种不同类别矩阵表达（见图 2.10 - 6）

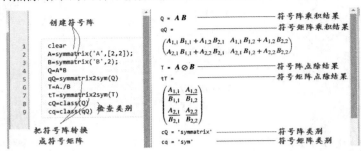

图 2.10 - 6

2）克罗内克张量积（Kronecker tensor product）的两类矩阵表达（见图 2.10 - 7）

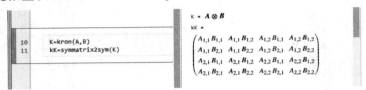

图 2.10 - 7

3）矩阵除及结果验算（见图 2.10 - 8）

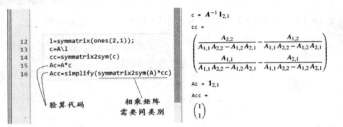

图 2.10 - 8

4）数值符号阵的生成、运算及结果不同表达（见图 2.10 - 9）

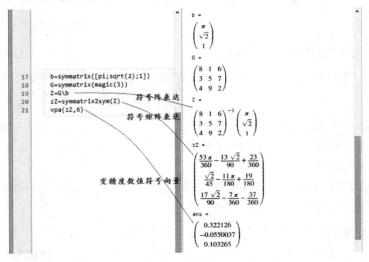

图 2.10 - 9

5）二次型标量的不同表达（见图 2.10 - 10）

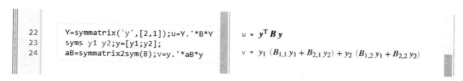

22	Y=symmatrix('y',[2,1]);u=Y.'*B*Y	$u = \boldsymbol{y}^T \boldsymbol{B} \boldsymbol{y}$
23	syms y1 y2;y=[y1;y2];	
24	aB=symmatrix2sym(B);v=y.'*aB*y	$v = y_1 (B_{1,1} y_1 + B_{2,1} y_2) + y_2 (B_{1,2} y_1 + B_{2,2} y_2)$

图 2.10 - 10

6）二次型标量函数梯度及海森的两种不同表达（见图 2.10 - 11）

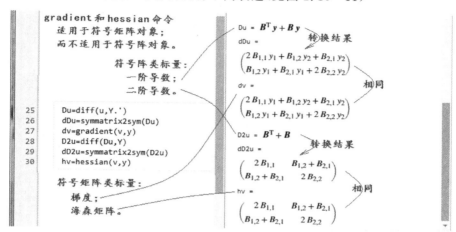

图 2.10 - 11

💡说明

- 本例充分展示了：符号阵和符号矩阵在经同样矩阵运算后，所得结果的表达形式不同。
- 本例行〈25〉〈28〉之所以分别借助求导和两次求导获得 u（见行〈22〉）的梯度和海森，是因为 gradient 和 hessian 命令不适用于"symmatrix 类符号阵"。
- MATLAB 提供的 symmatrix2sym 命令，可以把"symmatrix 类符号阵"转换成"sym 类符号矩阵"（参见行〈26〉〈29〉）。
- 读者若想得到较好的体验，请在实时编辑器（而不是在命令窗）中运行 exm021005.mlx。

2.10.2 线性方程组的符号解

对于线性方程组 $\boldsymbol{A}\boldsymbol{X}=\boldsymbol{B}$，求该方程组的解 $\boldsymbol{X}$ 有以下两个方法：

- 运用矩阵除求解 X＝A\B。除法的使用规则及关于解算结果的解释与数值环境完全一致。
- 调用命令求解[X,r]＝linsolve(A,B)。若 A 为方阵，则 r 是 A 的倒条件数；若 A 非方阵，则 r 是矩阵 A 的秩。

◆例【2.10 - 6】 求 $\boldsymbol{A}\boldsymbol{X}=\boldsymbol{B}$ 的解 $\boldsymbol{X}$。例中 $\boldsymbol{A}$ 取著名的 15 阶希尔伯特矩阵（Hilbert Matrix），$\boldsymbol{B}$ 为长度为 15 的全 1 列向量。通过此例展示：截断误差在坏条件数情况下，数值除的问题；符号除解法和 linsolve 的应用。

1）创建 15 阶希尔伯特矩阵的数值形式和符号形式

```
clear
As = sym(hilb(15))          % 符号形式的 15 阶希尔伯特矩阵
An = hilb(15);              % 双精度形式的 15 阶希尔伯特矩阵
b = ones(15,1);            % (15 * 1)的全 1 列向量
As =
```

$$
\begin{pmatrix}
1 & \frac{1}{2} & \frac{1}{3} & \frac{1}{4} & \frac{1}{5} & \frac{1}{6} & \frac{1}{7} & \frac{1}{8} & \frac{1}{9} & \frac{1}{10} & \frac{1}{11} & \frac{1}{12} & \frac{1}{13} & \frac{1}{14} & \frac{1}{15} \\
\frac{1}{2} & \frac{1}{3} & \frac{1}{4} & \frac{1}{5} & \frac{1}{6} & \frac{1}{7} & \frac{1}{8} & \frac{1}{9} & \frac{1}{10} & \frac{1}{11} & \frac{1}{12} & \frac{1}{13} & \frac{1}{14} & \frac{1}{15} & \frac{1}{16} \\
\frac{1}{3} & \frac{1}{4} & \frac{1}{5} & \frac{1}{6} & \frac{1}{7} & \frac{1}{8} & \frac{1}{9} & \frac{1}{10} & \frac{1}{11} & \frac{1}{12} & \frac{1}{13} & \frac{1}{14} & \frac{1}{15} & \frac{1}{16} & \frac{1}{17} \\
\frac{1}{4} & \frac{1}{5} & \frac{1}{6} & \frac{1}{7} & \frac{1}{8} & \frac{1}{9} & \frac{1}{10} & \frac{1}{11} & \frac{1}{12} & \frac{1}{13} & \frac{1}{14} & \frac{1}{15} & \frac{1}{16} & \frac{1}{17} & \frac{1}{18} \\
\frac{1}{5} & \frac{1}{6} & \frac{1}{7} & \frac{1}{8} & \frac{1}{9} & \frac{1}{10} & \frac{1}{11} & \frac{1}{12} & \frac{1}{13} & \frac{1}{14} & \frac{1}{15} & \frac{1}{16} & \frac{1}{17} & \frac{1}{18} & \frac{1}{19} \\
\frac{1}{6} & \frac{1}{7} & \frac{1}{8} & \frac{1}{9} & \frac{1}{10} & \frac{1}{11} & \frac{1}{12} & \frac{1}{13} & \frac{1}{14} & \frac{1}{15} & \frac{1}{16} & \frac{1}{17} & \frac{1}{18} & \frac{1}{19} & \frac{1}{20} \\
\frac{1}{7} & \frac{1}{8} & \frac{1}{9} & \frac{1}{10} & \frac{1}{11} & \frac{1}{12} & \frac{1}{13} & \frac{1}{14} & \frac{1}{15} & \frac{1}{16} & \frac{1}{17} & \frac{1}{18} & \frac{1}{19} & \frac{1}{20} & \frac{1}{21} \\
\frac{1}{8} & \frac{1}{9} & \frac{1}{10} & \frac{1}{11} & \frac{1}{12} & \frac{1}{13} & \frac{1}{14} & \frac{1}{15} & \frac{1}{16} & \frac{1}{17} & \frac{1}{18} & \frac{1}{19} & \frac{1}{20} & \frac{1}{21} & \frac{1}{22} \\
\frac{1}{9} & \frac{1}{10} & \frac{1}{11} & \frac{1}{12} & \frac{1}{13} & \frac{1}{14} & \frac{1}{15} & \frac{1}{16} & \frac{1}{17} & \frac{1}{18} & \frac{1}{19} & \frac{1}{20} & \frac{1}{21} & \frac{1}{22} & \frac{1}{23} \\
\frac{1}{10} & \frac{1}{11} & \frac{1}{12} & \frac{1}{13} & \frac{1}{14} & \frac{1}{15} & \frac{1}{16} & \frac{1}{17} & \frac{1}{18} & \frac{1}{19} & \frac{1}{20} & \frac{1}{21} & \frac{1}{22} & \frac{1}{23} & \frac{1}{24} \\
\frac{1}{11} & \frac{1}{12} & \frac{1}{13} & \frac{1}{14} & \frac{1}{15} & \frac{1}{16} & \frac{1}{17} & \frac{1}{18} & \frac{1}{19} & \frac{1}{20} & \frac{1}{21} & \frac{1}{22} & \frac{1}{23} & \frac{1}{24} & \frac{1}{25} \\
\frac{1}{12} & \frac{1}{13} & \frac{1}{14} & \frac{1}{15} & \frac{1}{16} & \frac{1}{17} & \frac{1}{18} & \frac{1}{19} & \frac{1}{20} & \frac{1}{21} & \frac{1}{22} & \frac{1}{23} & \frac{1}{24} & \frac{1}{25} & \frac{1}{26} \\
\frac{1}{13} & \frac{1}{14} & \frac{1}{15} & \frac{1}{16} & \frac{1}{17} & \frac{1}{18} & \frac{1}{19} & \frac{1}{20} & \frac{1}{21} & \frac{1}{22} & \frac{1}{23} & \frac{1}{24} & \frac{1}{25} & \frac{1}{26} & \frac{1}{27} \\
\frac{1}{14} & \frac{1}{15} & \frac{1}{16} & \frac{1}{17} & \frac{1}{18} & \frac{1}{19} & \frac{1}{20} & \frac{1}{21} & \frac{1}{22} & \frac{1}{23} & \frac{1}{24} & \frac{1}{25} & \frac{1}{26} & \frac{1}{27} & \frac{1}{28} \\
\frac{1}{15} & \frac{1}{16} & \frac{1}{17} & \frac{1}{18} & \frac{1}{19} & \frac{1}{20} & \frac{1}{21} & \frac{1}{22} & \frac{1}{23} & \frac{1}{24} & \frac{1}{25} & \frac{1}{26} & \frac{1}{27} & \frac{1}{28} & \frac{1}{29}
\end{pmatrix}
$$

2）双精度数值求解

```
format long                 % 16 位浮点数字显示
xn = (An\b)'               % 为压缩显示篇幅，使用"转置符"
```

警告：矩阵接近奇异值，或者缩放错误。结果可能不准确。RCOND = 5.460912e-19。

```
xn = 1 × 15

1.0e + 08 *

0.000000104607354     - 0.000014988154803      0.000517971481620

- 0.007468978125911     0.054713898196700      - 0.216543897971860

0.424736780114238     - 0.115804335754946     - 1.181078201525661

2.054503094541462     - 0.102851818386967     - 3.526222111332825
```

| 4.620653666731632 | − 2.546799706835976 | 0.541660395571343 |

(An * xn')'　　　　　　% 验证:与理论结果 ones(1,15)相差甚远

ans = 1 × 15

1.000000004358147	1.000000003725290	1.000000003023668
1.000000003506505	1.000000002807274	1.000000006017673
1.000000002806006	1.000000002057980	1.000000000562265
1.000000002047802	0.999999999989223	1.000000002032022
1.000000002027229	1.000000002686581	1.000000001820667

3）符号除法求解

xs1 = (As\b)'　　　　　　% 产生全整数解

xs1 =

(15，− 3360，185640，− 4455360，58198140，− 465585120，2444321880，− 8779605120，22086194130，− 39264345120，49080431400，− 42184833600，23728968900，− 7862853600，1163381400)

(As * xs1')'　　　　　　% 验证:与理论结果 ones(1,15)完全一致

ans =

(1 1 1 1 1 1 1 1 1 1 1 1 1 1 1)

4）采用 linsolve 求解

[xs20,r] = linsolve(As,b);　　　　% 求解同时,返回到条件数 r

xs2 = xs20',r

xs2 =

(15，− 3360，185640，− 4455360，58198140，− 465585120，2444321880，− 8779605120，22086194130，− 39264345120，49080431400，− 42184833600，23728968900，− 7862853600，1163381400)

r =

$$\frac{1}{1539191562955312241265}$$

double(r)　　　　　　% 为观察方便,用双精度值显示"倒条件数数值"

ans =

6.496917109394481e − 22

🔆说明

- 关于希尔伯特矩阵的说明
  □ 该矩阵是由简单有理数构成的著名坏条件数矩阵。矩阵元素取值 $H(i,j) = \dfrac{1}{i+j-1}$。
  □ 正如例中计算表明:15 阶希尔伯特矩阵的倒条件数已达 6.5×10^{-22}。
  □ 奇异矩阵的倒条件数为 0,而正交矩阵的倒条件数为 1。
- 该例也说明:双精度除法或求逆对矩阵元素的截断误差是敏感的。
- 以上显示中,由于 xn、xs1、xs2 等计算结果在实时脚本中的显示格式太长,所以在书本印刷时,采用了"命令窗显示格式"表达。

2.10.3　各类等式/不等式方程的符号解

S＝solve(eqIn,var)　　　　　　**按默认设置求方程 eqIn 关于变量 var 的符号解 S**

S＝solve(eqIn,var,Name,Value)　　　据 Name/Value 设置求方程 eqIn 关于变量 var 的符号解 S

S＝vpasolve(eqIn,var,init_guess,'random',RV)

　　　　　　　　求方程 eqIn 关于变量 var 的有限精度符号解 S

💡说明

- eqIn　不可缺少的第一输入量。该输入量可以是（等式或不等式）符号方程（参见例 5.4-1、例 5.4-2），也可以是符号表达式（被认作其值 0 的等式方程，参见例 5.4-1 试验三），或者是由它们构成的数组。
- var　输入量，用于指定方程的被求解符号变量。该输入量可以缺省，缺省时被求解的 n 个变量由 symvar(eqIn,n)决定。该输入量可以是符号标量，也可以是多个符号变量构成的符号数组。
- Name/Value　成对使用的输入量，用于选项设置。选项设置对 Name/Value 的取值及涵义见表 2.10-2。

表 2.10-2　solve 命令的选项设置对

Name	Value	
	默认设置值	非默认设置值
'IgnoreAnalyticConstraints'	false 返回在严格数学理论意义上成立的结果	true 放松解析约束的前提下，返回更简明的结果
'IgnoreProperties'	false 不排除与变量属性不一致的解	true 排除与变量属性不一致的解
'MaxDegree'	2	3 或 4
	高于设置阶次的多项式方程解将不采用显式表达	
'PrincipalValue'	false 返回全部解	true 至多返回一个解
'Real'	false 返回全部解	true 只返回原方程每个符号参数、符号子表达式取"实数"时的解
'ReturnConditions'	false 返回可能存在的某个解	true 引入参数返回全部解及其相应的成立条件

- S　输出量。它或是符号数组，或是构架。
  - □ 在一元方程（组）求解场合，S 不是构架，而是符号数组。
  - □ 在 n 元方程（组）求解情况下，S 是一个构架，前 n 个域的域名就是由 var 给定的求解变量名；各个域用于存放相应变量的解。
  - □ 当 'ReturnConditions' 选项设置为 true 时，S 还会增添名为 S. conditions 和 S. parameters 的两个域。前者用于存放相应解成立的条件，后者用于存放为表达解析解和成立条件而自动引入的参数。
  - □ 值得指出：solve 命令的输出也可以采用多个输出变量构成的行数组承接，但本书不推荐使用。

● 关于 vpasolve 的使用说明：

　□ 该命令用于被解方程没有解析解的场合。（参见例 4.2 - 8）

　□ 该命令输入量 eqIn、var 的含义及使用规定，与 solve 命令相同。

　□ 输入量 init_guess 用于指定搜索起点或搜索区间。在指定搜索起点时，init_guess 取数值数组，其规模与 var 变量数组相同；在指定搜索区间时，init_guess 取"2 列矩形数组"，该数组的行数等于 var 变量数组的元素数；若该输入量缺省，则由程序自动选定。

　□ 输入量" 'random' / RV"成对使用。RV 可取 false 或 true。假如 RV 取 true，且 ini_guess 不是指定搜索起点，而是指定搜索区间，那么每次调用 vpasolve 命令，搜索起点将随机选择，以利于寻找非线性方程的不同解。注意：在" 'random' / RV 对"缺省情况下，或在"'random'/false"成对使用时，不管如何多次调用 vpasolve 命令，其搜索起点可由 init_guess 指定，否则将自动取相同的搜索起点。

◀**例【2.10 - 7】**　演示多种 solve 命令格式的调用方法：在指定被解变量下对方程求解；对一元及多元方程求解；单个 Name/Value 选项对及多个选项对的设置，使解显性化；承接方程解的单输出构架格式。

1）试验一：solve 命令的最简调用格式

```
clear all
syms x
eq =   x^3 - 3 * x - 6 == 0;          % 被解一元方程
S11 = solve(eq,x)                     % 对 eq 中 x 变量求解的调用格式，可能返回隐式解          <4>
S11 =
```

$$\begin{pmatrix} \text{root}(z^3 - 3z - 6, z, 1) \\ \text{root}(z^3 - 3z - 6, z, 2) \\ \text{root}(z^3 - 3z - 6, z, 3) \end{pmatrix}$$

2）试验二：隐式解的显性化处理

```
S2 = vpa(S11)                         % 隐式结果的显性化处理，获得 32 位精度的符号数值解          <5>
S2 =
```

$$\begin{pmatrix} -1.1776506988040599549626438679321 - 1.0773038128499649086875845833809 \text{ i} \\ -1.1776506988040599549626438679321 + 1.0773038128499649086875845833809 \text{ i} \\ 2.3553013976081199099252877358643 \end{pmatrix}$$

3）试验三：借助 Name/Value 设置求取显式解

```
S3 = solve(eq,x,'MaxDegree',3);       % 对 3 阶多项式方程给出显式解          <6>
syms w                                % 为承接冗子式而设          <7>
[SS3,w] = subexpr(S3,w)               % 采用冗子式简化解的表达          <8>
SS3 =
```

$$\begin{pmatrix} w + \dfrac{1}{w} \\ -\dfrac{w}{2} - \dfrac{1}{2w} + \dfrac{\sqrt{3}\left(w - \dfrac{1}{w}\right)\text{i}}{2} \\ -\dfrac{w}{2} - \dfrac{1}{2w} - \dfrac{\sqrt{3}\left(w - \dfrac{1}{w}\right)\text{i}}{2} \end{pmatrix}$$

w =

$(\sqrt{8} + 3)^{1/3}$

4）试验四：求方程的"主值解"及"实数解"

S41 = solve(eq,x,'PrincipalValue',true,'MaxDegree',3) ◇ <9>

% 只返回方程的一个显式主值

S41 =

$$\frac{1}{(\sqrt{8} + 3)^{1/3}} + (\sqrt{8} + 3)^{1/3}$$

S42 = solve(eq,x,'Real',true,'MaxDegree',3) % <11>

% 只返回方程的实数显式解

S42 =

$$\frac{1}{(\sqrt{8} + 3)^{1/3}} + (\sqrt{8} + 3)^{1/3}$$

5）试验五：单输出形式的构架"总能正确承接"多元方程的解

```
syms y
eq1 = sin(x) - cos(y)^2;          % eq1 是符号方程          <14>
eq2 = x/2 - y;                    % eq2 是符号方程          <15>
S5 = solve([eq1,eq2],[x,y])      % 用构架承接输出          <16>
S5 = 包含以下字段的 struct:
    x: [1×1 sym]
    y: [1×1 sym]
S5.x                             % 显示解 x                <17>
ans =
π
S5.y                             % 显示解 y                <18>
ans =
π
─
2
```

🔆**说明**

- 关于试验一的说明：行〈4〉是最简单输入格式，但可能得到的解是隐式的。
- 关于试验二的说明：符号方程求解，常会产生隐式解。这是由于无法给出封闭的解析解。在这种情况下，借助 vpa 命令可把隐式解加工成"可以指定精度的符号数值解"。行〈5〉代码表示采用默认的 32 位精度生成符号数值解。
- 关于试验三的说明：行〈6〉代码中，'MaxDegree' 选项的 Value 设置值应大于等于多项式的阶次，本例取 3。这使得，本例 3 阶多项式方程的解以显式返回。
- 关于试验四的说明：对本例而言，行〈9〉的主值解和行〈11〉的实数解一致，但这不是一般现象。
- 关于试验五的说明：
    □ 行〈14〉〈15〉代码表明，eq1 和 eq2 都是符号表达式。当它们被使用于 solve 命令中时，被 MATLAB 辨认为 eq1＝＝0 和 eq2＝＝0。
    □ 用于二元方程的求解的行〈16〉代码运行后，产生的 S5 是构架数据。被解变量 x、y

分别存放在构架的 x、y 域(也称字段)中。

□ 行〈17〉〈18〉代码运行后,给出构架域中的具体内容。

2.10.4 代数状态方程求符号传递函数

在"信号和系统"或"自动控制原理"教科书中,几乎都有专门章节用于讲授"梅逊算法"和"结构框图算法"。实现这些算法依靠的是一些特定"规则"或"技巧",完成这些算法需要的只是"一张纸"和"一支笔"。

利用信号流图(Signal – flow graphs)求解系统传递函数的原始思想由 S. J. Mason(1921—1974)在 1953 年提出。经其对代数方程 Cramer 求解法的长期深入研究,于 1960 年归纳成著名的梅逊增益公式(Mason gain formula),即

$$\frac{Y}{U} = \frac{1}{\Delta} \cdot \sum_{k=1}^{n} p_k \Delta_k$$

式中,Y、U 分别是信流图的输出、输入;Δ 是信流图的特征式(实际上即状态矩阵的行列式);p_k 是从输入到输出的第 k 条前向通路增益;Δ_k 是与第 k 条前向通路对应的信流图余因式;n 是输入/输出间的前向通路总数。

这两种产生于 20 世纪的五六十年代的"梅逊算法"和"结构框图算法",一方面高度巧妙地把"高阶代数方程"求解问题转化为一系列"手工计算规则",为控制系统建模、电路分析和设计作出了卓越的贡献;另一方面,它们的产生,在一定意义上也是出于对"缺乏高阶线性方程解算工具"历史的无奈。

时至今日,虽然文献积淀、知识传承、历史惯性和算法本身的"手工可算性",使得现在使用的相当一些教科书、工程文件和科研文献中仍包含"结构框图算法"和"梅逊算法"的内容。但面对日益复杂的系统,特别是多变量系统,这些手工算法暴露出了过于繁琐、技巧性高、特别费神的缺陷,使用者稍不留神就得不到正确结果。

系统(符号)传递函数求取问题的原始本质是"符号代数方程组的求解问题"。基于对原始本质的认识,本节将集中描述求取(符号)传递函数的"代数状态方程法"。在此,冠以"代数"修饰词是为了区别于源自"微分方程"或"差分方程"的状态方程。但该方法无论从形式上还是本质上,都与 S-传递函数求取的"微分状态方程法"、Z-传递函数求取的"差分状态方程法"十分相似。

为节省篇幅和易于读者理解,"代数状态方程法"求取符号传递函数的步骤和 M 码实现分两小节以不同算例进行。

1. 结构框图的代数状态方程解法

◢例【2.10 – 8】 求图 2.10 – 12 所示某三环系统的传递函数。本例演示:(A)系统"代数状态方程"的建立;(B)根据代数状态方程求系统的传递函数;(C)编写 M 码时,系统矩阵的输入采用"全元素赋值法"。

1)在结构框图上标识状态变量

参照箭头流向,把结构框图中各方块的输出量依次标识为状态变量 $x_1, x_2, \cdots, x_7$。

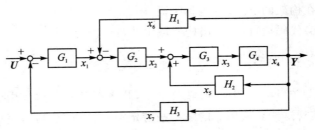

图 2.10 - 12　　三环系统的结构框图

2）建立代数状态方程

$$\begin{cases} x = Ax + bU \\ Y = cx \end{cases} \tag{2.10-1}$$

根据结构框图，填写式（2.10-1）中矩阵 A，b，c 的各元素，即把式（2.10-1）具体化为

$$
\begin{bmatrix} x_1 \\ x_2 \\ x_3 \\ x_4 \\ x_5 \\ x_6 \\ x_7 \end{bmatrix}
=
\begin{bmatrix}
0 & 0 & 0 & 0 & 0 & 0 & -G_1 \\
G_2 & 0 & 0 & 0 & 0 & -G_2 & 0 \\
0 & G_3 & 0 & 0 & G_3 & 0 & 0 \\
0 & 0 & G_4 & 0 & 0 & 0 & 0 \\
0 & 0 & 0 & H_2 & 0 & 0 & 0 \\
0 & 0 & 0 & H_1 & 0 & 0 & 0 \\
0 & 0 & 0 & H_3 & 0 & 0 & 0
\end{bmatrix}
\cdot
\begin{bmatrix} x_1 \\ x_2 \\ x_3 \\ x_4 \\ x_5 \\ x_6 \\ x_7 \end{bmatrix}
+
\begin{bmatrix} G_1 \\ 0 \\ 0 \\ 0 \\ 0 \\ 0 \\ 0 \end{bmatrix}
\cdot U
\tag{2.10-2}
$$

$$
Y = \begin{bmatrix} 0 & 0 & 0 & 1 & 0 & 0 & 0 \end{bmatrix}
\cdot
\begin{bmatrix} x_1 \\ x_2 \\ x_3 \\ x_4 \\ x_5 \\ x_6 \\ x_7 \end{bmatrix}
$$

3）据代数状态方程求传递函数的理论演绎

对式（2.10-1）的第一个方程进行整理，可以写出

$$x = (I - A)^{-1} bU \tag{2.10-3}$$

再把此式代入式（2.10-1）的第二个方程，即输出方程，可得

$$Y = c(I - A)^{-1} bU$$

进而可得传递函数

$$G = \frac{Y}{U} = c(I - A)^{-1} b \tag{2.10-4}$$

4）代数状态方程法计算传递函数的 M 码

当系统矩阵 A，b，c 的规模较小时，采用"全元素赋值法"进行编码也许是直观和适当的。具体如下：

```
syms G1 G2 G3 G4 H1 H2 H3
A = [  0,   0,   0,   0,   0,   0,  - G1;
```

```
   G2,    0,   0,   0,    0,  -G2,   0;
   0,    G3,   0,   0,   G3,    0,   0;
   0,    0,   G4,   0,    0,    0,   0;
   0,    0,    0,   H2,   0,    0,   0;
   0,    0,    0,   H1,   0,    0,   0;
   0,    0,    0,   H3,   0,    0,   0];
b = [ G1;   0;   0;   0;   0;   0;   0];
c = [  0,   0,   0,   1,   0,   0,   0];
Y2Ua = c * ((eye(size(A)) - A)\b)        % 利用"左除"取代"求逆",计算传递函数
Y2Ua =
```

$$\frac{G_1 G_2 G_3 G_4}{G_2 G_3 G_4 H_1 - G_3 G_4 H_2 + G_1 G_2 G_3 G_4 H_3 + 1}$$

说明

● 本例所演示的算法对更为复杂的结构框图也适用。换句话说,代数状态方程的建立方法、根据状态方程求取传递函数的"程式"、具体算法的 M 码等,都具有通用性。

● 图 2.10 - 12 所示结构框图是许多"自动控制原理"及"信号和系统"教科书中的典型例题。有兴趣的读者可以进行比较对照。

● 在编写程序时,(10×10)以下规模矩阵的输入,采用"全元素赋值法"也许是适当的,因为这种输入法比较直观。

2. 信号流图的代数状态方程解法

例【2.10 - 9】　作为比较,画出图 2.10 - 12 所示结构框图的等价信号流图(图 2.10 - 13),并据此信号流图运用"代数状态方程"求系统的传递函数。本例演示:(A) 信号流图的代数状态方程的建立;(B) 根据代数状态方程求传递函数;(C) 在 $G_1 = \dfrac{100}{s+10}$, $G_2 = \dfrac{1}{s+1}$, $G_3 = \dfrac{s+1}{s^2+4s+4}$, $G_4 = \dfrac{s+1}{s+6}$, $H_1 = \dfrac{2s+12}{s+1}$, $H_2 = \dfrac{s+1}{s+2}$, $H_3 = 1$ 的情况下,求取参数具体化的传递函数。

1) 根据图 2.10 - 12 画出相应的信号流图

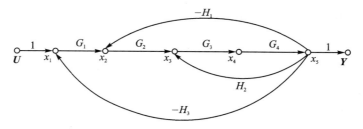

图 2.10 - 13　三环系统的信号流图

2) 代数状态方程法求取信号流图传递函数的数学原理

首先对信号流图的节点进行如图 2.10 - 3 所示的状态变量 $x_1, x_2, \cdots, x_5$ 标识,然后根据信号流向写出如下状态代数方程。

$$\begin{cases} \begin{bmatrix} x_1 \\ x_2 \\ x_3 \\ x_4 \\ x_5 \end{bmatrix} = \begin{bmatrix} 0 & 0 & 0 & 0 & -H_3 \\ G_1 & 0 & 0 & 0 & -H_1 \\ 0 & G_2 & 0 & 0 & H_2 \\ 0 & 0 & G_3 & 0 & 0 \\ 0 & 0 & 0 & G_4 & 0 \end{bmatrix} \cdot \begin{bmatrix} x_1 \\ x_2 \\ x_3 \\ x_4 \\ x_5 \end{bmatrix} + \begin{bmatrix} 1 \\ 0 \\ 0 \\ 0 \\ 0 \end{bmatrix} \cdot U \\ \\ Y = \begin{bmatrix} 0 & 0 & 0 & 0 & 1 \end{bmatrix} \cdot \begin{bmatrix} x_1 \\ x_2 \\ x_3 \\ x_4 \\ x_5 \end{bmatrix} \end{cases} \qquad (2.10-5)$$

可简记为

$$\begin{cases} x = Ax + bU \\ Y = cx \end{cases}$$

并据此写出传递函数

$$G = \frac{Y}{U} = c(I-A)^{-1}b \qquad (2.10-6)$$

3）实现以上算法的 M 码

```
syms G1 G2 G3 G4 H1 H2 H3
A = [ 0,   0,   0,   0,  - H3;
      G1,  0,   0,   0,  - H1;
      0,   G2,  0,   0,   H2;
      0,   0,   G3,  0,   0;
      0,   0,   0,   G4,  0];
b = [1;  0;  0;  0;  0];
c = [0,  0,  0,  0,  1];
Y2Ub = c * ((eye(size(A)) - A)\b)          % 求传递函数
Y2Ub =
```

$$\frac{G_1 G_2 G_3 G_4}{G_2 G_3 G_4 H_1 - G_3 G_4 H_2 + G_1 G_2 G_3 G_4 H_3 + 1}$$

4）方块参数具体化时的传递函数

```
syms s                                                                       % <10>
Sblock = {100/(s+10),1/(s+1),(s+1)/(s^2+4*s+4),(s+1)/(s+6),(2*s+12)/(s+
1)/(s+2),1};                              % 模块的传递函数                         <12>
ww = subs(Y2Ub,{G1,G2,G3,G4,H1,H2,H3},Sblock);   % 传递函数具体化替代           <13>
Y2Uc = simplify(ww)
Y2Uc =
```

$$\frac{100s^2 + 300s + 200}{s^5 + 21s^4 + 157s^3 + 663s^2 + 1301s + 910}$$

☀️说明

● 把本例计算结果 Y2Ub 与上例的计算结果 Y2Ua 进行比较，显然两者完全相同。

- 本例第〈10～13〉行命令实施变量置换。请注意：命令中"花括号"的用法。
- 本例所得的"参数具体化传递函数 Y2Uc"与例 7.1－2 结果相同。
- 本例方法可以推广应用于复杂的多输入/多输出系统。

2.11　符号函数的可视化

符号计算结果的可视化有两条途径：一是利用计算获得的符号表达式直接绘图；二是由获得的符号表达式或符号数值结果转换得到数值数据，再利用 MATLAB 的数值绘图命令绘制所需的图形。

2.11.1　功能绘图命令汇集

MATLAB 从 2016a 版起，启用了一组如表 2.11－1 所列的、以字母 f 为词首的功能绘图新命令。这组新命令可接受、符号表达式、符号函数及符号隐函数而直接绘制图形。

这组以 f 开头的功能绘图命令充分体现了面向对象代码的优点。它们可以通过多种方式设置、重置图形对象的属性，从而改变图形的形态，使绘制的图形更具个性化魅力。

表 2.11－1　符号对象直接可视化的新命令

命令名称	含　义	可执行示例
fcontour	画等位线	syms x y,fcontour(cos(x＋sin(y))−sin(y))
fimplicit	画二元隐函数图形	syms x y,fimplicit(1/y−log(y)+log(−1+y)+x−1)
fimplicit3	画三元隐函数图形（线或面）	symsx y z,fimplicit3(x˜2+y˜2+z˜2−1)
fmesh	画三维空间网线图	syms s tfmesh(exp(−s)＊cos(t),exp(−s)＊sin(t),t,[0,8,0,4＊pi])
fplot	画二维平面曲线	figure(1),syms x,fplot(sin(x)) figure(2),syms x,fplot(exp(−abs(x))＊cos(x))
fplot3	画三维空间曲线	syms t,fplot3(sin(3＊t)＊cos(t),sin(3＊t)＊sin(t),t)
fsurf	画三维空间曲面图	syms x y,fsurf(x˜2+y˜2)

※说明

- 输入量必须是符号表达式、符号函数，或由它们构成的行（列）数组。
- 一个命令能同时绘制多个符号对象。
- 诸如色彩、线宽、线型等属性，既可以在命令中同步设置，也可以借助对象句柄的点调用格式在绘图命令后设置。
- 本表所列的所有命令的输入量都可以借助函数句柄表述。例如本表第 3 行的可执行示例也可写为 fimplicit3(@(x,y,z)(x.˜2+y.˜2+z.˜2−1))。

2.11.2　线图绘制及修饰

MATLAB 符号数学包在编制曲线绘制程序时，把曲线的数学表达分为两类：一类采用 $y=f(x)$ 或 $y(x)=f(x)$ 表达平面曲线；另一类采用 $x=x(t),y=y(t)$ 或 $x=x(t),y=y(t),z=z(t)$ 表达平面或空间曲线。但不管什么曲线，都只有一个自由度。不管采用什么形式的数学函数表达曲线，那些数学函数总只有一个独立的自由变量。

fplot(f)	绘制平面函数曲线的最简调用格式
fp= fplot(f, [xmin,xmax], LineSpec, Name, Value)	
	生成平面函数曲线对象的详尽调用格式
fplot(xt,yt)	绘制平面参数曲线的最简调用格式
fp= fplot(xt, yt, [tmin,tmax], LineSpec, Name, Value)	
	生成平面参数曲线对象的详尽调用格式
fplot3(xt,yt,zt)	绘制空间参数曲线的最简调用格式
fp= fplot3(xt, yt,zt, [tmin,tmax], LineSpec, Name, Value)	
	生成空间参数曲线对象的详尽调用格式

说明

- 关于曲线数学描述输入量的说明:
  - □ 输入量 f　用于表述平面曲线。它的编写代码推荐使用单变量符号表达式,如果 f 由多个符号表达式构成的行(列)数组写成,那么可绘制多条曲线。值得指出:若输入量采用单变量符号函数编写,那么输入量 f 只能包含一个符号函数。
  - □ 输入量 xt, yt　用于表述平面曲线。xt、yt 的编写代码都应是单参变量符号表达式。
  - □ 输入量 xt, yt, zt　用于表述空间曲线。xt、yt、zt 的编写代码都应是单参变量符号表达式。
- 关于指定自变量取值范围输入量的说明:
  - □ [xmin, xmax]　用于设定横坐标的取值范围。该输入量缺省时,默认取值为[−5,5]。注意:xmin、xmax 必须用双精度数值表示(这也许是程序设计缺陷,或将在以后改进)。
  - □ [tmin, tmax]　用于设定参变量的取值范围。该输入量缺省时,默认取值为[−5,5]。注意:tmin、tmax 必须用双精度数值表示(这也许是程序设计缺陷,或将在以后改进)。
- 关于详尽调用格式的说明:
  - □ 输入量 LineSpec　用于指定绘制曲线的线色、线型、样点形状等特定字符。具体字符及影响,请参见表 5.2−2、表 5.2−3 和表 5.2−4。
  - □ 输入量 Name/Value　用于指定曲线粗细、标识点大小等的"属性名/属性值输入量对"。具体名称及取值请参见表 5.2−5。
- 关于输出量 fp 的说明:
  - □ 它是保存所绘图形对象全部结构要素的变量。
  - □ 假如在曲线生成后,用户想通过编码进一步修饰其外观(如线粗、坐标刻度等),想通过编码改变其表现形式(如变焦、动态变化等),那么就应该生成输出量 fp。

例【2.11−1】 本例演示 fplot 三种调用格式的使用;符号表达式、符号函数、符号参变量表达式的编码;通过 fplot 所绘第一条曲线与所显示的句柄信息对照,感受新版图形显示系统的特点。

1) 试验一:"符号表达式"曲线的绘制(参见图 2.11−1 中的粗红虚线)

运行以下代码,产生如图 2.11−1 所示的粗红虚线。

```
clear,figure
syms x
f1 = exp( - x) * sin(x);              % 描述曲线的符号表达式                     <3>
Lh1 = fplot(f1,'r:','LineWidth',8)    % 用红色、虚点线、线宽为 8                <4>
Lh1 =
  FunctionLine - 属性:
       Function: [1 × 1 sym]
          Color: [1 0 0]
      LineStyle: ':'
      LineWidth: 8
显示 所有属性
```

由行〈4〉返回句柄显示的信息可知：

● fplot 所画曲线 Lh1 属于 FunctionLine 图形对象；

● 该线是借助一个"符号表达式"产生的；

● 所绘曲线 Lh1 的 Color 线色属性是红，即 RGB 三元组为[1，0，0]；

● 所绘曲线 Lh1 的 LineStyle 线型属性是"点点虚线"；

● 所绘曲线 Lh1 的 LineWidth 线宽属性是 4。

2）试验二："符号函数"曲线的绘制（参见图 2.11 - 1 中较细的蓝实线）

以下代码运行后，在原图基础上，再绘制较细的蓝实线。

```
f2(x) = exp( - x) * sin(x);           % 描述曲线的符号函数                       <5>
hold on                               % 允许在当前轴上叠绘新的曲线               <6>
fplot(f2,'b - ','LineWidth',4)        % 用蓝色、实线、线宽为 4 绘曲线            <7>
```

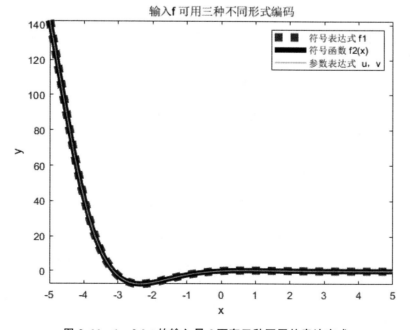

图 2.11 - 1　fplot 的输入量 f 可有三种不同的表达方式

3)试验三:"参变表达式"曲线的绘制(参见图 2.11-1 中最细的浅蓝实线)

```
syms t
u = t;v = exp( - t) * sin(t);              %描述曲线的参数表达式                    <9>
fplot(u,v,'y - ','LineWidth',1)            %用青蓝色、实线、线宽为 1 绘曲线          <10>
hold off                                   %不允许再叠绘                          <11>
```

4)试验四:绘制图例、轴图名、轴名

```
legend('符号表达式 f1','符号函数 f2(x)','参数表达式  u,v')   %画图例              <12>
title('输入 f 可用三种不同形式编码')         %标轴图名                            <13>
xlabel('x'),ylabel('y')                     %标轴名                             <14>
```

☀说明

- 行〈4〉代码运行后,一方面绘制出图 2.11-1 中的红虚点粗线,另一方面还返回了该曲线对象的句柄。代码运行后的显示信息列出了最常用的几个属性的设置。假如用户需要知道更多其他属性的设置情况,点击显示信息最后一行的"所有属性"即可。
- 本例行〈3〉〈5〉〈9〉分别用三种不同的方法表述被绘曲线的数学内涵:符号表达式、符号函数、符号参变量表达式。
- 行〈6〉hold on 是必需的,因为 fplot 是高层绘图命令。假如没有 hold on,那么行〈7〉fplot 的运行将清空原图形窗中已经存在的图形。关于 hold on 更详细说明请看5.2.3 节。

2.11.3 面图绘制及修饰

MATLAB 符号数学包在编制空间曲面/网面绘制程序时,把曲面/网面的数学表达分为两类:一类采用二元符号表达式 $z = f(x,y)$ 或二元符号函数 $z(x,y) = f(x,y)$ 描写空间曲面/网面;另一类采用二元参数 $x = x(u,v)$,$y = y(u,v)$,$z = z(u,v)$ 描述空间曲面/网面。不管怎样描述,曲面/网面都必须有也只有两个自由度。换句话说,不管曲面/网面采用什么形式的数学函数描述,那些数学函数总只有两个独立的自由变量。

```
fsurf(fxy)                    绘制空间曲面图的最简调用格式
fm= fsurf(fxy, [xmin, xmax, ymin, ymax], LineSpec, Name, Value)
                              生成空间曲面图对象的详尽调用格式
fsurf(Xuv, Yuv, Zuv)         绘制空间参数曲面图的最简调用格式
fs = fsurf(Xuv, Yuv, Zuv, [umin, umax, vmin, vmax], LineSpec, Name, Value)
                              生成空间参数曲面图对象的详尽调用格式
```

☀说明

- 关于曲面数学描述输入量的说明:
  □ 输入量 fxy 用于表述曲面,它的编写代码推荐使用双变量符号表达式。如果 fxy 由多个符号表达式构成的行(列)数组写成,那么可绘制多个曲面。值得指出:若输入量采用双变量符号函数编写,那么输入量 fxy 只能包含一个符号函数。
  □ 输入量 Xuv, Yuv, Zuv 用于表述空间曲面。Xuv, Yuv, Zuv 的编写代码都应是双参变量符号表达式。
- 关于指定自变量取值范围输入量的说明:

    □ ［xmin，xmax，ymin，ymax］　用于设定 x、y 坐标的取值范围。该输入量缺省时，默认取值为［−5,5］。注意：xmin、xmax、ymin、ymax 必须用双精度数值表示。

    □ ［umin，umax，vmin，vmax］　用于设定 u、v 参变量的取值范围。该输入量缺省时，默认取值为［−5,5］。注意：umin、umax、vmin、vmax 必须用双精度数值表示。

  ● 关于详尽调用格式的说明：

    □ 输入量 ax　指定用于绘制曲面的、已经存在的轴对象名称。假如该输入量缺省，那么将把曲面绘制在默认产生的轴上，或已经存在的当前轴上（即由 gca 命令搜索到的轴上）。

    □ 输入量 LineSpec　用于指定绘制网线的线色、线型、样点形状、面色等的特定符号。具体符号及影响，请参见表 5.2 − 2、表 5.2 − 3 和表 5.2 − 4。

    □ 输入量 Name/Value　用于指定曲线粗细、标识点大小等的"属性名/属性值输入量对"。具体名称及取值请参见表 5.3 − 1。

  ● 关于输出量 fs 的说明：

    □ 它是保存所绘图形对象全部结构要素的变量。

    □ 假如在曲面生成后，用户想通过编码进一步修饰其外观（如线粗、坐标刻度等），想通过编码改变其表现形式（如变焦、时变等），那么就应该生成输出量 fs。

  ● 在此再次指出：以上给出的 fsurf 调用格式、解释说明，同样适用于 fmesh、fcontour 命令。

◢例【2.11 − 2】　使用球坐标参变表达式绘制"第 3 卦缺失"的上半球壳（见图 2.11 − 2）。本例演示：曲面的参变量函数表述；感受所绘曲面形态与该曲面对象句柄属性间的关联；借助对象属性的"点调用格式"重置属性而使图形改变。

1）创建求坐标参变表达式

```
clear
syms s t
x(s,t) = cos(s) * cos(t);                 % 用参变量 s、t 描写 x
y(s,t) = cos(s) * sin(t);                 % 用参变量 s、t 描写 y
z(s,t) = sin(s);                          % 用参变量 s、t 描写 z
```

2）借助 fsurf 绘制球面

通过对参变量 s、t 的取值范围的设置，绘制"第 3 卦缺失"的上半球壳，并返回该球壳的句柄 Sh。

```
figure
Sh = fsurf(x,y,z,[0,pi/2, - pi/2,pi])           % 绘制球壳                      <7>
xlabel('x'),ylabel('y'),zlabel('z')
str = ['x(s,t) = ',char(x),', y(s,t) = ',char(y),', z(s,t) = ',char(z)] %      <9>
                                          % 构成轴图名字符串                    <10>
title(str)
Sh =
  ParameterizedFunctionSurface - 属性：
    XFunction：[1×1 symfun]
    YFunction：[1×1 symfun]
```

```
    ZFunction: [1×1 symfun]
      URange: [0 1.5708]
      VRange: [-1.5708 3.1416]
   EdgeColor: [0 0 0]
   LineStyle: '-'
   FaceColor: 'interp'
```
显示 所有属性

由行〈7〉返回句柄显示的信息可知：

● 该球壳是 ParameterizedFunctionSurface 图形对象；

● 该球壳的三个参变函数分别是"符号函数"；

● 第 1 参量的取值范围是[1，1.5708]；第 2 参量的取值范围是[-1.5708，3.1416]。

● 该球壳面上的网格（即经纬）线的设置是：

　□ EdgeColor 线色被默认地设置为"黑"，即 RGB 三元组为[0，0，0]。

　□ LineStyle 线型被默认地取为"实线"。

● 球壳网格面的 FaceColor 着色模式为 interp。

3）对球壳进行修饰

为了使网格线消失，可对 EdgeColor 属性进行如下设置：

```
Sh. EdgeColor = 'none';                % 使经纬线消失
camlight                               % 开启相机右上光源,改变明暗度          <12>
```

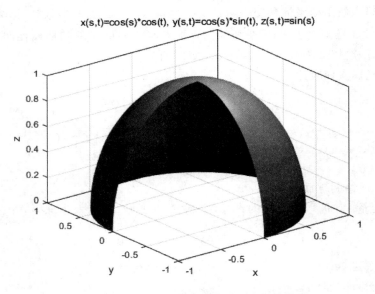

图 2.11 - 2　　fsurf 在参变量格式下绘制的图形

💡说明

● 行〈7〉fsurf 第 4 输入量是一个四元数组[0，pi/2，-pi/2，pi]。该数组前两个元素定义了参变量 s 的取值范围，后两个元素定义了参变量 t 的取值范围。

● 行〈9〉中的 char 命令的功能是把符号表达式转化为字符串。关于字符串的更多说明请看附录 A.1 节。

● 行〈12〉中的 camlight 将打开"默认相机位置右上方的点光源"。更详细的说明请看
5.3.3 小节。

2.11.4　符号数学和可视化应用

1. 数学结论的符号数学及可视化验证

本节以综合示例展开。

例【2.11-3】 以具体符号函数 $y = f(x) = 1 - \dfrac{2}{1 + e^x}$ 为例，验证实数域函数与反函数间的
互反性；从符号数学和图形可视化两方面验证实数域函数定积分与反函数定积分间的互补性；
演示符号基本变量的限定性设置；演示 int 命令求取不定积分的调用格式；演示如何借助不定
积分求区间定积分；演示功能绘图命令 fplot 如何一次调用绘制多条函数曲线；演示如何借助
曲线对象句柄进行曲线属性设置；演示如何借助 simplify 命令的选项设置获得最简表达式；演
示 fill 命令的使用。

1) 试验一：函数 $y = f(x) = 1 - \dfrac{2}{1 + e^x}$ 及其不定积分函数 $s_f(x) = \displaystyle\int f(x)\,\mathrm{d}x$

```
clear all                          % 必须；清空 MATLAB 和 MuPAD 内存         <1>
syms x y real                      % 必须限定 x、y 在实数范围                  <2>
f(x) = 1 - 2/(1 + exp(x));         % 定义符号函数                            <3>
sf = int(f,x)                      % 得到不定积分函数                        <4>

f(x) =

     2
1 - ─────
     e^x + 1

sf(x) =

2log(e^x + 1) - x
```

2) 试验二：借助功能绘图命令 fplot 绘制函数 $f(x)$ 及其不定积分函数 $s_f(x)$ 的曲线（见
图 2.11-3）

```
figure
fh = fplot([f,sf],'LineWidth',3);          % 功能函数绘制 2 条粗曲线         <6>
fh(1).Color = 'r';                         % 函数 f(x)曲线的属性设置          <7>
fh(2).Color = 'g';fh(2).LineStyle = ':';   % 不定积分函数曲线的色彩设置       <8>
grid on
title(' 函数 f(x)及其不定积分函数 ')
xlabel('x'),ylabel('y')
legend('\it f(x)','\it\int f(x) dx','Location','North')    % 显示图例        <12>
```

3) 试验三：求反函数 $x = g(y)$ 及其不定积分函数 $s_g(y) = \displaystyle\int g(y)\,\mathrm{d}y$

```
g(y) = subs(finverse(f),x,y)       % 求反函数 g(y)                          <13>
sg = int(g,y)                      % 反函数的不定积分函数 sg(y)              <14>

g(y) =

    ⎛       1        ⎞
log ⎜ - ─────────  - 1⎟
    ⎜    y     1      ⎟
    ⎝    ─  -  ─      ⎠
         2     2
```

```
sg(y) =

2 * log( y + 1 ) + log( - ( 1 / ( y/2 - 1/2 ) ) - 1 )( y - 1)
```

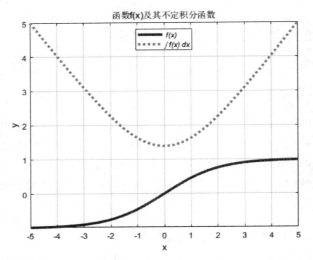

图 2.11 - 3   函数 f(x) 及其不定积分函数

4) 试验四:验证函数和反函数的互反性 $g(f(x)) = x$, $f(g(y)) = y$

```
gf = g(f(x))                    % 代入法求符号函数                    <15>
fg = f(g(y))                    % 代入法求符号函数                    <16>
gf =
x
fg =
y
```

5) 试验五:函数积分及反函数积分"互补性"的验证符号数学法

函数积分 $\int_a^b f(x)\mathrm{d}x$ 和反函数积分 $\int_{f(a)}^{f(b)} g(y)\mathrm{d}y$ 的互补性是指:$\int_a^b f(x)\mathrm{d}x + \int_{f(a)}^{f(b)} g(y)\mathrm{d}y = bf(b) - af(a)$ 或 $\int_a^b f(x)\mathrm{d}x + \int_{f(a)}^{f(b)} g(y)\mathrm{d}y - (bf(b) - af(a)) = 0$ 成立。

```
symsa b real                         % 必须限定 a、t 为实数                         <17>
ya = f(a);yb = f(b);                 % 计算 f(x)对应 a、t 的函数值
sgyba = sg(yb) - sg(ya);             % 据 g(y)的不定积分 sg 求[ya,yt]区间定积分       <19>
sfba = sf(b) - sf(a);                % 据 f(x)的不定积分 sf 求[a,t]区间定积分         <20>
ss = sfba + sgyba - (b * f(b) - a * f(a));        % 生成验证表达式                    <21>
sss = simplify(ss,'IgnoreAnalyticConstraints',true,'Steps',200) %                   <22>
                                     % 弱化约束进行 200 次简化操作
isAlways(sss == 0)                   % 检验验证表达式是否恒为 0                       <24>
sss =
0
ans = logical
  1
```

6）试验六：函数积分及反函数积分"互补性"的图形可视化（见图 2.11 - 4）

```
figure                                    % 开启新图形窗                    <25>
a = 1;b = 3;
af = a + (b - a)/20 * (0:20);             % [a,b]区间 f(x)数值数组          <27>
Sfxx = [a,af,b,a];Sfxy = [0,f(af),0,0];   % x 轴[a,b]区间与 f(x)的围区
fill(Sfxx,Sfxy,'g')                       % f(x)关于 x 积分面积填绿色        <29>
hold on                                   % 允许叠画
ag = f(a) + (f(b) - f(a))/20 * (0:20);    % [ya,yb]区间上 g(y)数值数组       <31>
Sgyx = [0,g(ag),0,0];
Sgyy = [f(a),ag,f(b),f(a)];               % y 轴[ya,yb]区间与 g(y)的围区
fill(Sgyx,Sgyy,'y')                       % g(y)关于 y 积分面积填黄色        <34>
fh = fplot(f,'Color','r','LineWidth',3);  % 功能函数绘制 f(x)曲线           <35>
plot([ - 5,5;0,0]',[0,0; - 1,1]','k')     % 绘制过坐标原点的 x、y 轴线
hold off                                  % 不准叠画
xlabel('x'),ylabel('y')
title(['验证:\it\int_{a}^{ b} f(x)dx + \int_{Y_{a}}^{Y_{b}} g(y)dy ',...
    '= [Ob * OY_{b} - Oa * Y_{a}] = bf(b) - af(a)'])   % 轴图名          <40>
text(0.1, - 0.06,'O')                     % 标识原点符 O                   <41>
text(a + 0.1,f(a),'C'),text(b + 0.1,f(b),'D')         % 标识 C、D 点
text(a - 0.1, - 0.03,'a'),text(b - 0.1, - 0.03,'b')   % 标识 a、b 点
text( - 0.2,f(a),'Y_{a}','Rotation', - 90)            % 标识 Ya
text( - 0.2,f(b),'Y_{b}','Rotation', - 90)            % 标识 Yb        <45>
text(1.4,0.3,'\it \int_{a}^{ b} f(x)dx')  % 标识积分 $\int_a^b f(x)\mathrm{d}x$   <46>
text(0.7,0.87,'\it \int_{Y_{a}}^{Y_{b}} g(y)dy','Rotation', - 90) %    <47>
                                          % 标识积分 $\int_{f(a)}^{f(b)} g(y)\mathrm{d}y$
```

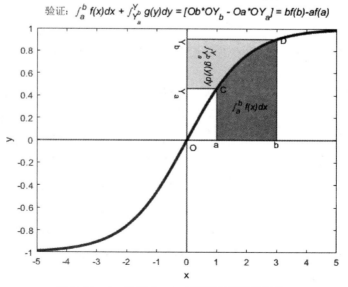

图 2.11 - 4　反函数 $g(y)$ 及其不定积分函数

说明

- 对本例而言,必须借助行〈1〉命令清空 MATLAB 工作空间所有变量,清空 MuPAD 工作空间的全部关于符号变量的限定性假设。
- 行〈2〉代码把基本符号变量 x、y 限定为实数是必须的,因为本例所验证的定理在"实数域"成立。
- 数学微积分理论 $\int_a^b f(x)\mathrm{d}x = s_f(b) - s_f(a)$ 和 $\int_{y_a}^{y_b} g(y)\mathrm{d}y = s_g(y_b) - s_g(y_a)$ 是行〈19〉〈20〉代码编写的理论依据。
- 行〈6〉fplot 命令的第一输入量是"由两个符号函数构成的(1 * 2)数组",因此能在 fplot 的一次调用中绘制出两条曲线。
- 行〈7,8〉借助返回曲线对象的句柄,采用"点调用格式"对两条曲线进行属性重置。请注意句柄的援引方式,比如第一条曲线的句柄是 fh(1)。
- 关于试验五的说明:
  - 行〈17〉代码把基本符号变量 a、b 限定为实数是必须的,否则将把 a、b 默认为复数。
  - 行〈21〉代码的写法,便于 simplify 简化处理。
  - 行〈22〉simplify 命令中的 2 个选项是必须的,它涉及把 log(exp(x))简化为 x 的操作。
- 关于图 2.11 - 4 的说明
  - 在本例把一般实函数 $y = f(x)$ 具体化为 $y = f(x) = 1 - \dfrac{2}{1+\mathrm{e}^x}$,只是为了可视化需要。没有具体函数,就没法画图。
  - 从图 2.11 - 4 容易看出"绿色曲边梯形面积 $\int_a^b f(x)\mathrm{d}x$ 与黄色曲边梯形面积 $\int_{y_a}^{y_b} g(y)\mathrm{d}y$ 之和"恒等于"$ObDY_bO$ 矩形与 $OaCY_aO$ 矩形面积之差",即 $bf(b) - af(a)$。
  - 图 2.11 - 4 混合使用了行〈35〉符号绘图命令 fplot 和行〈29,34〉数值绘图命令 fill。这从一个侧面揭示出:虽然功能绘图命令使用很方便,但它们所能绘制的图形远没数值绘图命令丰富。
- 本例介绍的"反函数求积的互补法"是解决"隐式反函数积分"的一种有效途径。比如, $f(x) = 2 - \dfrac{1}{1+\mathrm{e}^{-x}} - \dfrac{1}{1+\mathrm{e}^{-(x-1)}}$ 反函数的积分,若不用互补法,恐怕会有点麻烦。

2. 展开点邻域内二元泰勒近似误差的可视化

本节以综合示例展开。

例【2.11 - 4】 借助可视化手段,加深 Taylor 级数展开的邻域近似概念。图形研究函数 $f(x,y) = \sin(x^2 + y)$ 在 $x=0, y=0$ 处的截断 8 阶小量的 Taylor 级数展开。本例演示:taylor 命令实施多元函数展开的能力;观察较大范围原函数图形和展开式图形,感受两者曲面形态的异同;观察展开点邻域内误差函数曲面,获得 Taylor 近似性能的空间认知。本例根据需要综合使用 fsurf、surf、line 等绘图命令,借助 view、camlight、colorbar、caxis、daspect 等多种命令配合,突出原函数和泰勒近似曲面之间的形态异同,突出 10^{-9} 量级误差的邻域形态。

1) 生成 8 阶截断 Taylor 级数

```
clear all                                        % 解除一切已有的限定条件,清空内存
syms x y                                          % 定义基本符号变量
F(x,y) = sin(x^2 + y)                             % 定义二元符号函数                        <3>
F7 = taylor(F,[x,y],'Order',8)                    % 关于[x,y]求 8 阶截断泰勒展开            <4>
F(x, y) =
sin(x^2 + y)
F7(x, y) =
```

$$-\frac{x^6}{6} + \frac{x^4 y^3}{12} - \frac{x^4 y}{2} + \frac{x^2 y^4}{24} - \frac{x^2 y^2}{2} + x^2 - \frac{y^7}{5040} + \frac{y^5}{120} - \frac{y^3}{6} + y$$

2) 在较大范围内原函数和 7 阶 Taylor 展开的图形比较(见图 2.11 - 5)

```
subplot(1,2,1);                                   % 创建左侧轴系
fsurf(F,[-2,2],'MeshDensity',30)                  % 控制区域及网格密度绘曲面                <6>
line(0,0,F(0,0),'Marker','.','MarkerSize',20,'Color','r');                                  <7>
                                                  % 用红点标志展开点位置                    <8>
daspect([1,1,1])                                  % 三个轴的单位长度相同                    <9>
view(-16,26)                                      % 控制视角,突出误差变化                  <10>
camlight,camlight left                            % 采用光照,增强立体感                    <11>
xlabel('x'),ylabel('y')                           % 轴名
title('\it F(x,y) = sin(y + x^{2})')             % 轴图名                                <13>
subplot(1,2,2);                                   % 创建右侧轴系
xx = linspace(-2,2,30);yy = xx;                   % 计算 x、y 轴向数组                     <15>
[X,Y] = meshgrid(xx,yy);                          % 生成 xy 平面网格点                     <16>
Z = double(F7(X,Y));                              % 由符号函数计算 Z 数据                  <17>
IZ = abs(Z)>1;                                    % 标注所有超范围数据位置                  <18>
C = Z;C(IZ) = -1;                                 % 生成数值不超过范围的 C                 <19>
surf(X,Y,Z,C)                                     % 用 C 确定曲面着色                      <20>
line(0,0,F7(0,0),'Marker','.','MarkerSize',20,'Color','r')                                  <21>
                                                  % 红点标志展开点位置
daspect([1,1,1])                                  % 与左轴系一致                          <23>
axis([-2,2,-2,2,-1,1])                            % 控制坐标轴范围                        <24>
view(-16,26)                                      % 观察角与左轴系相同                    <25>
camlight,camlight left                            % 光照与左轴系相同                      <26>
xlabel('x'),ylabel('y'),box on                    % 轴名
title('F 的 8 阶截断泰勒近似 ')
```

3) 在 $-0.2 \leqslant x \leqslant 0.2, -0.2 \leqslant y \leqslant 0.2$ 范围内的原函数曲面及误差曲面(见图 2.11 - 6)

```
DF = abs(F - F7);                                 % 误差函数                              <29>
figure                                            % 开启新图形窗
xx = linspace(-0.2,0.2,50);yy = xx;               % 计算 x、y 轴向数组
[X,Y] = meshgrid(xx,yy);                          % 生成 xy 平面网格点
Z = double(DF(X,Y));                              % 由符号函数计算 Z 数据                  <33>
surf(X,Y,Z);                                      % 绘制曲面                              <34>
```

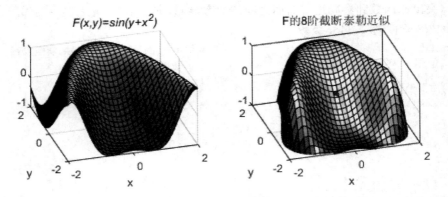

图 2.11－5　在大范围内的原函数与 7 阶泰勒近似的图形比较

```
line(0,0,DF(0,0),'Marker','.','MarkerSize',20,'Color','r')
shading interp                          % 插值着色
colorbar                                % 显示色条                        <37>
caxis([0,2e-9])                         % 设置色轴，加强 0 处色变            <38>
camlight,camlight left                  % 使用光照，加强色差感              <39>
view(-35,32)                            % 控制视角以观全貌                  <40>
axis([-0.2,0.2,-0.2,0.2,-0.2e-7,1e-7])  % 控制轴范围                      <41>
pbaspect([1,1,1])                       % 三轴等长
xlabel('x'),ylabel('y')
title('abs(f(x,y) - F7)')
```

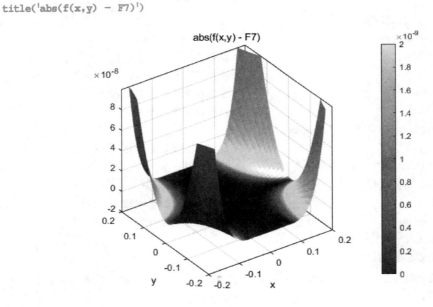

图 2.11－6　小范围内的近似误差分布

✦说明

● 因为行〈3〉定义了符号函数 F(x,y)，经行〈4〉taylor 命令运作生成的泰勒近似也是符号
  函数，即 F7(x,y)。

- 为了比较原函数和泰勒近似曲面的形态,本例极力使图 2.11 - 5 中左右两个轴系具有相同的环境,并通过多种手段,表现两曲面不同的凹凸感。具体措施如下:
  - □ 行〈24〉使右轴系的显示范围与左轴系相同。
  - □ 行〈10〉〈25〉使左右轴系的观察角相同。
  - □ 行〈6〉〈15〉使得曲面绘制采用相同的网格密度。
  - □ 行〈7〉〈21〉标出红点,为比较曲面提供参照。
  - □ 行〈18,19〉构作一个 C 阵,所有其值在[-1,1]内的元素都保持不变,而把范围外的元素值强迫为-1。该 C 阵用作行〈20〉surf 命令的第 4 输入量,使得右侧轴系中曲面的色彩按曲面高度配置的方式与左轴系相同,从而便于两曲面的对照比较。
  - □ 行〈11〉〈26〉设置使用相同光照,但在曲面产生不同的光学效果,从而反映出两个曲面间形态差异的细节。
  - □ 值得指出:左轴系图形用 fsurf 绘制,而右轴系却用 surf 绘制。其原因在于:假若右轴系用 fsurf 绘制,那么所得曲面的着色难以与右轴系曲面匹配。
- 关于图 2.11 - 6 的说明:
  - □ 从图可以看出在展开点附近的"深蓝色区域"误差很小,至少不大于 10^{-10}。误差曲面的颜色从深蓝,变绿,变橙,变黄,误差不断变大。更可见在 xy 平面 1、3 象限和 2、4 象限平分线方向,色彩变化更快,表明误差增大较快。
  - □ 图 2.11 - 6 的误差曲面很好地表现了误差的分布形态。这也许是仅依靠解析计算或数值计算所无法达到的效果。
  - □ 该误差曲面图是由数值绘图命令 surf 绘制的。读者可以用较简单的 fsurf 命令画画试试,您也许会遇到意想不到的现象。

习题 2

1. 注意以下四条命令的调用格式,运行这些代码,观察哪些命令格式将废止,各条命令产生的结果属于哪种数据类型("双精度"或"符号")?

```
3/7 + 0.1
sym(3/7 + 0.1)
vpa(sym(3/7 + 0.1),4)
sym('3/7 + 0.1')
```

2. 已知 a1=sin(sym(pi)/sym(4)+exp(sym(0.7)+sym(pi)/sym(3)))产生精准符号数字,请回答:以下哪些语句产生精准符号数?哪些产生不精准符号数,误差又是多少?又有哪些语句是非法的?

```
a2 = sin(pi/sym(4) + exp(0.7 + pi/sym(3)))
a3 = sin(sym(pi/4) + exp(sym(0.7 + pi/3)))
a4 = sin(sym(pi/4) + sym(exp(0.7 + pi/3)))
a5 = sin(sym(pi/4 + exp(0.7 + pi/3)))
a6 = sym(sin(pi/4 + exp(0.7 + pi/3)))
a7 = sin(sym('pi/4') + exp(sym('0.7')) * exp(sym('pi/3')))
a8 = sin(sym('pi/4') + exp(sym('0.7 + pi/3')))
```

（提示：可用 vpa 观察误差；注意数位的设置。）

3. 在不加专门指定的情况下，以下符号表达式中的哪一个变量被认为是独立自由变量。

syms a t th w X z;sym(sin(w * t)),sym(a * exp(- X)),sym(z * exp(1j * th))

4. 方程求解

（1）求 $x^4 - 5.1x^3 + 58.04x^2 - 264.384x + 321.408 = 0$ 方程的正整数根的程序。注意：计算结果，只允许正整数根，而不许出现其他根。

（2）试求二阶方程 $x^2 - ax + a^2 = 0$ 在 $a > 0$ 时的根。

（提示：正确使用限定假设；清除多余的限定性假设。）

5. 请用两种不同的方法生成符号矩阵 $\boldsymbol{A} = \begin{bmatrix} a_{11} & a_{12} & a_{13} \\ a_{21} & a_{22} & a_{23} \\ a_{31} & a_{32} & a_{33} \end{bmatrix}$，并计算该矩阵的行列式值和逆，所得结果应采用"子表达式置换"简洁化。

6. 求 $\sum\limits_{k=0}^{\infty} x^k$ 的符号解，并进而用该符号求解 $\sum\limits_{k=0}^{\infty} \left(-\dfrac{1}{3} \right)^k, \sum\limits_{k=0}^{\infty} \left(\dfrac{1}{\pi} \right)^k, \sum\limits_{k=0}^{\infty} 3^k$ 的准确值。级数通项 x^k 既可以用符号表达式描述，也可用符号函数描述。请用以上两种不同表述方式求解本题。（提示：在符号表达式情况下，注意 subs 的使用；在符号函数情况下，可直接代入。）

7. 对于 $x > 0$，求 $\sum\limits_{k=0}^{\infty} \dfrac{2}{2k+1} \left(\dfrac{x-1}{x+1} \right)^{2k+1}$。（提示：理论结果为 $\ln x$；注意限定性假设；注意 simplify 的应用。）

8. （1）通过符号计算求 $y(t) = |\sin t|$ 的导数 $\dfrac{\mathrm{d}y}{\mathrm{d}t}$。（2）根据此结果，求 $\dfrac{\mathrm{d}y}{\mathrm{d}t} \Big|_{t=0^-}$ 和 $\dfrac{\mathrm{d}y}{\mathrm{d}t} \Big|_{t=\frac{\pi}{2}}$。

9. 求出 $\int_{-5\pi}^{1.7\pi} \mathrm{e}^{-|x|} |\sin x| \mathrm{d}x$ 的具有 64 位有效数字的积分值。（提示：int，vpa。）

10. 计算二重积分 $\int_1^2 \int_1^{x^2} (x^2 + y^2) \mathrm{d}y \mathrm{d}x$。

11. 在 $[0, 2\pi]$ 区间，画出 $y(x) = \int_0^x \dfrac{\sin t}{t} \mathrm{d}t$ 曲线，并计算 $y(4.5)$。（提示：int，subs，fplot。）

12. 在 $n > 0$ 的限制下，求 $y(n) = \int_0^{\frac{\pi}{2}} \sin^n x \mathrm{d}x$ 的一般积分表达式，并计算 $y\left(\dfrac{1}{3} \right)$ 的 32 位有效数字表达。（提示：注意限定条件；注意题目要求 32 位有效。）

13. 有序列 $x(k) = a^k, h(k) = b^k$，（在此 $k \geqslant 0, a \neq b$），求这两个序列的卷积 $y(k) = \sum\limits_{n=0}^{k} h(n) x(k-n)$。（提示：symsum，subs，assume。）

14. 设系统的冲激响应为 $h(t) = \mathrm{e}^{-3t}$，求该系统在输入 $u(t) = \cos t, t \geqslant 0$ 作用下的输出。（提示：直接卷积法，变换法均可。）

15. 求 $f(t) = A\mathrm{e}^{-\alpha|t|}, \alpha > 0$ 的 Fourier 变换。（提示：注意限定。）

16. 借助符号函数，求 $f(t) = \begin{cases} A\left(1 - \dfrac{|t|}{\tau}\right) & |t| \leqslant \tau \\ 0 & |t| > \tau \end{cases}$ 的 Fourier 变换，并在 $A=2, \tau=2$ 的

    条件下，绘出该函数及其幅频图形。（提示：用 heaviside 构造方波脉冲。）

17. 求 $F(s) = \dfrac{s+3}{s^3 + 3s^2 + 6s + 4}$ 的 Laplace 反变换。

18. 利用符号运算证明 Laplace 变换的时域求导性质：$L\left[\dfrac{\mathrm{d}f(t)}{\mathrm{d}t}\right] = s \cdot L[f(t)] - f(0)$。

    （提示：用 syms f(t) 定义函数 $f(t)$）

19. 求 $f(k) = k\mathrm{e}^{-\lambda kT}$ 的 Z 变换表达式。

20. 求方程 $x^2 + y^2 = 1, xy = 2$ 的解。（提示：正确使用 solve。）

21. 求图 2P-21 所示信号流图的系统传递函数，并对照胡寿松主编的《自动控制原理》中
    的例 2-21 结果，进行局部性验证。（提示：在局部性验证时，把不存在支路的符号增
    益设置为 0。）

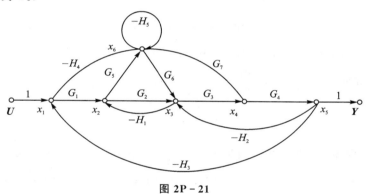

图 2P-21

22. 采用代数状态方程法求图 2P-22 所示结构框图的传递函数 $\dfrac{Y}{U}$ 和 $\dfrac{Y}{W}$。（提示：列出正

    确的状态方程 $\begin{cases} \boldsymbol{x} = \boldsymbol{Ax} + \boldsymbol{b}U + \boldsymbol{f}W \\ Y = \boldsymbol{cx} + \boldsymbol{d}U + \boldsymbol{g}W \end{cases}$，进而写出相关输入/输出之间的传递函数表达

    式 $\dfrac{Y}{U} = \boldsymbol{c}(\boldsymbol{I} - \boldsymbol{A})^{-1}\boldsymbol{b} + \boldsymbol{d}$ 和 $\dfrac{Y}{W} = \boldsymbol{c}(\boldsymbol{I} - \boldsymbol{A})^{-1}\boldsymbol{f} + \boldsymbol{g}$。）

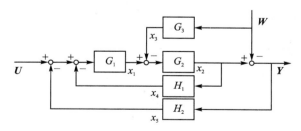

图 2P-22

23. 求微分方程 $0.1yy' + 0.3x = 0$ 的通解，并绘制任意常数为 1 时，如图 2P-23 所示的
    解曲线图形。（提示：通解中任意常数的替代；构造能完整反映所有解的统一表达式，

然后绘图。)

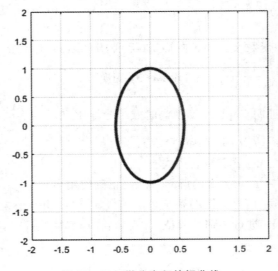

图 2P - 23　微分方程的解曲线

24. 求一阶微分方程 $x' = at^2 + bt, x(0) = 2$ 的解。（提示：定义符号函数；等式关系符。）

25. 求边值问题 $\dfrac{\mathrm{d}f}{\mathrm{d}x} = 3f + 4g, \dfrac{\mathrm{d}g}{\mathrm{d}x} = -4f + 3g, f(0) = 0, g(0) = 1$ 的解。

26. （综合题）已知 $x(t) = u(t + 0.5) - u(t - 1), h(t) = \dfrac{t}{2}(u(t) - u(t - 2))$，试借助

Laplace 变换/反变换求取满足 $y(t) = \displaystyle\int_{-\infty}^{+\infty} x(\tau) h(\tau - t)\mathrm{d}\tau$ 定义的卷积，并绘制如

图 2P - 26 的图形。在已知条件中，$u(t)$ 用来表示单位阶跃函数。

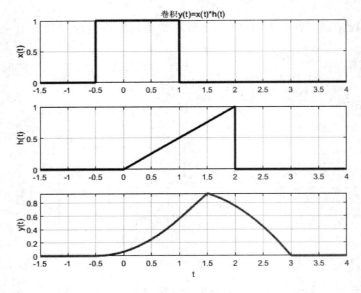

图 2P - 26　x(t)、h(t) 以及它们的卷积 y(t)

27. (综合题)借助 Z 变换及反变换求解如下菲波那契问题: $f(n+2)=f(n+1)+f(n)$, $f(0)=1, f(1)=2$。该问题原意是:式中 $f(0)=1$ 表示初始有一对兔子; $f(1)=2$ 表示一个繁殖周期后,那对兔子成熟并生育另一对小兔,因此兔子总对数为 2。依次类推,求经过 n 个周期后,兔子有多少对,即菲波那契数列通项 $f(n)$ 的值。进而,计算比值序列 $f(n)/f(n+1)$,观察该值是否随 n 的增大,而趋向黄金比值 $\dfrac{\sqrt{5}-1}{2} \approx$ 0.618。还请绘制 n 从 1 到 15 之间的 $f(n)$、$f(n)/f(n+1)$ 的图形(见图 2P-27)。(提示:差分方程初值问题的求解; Z 变换, ztrans、iztrans; stem、plot;菲波那契数列常用于股市分析。)

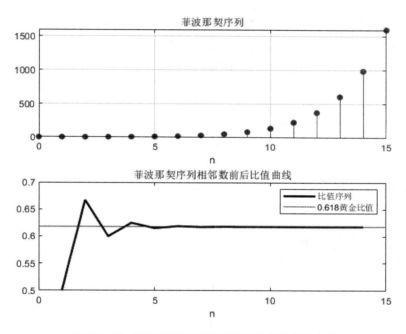

图 2P-27　菲波那契序列及其相邻前后数比值曲线

第3章
数组运算及数组化编程

与其他编程语言不同,MATLAB 数据的保存和传送的基本单元不是标量,而是复数阵列型数据,即数组;MATLAB 算术、关系、逻辑运算的基本运算单元也不是标量,而是数组;MATLAB 提供的许多 M 函数的基本作用单元也不是标量,而是数组。

基于数组、数组运算在 MATLAB 中的基本地位,本章将系统阐述:有关数组的各种基本概念、数组的编制和寻访、数组运算的基本含义和通则以及数组化编程的重要性。

对于外形、元素排列和编址都与二维数组相同,但概念、运算规则又截然不同的矩阵,本章也将安排专门的节次加以详述,不但讲述矩阵与数组的区别,而且要特别强调矩阵化编程的重要性,因为矩阵是 MATLAB 诞生和发展的原动力。

本章之所以如此强调数组与矩阵的区别,是为了帮助读者正确理解 MATLAB 帮助文档中 Matrix、Vector 英文词汇的泛义以及在它们不同意境下定义的两组运算。

3.1 数组、结构和创建

因为 MATLAB 是一种"逐句解释执行"的语言,MathWorks 公司为提高 MATLAB 的运行效率,摒弃了"每次调用命令只对单个标量作用"的传统程序语言习惯,而采用了新的数据组织形式和调用命令的运作模式。一个个标量数据被组织成矩形或长方体形的阵列集合,这就是数组(Array)。而每次调用命令将同时施加在数组所含的每个标量元素上,构成所谓的数组运算(Array Operations)。

3.1.1 数组及其结构

1. 数组的维度

MATLAB 允许标量数据沿行、列、页等"方向"排列成"长方体"形式而构成数组。而行、列、页等排列方向分别称作行维、列维、页维。从设计角度上讲,MATLAB 允许构成具有任意多维度(Dimension)的数组。但从实用角度看,如图 3.1-1 所示的由行、列两个维度构成的数组,即二维数组,是最基础、最常用的数组。当然,三维数组在某些场合也会用到。至于更高维的数组,则很少使用。此外还须强调指出:在 MATLAB 中,标量被认作只含一个元素的特殊二维数组。

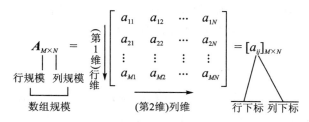

图 3.1 - 1　二维数组的结构及相关术语

2. 数组的规模及相关术语

数组沿某维度排放的元素总数,称为该维度的规模(Size)。所有维度规模的集合,称为数组规模(Size of Arrays)。

MATLAB 中的许多重要术语是根据"规模"定义的,具体如下:

- K 维数组可记述为 A_D。其中 $D = d_1 \times d_2 \times \cdots \times d_K$,$d_K$ 是数组在第 K 维度上的规模,且 $\{d_k = 0, 1, 2, \cdots | k = 1, 2, \cdots, K\}$。

- 三维数组 $A_{M \times N \times K}$ 的行、列、页(维)规模分别为 M、N、K。

- 二维数组 $A_{M \times N}$ 是行、列(维)规模分别为 M、N 的数组,在有些场合,也称为矩阵(Matrix)。这是因为二维数组和矩阵,在数据的排列、标识、存放上没有任何区别。

- 行规模为 1 的二维数组称为行数组(Row Array),或行向量(Row Vector)。如 $A_{1 \times N}$ 就表示有 N 元素的行数组。

- 列规模为 1 的二维数组称为列数组(Column Array),或列向量(Column Vector)。如 $A_{N \times 1}$ 就表示有 N 元素的列数组。

- 行、列规模均为 1 的二维数组就是标量(Scalar)。如 $A_{1 \times 1}$ 就是标量。

- 空数组(Empty Array):
  - □ 至少有一个维规模为 0 的数组。如 $A_{0 \times N}$、$A_{N \times 0}$、$A_{0 \times 0}$ 都表示二维空数组(或称空阵)。
  - □ 表示空数组的最常用 M 码是 [ ]。
  - □ 在 MATLAB 中,[ ] 空数组可用于缩减数组规模(见例 3.1 - 6)等许多功用。

3. 获取数组结构参数的 M 命令

MATLAB 提供了获取数组结构参数的以下命令:

Nd = ndims(A)	获知数组 A 的维度数目 Nd
S = size(A)	获知数组 A 各维度的规模 S
Snd = size(A, nd)	获知数组 A 第 nd 维度的规模 Snd
L = length(A)	获知数组 A 的(所有维度规模中的最大值)长度 L
Ne = numel(A)	给出数组 A 所含元素的总数目 Ne

💡说明

- 以上命令对输入量的适应性很强。输入量 A 可以是数值数组、符号对象数组、字符串数组、元胞数组等。

- 以上命令能方便地应用于 M 码编程。但从交互操作角度看,观察数组结构最方便的地方是 MATLAB 工作界面上的 Workspace 工作空间窗。
- 关于命令 ndims、size 使用实例,请参看例 3.1-1、例 3.1-2。

3.1.2　行(列)数组的创建

就行(列) 数组(或向量)的用途而言,大致分为两类:一类是数组元素按递增或递减排列的自变量数组;另一类是元素非有序排列的通用数组。

1. 递增/减型行(列)数组的创建

这类数组的特点:数组元素值的大小按递增或递减的次序排列;数组元素值之间的“差”是“确定”的,即“等步长”的。这类数组主要用作函数的自变量(如例 3.1-1、例 4.1-2 到例 4.1-7),for 循环中循环自变量(如例 6.1-3)等。

MATLAB 创建自变量型行、列数组的常用命令如下:

X = a : inc : b   线性等距行数组的定步长冒号生成命令
x = linspace (a , b , n)   线性等距行数组的定数生成命令
x = logspace (a , b , n)   对数等距行数组的定数生成命令

说明

- 在定步长冒号生成命令中:
  - □ a 是数组的第一个元素;inc 是采样点之间的间隔,即步长。若(b−a)是 inc 的整数倍,则所生成数组的最后一个元素等于 b。否则,保证最后一个元素的绝对值小于 b 的绝对值。
  - □ a,inc, b 之间必须用冒号“:”分隔。注意:该冒号必须在英文状态下产生。中文状态下的冒号将导致 MATLAB 操作错误!
  - □ inc 可以省略。省略时,默认其取值为 1,即认为 inc=1。
  - □ inc 可以取正数或负数。但要注意:inc 取正时,要保证 a<b ;而 inc 取负时,要保证 a>b。
- 线性等距行数组的定数生成命令 x=linspace (a , b , n)等价于 x=a:(b−a)/(n−1): b。
- 对数等距行数组的定数生成命令 x = logspace (a , b , n)生成数组 $x = [x_1, x_2, \cdots, x_n]$,其中 $x_1 = 10^a$,$x_n = 10^b$,而数组各元素间的对数步长为 $\log\left(\dfrac{x_i}{x_{i-1}}\right) = \log(x_i) - \log(x_{i-1}) = \dfrac{b-a}{n-1}$。
- 若用户想得到列数组,只要对所得行数组实施“非共轭”转置即可。

2. 其他类型行(列)数组的创建

(1) 逐个元素输入法

这是最简单,但又最常用的构造方法。如 a0＝[0.2, pi/2, −2, sin(pi/5), −exp(−3)]命令就是一例。

（2）运用 MATLAB 函数生成法

MATLAB 中有许多用来生成特殊形式数组的函数，如均匀分布随机数组的 rand(1,n)，全 1 数组 ones(1,n)等（参看表 3.1－1）。

◀**例【3.1－1】**　演示：行数组的常用创建方法；ndims、size、length 的使用。

```
a1 = 1:6                       %缺省步长为 1
na1 = ndims(a1)                %检验数组 a1 的维数
Sa1 = size(a1)                 %检验数组 a1 的规模
La1 = length(a1)               %检验数组 a1 的长度
a1 =
     1     2     3     4     5     6
na1 =
     2
Sa1 =
     1     6
La1 =
     6
a2 = 0:pi/4:pi                 %非整数步长
a3 = 1: - 0.1:0                %负实数步长
a2 =
        0    0.7854    1.5708    2.3562    3.1416
a3 =
  Columns 1 through 6
    1.0000    0.9000    0.8000    0.7000    0.6000    0.5000
  Columns 7 through 11
    0.4000    0.3000    0.2000    0.1000         0
b1 = linspace(0,pi,4)         %相当于 0:pi/3:pi
b1 =
        0    1.0472    2.0944    3.1416
b2 = logspace(0,3,4)          %创建数组[10⁰  10¹  10²  10³]
```

b2 = logspace(0,3,4)　　　　　%创建数组$[10^0\ 10^1\ 10^2\ 10^3]$

```
b2 =
        1       10      100     1000
c1 = [2  pi/2  sqrt(3)  3 + 5i]    %采用逐个元素输入法构造数组
c1 =
   2.0000            1.5708            1.7321         3.0000 + 5.0000i
rng default                   %为重现下面结果而设。详见 4.3.2 节说明
c2 = rand(1,5)                %产生(1 * 5)的均布随机数组
c2 =
   0.8147    0.9058    0.1270    0.9134    0.6324
```

※**说明**

● 以上演示产生的都是"行"数组。下面是产生"列"数组的命令举例，请读者自己运行。

```
x1 = (1:6).'
```

```
x2 = linspace(0,pi,4).'
y1 = rand(5,1)
z1 = [2; pi/2; sqrt(3); 3 + 5i]
```

3.1.3　二维通用数组的创建

二维数组是最常用的数组，行（列）数组只是二维数组的特例。就创建、编制、寻访而言，矩阵与二维数组没有什么不同。

二维数组的手工输入方法已在 1.2.3 节里做了初步介绍。本节将比较系统地叙述二维数组的几种创建方法。

1. 小规模数组的直接输入法

对于较小数组，从键盘上直接输入最简便。二维数组必须有以下三个要素：
- 整个输入数组必须以方括号"[ ]"为其首尾；
- 数组的行与行之间必须用分号"；"或回车键［Enter］隔离；
- 数组元素必须由逗号"，"或空格分隔。

例【3.1-2】　演示：一般二维数组的创建；借助 ndims 获知数组的维度数；借助 size 获知数组的规模；认识和理解 MATLAB 对标量、非标量数组维度数和规模的定义和解读。

1）标量创建
```
a = 2.7358; b = 33/79;          % 创建两个标量 a、b
na = ndims(a)                    % 验证标量的维数为 2
sa = size(a)                     % 验证标量的规模为(1 * 1)
na =
    2
sa =
    1     1
```

2）数组创建
```
C = [1,2 * a + 1i * b,b * sqrt(a);sin(pi/4),a + 5 * b,3.5 + 1i]    % 采用表达式生成各元素
nC = ndims(C)                    % 获知数组 C 的维数
SC = size(C)                     % 观察数值数组 C 的规模
C =
   1.0000 + 0.0000i   5.4716 + 0.4177i   0.6909 + 0.0000i
   0.7071 + 0.0000i   4.8244 + 0.0000i   3.5000 + 1.0000i
nC =
    2
SC =
    2     3
```

说明
- 分号"；"在"[ ]"方括号内时，是数组行间的分隔符。
- 分号"；"用作为命令后的结束符时，将不在屏幕上显示该命令执行后的结果。

2. 中规模数组的数组编辑器创建法

当数组规模较大，元素数据比较冗长时，就不宜采用命令窗直接输入法，此时借助数组编

辑器(见图 3.1-2)比较方便。下面举例说明具体创建方法。

例【3.1-3】　试用变量编辑器,把如下(3×6)的数组输入 MATLAB 内存,并命名为 A18。

0.6459	0.9637	0.5289	0.0710	0.8326	0.9786
0.4376	0.3834	0.5680	0.0871	0.7782	0.7992
0.8918	0.7917	0.9256	0.0202	0.8700	0.4615

操作步骤如下:

1) 打开数组编辑窗

在 MATLAB 工作界面上,点击 HOME 主页工具带上变量图标⊞右侧的倒三角,在其引出的下拉菜单中选择"New Variable 新建变量"菜单项,就能开启与图 3.1-2 类似的空白界面。但数组中,除第一个元素为 0 外,其余均为空白。

2) 键入元素数据,生成数组

在空白界面上,按你喜欢的方式输入数据。在最后一个数据 0.4615 输入结束后,或按〔Enter〕键,或在该数组编辑区任何地方点击左键,使整个数组保存在 unnamed 变量中,如图 3.1-2 所示。

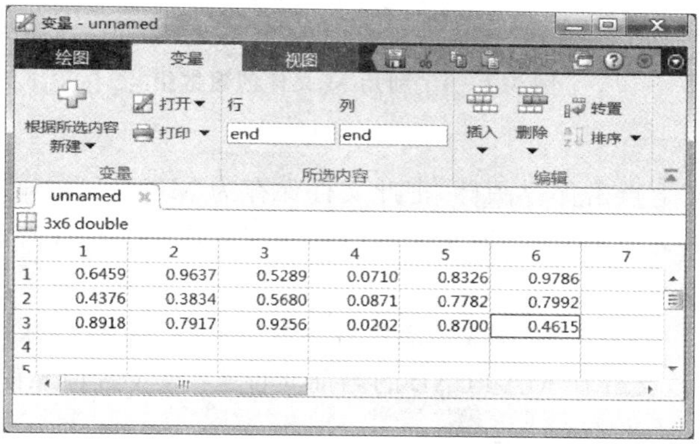

图 3.1-2　利用数组编辑器创建中规模数组

3) 给数组命名

在 Workspace 工作空间窗中,用右键点中 unnamed 变量,利用弹出菜单的{重命名 Rename}项,把变量名修改成所需名称,比如 A18。

4) 可实施永久保存

假如该变量要供以后调用,那么在右键点中 A18 变量后,从弹出菜单中,选择{另存为 Save as}项,然后再把此变量保存为 A18. mat 文件。

3. 中规模的 M 文件创建法

对于今后经常需要调用的数组,当数组规模较大而复杂时,为它专门建立一个 M 文件是值得的。下面通过一个简单例子来说明这种 M 文件的创建过程。

例【3.1-4】　为数组 AM 创建一个 MyMatrix. m 文件。以后每当需要 AM 数组时,只要运行 MyMatrix. m 文件,就可在内存生成 AM。

操作步骤如下：

1）打开文件编辑器 EDITOR

在 MATLAB 工作界面上，点击主页 HOME 工具带上的 New Script 新建脚本图标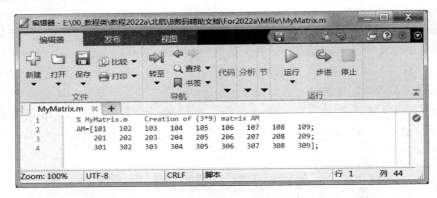，可以引出如图 3.1-3 所示的空白脚本编辑窗。

2）编写脚本内容

参照图 3.1-3 所示格式，用 M 码编写：首行注释，包括文件名及其简单说明；文件的执行本体，生成用户所需数组的命令和数据。

图 3.1-3　利用 M 文件创建数组

3）保存文件

在文件编辑器界面上点击保存图标，把此文件保存为 MyMatrix.m。注意：文件调用是按此文件保存名执行的。为避免混乱，该文件首行的注释名应与文件保存名一致。

4）运行文件生成数组

以后但凡需要 AM 数组时，在 MATLAB 命令窗中运行 MyMatrix.m 文件即可。但再次提醒，在运行前应保证该文件在 MATLAB 的当前文件夹，或 MATLAB 的搜索路径上。

4. 利用 MATLAB 函数创建数组

在实际应用中，用户往往需要产生一些特殊形式的数组/矩阵。MATLAB 考虑到这方面的需要，提供许多生成特殊数组的函数。表 3.1-1 列出了最常用函数。

表 3.1-1　标准数组生成函数

指　令	含　义
diag	产生对角数组（仅对二维适用）
eye	产生单位数组（仅对二维适用）
magic	产生魔方数组（仅对二维适用）
ones	产生全 1 数组
zeros	产生全 0 数组
gallery	产生各种用途的测试数组/矩阵（参见第 4 章）
rand	产生均匀分布随机数组

续表 3.1 - 1

指　令	含　　义
randi	产生均匀分布伪随机整数
randn	产生正态分布随机数组
randperm	产生随机排列的整数
randsrc	在指定字符集上生成均布随机数

◢例【3.1 - 5】 标准数组产生的演示。

```
ones(2,4)                    % 产生(2×4)全 1 数组
ans =
    1    1    1    1
    1    1    1    1
rng(0)                       % 为重现以下结果而设,参见第 4.3 - 2 节
randn(2,3)                   % 产生(2×3)的正态随机阵
ans =
    0.5377   - 2.2588    0.3188
    1.8339     0.8622   - 1.3077
D = eye(3)                   % 产生(3×3)的单位阵
D =
    1    0    0
    0    1    0
    0    0    1
diag(D)                      % 取 D 阵的对角元
ans =
    1
    1
    1
diag(diag(D))               % 内 diag 取 D 的对角元,外 diag 利用一维数组生成对角阵
ans =
    1    0    0
    0    1    0
    0    0    1
randsrc(3,20,[-3,-1,1,3],1)
                             % 在[-3,-1,1,3]字符集上产生(3×20)均布数组
                             % 随机发生器的状态设置为 1
ans =
  1 至 12 列
   -1   -1   -3    1   -3    1   -3    3    3   -3   -3    1
    1   -3   -1    3    1   -1   -3   -1    3   -3   -1    1
   -3   -3   -1    1   -3   -1    1   -3   -3    3    3   -1
  13 至 20 列
    1    3   -1   -1   -1    1   -1   -3
```

```
    3    3    3    3    -3    -3    -3    1
   -3    1   -3   -1    -3    -1     1    1
```

3.1.4　数组构作技法综合

为了生成比较复杂的数组,或为了对已生成数组进行修改、扩展,MATLAB 提供了诸如反转、插入、提取、收缩、重组等操作。理解和掌握本节内容,对灵活使用 MATLAB 非常重要。最常用的操作函数见表 3.1－2。

表 3.1－2　数组操作函数

指　令	含　义
permute	重排数组的维度次序
repmat	按指定的"行数、列数"铺放模块数组,以形成更大的数组
reshape	在总元素数不变的前提下,改变数组的"行数、列数"
flipud	以数组"水平中线"为对称轴,交换上下对称位置上的数组元素
fliplr	以数组"垂直中线"为对称轴,交换左右对称位置上的数组元素
rot90	把数组逆时针旋转 90 度

◀例【3.1－6】　数组操作函数 reshape,diag,repmat 的用法;空阵 [ ] 删除子数组的用法。

```
a = 1:8                      %产生(1 * 8)行数组
A = reshape(a,4,2)           %把一维数组 a 重排成(4 * 2)的二维数组
A = reshape(A,2,4)           %再把(4 * 2)数组重组成(2 * 4)数组
a =
    1    2    3    4    5    6    7    8
A =
    1    5
    2    6
    3    7
    4    8
A =
    1    3    5    7
    2    4    6    8
b = diag(A)                  %取(2 * 4)数组的对角元素形成(2 * 1)列数组
B = diag(b)                  %据(2 * 1)列数组构造(2 * 2)对角阵
b =
    1
    4
B =
    1    0
    0    4
D1 = repmat(B,2,4)          %把数组 B 当作模块,按(2 * 4)形式排放该模块,形成(4 * 8)数组
D1 =
```

```
    1      0      1      0      1      0      1      0
    0      4      0      4      0      4      0      4
    1      0      1      0      1      0      1      0
    0      4      0      4      0      4      0      4
D1([1,3],:) = [ ]                  % 删除 D1 数组的第 1 和 3 行
D1 =
    0      4      0      4      0      4      0      4
    0      4      0      4      0      4      0      4
```

◀ **例【3.1－7】**　函数 flipud，fliplr，rot90 对数组的操作。

```
A = reshape(1:9,3,3)
A =
    1      4      7
    2      5      8
    3      6      9
B = flipud(A)                      % 上下对称交换,意味着对 A 进行"行交换"
B =
    3      6      9
    2      5      8
    1      4      7
C = fliplr(A)                      % 左右对称交换,意味着对 A 进行"列交换"
C =
    7      4      1
    8      5      2
    9      6      3
D = rot90(A,2)                     % 旋转 180 度
D =
    9      6      3
    8      5      2
    7      4      1
```

3.2　数组元素编址及寻访

3.2.1　数组元素的编址

考虑到 MATLAB 编程中二维数组使用最多,又考虑到二维数组的编制、寻访概念和方法不难推广到更高维数组,因此本节内容的讲述将以图 3.1－1 所示的二维数组为例展开。注意:就元素的编制而言,矩阵与二维数组没有任何区别。

1. 全下标编址和单序号编址

二维数组中元素的位置有两种表达方式:全下标编址(Subscripts)和单序号编址(Single Index)。

（1）全下标编址

全下标编址是指：借助元素在数组中"行序号和列序号构成的数对"(i,j)，唯一地标识该元素在二维数组中的位置。比如 $A(2,1)$ 就表示第 2 行第 1 列上的元素 a_{21}。

全下标编址形式最直接明了，因此也最常用。

（2）单序号编址

所谓单序号编址，就是用单个序号唯一地确定元素在数组中的位置。为此，首先要理解 MATLAB 的单序号产生规则。

以图 3.1-1 的二维数组 $\boldsymbol{A}_{M\times N}$ 为例。MATLAB 的单序号产生规则是（参见图 3.2-1）：

● $\boldsymbol{A}_{M\times N}$ 数组的第 1 列元素位置，自上而下依次编序为 $1,2,\cdots,M$。

● $\boldsymbol{A}_{M\times N}$ 数组的第 2 列元素位置，自上而下依次编序为 $1\times M+1,1\times M+2,\cdots,1\times M+M$。

● $\boldsymbol{A}_{M\times N}$ 数组的第 N 列元素位置，自上而下依次编序为 $(N-1)\times M+1,(N-1)\times M+2,\cdots,(N-1)\times M+M$。

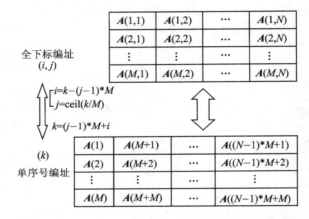

图 3.2-1　二维数组的全下标编址与单序号编址转换图

2. 两种编址间的转换

MATLAB 提供了数组的全下标编址与单序号编址之间相互转换的一组命令，具体如下：

[rowsub, colsub] = ind2sub(ArraySize,IND)　　　　把元素的单序号编址转换成全下标编址

IND = sub2ind(ArraySize, rowSub, colSub)　　　　把元素的全下标编址转换成单序号编址

✺说明

● 以上两个命令中的第 1 输入量 AyyaySize 是表示数组规模的一个"二元数组"，其第一个元素是"行规模"，第二个元素是"列规模"。

● 在 ind2sub 命令中：

　□ 第 2 输入量 IND 是所有 K 个感兴趣元素单序号构成的 $(1\times K)$ 或 $(K\times 1)$ 数组。

　□ 输出量 rowsub 和 colsub 分别是所感兴趣元素全下标编址的"行下标数组"和"列下标数组"。这两个数组的规模分别与输入量 IND 的规模相同。

● 在 sub2ind 命令中：

　□ 第 2、3 输入量 rowsub 和 colsub 分别是 K 个感兴趣数组元素的"行下标数组"和"列

下标数组"。注意:这个数组的规模应该相同,或都是($1 \times K$)数组,或都是($K \times 1$)数组。

□ 输出量 IND 是 K 个感兴趣数组元素的单序号数组,或为($1 \times K$)数组,或为($K \times 1$)数组。

3.2.2　二维数组元素的寻访

元素的寻访方式有两类:按址寻访和按条件寻访。

1. 按址寻访

顾名思义,按址寻访就是按照地址访问元素。这种寻访的特点是:在寻访前,必须知道元素的位置。对应于两种编址,按址寻访格式也有如表 3.2 - 1 所示的两种,即全下标寻访和单序号寻访。全下标法只能寻访元素"呈矩形阵列状排列"的子数组;而单序号法可访问元素"呈任意散布状排列"的子数组。

2. 按条件寻访

在有些应用场合,并不能预知被寻访元素位置,但知道被寻访元素所必须满足的条件。在此情况下,就应采用"条件寻访"法。(请参阅例 3.2 - 1、3.3 - 1)

具体步骤如下:

● 编写条件表达式:

用被寻访数组 A,写出其所需满足条件的"数值、逻辑、关系混合表达式"NLR(A)。

● 生成"满足条件"的逻辑值数组:

上述编写的混合表达式 NLR(A),在运行后,就会生成"规模与 A 相同",元素取逻辑 0 或逻辑 1 的数组 Ln。该 Ln 数组中,取 1 值的元素位置,就是 A 数组中满足条件的元素位置。

● 利用 Ln 逻辑值数组进行寻访:

采用 A(Ln)这种格式,Ln 逻辑值数组中的 1 元素就寻访出数组 A 中满足条件的所有元素。

表 3.2 - 1　按址寻访的调用格式

寻访分类	格　式	使用说明
全下标寻访	A(r,c)	访问 A 的由 r 指定行和 c 指定列上元素构成的子数组; r、c 都可取任意多元行(或列)数组
	A(r,:)	访问 A 的 r 指定行上全部元素构成的子数组。 r 可取任意多元行(或列)数组;而此处冒号：表示全部列
	A(:,c)	访问 A 的 c 指定列上全部元素构成的子数组; 此处冒号：表示全部行;而 c 可取任意多元行(或列)数组
单序号寻访	A(ind)	访问由行(或列)数组 ind 指定位置上元素构成的子数组
	A(:)	按单序号次序,访问 A 的全部元素

例【3.2 - 1】　本例演示:二维数组单序列编址规则;数组元素的三种寻访方法的基本操

作;比较三种寻访方式的应用差异。

1) 生成试验数组

```
clear
A = [1:3:16;2:3:17;3:3:18]          %生成(3 * 6)数组,形象地表现二维数组单序号编址规则
A =
    1    4    7   10   13   16
    2    5    8   11   14   17
    3    6    9   12   15   18
```

2) 全下标寻访

```
Ass1 = A(2,3)                       % 全下标法:获取数组 A 的(2,3)位置上单个元素
r = [2,3];                          % 待寻访元素的行序号数组
c = [1,5];                          % 待寻访元素的列序号数组
As22 = A(r,c)                       % 获取位于"2、3 行和 1、5 列交叉位置上的子数组"
                                    % 子数组元素在原数组中的位置一定"呈矩形阵列状"排列

Ass1 =
     8
As22 =
     2   14
     3   15
As26 = A([1,3],:)                   % 获取"呈矩形阵列状"的 1、3 行全部元素构成的子数组
As26 =
    1    4    7   10   13   16
    3    6    9   12   15   18
```

3) 单序号寻访

```
Ais1 = A(8)                         % 单序号法:获取数组 A 的第 8 个元素
ind = [1,3,18];                     % 访问第 1、3、18 号元素的单序号数组
                                    % 第 1、3、18 号元素在原数组中的位置"呈任意散布状"排列
Ai1r = A(ind)                       % 行数组单序号寻访,输出结果为行数组
Ai1c = A(ind')                      % 列数组单序号寻访,输出结果为列数组
Ais1 =
     8
Ai1r =
     1    3   18
Ai1c =
     1
     3
    18
```

4) 按址赋值

```
A(r,c) = zeros(2,2)                 % 全下标法:把 r 指定行、c 指定列位置的元素置 0
A([1,end]) = - A([1,end])          % 单序号法:使 A 数组首、尾 2 个元素取负          <13>
A =
    1    4    7   10   13   16
```

```
         0      5      8     11      0     17
         0      6      9     12      0     18
A =
        -1      4      7     10     13     16
         0      5      8     11      0     17
         0      6      9     12      0    -18
```

5) 按条件寻访及赋值

```
L = A <= 0                      % 由不等式条件产生与 A 同规模的逻辑数组 L,且 1 为"真"
AL = A(L)                       % 取出逻辑真,即 1,对应的元素
L =
         1      0      0      0      0      0
         1      0      0      0      1      0
         1      0      0      0      1      1
AL =
        -1
         0
         0
         0
         0
       -18
A(L) = NaN                      % 把逻辑真指定的元素设置为"非数 NaN"
A =
       NaN      4      7     10     13     16
       NaN      5      8     11    NaN     17
       NaN      6      9     12    NaN    NaN
```

说明

● 行〈13〉中,end 的含义:
　　□ 在全下标编址中,end 或表示最后一行的编号,或表示最后一列的编号。
　　□ 在单序号编址中,end 表示最后一个元素的编号。

3.3　数组运算

　　正如 3.1 节所言,数组及其定义在数组上的运算是 MATLAB 与其他传统语言的最重要的区别。MATLAB 的数组运算组主要体现在两方面:一,MATLAB 中的算术运算、关系运算、逻辑运算都是针对数组设计的,而不仅仅限于标量。二,MATLAB 的许多初等函数计算也是针对数组设计的,而不仅仅限于标量。

3.3.1　实施数组运算的算符

1. 算符数组运算通则

　　为讨论方便,在以下通则表述中,MATLAB 的算术、关系、逻辑运算符都采用符号 ♯

表示。

- 通则一：两个同规模数组间的（算术、关系、逻辑等）运算，体现为"这两个数组对应元素间的运算"。例如，同规模的两个二维数组间的运算可解析地表述为

$$C = A_{M \times N} \sharp B_{M \times N} = [a_{ij} \sharp b_{ij}]_{M \times N} = [c_{ij}]_{M \times N} \tag{3.3-1}$$

- 通则二：标量与数组之间的（算术、关系、逻辑等）运算，体现为"标量与数组每个元素之间的运算"。例如，标量与二维数组间的运算可解析地表述为

$$C = a \sharp B_{M \times N} = [a \sharp b_{ij}]_{M \times N} = [c_{ij}]_{M \times N} \tag{3.3-2}$$

或

$$C = B_{M \times N} \sharp a = [b_{ij} \sharp a]_{M \times N} = [c_{ij}]_{M \times N} \tag{3.3-3}$$

2. 算术、关系、逻辑算符

在 MATLAB 中，服从数组运算通则一和通则二的算符有三类：算术运算符、关系运算符和逻辑运算符。具体算符及名称如表 3.3-1 所列。关于各类算符的参算量和计算结果说明如下：

- 在算术运算中：
    - □ 参算量可以是如双精度类型、符号类型等的任何数值，而所得结果仍是数值。
    - □ 在双精度类型与符号类型数混合运算的情况下，其结果为符号类数。
- 在关系运算中：
    - □ 参算量可以是任何数值，而所得结果为取值 1 或 0 的"逻辑类数"。
    - □ 运算结果中的逻辑 1 表示"真"，逻辑 0 表示"假"。
- 在逻辑运算中：
    - □ 参算量首先都被看作逻辑量，运算结果也是"逻辑类数"。
    - □ 在参算量中的逻辑 1 表示"真"，而逻辑 0 表示"假"。
    - □ 在参算量中的任何非逻辑类的"非精准数值 0"，都被认作"真"；而"精准数值 0"，则被认作"假"。

表 3.3-1   服从数组运算通则的 MATLAB 实际算符

算术运算 Arithmetic Operations	算符	+	−	.*	.\ 或 ./	.^
	名称	加	减	数组乘	数组左除或数组右除	数组幂
	示例	例 3.3-1		例 3.3-1	例 3.3-1	
关系运算 Relational Operations	算符	>	<	>=	<=	==	~=
	名称	大于	小于	大于等于	小于等于	等于	不等于
	示例		例 3.3-2			例 3.3-1 例 3.3-2	
逻辑运算 Logical Operations	算符	&			~	xor
	名称	与	或	非	异或
	示例	例 3.3-2			例 3.3-2

3. 各种算符的优先级别

在由各种运算符构成的混合表达式中,各种算符的运算优先级别如表 3.3 - 2 所列。当然,像普通数学表达式那样,使用"圆括号(Parentheses)"可以改变运算的优先次序。

表 3.3 - 2　在混合表达式中各种算符执行的优先次序分级表

优先次序	优先级别下降方向　→		
优先级别下降方向 ↓	代数运算	.^	.*、./、.\	+、-
	关系运算	== 、~=	>、<、>=、<=	
	逻辑运算	~	&.	|

4. 算符数组运算实例及机理解释

例【3.3 - 1】　在区间 $[-3\pi, 3\pi]$ 中绘制 $y = \dfrac{\sin t}{t}$ 曲线。本例目的:借助实例,演示如何利用数组运算编写 M 码;具体解释服从数组运算通则的算符和函数的具体工作机理;如何按条件寻访所需元素;如何进行近似极限的计算;非数 NaN 的产生和对图形的影响。

```
clear
t = - 3 * pi:pi/10:3 * pi;        %包含 0 值元素的(1 * 61)数值行数组
st = sin(t);                      %服从数组运算通则的 sin 函数              <3>
y = st./t;                        %服从数组运算通则的"数组除算符"          <4>
Lt = (t == 0);                    %服从数组运算通则的"关系运算符"          <5>
tt = t + Lt. * realmin;           %数组运算关系式                          <6>
yy = sin(tt)./tt;                 %数组运算关系式                          <7>
subplot(1,2,1),plot(t,y,'LineWidth',2),axis([ - 9,9, - 0.5,1.2]),
xlabel('t'),ylabel('y'),title(' 残缺图形 ')
subplot(1,2,2),plot(tt,yy,'LineWidth',2),axis([ - 9,9, - 0.5,1.2])
xlabel('tt'),ylabel('yy'),title(' 正确图形 ')
```

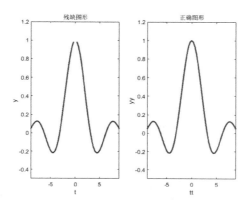

图 3.3 - 1　NaN 数据对图形的影响和近似极限处理

💡说明

● MATLAB 函数执行数组运算的机理如图 3.3 - 2 所示。本例命令〈3〉中的正弦函数

sin，对（1 * 61）的数组 t 的每个元素同时、并行地施加作用，而生成 st 数组。

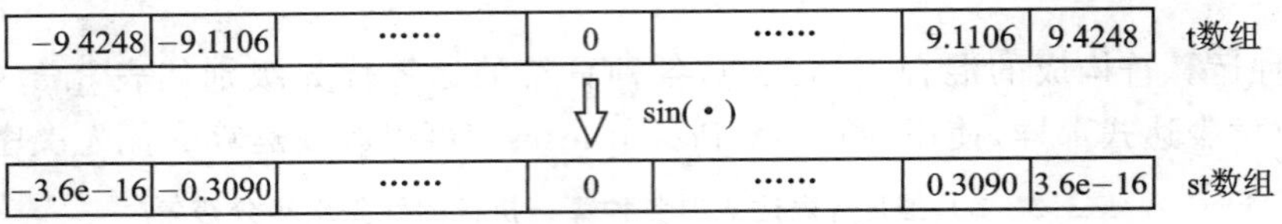

| −9.4248 | −9.1106 | ⋯⋯ | 0 | ⋯⋯ | 9.1106 | 9.4248 | t数组 |

$$\Downarrow\quad \sin(\cdot)$$

| −3.6e−16 | −0.3090 | ⋯⋯ | 0 | ⋯⋯ | 0.3090 | 3.6e−16 | st数组 |

图 3.3－2　MATLAB 的 sin 函数实施数组运算的工作机理示意图

- MATLAB 算符实施数组运算的机理如图 3.3－3 所示。本例命令〈4〉中，两个规模都为（1 * 61）的数组 sin(t)和数组 t，在"数组除 . / "的作用下，它们的对应元素同时、并行地进行相除运算，而生成（1 * 61）的 y 数组。

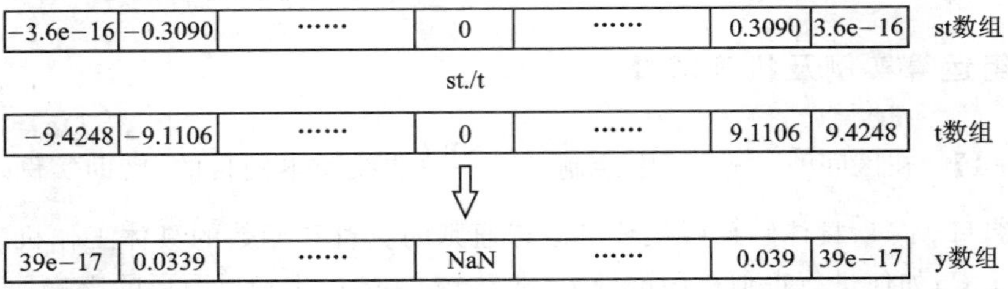

| −3.6e−16 | −0.3090 | ⋯⋯ | 0 | ⋯⋯ | 0.3090 | 3.6e−16 | st数组 |

st./t

| −9.4248 | −9.1106 | ⋯⋯ | 0 | ⋯⋯ | 9.1106 | 9.4248 | t数组 |

$$\Downarrow$$

| 39e−17 | 0.0339 | ⋯⋯ | NaN | ⋯⋯ | 0.039 | 39e−17 | y数组 |

图 3.3－3　MATLAB 的数组除算符的工作机理示意图

- MATLAB 关系算符的数组运算机理如图 3.3－4 所示。本例命令〈5〉中的关系算符等于号"＝＝"同时、并行地检查（1 * 61）数组 t 的每个元素是否等于 0，而所得结果生成（1 * 61）的逻辑数组 Lt。Lt 中除元素 Lt(31)为"逻辑真的 1"外，其余都是"逻辑假的 0"。

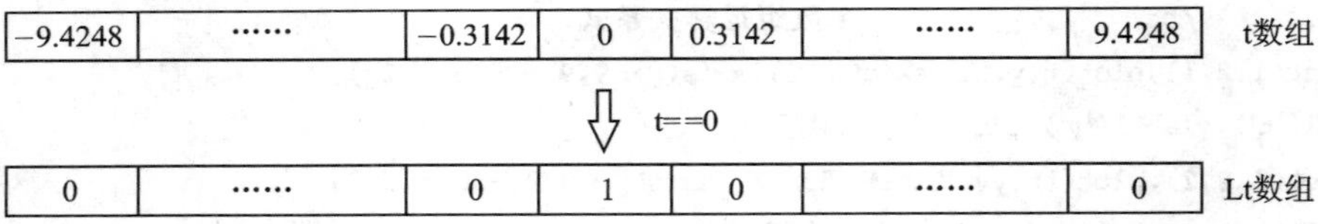

| −9.4248 | ⋯⋯ | −0.3142 | 0 | 0.3142 | ⋯⋯ | 9.4248 | t数组 |

$$\Downarrow\quad t==0$$

| 0 | ⋯⋯ | 0 | 1 | 0 | ⋯⋯ | 0 | Lt数组 |

图 3.3－4　MATLAB 的数组关系算符的工作机理示意图

- 关于命令〈6〉的说明：
  □ 该命令执行数组混合运算。由于 realmin 是标量，所以"数组乘算符 . * "也可以更简单地用"矩阵乘算符 * "替代。
  □ 该命令的目的是把 t＝0 的元素用 realmin 替代，以避免产生非数。此外，这也是一种具有普遍意义的近似处理手段。
- 本例命令〈7〉也是数组混合运算 M 码。
- 从本例的图 3.3－1 中的两幅子图对比，可以看到 NaN 在绘图中的一个用途：对曲线或曲面进行剪裁。

◢**例【3.3－2】**　演示：MATLAB 实施数组间关系运算、数组间逻辑运算的机理；在逻辑运算中，数值量的处理方式，以及 logical 的功用；异或函数 xor 的作用；常用逻辑判断函数 class、is-logical、all、any 的应用。

1）创建两个数值数组

A = [-2, -1, 0, 0, 1, 2, 3]
B = [0, -1, 1, 0, 1, -2, -3]
disp(['A 的数据类型是 ', class(A)])
A =
　　-2　　-1　　0　　0　　1　　2　　3
B =
　　 0　　-1　　1　　0　　1　　-2　　-3
A 的数据类型是 double

2）数值数组间的关系运算

R1 = A == B　　　　% A、B 数组对应位置元素值相等，则该位置的 R1 元素为"真 1"　　　　　　　　　　　　<4>
R2 = A > B　　　　% A 数组元素大于 B 数组对应位置元素，则该位置的 R2 元素为"真 1"　　　　　　　<5>
fprintf('R1 的数据类型是什么？ % s\n', class(R1))
fprintf('R2 的数据属于逻辑类？（1 为真；0 为假） % d\n', islogical(R2))　　　%　　　　　<7>
R1 =
　1×7 logical 数组
　0　1　0　1　1　0　0
R2 =
　1×7 logical 数组
　0　0　0　0　0　1　1
R1 的数据类型是什么？ logical
R2 的数据属于逻辑类？（1 为真；0 为假）1

3）数值数组间的逻辑运算

LA = logical(A)　　　　　　% logical 对非 0 值元素，给出"真 1"　　　　　　　　　　　<8>
LB = logical(B)
L1 = LA&LB
LL1 = A&B　　　　　　　　% 本行命令等价于"前三行命令"　　　　　　　　　　　　<11>
LA =
　1×7 logical 数组
　1　1　0　0　1　1　1
LB =
　1×7 logical 数组
　0　1　1　0　1　1　1
L1 =
　1×7 logical 数组
　0　1　0　0　1　1　1
LL1 =
　1×7 logical 数组
　0　1　0　0　1　1　1

4）xor 命令的功能

L3 = xor(LA, LB)　　　　　　% 两逻辑数组中对应元素值"相异"时，该位置的 L3 元素为"真 1"
LL3 = xor(A, B)　　　　　　　% A、B 数组对应位置元素"仅一个为 0"，则该位置 LL3 元素为"真 1"

```
L3 =
  1×7 logical 数组
  1  0  1  0  0  0  0
LL3 =
  1×7 logical 数组
  1  0  1  0  0  0  0
```

5) 数组元素全部非 0 的判断

TOTAL1 = all([1,1,1,1,1])
TOTAL2 = all([1,0,1,1,1])

```
TOTAL1 =
  logical
  1
TOTAL2 =
  logical
  0
```

6) 数组元素非全 0 的判断

ANYONE1 = any([0,1,0,0,0])
ANYONE2 = any([0,0,0,0,0])

```
ANYONE1 =
  logical
  1
ANYONE2 =
  logical
  0
```

☀️**说明**

- 本例命令⟨4⟩⟨5⟩及命令⟨8⟩到⟨11⟩的运行结果,都再次强调 MATLAB 的关系运算、逻辑运算以及 logical 等逻辑函数都以数组为基本运算单元。
- 命令⟨7⟩中的 islogical 是数据类型判断函数。MATLAB 有许多这种函数,如 ischar、isglobal、ishandle、isnumeric 等,它们也常用于条件判断。
- all、any 是对数组进行逻辑判断的函数,它们常用作条件转向的依据。

3.3.2　实施数组运算的函数

许多传统编程语言提供的各种初等函数都是针对标量设计的。例如,正弦函数 sin(x)的输入量 x 只能是标量,计算结果当然也就是标量。MATLAB 则不同,它的初等函数是针对数组设计的。例如,在 MATLAB 中,正弦函数 sin(X)中的输入量 X 可以是任何高维的数组,而计算结果则是同样规模的数组。

1. 函数数组运算通则

在 MATLAB 中,初等函数对数组的运算,体现为"初等函数对数组每个元素的运算(Elementwise Operation)"。例如,初等函数对二维数组的运算可解析地表述为

$$\boldsymbol{Y} = f(\boldsymbol{X}_{M\times N}) = [f(x_{ij})]_{M\times N} = [y_{ij}]_{M\times N} \tag{3-4}$$

在此:$f(\cdot)$代表 MATLAB 提供如三角函数、指数函数等多种 M 函数,详见表 3.3 – 3。

2. 服从数组运算通则的 M 函数

服从数组运算通则的最常见的 MATLAB 函数的名称列于表 3.3 – 3 中。

表 3.3 – 3　服从数组运算通则的 MATLAB 函数

分　类		M 函数名称
三角函数 Trigonometry	弧度单位	sin, cos, tan, cot, sec, csc asin, acos, atan, acot, asec, acsc
	度数单位	sind, cosd, tand, cotd, secd, cscd asind, acosd, atand, acotd, asecd, acscd
	双曲类	sinh, cosh, tanh, coth, sech, csch sasinh, acosh, atanh, acoth, asech, acsch
指数函数 Exponential		exp log, log10, log2, log1p, reallog nexpow2, pow2, realpow, sqrt, realsqrt, nthroot
复函数 Complex		abs, angle real, imag, conj, sign, unwrap
圆整求余函数 Rounding and Remainder		ceil, fix, floor, idivide, mod, rem, round
特殊函数 Special Functions		airy, besselh, besseli, beta, ellipj, erf, erfinv, gamma, gammaln, psi
数据类型转换函数 Conversion Function		char, double, logical, int2str, int8, int16, num2str, uint8, uint16
示例		例 3.3 – 1、4.1 – 3、4.1 – 7

3.3.3　数组运算中的溢出及非数处理

由于数值计算是在有限的浮点数集上进行的,因此任何进行数值计算的程序语言都会遇到上溢、下溢和无定义数的问题。对以标量为存储和运算单元的传统编程语言而言,前述三种情况的发生,通常以"报错并中断运行"作为处理手段;但以数组为存储、运算单元的 MAT-LAB,则采用完全不同的处理方式,具体如下:

● 采用预定义量 Inf 避免上溢中断:

当计算结果大于计算机可能表达的最大数值 **realmax** 时,即上溢出(overflow)时,MATLAB 就把此结果用无穷大(infinity)变量 Inf 表示。它既不报错,也不导致运行中断。预定义量 Inf,满足诸如 **1/Inf＝0**、**Inf＋Inf＝Inf** 等关系式。

● 采用 0 避免下溢中断:

当计算结果小于计算机可能表达的最小数值 **realmin** 时,即下溢出(underflow)时,MATLAB 把此结果规范为 0。它也满足 **1/0＝Inf** 等关系式。

- 采用预定义量 NaN 表达无定义的量：

假如在计算中，遇到 $\left(\dfrac{0}{0}\right)$，$\left(\dfrac{\infty}{\infty}\right)$，$(0\times\infty)$，$(\infty-\infty)$ 等情况，MATLAB 就采用名为非数(Not‑a‑Number)的预定义变量 NaN 表示。非数 NaN 的使用，不仅避免了运算的中断，而且比较合理地反映了计算结果的本质。

所有由 NaN 参与运算产生的结果，也都是 NaN。非数可用于采样数据中的"野点"剔除和绘制图形的剪裁(参见例 3.3 - 1)。

3.3.4　数组化编程

MATLAB 之所以精心设计数组及其运算规则(还有即将讲到的 3.4 节的矩阵运算规则)，就是为了实现数组化编程。而数组化编程正是 MATLAB 编程的精粹所在，是 M 码与其他语言程序的标志性差别。采用数组化编写的 M 码不仅运行效率高，程序简洁，而且书写形式与数学模型推演的数学描述十分相近，便于阅读理解。

(1) 传统编程中的三种运算模式

在非 MATLAB 的编程语言中，对离散数据进行处理的运算模式可归纳成如下三类：

- 个别的、无规律的数据所执行的函数关系运算：
  体现这种运算的程序通常是不在循环体内的标量表达式运算。
- 一组有规律数据需要反复执行的函数关系运算：
  这种运算的程序一般体现为：包含标量表达式的计算，甚至还包含条件分支结构的循环体。
- 一组有规律数据按照矩阵运算法则执行的运算：
  这种运算的程序实现一定是包含标量表达式计算的一重或多重循环体。

(2) 数组化编程

在传统编程的三种模式中，实际上都把标量看作"单件产品"，标量运算相当于"产品的单件加工"，这是效率低下的生产组织方式。如果把大量的"单件产品"组织在一起，同时、并行地加工，则可以大大提高效率。这种思想的体现就是"数组化编程"。本书之所以不采用 MAT‑LAB 帮助文件中的"向量化(Vectorizing)编程"称呼，是因为数组允许是任意维、任意规模的，而不限于行、列数组(或向量)。

数组化编程主要体现为如下具体措施：

- 采用"数组算术运算"模式，或"数组算术、关系、逻辑混合运算"模式处理那些借助循环而反复执行的标量运算。(参见例 3.3 - 1，例 3.3 - 3)
- 采用 MATLAB 提供的函数，直接萃取数组的特征参数。例如运用 mean 计算数组元素的均值。
- 采用"向量或矩阵运算"模式去执行"那些传统上靠多重循环标量运算完成的"矩阵计算，参见例 3.4 - 2。

◀例【3.3 - 3】　绘制以下分段光滑函数曲线。

$$y(x)=\begin{cases} x & x\leqslant-1 \\ x^{3}\cos(2\pi x) & -1<x\leqslant1 \\ \mathrm{e}^{-x+1} & 1<x \end{cases}$$

本例通过传统"标量循环＋条件分支"编程与数组化编程的比较,演示数组化编程模式及影响。

1) 编写计算函数值的 M 函数文件

下面的两个 M 函数是采用两种不同运算规则编写的。

```
functiony = exm030303_1(x)
  % exm030303_1              采用传统"标量循环＋条件分支"结构,计算分区间函数值
  % x                        函数自变量行数组
  % y                        函数值行数组
  M = length(x);
  y = zeros(1,M);
  for jj = 1:M
    if x(jj) < = -1
        y(jj) = x(jj);
    elseif -1 < x(jj)&&x(jj) < 1
        y(jj) = x(jj)^3 * cos(2 * pi * x(jj));
    else
        y(jj) = exp(-x(jj)+1);
    end
  end
end
function y = exm030303_2(x)
  % exm030303_2              采用"算术、关系、逻辑数组"综合运算,计算分区间函数值
  L1 = x < = 1;               % 关系运算生成"定义 子区间 1 的逻辑数组" L1        〈2〉
  L2 = -1 < x&x < = 1;         % 关系逻辑混合运算生成"定义子区间 2 的逻辑数组" L2   〈3〉
  L3 = 1 < x;                  % 关系运算生成"定义 子区间 3 的逻辑数组" L3        〈4〉
  y = zeros(size(x));         % 为以下命令正常运行,必须预配置数组 y              〈5〉
  y(L1) = x(L1);             % 在子区间 1 上的计算函数值                       〈6〉
  y(L2) = x(L2).^3. * cos(2 * pi * x(L2));   % 在子区间 2 上数组化计算函数值    〈7〉
  y(L3) = exp(-x(L3)+1);     % 在子区间 3 上数组化计算函数值                   〈8〉
end
```

2) 计算结果比较,并绘制函数曲面

在运行以下 M 码之前,要确保函数文件 exm030303_1. m 和 exm030303_2. m 在当前目录或搜索路径上。

```
x = -2:0.01:2;                  % 形成自变量采样行数组
y1 = exm030303_1(x);            % "标量循环＋条件分支"模式编写的 M 函数
y2 = exm030303_2(x);            % 数组化编写的 M 函数
e12 = max(abs(y1(:) - y2(:)))   % y1 和 y2 所有元素差之最大绝对值
clf                             % 清空当前图形窗
plot(x,y2,'r','Linewidth',3)    % 画函数曲线
xlabel('x'),ylabel('y')         % 标识坐标轴名称
grid on                         % 显示分格线
axis([-2,2,min(min(y1)),max(max(y1))])        % 控制坐标范围
e12 =
    0
```

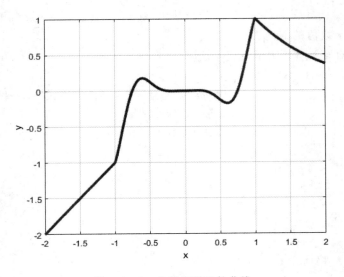

图 3.3 - 5   分段光滑函数曲线

✺说明

- 从 exm030303_2 可以清楚地看到：分段函数的计算完全不必采用"标量循环＋条件分支"的结构编程，而可用数组混合运算有效地解决。值得指出：exm030303_2 体现的数组化编程思想具有典型性。
- 由 exm030303_2 的〈2〉〈3〉〈4〉命令可见，用于标注子区间的逻辑数组是借助"数组关系运算和数组逻辑运算"产生的。
- exm030303_2 的命令〈5〉必须在分段计算前运行，否则无法写出命令〈6〉〈7〉〈8〉。

3.4   矩阵及其运算

3.4.1   矩阵和数组的异同

在不涉及运算性质的场合，矩阵就是二维数组。因此，从元素的组织、存储到编址、寻访，矩阵和二维数组都完全一致。矩阵与数组间的关系和区别如表 3.4 - 1 所列。

表 3.4 - 1   矩阵和数组之间的异同对照表

秉　性	数　组	矩　阵
概念 来源和背景	数据采集、存储、分析； 软件程序表述、处理单元； MATLAB 存储、运算的基本单元	线性代数，$\boldsymbol{A}_{M\times N}\boldsymbol{x}=\boldsymbol{b}$； 空间变换，$\boldsymbol{x}\in C^{N}\xrightarrow{\boldsymbol{A}_{M\times N}}\boldsymbol{b}\in C^{M}$； 向量空间，$\mathrm{span}\{\boldsymbol{A}_{M\times N}\}\in C^{M\times N}$
一般 记述方式	$\boldsymbol{A}_{S}=[a_{i_{1}\cdots i_{K}}]_{S}\in C^{S}$； $K(\geqslant 2)$维数组的元素记为 $a_{i_{1}\cdots i_{K}}$； 其规模 $S=d_{1}\times d_{2}\times\cdots\times d_{K}$	$\boldsymbol{A}_{S}=\boldsymbol{A}_{M\times N}=[a_{ij}]_{M\times N}\in C^{M\times N}$； 矩阵元素记为 a_{ij}； 其规模 $S=d_{1}\times d_{2}=M\times N$

续表 3.4 - 1

秉性		数组	矩阵
维(度)的含义		数组"维度"是指元素排放的"行、列、页"等几何方向	从元素排列角度说,矩阵是二维数组
			从变换角度说,$A_{M \times N}$ 是 N 维空间到 M 维空间的映射
			从空间角度说,元素可任意取值的矩阵 $A_{M \times N}$ 可张成 $(M \times N)$ 维的向量空间
元素排列结构		维度 $K \geqslant 2$ 的"超"长方体	仅是行、列构成的矩形阵列
		在元素排列形状、存储方式、编址和寻访等方面,矩阵与二维数组完全一样	
算法定义	加法	$A_S + B_S = [a_{i_1 \cdots i_K} + b_{i_1 \cdots i_K}]_S$; 满足结合律、分配律、交换律	$A_{M \times N} + B_{M \times N} = [a_{ij} + b_{ij}]_{M \times N}$; 满足结合律、分配律、交换律; 矩阵与二维数组的加运算规则完全相同
		$a + B_S = [a + b_{i_1 \cdots i_K}]_S$; 满足结合律、分配律、交换律	没有定义
	乘法	$A_S . * B_S = [a_{i_1 \cdots i_K} * b_{i_1 \cdots i_K}]_S$; 满足结合律、分配律、交换律;	$A_{M \times p} * B_{p \times N} = \left[\sum\limits_{k=1}^{p} a_{ik} * b_{kj}\right]_{M \times N}$; 满足结合律、分配律,不满足交换律,所得积矩阵的规模一般不同于乘子矩阵
		$a . * B_S = [a * b_{i_1 \cdots i_K}]_S$; 满足结合律、分配律、交换律	$a * B_{M \times N} = [a * b_{ij}]_{M \times N}$ 等同于"标量与数组相乘"
代数结构		$<C^S, +, . *>$ 复数集合 C^S 上的 K 维数组域	$<C^{M \times N}, +, *>$ 复数集合 $C^{M \times N}$ 上的阿贝尔群; $<C^{N \times N}, +, *>$ 复数集合 $C^{N \times N}$ 上的环

3.4.2　矩阵运算符和矩阵函数

1. 独特的矩阵运算符

MATLAB 独特的矩阵运算符罗列在表 3.4 - 2 之中。这里采用"独特"修饰,是为了强调如下三个含义:

- MATLAB 矩阵运算符以复数矩阵为基本运算单元,根本不同于以实数标量为基本运算单元的传统程序语言。
- MATLAB 矩阵运算符的记述及内涵,除加、减运算符外,都根本不同于 MATLAB 的数组运算符。
- MATLAB 在求线性方程组解时,不依赖"矩阵求逆",而专门设计了"矩阵左除和右除算符"。

用户借助这套运算符就可简单快捷地实施复数矩阵运算,而不必像其他程序语言那样采用"标量循环"实施矩阵运算,也不必像其他程序语言那样"需对矩阵的实部和虚部分别进行运算"。

表 3.4 - 2   MATLAB 独特的矩阵运算符及其含义

矩阵运算名称		算　符	运算规则
乘	标量与矩阵乘	*	M 码 a * B 给出结果 $a\boldsymbol{B}_{M\times N}=[a\cdot b_{ij}]_{M\times N}$ 该运算规则与"标量与数组乘"相同
	矩阵与矩阵乘		M 码 A * B 给出结果 $\boldsymbol{A}_{M\times P}\boldsymbol{B}_{P\times N}=\left[\sum\limits_{k=1}^{P}a_{ik}\cdot b_{kj}\right]_{M\times N}$
除	左除或右除	\ 或 /	M 码 X = A\B 给出恰定方程 $\boldsymbol{A}_{M\times N}\boldsymbol{X}=\boldsymbol{B}$ 的解 M 码 X = B/A 给出恰定方程 $\boldsymbol{X}\boldsymbol{A}_{N\times N}=\boldsymbol{B}$ 的解 M 码 x = A\b 给出超定方程 $\boldsymbol{A}_{\underset{N>N}{M\times N}}\boldsymbol{x}=\boldsymbol{b}$ 的最小二乘解 M 码 x = A\b 给出欠定方程 $\boldsymbol{A}_{\underset{M<N}{M\times N}}\boldsymbol{x}=\boldsymbol{b}$ 的最小二乘基础解
幂	标量为底的方阵指数	ˆ	M 码 D = b^A 给出,$\boldsymbol{D}=b^{\boldsymbol{A}}=\boldsymbol{Q}\cdot\mathrm{diag}(b^{\lambda_1},\cdots,b^{\lambda_N})\cdot\boldsymbol{Q}^{-1}$, 若 $\boldsymbol{A}=\boldsymbol{Q}\cdot\mathrm{diag}(\lambda_1,\cdots,\lambda_N)\cdot\boldsymbol{Q}^{-1}$ 且特征根各异
	方阵底的标量指数		M 码 D = A^b 给出,$\boldsymbol{D}=\boldsymbol{A}^b=\boldsymbol{Q}\cdot\mathrm{diag}(\lambda_1^b,\cdots,\lambda_N^b)\cdot\boldsymbol{Q}^{-1}$ 若 $\boldsymbol{A}_{N\times N}=\boldsymbol{Q}\cdot\mathrm{diag}(\lambda_1,\cdots,\lambda_N)\cdot\boldsymbol{Q}^{-1}$ 且特征根各异

2. 矩阵函数

在微分方程的解算和动态性状分析中,常常需要计算表 3.4 - 3 所列的矩阵指数函数、对数函数等。

为强调矩阵函数数学含义与相近名称的数组函数的本质不同,表 3.4 - 3 给出了关于矩阵函数的一种浅显易懂但局限性较大的数学解释。实际上,表中所给解释并不是 MATLAB 计算矩阵函数所实际采用的算法。

表 3.4 - 3   MATLAB 的矩阵代数函数及运算规则

分　类	函数名称	举　例	
		M 码	M 码的数学内涵简述
专用矩阵函数	矩阵指数函数	expm(A)	$e^{\boldsymbol{A}}=\boldsymbol{X}\cdot\mathrm{diag}(e^{\lambda_1},\cdots,e^{\lambda_N})\cdot\boldsymbol{X}^{-1}$
	矩阵对数函数	logm(A)	$\ln\boldsymbol{A}=\boldsymbol{X}\cdot\mathrm{diag}(\ln\lambda_1,\cdots,\ln\lambda_N)\cdot\boldsymbol{X}^{-1}$
	矩阵平方根函数	sqrtm(A)	$\boldsymbol{A}^{\frac{1}{2}}=\boldsymbol{X}\cdot\mathrm{diag}\left(\lambda_1^{\frac{1}{2}},\cdots,\lambda_N^{\frac{1}{2}}\right)\cdot\boldsymbol{X}^{-1}$
通用矩阵函数		funm(A,Hfun)	$f(\boldsymbol{A})=\boldsymbol{X}\cdot\mathrm{diag}(f(\lambda_1),f(\lambda_2),\cdots,f(\lambda_N))\cdot\boldsymbol{X}^{-1}$

◀ 例【3.4 - 1】   通过简单实例,演示矩阵乘、除、幂运算符和数组乘、除、幂算符在记述、作用上的不同,演示左除和右除的不同。

1) 创建矩阵或数组

```
Am = magic(3)              % 生成 3 阶魔方阵,也就是(3 * 3)的二维数组
Aa = reshape(1:12,3,4)     % 把 1:12 的行数组变换为(3 * 4)数组
B = repmat(1:4,3,1)        % 以 1:4 数组为模块,排 3 行,生成(3 * 4)的数组
```

```
Am =
     8     1     6
     3     5     7
     4     9     2
Aa =
     1     4     7    10
     2     5     8    11
     3     6     9    12
B =
     1     2     3     4
     1     2     3     4
     1     2     3     4
```

2）矩阵乘法规则和数组乘法规则的不同

AmmB = Am * B	%(3 * 3)的 Am 与(3 * 4)的 B 进行矩阵乘,生成(3 * 4)矩阵
AamB = Aa. * B	%(3 * 4)的 Aa 和(3 * 4)的 B 进行数组乘,生成(3 * 4)数组

```
AmmB =
    15    30    45    60
    15    30    45    60
    15    30    45    60
AamB =
     1     8    21    40
     2    10    24    44
     3    12    27    48
```

3）矩阵左除和数组除法的不同

AmLdB = Am\B	%(3 * 3)的 Am 矩阵左除(3 * 4)的 B 矩阵,生成(3 * 4)矩阵
AaadB = Aa. \B	%(3 * 4)的 Aa 数组除(3 * 4)的 B 数组,生成(3 * 4)数组

```
AmLdB =
    0.0667    0.1333    0.2000    0.2667
    0.0667    0.1333    0.2000    0.2667
    0.0667    0.1333    0.2000    0.2667
AaadB =
    1.0000    0.5000    0.4286    0.4000
    0.5000    0.4000    0.3750    0.3636
    0.3333    0.3333    0.3333    0.3333
```

4）方阵的标量幂和数组的标量幂不同

Amm2 = Am^2	%方阵 Am 的标量幂;该形式只对"方阵"成立
Ama2 = Am.^2	%数组 Am 的标量幂;该形式适用于任何维度、任何规模的数组

```
Amm2 =
    91    67    67
    67    91    67
    67    67    91
Ama2 =
```

```
        64      1      36
         9     25      49
        16     81       4
```

5）标量的矩阵幂和标量的数组幂不同

```
Am2m = 2^Am                    % 标量的方阵幂；该形式只对"方阵"成立

Am2a = 2.^Am                   % 标量的数组幂；该形式适用于任何维度、任何规模的数组

Am2m =

  1.0e + 04 *

    1.0942    1.0906    1.0921
    1.0912    1.0933    1.0924
    1.0915    1.0930    1.0923

Am2a =
   256      2     64
     8     32    128
    16    512      4
```

6）矩阵右除与矩阵左除不同

```
rng(0)                         % 为保证以下结果可重现

D = randn(3,3);                % 生成 3 阶正态随机数方阵

AmLdD = Am\D                   % D 被 A 左除

DRdAm = D/Am                   % D 被 A 右除

AmLdD =
  - 0.3301   - 0.0027     0.1153
  - 0.2305   - 0.1836     0.4118
    0.5681     0.1778   - 0.2946

DRdAm =
    0.0349   - 0.1404     0.1699
    0.2438   - 0.1931     0.1156
  - 0.3222     0.9731   - 0.6501
```

3.4.3　矩阵化编程

　　本节要强调的是：在 MATLAB 中，千万不要沿用其他语言的编程习惯，使用"实数标量＋循环"的方式处理矩阵间的各种运算；而应该直接使用 MATLAB 提供的矩阵算符和矩阵函数进行矩阵运算，即编程应该矩阵化。

　　下面采用算例方式，向读者展示矩阵化编程的优越性。

◀例【3.4 - 2】　采用"实数标量＋循环"法和"MATLAB 矩阵乘算符"分别计算两个复数矩阵 $A_{m \times p}$ 和 $B_{p \times n}$ 的乘积。

　　1）采用"实数标量＋循环"编写计算复数矩阵乘积的 M 函数

　　在许多传统编程语言中，运算的基本单元是"实数标量"。因此，为实现复数矩阵相乘，必须采取两个措施：一，把复数分为实部和虚部，以便采用实数对实、虚两部分别处理；二，必须采用循环，使标量算术运算能在元素上得以进行。根据以下理论关系

$$D = AB = (A_R + jA_I)(B_R + jB_I) = (A_R B_R - A_I B_I) + j(A_R B_I + A_I B_R)$$

$$d_{ij} = d_{Rij} + \mathrm{j}d_{Iij} = \sum_{k=1}^{p}(a_{Rik}b_{Rkj} - a_{Iik}b_{Ikj}) + \mathrm{j}\sum_{k=1}^{p}(a_{Rik}b_{Ikj} + a_{Iik}b_{Rkj})$$

编写如下 M 函数。

```
function D = exm030402_1(A,B)
% D = exm030402_1(A,B)      采用传统"实数标量循环"法计算两个复数矩阵的乘积
% A、B                       参与乘运算的两个矩阵。注意:A阵的列数必须等于B阵的行数
% D                          复数乘积矩阵
  [m,p] = size(A);          % 获取 A 阵的行数 m、列数 p
  [q,n] = size(B);          % 获取 B 阵的行数 q、列数 n
  if p~ = q                 % 检查两个输入矩阵是否满足相乘条件
      error('A阵的列数不等于B阵的行数,所以 A 不能与 B 相乘! ')
  end
  for ii = 1:m
    for jj = 1:n
      wr = 0;wi = 0;
      for k = 1:p
          wr = wr + real(A(ii,k)) * real(B(k,jj))...
             - imag(A(ii,k)) * imag(B(k,jj));
          wi = wi + real(A(ii,k)) * imag(B(k,jj))...
             + imag(A(ii,k)) * real(B(k,jj));
      end
      D(ii,jj) = wr + 1j * wi;
    end
  end
end
```

2) 准备供计算用的两个复数矩阵

```
clear
rng('default')                   % 采用随机发生器默认状态,保证随机矩阵与本例相同
m = 100;p = 300;n = 200;
A = randn(m,p) + 1j * randn(m,p);   % 生成(m×p)复数矩阵 A
B = randn(p,n) + 1j * randn(p,n);   % 生成(p×n)复数矩阵 B
```

3) 采用"实数标量＋循环"的 exm030402_1.m 函数计算矩阵乘积

在运行以下文件前,注意保证该文件和 exm030402_1.m 文件在 MATLAB 当前文件夹或在 MATLAB 搜索路径上。

```
tic                            % 启动秒表计时器
Dc = exm030402_1(A,B);         % 用传统"实数标量＋循环"法计算 Dc
Tc = toc;                      % 中止计时器,记录"循环"法的计算耗时
```

4) 采用"矩阵乘算符"计算矩阵乘积

```
tic
Dm = A * B;                    % 用"MATLAB 乘算符"计算 Dm
Tm = toc;                      % 记录"MATLAB 乘算符"的计算耗时
```

5）比较两种 M 编码的计算效率

```
RE = abs((Dm - Dc)./Dm);              % 两结果矩阵 Dm 和 Dc 各元素间的相对误差阵 RE
re = max(RE(:));                      % 找 RE 全部元素中的最大值,即元素间最大相对误差 re
tmc = Tm/Tc;                          % "MATLAB 乘算符"法与"循环"法的耗时比
fprintf('两种编码所得矩阵间的最大元素相对误差为        %6.4e\n', re)
fprintf('"直接乘算符法"耗时与"标量循环法"耗时之比为    %6.4e\n',tmc)
两种编码所得矩阵间的最大元素相对误差为        3.3445e - 14
"直接乘算符法"耗时与"标量循环法"耗时之比为   6.6500e - 02
```

⊕说明

- 从所得比较结果不难看出:采用"MATLAB 乘算符"法计算的矩阵乘积,不仅 M 码简明易读,而且计算效率显著高于"实数标量循环"法。而两种方法的计算精度都在双精度的舍入误差数量级。
- 事实上,复数矩阵间的乘运算还是比较简单的。诸如复数方阵特征值分解的许多其他运算,若采用"实数标量＋循环"进行编码,将会变得十分复杂。而使用 MATLAB 提供的算符和各种函数进行矩阵化编程,不仅大大提高编程效率,而且可增加程序运行的可靠性,使用户释放出更多的智慧和时间专注于自己面临的应用问题。

习题 3

1. 请读者先运行以下命令
```
a = 0;b = pi;
t1 = a:pi/9:pi;
t2 = linspace(a,b,10);
T = t1 * t2';
F = find(T<0);
```
然后,请回答变量 a、t1、T、F 的维度、规模、长度分别是多少? t1 完全等于 t2 吗? 为什么?

2. 对于命令 A＝reshape(1:18,3,6)产生的数组
```
A =

    1    4    7    10    13    16
    2    5    8    11    14    17
    3    6    9    12    15    18
```
先请用一条命令,使 A 数组中取值为 2、4、8、16 的元素都被重新赋值为 NaN。然后,再用一条命令,把 A 数组的第 4、5 两列元素都重新赋值为 Inf。

3. 由命令 rng('default'),A＝rand(3,5)生成二维数组 A,试求该数组中所有大于 0.5 的元素的位置,分别求出它们的"全下标"和"单下标"。

4. 在时间区间 [0,10]中,绘制 $y = 1 - e^{-0.5t}\cos 2t$ 曲线。要求分别采取"标量循环运算法"和"数组运算法"编写两段程序绘图。

5. 已知 A＝magic(3),B＝rand(3),请回答以下问题:
(1) A. * B 和 B. * A 的运行结果相同吗? 请说出理由。

(2) A * B 和 A. * B 的运行结果相同吗？请说出理由。

(3) A * B 和 B * A 的运行结果相同吗？请说出理由。

(4) A.\B 和 B./A 的运行结果相同吗？请说出理由。

(5) A\B 和 B/A 的运行结果相同吗？请说出理由。

(6) A * A\B－B 和 A * (A\B)－B 的运行结果相同吗？它们中那个结果的元素都十分接近于 0?

(7) A\eye(3) 和 eye(3)/A 的运行结果相同吗？为什么？

6. 已知矩阵 $A = \begin{bmatrix} 1 & 2 \\ 3 & 4 \end{bmatrix}$. (1)运行命令 B1＝A.^(0.5)，B2＝0.5.^A，B3＝A^(0.5)，B4＝0.5^A，观察不同运算方法所得的不同结果。(2) 请分别写出根据 B1，B2，B3，B4 恢复原矩阵 A 的 M 码。(3) 用命令检验所得的两个恢复矩阵是否相等。

7. 先运行命令 x＝－3 * pi:pi/15:3 * pi；y＝x；[X,Y]＝meshgrid(x,y)；warning off；Z＝sin(X). * sin(Y)./X./Y；产生矩阵 Z。(1) 请问矩阵 Z 中有多少个"非数"数据？(2) 用命令 surf(X,Y,Z)；shading interp 观察所绘的图形。(3) 请写出绘制相应的"无裂缝"图形的全部命令。(提示：isnan 用于判断是否非数；可借助 sum 求和；realmin 是最小正数。)

8. 请分别用"标量循环＋条件分支"法和"数组混合运算"法，在 $-1.5 \leqslant x \leqslant 1.5$、$-3 \leqslant y \leqslant 3$ 的矩形域内计算以下二元函数。然后，比较两个计算结果中元素的最大相对误差，并使用 surf 命令绘制函数图形。(提示：数组运算时所需的矩形域内的自变量数组 X、Y 可使用 meshgrid 生成。)

$$z(x,y) = \begin{cases} 0.546e^{-0.75y^2-3.75x^2+1.5x} & x+y \leqslant -1 \\ 0.758e^{-y^2-6x^2} & -1 < x+y \leqslant 1 \\ 0.546e^{-0.75y^2-3.75x^2-1.5x} & x+y > 1 \end{cases}$$

9. 已知复数表达式 $G = (AB-C)D$。(1) 请用"实数标量循环"法写出复数向量 G 的实部和虚部。(2) 若复数矩阵 A、B、C、D 由以下命令产生，请用"MATLAB 矩阵运算符"计算复数向量 G 实部、虚部向量各自的 2-范数。(提示：norm 命令可计算向量 2-范数。)

```
rng default
A = randn(50,70) + 1i * randn(50,70);
B = randn(70,60) + 1i * randn(70,60);
C = randn(50,60) + 1i * randn(50,60);
D = randn(60,1) + 1i * randn(60,1);
```

第4章

数值计算

与符号计算相比,数值计算在科研和工程中的应用更为广泛。MATLAB 正是凭借其卓越的数值计算能力称雄计算机编程语言世界。随着科研领域、工程实践的数字化进程的深入,具有数字化本质的数值计算就显得愈发重要。

现今,在计算机软硬件的支持下,数值计算能力得到了空前的提升。这自然地激励人们从新的计算能力出发去学习和理解概念,触发人们用新计算能力去试探解决实际问题的雄心。与此同时,精妙的数值结果也让人们享受到数值计算的魅力和内在美。

鉴于当今高等教育本科教学偏重符号计算和便于手算简单示例的实际,也出于帮助读者克服对数值计算生疏感的考虑,本章在内容安排上仍从"微积分"开始。这一方面与第 2 章符号计算相呼应,另一方面通过微积分说明数值计算离散本质的微观和宏观影响。

为便于读者学习,本章内容的展开脉络基本上依据高校数学教程,而内容深度力求控制在高等教育本科水平。考虑到知识的跳跃和交叉,本书对重要概念、算式、命令尽可能完整地进行说明。

4.1 数值微积分

4.1.1 近似数值极限及导数

在 MATLAB 数值计算中,没有专门求极限和导数的命令。原因是:在数值浮点体系中,由于数值精度有限,不能表示无穷小量,不能准确描述一个数的邻域。但这并不意味着数值计算不能应用于"导数"等函数邻域概念有关的问题。事实上,数值计算是解各类微分方程的最主要工具。

开设本节的目的是:一,提醒读者高度重视有限精度浮点表示的离散本质,不要贸然自行编写数值计算程序进行求极限和导数的运算;二,在数值近似导数非求不可的情况下,自变量的增量选取一定要大于原数据相对精度的 10 倍以上;三,在解算极值、积分、微分方程等数值问题时,要尽量使用 MATLAB 提供的现成命令,严格遵循命令使用规则和仔细理解相关说明。

在 MATLAB 数值计算中,既没有专门的求极限命令,也没有专门的求导命令。但 MATLAB 提供了与"求导"概念有关的"求差分"命令:

dx＝diff(X)   求差分

FX = gradient(F)	求一元(函数)梯度
[FX,FY] = gradient(F)	求二元(函数)梯度

💡说明

- 对 diff 而言,当 X 是向量时,dx=X(2:n)−X(1:n−1);当 X 是矩阵时,dx=X(2:n,:)−X(1:n−1,:)。注意:dx 的长度比 X 的长度短少一个元素。

- 对 gradient 而言,当 F 是向量时,FX(1)=F(2)−F(1),FX(end)=F(end)−F(end−1),FX(2:end−1)=(F(3:end)−F(1:end−2))/2。梯度采用"内点中心差分"计算。注意:FX 的长度与 F 相同。

- 当在 gradient 中的 F 是矩阵时,FX,FY 是与 F 同样大小的矩阵。FX 的每行给出 F 相应行元素间的"梯度";FY 的每列给出 F 相应列元素间的"梯度"。

◀例【4.1−1】　设 $f_1(x)=\dfrac{1-\cos 2x}{x\sin x}$,$f_2(x)=\dfrac{\sin x}{x}$,试用最小正数 realmin 替代理论 0,计算极限 $L_1(0)=\lim\limits_{x\to 0}f_1(x)$,$L_2(0)=\lim\limits_{x\to 0}f_2(x)$。本例演示:除非数值近似法求的极限经过理论验证,否则绝不要借助数值法求取极限。

```
% 不可信的"极限的数值近似计算"
x = realmin;
L1 = (1 − cos(2 * x))/(x * sin(x))    % 将得到一个错误的极限值
L2 = sin(x)/x                          % 恰巧与理论值一致
L1 =
    NaN
L2 =
     1

% 可信的"极限的符号计算"
syms t
f1 = (1 − cos(2 * t))/(t * sin(t));
f2 = sin(t)/t;
Ls1 = limit(f1,t,0)
Ls2 = limit(f2,t,0)
Ls1 =
2
Ls2 =
1
```

💡说明

- 理论分析表明 $f_1(x)=2f_2(x)$,而且 $L_2(0)=\lim\limits_{x\to 0}f_2(x)=\lim\limits_{x\to 0}\dfrac{\sin x}{x}=1$。

- 借助符号计算所求的极限与理论值一致。

- 用数值法近似计算的极限与理论不一致。在此,再次提醒:不要借助数值计算求取极限!

◀例【4.1−2】　已知 $x=\sin(t)$,求该函数在区间 $[0,2\pi]$ 中的近似导函数。本例演示:自变量增量的适当取值对数值导函数的精度影响极大。

1）计算数值导数时，自变量的增量取得过小（在 eps 数量级），引起有效数字丢失（参见图 4.1 - 1）

```matlab
d = pi/100;
t = 0:d:2 * pi;
x = sin(t);
dt = 5 * eps;                    % 增量为 eps 数量级
x_eps = sin(t + dt);
dxdt_eps = (x_eps − x)/dt;       % 以 dt = 5 * eps 为增量算得的数值导数
plot(t,x,'LineWidth',5)
hold on
plot(t,dxdt_eps)
hold off
legend('x(t)','dx/dt')
xlabel('t')
```

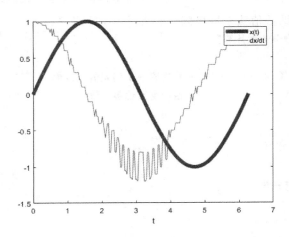

图 4.1 - 1   增量过小引起有效数字严重丢失后的毛刺曲线

2）计算数值导数时，自变量的增量取得适当（参见图 4.1 - 2）

```matlab
x_d = sin(t + d);
dxdt_d = (x_d − x)/d;            % 以 d = pi/100 为增量算得的数值导数
plot(t,x,'LineWidth',5)
hold on
plot(t,dxdt_d)
hold off
legend('x(t)','dx/dt')
xlabel('t')
```

说明

- 本例较好地说明：即使被导函数数据是从双精度计算获得的，数值导数仍然受计算中的有限精度困扰。当自变量增量 dt 取得太小时，$f(t+dt)$ 与 $f(t)$ 的数值十分接近，它们的高位有效数字完全相同。这样计算 $df = f(t+dt) - f(t)$ 时，$f(t+dt)$ 和 $f(t)$ 相减造成 df 的许多高位有效数字消失，导致精度急剧变差。

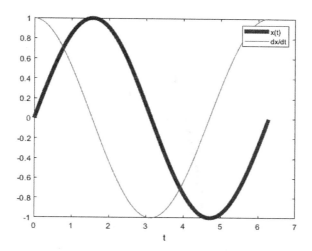

图 4.1 – 2　增量适当所得导函数比较光滑

● 再次强调：数值导数的使用应十分谨慎！

◀**例【4.1 – 3】**　已知 $x = \sin(t)$，采用 diff 和 gradient 计算该函数在区间 $[0, 2\pi]$ 中的近似导函数。本例演示：diff 和 gradient 求数值近似导数的方法；diff 和 gradient 求导的差别；参见图 4.1 – 3。

```
clf
d = pi/100;                    % 自变量增量
t = 0:d:2 * pi;
x = sin(t);
dxdt_diff = diff(x)/d;         % diff 求得的近似数值导数,注意:除以 d
dxdt_grad = gradient(x)/d;     % gradient 求得的近似数值导数,注意:除以 d
subplot(1,2,1)
plot(t,x,'b')
hold on
plot(t,dxdt_grad,'m','LineWidth',8)
plot(t(1:end - 1),dxdt_diff,'.k','MarkerSize',8)
axis([0,2 * pi, - 1.1,1.1])
title('[0, 2\pi]')
legend('x(t)','dxdt_{grad}','dxdt_{diff}','Location','North')
xlabel('t'),box off
hold off
subplot(1,2,2)
kk = (length(t) - 10):length(t); % t 数组中最后 11 个数据的下标
hold on
plot(t(kk),dxdt_grad(kk),'om','MarkerSize',8)
plot(t(kk - 1),dxdt_diff(kk - 1),'.k','MarkerSize',8)
title('[end - 10, end]')
legend('dxdt_{grad}','dxdt_{diff}','Location','SouthEast')
```

```
xlabel('t'),box off
hold off
```

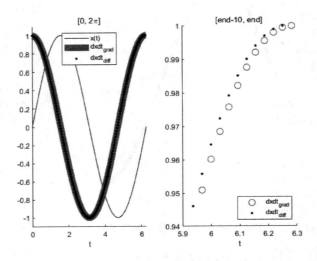

图 4.1-3　diff 和 gradient 求数值近似导数的异同比较

💡**说明**

- 图 4.1-3 左图表明，从宏观看，diff 和 gradient 所求的近似导数大体相同。
- 从图 4.1-3 右图可以看到，diff 和 gradient 不仅在数值上有差异，而且 diff 没有给出最后一点的导数。

4.1.2　数值求和与近似数值积分

Sx＝sum(X)　　　　　　　　沿列方向求和 $Sx(k) = \sum_{i=1}^{m} X_{m \times n}(i,k)$

Scs＝cumsum(X)　　　　　　沿列方向求累计和

St＝trapz(x, y)　　　　　　采用梯形法沿列方向求函数 y 关于自变量 x 的积分

Sct＝cumtrapz(x, y)　　　采用梯形法沿列方向求函数 y 关于自变量 x 的累计积分

💡**说明**

- 假如 X 是 $(m \times n)$ 的数组，那么 sum(X) 的计算结果 Sx 是一个 $(1 \times n)$ 的数组，其中 Sx(k) 就是 X 第 k 列全体元素的和。而 cumsum(X) 的计算结果 Scs 仍是 $(m \times n)$ 数组，其第 (i,k) 元素就是 X 数组第 k 列前 i 个元素的和。
- trapz(x,y) 给出采样点 (x, y) 所连接折线下的面积，即函数 y 在自变量区间 x 上的近似积分。而 cumtrapz(x, y) 的计算结果 Sct 是一个与 y 同样大小的数组，Sct(k) 是 $\int_{x(1)}^{x(k)} y(x)\mathrm{d}x$ 的近似值。
- 在对计算数值积分精度没有严格要求的场合，trapz 和 cumtrapz 是两条比较方便易用的命令。这两条命令所得数值积分的精度与积分区间分割的稀密程度有关。采样点数越多，积分精度越高，但精度无法定量控制。

◢**例【4.1-4】**　求积分 $s(x) = \int_{0}^{\pi/2} y(t)\mathrm{d}t$，其中 $y = 0.2 + \sin(t)$。本例演示：trapz 用于数

值积分时的基本原理；sum 的用法及注意事项（见图 4.1 - 4）。

```
clear
d = pi/8;                              % 分区间的区间间隔
t = 0:d:pi/2;                          % 包含 5 个采样点的一维数组
y = 0.2 + sin(t);                      % 5 个点处的函数值数组
s = sum(y);                            % 求出的是：所有函数采样值之和
s_sa = d * s;                          % 高度为函数采样值的所有小矩形面积之和          <6>
s_ta = d * trapz(y);                   % 连接各函数采样值的折线下的面积              <7>
disp(['sum 求得积分 ',blanks(3),'trapz 求得积分 '])
disp([s_sa, s_ta])
t2 = [t,t(end) + d];                   % 因采用 stairs 绘图需要而写
y2 = [y,nan];                          % 因采用 stairs 绘图需要而写
hs = stairs(t2,y2,':k','LineWidth',3); % 黑虚线下面积表示 d * sum                <12>
hold on
ht = plot(t,y,'r','LineWidth',3);      % 红折线下面积表示 d * trapz             <14>
stem(t,y)                              % 用蓝空心杆线表示函数采样值
legend([hs,ht],'sum','trapz','location','best')        %                      <16>
axis([0,pi/2 + d,0,1.5])               % 使横坐标恰好是[0,5 * d]
hold off
shg
sum 求得积分    trapz 求得积分
     1.5762      1.3013
```

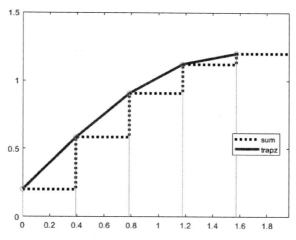

图 4.1 - 4　sum 和 trapz 求积模式示意

☼说明

- 本例第〈7〉条命令可用更一般的格式 s_ta＝trapz(t,y) 替换。这种通用格式适用于"非等间隔采样"场合。该命令的几何意义是：计算由 t，y 所绘出折线下的面积。
- sum 命令是为求取数组元素和而设计的命令，也有人把它与自变量步长的乘积用作近似积分（如命令〈6〉）。但必须指出，这是一种误解。从图 4.1 - 4 可以清楚看到，阶梯虚线所占的自变量区间比积分区间多一个采样子区间。

- 为了揭示 trapz 实现梯形近似积分的几何意义,为了揭示不能把 d * sum(y)看作"矩形近似积分"的理由,因此本例把子区间取得较大。在实际使用中,为了获得较高精度的近似积分,应该把子区间划分得相当小。
- 命令⟨12⟩⟨14⟩所产生的图柄,用于命令⟨16⟩的 legend 绘制所需图例。

4.1.3 计算精度可控的数值积分

4.1.2 节介绍了数值积分的近似计算命令。这些命令虽然使用起来简单,但存在的缺陷也十分明显:一,难以控制积分精度;二,不能处理广义积分;三,计算速度相当低。下面介绍的积分命令是 MathWorks 公司根据最新数值积分研究成果编制而成的,能有效地克服近似积分命令的三个缺点。具体如下

q=integral(fun,xmin,xmax)

在 xmin 到 xmax 区间上计算 fun 函数的精确积分(简单调用格式)

q=integral(fun,xmin,xmax,Name,Value)

在 xmin 到 xmax 区间上计算 fun 函数的精确积分(复杂调用格式)

💡**说明**

- 输入量 fun:
  □ 是用于描述被积函数的匿名或具名函数句柄(函数句柄详见 6.4 节)。
  □ 注意:匿名或具名函数的编写,一定要适应输入量 x 的"数组运算"。
  □ 对于标量型被积函数 $y=f(x)$ 而言,当 x 为($1×n$)数组时,所编写的匿名函数或函数文件的输出 y 也应该是($1×n$)数组。
  □ 对于阵列型被积函数,比如($m×1$)阵列 $\boldsymbol{y}=[f_1(x),\cdots,f_m(x)]^T$,当 x 为标量时,所编写的匿名函数或函数文件的输出 $\boldsymbol{y}$ 也应该是($m×1$)的阵列。在这种情况下,integral 命令的输入量中,必须含有 'ArrayValued' 选项,且其取值应是 true(注意:true 不带英文单引号)。
- 输入量 xmin 和 xmax:
  □ 分别定义积分区间的下限和上限。在实数域里,它们可取有限或无限标量;在复数域里,它们的实、虚部必须是有限标量。
  □ 当积分下、上限都为有限实数标量时,允许被积函数在积分区间端适度奇异。即该命令能计算被积函数在积分端适度缓慢发散的广义积分(Improper Integral)。
  □ 当积分下、上限中至少有一个为无限实数标量时,该命令适用于衰减速度足够快的被积函数在无限区间上的广义积分。
  □ 当积分下、上限中至少有一个是复数时,该命令将给出被积函数沿着从 xmin 到 xmax 直线的路径积分(Path Integral)。
- 在复杂调用格式中,用户根据需要,可选用多个"Name/Value"选项对(Optional Comma‐Separated Pairs)。各选项的名称、允许取值、默认值及含义参见表 4.1‐1。
- 若被积函数在积分区间内存在"K 个奇异点(Singularities)",那么应按如下方法处理:根据奇异点位置,把积分区间切割成($K+1$)个子区间;在各子区间上,分别调用 integral 计算积分;然后,再对各子区间上的积分"求和",以获得整个积分区间的上积分。

- 若积分区间或路径中,存在 K 个"第一类间断点(Discontinuity Points of the First Kind)",那么最有效的积分方法是:"沿积分方向"把间断点依次排列构成数组,用作 'Waypoints' 选项的值。
- 若积分下限、上限以及 'Waypoints' 选项值中,只要有一个"复数"存在,那么 integral 将实施"沿下限到上限的直线"或"沿 Waypoints 数组元素连成的有向折线"的复变函数积分。
- 老的积分命令 quad,quadl 仍然可以使用,但不推荐,因为它们都没有 integral 那样高效、精确和强的适应性。此外,MATLAB 还提供了求解内积分限可变的二重、三重积分的新命令 integral2 和 integral3。但因本书内容范围所限,不予介绍。

表 4.1 - 1　积分命令 integral 的选项名称、取值,及默认值

选项名 Name	允许值 Value	默认值 Default Value	含　义
'AbsTol'	正实数	1e−10 (双精度下)	积分的绝对误差(Absolute Error Tolerance),即 $\|q-Q\|$ 。在此,q 是定积分计算值,Q 是(并不已知)定积分真值
'RelTol'	正实数	1e−6 (双精度下)	$\|q-Q\|/\|Q\|$ 。积分结果将满足 $\|q-Q\| \leqslant \max\{AbsTol, RelTol \times \|q\|\}$
'ArrayValued'	false true	false	阵列型被积函数标识(Array - Valued Function Flag)。所谓阵列型被积函数是指,被积函数本身是"关于标量 x 的阵列"
'Waypoints'	实数单调序列数组		定义实数轴上的逐个积分子区间
	复数序列数组		定义复平面上有向折线路径的序列点
	注意:使用该选项时,积分上下限和路径序列点必须是"有限值";被积函数在积分路径上,必须是"有界的"		

例【4.1 - 5】　当 $0 \leqslant x \leqslant 1$,求曲线 $g_1(x) = \dfrac{1}{\sqrt[5]{x}}$ 与 $g_2(x) = x^5$ 所夹区域的面积(参见图 4.1 - 5)。本例演示:标量型匿名函数、阵列型匿名函数;integral 的简单调用格式和复杂调用格式;integral 求取广义积分的能力。

1) 绘制两曲线所夹区域的图形

```
x = linspace(0.01,1.2,50);              %构造 50 点的自变量 x 数组
g1 = x.^(-0.2);      g2 = x.^5;         %计算两个函数对应自变量的函数值
plot(x,g1,'-r.',x,g2,'-b*')
k = x<1;                                %自变量 x 取值小于 1 的样本逻辑数组
line([x(k);x(k)],[g1(k);g2(k)],'Color',[0,0.3,0])   %标志待求面积区域
axis([0,1.2,0,3])
legend('g_1(x) = 1/x^{0.2}','g_2(x) = x^5','Location','North')
title('x 位于[0,1]间的 g_1(x)曲线与 g_2(x)曲线所夹的区域')
xlabel('x')
```

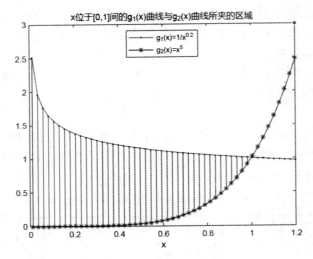

图 4.1 - 5   待求面积的区域

2) 采用标量型匿名函数计算积分

```
format long
G1 = @(x)x.^- 0.2;              % 构造 g₁(x)的匿名函数。注意:符号.^适于数组运算   <8>
Q1 = integral(G1,0,1)          % 在[0,1]区间计算 g₁(x)曲线下的面积              <9>
G2 = @(x)x.^5;                 % 构造 g₂(x)的匿名函数                          <10>
Q2 = integral(G2,0,1)          % 在[0,1]区间计算 g₂(x)曲线下的面积             <11>
S12 = Q1 - Q2                  % 两曲线所夹区域的面积                          <12>
Q1 =
   1.250000027856047
Q2 =
   0.166666666666667
S12 =
   1.083333361189380
```

3) 采用阵列型匿名函数计算积分

```
G = @(x)x.^[ - 0.2;5];              % 构造阵列型匿名函数                     <13>
Q = integral(G,0,1,'ArrayValued',true)   % 积分结果                        <14>
S = [1, - 1] * Q                        %                                 <15>
Q =
   1.250000027856047
   0.166666666666667
S =
   1.083333361189381
```

4) 符号积分验算

```
syms t                         % 定义符号变量
Gsym = vpa(int(t.^[ - 0.2;5],0,1));   % 计算两个函数具有 32 精度的积分值
Ssym = Gsym(1) - Gsym(2)            % 至少有 31 位精度的曲线所围区域面积       <17>
Ssym =
1.0833333333333333333333333333333333
```

💡说明

- 命令⟨8⟩⟨10⟩表述的都是标量型匿名函数。请特别注意"体现数组运算的小黑点"。
- 命令⟨9⟩⟨11⟩是 integral 的简单调用格式；而命令⟨14⟩是复杂调用格式。
- 关于命令⟨13⟩⟨14⟩的说明：

  □ 命令⟨13⟩中的 $[-0.2;5]$ 是 $\begin{bmatrix} -0.2 \\ 5 \end{bmatrix}_{2\times1}$ 阵列，所以形成 $\begin{bmatrix} G_1(x) \\ G_2(x) \end{bmatrix} = \begin{bmatrix} x^{-0.2} \\ x^5 \end{bmatrix}_{2\times1}$ 的阵列型匿名函数。该表达式合法的关键在于：体现数组运算的小黑点。

  □ 由于需要对阵列型匿名函数积分，所以必须使阵列选项 'ArrayValued' 取 true。注意：true 的外面不能有英文引号。

  □ 命令⟨14⟩给出的积分为 $Q_{2\times1} = \begin{bmatrix} Q_1 \\ Q_2 \end{bmatrix} = \begin{bmatrix} \int_0^1 g_1(x)\,\mathrm{d}x \\ \int_0^1 g_2(x)\,\mathrm{d}x \end{bmatrix}$。

- 函数 $g_1(x) = \dfrac{1}{\sqrt[5]{x}}$ 在 $x=0$ 处无穷大，且关于 $\dfrac{1}{x}$ 的幂次为 $\dfrac{1}{5} < 1$，所以 $\int_0^1 g_1(x)\,\mathrm{d}x$ 是可积的无界函数广义积分。integral 有求解广义积分的较强能力。
- 命令⟨15⟩的数值计算面积与命令⟨17⟩算出的符号变精度计算结果相比，验证了：计算结果的相对精度已经超过了默认的 10^{-6}。

📘例【4.1-6】　验证 $s = \oint_P \dfrac{2z-1}{z(z-1)}\mathrm{d}z = 4\pi i$，其中 P 为包围奇点 $z=0$ 和 $z=1$ 的任何正向（即逆时针）封闭曲线（参见图 4.1-6）。本例演示：匿名函数中数组运算规则的体现；integral 计算复变函数路径积分的能力；路径点 Waypoints 的表述方法。

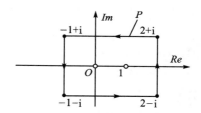

因为被积函数除奇点 $z=0$ 和 $z=1$ 以外，在复平　图 4.1-6　在复平面上的奇点和积分路径
面处处解析，所以本例选用如图 4.1-6 所示的矩形封闭折线是合理的。于是，可写出如下计算命令。

```
F = @(z)(2 * z - 1)./(z. * (z - 1));        %构造被积函数                        <1>
Path = [2 + 1i, -1 + 1i, -1 - 1i, 2 - 1i, 2 + 1i];   %                          <2>
                                            %构造包围 2 个奇点的逆时针封闭折线

sf = integral(F, 2 + 1i, 2 + 1i, 'Waypoints', Path)
ER = 4 * pi - imag(sf)                       %计算值与理论值误差
sf =
   0.000000000000000 + 12.566370614359172i
ER =
    0
```

💡说明

- 需要再次强调：只有按命令⟨1⟩那样，正确使用"小黑点"使构造适应数组运算规则的匿名函数，才能正确地被 integral 调用。
- 本例命令⟨2⟩所定义的路径是完整的封闭路径。事实上，该命令可以用更简短的 Path=$[-1+1i, -1-1i, 2-i]$ 替代。

● 本例所计算的围线积分与例 2.7－9 试验三相同,只是后者使用符号计算实现。

4.1.4　函数极值的数值求解

对于函数极值问题,高等数学教科书给出的求解方法是:先对函数 $f(x)$ 求导函数 $f'(x)$,然后解方程 $f'(x)=0$ 得到满足方程的 x_0,进而通过分析 $f(x)$ 在 x_0 邻域内凹凸性,确定 $f(x)$ 是否在 x_0 取得极值。这种极值确定法概念清晰、易于理解和接受。因此,这种极值确定法不但在许多理论演绎中常被采用,而且在相当一些导函数比较简单的实际极值问题中也不少采用。MATLAB 的符号计算命令适用于这种场合。

教科书的极值确定法应用于实际时遇到两大障碍:一,待求极值函数的导函数未必处处存在;二,即使导函数存在,但 $f'(x)=0$ 的求解绝非轻而易举。

事实上,求极值的现代数值计算程序一般是利用由函数构成的某种"代价函数"值的不断下降原理进行搜索的。它们采用变步长、多项式(如抛物线)插补、黄金分割收缩区间等手段搜索函数的极值点。

本节将介绍两条 MATLAB 求极小值的优化命令。顺便指出,MATLAB 只有处理极小值的命令,而没有专门针对极大值的命令。这是因为 $f(X)$ 的极大值问题等价于 $[-f(X)]$ 的极小值问题。

确切地说,这里只讨论"局域极值"问题。"全域最小"问题要复杂得多,至今没有一个"系统性"的方法可求解一般的"全域最小"问题。对于一元、二元函数,作图观察对确定全域最小有很好的应用价值,但更多元的函数就很难使用作图法。下面是 MATLAB 求函数极值的两条命令。

$[x,fval,exitflag,output]=fminbnd(fun,x1,x2,options)$ **求一元函数在区间(x1, x2)中极小值**

$[x,fval,exitflag,output]=fminsearch(fun,x0,options)$ **单纯形法求多元函数极值点**

说明

● 第一输入量 fun 是待解目标函数,该目标函数可以采用匿名或具名函数句柄、函数名等不同形式表达。fminsearch 被优化目标函数 fun 中的多元自变量应采用单一变量名的向量形式表达(见例 4.1－8)

● fminbnd 的第二、三个输入量 x1,x2 分别表示被研究区间的左、右边界。输出量 x,fval 分别是极值点和相应的目标函数极值。

● fminsearch 的第二个输入宗量 x0 可以是一个搜索起点的向量或一组搜索起点的矩阵。当采用单个搜索起点时,输出量 x 也是一个单点(向量)。当采用多个搜索起点(矩阵)时,输出量 x 就给出多个搜索结果(矩阵),该矩阵的每一列代表一个候选极值点。这些搜索到的候选极值点按目标函数值递增次序排列。极值点 x(:,1) 对应的目标函数极小值由 fval 给出。

● 输入量 options 用于配置优化参数。它的默认值可用 options = optimset('FunFun_Name') 察看。这里的 FunFun_Name 代表泛函命令名,例如 fminbnd 或 fminsearch。在没有特殊需求情况下,一般不必自行设置。

● 输出量 exitflag 若给出大于 0 的数,说明成功搜索到极值点。

● 输出量 output 给出具体的优化算法和迭代次数。

● 注意:7.0 版起,"泛函"命令不能通过输入量传递优化函数中的参数。

● 求一元函数极小值时,数值计算获得的区间收敛容差不会比 $\sqrt{eps}$ 更好。求多元函数极小值时,数值计算的精度极限是 $\dfrac{\parallel \Delta\vec{x} \parallel}{\parallel \vec{x} \parallel} < \sqrt{eps}$, $|\Delta f(\vec{x})| < eps$ 。

例【4.1-7】　已知 $y = e^{-0.1x}\sin^2 x - 0.5(x+0.1)\sin x$,在 $-50 \leqslant x \leqslant 5$ 区间,求函数的最小值。本例演示:fminbnd 只能求函数的某个极小值;利用图形观察函数在指定区间中的整体形态,对求最小值具有重要的指导意义;fplot 命令要求匿名函数采用数组运算(见图 4.1-7)。

1)在整个指定区间上采用优化算法求极小值

```
x1 = -50;x2 = 5;                        % 给定指定区间的边界
yx = @(x)(sin(x).^2.*exp(-0.1*x) - 0.5*sin(x).*(x+0.1));          %      <2>
                        % 采用数组化 M 码写成的匿名函数表达待解函数 yx
[xc0,fc0,exitflag] = fminbnd(yx,x1,x2)                            %      <4>
                        % 极小值搜索在整个指定区间上进行
xc0 =
    -8.4867
fc0 =
    -1.8621
exitflag =
    1
```

2)绘图观察指定区间内的最小值

```
fplot(yx,[-50,5]);              % 利用匿名函数在指定区间绘图              <6>
axis([-50,5,-5,5])              % 使 y 轴向局部放大(见图 4.1-7)
xlabel('x'),grid on
```

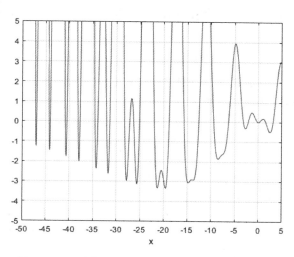

图 4.1-7　在[-50，5]区间的函数曲线局部放大

3)据图形观察,重设 fminbnd 的搜索区间

根据观察,在[-23,18]之间的两个极小值点最有可能是最小值点。为此对[-23,20]和[-20,-18]分别进行如下解算。

```
xx = [-23,-20,-18];             % 设置最小值疑似所在区间点
fc = fc0;xc = xc0;              % 以第一次搜索极小值为对照
```

```
for k = 1:2
    [xw,fw] = fminbnd(yx,xx(k),xx(k + 1));          %                    <12>
    if fw<fc0
        xc = xw;
        fc = fw;
    end
end
fprintf(' 函数最小值 % 6.5f 发生在 x = % 6.5f 处\n',fc,xc)
```
函数最小值 − 3.34765 发生在 x = − 19.60721 处

💡说明

- 在指定区间内,本例函数具有多个极小值。
- 行〈2〉采用"数组运算符"创建匿名函数的原因是:因该匿名函数将被 fplot 命令调用。
- 行〈4〉,借助**fminbnd** 在[−50,5] 整个指定区间内搜索极小值。由 exitflag 为 1 可知,成功搜索到一个极小值 xc0＝ −8.4867,fc0＝ −1.8621。但它是否指定区间内的最小值点,无法断言。
- 行〈6〉借助便捷绘图命令 fplot 绘制函数在[−50,5] 区间内的图形。注意:fplot 命令中的被绘制函数可以是符号函数、匿名或具名函数句柄。当采用匿名或具名函数句柄时,该匿名或具名函数就应实施数组化编写。
- 通过本例,再次提醒读者:求最小值时,一定要注意指定区间;在可能的情况下,应尽量先借助图形观察函数,获取全局信息;不要错误地认为,fminbnd 有能力在指定的区间内找到真解。
- 本书例 6.1 − 1 还提供了一个在指定区间内自动寻找多极值函数最小值的 M 函数文件。

◀例【4.1 − 8】　求 $f(x,y) = 100(y - x^2)^2 + (1 - x)^2$ 的极小值点。它即是著名的 Rosenbrock's "Banana" 测试函数,它的理论极小值是 $x = 1, y = 1$。

1) 本例采用匿名函数表示测试函数

```
ff = @(x)(100 * (x(2) − x(1)^2)^2 + (1 − x(1))^2);
```

2) 用单纯形法求极小值点

```
format short g
x0 = [ − 5, − 2,2,5; − 5, − 2,2,5];          % 提供 4 个搜索起点
[sx,sfval,sexit,soutput] = fminsearch(ff,x0)
                                          % sx 给出一组使优化函数值非减的局部极小点
sx =
      0.99998      − 0.68971       0.41507        8.0886
      0.99997      − 1.9168        4.9643         7.8004
sfval =
   2.4112e − 10
sexit =
      1
soutput =
```

包含以下字段的 struct：

　　iterations：384

　　funcCount：615

　　algorithm：'Nelder－Mead simplex direct search'

　　message：'优化已终止：↵当前的 x 满足使用 1.000000e－04 的 OPTIONS.TolX 的终止条件，↵F(X)满足使用 1.000000e－04 的 OPTIONS.TolFun 的收敛条件 ↵'

3）检查目标函数值

format short e

disp([ff(sx(:,1)),ff(sx(:,2)),ff(sx(:,3)),ff(sx(:,4))])

　　2.4112e－10　　5.7525e＋02　　2.2967e＋03　　3.3211e＋05

※说明

- 注意：在编写目标函数时，自变量不是采用 x，y 表示，而是采用一个名为 x 的二元向量表示的。
- sx 和 sfval 分别给出一组极小值点坐标和它的目标值。这两个数组的第一列，分别给出指定搜索起点组的情况下的最佳极小值点候选和相应的最小目标值。

4.1.5　常微分方程的数值解

　　MATLAB 为解决常微分方程初值问题提供一组设计精良、配套齐全、结构严整的命令，包括：微分方程解算（Solver）命令、被解算命令调用的 ODE 文件格式命令、积分算法参数选项 options 处理命令以及输出处理命令等。本书出于简明的考虑，在此仅通过算例介绍最常用的 ode45 的基本使用方法。

　　　　[t,Y]＝ode45(odefun,tspan,y0)　　　　**采用 4 阶 Runge-Kutta 数值积分法解微分方程**

※说明

- 第一输入量 odefun 是待解微分方程的匿名或具名函数句柄（关于函数句柄的详细说明见第 6.4 节）。该函数句柄的输出必须是待解函数的一阶导数。不管原问题是不是一阶微分方程组，当使用 ode45 求解时，必须转化成（假设由 n 个方程组成）一阶微分方程组形式

$$y' = f(y, t) \qquad (4.1-1)$$

　式中，y 是 $(n \times 1)$ 向量。

- tspan 常被赋成二元向量 $[t_0, t_f]$，此时 tspan 用来定义求数值解的时间区间。
- 输入量 y0 是一阶微分方程组的 $(n \times 1)$ 初值列向量。
- 输出量 t 是所求数值解的自变量数据列向量（假定其数据长度为 N），而 Y 则是 $(N \times n)$ 矩阵。输出量 Y 行中第 k 列 $Y(:,k)$ 就是式（4.1-1）中 y 第 k 分量的解。

◀例【4.1-9】　求微分方程 $\dfrac{\mathrm{d}^2 x}{\mathrm{d}t^2} - \mu(1-x^2)\dfrac{\mathrm{d}x}{\mathrm{d}t} + x = 0, \mu = 2$，在初始条件 $x(0) = 1, \dfrac{\mathrm{d}x(0)}{\mathrm{d}t} = 0$ 情况下的解，并图示（参见图 4.1-8 和图 4.1-9）。

1）把高阶微分方程改写成一阶微分方程组

　令 $y_1 = x, y_2 = \dfrac{\mathrm{d}x}{\mathrm{d}t}$，于是原二阶方程可改写成如下一阶方程组

$$\begin{bmatrix} \dfrac{\mathrm{d}y_1}{\mathrm{d}t} \\ \dfrac{\mathrm{d}y_2}{\mathrm{d}t} \end{bmatrix} = \begin{bmatrix} y_2 \\ \mu(1-y_1^2)y_2 - y_1 \end{bmatrix},\ \begin{bmatrix} y_1(0) \\ y_2(0) \end{bmatrix} = \begin{bmatrix} 1 \\ 0 \end{bmatrix},\text{且设 } \mu = 2$$

2）根据上述一阶微分方程组编写 M 函数文件 DyDt.m

```
function ydot = DyDt(t,y)
mu = 2;
ydot = [y(2);mu * (1 - y(1)^2) * y(2) - y(1)];        % 注意:一阶导数 ydot 是(2 * 1)列向量
end
```

3）解算微分方程（图 4.1-8）

```
tspan = [0,30];                    % 求解的时间区间
y0 = [1;0];                        % 初值向量应与 DyDt.m 文件中 y 形式一致。
[tt,yy] = ode45(@DyDt,tspan,y0);                                        % 〈3〉
figure
plot(tt,yy(:,1),'LineWidth',1)
grid on
xlabel('t'),ylabel('x(t)')
title('二阶微分方程初值问题的解')
```

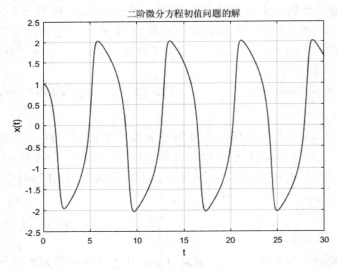

图 4.1-8　微分方程解

4）画相平面图（图 4.1-9）

```
figure
plot(yy(:,1),yy(:,2),'LineWidth',1)     % 函数、导函数曲线称为"相轨迹"
grid on
xlabel('位移'),ylabel('速度')
title('二阶微分方程的相轨迹')
```

✦ 说明

● 注意第〈3〉条命令中 @DyDt 就是函数文件 DyDt.m 的函数句柄。注意:DyDt.m 文件

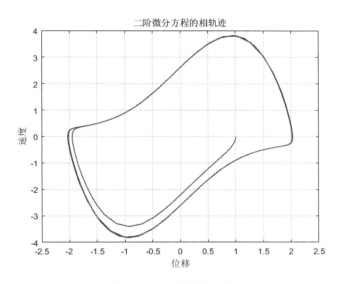

图 4.1 - 9　平面相轨迹

所在目录必须设置成当前目录,或设置在 MATLAB 的搜索路径上。

● 本例的求解步骤具有一般性。关于微分方程数值求解命令的详细描述,ODE 命令组使用方法的详细讨论和使用示例,请参见文献[1]和[3]。

4.2　矩阵和代数方程

4.2.1　矩阵的标量特征参数

正如 3.2 节所述,矩阵和数组是服从不同运算规则的数据阵列。与数组不同,矩阵及描述矩阵特性的各种参数都与线性代数、向量空间、矩阵变换密切相关。表 4.2 - 1 列出了大学教材所涉及的三个标量型特征参数和计算这些特征参数的 MATLAB 命令。

表 4.2 - 1　矩阵的标量特征参数及计算命令

术　语	数学含义	MATLAB 命令
秩 Rank	可采用以下任何一种表述: ● 矩阵 A 中线性无关列(或行)向量组中最大向量数; ● 矩阵 A 中最高非零子行列式的阶数; ● 矩阵 A 中最高非奇异子矩阵的维数	rank(A)
迹 Trace	$\sum_{i=1}^{\min(m,n)} a_{ii}$,即矩阵主对角元素之和	trace(A)
行列式 Determinant	$\|A_{n\times n}\| = \sum_{j=1}^{n} (-1)^{j+1} a_{1j} \|A_{1j}\|$, 式中 $\|A_{1j}\|$ 是元素 a_{1j} 对应的子行列式	det(A)

例【4.2 - 1】　矩阵的标量特征参数计算示例。本例演示:rank,det,trace 的使用;子行列

式的计算。

```
A = reshape(1:9,3,3)              % 产生(3 * 3)矩阵
r = rank(A)                       % 求矩阵的秩
d3 = det(A)                       % 非满秩矩阵的行列式一定为 0
d2 = det(A(1:2,1:2))              % 求矩阵左上角(2 * 2)子行列式
t = trace(A)                      % 求矩阵的迹
A =
     1     4     7
     2     5     8
     3     6     9
r =
     2
d3 =
     0
d2 =
    - 3
t =
    15
```

◢例【4.2 - 2】 矩阵标量特征参数的性质。本例演示:两相乘矩阵位置交换迹不变;两同阶矩阵相乘位置交换行列式不变。

```
format short                      % 采用默认显示格式
rng default                       % 采用默认初始化的全局随机流(参见 4.3.2 节)
A = rand(3,3);                    % 生成(3 * 3)随机阵
B = rand(3,3);                    % 生成另一个(3 * 3)随机阵
C = rand(3,4);
D = rand(4,3);
% 任何符合矩阵乘法规则的两个矩阵的乘积的"迹"不变
tAB = trace(A * B)               % 两个同阶矩阵乘积
tBA = trace(B * A)
tCD = trace(C * D)               % 两个"内维"相等矩阵的乘积
tDC = trace(D * C)
tAB =
    3.7479
tBA =
    3.7479
tCD =
    3.3399
tDC =
    3.3399
% 同阶矩阵乘积行列式等于各矩阵行列式之乘积
d_A_B = det(A) * det(B)
dAB = det(A * B)
```

```
dBA = det(B * A)
d_A_B =
    - 0.0852
dAB =
    - 0.0852
dBA =
    - 0.0852
```

% 对于非同阶矩阵,两个矩阵的乘积行列式随相乘次序不同而不同,假如矩阵乘积存在的话。

% 当(m * n)矩阵与(n * m)矩阵之积,或是(m * m)阵,或是(n * n)阵。

% 若 m>n,则积(m * m)阵一定行列式为机器零

dCD = det(C * D)

dDC = det(D * C)　　　　　　% (m * n)

```
dCD =
    - 0.0557
dDC =
    1.0644e - 17
```

4.2.2　矩阵的变换和特征值分解

$[R, c_i] = rref(A)$　　　　　　借助初等变换把 A 变换成行阶梯矩阵 R

$X = null(A)$　　　　　　　　　A 矩阵零空间的全部正交基,满足 $AX = 0$

$Z = orth(A)$　　　　　　　　　A 矩阵值空间的全部正交基,满足 $span(Z) = span(A)$

$[V, D] = eig(A)$　　　　　　　A 矩阵的特征值、特征向量分解,使 $AV = VD$

💡说明

● 命令 rref 的输出量 c_i 是个行数组。它的元素表示了矩阵 A 中线性独立"列"的序号。因此,length(c_i)就是矩阵 A 的秩;$A(:, c_i)$ 的所有列向量构成矩阵 A 的值空间。但 length(c_i)法计算矩阵秩远不如 rank(A)准确、可靠;$A(:, c_i)$ 决定的值空间也不如 orth(A)可靠。

本命令主要用于教学目的,因为它的结果形式比较接近高校教科书提供的求秩方法。

● 命令 eig 只适用于特征值各异的矩阵。假如存在相同特征值,则应尝试采用实现 Jordan 分解的命令 jordan。

例【4.2-3】　行阶梯阵简化命令 rref 计算结果的含义。本例演示:rref 对矩阵的分解;rref 输出量的含义。

1) 对 4 阶幻方阵进行 rref 分解

A = magic(4)　　　　　　% 产生一个试验矩阵

[R,ci] = rref(A)　　　　% 行阶梯分解

```
A =
    16     2     3    13
     5    11    10     8
     9     7     6    12
     4    14    15     1
R =
```

```
          1      0      0      1
          0      1      0      3
          0      0      1    - 3
          0      0      0      0
ci =
          1      2      3
```

2）rref 输出量 ci 的含义

ci 是行向量。其元素表明：矩阵 A 的第 $1,2,3$ 列向量是"基"。而"基"的数目，即行向量 ci 的长度，正是矩阵 A 的秩。因此，矩阵的秩可以通过下述命令获得

```
r_A = length(ci)
r_A =
          3
```

3）rref 输出量 R 的含义

如果矩阵 A 的各列线性独立，那么输出阵 R 由"坐标（列）向量"构成。所谓"坐标（列）向量"是指除一个元素为 1 外，其余元素均为 0 的向量。

如果矩阵 A 的列线性相关，那么输出阵 R 还包含非"坐标向量"的列。这非"坐标向量"列的元素正是相应 A 阵中那列用基向量线性表出的系数。具体到本例，R 的第 4 列的元素就是 A 阵第 4 列由前 3 列线性表出的系数。检验命令见下：

```
aa = A(:,1:3) * R(1:3,4)           %基向量的线性组合
err = norm(A(:,4) – aa)            %若为 0 或接近 eps，说明 aa 就是 A(:,4)
aa =
         13
          8
         12
          1
err =
          0
```

◀例【4.2 - 4】　矩阵零空间及其含义。本例演示：null 命令的使用和输出结果的含义。

假设 $X_{n \times l}$ 是矩阵 $A_{m \times n}$ 的零空间，即 $A_{m \times n} X_{n \times l} = \mathbf{0}_{m \times l}$。而且，矩阵 $A_{m \times n}$ 的秩 $\mathrm{rank}(A_{m \times n}) = n - l$。下面以一个 (5×3) 的矩阵为例，演示零空间的获得和性质。

```
A = reshape(1:15,5,3);              %产生(5 * 3)试验矩阵
X = null(A)                         %零空间
S = A * X                           %检验是否为"零"
n = size(A,2);                      %矩阵 A 的列数
l = size(X,2);                      %矩阵 X 的列数，即零空间的维数
n - l == rank(A)                    %A 的列数减零空间维数应该等于 A 的秩
X =
        - 0.4082
          0.8165
        - 0.4082
S =
```

```
   1.0e - 14  *

 - 0.1776

 - 0.2665

 - 0.3553

 - 0.3553

 - 0.4441

ans =

  logical

   1
```

◀**例【4.2 - 5】**　简单实阵的特征值分解。本例演示：eig、cdf2rdf 命令的使用；计算结果的验证。

1）特征值分解

A = [1, - 3;2,2/3]

[V,D] = eig(A)

```
A =

   1.0000    - 3.0000

   2.0000     0.6667

V =

   0.7746 + 0.0000i   0.7746 + 0.0000i

   0.0430 - 0.6310i   0.0430 + 0.6310i

D =

   0.8333 + 2.4438i   0.0000 + 0.0000i

   0.0000 + 0.0000i   0.8333 - 2.4438i
```

2）把复数特征值对角阵 D 转换成实数块对角阵

[VR,DR] = cdf2rdf(V,D)

```
VR = 2 × 2

   1.0954            0

   0.0609     - 0.8924

DR = 2 × 2

   0.8333     2.4438

 - 2.4438     0.8333
```

3）分解结果的验算

A1 = V * D/V　　　　　　　　　　% 由于计算误差,可能产生很小的虚部

A1_1 = real(A1)　　　　　　　　 % 采用 real 去除虚部

A2 = VR * DR/VR

err1 = norm(A - A1,'fro')

err2 = norm(A - A2,'fro')

```
A1 =

   1.0000 + 0.0000i   - 3.0000 - 0.0000i

   2.0000 - 0.0000i     0.6667 + 0.0000i

A1_1 =

   1.0000    - 3.0000
```

```
     2.0000    0.6667
A2 =
     1.0000  - 3.0000
     2.0000    0.6667
err1 =
     5.2203e - 16
err2 =
     4.4409e - 16
```

4.2.3 线性方程的解

1. 线性方程解的一般结论

对于含 n 个未知数的 m 个方程构成的方程组 $A_{m \times n} x = b$，它的解有以下几种可能：

- 当向量 b 在矩阵 A 列向量所张空间中，有准确解。
  - □ 若 $n = r$，则解唯一。（在此 r 是矩阵 A 的秩）
  - □ 若 $n > r$，则解不唯一。（在此 r 是矩阵 A 的秩）
- 当向量 b 不在矩阵 A 列向量所张空间中，则无准确解，但存在最小二乘解。
  - □ 当 A 列满秩时，存在唯一的最小二乘解。
  - □ 当 A 列不满秩时，存在最小范最小二乘解和最少非零元素最小二乘解。

2. 除法运算解方程

当矩阵 A 非奇异时，线性代数教科书常介绍的线性方程 $Ax = b$ 的解法有：Cramer 法、逆阵法（$x = A^{-1} b$）和 Gaussian 消元法。但是当在 MATLAB 环境中解方程时，我们极力推荐运用"除法"解线性方程。

MATLAB 对一般线性方程的求解进行了精心的设计，并采用简单直观的"除法"算符表达。具体如下：

x = A\b   运用左除解方程 Ax = b

☀说明

- 命令中的斜杠"\"是"左除"符号。由于方程 $Ax = b$ 中，A 在变量 x 的左边，所以命令中的 A 必须在"\"的左边，切不可放错位置。
- 假若方程是 $xC = d$ 形式，那么将使用"右除"，即命令为 x = d/C。

◆例【4.2 - 6】 求方程 $\begin{bmatrix} 1 & 5 & 9 \\ 2 & 6 & 10 \\ 3 & 7 & 11 \\ 4 & 8 & 12 \end{bmatrix} \cdot x = \begin{bmatrix} 13 \\ 14 \\ 15 \\ 16 \end{bmatrix}$ 的解。本例演示：如何确定解的性状（唯一与否，准确与否）；如何求特解和齐次解；如何检查解的正确性。

1）创建待解方程的 A 和 b

```
A = reshape(1:12,4,3);          %方程系数矩阵 A
b = (13:16)';                   %方程右边的列向量 b
```

2）检查 b 是否在 A 的值空间中（由此确定解的性状：不唯一、准确解）

```
ra = rank(A)                        % A 的秩
rab = rank([A,b])                   % 若 rank([A,b]) = rank(A),则 b 在 A 的列空间中
ra =
    2
rab =
    2
```

3）求特解和通解，并对由它们构成的全解进行验算

```
xs = A\b;                           % 求出特解;给出警告
xg = null(A);                       % 求出齐次方程解
c = rand(1);                        % 随机数
ba = A * (xs + c * xg)              % 计算 A 与"一个随机的全解"的乘积 ba
norm(ba – b)                        % 检查 ba 与 b 的接近程度
警告:秩亏.秩 = 2.tol =  1.875718e – 14。
ba =
   13.0000
   14.0000
   15.0000
   16.0000
ans =
    5.0243e – 15
```

3. 矩阵逆

如果($n \times n$)矩阵 $\boldsymbol{A}$ 和 $\boldsymbol{B}$,满足 $\boldsymbol{AB} = \boldsymbol{I}_{n \times n}$,那么 $\boldsymbol{B}$ 称作 $\boldsymbol{A}$ 的逆,并采用符号 $\boldsymbol{A}^{-1}$ 记述之。MATLAB 提供一个求矩阵逆的命令如下:

```
A_1 = inv(A)          求非奇异方阵 A 的逆,使 A * A_1 = I
```

☀️说明
- 在 MATLAB 中,矩阵逆的用途极其有限。
- 当方程 $\boldsymbol{Ax} = \boldsymbol{b}$ 的系数矩阵 $\boldsymbol{A}$ 非奇异、且维数较低、条件较好时,尚可以用矩阵逆求解该方程。但这也主要出于教学目的。
- 先求逆 $\boldsymbol{A}^{-1}$,再用逆与向量 $\boldsymbol{b}$ 相乘求得解,不但费时,而且会引入额外的误差。以著名的标量方程 $7x = 21$ 为例,$x = \left(\dfrac{1}{7}\right) \times 21 = (0.142857\cdots) \times 21$ 的"逆阵法"求解过程就显得很"笨拙"。相比之下,$x = \dfrac{21}{7} = 3$ 的"直接除法"精炼简捷得多。

◀▶例【4.2 – 7】 "逆阵"法和"左除"法解恰定方程的性能对比。

1）为对比这两种方法的性能,先用以下命令构造一个条件数很大的高阶恰定方程

```
rng default
A = gallery('randsvd',300,2e13,2);    % 产生条件数为 2e13 的 300 阶随机矩阵
x = ones(300,1);                      % 指定真解
b = A * x;                            % 为使 Ax = b 方程一致,用 A 和 x 生成 b 向量
cond(A)                               % 验算矩阵条件数
```

```
ans =
    1.9997e + 13
```

2)"求逆"法解恰定方程的误差、残差、运算次数和所用时间

```
tic                              % 启动计时器 Stopwatch Timer
xi = inv(A) * b;                 % xi 是用"逆阵"法解恰定方程所得的解
ti = toc                         % 关闭计时器,并显示解方程所用的时间
eri = norm(x - xi)               % 解向量 xi 与真解向量 x 的范 - 2 误差
rei = norm(A * xi - b)/norm(b)   % 方程的范 - 2 相对残差
ti =
    0.0588
eri =
    0.0786
rei =
    0.0044
```

3)"左除"法解恰定方程的误差、残差、运算次数和所用时间

```
tic;
xd = A\b;                        % "左除"求方程解
td = toc                         % 给出运算时间
erd = norm(x - xd)               % 绝对误差
red = norm(A * xd - b)/norm(b)   % 相对误差
td =
    0.0033
erd =
    0.0191
red =
    6.8205e - 15
```

说明

- 计算结果表明:除法求解不但速度快,而且精度高得多。对本例而言,逆阵法所得解完全不可信。这是因为本例系数矩阵 A 的条件数很大。
- 一般而言,对于精度为 10^{-16} 的 MATLAB 双精度体系而言,假若矩阵 A 的条件数为 10^q,那么"逆阵法"所得方程解的精度不会高于 10^{q-16},即有效数字不会超过($16-q$)位十进制。
- 这里显示的计算时间与具体机器有关,与相关命令是否第一次运行有关。

4.2.4 一般代数方程的解

对于任意函数 $f(x)=0$ 来说,它可能有零点,也可能没零点;可能只有一个零点,也可能有多个甚至无数个零点。因此,很难说出一个通用解法。一般说来,零点的数值计算过程是:先猜测一个初始零点或该零点所在的区间;然后通过一些计算,使猜测值不断精确化,或使猜测区间不断收缩;直到达到预先指定的精度,终止计算。

解题步骤大致如下:

（1）利用 MATLAB 作图命令获取初步近似解

具体做法：先确定一个零点可能存在的自变量区间，然后利用 plot 命令画出 $f(x)$ 在该区间中的图形，观察 $f(x)$ 与横轴的交点坐标，或者用 zoom 对交点处进行局部放大来观察。借助 ginput 命令获得更精确的交点坐标值。

（2）利用 MATLAB 的如下"泛函"命令求精确解

[x,fval]=fzero(fun,x0)　　　　　　　　**求一元函数零点命令的最简格式**

[x,fval]=fsolve(fun,x0)　　　　　　　　**解非线性方程组的最简单格式**

☝说明

- 关于 fzero 命令的说明
  - □ fzero 命令只能求一元非线性函数穿越横轴（即 y＝0 线）的零点，而不能求诸如 $f(x)=(x-1)^2$ 之类函数的不穿越 y＝0 线的零点。
  - □ 输入量 fun，可以是匿名或具名函数句柄、具名函数的函数名。被解函数的自变量一般采用字母 x。
  - □ 若使输入量 x0 取标量，则 fzero 就以 x0 为起点，在该点两侧附近搜索零点，并返回其中的一个。
  - □ 若使输入量 x0 取二元数组，则 fzero 便在指定的区间内搜索一个零点。值得指出：输入的二元数组 x0 必须满足"它们对应函数值正负号不同"的条件，否则命令报错而停止执行。
  - □ 输出量 x，fval 分别是搜索到的零点位置和该点处的函数值。停止搜索 x 的默认容差使前后两次搜索零点的距离不超过 eps 量级。
  - □ fzero 是以区间二分法（Interval Bisection）为基础，配用弦截法（Secant Method）及逆二次插值（Inverse Quadratic Interpolation，IQI）设计而成的，具有良好的可靠性和可达 eps 量级的高精度。
- 关于 fsolve 命令的说明
  - □ fsolve 命令可以求多元非线性方程的根。
  - □ 输入量 fun 可以是表达非线性方程组的（匿名或具名）函数句柄、（具名函数的）函数名。fun 的匿名或具名函数的输入量 x 以列（或行）数组表达，比如 x 是（$n×1$）的列；fun 的函数值可以是标量、列（或行）数组，比如 fun(x) 的输出是（$m×1$）的数组。
  - □ 输入量 x0 用于决定搜索的起点。这意味着：若被解函数的自变量规模是（$n×1$），那么 x0 必须是代表一个搜索起点的（$n×1$）数值数组；如果 x0 取（$n×k$）的数值数组，那么意味着 x0 有 k 个搜索起点。
  - □ 输出量 x 是搜索到的零点位置，它的规模与初始输入 x0 相同
  - □ fsolve 默认采用信赖域狗腿（Trust Region Dogleg）算法求非线性方程组的解，也可以通过设置采用信赖域（Trust Region）解法，或利文伯格－马奎特（Levenberg Marquardt）算法。其默认的自变量容差和函数值容差都是 1e－6，最多迭代次数为 400。

◀例【4.2－8】　求 $f(t)=(\sin^2 t)\cdot e^{-0.1t}-0.5|t|$ 的零点。本例演示四种解算方法：vpa-solve 命令实现高精度符号数值解算；fzero 命令实现求非线性函数零点的双精度数值解算；fsolve 命令实施求非线性方程组的数值解算；fplot 和 ginput 配合实现图形交互式非线性函数

求解。

1）试验一：采用符号计算求解

```
clear all                                    % 保证本例结果可重现                    <1>
syms t                                       % 定义基本符号变量
ft = sin(t)^2 * exp( - t/10) - 5 * abs(t)/10;   % 构造被解函数的符号表达式             <3>
init_guess = [ - 10,10];                     % 指定搜索区间
S = sym(zeros(10,1));                        % 预设符号数组                          <5>
for k = 1:10                                 % 调用 vpasolve 命令 10 次的循环        <6>
S(k) = vpasolve(ft,t,init_guess,'random',true);   %                                <7>
                                             % 在搜索范围内使用随机搜索起点寻找零点
end                                          %                                      <9>
ts = sort(S)                                 % 把搜索结果按递增次序排列,便于阅读     <10>
ts =
```

$$
\begin{bmatrix}
-2.0074308262629530833714079159232 \\
-2.0074308262629530833714079159232 \\
-0.51984389917421803633917476916721 \\
-0.51984389917421803633917476916721 \\
0 \\
0 \\
0 \\
0.5992679419839849222320520202848353 \\
1.67384658026561422046372155254389 \\
1.67384658026561422046372155254389
\end{bmatrix}
$$

```
fts = all(subs(ft,t,ts)<1e - 32)             % 检测全部搜索结果处的函数值是否为 0    <11>
fts =
  logical
   1
```

2）试验二：采用图形交互法求解

```
% 借助匿名函数句柄和 fplot 绘制被解函数曲线
y_C = @(t) sin(t).^2. * exp( - 0.1 * t) - 0.5 * abs(t);   % 函数表达式采用数组运算   <13>
figure
fh = fplot(y_C,'r');                         % 据匿名函数绘线                        <15>
grid on
xlabel('t');ylabel('y(t)')
ss1 = ['\it f(t) = ',fh.DisplayName];        % 采用曲线对象的显示名属性值            <18>
TL1 = ['$ ',ss1,' $'];                       % 构成 LaTex 解读所需的形式             <19>
title(TL1,'Interpreter','latex')             % 用 LaTex 解读器显示 TL 图名           <20>
% 局部放大图形并由 ginput 获取近似零点
axis([ - 2.2,2, - 0.2,0.5])     % 观察图 4.2 - 1,重新定义坐标轴范围,实现局部放大     <22>
[tt,yy] = ginput(5);            % 在图 4.2 - 2 上,用鼠标获 5 个零点近似猜测值        <23>
tt                             % 显示由鼠标获取的零点猜测值                         <24>
tt =
```

－ 2.0039

－ 0.5184

－ 0.0042

 0.6052

 1.6717

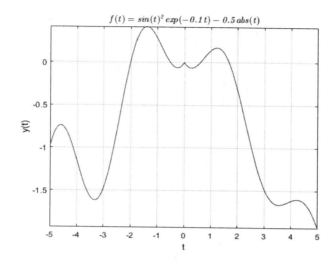

图 4. 2 － 1   函数零点分布观察图

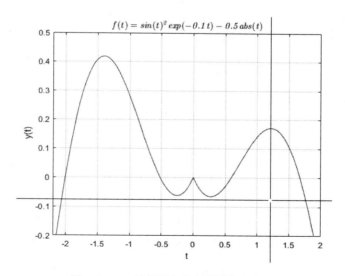

图 4. 2 － 2   局部放大和利用鼠标取值图

3）试验三：借助 fzero 命令搜索题给函数的精确零点位置

```
format long                              % 使数值以 16 位数字显示
for k = 1:5
    [tz(k),fz(k)] = fzero(y_C,tt(k));    % 以 tt 各元素为起点搜索附近零点    <27>
end
disp([blanks(10),'tz',blanks(18),'fz'])
```

```
disp([tz',fz'])                           % 显示搜索结果                      <30>
        tz                    fz
  − 2.007430826262953    0.000000000000000
  − 0.519843899174218                   0
    0.599267941983985                   0
    0.599267941983985    − 0.000000000000000
    1.673846580265614    0.000000000000000
```

4）试验四：借助 fsolve 命令搜索题给函数等于 0 的解

```
[ts,fs] = fsolve(y_C,tt + 0.1);           % 从 tt 元素附近搜索 y_C = 0 的解    <31>
disp([blanks(10),'ts',blanks(18),'fs'])
disp([ts,fs])                             % 显示搜索结果                      <33>
        ts                    fs
  − 2.007430826262953    − 0.000000000000000
  − 0.519843899175793      0.000000000000684
    0.000000000095688    − 0.000000000047844
    0.599267941983985    − 0.000000000000000
    1.673846580265614    − 0.000000000000000
```

💡说明

- 关于符号数值解算命令 vpasolve 的说明：
  □ 该命令兼具符号计算准确性和数值计算普适性的优点，能默认地给出 32 位有效数字精度解（参见行〈11〉结果）。vpasolve 解算速度远高于 solve 纯符号求解而略逊于 fzero 纯数值求解。尽管如此，该命令并不能确保找到全部应有解。
  □ 行〈7〉中的 'random'/true 对的运用十分必要，只有这样，才能借助随机起点尽可能找到指定区间内的全部解。关于 vpasolve 的更详细说明请看第 2.10.3 节。
  □ 因为本例行〈7〉使用符号随机发生器，所以如果没有行〈1〉代码，那么反复运行第〈6~9〉行循环结构代码，所产生的 S 将是不同的。换句话说，行〈1〉代码可保证：vpasolve 所产生的符号解可重现。
- 关于数值求零命令 fzero 的说明：
  □ 行〈27〉之所以采用近似零点搜索，只为强调：无论离不穿越横轴的零点多近，fzero 都不可能搜索出这种零点。行〈27〉以十分靠近 t＝0 的 tt(3)＝− 0.0042 为搜索起点，但仍未搜索出 t＝0，这就验证了此结论。
  □ 实际应用中，起始点哪怕比较远离真实穿越横轴零点，fzero 也能不出意外地找到零点。
  □ 由行〈30〉显示结果表明，零点位置的精度很高。这验证了 fzero 求得的 x 解精度有 16 位有效数字。
- 关于数值解方程命令 fsolve 的说明：
  □ 行〈33〉的显示结果表明，fsolve 找到了题给函数的 5 个零点。
  □ 与符号数值法、fzero 法的计算结果相比，fsolve 所得结果的精度较差，参见行〈33〉的显示结果。
  □ 值得指出：一般而言，fsolve 的求解保证精度是 1e−6。但对各个具体问题来说，其求解精度可能远远高于"保证精度"。行〈33〉〈10〉显示结果的比较就是旁证。

- 关于图形交互法求解的说明：
  □ 在本例中，仅仅演示了图形交互法求解的步骤，只是求取了非常粗糙的近似零点，供 fzero、fsolve 等作为搜索起点用。
  □ 事实上，图形交互法在使用 fplot 绘图后，借助图形窗的放大工具图标，对零点局部进行多次放大后，可获得 4 位有效数字以上的近似解。
  □ 值得指出：在有些 vpasolve、fzero、fsolve 无法处理的情况下，图形交互法是不错的选择。

4.3 概率分布和统计分析

概率统计在科学研究和工程应用中的地位日益提高，这在高校教学大纲中已有所体现。鉴于概率、统计、随机本身的特点，教材中一些在过去难以表达或体验的概念和算法，在计算机普及的今天就不再是障碍。

本节的内容包括：从离散和连续型随机变量概率分布中各挑选一种，介绍 MATLAB 中研究它们概率分布的命令；介绍一个便于读者增加对多种概率分布感性体验的交互界面；比较详细地介绍随机数的生成技术；介绍一组常用的统计命令。

4.3.1 概率函数、分布函数、逆分布函数和随机数的发生

1. 二项分布（Binomial distribution）

每次 Bernoulli 试验只有两个结果：A 和 $\overline{A}$。其中 A 发生的概率 $P(A)=p$，$P(\overline{A})=q=1-p$，且 $0<p<1$。在 N 次独立重复的这种试验中，发生 A 结果 k 次的概率 $P(X=k)$ 和发生 A 结果次数不多于 k 次的概率 $F(X=k)=P(X\leqslant k)$ 分别如下：

$$P\{X=k\}=\binom{N}{k}p^k q^{(N-k)} \qquad k=0,1,\cdots,N$$

$$F(X=k)=P\{X\leqslant k\}=\sum_{j=0}^{k}\binom{N}{j}p^j q^{(N-j)} \qquad k=0,1,\cdots,N$$

服从以上函数关系的分布称为二项分布，记为 $B(N,p)$。MATLAB 关于二项分布的三个常用命令是：

pk＝binopdf(k, N, p)　　事件 A 发生 k 次的概率 $P\{X=k\}=\binom{N}{k}p^k q^{(N-k)}$

Fk＝binocdf(k, N, p)　　事件 A 发生次数不大于 k 的概率 $F(k)=\sum_{j=0}^{k}\binom{N}{j}p^j q^{(N-j)}$

R＝binornd(N, p, m, n)　　产生符合二项分布 $B(N,p)$ 的 $(m\times n)$ 随机数组 R

🔍说明

- 输入量 N 是独立重复试验的总次数；p 是在每次试验中结果 A 发生的概率；k 是在 N 次试验中结果 A 发生的次数，其取值必须在[0，N]区间。
- 二项分布的 $E(k)=Np$，$D(k)=Npq$。

● 当二项分布的 $Np>5, N(1-p)>5$ 时，该分布就十分接近正态分布 $N(Np, (\sqrt{Npq})^2)$。

◀例【4.3-1】　画出 $N=100$，$p=0.5$ 情况下的二项分布概率特性曲线（参见图 4.3-1）。
本例演示：二项分布概率曲线形状；命令 binopdf 和 binocdf 的使用；yyaxis 命令引出双纵轴坐标系的绘图及修饰。

```
figure
N = 100;p = 0.5;                        % 给定二项分布的特征参数
k = 0:N;                                % 定义事件 A 发生的次数数组
pdf = binopdf(k,N,p);                   % 算出各发生次数的概率
cdf = binocdf(k,N,p);                   % 算出"不多于 k 次"事件的概率
yyaxis left                             % 激活左纵轴坐标系                    <6>
hp = plot(k,pdf,'LineWidth',2,'Marker','.','MarkerSize',15);
                                        % 画左纵轴系的 pdf 曲线
ylim([0,0.1])                           % 左纵轴范围
ylabel('pdf 概率','Color',hp.Color)     % 左纵轴名称                        <10>
yyaxis right                            % 激活右纵轴座坐标系                 <11>
hc = plot(k,cdf,'Marker','o','MarkerSize',5);  % 画右纵轴系的 cdf 曲线
ylim([0,1])                             % 右纵轴范围
ylabel('cdf 累计概率','Color',hc.Color) % 右纵轴名称                        <14>
grid on,grid('minor')                   % 显示网格并细化网格                 <15>
xlabel('k')                             % 横轴名称
title('二项分布的概率 pdf 和累计概率 cdf 特性曲线')
legend('pdf','cdf','Location','NorthWest')   % 在左上角标图例                <18>
```

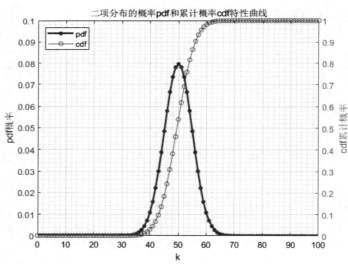

图 4.3-1　二项分布 B(100, 0.5)的概率和累计概率曲线

☀说明

● 由图 4.3-1可见，若每次试验中，结果 A 发生的概率为 0.5，那么在所进行的 100 次独立重复试验中，获得 A 结果的试验次数最可能是 50，因为该二项分布的数学期望

　　　$E(k)=100\times0.5$。但在 100 次试验中，A 结果恰出现 50 次的发生概率还不到 0.08。

- 该二项分布很接近正态分布 $N(Np,(\sqrt{Npq})^2)$，具体为 $N(50,5^2)$。在 100 次试验中，A 结果发生的次数 k 最可能的取值范围是 $[(50-3\times5),(50+3\times5)]$。图上曲线也说明了这种现象。

- 关于双纵坐标轴系绘图的说明：
  - □ 行〈6～10〉绘左纵轴坐标系图形及修饰；行〈11～14〉绘右纵轴坐标系图形及修饰。
  - □ 行〈10〉和〈14〉分别使左、右坐标轴名称的色彩与 pdf、cdf 曲线色彩相同。
  - □ 关于双纵坐标轴系绘图的更详细说明，请看 5.2.3 节。

- 行〈15〉的 grid('minor') 使坐标轴系显示"细密网格"，更详细说明请看 5.2.2 节。

2. 正态分布(Normal distribution)

　　服从正态分布 $N(\mu,\sigma^2)$ 的连续型随机变量 X 的概率密度和累计概率密度函数分别为

$$f(x\mid\mu,\sigma)=\frac{1}{\sigma\sqrt{2\pi}}\mathrm{e}^{\frac{-(x-\mu)^2}{2\sigma^2}}\qquad\qquad x\in(-\infty,+\infty)$$

$$F(x\mid\mu,\sigma)=\int_{-\infty}^{x}f(t\mid\mu,\sigma)\mathrm{d}t=\frac{1}{\sigma\sqrt{2\pi}}\int_{-\infty}^{x}\mathrm{e}^{\frac{-(t-\mu)^2}{2\sigma^2}}\mathrm{d}t$$

其中，μ,σ 分别是正态分布的数学期望和均方差(或称标准差)，即 $\mu=E(x),\sigma^2=D(x)$。

　　MATLAB 关于正态分布的三个常用命令是

```
px=normpdf(x, Mu, Sigma)        服从 N(μ,σ²)分布的随机变量取值 x 的概率密度
Fx=normcdf(x, Mu, Sigma)        服从 N(μ,σ²)分布的随机变量取值不大于 x 的概率
R=normrnd(Mu, Sigma, m, n)      产生元素服从 N(μ,σ²)分布的(m×n)随机数组
```

💡说明

- 输入量 x 可以取任何实数，Mu 是正态分布的数学期望，Sigma 是正态分布的均方差。

◆例【4.3-2】　正态分布标准差的几何表示。本例演示：normpdf, normcdf 的使用格式；指定区间的概率计算；标准差的含义和几何表示；绘图命令 fill 的应用；图形上希腊字母的书写；参见图 4.3-2。

```
mu = 3;sigma = 0.5;                    % 设定均值和标准差
x = mu + sigma * [ - 3; - 1;1;3];
yf = normcdf(x,mu,sigma);
P = [yf(4) - yf(3),yf(5) - yf(2),yf(6) - yf(1)];
                                       % 计算填色区间面积,即该区间对应的概率
xd = 1:0.1:5;
yd = normpdf(xd,mu,sigma);             % 计算概率密度函数,供图示
clf
for k = 1:3
    % --------------为区域填色而进行的计算 --------------
    xx = x(4 - k):sigma/10:x(3 + k);
    yy = normpdf(xx,mu,sigma);
```

```
% ------------------------------------------------
subplot(3,1,k),plot(xd,yd,'b');              % 画概率密度曲线
hold on
fill([x(4-k),xx,x(3+k)],[0,yy,0],'g');       % 给区间填色
hold off
if k<2
    text(3.8,0.6,'[{\mu}-{\sigma},{\mu}+{\sigma}]')
else
    kk = int2str(k);
    text(3.8,0.6,['[{\mu}-',kk,'{\sigma},{\mu}+',kk,'{\sigma}]'])
end
    text(2.8,0.3,num2str(P(k)));shg
end
xlabel('x');shg
```

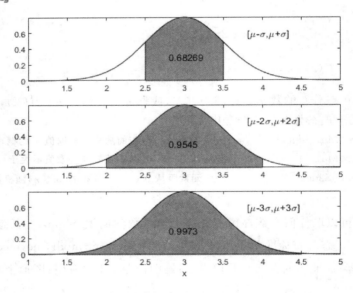

图 4.3 - 2　　均值两侧一、二、三倍标准差之间的概率

💡**说明**

● 正态分布标准差的概率意义是：观察值 x 落在$[\mu-\sigma,\mu+\sigma]$，$[\mu-2\sigma,\mu+2\sigma]$，$[\mu-3\sigma,\mu+3\sigma]$区间的概率，即 $P(\mu-k\cdot\sigma\leqslant x\leqslant\mu+k\cdot\sigma)$ 分别是 $0.68269,0.9545$，0.9973。由于 $P(\mu-k\cdot\sigma\leqslant x\leqslant\mu+k\cdot\sigma)=P(x-k\cdot\sigma\leqslant\mu\leqslant x+k\cdot\sigma)$，所以这个概率意义又可以说成：测量数据两侧的一、二、三倍标准差区间包含该被测数据均值的概率分别是 $0.68269,0.9545,0.9973$。

3. 各种概率分布的交互式观察界面

作为优秀科学计算软件的 MATLAB 为从事科研工作的人员提供了各种直观易用的交互界面，概率分布交互界面就是其中之一。本节将以算例形式简要介绍该界面的使用。

例【4.3-3】 概率分布交互界面使用方法介绍。本例演示：disttool 命令引出的界面介绍。

1）在命令窗中运行命令disttool，引出如图 4.3-3 所示界面。

2）在界面上方的"Distribution"选择栏中选中所需的分布名称（如正态分布 Normal 等），再在右上方的函数类栏选中所要观察的函数名称（如累计分布函数 CDF）。

3）在界面下方，有一到三个特征参数栏。特征参数栏的具体内容随分布函数的不同而不同。例如，对于离散的二项式分布 $B(N,p)$ 而言，它的特征参数是实验总次数 N 和每次试验发生某结果的概率 p。再如，对于连续正态分布 $N(\mu,\sigma^2)$ 而言，可以设置的参数是数学期望 μ 和标准差 σ。

4）在图形窗正下方有个随机变量 x 数值设定栏。x 的具体数值既可以在该栏中输入，也可以通过鼠标直接拖拉图形窗中垂直红线改变。该 x 值所对应的概率，显示在图形窗的左侧。

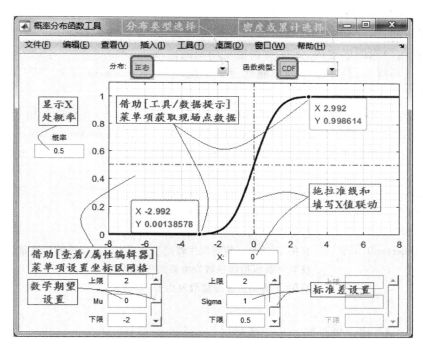

图 4.3-3 概率分布交互界面

说明

- 图 4.3-3 中显示的是 $x \sim N(0,1^2)$ 的正态分布概率密度函数，以及 $x=0$ 时的累计概率为 0.5。
- 从该界面可以很方便地观察正态、χ^2、瑞利、泊松、二项等 20 多种概率分布。
- 借助图窗工具可便利阅读概率分布数据。具体如下：
  - □ 坐标网格的设置：先点选图窗菜单[查看/属性编辑器]后，再点击坐标区；然在引出的对话窗中设置网格。
  - □ 现场点的数据提示：先点选图窗菜单项[工具/数据提示]；然后再用鼠标点选曲线的

点，以引出现场数据；如需显示多点现场数据，需在现场菜单中点选"创建新数据"菜单项。图 4.3-3 现场点数据表明：在 $x=-3$ 处，累计概率接近于 0；而在 $x=3$ 处，累计概率几乎等于 1。

4.3.2　全局随机流、随机数组和统计分析

在控制、通信、模式识别、图像处理等诸多领域的计算机仿真中，都会遇到共同的 Monte Carlo 问题：模拟独立同分布干扰或噪声的随机序列从何而来？ 如何使它们服从用户所需的统计假设？ 如何使试验根据用户的需要重现或不重现？

本节将分别叙述随机流的产生和操控、三种基本随机数的获取和统计分析命令。

1. 全局随机流的操控

从本质上讲，任何计算机所产生的随机数都是伪随机数（Pseudorandom Numbers），是具有如下特性的周期序列：

- 对用户而言，序列中各数的出现具有不可预测性，且能均匀地取遍指定集合中的每个数；在用户忍耐限度内，无法看到重复周期的出现。
- 从统计角度看，伪随机序列应能通过关于随机性（Randomness）的各种统计测试（Statistical Test）。
- 出于仿真试验的需要，伪随机序列的重现性（Repeatability）和独立性应都可控。

在 MATLAB 中，任何分布的随机数都是在所谓的全局随机流（Global Stream）基础上生成的，随机数组、随机序列的重现性控制也是通过全局随机流实现的。下面列出操控全局随机流的简便命令。

rng default	恢复 MATLAB 启动时的默认全局随机流
rng shuffle	以时变种子初始化全局随机流
rng(sd)	产生以 sd 为初始种子的全局随机流
rng(sd，generator)	利用 generator 指定发生器产生全局用户随机流的简便命令
st＝rng	获取当前所用随机数发生器的设置构架
rng(st)	采用 st 构架设置随机数发生器

💡说明

- 输入量 sd　指定发生器初始化的种子。
  - □ sd 可取小于 2^{32} 的任何非负整数，如 0，1，2 等。0 是 MATLAB 启动时所用的默认随机种子。
  - □ 相同的 sd 取值将引出相同的全局随机流；不同随机数则引出独立的全局随机流。
- 输入量 generator　随机数发生器的名称字符串。该输入量的取值见表 4.3-1。
- st＝rng 的输出结果 st：
  - □ 它是一个保存当前所用发生器、初始化种子及其当前发生器状态的构架。在默认情况下，st 的内容如下：
    Type：'twister'　　　　　（类别域：默认发生器的类别名称）
    Seed：0　　　　　　　　　（种子域：发生器默认的初始化种子）
    State：[625x1 uint32]　　（状态域：默认发生器的当前状态）

□ 当构架 st 用作 rng 命令的输入量时,便可重置全局随机流的发生器、初始化种子及状态。
● 全局随机流的两个基本性质:
□ 每次 MATLAB 启动后,只要不另行设置随机发生器,那么任何时候产生的任何分布随机数都起源于、受制于全局随机流。
□ 任何分布随机数的获取,都将影响此后具体出现的任何随机数。

表 4.3 - 1　产生全局随机流的发生器

generator	
可取字符串	含　义
'twister'	(默认)梅森旋转(Mersenne Twister)算法
'simdTwister'	面向"单指令多数据 SIMD"的快速梅森旋转(SIMD - oriented Fast Mersenne Twister)算法(注:Single Instruction Multiple Data,简写为 SIMD)
'combRecursive'	组合多重递归(Combined Multiple Recursive)算法
'multFibonacci'	乘法滞后斐波那契(Multiplicative Lagged Fibonacci)算法
'v5uniform'	MATLAB 5.0 版均布随机数发生器
'v5normal'	MATLAB 5.0 版正态随机数发生(例 4.3 - 6,例 4.3 - 7)
'v4'	MATLAB 4.0 版随机发生器(例 4.3 - 5)

2. 三个基本随机数组创建命令

rand(m,n)　　　　　　　　　据全局随机流产生在(0,1)间均匀分布的($m \times n$)随机数组
randn(m,n)　　　　　　　　据全局随机流产生 $N(0,1^2)$ 分布的($m \times n$)随机数组
randi([imin,imax],m,n)　　据全局随机流产生[i_{min},i_{max}]内各整数均布($m \times n$)随机数组

说明
● 输入量 m,n 分别用以指定数组行、列数目。
● 输入量[imin,imax]是确定待生成随机整数数组的下、上界整数。
● 借助变换式 $x = a + (b-a) \cdot$ rand,可以产生在[a,b]区间均布的随机数。
● 借助变换式 $x = \mu + \sigma \cdot$ randn,可以产生服从 $N(\mu,\sigma^2)$ 分布的正态分布随机数。
● 再次强调指出:由于这三个随机数发生命令都依赖于同一个全局随机流,所以任何一个随机数发生函数的运行,都将影响其他随机数发生命令的运行结果。

例【4.3 - 4】　本例演示:各种随机数的产生都依赖全局随机流;三条随机数基本发生命令 rand,randn,randi 的调用格式;任何随机数发生命令的运行,都将影响其他随机数发生命令的运行结果;重现随机流的两种方法。

1) 全局随机流的部分数据

```
rng default              %恢复默认全局随机流初始态                    <1>
GRS = rand(1,25)         %产生在(0,1)中均匀分布的(1×25)随机数数组     <2>
GRS =
  Columns 1 through 5
```

```
    0.8147      0.9058      0.1270      0.9134      0.6324
 Columns 6 through 10
    0.0975      0.2785      0.5469      0.9575      0.9649
 Columns 11 through 15
    0.1576      0.9706      0.9572      0.4854      0.8003
 Columns 16 through 20
    0.1419      0.4218      0.9157      0.7922      0.9595
 Columns 21 through 25
    0.6557      0.0357      0.8491      0.9340      0.6787
```

2）三个基本命令都依赖全局随机流生成随机数组

```
rng default                 % 重现默认全局随机流初始态                              <3>
r1 = randn(1,5)             % 产生服从 N(0,1²)分布的(1×5)随机数数组               <4>
r2 = rand(1,5)              %                                                  <5>
r3 = randi([−3,2],1,5)      % 产生在 −3 到 2 间各整数均布出现的(1×5)随机数组    <6>
r4 = exprnd(0.4,1,5)        % 均值为 0.4 的指数分布随机数组                      <7>
st = rng;                   % 为重现此后随机流而获取构架                          <8>
r5 = rand(1,5)              %                                                  <9>
r1 =
    0.5377      1.8339    − 2.2588      0.8622      0.3188
r2 =
    0.0975      0.2785      0.5469      0.9575      0.9649
r3 =
    − 3         2           2         − 1           1
r4 =
    0.7811      0.3453      0.0352      0.0932      0.0165
r5 =
    0.6557      0.0357      0.8491      0.9340      0.6787
```

3）任何随机数的发生都影响其他随机数发生命令的运行结果

```
rng(st)                     % 重现 st 构架锁定状态的后续随机流                     <10>
rr5 = rand(1,5)             % 与命令⟨9⟩的运行结果相同                            <11>
rr5 =
    0.6557      0.0357      0.8491      0.9340      0.6787
```

💢说明

● 本例命令⟨2⟩的运行结果表现了默认全局随机流中序号最小的 25 个随机数。

● 把命令⟨5⟩⟨9⟩的运行结果 r1，r5 与命令⟨2⟩结果 GRS 进行比照，可以观察到：

　　□ r1 的 5 个均布随机数全同于 GRS 数组中第 6 到第 10 随机数。这是由于 GRS 最前面的 5 个元素，被命令⟨4⟩产生正态随机数时"消耗"了。

　　□ r5 中的 5 个元素全同于 GRS 的第 20 到第 25 个元素。这表明，randi 和 exprnd 运行时，又消耗了 10 个随机流元素。

　　□ 由以上观察可以感悟到，各种随机数都依赖全局随机流而产生。但值得指出：除均匀分布随机数组外，随机流的一个随机数并非总足以生成一个其他分布的随机数。

- 重现随机流的三种常用方法：
  - □ rng default 命令运行后，总能重现整个默认全局随机流，见本例命令〈1〉和〈3〉的作用。
  - □ 采用相同的初始种子，运行 rng(sd) 命令，可重现所需的全局随机流，参见例 4.3 - 5。
  - □ 由 st = rng 获取的随机流信息构架 st，可通过 rng(st) 的作用再次重现 st 所包含状态的所有后续随机流。请看，在 st = rng 和 rng(st) 作用下，rr5 与 r5 数组元素完全相同。

例【4.3 - 5】　本例演示：从不同层次上创建独立同分布随机数组、随机序列、随机流的四种方法；借助 corrcoef 命令检验随机序列的独立性。

1) 方法 1：同一随机流引出的统计独立同分布接续随机序列

```
rng default,rng(2)              % 为读者能重现以下结果而设
N = 10000；
a = randn(N + 2,1)；
A = [a(1:N),a(2:N + 1),a(3:N + 2)]；   % 生成各列元素"上移一行"的 Toeplitz 数组
A(1:4,:)                        % 显示 A 数组前四行,以观察相邻列元素的特殊排列
CA = corrcoef(A)                % 利用协方差阵,观察 N(0,1²)正态分布各列间独立性
ans =
   - 0.1242    - 2.5415      0.2772
   - 2.5415      0.2772    - 0.1960
     0.2772    - 0.1960    - 0.1962
   - 0.1960    - 0.1962    - 0.3057
CA =
     1.0000    - 0.0093    - 0.0024
   - 0.0093      1.0000    - 0.0093
   - 0.0024    - 0.0093      1.0000
```

2) 方法 2：同一随机流不同子段所产生的统计独立同分布随机序列

```
clear
rng(5)                          % 为重现如下结果而设
N = 10000；                      % 数据长度
A = rand(N,3)；                  % 由随机流不交叉子段构成的均布随机数组
B = randn(N,3)；                 % 由随机流不交叉子段构成的正态随机数组
C = rand(N,3)；                  % 由随机流不交叉子段构成的均布整数随机数组
RAB = corrcoef(A(:),B(:))       % 结果表明 A,B 数组列化序列统计独立
RAC = corrcoef(A,C)             % 结果表明 A,C 数组列化序列统计独立
RAB =
     1.0000      0.0017
     0.0017      1.0000
RAC =
     1.0000      0.0083
     0.0083      1.0000
```

3）方法 3：不同初始种子引出的统计独立同分布随机序列

```
clear
N = 10000;
rng(17)
a = randn(1,5)                        % 为观察与 b 的差别而设
A = rand(N,3);
rng(18)                               % 获取全局随机流的句柄
b = randn(1,5)                        % 为观察与 a 的差别而设
B = rand(N,3);
CAB = corrcoef([A,B])                 % 观察 A,B 各列间的独立性
a =
  - 0.3951    0.1406   - 1.5172   - 1.8820    0.7965
b =
    0.2068    0.0155    0.8243   - 1.6221    0.7124
CAB =
    1.0000   - 0.0109    0.0003    0.0123   - 0.0045    0.0060
  - 0.0109    1.0000   - 0.0023    0.0004   - 0.0042   - 0.0092
    0.0003   - 0.0023    1.0000    0.0247    0.0158   - 0.0038
    0.0123    0.0004    0.0247    1.0000    0.0167   - 0.0121
  - 0.0045   - 0.0042    0.0158    0.0167    1.0000   - 0.0013
    0.0060   - 0.0092   - 0.0038   - 0.0121   - 0.0013    1.0000
```

4）方法 4：不同发生器引出的独立同分布随机流

```
clear
N = 1e4;
rng default                          % 重现默认全局随机流
a = rand(N,1);
rng(0,'v4')                          % 采用初始种子为 0 的 MATLAB4.0 版发生器产生全局随机流
b = rand(N,1);
Cab = corrcoef(a,b)
Cab =
    1.0000    0.0031
    0.0031    1.0000
```

💡说明

- 本例介绍的 4 种方法所产生的随机序列数组和随机流，都具有统计意义上的独立同分布性质。
  □ 笼统而言，由于计算机产生的是伪随机数序列，不可能产生真正的随机数。各种随机数发生器虽都能保证所生成随机数的"独立同分布"性质，但都或多或少存在统计测试上的瑕疵。从这个意义上讲，采用不同发生器所产生的随机流，对 Monte Carlo 仿真结论进行测试、检验是必要的、比较慎重的措施。
  □ 各种方法的特征、差异及使用建议归纳在表 4.3 - 2 中。

表 4.3 - 2   创建独立同分布随机序列或随机流的 4 种方法汇总

方　法	创建目标	创建特征	应用建议
1	接续随机序列数组	同一发生器；同一初始种子；时间上接续的内部状态向量	最简便地产生满足统计独立同分布的随机数组；用于数字信号处理中随机的时间序列数组的产生
2	随机数组	同一发生器；同一初始种子；时间上分隔的内部状态向量	最简便地产生满足统计独立同分布的随机数组；用于 Monte Carlo 仿真中随机的非时间序列数组的产生
3	多个随机流	同一发生器；不同初始种子	统计意义上独立性更好的随机数组；用于 Monte Carlo 仿真
4	多个随机流	不同发生器	统计意义上独立性最好的随机数组；运用于独立同分布要求相同，而随机流生成机理不同的训练集、测试集随机数组的产生和 Monte Carlo 仿真

● 除本例介绍的四种方法外，MATLAB 还提供一个利用时变种子产生独立随机流的命令：

rng shuffle   产生时变种子初始化默认发生器所产生的全局随机流

□ shuffle 表示初始种子是根据"当时的计算机时间"产生的。不同时间产生不同的初始种子，从而导致所产生的全局随机流也不同。

□ 除非理由充分，MATLAB 不建议使用 shuffle 频繁地生成不同全局随机流。

3. 统计分析命令

min(X)   对 $(m \times n)$ 数组 X 各列分别求最小值

max(X)   对 $(m \times n)$ 数组 X 各列分别求最大值

xbar = mean(X)   对 $(m \times n)$ 数组 X 各列分别求均值，$\bar{x}_j = \dfrac{1}{m} \sum_{i=1}^{m} x_{ij}$

S = std(X)   对 $(m \times n)$ 数组 X 各列分别求标准差，$s_j = \left(\dfrac{1}{m-1} \sum_{i=1}^{m} (x_{ij} - \bar{x}_j)^2 \right)^{\frac{1}{2}}$

var(X)   对 $(m \times n)$ 数组 X 各列分别求方差（标准差的平方）

C = cov(X)   给出矩阵 X 各列间的协方差阵。$c_{ij} = \dfrac{1}{m-1} (\boldsymbol{x}_i^{\mathrm{T}} - \bar{x}_i)(\boldsymbol{x}_j - \bar{x}_j)$

P = corrcoef(X)   给出矩阵 X 各列间的相关系数，即 $p_{ij} = \dfrac{c_{ij}}{\sqrt{c_{ii} c_{jj}}}$

例【4.3 - 6】   随机数据的统计量。本例演示：各命令的用法；不同命令计算量之间的关系。

```
rng(0,'v5normal')       %为以下结果可重现而设置。参见表 4.3 - 1
A = randn(1000,4);      %产生服从 N(0,1²)分布的各元素独立的(1000 * 4)数组
AMAX = max(A)           %最大值应在(0 + 3 * 1)附近
AMIN = min(A)           %最小值应在(0 - 3 * 1)附近
CM = mean(A)            %各列的样本均值应接近 0
MA = mean(mean(A))      %整个数组 A 的元素均值,一般比各列均值更接近 0
S = std(A)              %应接近 1
var(A) - S.^2           %理论应为 0
C = cov(A)
```

```
diag(C)' − var(A)                % 理论应为 0
p = corrcoef(A)                  % 理论上应是单位阵
AMAX =
    2.7316    3.2025    3.4128    3.0868
AMIN =
  − 2.6442   − 3.0737   − 3.5027   − 3.0461
CM =
  − 0.0431    0.0455    0.0177    0.0263
MA =
    0.0116
S =
    0.9435    1.0313    1.0248    0.9913
ans =
  1.0e − 15 *
  − 0.1110   − 0.2220   − 0.2220    0.1110
C =
    0.8902   − 0.0528    0.0462    0.0078
  − 0.0528    1.0635    0.0025    0.0408
    0.0462    0.0025    1.0502   − 0.0150
    0.0078    0.0408   − 0.0150    0.9826
ans =
  1.0e − 15 *
         0         0         0   − 0.2220
p =
    1.0000   − 0.0543    0.0478    0.0083
  − 0.0543    1.0000    0.0024    0.0399
    0.0478    0.0024    1.0000   − 0.0147
    0.0083    0.0399   − 0.0147    1.0000
```

💡**说明**

- 当样本数有限时,样本统计量不会准确等于概率分布的相应数字特征,但一般比较接近。

◢**例【4.3 − 7】** 产生 1000 个服从 $N(2, 0.5^2)$ 的随机数。本例演示:如何利用 randn 产生指定均值和标准差的正态随机数;如何用 histfit 命令显示随机样本与理想正态分布的接近程度;参见图 4.3 − 4。

```
mu = 2;s = 0.5;
rng(22,'v5normal')              % 为计算结果可重现,参见表 4.3 − 1
x = randn(1000,1);                                                              %      <3>
y = s * x + mu;                 % 产生符合题意的随机样本                              <4>
z = s * (x + mu);               % 产生均值为 1 标准差为 0.5 的随机样本               <5>
subplot(3,1,1),histfit(x),axis([ − 5,5,0,100]),ylabel('x')
subplot(3,1,2),histfit(y),axis([ − 5,5,0,100]),ylabel('y')
subplot(3,1,3),histfit(z),axis([ − 5,5,0,100]),ylabel('z')
```

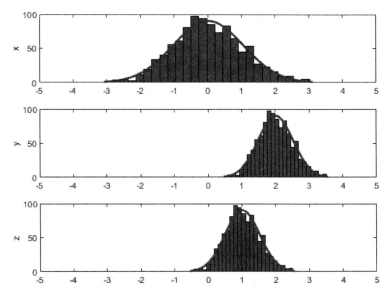

图 4.3 – 4　均值为 2 标准差为 0.5 的随机数样本 z

🔅说明

- 服从 $N(2,0.5^2)$ 随机数产生的正确命令是第〈4〉条命令。本例之所以设计第〈5〉条命令是为了对比。
- 关于 histfit 的说明：
  □ 当不采用 histfit(x, nbins)格式,由 nbins 指定子区间数目的情况下,histfit(x)把整个随机数取值区间分割成"样本数平方根"个子区间;每个子区间中所包含的随机数的个数,被显示为该子区间上直方条的高度。histfit 除画出直方图以外,还自动计算所给数据的样本均值和样本标准差,然后画出相应的正态拟合曲线。
  □ 不带拟合曲线,专门绘制频数直方图的命令是 histogram。该命令可以进行各种属性设置,绘制出精良的随机数频率直方图。
- 值得指出:运行命令 rng(22, 'v5normal'); yy＝normrnd(mu,s,1000,1);可直接得到满足题目要求的随机数。

4.4　多项式运算和卷积

鉴于多项式计算和卷积在理工科中的特殊地位和意义,专设一节给予阐述。

4.4.1　多项式的运算函数

1. 多项式表达方式的约定

MATLAB 约定降幂多项式 $a(x)＝a_1x^n＋a_2x^{n-1}＋\cdots＋a_nx＋a_{n+1}$ 用以下系数行向量表示:$a＝[a_1,a_2,\cdots,a_n,a_{n+1}]$,即把多项式的各项系数依降幂次序排放在行向量的元素位置

上。在此要提醒读者注意:假如多项式中缺某幂次项,则应认为该幂次项的系数为零。

2. 多项式运算函数

多项式运算函数的调用格式及含义如表 4.4 - 1 所列。

表 4.4 - 1 多项式运算函数的调用格式及含义

指　令	含　义
c＝conv(a, b)	计算 $a(x) \times b(x)$ 乘积多项式 $c(x)$ 的系数向量 c
[q,r]＝deconv(b,a)	求出 $\dfrac{b(x)}{a(x)} = q(x) + r(x) \cdot \dfrac{1}{a(x)}$ 运算中商多项式 $q(x)$ 和余多项式 $r(x)$ 的系数向量 q 和 r
[r,p,k]＝residue(b,a) [b,a]＝residue(r,p,k)	当 $a(s)$ 不含重根时,计算部分分式分解 $\dfrac{b(s)}{a(s)} = \dfrac{r_1}{s - p_1} + \dfrac{r_2}{s - p_2} + \cdots + \dfrac{r_n}{s - p_n} + k(s)$ 中的极点(Poles)、留数(Residues)和直项(Direct term)。 输出量 r 是由"各分子"构成的 $[r_1, r_2, \cdots, r_n]$ 行数组; 输出量 p 是由"各极点"构成的 $[p_1, p_2, \cdots, p_n]$ 行数组; 输出量 k 是多项式 $k(s)$ 的系数行向量。 注:两种调用格式互为反运算
r＝roots(a)	求 $a(x)$ 多项式的根
a＝poly(r)	若 r 是一维数组,则该命令实施"据多项式根求多项式各项系数"的运算。此时,输入量 r 的各元素表示多项式的根,输出量 a 表示多项式的系数向量
	若 r 是方阵,则该命令实施"计算方阵特征多项式"的运算。此时,a 表示矩阵 r 所对应的特征多项式的系数向量
V＝polyval(p,X)	在 $x = x_{ij}$ 时,计算多项式 $p(x)$ 的值 $v_{ij} = p(x_{ij})$。x_{ij} 是输入量 X 的第 (i,j) 元素;v_{ij} 是输出量 V 的第 (i,j) 元素。简单地说,按数组运算规则计算多项式值
v＝polyvalm(p,x)	计算矩阵多项式的值 $V = p_1 X^n + \cdots + p_n X + p_{n+1} I$。换句话说,按矩阵运算规则计算多项式值。p 为多项式,X 为矩阵

◀例【4.4 - 1】　求有理分式 $R(s) = \dfrac{(s^2 + 2)(s + 4)(s + 1)}{s^3 + s + 1}$ 的"商"及"余"多项式。本例演示:
多项式系数向量的正确表达;命令 conv、deconv 的使用;如何验算。

1) 有理分式的创建

在 MATLAB 数值计算中,没有专门表达有理分式的专门形式。因此,一个有理分式只能通过其分子、分母多项式表述。

```
Rn = conv([1,0,2],conv([1,4],[1,1]))    % R(s)分子多项式的系数行向量                <1>
Rd = [1 0 1 1]                           % R(s)分母多项式的系数行向量                <2>
Rn =
      1     5     6    10     8
Rd =
      1     0     1     1
```

2) 验算多项式乘法结果 Rn 的正确性

```
p1 = deconv(deconv(Rn,[1,1]),[1,4])      % 逆运算 R(s)分子的第一个因式          <3>
p1 =
      1    0    2
```

3）求有理分式的商多项式及余多项式

```
[q,r] = deconv(Rn,Rd)                    % R(s)的商、余多项式系数行向量          <4>
q =
      1    5
r =
      0    0    5    4    3
```

4）通过分母、商、余多项式系数重新求出题给有理分式的分子多项式系数行向量

```
RRn = conv(q,Rd) + r                     % 逆运算获得分子多项式系数行向量        <5>
RRn =
      1    5    6    10    8
L1 = all(abs(RRn − Rn)<100 * eps)        % 检验全部元素相等性的通用代码          <6>
L2 = all(RRn == Rn)                      % 不建议使用的代码                    <7>
L1 =
  logical
   1
L2 =
  logical
   1
```

说明

- 在行〈1〉、行〈2〉中的多项式行向量代码中含有 0 元素，这是因为题给 $R(s)$ 的第一个分子因式及分母都是缺项多项式。
- 命令〈2〉〈3〉代码分别嵌套了 conv、deconv，用以执行连乘、连除。
- 行〈5〉用于帮助读者理解商、余多项式系数向量的含义。
- 关于运算结果相等性检验的说明：
  □ 行〈6〉代码具有典型和普适性。在数值环境中，经过不同运算途径获得的、两个理论数值相等数组的一般检验方法，必须考虑数值运算误差。
  □ 行〈7〉代码对本例给出了正确结果，但请记住：这是特例，不能推广使用。原因在于：本例多项式系数都是整数（MATLAB 专称其为坚数），MATLAB 程序设计中，采取了许多措施，保证坚数不受浮点圆整误差和截断误差的影响。
- 关于 conv 的卷积应用，请参阅 4.4.3 节和例 4.4 − 7。

◀例【4.4 − 2】 矩阵和特征多项式，特征值和多项式根。本例演示：poly，roots 的用法；矩阵特征值与特征多项式根的关系；多项式求根在 MATLAB 中是如何实现的；如何生成多项式的伴随矩阵。

1）求矩阵的特征多项式

```
format short
A = [11 12 13;14 15 16;17 18 19];        % 创建一个试验用的(3 * 3)矩阵
PA = poly(A)                             % A 的特征多项式                    <3>
```

```
PA =
    1.0000   - 45.0000   - 18.0000   - 0.0000
```

2）方阵特征值和特征多项式根

```
s = eig(A)
r = roots(PA)
s =
    45.3965
   - 0.3965
   - 0.0000
r =
    45.3965
   - 0.3965
   - 0.0000
```

3）特征多项式的伴随矩阵

```
n = length(PA);                          % 多项式系数向量的长度
AA = diag(ones(1,n-2,class(PA)), -1);    %                                          <7>
AA(1,:) = - PA(2:n)./PA(1);              % 据多项式系数构成伴随阵   "."可以省略      <8>
AA
sr = eig(AA)
AA =
    45.0000   18.0000    0.0000
     1.0000        0         0
          0   1.0000         0
sr =
    45.3965
   - 0.3965
   - 0.0000
```

💡说明

- n 阶方阵的特征多项式系数向量一定是 $1 \times (n+1)$ 的，并且该系数向量第一个元素必是 1。这是因为命令 poly 输出的特征多项式经过"首项系数归一化"处理的缘故。
- 本例通过计算矩阵特征值 s 和特征多项式根 r，验证了"两者相同"的理论结论。
- 命令〈7〉中的ones(1,n-2,class(PA)) 产生 $[1 \times (n-2)]$ 的行数组，且该数组的数据类型与PA 相同。然后，该数组[1, 1]在 diag 命令作用下，被设置在矩阵的"第 1 下次对角线"上，于是生成矩阵 $\begin{bmatrix} 0 & 0 & 0 \\ 1 & 0 & 0 \\ 0 & 1 & 0 \end{bmatrix}$。
- 关于行〈8〉代码的说明：
  - □ 命令〈8〉在命令〈7〉所生成矩阵基础上，在该矩阵第 1 行写入多项式的"次最高项以下的所有系数"，构成所谓的伴随矩阵 AA。
  - □ 顺便指出：基于伴随矩阵构造的简便性，又因为"矩阵特征值计算"的稳定性远超"多项式求根计算"，因此 MATLAB 的多项式求根算法实际上是通过求伴随矩阵特征值实现的。

- 在此,还可以顺便指出:矩阵的多项式是唯一的,但具有相同特征多项式的矩阵是无限的。就本例而言,可以肯定矩阵 A 和 AA 是相似的。

◀**例【4.4-3】**　构造指定特征根的多项式;命令 poly、real、polysym、vpa 的应用。

```
R = [-0.5, -0.3 + 0.4 * 1i, -0.3 - 0.4 * 1i];     %创建根向量              <1>
P = poly(R)                                        %构造与 R 对应的多项式
PR = real(P)                                       %求 P 的实部             <3>
syms t
PPR = vpa(poly2sym(PR,t))                          %把数值多项式 PR 写成符号多项式  <5>
P =
    1.0000    1.1000    0.5500    0.1250
PR =
    1.0000    1.1000    0.5500    0.1250
PPR =
```
$$t^3 + 1.1t^2 + 0.55t + 0.125$$

☀️**说明**

- 要形成实系数多项式,则根向量中的复数根必须共轭成对。(参见行〈1〉)
- 含复数的根向量所生成的多项式系数向量(如 P)的系数有可能带截断误差数量级的虚部。此时可采用取实部的命令"real"把很小的虚部滤掉。(参见行〈3〉)
- 关于行〈5〉说明:
  - □ poly2sym 可以把多项式系数行向量转换为系数为有理分数的符号多项式。若该命令的第二输入量缺省,则默认以 x 为符号多项式的自变量(参见例 4.4-4 行〈3〉)。
  - □ vpa 是符号多项式系数简洁写成浮点小数。

◀**例【4.4-4】**　多项式求值命令 polyval 与 polyvalm 的本质差别。本例演示:polyval, polyvalm 的计算实质;验证"Caylay-Hamilton"定理。

1) 给定多项式和(2×2)数组

```
clear
p = [1,2,3];                    %多项式系数向量
poly2sym(p)                     %以 x 为自变量的符号多项式,仅供观察用           <3>
X = [1,2;3,4]                   %(2*2)数组
ans =
```
$$x^2 + 2x + 3$$
```
X =
    1    2
    3    4
```

2) polyval 求值的本质

```
va = X.^2 + 2 * X + 3           %数组多项式求值                             <5>
Va = polyval(p,X)
va =
    6    11
```

```
            18    27
Va =
             6    11
            18    27
```

3) polyvalm 求值的本质

```
vm = X^2 + 2 * X + 3 * eye(2)        % 矩阵多项式求值                              <7>
Vm = polyvalm(p,X)
vm =
            12    14
            21    33
Vm =
            12    14
            21    33
```

4) 验证 Caylay – Hamilton 定理

```
f = poly(X);                  % 求矩阵 X 的特征多项式
poly2sym(f)                   % 写出特征多项式的符号表达,仅供观察用                <10>
fax = polyval(f,X)            % 特征多项式的 X 数组值
fX = polyvalm(f,X)            % 特征多项式的 X 矩阵值                              <12>
ans =
x^2 - 5x - 2
fax =
            -6    -8
            -8    -6
fX =
    1.0e - 15 *
      0.2220         0
           0    0.2220
all(all(abs(fX)<100 * eps))   % 矩阵多项式的值矩阵元素都小于容差阈值             <13>
ans =
  logical
    1
```

※ 说明

- 关于 polyval 和 polyvalm 的说明:
  - □ 行〈5〉〈7〉代码示意性地说明了 polyval 和 polyvalm 在运算本质上的差别。
  - □ 提请注意:第〈5〉、〈7〉行在"平方项"和"常数项"上的代码差别。
- 关于行〈12,13〉的说明:
  - □ Caylay – Hamilton 定理:任何一个矩阵 X 都使它自己的特征多项式 $f(X)=0$。这意味着行〈12〉算得的 fX 理论上应该为零。但浮点运算使得 fX 实际上是由很小值元素构成的阵。
  - □ 行〈13〉用于判断 fX 的所有元素是否都在 100 * eps 容差阈值范围内。

4.4.2　多项式拟合和最小二乘法

1. 多项式拟合

已知变量 x, y 之间的函数关系为

$$y = a_1 x^n + a_2 x^{n-1} + \cdots + a_n x + a_{n+1} \qquad (4.4-1)$$

现希望通过实验获得的一组 $\{x_i, y_i \mid i = 1, 2, \cdots, m\}$ 测量数据,确定出系数 $(a_1, a_2, \cdots, a_{n+1})$。这类问题就称为多项式拟合问题。MATLAB 求解该问题的命令是

[p, S, mu] = polyfit(x, y, n)　　　　　　求 x,y 数组所给数据的 n 阶拟合多项式系数向量 p

[yy, delta] = polyval(p, xx, S, mu)　　　据 p 多项式计算 xx 指定数组数据处的估计值 yy

💡**说明**

- 输入量 x、y 是被拟合的数据,其中输入量 x 的原始数据(记为 x0)在以下情况下,应考虑预处理:
  - □ 若原始数据中,含有较大的"恒定分量",则应该对原始数据进行预处理,即过滤掉恒定分量,以突出原始数据中的变化分量。
  - □ 原始数据预处理的最常用方法有两个:归一化处理和中心化处理。经这两个方法处理后,可使 $x \in [-1, +1]$。关于两种预处理方法的详细说明,请见下一小节。
- 输入量 n 是预先指定的拟合多项式的阶数。阶数应适当。过低,可能残差较大;过高,拟合模型将包含噪声影响。通常,阶数应远小于数据量。
- 输出量 p 是拟合多项式的系数行数组。通常,该输出数组中的各元素绝对值大小之比不应超过 30 倍。阶数设定太高,或原始数据没经归一化处理,都有可能使拟合多项式系数元素大小悬殊。
- 输出量 S 是误差估计结构体,包含拟合多项式系数时用到的系数矩阵、自由度及残差范数。该输出量 s 主要用作 polyval 的输入量。
- 输出量 mu 是二元数组,mu(1) 保存着对统计数据(自变量)进行 $\hat{x} = \dfrac{x - \bar{x}}{r}$ 中心化处理时所用的 $\bar{x}$ 中心值(常取均值),mu(2) 则保存 r 缩放因子(常取标准差)。
- 关于 polyval 命令的说明:
  - □ 该命令中 xx 是为预测而指定的自变量数组;
  - □ 输出量 yy 是指定自变量所对应的 $\bar{y}$ 预测值数组;
  - □ delta 是预测值处的标准差 Δ 估计数组。
  - □ 在样本足够大时,$\bar{y} \pm \Delta$ 可确定 68.27% 置信度的预测区间;$\bar{y} \pm 2\Delta$ 可确定 95.45% 置信度的预测区间。必须强调指出:该置信度是针对被拟合数据自变量所在区间而言的,至于对统计数据自变量范围外的预测,该置信度是不那么可靠的,受拟合多项式阶数影响很大。

📐**例【4.4-5】**　本例以中美两国的 GDP 历史数据为基础,预测中美 GDP 变化趋势。本例演示:如何选择模型,如何确定多项式阶数;多项式拟合的一般步骤、注意要点;统计数据、拟合曲线的可视化。通过本例,展示 polyfit、polyval、fill、plot、scatter、grid、xticks、xticklabels、xtickangle、legend、text 等命令的配合使用。(本例综合性较强)

1）模型的选择

反映中美 GDP 变化趋势的模型，有以下三种简单模型：

- 对中美两国 GDP 数据分别进行拟合，然后把两条拟合曲线绘制在同一坐标上，观察这两条拟合曲线延伸线的交点年份，称为多量拟合模型。
- 先根据统计数据计算"中美 GDP 之比"，然后对比值数据进行拟合，并绘制比值拟合曲线及其延伸曲线，然后观察延伸线首次大于 1 的年份，称为比值拟合模型。
- 先根据统计数据计算"中美 GDP 之差"，然后对差值数据进行拟合，并绘制差值拟合曲线及其延伸线，然后观察延伸线首次大于 0 的年份，称为差值拟合模型。

本例将采用差值拟合模型。与多量拟合模型相比，差值拟合模型不仅计算工作量可减半，而且差值数据的独立性更强，更适于使用最小二乘拟合。比值拟合模型性能与差值拟合模型相近，只是差值较比值更直观。

2）拟合准则及多项式阶数的确定

拟合函数有多种选择，本例采用最通用的多项式模型进行数据拟合。实施拟合计算时，首先要选定多项式阶数，然后借助 polyfit 命令算出使"二乘误差"最小的多项式系数。

注意：最小二乘准则是在统计数据独立同分布的假设下建立起来的一种最优估计算法。换句话说，在多项式阶数确定的情况下，实现最小二乘误差的拟合由 polyfitml 命令执行。

评判拟合模型性能的好坏，必须考虑三个因素：拟合残差的大小；统计数据的真实趋势；拟合模型的应用场合。一个好的拟合模型必定是这三个因素的平衡或妥协。

从理论上讲，多项式的阶数愈高，在同一准则下的残差愈小，但是这绝不意味着多项式阶数高比低好。因为多项式模型阶数若高于真实，就会把统计数据中的噪声拟合在内，而扭曲统计数据原本的趋势。这称为"过拟合"。

反之，多项式模型阶数若低于真实，则必定漏失对统计数据原本趋势的拟合能力，而导致不可接受的残差。这称为"欠拟合"。

若拟合的目的是用于数值内插，那么小残差就是考虑的主导因素；若拟合的目的是用于外延预测，则拟合时的首要考虑因素是保留数据内涵的真实趋势。

无论是哪种应用目的，好拟合模型的阶数要尽可能低，统计数据要匀称地分布在拟合曲线的两侧，残差数据的相关性要小。

3）中美两国 GDP 统计数据

```
clear
t = (1980:2022)';                          % 统计年份                              <2>
CH = [305350,290724,286729,307683,316666,...        % 1980～1984
    312616,303340,330303,411923,461066,...
    398623,415604,495671,623054,566471,...          % 1990～1994
    736870,867224,965320,1032576,1097133,...
    1214912,1344097,1477483,1671072,1966223,...     % 2000～2004
    2308786,2774308,3571451,4604285,5121681,...
    6066351,7522103,8570348,9635025,10534526,...    % 2010～2014
    11226186,11232108,12323200,13891900,14300400,... % 2015～2019
    14729600,17730000,17990000].'* 1e-6；    % (万亿美元)中国                      <11>
US = [2862475,3210950,3345000,3638125,4040700,...    % 1980～1984
```

```
        4346750,4590125,4870225,5252625,5657700,...
        5979575,6174050,6539300,6878700,7308775,...          % 1990~1994
        7664050,8100175,8608525,9089150,9660625,...
        10284750,10621825,10977525,11510675,12274925,...      % 2000~2004
        13093700,13855900,14477625,14718575,14418725,...
        14964400,15517925,16155250,16691500,17393100,...      % 2010~2014
        18120700,18624450,19543000,20611900,21433200,...      % 2015~2019
        20932800,23039600,25470000].'*1e-6;   % (万亿美元)美国      <20>
D = CH - US;   % (美国 GDP － 中国 GDP)                                  <21>
```

2）计算拟合多项式的系数

就本例而言，拟合的目的是用于预测，并考虑到供拟合用的数据量不很大，所以多项式的阶数不宜取高。

只要改变行〈22〉对阶数 n 的赋值，以下程序代码就能进行拟合运算，或给出计算结果，或给出建议。本书作者进行不同阶数的拟合比较后认为：选用 3 阶多项式进行拟合较为合适。具体代码如下：

```
n = 3;                                    % 选定拟合多项式的阶数          <22>
[P,s,mu] = polyfit(t,D,n);                % 计算中国 GDP 拟合多项式系数    <23>
r2 = (s.normr)^2;                         % 最小二乘拟合误差
fprintf('%d 阶多项式的最小二乘拟合误差为    %6.4f\n',n,r2)
PD = vpa(poly2sym(P),5)                    % 中国 GDP 拟合多项式          <26>
3 阶多项式的最小二乘拟合误差为 30.1307
PD =
0.4067x³ + 1.8621x² - 2.0283x - 8.8006
```

3）在指定区间上计算拟合多项式的拟合数据点

```
tk = 2035;tt = (t(1):tk)';                 % 设定拟合曲线的年度区间        <27>
q2 = -1;w = -inf;
while q2 <= 0
   [V,d] = polyval(P,tt,s,mu);             % 扩展区间上中国曲线数据值       <30>
   Q = V + d*[2,-2];                       % 95 % 置信界线                <31>
   q2 = max(Q(:,2));                       % 下边界最大值
   if q2 > 0
      break
   elseif q2 > w                           % 若下界最大值递增
      tk = tk + 5;tt = (t(1):tk)';w = q2;
   else
      disp('可能发生"过拟合"，请减小阶数！')
      break
   end
end
ym = 1.2*[min(Q(:)),max(Q(:))];           % 供确定纵轴范围用
Yd(1) = tt(Lt-1+find(Q(Lt:end,1)>0,1,'First'));  % 差值上界越 0 首年      <43>
```

```
Yd(2) = tt(Lt - 1 + find(Q(Lt:end,2)>0,1,'First'));     % 差值下界越 0 首年          <44>
```

4）绘制统计数据点图和拟合曲线（图 4.4 - 1）

```
figure
hold on
xline(t(end),'LineWidth',3,...                          % 统计年份截止线             <47>
    'Color','g','LineStyle','- -')
yline(0,'LineWidth',0.5,...                              % 纵轴 0 值线               <49>
    'Color','k','LineStyle','-')
sh = stem(t,D,'LineStyle','- .','MarkerSize',3,...       % 统计数据杆线               <51>
    'MarkerFaceColor','b','MarkerEdgeColor','b');
ph = plot(tt,V,'b','LineWidth',2);                       % 拟合曲线                  <53>
fh = fill([tt;flipud(tt)],[Q(:,1);flipud(Q(:,2))],...    % 拟合数据置信区            <54>
    'c','FaceAlpha',0.3,'LineStyle','none');
th = fill([Yd(1),Yd(1),Yd(2),Yd(2),Yd(1)],...           % GDP 差转正首年区           <56>
    [ym(1),ym(2),ym(2),ym(1),ym(1)],'r',...
    'FaceAlpha',0.3,'LineStyle','none');
hold off,box on
grid on,grid minor
axis([tt(1),tt(end),ym(1),ym(2)])                        % 控制坐标轴范围             <61>
TL = t(1):5:tk;                                          % 横轴刻度年份数组
xticks(TL);                                              % 横轴刻度                  <63>
xticklabels(string(TL))                                 % 横轴标识
xtickangle(90)                                           % 使标识文字左旋 90 度
legend([sh,ph,fh,th],'统计数据 ','拟合曲线 ',...           % 图例                     <66>
    '95 % 置信区间 ','GDP 差值转正首年区段 ',...
    'Location','NorthWest')
text(2000, - 5,{[' 1980 ~ ',int2str(t(end))],'统计数据拟合区 '},...
    'FontWeight','bold')
text(t(end), - 5,{[' ',int2str(t(end) + 1),' ~ ',num2str(tk)],...
    ' 拟合曲线延伸区 '},'FontWeight','bold')
text((tt(1) + tt(end))/2,ym(2)/3,{' 预测中美 GDP 差值首次越 0 的时段是 ';...
    ['[',num2str(Yd),']']},'Color','r',...
    'FontName',' 楷体 ','FontWeight','bold',...
    'HorizontalAlignment','center','FontSize',14)
xlabel(' 年 '),ylabel(' 万亿美元 ')
title(' 中美 GDP 差值拟合曲线及预测 ')                      % 坐标标题                 <78>
```

🔔 说明

- polyfit 在计算拟合多项式时，会自动对数据自变量进行中心化处理。
- 关于拟合多项式阶数、拟合曲线及预测的再次说明：
  □ 拟合多项式拟合的"好坏"评判，仅对统计数据所在区间而言，而与区间之外毫无关系，即 95％置信度仅对统计数据所在区间适用。

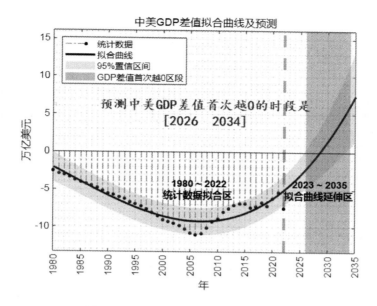

图 4.4 - 1　统计数据及延伸的拟合曲线

□ 拟合多项式的阶数决定拟合曲线的形状,且对外延区间上拟合曲线的形状影响更显
　　著。换句话说,在外延区间上的拟合曲线的判读应十分谨慎,不可轻信。

□ 表 4.4 - 2 列出了不同阶次拟合多项式的拟合及预测性能。

● 本例统计数据取自网络数据,可能不准确。数据仅供本例题使用,读者切勿用于他处。

表 4.4 - 2　不同阶数多项式的拟合及预测性能

拟合多项式阶数 n	最小二乘误差	GDP 差值首次越 0 的预测时段	拟合程度
2	34.1966	[2030,2038]	适当
3	30.1307	[2026,2034]	适当
4	17.7811	—	过拟合

2. 最小二乘问题

前面讨论的多项式拟合,可以更具体地表述如下:

对于实验或统计数据可写出方程组

$$y_1 = a_1 x_1^n + a_2 x_1^{n-1} + \cdots + a_n x_1 + a_{n+1} + \varepsilon_1$$
$$y_2 = a_1 x_2^n + a_2 x_2^{n-1} + \cdots + a_n x_2 + a_{n+1} + \varepsilon_2$$
$$\cdots$$
$$y_m = a_1 x_m^n + a_2 x_m^{n-1} + \cdots + a_n x_m + a_{n+1} + \varepsilon_m$$

该方程组可用矩阵形式简记为

$$\boldsymbol{y} = \boldsymbol{X}\boldsymbol{a}^{\mathrm{T}} + \boldsymbol{\varepsilon} \qquad\qquad (4.4 - 2)$$

在此 $\boldsymbol{y}=[y_1,y_2,\cdots,y_m]^T, \boldsymbol{a}=[a_1,a_2,\cdots,a_{n+1}], \boldsymbol{X}=\begin{bmatrix} x_1^n & \cdots & x_1 & 1 \\ x_2^n & \cdots & x_2 & 1 \\ \vdots & \vdots & \vdots & \vdots \\ x_m^n & \cdots & x_m & 1 \end{bmatrix}_{m\times n}$,$\boldsymbol{\varepsilon}$ 用来表述噪

声(包括测量误差等)。值得指出：这种特殊形式的 $\boldsymbol{X}$ 专称为范得蒙(Vandermonde)矩阵。多项式拟合问题就是由实验或统计数据构成的 $\boldsymbol{y}$ 和 $\boldsymbol{X}$ 根据式(4.4-2)求多项式系数向量 $\boldsymbol{a}$。

在此需要特别指出：如果构成范得蒙矩阵的 $(x_1,x_2,\cdots,x_m)$ 数据的平均值远大于其标准差，那么由它们构成的范得蒙矩阵可能有很大的条件数，从而导致拟合结果失良。此时，这组原始数据应进行如下归一化或中心化预处理：

- 归一化变换：$t=\dfrac{x_i-x_d}{d}, x_d=\dfrac{(x_{\max}+x_{\min})}{2}, d=\dfrac{x_{\max}-x_{\min}}{2}$，式中 $x_{\max}, x_{\min}$ 分别是 $(x_1,x_2,\cdots,x_m)$ 数据组的最大值和最小值。

- 中心化变换：$t=\dfrac{x_i-\bar{x}}{\sigma}$，式中 $\bar{x}$、σ 分别是 $(x_1,x_2,\cdots,x_m)$ 数据组的均值和标准差。

在无噪声的情况下，由式(4.4-2)可知，$\boldsymbol{y}$ 是 $\boldsymbol{X}$ 的列向量线性组合。换句话说，$\boldsymbol{y}$ 在 $\boldsymbol{X}$ 的列所张的空间内，即 $\boldsymbol{y}\in\mathrm{span}\{\boldsymbol{X}\}$。

在存在噪声的情况下，若噪声为独立白噪声，且噪声与测量数据 $x_i(\forall i)$ 无关(它体现为 $E(\boldsymbol{\varepsilon}^T\boldsymbol{X})=0$)，那么式(4.4-2)中的数学关系可形象地用几何正交投影表示，如图 4.4-2 所示。

在 $m>n$ 时，可用"矩阵除"求取 $\boldsymbol{y}$ 在 $\mathrm{span}\{\boldsymbol{X}\}$ 上的投影长度，即多项式系数向量 $\boldsymbol{a}$ 为

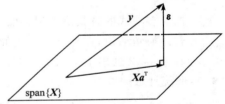

图 4.4-2　最小二乘的几何解释

$$\boldsymbol{a}^T=\boldsymbol{X}\backslash\boldsymbol{y} \qquad (4.4-3)$$

值得指出：以上的最小二乘解的求取方法不仅适用于多项式模型，还适用其他更广泛的模型。使用该方法的条件是：只要因变量 $\boldsymbol{y}$ 与自变量的数据阵 $\boldsymbol{X}$ 满足线性关系就可。注意：这种线性关系是存在于 $\boldsymbol{y}$ 和 $\boldsymbol{X}$ 之间，而不是 y 与 x 之间。

◀例【4.4-6】　本例采用的与例 4.4-5 相同的 GDP 统计数据，并对原始的时间跨度数据采用归一化处理。本例用于演示 polyfit 命令的设计原理，演示最小二乘问题的求解。

1) 载入统计数据

运行例 4.4-5 中行〈1~18〉的全部代码，在 MATLAB 工作空间生成中美两国 GDP 的原始统计数据。

2) 对原始数据进行归一化处理

```
tm = (t(end) + t(1))/2;        % 统计年份中间值              <1>
r = (t(end) - t(1))/2;         % 统计年度区间之半
tt = (t - tm)/r;               % 统计年度变量变换为拟合自变量   <3>
```

3) 构成式(4.4-3)中的 X

```
n = 3;                         % 选定拟合多项式的阶数          <4>
M = length(tt);
X = zeros(M,n + 1);
```

```
for k = 1:n
    X(:,n-k+1) = (tt.^k);
end
X(:,n+1) = ones(M,1);           % 构成 Vandermonde 矩阵                    <10>
```

4) 运用矩阵左除求取最小二乘解

```
a = (X\D)';                     % 算得拟合中美 GDP 差值拟合多项式系数行数组    <11>
pD = vpa(poly2sym(a),5)         % 显示中美 GDP 差值拟合多项式                <12>
pD =
0.4067x^3 + 1.8621x^2 - 2.0283x - 8.8006
```

说明

- 本例行〈1～3〉的归一化方式与例 4.4 − 5 相同。
- 本例行〈12〉求得的拟合多项式与上例行〈23〉的结果相同。
- 本例用于讲述 polyfit 命令的基本工作机理。

4.4.3　两个有限长序列的卷积

设有长度有限的两个任意序列

$$A(n) = \begin{cases} a_n & N_1 \leqslant n \leqslant N_2 \\ 0 & \text{else} \end{cases}, \quad B(n) = \begin{cases} b_n & M_1 \leqslant n \leqslant M_2 \\ 0 & \text{else} \end{cases}$$

那么该卷积为

$$C(n) = \begin{cases} \sum_{i=N_1}^{N_2} A(i)B(n-i) & n \in [N_1 + M_1, N_2 + M_2] \\ 0 & \text{else} \end{cases} \qquad (4.4-4)$$

注意观察不难发现,卷积运算的数学结构与多项式乘法完全相同。正因为如此,MAT-LAB 中的 conv,deconv 命令,不仅可用于多项式的乘除运算,而且可用于有限长序列的卷积和解卷运算。

例【4.4 − 7】　有序列 $A(n) = \begin{cases} 1 & n=3,4,\cdots,12 \\ 0 & \text{else} \end{cases}$ 和 $B(n) = \begin{cases} 1 & n=2,3,\cdots,9 \\ 0 & \text{else} \end{cases}$,求这两个序列的卷积。

1) 解法一:"按卷积式(4.4 − 4)循环求和法"

```
N1 = 3;N2 = 12;
A = ones(1,(N2-N1+1));          % 生成"非平凡区间"的序列 A
M1 = 2;M2 = 9;
B = ones(1,(M2-M1+1));          % 生成"非平凡区间"的序列 B
Nc1 = N1+M1;Nc2 = N2+M2;        % 确定非平凡区间的自变量端点
kcc = Nc1:Nc2;                  % 生成非平凡区间的自变量序列 kcc
% 以下根据式(4.4-4)定义,通过循环求卷积
for n = Nc1:Nc2
    w = 0;
    for k = N1:N2
```

```
            kk = k - N1 + 1;
            t = n - k;
            if t >= M1 && t <= M2
                tt = t - M1 + 1;
                w = w + A(kk) * B(tt);
            end
        end
    nn = n - Nc1 + 1;
    cc(nn) = w;                    % "非平凡区间"的卷积序列 cc
end
kcc,cc

kcc =
  1 至 12 列
     5    6    7    8    9   10   11   12   13   14   15   16
  13 至 17 列
    17   18   19   20   21

cc =
  1 至 12 列
     1    2    3    4    5    6    7    8    8    8    7    6
  13 至 17 列
     5    4    3    2    1
```

2) 解法二：采用 conv 命令的"0 起点序列法"

```
N1 = 3;N2 = 12;
a = ones(1,N2 + 1);a(1:N1) = 0;      % 产生以 0 时刻为起点的 a 序列
M1 = 2;M2 = 9;
b = ones(1,M2 + 1);b(1:M1) = 0;      % 产生以 0 时刻为起点的 b 序列
c = conv(a,b);                       % 得到以 0 时刻为起点的卷积序列 c
kc = 0:(N2 + M2);                    % 生成从 0 时刻起的自变量序列 kc
kc,c

kc =
  1 至 12 列
     0    1    2    3    4    5    6    7    8    9   10   11
  13 至 22 列
    12   13   14   15   16   17   18   19   20   21

c =
  1 至 12 列
     0    0    0    0    0    1    2    3    4    5    6    7
  13 至 22 列
     8    8    8    7    6    5    4    3    2    1
```

3) 解法三：采用 conv 命令的"非平凡区间序列法"

```
N1 = 3;N2 = 12;
M1 = 2;M2 = 9;
A = ones(1,(N2 - N1 + 1));            % 生成"非平凡区间"的序列 A
```

```
B = ones(1,(M2 - M1 + 1));          % 生成"非平凡区间"的序列 B
C = conv(A,B);                      % 得到"非平凡区间"的卷积序列 C
Nc1 = N1 + M1;Nc2 = N2 + M2;        % 确定非平凡区间的自变量端点
KC = Nc1:Nc2;                       % 生成非平凡区间的自变量序列 KC
KC,C
KC =
  1 至 12 列
    5     6     7     8     9    10    11    12    13    14    15    16
  13 至 17 列
   17    18    19    20    21
C =
  1 至 12 列
    1     2     3     4     5     6     7     8     8     7     6
  13 至 17 列
    5     4     3     2     1
```

4) 绘图比较（见图 4.4 - 3）

```
subplot(2,1,1),stem(kc,c),text(20,6,'0 起点法')       % 画解法二的结果
CC = [zeros(1,KC(1)),C];                              % 补零是为两子图一致
subplot(2,1,2),stem(kc,CC),text(18,6,'非平凡区间法')    % 画解法三的结果
xlabel('n')
```

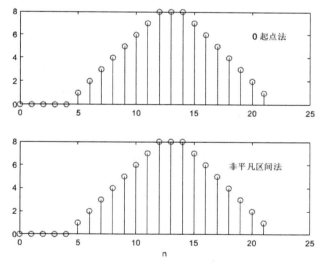

图 4.4 - 3 借助 conv 命令时两种不同序列记述法所得的卷积序列

说明

- 以上三种解法的优缺点：
  □ "解法一"最烦琐、效率低下；
  □ "解法二"使用于序列起点时刻 N_1 或（和）M_1 小于 0 的情况，比较困难；
  □ "解法三"最简洁、通用。
- 关于无限长序列卷积、连续信号卷积和其他卷积方法的讨论，请参阅参考文献[1]。

习题 4

1. 请用 trapz、integral、int 命令求函数 $f(x) = \dfrac{1}{\sqrt[3]{|x|}}$ 的定积分 $s = \displaystyle\int_{-1}^{2} f(x)\mathrm{d}x$，并绘制 $f(x)$ 在积分区间内的曲线，理解积分结果。（提示：该积分属于瑕积分。）

2. 采用数值计算方法，画出 $y(x) = \displaystyle\int_{0}^{x} \dfrac{\sin t}{t}\mathrm{d}t$ 在 $[0,10]$ 区间曲线，并计算 $y(4.5)$。（提示：cumtrapz 快捷，在精度要求不高处可用；integral 也可试。巧用 find。）

3. 采用 trapz、integral、int 求函数 $f(x) = \mathrm{e}^{\sin^3 x}$ 的定积分 $s = \displaystyle\int_{0}^{\pi} f(x)\mathrm{d}x$，并比较计算结果精度。

4. 用 trapz、integral 求取 $\displaystyle\int_{-10\pi}^{1.7\pi} \mathrm{e}^{-|x|}|\sin x|\mathrm{d}x$ 的数值积分，保证积分的绝对精度为 10^{-9}，并用符号积分验证。（提示：注意 integral 命令相对误差控制对绝对精度的影响。）

5. 尝试借助极值的数值求法、绘图交互法、导函数零点的解析法，求函数 $f(t) = (\sin 5t)^2 \mathrm{e}^{0.06t^2} - 1.5t\cos 2t + 1.8|t + 0.5|$ 在区间 $[-5,5]$ 中的最小值点。（提示：数值法应多点搜索；做图法绘图数据要足够；解析法使用 vpasolve。）

6. 设 $\dfrac{\mathrm{d}^2 y(t)}{\mathrm{d}t^2} - 3\dfrac{\mathrm{d}y(t)}{\mathrm{d}t} + 2y(t) = 1$，$y(0) = 1$，$\dfrac{\mathrm{d}y(0)}{\mathrm{d}t} = 0$，用数值法和符号法求 $y(t)|_{t=0.5}$。（提示：注意 ode45 和 dsolve 的用法。）

7. 已知矩阵 A＝magic(8)，(1) 求该矩阵的"值空间基阵"B；(2) 写出"A 的任何列可用基向量线性表出"的验证程序。（提示：方法很多；建议使用 rref 体验。）

8. 已知由 MATLAB 命令创建的矩阵 A＝gallery(5)，试用数值计算、符号计算对该矩阵进行特征值分解，并通过验算观察发生的现象。（提示：condeig、vpa、eig。）

9. 求矩阵 $\boldsymbol{Ax} = \boldsymbol{b}$ 的解，$\boldsymbol{A}$ 为 3 阶幻方阵，$\boldsymbol{b}$ 是 (3×1) 的全 1 列向量。（提示：用 rref，inv，/体验。）

10. 求矩阵 $\boldsymbol{Ax} = \boldsymbol{b}$ 的解，$\boldsymbol{A}$ 为 4 阶幻方阵，$\boldsymbol{b}$ 是 (4×1) 的全 1 列向量。（提示：用 rref，inv，/体验。）

11. 求矩阵 $\boldsymbol{Ax} = \boldsymbol{b}$ 的解，$\boldsymbol{A}$ 为 4 阶幻方阵，$\boldsymbol{b} = \begin{bmatrix} 1 \\ 2 \\ 3 \\ 4 \end{bmatrix}$。（提示：用 rref, inv, /体验。）

12. 求 $-0.5 + t - 10\mathrm{e}^{-0.2t}|\sin[\sin t]| = 0$ 的实数解。（提示：发挥作图法功用。）

13. 求解二元函数方程组 $\begin{cases} \sin(x - y) = 0 \\ \cos(x + y) = 0 \end{cases}$ 的解。（提示：可尝试符号法解，试用 contour 作图求解，比较之；此题有无数解。）

14. 假定某窑工艺瓷器的烧制成品合格率为 0.157，现该窑烧制 100 件瓷器，请画出合格产品数的概率分布曲线。（提示：二项式分布概率命令 binopdf；stem。）

15. 试产生均值为 4,标准差为 2 的(10000×1)的正态分布随机数组 a,分别用 histogram 和 histfit 绘制该数组的频数直方图,观察两张图形的差异。除 histfit 上的拟合红线外,你能使这两个命令绘出相同的频数直方图吗？(提示:为保证结果的重现性,在随机数组 a 产生前,先运行 rng default 命令;可使用命令 normrnd 产生正态分布随机数;理解 hist(Y,m)命令格式。)

16. 运行 clear,rng default,R＝rand(100,25);代码,创建习题所需的随机数组 R,请问运行以下代码:

    Mx = max(max(R)),Me = mean(mean(R)),St = std(std(R)),

    能求出 R 数组中所有元素中的最大元素值、平均值和标准差吗？假如不正确,请写出正确的程序。(提示:R(:)。)

17. 已知有理分式 $R(x)=\dfrac{N(x)}{D(x)}$,其中 $N(x)=(3x^3+x)(x^3+0.5)$,$D(x)=(x^2+2x-2)(5x^3+2x^2+1)$。(1) 求该分式的商多项式 $Q(x)$ 和余多项式 $r(x)$。(2) 用程序验算 $D(x)Q(x)+r(x)=N(x)$ 是否成立。(提示:采用范数命令 norm 验算。)

18. 请利用例 4.4－5 所提供的统计数据,在对年份数据进行"中心化预处理"的基础上,试分别求这组数据的 2 阶、3 阶、4 阶拟合多项式,并在[1980,2035]区间中绘制相应的"类似图 4.4－1"的拟合曲线图形;对三次运行结果进行比较观察,并给出说明。

19. 已知系统冲激响应为 h(n)＝[0.05,0.24,0.40,0.24,0.15,−0.1,0.1],系统输入 u(n)由命令 rng default;u＝2 * (randn(1,100)＞0.5)−1 产生,该输入信号的起始作用时刻为 0。试画出类似图 P4－19 所示的系统输入、输出信号图形。(提示:注意输入信号尾部的处理;NaN 的使用。)

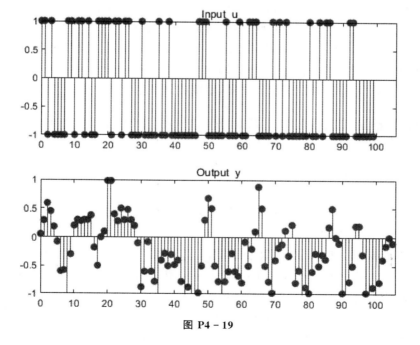

图 P4－19

第5章
数据和函数的可视化

视觉是人们感受世界、认识自然最重要的依靠。数据可视化的目的:借助几何比拟、色彩渲染、光照明暗、实时更新等多种手段,展现多个貌似杂乱的离散数据的集合形态,表达数据内在关系和总体趋势,进而揭示出数据所传递的内在本质。

简单易用、适应性强、修饰细腻的图形显示系统,是 MATLAB 科学计算能力的重要组成部分,也是令广大用户爱不释手的主要因素之一。基于以上事实,MathWorks 公司在对 MATLAB 原有图形显示系统修订完善的经验积累基础上,于 MATLAB R2014b 版推出了一个全新的基于面向对象构建的图形显示系统。该系统不仅继承了原图形系统的命令集、调用风格等各种特征要素,而且使旧系统高层绘图命令与低层图形构建要件之间的断层被融合,从而使用户不仅易于入门、便于使用,而且信手便能通过对象的属性设置实现图形的个性化修饰。

本章将以精练的篇幅,系统阐述曲线、曲面、高维体数据可视化的基本命令和技法。与此同时,叙述内容也将适度地潜移默化地融进面向对象的编码思想、基本要素和点调用格式,以引导读者掌握通过低层属性设置,精饰高层绘图命令产生的图形。

全章内容依旧遵循由浅入深、由基础到高级、由具体示例到一般归纳并作适度外延的原则。所有示例都是运行实例,大多数示例代码附带说明代码功能的简短注释。如果读者在运行代码、观察显示图形后,能读一读代码注释,定能收到事半功倍的效果。

5.1 引 导

5.1.1 离散数据的可视化

离散数据有两个来源:一,本生离散数据,如统计数据、实验测量数据、数电器件采样数据;二,来自数值计算的离散数据。

以平面直角坐标系为例,一对实数标量数据(x,y)可用平面上的一个点表示,一对实数数组(x,y)可用平面上的一组点表示。MATLAB 就是利用这种几何比拟法,并在色彩等方式辅助下,勾画出能形象揭示离散数据内涵特征的图形。

下面通过引导性算例初步感受离散数据可视化的方法步骤。

◀例【5.1-1】 通过图形,可视化中美两国在 1950 年到 2022 年期间的年钢产量统计数据。本例目的:展现 MATLAB 的基本绘图命令和图形性状修饰的基本方法(见图 5.1-1)。

1）输入离散数据

```
T = [(1950:5:2020)';2022];                        % 时间列数组
CN = [61;285;1351;1223;1779;2390;3712;4679;6635;9536;...
      12850;34940;63874;80380;106480;101300]/10000;   % 中国钢产量列数组
US = [8785;10617;9007;11926;11931;10582;10146;8006;8972;9359;...
      10182;9490;8050;7880;7270;8540]/10000;          % 美国年钢产量列数组
```

2）绘制离散数据图形（见图 5.1 - 1）

```
figure                                            % 创建图形窗                 <6>
Hcn = stem(T,CN,'r.','MarkerSize',30);            % 画红点杆线                 <7>
hold on                                           % 允许在同一轴系上叠绘
plot(T,CN,':r')                                   % 画红虚点线                 <9>
Hus = scatter(T,US,'bo','SizeData',50);           % 画蓝圈点                   <10>
plot(T,US,':b')                                   % 画蓝虚点线                 <11>
hold off                                          % 不再在此轴系上叠绘         <12>
legend([Hcn,Hus],'中国','美国','Location','NorthWest')  % 左上角图例
grid on                                           % 显示坐标网格               <14>
Ax = gca;                                         % 获取坐标轴系句柄
set(Ax,'XTick',T)                                 % 横坐标轴刻度设置           <16>
Ax.XTickLabelRotation = -90;                      % 使刻度标识右转 90 度       <17>
xlabel('年'),ylabel('亿吨')                       % 横轴、纵轴的单位标识       <18>
title('1950～2022 年间中美两国年钢产量数据的变化')  % 该轴系图名                 <19>
xlim([1950,2022])
```

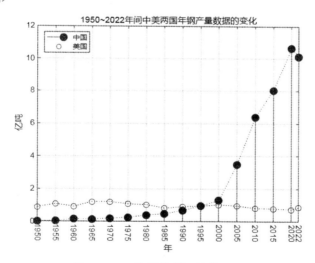

图 5.1 - 1　离散数据可视化图形

💡说明

- 关于"图形几何比拟"的说明：
  □ 行〈7〉命令中的 T、CN 是一对（16 * 1）的列数组。它们被表现为图 5.1 - 1 平面坐标
    上的一组红点。
  □ 行〈10〉命令中的一对（16 * 1）的列数组 T、US，被表现为一组小蓝圈。

- 关于离散数据图形表现"典型性""有限性"的说明：由数据画出的图 5.1-1 反映了 1950～2022 年的 16 个采样年份的中美钢产量（单位亿吨）。

  □ 该图形较好地反映了中华人民共和国成立后用 45 年时间，钢产量从几乎可以忽略的几十万吨，增长到与美国相当的 1 亿吨左右；又经过 25 年时间，我国的钢产量超过 10 亿吨，已是美国钢产量的 10 多倍。

  □ 该图形是有限时间范围内、有限采样年份的数据的可视化。因此，所能反映的信息也很有限，不要企图根据图中已画离散点列的排列形态贸然推断 2030 年的中美钢产量。

- 关于图形对象形态个性化修饰的说明：

  □ 不作个性化处理的任何图形，MATLAB 都是按照出厂时给定的对象属性默认设置进行绘制的。比如说，行〈9〉中的 plot(T,CN,':r')，人为设置只有线形和颜色。该命令虽没指定线粗，但它将默认地采用 0.5 宽度画出细虚线。

  □ 本例行〈7,10〉〈16〉〈17〉分别展现了采用代码对图形进行个性化修饰的三种方法：在绘图命令中直接输入"属性名/属性值"对；借助 set 命令进行属性重置；借助"点调用格式"对属性进行重置。

- 需要指出：本例所用统计数据取自网络，仅供本例绘图使用，请读者勿作他用。准确统计数据，请向有关权威机构查询。

5.1.2　连续函数的可视化

连续函数可视化包含三个重要环节：一，先选定一组自变量的离散采样点（包括采样的起点、终点和采样步长），然后由所给函数算出相应的一组因变量离散数据；二，离散数据可视化；三，图形上离散点的连续化。

显然，图形上的离散点不能很好地表现函数连续性。为了进一步表示离散点之间的函数性状，有两种处理方法：

（1）对区间进行更细的分割，计算更多的点，去近似表现函数的连续变化。这种方法的优点是：所画的每个点都反映真实的函数关系。缺点是：为了使图形上离散点密集到产生"连续感"，所需离散点的数量很大，从而大大增加计算负担。因此，在实际应用中，这种依靠增加离散点数量去获得连续感的方法较少采用。

（2）在离散采样点的基础上，采用线性插值迅速算出离散点间连线所经过的每个像素，从而获得连续曲线的效果。这种方法的优点是：曲线有良好的连续感，并且计算量小，绘图速度快。缺点是：除离散采样点外，所有连线都只是真实曲线的近似。此外，还需提醒：采用插值连线画图时，自变量采样点必须按单调增或单调减次序排列。

MATLAB 绘制连续曲线时，会根据用户指定的离散采样点，自动进行插值计算，进而绘制出连续的曲线。

值得指出：倘若自变量的采样点数不足够多，则无论哪种方法都不能真实地反映原函数。

◄**例【5.1-2】**　用图形表示连续调制波形 $y = \sin(t)\sin(9t)$。本例演示：增加图形连续感的两种方法；MATLAB 具有自动线性插值绘制连续曲线的能力；采样点数不够多会造成对所表现函数的误解（见图 5.1-2）。

```
close all                              %关闭已有的图形窗(为后例5.1-4而设)
t1 = (0:11)/11 * pi;                   %12 个采样点偏少
t2 = (0:400)/400 * pi;                 %401 个采样点密集
t3 = (0:50)/50 * pi;                   %51 个采样点已够
y1 = sin(t1). * sin(9 * t1);           %数组运算
y2 = sin(t2). * sin(9 * t2);
y3 = sin(t3). * sin(9 * t3);
subplot(2,2,1),plot(t1,y1,'r.')        %画离散点                      <8>
axis([0,pi, - 1,1]),title('(1)点过少的离散图形')
subplot(2,2,2),plot(t1,y1,t1,y1,'r.')  %画离散点及之间的连线          <10>
axis([0,pi, - 1,1]),Th = title('(2)点过少的连续图形');     %          <11>
subplot(2,2,3),plot(t2,y2,'r.')        %画离散点                      <12>
axis([0,pi, - 1,1]),title('(3)点密集的离散图形')
subplot(2,2,4),plot(t3,y3)             %画连续曲线                    <14>
axis([0,pi, - 1,1]),title('(4)点足够的连续图形')
```

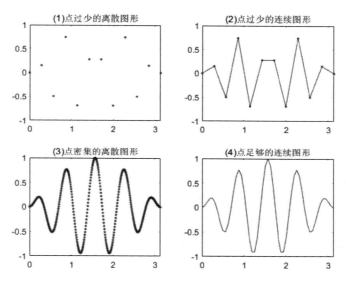

图 5.1 - 2　连续函数的图形表现方法

🔆说明

● 图 5.1 - 2 中子图(1)和(3)都是画离散点图形。显然,图(1)由于 12 个采样点太少,看不出函数的性质;而图(3)虽然采样点有 401 个,但从图上看,仍然显得稀疏。

● 从图 5.1 - 2 中子图(2)可以观察到两个事实:一,采样点只有 12 个,显然不足以反映函数的本来面貌;二,反映出 MATLAB 采用"线性插值"的实质,各采样点相连而成的"折线"。

● 图 5.1 - 2 中子图(4),采样点数仅有 51 个,各采样点之间由直线连接。视觉上已感觉所画"折线"大致光滑地近似表现真实曲线。假如觉得所画折线不够光滑,可适当增加采样点数。

◀例【5.1 - 3】　绘制奇数正多边形及圆。本例演示:自变量单调排列对正确绘制连续曲线的重要性；如何画正多边形(见图 5.1 - 3)。

```
N = 9;                              % 多边形的边数
t = 0:2 * pi/N:2 * pi;              % 递增排列的自变量
x = sin(t);y = cos(t);             % 参数方程,绘"奇数正多边形及圆"
tt = reshape(t,2,(N+1)/2);         % 把行向量重排成"二维数组"
tt = flipud(tt);                   % 把"二维数组"的上下两行调换
tt = tt(:);                        % 获得变序排列的自变量
xx = sin(tt);yy = cos(tt);
subplot(1,2,1),plot(x,y)           % 正常排序下的图形                        <8>
title('(1)正常排序图形 '),axis equal off
subplot(1,2,2),plot(xx,yy)         % 非正常排序下的图形                      <10>
title('(2)非正常排序图形 '),axis equal off
```

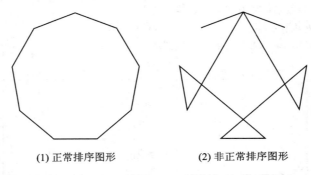

(1) 正常排序图形　　　　　　　　(2) 非正常排序图形

图 5.1 - 3　自变量排列次序对连续曲线图形的影响

💡说明

- 行〈8〉中 plot 的输入量 x 按递增次序排列,y 是据 x 算出的,画出正确的正九边形。
- 行〈10〉中 plot 的输入量 xx 是由 x 数组奇偶元素交换位置而得,元素值的递增次序被打乱,因此画出了图 5.1 - 3 右侧的奇异形状。
- 再次强调:绘制连续曲线时,自变量必须按照递增或递减的次序排列,否则所画的曲线将发生异常。

5.1.3　图形对象分层结构和属性寻访

自 R2014b 版开始,MATLAB 彻底摒弃原先的旧式图形显示系统,而采用由面向对象编程技术实现的全新图形显示系统。

在 MATLAB 中,用户调用某具体绘图命令就可绘制出某个图形,如曲线、曲面等。更深入地说,具体绘图命令输入后,经调用图形显示系统中的各种句柄类定义函数,构造出诸如图窗、轴系、线等分属于不同类的对象。这些对象组合在一起就形成了完整的图形。

本节简要介绍 MATLAB 图形显示系统的分层结构,以及实施图形定制时必须掌握的图形对象属性的寻访、设置方法。

1. 图形显示系统的对象分层结构

旧版图形显示系统中的各图形组分采用"数值句柄"实施援引。所谓的"数值句柄",是指各图形句柄是采用整数或浮点数表达的。而新版中各图形采用"对象句柄"进行援引。该对象句柄中包含对象类别、对象间的父子关系以及表征该对象性状的全部属性信息。图 5.1-4 所示即全新图形显示系统的图形对象分层结构。

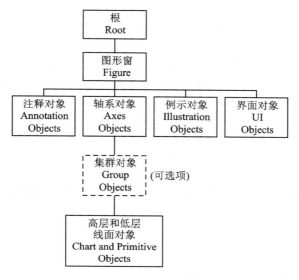

图 5.1-4 图形对象分层结构示意

💡**说明**

- 在 MATLAB 中,图形体系的根对象就是计算机屏幕。
- 在计算机屏幕上可以创建多个、不同位置、不同大小的图形窗。图形窗的编号、名称、菜单条、工具条、背景色等都可以通过相应的图形窗属性进行设置。
- 在每个图形窗上,可以创建和承载以下对象:
  □ 多个不同位置、不同大小的直角或极坐标、二维或三维、不同色彩、不同分度的轴系对象。
  □ 在图形窗任何位置上的不同大小的文字、文字框、注释线、注释箭头等在内的各种注释对象。
  □ 在图形窗不同位置上的例示对象,如图例、色条,它们用于标识图形中的用线或用色。
  □ 在图形窗不同形式及不同位置上的各种界面对象,如按钮、滑块、下拉框、单选按钮组、可编辑文本框等人机交互控件,以及各种现场菜单。(详见第 8 章)
- 在轴系对象上,可以承载:
  □ 由 plot、scatter、stem、mesh、surf 等高层命令创建的各种线、面对象。
  □ 由 line、surface 等低层命令创建的各种线、面对象。
  □ 由 title 等创建的文字注释对象。
- 如用户需要,可以把若干存在某种关联的轴系对象、线对象、面对象等整合为一个集群对象,以便进行某些协调的同一操作。

2. 图形对象属性的寻访和设置

具体图形对象的性状由该对象属性的取值决定。下面介绍若干常用的对象属性寻访命令和命令格式。

class(OBN)	获知对象 OBN 所属的类别名
OBN	获知对象 OBN 的常用属性及其取值
get(OBN)	获知对象 OBN 的全部属性及当前属性值
set(OBN)	获知对象 OBN 的全部属性及对象的所有可能的选值
OBN. pname	获知对象 OBN 的 pname 属性的取值（新版"点调用"格式）
OBN. pname = pvalue	把对象 OBN 的 pname 属性设置为 pvalue（新版"点调用"格式）
get(OBN, 'pname')	获知对象 OBN 的 pname 属性的取值
set(OBN, 'pname')	获知对象 OBN 的 pname 属性的所有可能的选值

set(OBN, 'pname1', pvalue1, ……, 'pnameN', pvalueN)

把对象 OBN 的属性 pname1,……,pnameN 的值分别设置为 pvalue1,……,pvalueN

🔅说明

- 在上述命令中：
  □ OBN　表示具体图形对象的句柄变量名称。如例 5.1-1 行〈9〉中的 Hus 就是 plot 绘图时返回的蓝色小圆圈图形对象的句柄变量。而行〈14〉中的 Ax 就是获取"当前坐标轴系的句柄"后返回的轴系句柄变量。
  □ pname、pname1、pnameN　分别代表具体的属性名。
  □ pvalue、pvalue1、pvalueN　分别代表具体的属性可选值。
- 值得指出：
  □ 从 MATLAB R2014b 版起,单个对象属性的寻访和设置,使用"点调用格式（Dot Notation Syntax)"更显灵便。如例 5.1-1 行〈10〉就是借助点调用格式把 Hus 对象（即蓝色小圆圈）的大小属性 MarkerSize 重置为 8。
  □ 在"一次性设置对象多个属性"的场合,采用 set 命令进行属性设置更方便。如例 5.1-1 行〈15〉,就是借助 set 命令对 Ax 轴对象的横轴分度属性 XTick 和横轴分度标识旋转角 XTickLabelRotation 进行设置。
- 涉及类、对象、属性、对象属性寻访等概念及方法的更全面、详细阐述,请参阅本书参考文献[4]。

◀例【5.1-4】　在例 5.1-2 的基础之上,展示:运行例 5.1-2 代码所产生的图形窗中的分层结构;各对象的主要属性;对象生成先后与对象数组元素排列的关系;点调用格式在查询中的应用。此外,还演示 gcf 的功用。

1)运行以下代码绘出图形

```
close all,clear
exm050102
```

2) 获取当前图形窗的句柄

```
Fh = gcf                    % 获取当前图形窗句柄,并显示其内容          <1>
Fh =
Figure (1) - 属性:
```

```
     Number: 1
       Name: ''
      Color: [0.9400 0.9400 0.9400]
   Position: [285 113 560 420]
      Units: 'pixels'
显示 所有属性
```

顺便指出:以上显示结果有可能因操作环境而变,但以下显示结果不会因环境而变。

3)获知图形窗上的子对象

Ax = Fh.Children　　　　　% **借助点调用获取图形窗的子对象句柄**

```
Ax =
  4×1 Axes 数组:
  Axes    ((4)点足够的连续图形)
  Axes    ((3)点密集的离散图形)
  Axes    ((2)点过少的连续图形)
  Axes    ((1)点过少的离散图形)
```

该显示结果表明:

● 在图形窗的子对象是(4×1)的轴系对象数组。

● 值得指出:该轴系对象数组中元素的排列是按照"轴系创建先后的逆序排列的"。换句话说,对象数组中序号最大的元素恰恰是最先创建的轴系句柄。具体到本例,最先绘制的 subplot(2,2,1)的句柄保存在 Ax(4)中。

4)获取第 3 轴系(即子图)上的线子对象句柄

Lh = Ax(3).Children　　　　% **获取第 3 轴系上线子对象的句柄**

```
Lh =
  2×1 Line 数组:
  Line
  Line
```

该显示结果表明:

● 在图形窗的子对象是(2×1)的轴系对象数组。

● 再次指出:该线对象数组中元素的排列是按照"线对象创建先后的逆序排列的"。换句话说,对象数组中序号最大的元素恰恰是最先创建的线对象句柄。具体到本例而言,例 5.1-2 行⟨10⟩plot(t1,y1,t1,y1,'r.')命令中由前 2 个输入量对应的"线对象句柄"被保存在 Lh(2)中。

5)观察该轴系上的线对象属性

下面采用表 5.1-1 展示两个线对象主要属性的异同。请特别注意:Color、LineStyle、Marker 这三个属性。

6)观察例 5.1-2 行⟨11⟩title命令所返回句柄 Th 的类别及其父对象

class(Th)　　　　　　% **观察 Th 所属类别**

```
ans =
    'matlab.graphics.primitive.Text'
```

Th.Parent　　　　　　% **该文本对象的父对象**

```
ans =
```

Axes（(2)点过少的连续图形）－ 属性：

                  XLim：[0 3.1416]
                  YLim：[－1 1]
               XScale：'linear'
               YScale：'linear'
          GridLineStyle：'－'
             Position：[0.5703 0.5838 0.3347 0.3322]
                 Units：'normalized'

显示所有属性

以上显示表明：

● Th 是文本注释类对象。

● 由 Th. Parent 运行结果中显示的"(2)点过少的连续图形"可知：该文本对象是 Ax(3) 的子对象。而该子对象是 Ax(3). Title 的属性值。

表 5.1－1　显示两个线对象的主要属性及异同比较

比较内容	线对象 1	线对象 2
运行命令	**Lh(1)**　　　% 显示实心小红点的属性	**Lh(2)**　　　% 显示细实线的属性
显示结果	ans = 　Line － 属性： 　　　　　　Color：[1 0 0] 　　　　　LineStyle：'none' 　　　　　LineWidth：0.5000 　　　　　　Marker：'.' 　　　　MarkerSize：6 　　MarkerFaceColor：'none' 　　　　　　XData：[1×12 double] 　　　　　　YData：[1×12 double] 　　　　　　ZData：[1×0 double] 显示所有属性	ans = 　Line － 属性： 　　　　　　Color：[0 0.4470 0.7410] 　　　　　LineStyle：'－' 　　　　　LineWidth：0.5000 　　　　　　Marker：'none' 　　　　MarkerSize：6 　　MarkerFaceColor：'none' 　　　　　　XData：[1×12 double] 　　　　　　YData：[1×12 double] 　　　　　　ZData：[1×0 double] 显示所有属性

5.2　二维曲线和图形

　　MATLAB 提供了多种二维图形的绘制命令（见表 5.2－1），但其中最重要、最基本的命令是 plot 。其他许多特殊绘图命令，或以它为基础而形成，或使用场合较少。出于简明考虑，本节着重介绍 plot 的使用。

表 5.2 – 1　　MATLAB 提供的常用二维图形绘制命令

命　令	含义和功能
area	面域图；主用于表现比例、成分
bar	直方图；主用于统计数据
compass	射线图，主用于方向和速度
feather	羽毛图；主用于速度
histogram	频数直方图；主用于统计
loglog	双对数刻度曲线图；主用于频率分析
pie	二维饼图；统计数据极坐标形式
plot	基本二维曲线图形命令
polarplot	以极坐标绘制曲线
quiver	二维箭头图；主用于场强、流向
rose	频数扇形图；主用于统计
scatter	散点图；主用于可视化离散点
semilogx	横轴半对数刻度曲线图
semilogy	纵轴半对数刻度曲线图；常用于频率分析
stairs	阶梯图；主用于采样数据
stem	二维针状图；主用于离散数据

5.2.1　二维曲线绘制的基本命令 plot

1. plot 的基本调用格式

在以下命令格式中，仅需输入绘线的坐标数据。这些命令运行后，会自动采用默认设置的色彩用细实线绘制出单条或多条色彩各异的曲线。

plot(x,y)　　　　　　双"行（或列）数组"数据输入绘制一条平面曲线
plot(X,Y)　　　　　　双"矩形数组"数据输入绘制多条平面曲线
plot(Y)　　　　　　　仅因变数据数组输入绘制平面曲线

💡说明

- plot(x,y)命令中的 x、y 都应是规模相同的行数组或列数组。这两个数组的对应元素，分别指定某数据样点在直角坐标系中的(x,y)坐标值。
- 关于 plot(X,Y)命令的说明：
  - □ 当 X、Y 都为$(m \times n)$规模的矩形数组时，由这两个数组的对应列决定一条曲线，因此可绘制出 n 组数据点横坐标不同的曲线。
  - □ 当 X 或 Y 中有一个是$(m \times 1)$的列数组时，也将绘制出 n 条曲线，但这些曲线数据点的横或纵坐标一定相同。
- plot(Y)单输入格式被 MATLAB 默认为 plot(Iy,Y)。在此 Iy 是"Y 的行序号构成的

列数组"。

- 关于所绘曲线着色的说明：
  - □ 由以上 plot 命令绘制的曲线的线型都是"细实线"。
  - □ 所绘曲线的颜色，将以数据列序号的次序循环采用 MATLAB 默认设定的 7 种色彩。关于默认色彩的感观、用色次序和相应色彩的 RGB 数组，请参见例 5.2 - 1。

例【5.2 - 1】 二维曲线绘图命令演示之一。本例演示：plot(x,Y) 和 plot(Y) 所绘曲线的区别；借助 linspace 命令生成单调递增的自变量数组；MATLAB 设定的默认线色、用色次序；默认色彩的 RGB 三元数组的具体取值(见图 5.2 - 1)。

1) 试验一：采用默认色彩绘制两组不同的曲线

```
figure
x = linspace(0,1,50)' * pi/2;        % 生成(50 * 1)的自变量数组(注意：转置符)        <2>
Y = cos(x) * (1:10);                 % 生成(50 * 10)的因变量矩形数组                  <3>
subplot(1,2,1)
Lh = plot(x,Y);                      % 以 x 为横坐标画 10 条曲线                       <5>
title('以 x 值为横坐标的曲线组')
xlabel('x'),ylabel('Y')
subplot(1,2,2)
plot(Y)                              % 以 Y 行序号为横坐标画 10 条曲线                  <9>
title('以 Y 行序号为横坐标的曲线组')
xlabel('行序号')
ylabel('Y')                          % 为获得两子图间的较宽间隔而设
colormap(lines(10))                  % 为图形窗设置(10 * 3)的 lines 色调数组            <13>
colorbar('Position',[0.5,0.155,0.033,0.8],'Ticklabels',[])                        %    <14>
                                     % 把色条设置在中间，且不产生数字标识
```

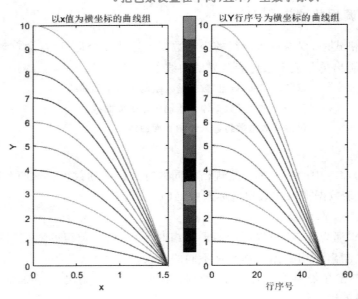

图 5.2 - 1 默认线色序列图

2）试验二：获取默认色彩的 RGB 三元数组值，验证默认色

```
RGB = zeros(10,3);                  %预置数组规模
for k = 1:10
RGB(k,:) = Lh(k).Color;             %获取所绘各线的线色 RGB 值          <18>
end
RGB                                 %显示 10 条绘线的 RGB 数组          <20>
RGB =
         0    0.4470    0.7410
    0.8500    0.3250    0.0980
    0.9290    0.6940    0.1250
    0.4940    0.1840    0.5560
    0.4660    0.6740    0.1880
    0.3010    0.7450    0.9330
    0.6350    0.0780    0.1840
         0    0.4470    0.7410
    0.8500    0.3250    0.0980
    0.9290    0.6940    0.1250
```

说明

- 关于 plot(x,Y) 和 plot(Y) 所绘曲线的说明：
  - □ 图 5.2-1 的左、右两子图中的两组曲线的形态相似、各线的用色次序相同，但它们的横坐标分度标识不同。左图由 plot(t,Y) 生成，其横坐标据行〈2〉生成的数组分度和标识。右图由 plot(Y) 生成，其横坐标据 Y 的 1:50 的行序号分度和标识。
  - □ 图 5.2-1 的纵轴分度标识数字，正确反映了所绘曲线默认取色的前后次序。
  - □ 两子图中间的色条上的颜色就是默认线色的取色依据。
- 关于单调递增（或递减）自变量数组的 linspace(a,b,n) 命令生成法的说明：
  - □ 该命令能在 [a,b] 闭区间中生成 n 个等距分布的数值，构成 (1×n) 的元素值单调排列的行数组。
  - □ 若 a>b，则生成单调递减数组；若 a<b，则生成单调递增数组（如本例行〈2〉）。
- 关于 MATLAB 设置的"默认点线色"的说明：
  - □ MATLAB 设置的默认点线色是由 (7×3) 的 RGB 数组决定的。该 RGB 数组可以通过运行 get(groot,'factoryAxesColorOrder') 获得。
  - □ 曲线默认线色的取用次序是按 MATLAB 预定义的色调数组 lines 的行序号由小到大实施的（由行〈13〉代码决定）。图 5.2-1 中间的色条，表现了取用"10 种颜色时的 lines 色调"（由行〈14〉代码决定）。
  - □ 在图 5.2-1 中，曲线与纵坐标交点处的分度标识清楚地表明：曲线绘制先后的序号；这 7 种颜色的循环使用。
  - □ 本例试验二代码运行后显示的结果表明：各默认色彩具体的 RGB 取值；在该 RGB 数组中的第 8、9、10 行与第 1、2、3 行的数值相同，验证了 7 色的循环使用。
- 由于本书是单色印刷，本例的色彩及其次序无法从印刷的书本上观察。请读者直接运行本例代码所产生的图形观察色彩。

2. plot 带预定义设置符的调用格式

以下命令增添的输入量 's' 可指定所绘曲线的线型、点形及色彩。

$$\text{plot}(X,Y,'s') \qquad\qquad\text{含预定设置符的三元组输入格式}$$
$$\text{plot}(X1,Y1,'s1',X2,Y2,'s2',\dots,Xn,Yn,'sn')$$
$$\text{包含 } n \text{ 个三元组的输入格式}$$

💡说明

- 关于 $\text{plot}(X,Y,'s')$ 的说明：
  - □ $(X,Y,'s')$ 称为可指定线型、点形、色彩的"输入三元组"。
  - □ 输入量 X、Y 都应是 $(m\times n)$ 数组，或其中有一个是 $(m\times 1)$ 数组。
  - □ 输入量 s 只能取表 5.2－2、表 5.2－3、表 5.2－4 所列的 MATLAB 预定义设置符，用于指定数据点形、线型以及色彩。
  - □ 请注意：s 所取预定设置符，将作用于 X、Y 所对应的所有曲线。
- 关于 $\text{plot}(X1,Y1,'s1',\dots,Xn,Yn,'sn')$ 的说明：
  - □ 该命令格式由 $\text{plot}(X,Y,'s')$ 衍生而成，它由 n 个"输入三元组"构成。
  - □ 每个"输入三元组"是独立的。换句话说，该命令相当于把 n 次调用 $\text{plot}(Xi,Yi,'si')$ 命令绘制的曲线叠放在同一张坐标纸上。这里 i 从 1 取到 n。

表 5.2－2　离散数据点形的预定义设置符

符　号	含　义	符　号	含　义	符　号	含　义
d	菱形符 diamond	x	叉字符	˄	朝上三角符
h	六角星符 hexagram			<	朝左三角符
o	空心圆圈	.	实心点	>	朝右三角符
p	五角星符 pentagram	+	十字符	v	朝下三角符
s	方块符 square	*	米字符		

表 5.2－3　连续线型的预定义设置符

符　号	含　义	符　号	含　义
－	细实线	-.	点画线
:	虚点线	--	虚线

表 5.2－4　点色线色的预定义设置符

符　号	b	g	r	c	m	y	k	w
含义	蓝	绿	红	青	品红	黄	黑	白

◀例【5.2－2】　本例演示：plot 命令的"输入三元组"调用格式的应用；表述点形、线型、色彩的三种预定义设置符的组合使用；"冒号法"生成单调递增的自变量序列，即平面曲线的参数表达法；axis square 的影响。最简代码绘制平面绘线（见图 5.2－2）。

```
figure
t = (0:pi/50:2 * pi)';            %生成(201 * 1)的参数列数组(注意:转置符)        <2>
dd = [1,0.95];                    %(1 * 2)幅值行数组                            <3>
```

```
xx = sin(t) * dd;                    %(201 * 2)的横坐标                                    <4>
yy1 = cos(t) * dd;                   %(201 * 2)的蓝色虚线圆的纵坐标数据
yy2 = sin(2 * t) * dd;               %(201 * 2)的红色实线李沙育图形数据                      <6>
plot(xx,yy1,'--b',xx,yy2,'-r.')      %两个"输人三元组"格式                                <7>
grid on                              %显示坐标网格
axis square                          %坐标轴系呈正方形
xlabel('x'),ylabel('y')
```

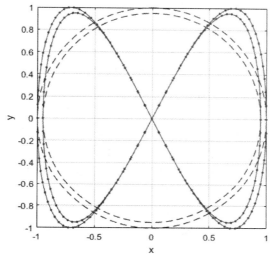

图 5.2 - 2　李沙育曲线

💡**说明**

- 在行〈7〉命令中,有两个绘制平面曲线的输入三元组。
  - □ 第一个三元组(xx,yy1,'--b'),采用蓝色虚线绘制半径分别为 1、0.95 的圆周。
  - □ 第二个三元组(xx,yy2,'-r.'),则采用带实心数据点的红色细实线绘制两条幅度分别为 1、0.95 的李沙育曲线。
  - □ 该命令还演示了分别定义点形、线型、色彩的三种预定设置符的组合使用及影响。
- 关于"冒号法"生成单调递增(或递减)的自变量数组的说明:

  用步长 d 直接分割参数区间 $[a_1,a_2]$,其代码形式为 $a_1:d:a_2$,其中 a_1、a_2 为区间首尾。a_1、a_2、d 三个数的取值必须满足 $\dfrac{(a_2-a_1)}{d}>0$。该方法可产生 $\left(\left\lfloor\left|\dfrac{(a_2-a_1)}{d}\right|\right\rfloor+1\right)$ 个数据点,参见本例行〈2〉。

- 顺便指出:图 5.2 - 2 所示的红实线被称为李沙育图形或利萨如(Lissajous)曲线。在 20 世纪的电工无线电技术中,常借助模拟电子示波器对李沙育图形的观察,测定电波的频率或相位差。

3. 用属性名属性值精饰曲线

由 plot 绘制的曲线属于"线(line)类"对象,而具体线对象的形态由其各种属性值决定。用户为精饰曲线,可采用的属性设置法有三种:绘图命令直接设置法、点调用格式设置法、set

命令设置法。这三种设置法的,典型调用格式如下：

Lh＝plot(Ax,x,y, 's', 'PN', PV, …)
          在 Ax 指定轴系上绘制带属性设置的曲线,并返回图形句柄

Lh＝plot(Ax,X,Y)   在 Ax 指定轴系绘制曲线,并返回线句柄数组

Lh(i). PN＝ PV   点调用格式修饰以 Lh(i) 为句柄的曲线对象

set(Lh(i), 'PN', PV, …)   借助 set 命令批处理修饰以 Lh(i) 为句柄的曲线对象

说明

- 关于 plot 命令的说明：
  □ 输入量 Ax 是已经存在的坐标轴系的句柄,用于指定 plot 把曲线画在 Ax 轴系上。该输入量缺省时,曲线绘制在当前坐标轴系上。
  □ 输入量 x、y 是长度相同的列数组,分别决定数据点的横、纵坐标位置。
  □ 输入量 s 是表 5.2－2、5.2－3、5.2－4 所列的点形线型色彩预定义设置符。MAT-LAB 之所以设计该输入量,完全是出于方便用户的考虑。实际上,假若用户不采用 's' 字符串设置,也可直接采用"属性名/属性值"进行设置,并且这种设置也许更细腻。譬如,可以通过 RGB 三元组调和出表 5.2－4 以外的各种点色、线色。
  □ 输入量 'PN' 和 PV 是始终成对出现的"属性名/属性值"。常见属性名及可取属性值如表 5.2－5 所列。更详细的"属性名/属性值"列表,可直接运行该已画线对象的句柄获得(请参见第 5.1.3－2 节)。也可以在 MATLAB 帮助浏览器中,通过搜索 Chart Line Properties 关键词组,获得关于线对象的详尽属性名/属性值使用说明。
  □ 输出量 Lh 是所绘曲线的图形句柄。
  □ 值得指出：plot 命令中的输入量 x、y 若都是 $(m \times n)$ 数组,那么该 plot 命令中的"属性名/属性值"设置,将同时影响 plot 所绘出的 n 条曲线,且在这种情况下,plot 返回的将是 $(n \times 1)$ 线对象数组,详见第 5.1.3－2 节。

表 5.2－5　线对象的常用属性名和属性值

含　义	属性名(PN)	属性值(PV)
线色	Color	取表 5.2－4 所列的任何色彩字符串； 或取 RGB 三元组 $[v_r, v_g, v_b]$,其中任一元素可取 $[0,1]$ 间任意值
线型	LineStyle	可取表 5.2－3 所列的任何线型字符串
线宽	LineWidth	正实数(默认 0.5)
数据点形	Marker	可取表 5.2－2 所列的任何字符串(默认实心点)
数据点大小	MarkerSize	正实数(默认 6)
数据点边界色	MarkerEdgeColor	'auto'(默认),与线同色； 'none',使数据点中空部分无色； 取表 5.2－4 所列的任何色彩字符串； 取 RGB 三元组 $[v_r, v_g, v_b]$,其中任一元素可取 $[0,1]$ 间任意值
数据点内域色	MarkerFaceColor	'none'(默认),使数据点中空部分无色； 'auto',由 axes 的 Color 属性决定颜色； 取表 5.2－4 所列的任何色彩字符串； 取 RGB 三元组 $[v_r, v_g, v_b]$,其中任一元素可取 $[0,1]$ 间任意值

● 关于借助点调用格式(Dot Notation Syntax)设置属性的说明:

　□ 命令 Lh＝plot(Ax,X,Y),在指定的 Ax 轴系上,据 X、Y 两个($m×n$)数组,按默认设置绘制出 n 条曲线,并返回($n×1$)的线对象数组。

　□ 对象属性的点调用格式命令 Lh(i). PN＝ PV,用于具体设置第 i 个线对象的属性值。因此,这种设置方法可对 n 条曲线进行不同的属性设置。

● 关于借助 set 命令设置属性的说明:

　□ 该命令也像点调用一样,可以对每个具体的线对象进行属性设置。

　□ 该命令与点调用不同之处在于,可一次性对多个属性进行设置。

◀例【5.2－3】 绘制连续调制波形 $y＝\sin(t)\sin(9t)$ 及其包络线。本例演示:通过代码设置线对象属性的三种基本方法;生成单调自变量数组的"归一化冒号生成法";高层绘图命令所产生图形的叠绘;坐标轴的范围设置(见图 5.2－3)。

```
figure
t = (0:1/100:1)' * pi;              %(201 * 1)的时间列数组                    <2>
yy1 = sin(t) * [1, -1];             %(201 * 2)的包络线函数值数组              <3>
y2 = sin(t). * sin(9 * t);          %长度为 101 的调制波列数组               <4>
t3 = pi * (0:9)/9;                  %调制波过零的位置          %            <5>
y3 = zeros(size(t3));               %生成与 t3 规模相同的全 0 数组           <6>
plot(t,yy1,'- -r','LineWidth',2)    %用 2 号粗的红虚线绘制上下包络线          <7>
hold on                             %允许叠绘                              
Lh2 = plot(t,y2,'-bo');             %用带小圆圈的蓝色细实线画调制线    %      <9>
Lh2.MarkerSize = 4;                 %重置数据点圆圈的大小(默认值为 6)       <10>
Lh3 = plot(t3,y3,'s');              %调制线过零点用"小方块"标识            <11>
set(Lh3,'MarkerSize',10,'MarkerEdgeColor',[0,1,0],...    %                <12>
'MarkerFaceColor',[1,0.8,0])                             %                <13>
hold off                            %不再叠绘;它与 hold on 配用           <14>
axis([0,pi,-1,1])                   %设置坐标轴的范围                     <15>
```

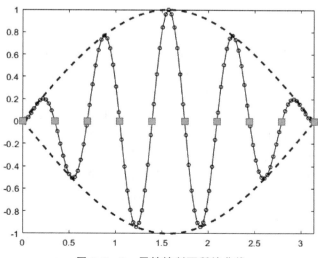

图 5.2－3　属性控制下所绘曲线

🔍**说明**

- 关于线对象属性代码设置法的说明：
  - □ 行〈7〉展示了在 plot 命令中直接进行属性设置。该设置影响所画的两条包络线。
  - □ 行〈10〉借助点调用格式对"已生成的 Lh2 线对象"的数据标志点大小进行设置。
  - □ 行〈12,13〉借助 set 命令对"已生成的 Lh3 过零点对象"的大小、点边彩色、点用色彩三个属性进行设置。
- 关于单调自变量数组"归一化冒号生成法"的说明：
  该方法适于创建以 0 为起点的单调递增（或递减）自变量数组。具体方法是：对[0,1]或[0,−1]区间实施百分或千分之类的分度，然后乘以参数区间长度，参见本例行〈2〉。
- 关于行〈3〉、行〈4〉中两种乘法运算符的说明：
  - □ 行〈3〉中运用了"矩阵乘"算符，使(201 * 1)的 sin(t)列向量与(1 * 2)的[1, −1]行向量相乘生成(201 * 2)的 yy1。
  - □ 行〈4〉中运用了"数组乘"算符，使(201 * 1)的 sin(t)列数组与同样规模的 sin(9 * t)列数组相乘，生成(201 * 1)的 y2。
  - □ 值得再次强调：在 MATLAB 中进行数值计算，应尽量避免费时低效的"循环"。
- 如果用户希望借助高层绘图命令在同一坐标轴系中绘制多个图形，那么就必须借助 hold on 命令；当叠绘完成后，还应该运行 hold off 终止叠绘，以免破坏已经绘制成的图形。关于 hold 的进一步解释，请看 5.2.3 − 1 节。

5.2.2　轴系形态和标识

坐标轴系在新版 MATLAB 图形体系中处于最核心的位置。它架设在图形窗之上，承接各种图形对象及许多相关的标识。坐标轴系的范围、轴间比例、轴系是否紧框图形、轴系的隐显、坐标网格的隐显、各轴分度线的刻制、分度标识、轴系图名等都由坐标轴系类对象的属性设置确定。

在 MATLAB 的面向对象设计的绘图系统中，坐标轴系对象也可满足不同用户的三个层次需求：

- 在没有任何用户干预的情况下，由 plot、surf 等绘线、绘面命令，自动引出普适性坐标轴系。比如，例 5.1 − 1 的前 11 行代码就可画出坐标轴上的图形；例 5.2 − 3 的前 14 行代码就能画出与图 5.2 − 3 类似的图形。
- 借助简便易用的高层命令（即类方法），对坐标轴系的属性进行设置，使坐标轴系表现个性化。比如，例 5.1 − 1 第〈13〉〈17〉〈18〉行的 grid、xlabel、ylabel、title 命令就用来显示坐标网格、横纵轴名称、轴系上的图名。
- 通过轴对象句柄，或采用点调用格式，或借助 set 命令，直接设置轴对象的属性。如例 5.1 − 1 中的行〈15〉，就是借助 set 命令对横轴分度及分度标识旋转角属性进行设置的。

基于本书的定位考虑，本节将专注于轴系个性化修饰的高层命令的功能及应用。

1. 坐标轴的控制

坐标控制命令 axis 使用比较简单。它用于控制坐标轴的可视、取向、取值范围和轴的高宽比等。常用的命令形式及功能如表 5.2-6 所列。

表 5.2-6　axis 命令中允许选用的形态关键词

坐标轴控制方式、取向和范围		坐标轴的高宽比	
指　令	含　义	指　令	含　义
axis auto	使用默认设置	axis equal	纵、横轴采用等长刻度
axis manual	使当前坐标范围不变	axis fill	在 manual 方式下起作用,使坐标充满整个绘图区
axis off	取消轴背景	axis image	纵、横轴采用等长刻度,且坐标框紧贴数据范围
axis on	使用轴背景	axis normal	矩形坐标系(默认)
axis ij	矩阵式坐标,原点在左上方	axis square	产生正方形坐标系
axis xy	普通直角坐标,原点在左下方	axis tight	把数据范围直接设为坐标范围
axis(V) V=[x1,x2,y1,y2]; V=[x1,x2,y1,y2,z1,z2];	人工设定坐标范围。设定值:二维,4 个;三维,6 个	axis vis3d	保持高宽比不变,用于三维旋转时避免图形大小变化

说明

坐标范围设定向量 V 中的元素必须服从:x1<x2,y1<y2,z1<z2。V 的元素允许取 inf 或-inf,意味着上限或下限是自动产生的,即坐标范围"半自动"确定。

例【5.2-4】 本例通过"横 1 竖 2 半轴长椭圆"、单位圆、"横 3 竖 1 半轴长椭圆"在不同关键词作用下的形状(见图 5.2-4),展现各关键词的含义及影响、axis 命令的函数调用格式。此外,还演示:在同一图形窗中,创建多个坐标轴系的 subplot 命令的应用;图例命令 legend 的 position 属性设置。

```
t = (0:100)' * 2 * pi/100;                %(101 * 1)的参数列数组
x = sin(t) * [1.5,1,3];                   %(101 * 3)的 x 轴数据组
y = cos(t) * [2,1,1];                     %(101 * 3)的 y 轴数据组
S = {'normal','equal','square','fill','image','tight'};
                                          %关键词字符串元胞数组

for k = 1:6
    subplot(2,3,k);                       %逐个创建轴系(也称子图)            <7>
    plot(x(:,1),y(:,1),'r:',x(:,2),y(:,2),'g-',...
        x(:,3),y(:,3),'b-.','LineWidth',1.5);
    title(S{k})                           %在当前轴系上,注释子图名称
    axis(S{k})                            %控制当前轴系的外形                 <11>
    grid on, grid minor
end
Lh = legend('竖椭','正圆','横椭','Orientation','horizontal');      %        <14>
                                          %例示水平排列的图例
```

```
Lh.FontSize = 11;                      %指定图例中文字注释的大小
Lh.Position = [0.374,0.495,0.272, 0.04];   %指定图例位置                    <17>
```

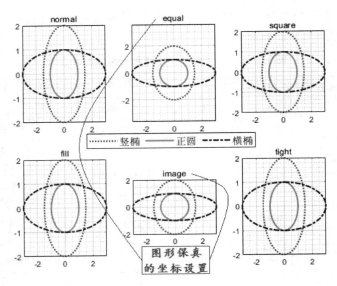

图 5.2 - 4   轴系外形选项关键词与图形的关系

💡说明

- 关于图 5.2 - 4 中轴系形态的说明：
  □ 只有在 axis equal 或 axis image 设置的坐标轴系中，三个不同数学模型定义的圆线才得到正确表现。
  □ 特别提醒：axis square 不保真，而是使坐标框变"方"，即坐标纵轴、横轴的总长度相同。
  □ axis tight、axis image 都能使坐标轴紧框全部圆线，但 axis tight 的纵横轴的单位长度不等。
  □ 对于本例的三圆线数据输入，由默认设置（axis normal）绘出的坐标轴系显然是不恰当的。本例之所以如此设计，是为了提醒用户，对于默认设置坐标轴系中的图形要进行审视，观察其合理性。
- 关于 axis 调用格式的说明：
  □ axis('KeyWord')的功能等同于 axis KeyWord，在此 KeyWord 是指表 5.2 - 6 中所列的关键词。前者称为 axis 的函数调用格式，后者称为 axis 的指令调用格式。在本例行〈11〉axis(S{k})中的 S{k}就是随 k 而变的字符串。
  □ axis 的函数调用格式 axis(Ax,'KeyWord')，具有对 Ax 指定轴系进行设置的能力。
- 本例行〈7〉subplot(2,3,k)用于生成按(2×3)排列的 6 个坐标轴系（也称子图）中的第 k 个，详见第 5.2.3 - 3 节。
- 本例行〈14～17〉用于生成位置特殊指定的图例。
  □ 要特别说明的是：行〈17〉指定图例位置属性 Lh.Position 取值的四元行数组中的四个元素的数值大小都是基于"图形窗左下角为[0,0]点，窗横宽和窗纵高都为 1 的归一化单位"而定义的。这四个自左至右元素的含义依次是：图例框左、下角位置的横、纵坐标，以及横宽、纵高。

□ 关于 legend 的使用说明，见 5.2.2 – 3 节。

2. 坐标框、网格线、轴线分度及标识

box	坐标轴系是否封闭的双向切换命令（使当前轴系封闭状态翻转）
box on	使当前坐标轴系呈封闭形式
box off	使当前坐标轴系呈开启形式
grid	坐标网格线是否显示的双向切换命令（使当前网格线显示状态翻转）
grid on	显示坐标分度网格线
grid off	消隐坐标网格线
grid minor	显示更细密的坐标网格线
xticks(XTvalue)	设定 x 轴线的标尺分度位置
yticks(YTvalue)	设定 y 轴线的标尺分度位置
xticklabels(XTstring)	标识 x 轴线标尺分度值
yticklabels(YTstring)	标识 y 轴线标尺分度值
xtickangle(Xangle)	指定 x 轴线标尺分度的标识角度
ytickangle(Yangle)	指定 y 轴线标尺分度的标识角度

🔆说明

- 与 axis 命令相似，box、grid 命令除了以上所列的"指令调用格式外"，也有功能相同的"函数调用格式"，如 bix('on')、grid('on')等。
- 输入量 XTvalue 和 YTvalue 分别为数值数组，用于指定 x、y 轴标尺分度位置。（可推广应用于 z 轴）
- 输入量 XTstring 和 YTstring 分别为字符串元胞数组，用于 x、y 轴分度的标识字符。该元胞数组的规模应与 xticks、yticks 命令中指定分度位置的数组规模相同。（可推广应用于 z 轴）
- 输入量 Xangle、Yangle 都是标量正数，用于指定 x、y 轴分度标识字符排列相对水平线的倾斜角度（用度数表述）。0 表示字符串呈水平排列，30 表示字符串呈 30 度前倾后翘状。（可推广应用于 z 轴）
- 关于 grid 的说明：
  □ grid on 在轴分度处生成网格细实线。
  □ grid minor 可把每个标尺分度再 5 等分后产生更密的网格虚线。
- 再次指出：假如需要，以上所有命令都可以把已经存在的轴系句柄 Ax 用作"第一输入量"，使命令对 Ax 轴系发挥作用。比如，box(Ax,'on')就能使 Ax 轴系的坐标轴系封闭。

◀例【5.2 – 5】　本例演示：grid、xtick、xticklabels、xtickangle 等命令的应用及效果；text、title 命令中的字符控制及效果（见图 5.2 – 5）。

```
clf;                              % 清空已有图形窗              <1>
t = 0:pi/50:2 * pi;y = sin(t);
plot(t,y,pi/2,1,'r.','MarkerSize',16)
```

```
axis([0,2 * pi, - 1.2,1.2])                          %设定轴范围
text(1.1 * pi/2,1,'\fontsize{14}\fontname{隶书}极大值');     %标识极大值              <5>
xv = 0:pi/4:2 * pi;                                  %生成 x 轴分度位置数组        <6>
xs = {'0','\pi/4','\pi/2','3\pi/4','\pi',...
    '5\pi/4','3\pi/2','7\pi/4','2\pi'};              %字符串元胞数组              <8>
xticks(xv)                                           %指定 x 轴分度
xticklabels(xs)                                      %指定 x 轴分度的标识
xtickangle( - 30)                                    %使 x 轴标识前翘后倾 30 度
grid on                                              %显示分度网格线              <12>
grid minor                                           %使网格线加密              <13>
title('\fontsize{12}\ity = sin(t)')                  %按指定字体及大小显示图名     <14>
xlabel('t')
ylabel('y')
```

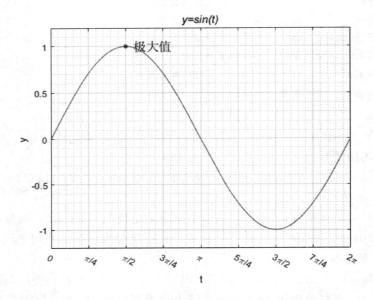

图 5.2 - 5　细密坐标网格、特定轴分度和特殊字符标识

💡说明

● 行〈1〉的 clf 用于清空已存在图形窗,或生成新图形窗。使用 clf 的理由是:由于此前的例 5.2 - 4 生成的图形窗有多个轴系。假如没有 clf,而直接运行其后的代码,那么类似图 5.2 - 5 的图形将出现在图 5.2 - 4 的右下角轴系上。

● 虽然 xtick 的输入是数值数组 xv,而 xticklabels 的输入是字符串元胞数组 xs,但这两个数组的长度 length(xv) 和 length(xs) 是相等的。这样才能保证每个分度位置有正确的分度标识,参见行〈6〉和〈7,8〉。

● 行〈5〉〈7,8〉〈14〉中使用了字体、字符控制设置符,相关内容请见 5.2.2 - 4 节。

3. 图形标识命令

图形标识包括:图名(Title)、坐标轴名(Label)、图形注释(Text)和图例(Legend)。标识

命令的最简捷使用格式如下：

title(S)	书写轴系图名
xlabel(S)	横坐标轴名
ylabel(S)	纵坐标轴名
text(xt,yt,S)	在图面(xt，yt)坐标处书写字符注释
legend(S1,S2,…)	生成轴系上所绘曲线点形线型色彩示例及 S1、S2 等名称
legend(S1,S2,…,'Location',Lstring)	在 Lstring 指定的方位上生成图例

💡说明

- 以上命令中的输入量 S,S1,S2 为字符串。它可以是英文、中文或 Tex 定义的各种特殊字符(见表 5.2 - 7～表 5.2 - 11)。再次提醒：作为字符串标记的单引号，必须在英文状态下输入。
- text 命令中的 xt、yt 输入量用于指定文字注释在当前轴系中的坐标位置。
- 关于 legend 命令的说明：
  - □ 字符串 S1,S2 等依次用于注释在当前轴系所先后绘制的图形。
  - □ 输入量 Lstring 用于指定图例在轴系中的方位。它可取的方位字符串如表 5.2 - 7 所示。
  - □ 假如要指定位置更加特殊的图例，那么就可以借助图例对象的 Position 属性设置，参见例 5.2 - 4 行〈16〉。
  - □ 此外，legend 还可以借助图线句柄指定显示"相应曲线的图例"，参见例 4.1 - 4 的命令〈16〉。

表 5.2 - 7　'Location' 的属性值可取的 MATLAB 预定义字符串

属性值字符串	含　义	属性值字符串	含　义
'north'	轴系内正上方	'northoutside'	轴系外正上方
'south'	轴系内正下方	'southoutside'	轴系外正下方
'east'	轴系内正右方	'eastoutside'	轴系外正右方
'west'	轴系内正左方	'westoutside'	轴系外正左方
'northeast'	轴系内右上角	'northeastoutside'	轴系外右上角
'northwest'	轴系内左上角	'northwesoutsidet'	轴系外左上角
'southeast'	轴系内右下角	'southeastoutside'	轴系外右下角
'southwest'	轴系内左下角	'southwestoutside'	轴系外左下角
'best'	轴系内与图形最小冲突处	'bestoutside'	轴系右外侧

4. 标识命令中字符的精细控制

如果想在图上标识希腊字、数学符等特殊字符，必须使用表 5.2 - 8、表 5.2 - 9 中的命令。如果想设置上下标，如果想对字体或大小进行控制，必须在被控制字符前先使用表 5.2 - 10、表 5.2 - 11 中的命令和设置值。

表 5.2-8 图形标识用的希腊字母

指 令	字 符	指 令	字 符	指 令	字 符	指 令	字 符
\alpha	α	\eta	η	\Nu	ν	\upsilon	υ
						\upsilon	Y
\beta	β	\theta	θ	\xi	ξ	\phi	φ
		\Theta	Θ	\Xi	E	\Phi	Φ
\gamma	γ	\iota	ι	\pi	π	\chi	χ
\Gamma	Γ			\Pi	Π		
\delta	δ	\kappa	κ	\rho	ρ	\psi	ψ
\Delta	Δ					\Psi	Ψ
\epsilon	ε	\lambda	λ	\sigma	σ	\omega	ω
		\Lambda	Λ	\Sigma	Σ	\Omega	Ω
\zeta	ζ	\mu	μ	\tau	τ		

使用示例					
指 令	效 果	指 令	效 果	指 令	效 果
'sin\beta'	$\sin\beta$	'\zeta\omega'	$\zeta\omega$	'\itA\{\in}R^{m\timesn}'	$A \in R^{m\times n}$

表 5.2-9 图形标识用的其他特殊字符

指 令	符	指 令	符	指 令	符	指 令	符	指 令	符
\approx	$\approx$	\propto	$\propto$	\exists	$\exists$	\cap	$\cap$	\downarrow	$\downarrow$
\cong	$\cong$	\sim	$\sim$	\forall	$\forall$	\cup	$\cup$	\leftarrow	$\leftarrow$
\div	$\div$	\times	$\times$	\in	$\in$	\subset	$\subset$	\leftrightarrow	$\leftrightarrow$
\equiv	$\equiv$	\oplus	$\oplus$	\infty	∞	\subseteq	$\subseteq$	\rightarrow	$\rightarrow$
\geq	$\geq$	\oslash	$\oslash$	\perp	$\perp$	\supset	$\supset$	\uparrow	$\uparrow$
\leq	$\leq$	\otimes	$\otimes$	\prime	$'$	\supseteq	$\supseteq$	\circ	$\circ$
\neq	$\neq$	\int	$\int$	\cdot	$\cdot$	\Im	$\Im$	\bullet	$\bullet$
\pm	$\pm$	\partial	∂	\ldots	$\ldots$	\Re	$\Re$	\copyright	©

表 5.2-10 上下标的控制命令

类 别	命 令	arg 取值	举 例	
			示例命令	效 果
上标	^{arg}	任何合法字符	'\ite^{-t}sint'	$e^{-t}\sin t$
下标	_{arg}	任何合法字符	'x～{\chi}_{\alpha}^{2}(3)'	$x \sim \chi_a^2(3)$

表 5.2 - 11　字体式样设置规则

字体	指令	arg 取值	举例	
			示例命令	效果
名　称	\fontname{arg}	arial；courier；roman；宋体；隶书；黑体……	'\fontname{courier}Example 1' '\fontname{隶书}范例 2'	Example 1 范例 2
风　格	\arg	bf　（黑体） it　（斜体一） sl　（斜体二） rm　（正体）	'\bfExample 3' '\itExample 4'	**Example 3** *Example 4*
大　小	\fontsize{arg}	正整数。 默认值为 10(Points 磅)。	'\fontsize{14}Example 5' '\fontsize{6}Example 6'	Example 5 Example 6

☀说明

● 凡 Windows 字库中有的字体，都可以通过设置字体名称实现调用。
● 对中文进行字体选择是允许的，见例 5.2 - 4。
● 1 Point(磅)＝1/72 inch＝0.35 mm。

例【5.2 - 6】　通过绘制归一化二阶系统的单位阶跃响应 $y(t)=1-e^{-at}\cos \omega t$，$\alpha=0.3$，$\omega=0.7$，演示：多种运算表达式的综合运用；轴线分度及标识；坐标网格线和细密网格线的不同特点；复杂字符串的生成；多行文字注释的生成；特殊字体、字色的生成。本例比较综合，涉及的命令较广。请读者按试验次序，耐心读代码行的说明，上机运行各组试验代码，观察生成图形的变化，再看例后说明，定会受益匪浅（见图 5.2 - 6）。

1）试验一：绘制曲线、设置轴系范围、绘制自动分度的网格线

```
clear,clf
t = 6 * pi * (0:100)/100;
y = 1 - exp(-0.3 * t). * cos(0.7 * t);
plot(t,y,'r - ','LineWidth',3)              %用 3 号红实线画曲线              <4>
hold on
plot([0;6 * pi],[0.95,1.05;0.95,1.05],'LineWidth',1.5,...
     'Color',[0.5,0.5,0.5])                 %画镇定区间线                 <7>
tt = t(abs(y-1))0.05);ts = max(tt);          %确定镇定点位置               <8>
plot(ts,0.95,'bo','MarkerSize',10)          %画镇定点                    <9>
hold off
axis([ - inf,6 * pi,0.6,inf])               %横轴下限及纵轴上限自动生成      <11>
grid on                                     %显示自动分度上的网格线        <12>
```

2）试验二：改变轴的分度位置及分度标识（注意分度网格线随之变化）

```
xticks((0:6) * pi)                          %横轴分度刻线                 <13>
AA = repmat('\bf\fontsize{14}\color{red}',7,1);   %特殊字定义串元胞数组      <14>
BB = {'0','1\pi','2\pi','3\pi','4\pi','5\pi','6\pi'};   %              <15>
                 %(7 * 1)标识串的元胞数组
```

```
CC = strcat(AA,BB);                    % (7 * 1)的合成串元胞数组              <17>
xticklabels(CC);                       % 横轴分度标识                       <18>
yticks([0.95,1,1.05,max(y)])           % 纵轴分度                          <19>
ymaxs = sprintf('%.2f',max(y));        % 最大 y 数值字符串                  <20>
yticklabels({'0.95','1.00','1.05',ymaxs));  % 纵轴分度标识                  <21>
```

3）试验三：生成细密网格、两组文字注释

```
grid minor                             % 请注意细密化的效果                 <22>
tss1 = {'\fontsize{12}{\alpha} = 0.3','\fontsize{12}{\omega} = 0.7'};    %    <23>
                                       % (1 * 2)特殊字符串元胞数组
text(13.5,1.2,tss1)                    % 标识两行字符串                     <25>
tss2{1} = '\fontsize{12}\uparrow';     %                                  <26>
tss2{2} = '\fontsize{16} \fontname{隶书}镇定时间 ';
tss2{3} = ['\fontsize{14}\rmt_{s} = ' num2str(ts)];   %                    <28>
                                       % 以上 3 行代码生成(3 * 1)字符串元胞数组
text(ts,0.85,tss2,'Color','b','HorizontalAlignment','Center')   %         <30>
                                       % 标识三行字符串
```

4）试验四：生成轴图名、轴向及轴名

```
title('\fontsize{14}\it y = 1 - e^{ - \alpha t}cos{\omegat}')    %         <32>
xlabel('\it\fontsize{14}\color{red}t \rightarrow')               %         <33>
ylabel('\it\fontsize{14}y \rightarrow')   % 纵轴标出向上箭头                <34>
```

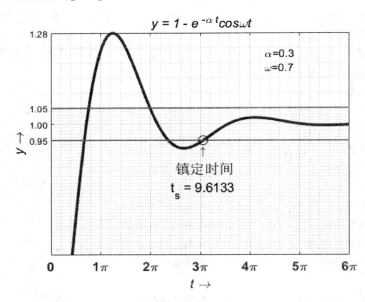

图 5.2 - 6   二阶阶跃响应图及标识

💡**说明**

● 关于镇定点的说明：

□ 镇定点是控制原理中的术语,指随时间推移,当响应曲线到达镇定点以后,响应曲线相对其终值 1 的偏离就不再会超出"1 的正负 5％区间"。该镇定点对应的时间就是镇定时间。

- □ 行〈8〉中的 abs(y-1)>0.05 产生一个逻辑数组,该数组中对应 y 值超出"1 的正负 5%区间"的所有元素位置都是逻辑 1。这个逻辑数组又从 t 数组中提取出"1 的正负 5%区间"外点的时间值数组 tt。tt 时间值数组中的最大值就是镇定时间,它由代码 ts=max(tt)求出。
- 关于行〈11〉代码 axis([-inf,6*pi,0.6,inf])的说明:
  - □ -inf 表示 x 轴的下限据自变量 t 数组的最小值取值;
  - □ 而 inf 表示 y 轴的上限按因变量 y 数组的最大值取值。
- 关于 grid 的说明:
  - □ 行〈12〉的 grid on 的作用是:显示分度处的坐标网格线。读者在运行试验一的代码时可以看到:网格线分别过 x 轴的 2、4、6 等分度,y 轴的 0.6、0.8 等分度。
  - □ 当读者运行试验二的代码后,由于分度重新定义,所以坐标网格线也随之改变。
  - □ 而在运行试验三代码后,在 grid minor 的作用下,使网格线变得更加细密。在 x 轴向,每个 π 分度区间又被 5 等分。在 y 轴向,从 0.6 到 1.05 之间,使每个 0.05 长度区间 5 等分,而 1.05 到 1.28 之间也被 5 等分。
- 关于行〈17〉CC=strcat(AA,BB)的说明:
  - strcat 命令能把长度相同的 2 个字符串元胞数组的对应元素组合成一个字符串。
  - AA 是(7×1)的 MATLAB 规定的特殊字符设置字符串元胞数组,BB 是(7×1)的 "需要标识的字符串"元胞数组。合并后的(7×1)CC 的每个元素是"符合 MATLAB 规则的生成特殊字符标识的字符串"。
- 关于字符串元胞数组在文字标识中应用的说明:
  - □ 被 xticklabels 命令用于轴线分度的标识,见行〈15~18〉。
  - □ 被 text 命令用于多行文字注释,见行〈23~25〉〈26~30〉。

5.2.3　多次叠绘、双纵坐标和多子图

1. 多次叠绘

plot、surf 等高层绘图命令在同一个坐标轴系上绘制多条曲线,有两种方法:
- 借助 plot 等命令,在一次命令调用中,实现多条曲线的绘制,参见第 5.2.1 节、例 5.2-1、例 5.2-2、例 5.2-4。
- 借助 hold 命令,通过多次调用 plot 等命令,把多条曲线叠绘在同一坐标轴系上。例 5.1-1、例 5.2-3、例 5.2-6 都采用这种方法。

以上两种叠绘方法相互间不可完全替代。基于 hold 命令的这种重要应用功能,再把该命令的三种应用格式单独罗列并示例如下:

hold on	使当前轴及图形保持而不被刷新,准备接受此后将绘制的新曲线
hold off	使当前轴及图形不再具备不被刷新的性质
hold	当前图形是否具备刷新性质的双向切换开关

例【5.2-7】　利用 hold 绘制离散信号通过零阶保持器后产生的波形。本例:演示 hold 命令在叠绘中的应用及不可替代性;展现针状图命令 stem、阶梯图命令 stairs 的调用格式和使

用效果；legend 图例中的特殊字体处理；axis tight 的轴系控制效果（见图 5.2-7）。

```
figure
t = 2 * pi * (0:20)/20;
y = cos(t) . * exp( - 0.4 * t);          %注意:数组运算符的使用
stem(t,y,'g','Color','k');               %二维黑色细实线针状图
hold on
stairs(t,y,':r','LineWidth',3)           %3号红色虚点线阶梯图
hold off
legend('\fontsize{14}\it stem','\fontsize{14}\it stairs')
axis tight                               %使坐标框紧框曲线
xlabel('t'),ylabel('y')
```

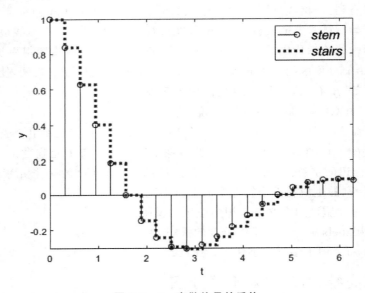

图 5.2-7　离散信号的重构

2. 双纵坐标图

yyaxis left   创建/激活具有左纵轴的坐标轴系

yyaxis right   创建/激活具有右纵轴的坐标轴系

说明

● 关于新老版本双纵坐标绘图的说明：

　□ 老版本，由 plotyy 实施双纵坐标绘图。该命令兼具两个功能：创建双纵坐标；调用 plot 绘制线图。MATLAB 已经声明，plotyy 将逐步废止。

　□ 自 MATLAB R2016a 起，启用 yyaxis 命令专门负责双纵坐标轴系的创建。在该轴系上的绘图，可根据需要选用 plot、stem、stairs、bar 等命令。

● 双纵坐标的工作原理：

　□ 实际上，双纵坐标由左纵轴直角坐标系和右纵轴直角坐标系叠合而成，且后者总是叠放在前者的上层。

□ 若用户希望在左轴系上,绘图、给左纵轴设定区间、分度刻线、分度标识,那么就必须先运行 yyaxis left。同样,在右轴系实施绘图等操作之前,则必须先运行 yyaixs right。

□ 在默认情况下,左轴系的纵轴(连及轴名)及绘线都采用整个轴系的第 1 默认色;而右轴系的纵轴(连及轴名)及绘线则采用整个轴系的第 2 默认色。多线情况下,按默认色次序循环先对左用色,然后用色于右轴系。

◀例【5.2-8】 采用双纵坐标绘制 1980—2020 期间我国 GDP 和城镇居民人均可支配收入的统计数据曲线。本例演示:yyaxis 的基本使用方法;双纵坐标系的本质;双纵坐标叠绘的注意事项;legend 在双纵轴系中的使用规则(见图 5.2-8、图 5.2-9)。

1) 绘图数据的录入

```
x = 1980:2020;                              %统计年度                    <1>
yR = [478,500,535,565,652,739,901,1002,1180,1374,...
    1510,1701,2027,2577,3496,4283,4839,5160,5425,5854,...
    6280,6860,7703,8472,9422,10493,11760,13786,15781,17175,...
    19109,21810,24565,26467,28844,31195,33616,36396,39251,42359,...
    43834] * 1e-4;                          %年度人均可支配收入,单位:万元  <6>
yL = [4587.6,4935.8,5373.4,6020.9,7278.5,...            %             <7>
    9098.5,10376.2,12174.6,15180.4,17179.7,...
    18872.9,22005.6,27194.5,35673.2,48637.5,...
    61339.9,71813.6,79715.0,85195.5,90564.4,...
    100280.1,110863.1,121717.4,137422.0,161840.2,...
    187318.9,219438.5,270092.3,319244.6,348517.7,...
    412119.3,487940.2,538580.0,592963.2,643563.1,...
    688858.2,746395.1,832035.9,900309.5,986515.2,...
    1015986.2] * 1e-4;                      %年度 GDP 数据,单位:万亿元    <15>
```

2) 双纵坐标图的基本绘制方法(参见图 5.2-8)

```
clf
yyaxis right                    %使右纵坐标为当前绘图环境              <17>
plot(x,yR,'r:','LineWidth',3)   %绘红虚线                          <18>
ylim([0,4.5])                   %设置右纵坐标的显示范围
grid on,grid minor             %根据左纵画网格
ylabel('年度人均可支配收入(万元)')  %右纵坐标标识
yyaxis left                     %使左纵坐标为当前绘图环境              <22>
plot(x,yL,'b','LineWidth',3)    %画蓝实线                          <23>
ylim([0,120])                   %设置左纵坐标的显示范围
ylabel('年度 GDP(万亿元)');       %左纵坐标标识
xlabel('年度')                   %横坐标标识
title('1980~2020 年全国 GDP 和城镇居民人均可支配收入')
H = legend('GDP','可支配收入','Location','NorthWest');%注意字符串次序  <28>
```

3) 观察双纵坐标系的内涵

以下命令的运作结果,清楚地揭示了双纵坐标系的本质。

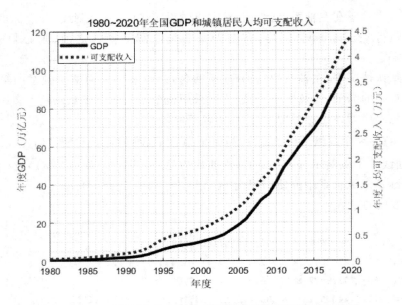

图 5.2-8 不同刻度单位和数值范围的双纵坐标轴系及曲线

- 〈29〉运行后的显示表明：轴对象只有一个，且 Y 轴系的默认优先位置是"left 左"；但 Y-axis 属性中配置了 2 个数值标尺 NumericRuler 子对象。
- 基于以上的默认配置，尽管本例双纵轴系由行〈17〉运行 yyaxis right 所始建，但所创双纵轴系 Yaxis 属性值中的第一子对象却是"位于轴系左侧的纵轴标尺"，见行〈30〉运行后所显示的结果。
- 事实上，在直角坐标轴系关于纵轴位置的默认设置下，不管双纵轴系是由运作 yyaxis left 所始建，还是由运作 yyaxis right 所始建，双纵轴系 YAxis 属性的第一子对象总是"左纵轴"。这就决定了图例 legend 中字符串的"先左后右"次序（参见行〈28〉），决定了网格线依据左纵轴尺度绘制的规则。

```
A = gca                              % 观察双纵轴系属性的特殊处              <29>
A =
  Axes (1980~2020 年全国 GDP 和城镇居民人均可支配收入) - 属性:
    YAxisLocation: 'left'
            YAxis: [2×1 NumericRuler]
             YLim: [0 120]
             XLim: [1980 2020]
           XScale: 'linear'
           YScale: 'linear'
         Position: [0.1300 0.1100 0.7750 0.8150]
            Units: 'normalized'


A.YAxis(1)                           % 观察左纵轴属性                      <30>
ans =
  NumericRuler - 属性:
```

```
           Limits：[0 120]
            Scale：'linear'
        Exponent：0
     TickValues：[0 20 40 60 80 100 120]
   TickLabelFormat：'%g'
```

4）在右纵轴系中,再叠绘"人均可支配收入"直方图(见图 5.2 - 9)

```
yyaxis right                          % 再使右纵坐标为当前绘图环境          <31>
hold on                               % 在右纵坐标系中允许叠绘
bar(x,yR,'FaceColor','m','FaceAlpha',0.4,...
    'EdgeColor','m','EdgeAlpha',0.4,'BarWidth',0.6);
hold off
H.String = {'我国 GDP','人均收入线图','人均收入柱图'};              %      <36>
```

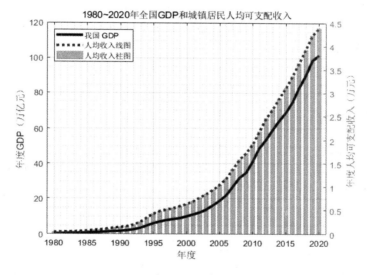

图 5.2 - 9　在右纵轴系中叠绘直方柱状图

🔖说明

● 关于本例统计数据的说明:

　□ 本例所涉统计数据于 2021.3.6 取自我国国家统计局网站:https://data.stats.
　　gov.cn/。

　□ 国内生产总值(Gross Domestic Product),简称 GDP,是指一个国家或者地区所有常
　　驻单位在一定时期内生产的所有最终产品和劳务的市场价值。

　□ 城镇居民人均可支配收入等于"家庭总收入扣除交纳所得税、社会保障金、记账补贴
　　后除以家庭人口数"。

● 双纵坐标轴系图形绘制的使用要领:

　□ 横轴是公用参照;yyaxis left 和 yyaxis right 的运行不分先后。

　□ 必须在 yyaxis left 命令运行后,才能借助 plot、bar、stem、stairs 等命令绘制任何希
　　望以"左纵轴--横轴"为参照坐标的图线;ylim、ytick、yticklabels、ylabel 等命令的操
　　作都是对左纵轴实施的。

        □ 同样,yyaxis right 的运行,将使其后的绘制的图线以"右纵轴--横轴"为坐标,而任何关于纵轴的命令都针对右纵轴实施。

- 在绘画前,必须借助 yyaxis 事先申明"以哪个纵轴为尺度绘制图形对象",见行〈17〉〈22〉。

- 在进行叠绘前,必须先辨别"以哪个纵轴为尺度绘制图形对象",见行〈31〉。然后,在 hold on 命令作用下,才能使用 plot、bar 等高层绘图命令进行叠绘。当然,若使用 line、patch 等低层绘图命令叠绘,则无需借助 hold 命令(参见上一小节)。

- 请特别注意 legend 命令的使用:
  □ 尽管双纵坐标轴系由行〈17〉的 yyaxis right 所始建,轴系上由行〈18〉绘制了第一条红色虚点线,但行〈28〉legend 命令中图例标识字符串的次序并没有像非双纵坐标系那样,把对应红色虚点线的字符串"可支配收入"排在前,而对应蓝实线的字符串"GDP"排在后。
  □ 行〈28〉legend 命令中的字符串应按照双纵坐标轴系的"先左后右"默认规则排列绘图对象的次序。
  □ 行〈36〉图例对象字符串属性赋值字符串的次序,遵循的原则是"先左(轴)后右(轴)"原则,而同一左或右轴系中则循"对象绘制的先后次序"。

3. 多坐标轴系的铺放

    MATLAB 允许在同一个图形窗里铺放多个坐标轴系(亦称子图)。具体命令是

```
subplot(m,n,k)                                    使(m×n)幅子图中的第 k 幅成为当前图
subplot('position',[left bottom width height])
                                                  在指定位置上开辟子图,并成为当前图
```

☀说明

- subplot(m,n,k) 的含义是:图形窗中将有(m×n)幅子图。k 是子图的编号。子图的序号编排原则是:左上方为第 1 幅,向右向下依次排号。该命令形式产生的子图分割完全按默认值自动进行。

- subplot('position',[left bottom width height])产生的子图位置由人工指定。指定位置的四元组采用归一化的标称单位,即认为图形窗的宽、高的取值范围都是[0,1],而左下角为(0,0)坐标。该命令格式是从 MATLAB 5.x 版开始启用的。

- subplot 产生的坐标轴系彼此之间独立。所有的绘图命令都可以在当前坐标轴系中运用。

- 在使用subplot之后,如果再想在当前图形窗画单坐标轴系的图形,那么应先使用clf 命令清空原图形窗。

◀例【5.2-9】 演示 subplot 命令对图形窗的分割(图 5.2-10)。

```
clf
t = (pi * (0:1000)/1000)';
y1 = sin(t);y2 = sin(10 * t);y12 = sin(t). * sin(10 * t);
subplot(2,2,1)                                    % 创建并激活左上坐标轴系
plot(t,y1);axis([0,pi, - 1,1])
```

```
subplot(2,2,2)                          %创建并激活右上坐标轴系
plot(t,y2);axis([0,pi,-1,1])
subplot('position',[0.22,0.1,0.6,0.40])  %创建并激活下坐标轴系
plot(t,y12,'b-',t,[y1,-y1],'r:','LineWidth',2)
axis([0,pi,-1,1])
```

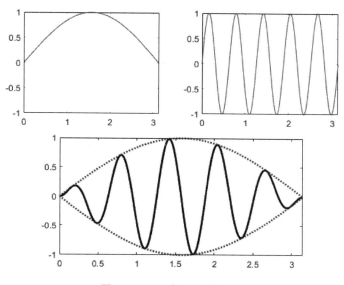

图 5.2-10　多子图的布置

说明

- 由 subplot('position',[left bottom width height])命令创建的坐标轴系若与其他已存在坐标轴系交叠,则那些已存在轴系将被清除。

5.2.4　获取二维图形数据的命令 ginput

　　[x,y]=ginput(n)　　　　**用鼠标从二维图形上获取 n 个点的数据坐标（x,y）**

说明

- 该命令能从图形获取数据的命令。该命令在数值优化、方程求解及工程设计中十分有用。
- 该命令仅适用于二维图形。命令中的 n 应赋正整数,它是用户希望通过鼠标从图上获得的数据点数目。命令中的 x,y 存放所取点的坐标。
- 该命令具体操作方法:该命令运行后,会把当前图形从后台调到前台,同时鼠标光标变化为十字叉;用户可移动鼠标,使十字叉移到待取坐标点;单击鼠标左键,便获得该点数据;此后,用同样的方法,获取其余点的数据;当 n 个点的数据全部取到后,图形窗便退回后台,机器回到 ginput 执行前的环境。
- 在使用该命令之前,通常先对图形进行局部放大处理。

例【5.2-10】　采用图解法求$(x+2)^x=2$的解。（注意:此例请在 MATLAB 命令窗中实践）

　　1）绘制 $y=(x+2)^x-2$ 的曲线

曲线绘制区间采用尝试法确定。先根据方程，大致选择一个自变量范围，比如 $[-1,5]$。然后绘制曲线；观察曲线与 $y=0$ 的交点位置；重新确定自变量的取值区间，生成新的自变量数组，再绘制图形。比如选择自变量区间 $[0,1]$，再运行如下代码，产生如图 5.2 − 11 所示的图形窗。

```
clf                               % 清空此前图形窗
dx = 0.01;                        % 在顾及绘图速度的前提下，步长应取得足够小
x = 0:dx:1;                       % 生成自变量单调数组
y = (x + 2).^x - 2;               % 算出因变量数组
plot(x,y);                        % 绘制曲线
xlabel('x'),ylabel('y')
grid on                           % 生成包含 y = 0 的坐标网格线
```

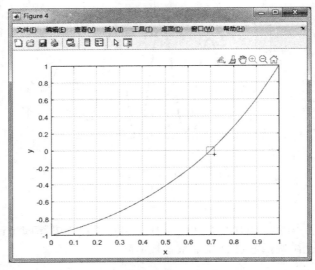

图 5.2 − 11   用鼠标框选包围交点的区域

2）生成函数曲线与 $y=0$ 坐标横网线交点附近局部放大图（见图 5.2 − 12），为 ginput 取值作准备

● 在如图 5.2 - 11 所示图形窗上，用鼠标单击图形窗工具条上的放大图标🔍；

● 如图 5.2 - 11 所示，通过鼠标操作，框选包含函数曲线与 $y=0$ 交点附近区域，引出局部放大图；

● 在局部放大图上，再借助鼠标操作，框选包围函数曲线与 $y=0$ 交点附近区域，生成新的局部放大图；

● 依此类推，直到局部放大图具有如下特征为止：

□ y 轴的坐标分度已足够小，如图 5.2 - 12 的 y 轴分度已达到 10^{-8} 量级；

□ x 轴的分度标识差异已小到小数点后的第 8 位；

□ 进一步局部放大，已不再能提高有效数字位数。

3）在 MATLAB 命令窗中，运行以下代码，以便用鼠标获取交点坐标的数值

为减小鼠标取值误差，运行以下代码，对交点多次单击，获取一组坐标值。

```
[xg,yg] = ginput(3);              % 用鼠标单击交点 3 次
```

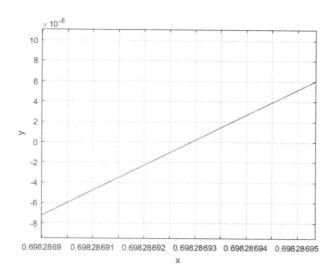

图 5.2 - 12 可供 **ginput** 取值的最终局部放大图

4）显示图解结果

```
format long                    % 采用小数点后 15 位有效数字显示数值结果
x0 = mean(xg),y0 = mean(yg)
x0 =
   0.698286929305628
y0 =
    3.435839877390673e - 10
```

5）双精度数值计算验证

用鼠标获取的 x0 值,计算函数表达式计算绝对误差。

```
dd = abs((x0 + 2).^x0 - 2)          % 绝对误差
dd =
    3.126597897873396e - 05
```

💡说明

● 由 dd 可知,本例图解的绝对精度已达万分之一。顺便指出:x0、y0 的有效数字不能准确反映精度。

● 假如自变量采样步长进一步缩小,那么鼠标求解精度可进一步提高。

● 在此特别提醒:在 MATLAB 实时编辑器中,由于 ginput 命令无法与手工放大操作很好配用,所以本例代码的实践最好在 MATLAB 命令窗中进行。

5.3 三维曲线和曲面

5.3.1 三维线图命令 plot3

plot3(X,Y,Z,'s')   用 s 指定的点形、线型、色彩绘制曲线

plot3(X1,Y1,Z1,'s1',X2,Y2,Z2,'s2', ...)   用 s1，s2 指定的点形、线型、色彩绘制多类曲线

🔆**说明**

- plot3 的使用方法与 plot 相似。除多一个 Z 输入量外，plot3 完全可以套用 plot 的各种调用格式。
- 关于输入量 X、Y、Z：
  - ☐ X、Y、Z 是同维列数组时，则绘制以 X、Y、Z 元素为 x,y,z 坐标的一条三维曲线。
  - ☐ X、Y、Z 是同规模多列数组时，则以 X、Y、Z 对应列元素为 x,y,z 坐标分别绘制曲线，曲线条数等于数组的列数。
  - ☐ 三维曲线的 x,y,z 坐标常常采用形如 $x=f_1(t)$、$y=f_2(t)$、$z=f_3(t)$ 的参变函数表达。在此，t 是参变量。
- s，s1，s2 的意义与二维情况完全相同。它们用来指定数据点形、线型、色彩的预定义设置字符串。它们的合法取值请看表 5.2 - 2、5.2 - 3、5.2 - 4。它们可以空缺，这时线型、色彩将由 MATLAB 的默认设置确定。
- 绘线"四元组"(X1，Y1，Z1，'s1')、(X2，Y2，Z2，'s2')的结构和作用，与(X，Y，Z，'s')相同。不同"四元组"之间没有约束关系。

🔹**例【5.3 - 1】**　三维曲线绘图。本例演示：三维曲线的参变函数表达法；plot3 的调用格式；观察视角的设置；box on 生成的半封闭三维坐标框架（见图 5.3 - 1）。

```
figure
t = (0:0.02:2) * pi;
x = sin(t);y = cos(t);z = cos(2 * t);        % 三维曲线的参变函数
plot3(x,y,z,'b - ',x,y,z,'bd','MarkerSize',4)
view([ - 82,58])                             % 三维坐标的观察位置设置
grid on
box on                                       % 生成半封闭坐标框架
xlabel('x'),ylabel('y'),zlabel('z')
legend(' 链 ',' 宝石 ','Location','best')
title(' 宝石项链 ')
```

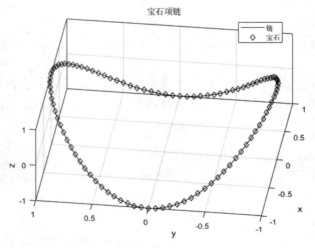

图 5.3 - 1　半封闭坐标框架中的三维曲线

5.3.2　三维曲面/网面图

三维曲面图和网线图的绘制比线图稍显复杂。这主要表现在：绘图数据的准备；三维图形的色彩、明暗、光照和视点处理。

1. 三维曲面/网面可视化的数据准备

空间曲面或网面有两种表达方式：$z=f(x,y)$ 二元函数表达；$x=f_1(s,t)$、$y=f_2(s,t)$、$z=f_3(s,t)$ 的二元参变函数表达。不管采用哪种表达形式，空间曲面或网面总有 2 个自变量。因此，为了使用数据绘制曲面或网面图形，需要做以下数据准备：
- 确定自变量的取值范围和采样间隔：
  - □ 对于 x,y 而言，令 x＝x1:dx:x2;y＝y1:dy:y2;
  - □ 对于 s,t 而言，令 s＝s1:ds:s2;t＝t1:dt:t2;
- 创建三维曲面或网面的采样数据：
  - □ 对二元函数表达而言，计算
    $[X,Y]$＝meshgrid(x,y);Z＝F(X,Y);
  - □ 对参变函数表达而言，计算
    $[S,T]$＝meshgrid(s,t);X＝F1(S,T);Y＝F2(S,T);Z＝F3(S,T);
- 关于以上表述的说明：
  - □ 采样间隔 dx、dy（或 ds、dt）的大小要适当；太大将使被绘曲面粗糙失真；太小将导致绘画时间过长，所画曲面发黑（若不使网线消隐的话）。
  - □ 以上代码中的 F、F1、F2、F3 都是表达曲面的实际函数代表符。在实际应用时，应使用实际函数的代码。注意：在编写这些实际函数时，一定要遵守"数组运算"规则。
  - □ 由此产生的 X、Y、Z 可供 surf、mesh 等命令使用。

2. 绘制曲面/网面图的基本命令

mesh(Z)	网线图绘制最简格式
surf(Z)	曲面图绘制最简格式
mesh(X,Y,Z)	最常用的网线图绘制调用格式
surf(X,Y,Z)	最常用的曲面图绘制调用格式
mesh(X,Y,Z,C)	由 C 指定用色的网线图绘制调用格式
surf(X,Y,Z,C)	由 C 指定用色的曲面图绘制调用格式
mesh(X,Y,Z,C,PN,PV)	带属性名/属性值对设置的以上各种网线图绘制调用格式
surf(X,Y,Z,C,PN,PV)	带属性名/属性值对设置的以上各种曲面图绘制调用格式
Mh＝mesh(__)	返回网线图句柄 Mh 的以上各种调用格式
Sh＝surf(__)	返回曲面图句柄 Sh 的以上各种调用格式

💡说明
- 关于各种调用格式的说明：
  - □ mesh(Z)、surf(Z) 格式相当于 mesh(Ix,Iy,Z,Z)、surf(Ix,Iy,Z,Z)。若 Z 是 $(m \times n)$ 数组，则 Ix、Iy 由命令 $[Ix,Jy]$＝meshgrid(1:m,1:n) 产生。

　　□ mesh(X,Y,Z)、surf(X,Y,Z)格式相当于 mesh(X,Y,Z,Z)、surf(X,Y,Z,Z)。

- 关于输入量 X、Y 的说明：
    □ X、Y 是(x,y)平面上呈矩形分布的自变量网格点数据数组；
    □ 生成 X、Y 的最规范步骤是：先定义 x、y 方向的分格行数组 x＝x1:dx:x2 和 y＝y1: dy:y2，然后再由命令[X,Y]＝meshgrid(x,y)生成矩形域网格点数据数组。
    □ X、Y 两个数组的规模一定相同。
- 关于输入量 Z 的说明：
    □ Z 是网格点数据数组格点所对应的函数值数组。Z 数组的规模与 X（或 Y）相同。
    □ X、Y、Z 三者给出网线或曲面的全部数据点的三维坐标值。
- 关于输入量 C 的说明：
    □ C 阵可称为定色矩阵，是因为 C 元素对 Z 阵相应数据点的色彩有重大影响：数据点色彩取自色调矩阵的行序号，而行序号就是由 C 元素以 CDataMapping 设定的模式映射产生的。
    □ C 阵可以根据用户需要设计。比如，用户若想通过不同颜色表示曲面的斜率，那么可以令 C＝gradient(Z)。在 sruf 命令中，若 C 阵缺省，则默认 C＝Z，使曲面依据高度配置颜色。
    □ 关于曲面着色的更详细描述，请看第 5.3.3 节。
- 关于输入量 PN、PV 的说明：
    □ PN、PV 分别代表属性名、属性值。
    □ 常用的属性名及属性值如表 5.3－1 所列。
- 返回量 Mh、Sh 都是高层曲面对象的句柄。两者的差别仅在于某些属性的取值不同，请参看例 6.3－1。在该例中，曲面图在经过某些属性重置后就可变化为网线图。

表 5.3－1　曲面对象的常用属性名和属性值

含　义	属性名(PN)	属性值(PV)
定色矩阵影射方式	CDataMapping	'scaled'(默认)比例影射法，请参见关于 surf 命令输入量 C 的解释； 'direct' 矩阵元素直接被解读为色图的行序号
网格面色彩	FaceColor	'flat'(默认)，四边形网格面内各点采用第一顶点色彩； 'interp'，由网格面四个顶点色彩经双线性插值决定网格面内每个点的颜色； 'none'，网格面无色，全透明； 'texturemap'，把 CData 的 2 维图像贴在 3 维曲面上； RGB 三元组$[v_r,v_g,v_b]$或表 5.2－4 的预定义色彩字符串
网格线色	EdgeColor	可参考本表关于网格面色彩的解释，但其中 'texturemap' 选项不可用于此
网格线的宽度	LineWidth	正实数，默认宽度为 0.5
网格形式	MeshStyle	'both'(默认)经纬线都绘制； 'row' 只绘制纬线； 'column' 只绘制经线

◆ **例【5.3-2】**　用曲面图表现函数 $z = x^2 + y^2$。本例演示：三维空间中曲面图的绘制步骤和成图原理；xy 平面上的采样数据网格数组；显示曲面对象句柄的内涵（见图 5.3-2）。

```
clf                          % 清空图形窗或开启新图形窗
x = -4:4;y = x;              % 生成单调递增自变量取值数组 x、y              <2>
[X,Y] = meshgrid(x,y);      % 生成 xy 平面上的自变量格点矩形数组 X、Y       <3>
Z = X.^2 + Y.^2;            % 计算格点数组的函数值(注意:数组运算符)       <4>
Sh = surf(X,Y,Z)           % 绘制曲面图;返回句柄,并显示对象内涵           <5>
hold on                     % 允许叠绘
stem3(X,Y,Z,'ro')          % 借助三维针状图表现 xy 平面格点与其函数值的关系
hold off                    % 不再叠绘
xlabel('x'),ylabel('y'),zlabel('z')
xticks(x),yticks(y)        % 设置 x-y 坐标面分格线
view([-69 52])             % 控制观察点                                  <11>
colorbar                    % 显示色条,用以反映色彩和曲面 z 值的对应关系
```

```
Sh =
Surface - 属性:
      EdgeColor: [0 0 0]
      LineStyle: '-'
      FaceColor: 'flat'
   FaceLighting: 'flat'
      FaceAlpha: 1
          XData: [9×9 double]
          YData: [9×9 double]
          ZData: [9×9 double]
          CData: [9×9 double]
显示 所有属性
```

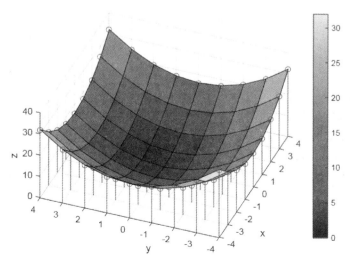

图 5.3-2　曲面图和格点

🔅**说明**

- 关于曲面成图原理的说明(见图 5.3－2)：
  □ 由 x、y 行数组经 meshgrid 命令生成 X、Y 矩形数组。这两个数组的元素确定了图 5.3－2 的 xy 平面自变量网格点。
  □ 行⟨4⟩代码运行后生成 Z 数组。Z 数组中的每个元素值就是 xy 平面上对应点的高度值。在图 5.3－2 中，针状图的根就在 xy 平面上的自变量采样点上，而小圆圈正在曲面格点上。
  □ 沿 x、y 轴向用直线段连接各相邻的格点，就形成由一片片"四边形"构成的曲面。
  □ 由于显示图形的硬件是二维平面屏幕，因此不得不借助影射算法把三维图形投射成二维屏幕上的点、线、线框成的面。
  □ 为使二维平面上的图形产生立体视觉感，不得不借助色彩、明暗、视角及光照等手段。
  □ 值得指出：图 5.3－2 中的红色针状图是为了帮助读者理解"曲面网格点与 xy 平面上的自变量网格点关系"而特意绘制的。
- 关于曲面对象内涵的说明：
  □ 行⟨5⟩代码，可返回所建曲面对象的句柄 Sh，并显示该句柄的内涵。
  □ 显示内容表明，所创对象属于 surface 类。
  □ 从行⟨5⟩运行的显示可知，该对象的网格线色 EdgeColor、网格线型 LineStyle、小四边形片块着色方式 FaceColor、片块的入射光方式 FaceLighting、片块的不透明度 FaceAlpha 等属性值。
- 关于图 5.3－2 右侧色条的说明：
  □ 该色条表现了 MATLAB 为图形窗配置的默认色阶(parula，北美山莺色)。MAT-LAB 还有其他十几种预定义色阶，供选用。请参见第 5.3.3－2 节。
  □ 曲面上各网点则据高度值从色条上取色，再据此决定各四边形片块的色彩。
- 行⟨11⟩用于控制关于坐标轴系的观察视角，详见下节。

5.3.3   曲面/网线图的精细修饰

1. 视角控制 view

(1) view 设定观察点的要义

坐在计算机屏幕(轴位框)前的用户是观察者。view 命令用于改变观察者与坐标系朝向坐落间的几何关系(参见图 5.3－3)。由于观察者的实际位置不变，当运用命令 view 改变观察点时，实际发生变化的只能是坐标系的朝向坐落。

- 命令 view 用于设定观察点 V，该点与坐标系原点 O 的连线 VO 称为观察视轴。
- 俯视角(Elevation)是指：视轴 VO 与 xy 平面之间的夹角 VOU。当视轴朝 z 轴正方向张开，俯视角为正；反之，朝 z 轴负方向张开时，俯视角为负。
- 方位角(Azimuth)定义为：视轴 VO 在 xy 平面上的投影线 UO 与"负 y 轴(即－y)"的夹角。可由－y 轴绕正 z 轴逆时针旋转产生的方位角，记为正；反之，可由－y 轴绕正 z 轴顺时针旋转产生的方位角，记为负。

（2）view 命令的调用格式

view([az,el])　　　　　　　　**通过方位角、俯视角设置视点**

view([vx,vy,vz])　　　　　　　**通过直角坐标设置视点**

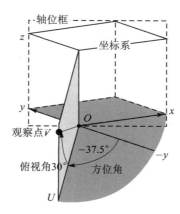

图 5.3-3　观察点参数的几何意义

💡**说明**

- 输入量 az 、el 分别是方位角、俯视角。它们的单位是"度"。观察点的默认设置值：az＝－37.5°，el＝30°
- 输入量 vx，vy，vz 是设置观察点的三个坐标轴的相对坐标值。它们仅用于决定方位角和俯视角。
- 产生最佳视觉效果的观察点设置法如下：
  □ 用户在图形窗中画出图形。
  □ 通过图形窗界面提供的交互工具，用鼠标调整视点。鼠标调节时，在图形窗的右下角会出现实时的[az，el]数据。
  □ 获取视觉最佳处的[az，el]，再通过编写代码将这组数值赋给 view，以固定最佳观察点。

2．色阶控制 colormap

正如例 5.3-2 演示的那样，即便用户对如何着色没有主观意识，MATLAB 也会自动采用默认的 parula"北美山莺羽毛色"色调数组给所绘图形着色，使曲面呈现既绚丽又柔和的自然色彩。假如用户希望图形的色彩能体现自己的意图或图形的特征，那么可以使用以下命令实现。

colormap(CM)　　　　　　　　**为当前图形窗设置 CM 色阶数组**

colormap(Ax,CM)　　　　　　　**为 Ax 坐标轴系专门设置 CM 色阶数组**

💡**说明**

- 无论是新版还是老版 MATLAB 中，图形窗的色阶数组可供建立在该窗上的每个轴系使用。MATLAB 还允许用户专门为轴系定义一个专用的色阶数组。
- 关于输入量 CM 的说明：
  □ 当 CM 取表 5.3-2 所示的 MATLAB 预定义内建色阶数组名称时，可以通过 M 指定内建色阶数组的规模为（$M×3$）。M 越大，颜色过渡越柔和。假如 M 缺省，那么内建色阶数组的默认规模为（64×3）。
  □ CM 也可以由用户自建。自建数组的行数可以任意，但列数必须为 3；数组每行的三个元素值分别代表 RGB 红绿蓝三原色的强度，取值在[0,1]之间；数值越大，色泽越强；[1,0,0]为红色，[0,1,0]为绿色，[0,0,1]为蓝色。
- 假如同一图形窗上有多个轴系，用户又需要让每个轴系拥有各自的色阶，那么就必须调用 colormap(ax，__)格式命令加以创建。

表 5.3 - 2　　MATLAB 内建色阶矩阵名称及视觉效果

类　型	名　称	色阶特征	视觉效果
默认	parula	北美山莺羽毛色	
饱和色	hsv	两端红七彩过渡色	
	turbo	蓝红七彩过渡细腻色	
	jet	蓝红七彩过渡色	
冷暖色	cool	青粉过渡色	
	hot	黑红黄白过渡色	
四季色	spring	粉黄基过渡色	
	summer	绿黄基过渡色	
	autumn	红黄基过渡色	
	winter	蓝绿基过渡色	
线性色	bone	蓝灰过渡色	
	copper	古铜过渡色	
	gray	灰调过渡色	
	pink	粉灰过渡色	
周期色	colorcube	多彩周期色	
	flag	红白蓝黑周期色	
	lines	plot 绘线周期色	
	prism	光谱周期色	
	white	全白色	

3. 着色模式命令 shading

shading options　　　　　　　使当前轴系上的曲面/网面按 options 指定模式进行着色

☀️说明

● mesh、surf 、pcolor 、fill 和 fill3 所创建图形非数据点处的着色由 shading 命令决定。

● 命令的选项 options 可取以下三种方式：

□ faceted　在 flat 用色基础上,再在贴片的四周勾画黑色网线。这种方法对立体的表现力最强,因此 MATLAB 把它作为默认设置。

□ flat　对曲面而言,每个四边形贴片着一种颜色,该色取自贴片四顶点数据点中下标最小那点。对网面而言,每一网线线段,颜色取自该线段下标最小那端。

□ interp　网线图线段,或曲面图贴片上各点的颜色由该线段两端,或该贴片四顶点处的颜色经线性插值而得。这种方法的用色比较细腻,但最费时。

- shading 是设置当前轴上"面"对象的 EdgeColor 和 FaceColor 属性的高层命令。

◀例【5.3-3】　本例演示:shading 的三种浓淡处理方式及视觉效果;sruf(Z)单输入命令格式的绘图特点;axis tight 的影响;三维坐标框全封闭的设置方法;colormap(jet)设置图形窗色阶数组的影响;图形窗底色的设置(见图 5.3-4)。

```
figure('OuterPosition',[200,500,636,260])    %定义图形窗位置及大小
x = linspace( - 4,4,15);y = x;
[X,Y] = meshgrid(x,y);                        %(15 * 15)的 X、Y 自变量网格数组
Z = X.^2 + Y.^2;                              %(15 * 15)的曲面高度数组
colormap(jet)                                 %设置图形窗色阶为 jet            <5>
subplot(1,3,1)                                %左坐标轴系
surf(Z)
axistight off                                 %使图形充满坐标框;坐标框消隐      <8>
title('默认 faceted')
subplot(1,3,2)                                %中坐标轴系                      <10>
surf(Z)                                       %单输入调用格式                  <11>
shading flat
title('shading flat')
xlabel('Ix'),ylabel('Iy'),zlabel('Z')
axis tight                                    %使图形充满坐标框                <15>
set(gca,'Box','on','BoxStyle','full')         %                              <16>
                                              %使坐标框全封闭
subplot(1,3,3)                                %右坐标轴系
surf(Z),shading interp
axis tight off                                %                              <20>
title('shading interp')
set(gcf,'Color','w')                          %设置图形窗的底色为白            <22>
```

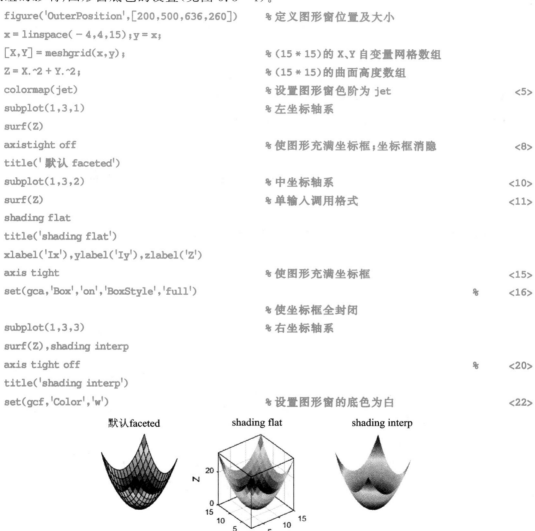

图 5.3 - 4　三种浓淡处理方式的效果比较

☼说明

- 关于图 5.3 - 4 中"带坐标框的中坐标轴系"的说明:
  □ 该图形中的 Ix、Iy 轴就是采用 Z 数组的行序号、列序号分度的。
  □ 对三维坐标轴系而言,为使坐标框全封闭,必须对轴对象的 Box 属性和 BoxStyle 属性都进行设置,参见行〈16〉。

- 在本例中，三个坐标轴系都使用了 axis tight 命令（参见第〈8〉〈15〉〈20〉行）。在图形窗大小不变的情况下，该命令可使每个坐标轴系的图形尺寸最大化。
- 行〈22〉使图形窗背景色为"白"。此后，如果希望该图形窗恢复原先的默认底色，则运行 set(gcf，'Color'，'default')就可。

4. 透明度控制 alpha

alpha(v)   对面、块、像三种图形对象的透明度加以控制

☀说明

- v 可以取 0～1 的数值。0 表示完全透明，1 表示不透明。
- 本命令对 mesh，surf，slice 等高层命令都适用。

例【5.3 - 4】 半透明的表面图。本例演示：alpha 命令；MATLAB 提供的双变量正态分布曲面函数的用法（见图 5.3 - 5）。

```
figure
surf(peaks)                    % peaks 是 MATLAB 的内建函数，生成二维正态曲面
shading interp
alpha(0.5)                     % 半透明
colormap(summer)               % 设置图形窗的色阶数组为 summer
```

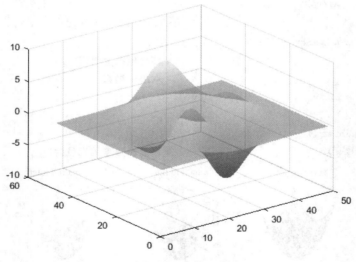

图 5.3 - 5   半透明薄膜

5. 光源设置

light   无穷远白光、穿过点[1，0，1]射向坐标原点
light('color',option1,'style',option2,'position',option3)   （坐标）光源设置
camlight   白色点光源从相机右上方射向坐标框质心
camlight options   相机光源设置

☀说明

- 在光源命令使用前，图形采用各处强度相等的漫射光。一旦该命令被执行，虽然光源

本身并不出现,但图形上的曲面、片块等图形对象所有与"光"有关的属性(如背景光,边缘光)都被激活。

- 关于(坐标)光源命令 light:
  □ 假如该命令不包含任何输入量,则默认采用:无穷远白光、穿过点[1,0,1]射向坐标原点。
  □ light 是低层图形命令。因此,调用时必须成对使用属性名/属性值格式,且同一命令可以接受多对属性名属性值。
  □ 'Color' 的属性值 option1,可以取 RGB 三元组(如[1,0,0]表示红光),也可以取表5.2-4 所列的色彩预定义设置符。其默认值为[1,1,1],即白光。
  □ 'Style' 的属性值 option2,可以取 'local',表示点光源;也可以取 'infinite',表示平行光(默认值)。
  □ 'Position' 的属性值 option3,采用直角坐标系三元组[x,y,z]设定。在 Style 取 'local' 时,该三元组指定点光源位置;在 Style 取 'infinite' 时,则表示平行光穿过该点射向坐标轴系的原点。
- 关于相机光源 camlight:
  □ options 可取如下三个值:
  'headlight'　　在相机位置创建光源
  'right'　　　　在相机右上方创建光源;options 缺省时的默认取值
  'left'　　　　　在相机左上方创建光源
  □ 相机位置可从坐标轴系的 CameraPosition 属性获知。该位置与观察位置相关,但并不相同。相机目标在不被设置的默认情况下,定位于绘图坐标框的质心。
  □ 在默认情况下,camlight 从 options 设定的位置以"点光源 local"射向绘图坐标框的质心。

6. 光线入射命令 lighting

lighting　options　　　　　设置光线的入射模式

✷说明

- options 有以下四种取值:
  □ flat　　　　默认模式,与 facted 配用;入射光均匀洒落于图形每个片块面。
  □ gouraud　先计算顶点法线,再对网格面各点法线线性插值。
  □ none　　　使所有光源关闭。
- 该命令只有在 light 命令执行后才起作用。

7. 光线反射命令 material

material options　　　　　设置光线入射模式

✷说明

- options 的四种取值:
  □ shiny　　　默认设置:使对象有高反射光。高反射光颜色仅取决于光源。

　　　　□ dull　　　　使对象较多漫反射光且无高反射光。反射光颜色取决于光源。

　　　　□ metal　　　使对象有很高反射光，很低背景光和漫反射光；反射光颜色由光源和图形
　　　　　　　　　　　表面颜色共同决定。

　　　　□ default　　　返回默认设置模式。

　● 该命令只有在 light 命令执行后才起作用。

例【5.3－5】　光源、光照、反射（材质）命令的综合运用。本例演示：camlight 相机光源、light 坐标光源的特点和差异；shading 反射、lighting 入射处理模式的协调；colormap（Ax，CM）轴系专用色阶数组与图形窗公用色阶数组 colormap（CM）（见图 5.3－6）。

```
figure
[X,Y,Z] = sphere(40);                    % 获得 40 等分经纬分度的球面数据坐标
subplot(1,2,1)                           % 左坐标轴系
surf(X,Y,Z - 1)                          % 球心位于[0,0, - 1]
axis equal
set(gca,'Box','on','BoxStyle','full')    % 全封闭坐标框                        <6>
camlight left                            % 相机左光源                          <7>
camlight headlight                       % 相机顶光源
camlight right                           % 相机右光源                          <9>
shading interp                           % 插值着色                           <10>
lighting gouraud                         % 插值入射光                         <11>
material shiny                           % 明亮反射模式                       <12>
colormap(gca,jet)                        % 为轴系 1 设置 jet 专用色阶          <13>
xlabel('x'),ylabel('y')
title({'三相机光源 ','interp 着色 ','轴专用色阶 '})     % 三行轴系图名        <15>
subplot(1,2,2)                           % 右坐标轴系
surf(X,Y,Z - 1)                          % 球心位于[0,0, - 1]
axis equal
set(gca,'Box','on','BoxStyle','full')                  %                     <19>
light('color','r','style','local')       % 默认坐标红点光源                   <20>
light('position',[ - 1,0.5, - 1],'color','y') % 黄平行光                     <21>
light('position',[0, - 1, - 1])          % 白平行光                          <22>
shading flat                             % 分片块着色                         <23>
lighting flat                            % 分片块入射光                       <24>
material default                         % 默认反射模式(明亮式)               <25>
xlabel('x'),ylabel('y'),zlabel('z')
title({'三坐标光源 ','flat 着色 ','图形窗色阶 '})       % 三行轴系图名        <27>
set(gcf,'Color','w')                     % 设置图形窗的底色为白               <28>
```

说明

　● 关于图 5.3－6 左侧图形的说明：

　　□ 三个相机光都射向坐标框质心；在本例中，也恰为球心[0,0, - 1]。

　　□ 左上亮斑由 camlight（'right'）产生；中下大亮斑由 camlight（'headlight'）产生；右上亮斑则由 camlight（'left'）生成。

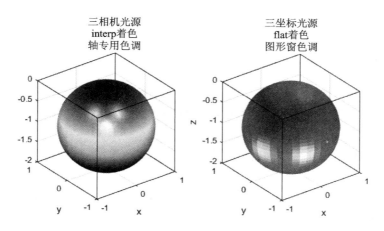

图 5.3-6　光照、着色模式、入射反射模式及色调效果图

- □ 球面经 shading interp 着色后,并配合入射光强度的插值,使色感柔和、质地细腻,参见行〈10,11〉。
- □ 该球使用了专为此坐标轴系设置的 jet 色阶,参见行〈13〉。
- □ 在坐标轴系随绘制图形自动生成的情况下,坐标框质心也就是被绘图形的质心。因此,相机光源 camlight 的影响不随坐标变动而变,而只与被绘图形质心位置相关。

- ● 关于图 5.3-6 右侧图形的说明:
  - □ 三坐标光源都射向坐标原点[0,0,0]。
  - □ 右上红光斑置在默认坐标[1,0,1]处,见行〈20〉;左下黄光斑由[-1,0.5,-1]射向原点,见行〈21〉;右下白光斑由[0,-1,-1]射向原点,见〈22〉。
  - □ 球面经 shading flat 着色,配合 lighting flat 入射,使球面立体感更强,参见行〈23,24〉。
  - □ 该球使用了图形窗的默认色阶数组 parula。
  - □ 坐标光源的影响与坐标原点密切相关,而与被绘图形位置或质心无关。

- ● 再次指出:为轴系专门设置的色阶数组,不影响其他轴系的色阶应用。如本例行〈13〉为 subplot(1,2,1)设置的 jet 色阶数组,并不影响 subplot(1,2,2)仍然采用图形窗的 palura 默认色阶数组。

- ● 实践表明,MATLAB R2022a 的实时编辑器环境存在以下 BUG:
  - □ 实时编辑器不能正确执行图形对象的光源指令 camlight、light、lighting 等。比如配用于本例的 exm050305.mlx 文件,直接在实时编辑器中运行时显示错误图形,其原因就是该文件包含了以上光照控制指令。但如若在 MATLAB R2022a 命令窗中,借助运行 exm050305 代码命令,调用 exm050305.mlx 文件,在弹出的独立图形窗中所显示的图形就完全正确。以上现象和应对措施,同样适用于本书其他包含光源控制指令的 mlx 实时脚本。
  - □ 此外还要指出:本例文件 exm050305.mlx,在 MATLAB 诸如 R2021a 等其他版本中运行,都能显示正确图形。

5.3.4 曲面绘制技巧

1. 非数 NaN 雕镂图形

无论什么绘图命令，凡是$(x，y，z)$数据点中，任何一个坐标值为"非数"NaN 时，该点在图形中就将被"留空"。利用非数的留空特性，用户可以根据需要对曲线、曲面等各种图形进行雕镂。

例【5.3-6】 本例通过数据点数组中元素的非数设置，实现曲面上网格面的镂空操作（见图 5.3-7）。

```
figure,[X,Y,Z] = peaks(30);          % 从 peaks 函数获取双正态曲面数据
Z(11,20) = NaN;                       % 将 Z 的单个元素置非数              <2>
X(18:20,9:15) = NaN;                  % 将 X 的(3 * 7)子数组设置为非数      <3>
surfc(X,Y,Z)                          % 绘制带等位线的曲面图形             <4>
xlabel('x'),ylabel('y'),zlabel('z')
box on
colormap(summer)
light('position',[50, - 10,5])        % 创建从指定点射向原点的平行光
lighting flat                         % 网格面采光相同
material([0.9,0.9,0.6,15,0.4])        % 采用五元数组设定反光材质
```

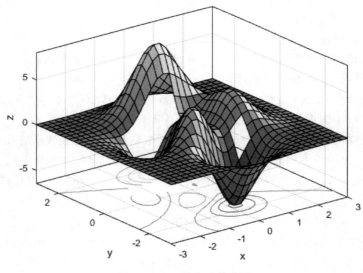

图 5.3-7 镂方孔的曲面

💡说明

- 非数 NaN 镂空操作的特点：
  □ 只要数据点的任何一个坐标量为非数，那么该点与其最近邻点构成的连线或网格面都将不被画出。
  □ 行⟨2⟩将 Z 数组的单个元素非数化，结果该数据点与其四周的连线、网格面全部消失。

□ 行〈3〉将 X 数组的(3 * 7)子数组赋予非数,结果导致与该子数组元素相连的网线、(4 * 8)个网格面全部消失。

● 命令 surfc 在绘制曲面的同时,还在 x—y 平面上绘制曲面的等位线投影。

2. 数据迫零削切图形

如果用户为了看清图形而需要表现切面,那么最简易的方法是"把部分图形数据强设为零"。

例【5.3 - 7】 表现迫零切面(见图 5.3 - 8)。

```
clf
x = [- 8:0.1:8];y = x;
[X,Y] = meshgrid(x,y);
ZZ = X.^2 - Y.^2;
ii = find(abs(X)>6|abs(Y)>6);          %确定[- 6,6]范围外的数据点下标
ZZ(ii) = zeros(size(ii));              %强制外围元素为 0
surf(X,Y,ZZ)
xlabel('x'),ylabel('y'),zlabel('z')
box on
shading interp
colormap(copper)
view(- 45,40)
light('position',[0,- 15,1])
lighting gouraud
material([0.8,0.8,0.5,10,0.5])
```

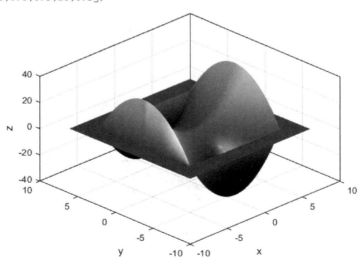

图 5.3 - 8 周边强制为 0 曲面的图形

3. 曲面绘制技巧综合示例

本节以示例形式展开。

◢**例**【5.3-8】　本例是围绕剔透玲珑嵌套球展开的综合示例,用以讲述:如何借助曲面属性设置实现在曲面上铺贴图像;如何借助 mesh、hidden 绘制出可透视的网面;如何借助 rotate 命令使内球绕不同轴旋转;如何借助 getframe 抓取图形窗图形;又如何借助 movie 重播抓取图形播放动画。请读者先按次序运行各段代码,获得具体感受,产生了解代码的兴趣,然后再阅读代码及解释(见图 5.3-9)。

1) 试验一:球面上铺贴图像(见图 5.3-9 内球)

```
close all
clear
load trees                              % 载入 MATLAB 内含文件获 X 及 map        <3>
TR = flipud(X);                         % 使上载图像数组 X 上下翻转为 TR          <4>
[X1,Y1,Z1] = sphere(30);                % 由 sphere 命令获单位球面数据
Hf = figure;
Hs1 = surf(X1,Y1,Z1,TR,...              % 由 TR 数组定色                         <7>
    'CDataMapping','direct',...         % TR 元素直接用作 map 阵行序号           <8>
    'FaceColor','texturemap',...        % 转换 TR 使与球面适配                    <9>
    'EdgeColor','none');                % 网格线无色                            <10>
colormap(map)                           % 上载图像的配套色阶数组                  <11>
axis equal off                          % 各轴单位等长,消隐坐标轴
view(-179,22)                           % 设置观察角                            <13>
```

2) 试验二:hidden 使 mesh 网面透视,生成剔透玲珑嵌套球(见图 5.3-9)

```
hold on                                 % 允许叠绘                             <14>
X2 = 1.7 * X1;Y2 = 1.7 * Y1;Z2 = 1.7 * Z1;   % 产生半径为 1.7 的球面数据
mesh(X2,Y2,Z2,Z2 + 100)                 % Z2 + 100 为借用 map 的几种色彩          <16>
hidden off                              % 是网面图透视
hold off                                % 不再叠绘                             <18>
set(gcf,'Color','w')                    % 图形窗背景色为白
```

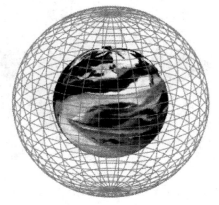

图 5.3-9　剔透玲珑球

3) 试验三:旋转内球、抓取图形窗内图形并保存

```
Hf.Visible = 'off';                     % 使图窗消隐,但不影响抓取图窗数据          <20>
Nr = 30;                                % 每旋转一周的总步数
```

```
da = 360/Nr;                                    % 每步转角
Ngf = Nr * 3;                                   % 需抓取画面的总数
GF(Ngf) = struct('cdata',[],'colormap',[]);     % 预定义构架数组                    <24>
E = eye(3);                                      % 定义旋转轴 x、y、z 的(3 * 3)单位矩阵
kk = 0;
for k = 3: - 1:1                                 % 依次调取 z、y、x 轴的指向
    for ii = 1:Nr                               % 每周循环
        rotate(Hs1,E(k,:),da)                   % 按右手螺旋法则旋转内球 da 度       <29>
        drawnow                                 % 更新画面                          <30>
        kk = kk + 1;
        GF(kk) = getframe(gcf);                 % 抓取更新图形并保存                 <32>
    end
end
```

4）试验四：以下代码在命令窗中运行,可正确重播动画(请看最后一条说明)

```
close all                                       % 关闭已开启的所有图形窗            <35>
fig = figure;                                   % 新开图形窗                        <36>
movie(fig,GF,1,10)                              % 以每秒 10 帧速度播放 1 轮           <37>
```

说明

- 关于曲面铺贴图像的操作说明：

  本例试验一所列的曲面铺贴图像的代码是典型的,可套用于任何形状的曲面,可铺贴各种图像。铺贴要点如下：

  □ 用于铺贴的图像数组必须先经过上下翻转(参见行〈4〉),否则贴后的图像是倒置的。原因在于：图像显示使用"原点在左上方的向下纵轴(即 axsi ij)",而曲面采用"原点在左下方的向上纵轴(即 axis xy)"。

  □ surf 的第 4 输入量(即 CData 定色属性)必须是翻转后的图像数组(TR)；定色映射属性 CDataMapping 必须取直接映射 direct；FaceColor 属性必须取纹理 texture-map；片块面边线色彩 EgdeColor 属性必须取 none,参见行〈7～10〉。

  □ 色阶数组必须采用图像的伴随色阶数组,参见行〈11〉。

- 关于 mesh 网面图透视的说明：

  □ 在默认情况下,mesh 命令所绘制的网面图对象的 FaceColor 属性取白色,因此网面不透明。

  □ hidden off 命令能将网面的 FaceColor 属性置为 none,从而使网面消失,产生透视效果。

  □ 行〈16〉中第 4 输入量为 Z2＋100。这样设置的目的是：Z2＋100 所生成的数组元素值都在[98.3,101.7]之间,该区间值对应的 map 数组的色彩段,比较柔和。

- 关于借助 rotate 产生实时动画的说明：

  试验二代码,包含了生成实时动画时极具代表性的几个环节：

  □ 产生一个带有句柄的图形对象,比如 Hs1,参见行〈7〉。

  □ 生成一个循环。在循环中,使反映对象视觉形象的诸如形状、位置、颜色等属性值发生变化。在本例中,就是借助 rotate 改变内球 Hs1 的位置属性(见行〈29〉)。

    □ 在图形对象属性变化后,借助 drawnow 或 pause 命令使屏幕响应属性值的变化,更新屏幕图形窗中图形,参见行〈30〉。

    □ 在循环执行中,实际上就形成了实时动画。

- 关于抓获图形画面的说明:

    □ 行〈24〉预定义构架数组 GF 可以加快运行速度。

    □ 行〈32〉的 getframe 命令抓获不断更新的当前图形窗中的图形,并把图形数据和相应的色阶数组(假如有的话)存放在 GF 构架元素中。

    □ 以上两行的配置也具有典型性。

- 关于抓获图形重播的说明:行〈36,37〉两行代码是典型的。如果没有行〈36〉,又如果在行〈37〉的 movie 命令中没有图形窗句柄,生成的动画有可能变异。

- 值得指出,为使本例能在实时编辑器中正确运行,应采取如下措施之一:

    □ 试验四中的〈35,36,37〉等三行代码不应在实时编辑器运行,而应让这三行代码在MATLAB 命令窗中运行。

    □ 废止本例试验四中的〈35,36,37〉等三行代码,而在实时脚本中改用以下两行代码:(参见随书数码文档 exm050308.mlx)

```
Hf. Visible = 'on';            %使 Hf 图窗显现成为当前图窗
movie(Hf,GF,1,10)              %在 Hf 图窗中以每秒 10 帧速度播放 1 轮
```

5.4   高维数据可视化

5.4.1   等位线的绘制和标识

本节以示例形式展开。

◀例【5.4-1】 本例通过二元正态曲面函数 peaks 的填色等位线绘制,演示:等位线绘制命令 contour、填色等位线绘制命令 contourf、等位线标识命令 clabel 等的调用格式;如何指定需要绘制的等位线值;如何标识等位线值。

```
clear
figure
[X,Y,Z] = peaks(50);                  %产生二元高斯曲面数据
z1 = min(Z(:));z2 = max(Z(:));        %获取曲面的高度的最小值和最大值
n = 6;
v1 = linspace(z1,0,n);                %曲面的 n 个等间隔"深度"          <6>
v2 = linspace(0,z2,n);                %曲面的 n 个等间隔"高度"
v = [v1(1:n-1),v2];                   %从谷到顶的递增的 11 个等位值      <8>
C = contourf(X,Y,Z,v);               %画等位线并返回数据 C             <9>
vc = v(v~ = 0);                       %排除 0 值
clabel(C,vc)                          %"十字旁注"标识非 0 等位线        <11>
hold on
contour(X,Y,Z,[0,0],...               %画 0 单值等位线                 <13>
     'ShowText','on',...              %数字嵌入标识等位值              <14>
```

```
        'LineColor','r','LineWidth',3);          % 粗红线                        <15>
hold off
colormap(jet)
colorbar
xlabel('x'),ylabel('y')
title('peaks 函数的填色等位线图 ')
```

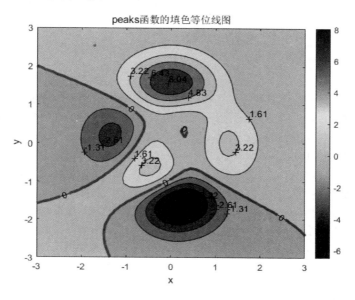

图 5.4 - 1　填色等位线及标识

说明

- 用以指定等位线值的行(或列)数组必须是单调增或减的,参见第〈6～8〉行。
- 行〈9〉contourf 命令返回的 C 是结构特殊的"两行数组",它表述各等位线的位置。该数组专供 clabel 使用(参见第〈11〉行)。
- 行〈13〉中的 contour 命令只绘制 0 值等位线。MATLAB 规定:为表示单个 a 等位值,第 4 个输入量必须写成[a,a]或[a;a]。
- 在默认情况下,contour 不显示等位值标识,即等位线对象属性 ShowText 默认设置为 off。因此,为显示等位线值,必须使 ShowText 属性为 on(参见行〈14〉)。注意:此时的等位值标识嵌在等位线段中(见图 5.4 - 1 粗红线中嵌写着"0")。

5.4.2　简单高维信息的三维表现

人对自然界的理解和思维是多维的。人的感官不仅善于接受一维、二维、三维的几何信息,而且对几何物体的运动、色彩、声音、气味、触感等反应灵敏。本节将在曲面表现二元函数的基础上,借助 surf 第 4 输入量,进一步表现该函数的一阶、二阶导数性质;借助图形更新手段,表现曲面高度随时间变化的动态信息。

◀例【5.4 - 2】　在三维坐标系中,可用色彩加强对 $z = f(x,y)$ 函数某种特征的表现力。本例将分别使用不同的色彩分别表现 $z = f(x,y)$ 函数曲面的高低、梯度的正负及大小、曲率的大小。本例演示：surf，mesh 等命令第 4 输入量定色数组的影响；曲面纵横网线的取舍及设置；colormap 命令用于设置各轴系的色阶；caxis 命令色轴设置对着色的影响；camlight 相机光的运用；轴系背景色的设置；图形窗的位置及大小设置；展示 caxis、camlight、close、colorbar、colormap、del2、figure、gradient、lightangle、material、max、min、pause、repmat、reshape、shading、subplot、surf、view 等命令的综合应用。此外，还借助曲面高度、梯度、曲率的幅度变化，生成实时动画。本例代码将较多地采用点调用格式实施图形对象的属性设置。（提示：本例综合性强。）

1）数据准备

```
clear
[X,Y,Z] = peaks(25);                              % 从 Peaks 函数获得(20 * 20)数据点坐标阵
[Gx,Gy] = gradient(Z);                            % 计算 x、y 轴向的梯度
LZ = abs(4 * del2(Z));                            % 离散拉普拉斯绝对值；反映曲率          <4>
axyz = [min([X(:),Y(:),Z(:)]);...
    max([X(:),Y(:),Z(:)])];                       % 曲面的 3 轴向最小最大值(2 * 3)数组
axyz = reshape(axyz,1,6);                         % 生成(1 * 6)数组，供 axis 用           <7>
```

2）按曲面高度着色（见图 5.4 - 2(a)）

```
close all                                         % 关闭已有的图形窗
F = figure('Position',[50,200,580,600]);          % 设置图形窗并返回句柄                 <9>
A1 = subplot(3,1,1);                              % 返回轴系句柄                        <10>
S1 = surf(X,Y,Z,Z);                              % 按 Z 阵(即高度)着色                  <11>
shading interp                                    % 采用插值着色                        <12>
zlabel({'z','按高度着色'})

axis(axyz),box on                                 % 设定坐标轴系范围及闭框               <14>
A1.Color = F.Color;                              % 使轴系背景色与图形窗色相同            <15>
camlight                                          % 于相机右上方设置默认点光源
colormap(A1,jet)                                  % A1 轴系专用色阶数组                  <17>
colorbar('eastoutside')                          % 色条设置于轴系右外侧                 <18>
caxis([min(Z(:)),max(Z(:))])                     % 使红蓝分别标注曲面的最高最低          <19>
```

3）按曲面 x 轴向梯度着色（见图 5.4 - 2(b)）

```
A2 = subplot(3,1,2);                              %                                   <20>
S2 = surf(X,Y,Z,Gx);                             % 采用 x 轴向梯度给曲面定色            <21>
shading interp
S2.MeshStyle = 'row';                            % 显示曲面上 x 轴向的网线              <23>
S2.EdgeColor = [0.8,0.8,0.8];                    % 网线采用浅灰色                      <24>
zlabel({'z','按 x 轴向梯度着色'})
axis(axyz), box on
A2.Color = F.Color;                              %                                   <27>
camlight('headlight')                            % 于相机上方设置点光源                <28>
material shiny                                    % 明亮材质表面
colormap(A2,parula)                              % A2 轴系专用色阶数组                  <30>
colorbar('eastoutside')
caxis([min(Gx(:)),max(Gx(:))])                   % 使黄蓝分别标注 x 轴向斜率的最大最小  <32>
```

4）按曲面的曲率大小着色（见图 5.4 - 2(c)）

```
A3 = subplot(3,1,3);                                              %        <33>
S3 = surf(X,Y,Z,LZ);                    % 按曲率大小给曲面着色         <34>
shading interp
S3.MeshStyle = 'column';                % 曲面上画 y 轴向浅灰网线       <36>
S3.EdgeColor = [0.8,0.8,0.8];                                    %        <37>
xlabel('x'),ylabel('y'),zlabel({'z','按曲率着色'})
axis(axyz), box on
A3.Color = F.Color;                                              %        <40>
[az,el] = view;                         % 获取默认观察点方位           <41>
lightangle(az,el)                       % 在默认观察点处入射平行光      <42>
material shiny                          % 明亮材质表面
colormap(A3,hsv)                        % A3 轴系专用色阶数组          <44>
colorbar('eastoutside')
caxis([-1,max(LZ(:))])                  % 使红黄分别标注曲率的最大最小   <46>
```

5）通过属性更新产生曲面动画（动画起始和结束时的画面见图 5.4 - 2）

```
np = 5;                                 % 曲面高度变化周期数
p = [1:-0.1:-1];p = [p,-p];p = repmat(p,1,np);  % 变化系数数组
for k = 1:length(p)                     % 逐步变化循环                <49>
    S1.ZData = p(k) * Z;                % 仅高度变化                  <50>
    S2.ZData = p(k) * Z;S2.CData = p(k) * Gx;  % 高度、梯度同步变化     <51>
    S3.ZData = p(k) * Z;S3.CData = abs(p(k)) * LZ;  % 高度、曲率同步变化  <52>
    pause(0.1)                          % 更新显示,控制动画速度        <53>
end                                                              %        <54>
```

🔅说明

- 关于二元函数 $F(x,y)$ 梯度和离散拉普拉斯的说明：

  □ 梯度定义为 $\nabla F(x,y)=\dfrac{\partial F}{\partial x}\boldsymbol{i}+\dfrac{\partial F}{\partial y}\boldsymbol{j}$，相应的计算代码为 $[Fx,Fy]=\mathrm{gradient}(F)$。

  □ 离散拉普拉斯定义为 $\nabla F(x,y)=\dfrac{\partial^2 F}{\partial x^2}+\dfrac{\partial^2 F}{\partial y^2}$，相应的计算代码为 $LF=4*\mathrm{del2}(F)$。

- 关于 $\mathrm{surf}(X,Y,Z,C)$ 第 4 输入量 C 影响的说明：

  □ C 影响曲面各网点的色彩。

  □ 本例行〈11〉〈21〉〈34〉的 surf 命令中的第 4 输入量分别是高度 Z、梯度 Gx、曲率 Lz。由此使得图 5.4 - 2 的上、中、下图曲面各处的不同颜色可反映高低、倾斜程度、弯曲程度。

- 关于影响曲面色彩的说明：

  □ 因素一：在本例中行〈17〉〈30〉〈44〉分别借助 colormap 设置了专供轴系使用的色阶。轴系中所绘曲面各点只能从各轴右侧的色条取色。

  □ 因素二：本例行〈19〉〈32〉〈46〉中的 caxis 可控制色条中的那段颜色供曲面使用。比如行〈46〉caxis([-1,max(LZ(:))])代码,决定了图中色条对应的数值范围。由于曲率总是"非负"的,这就意味着曲率不可能使用"色条上数值在 0 以下的色彩"。

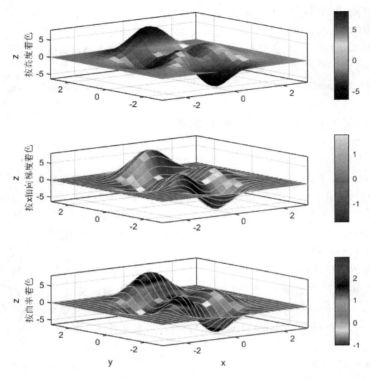

图 5.4-2   采用不同色彩突出曲面的不同特征

- □ 因素三：surf 的第 4 输入量 C。C 数组中某 (i,j) 元素的元素值意味着：曲面第 (i,j)
  网格点按其元素值取用"色条上对应此值的颜色"。
- □ 因素四：曲面上非网格点的颜色，由 shading 命令决定。若是 shading flat，则每个四
  边形片块的颜色都取其最小下标网格点的颜色；若是 shading interp，则每个四边形
  片块各处的颜色根据其 4 个网点的颜色通过双线性插补确定。
- ● 关于本例点调用格式的说明：
  - □ 行〈23,24〉、〈36,37〉都采用点调用格式实施对曲面属性的赋值，从而使得曲面上出
    现相应的网线。实际上，为绘制曲面网线，也可直接在 surf 命令中借助"属性名/属
    性值"格式进行设置。
  - □ 行〈15〉〈27〉〈40〉都采用点调用格式实施对轴系 Color 属性的赋值，从而使得轴系背
    景色与图形窗底色一致。值得指出：只有在 surf 命令执行后，这些对轴系色彩的设
    置才起作用；否则，轴系背景色依然为"白"。这是因为，surf 命令运行时，会自动将
    轴系属性恢复为默认值。

5.4.3　体数据可视化

1. 体数据及其分类

　　一组定义在三维空间内的标量或矢量数据统称为体数据（Volume Data）。换句话说，体
数据是指：以 x、y、z 为自变量的标量数据集或矢量数据集。更具体地说，前者称为标量体数

据(Scalar Volume Data),后者称为矢量体数据(Vector Volume Data)。有些文献也称之为标量场数据(Scalar Field Data)、矢量场数据(Vector Field Data)。

体数据的函数形式、MATLAB 代码表示以及数据来源和应用实例可归纳如下:
- 体数据的函数表达形式:
  □ 标量体(数据)函数

$$V = V(x,y,z) \tag{5.4-1}$$

  □ 矢量体(数据)函数

$$\boldsymbol{F} = u(x,y,z)\boldsymbol{i} + v(x,y,z)\boldsymbol{j} + w(x,y,z)\boldsymbol{k} \tag{5.4-2}$$

  在以上两式中,(x,y,z) 为表示直角坐标系中某点的"坐标三元组"。
- 体数据的 MATLAB 代码表示:
  □ 完整的标量体数据用通过四个同规模的 X、Y、Z、V 三维数组表示;
  □ 完整的矢量体数据则用六个同规模的 X、Y、Z、U、V、W 三维数组表示
- 医学、科学和工程领域中,体数据的来源及应用实例:
  □ 产生标量体数据实例有:计算机断层扫描(Computed Tomography,CT)图像、磁共振成像(Magnetic Resonance Imaging,MRI)所得的图像;温度场、电势场、密度场、速率场等。
  □ 产生矢量体数据的实例有:流体速度场、电场、磁场、压力场等。

2. 体数据可视化的若干命令简介

体数据可视化命令较多,其使用方法也比较复杂。为实现体数据可视化,用户需要考虑如下因素:明确可视化目标;了解 MATLAB 所提供体数据可视化命令的使用条件和功能,判断原始体数据是否需要预处理。实际应用中,往往需要同时调用多种绘图命令生成多种图形,相互映衬。这意味着,多种绘图命令选择使用得恰当与否,通常需要反复尝试后决定。

鉴于本书定位,在此仅罗列示例中将使用的 5 个命令。具体如下:

$[X,Y,Z] = \text{meshgrid}(x,y,z)$	由采样向量产生三维自变量"格点"数组
$\text{slice}(X,Y,Z,V,sx,sy,sz)$	三元函数切片图
$fv = \text{isosurface}(X,Y,Z,V,iv)$	返回四元标量体数据 iv 等值面的面顶数据构架
$rfv = \text{reducepatch}(fv,r)$	生成按 r 因子稀疏的面顶数据构架 rfv
$Ph = \text{patch}(S,PN,PV)$	根据面顶数据构架绘制空间网格空间多面体

🔆说明
- x,y,z 是各自变量的采样分度向量。它们的长度可以不同,比如分别是 n,m,p。而 X,Y,Z 是维数为 $(m \times n \times p)$ 的自变量"格点"数组。(注意:维数的次序。)
- V 是与 X,Y,Z 同维同规模的函数值数组。
- 关于 slice 命令的说明:
  □ sx,sy,sz 是决定切片位置的数值标量或行数组。假如取"空阵",就表示不取切片。
  □ 由它们指定的切面,分别垂直于 x、y、z 轴。
- 关于 isosurface 的说明:
  □ 在所列调用格式下,该命令用于计算并生成"由 iv 指定数值的、X,Y,Z,V 标量体数据的等值面的 Pitch 片块图形对象的绘图数据 fv"。

　　　□ 输入量 iv 是数值标量；输出量 fv 是构架数据，包含构成等值面的所有网格点和构成
　　　　网面的所有三边形的网格点编号。
　● 关于 reducepatch 命令的说明：
　　　□ 该命令专门用于产生"经稀疏化的等值面绘图数据 rfv"。
　　　□ 输入量 fv 必须是来自 isosurface 命令的 fv 绘图构架数据。iv 是 0～1 之间的数值
　　　　标量，它的数值大小必须在"V 数组所有元素的最小值和最大值之间"。
　● 关于 patch 命令的说明：
　　　□ 该命令用于绘制片块（Patch，有些文献翻译成"补片"或"补丁"）图形对象。该图形
　　　　对象适于绘制比较复杂的空间曲面。
　　　□ 输入量 PN/PV 是片块对象的"属性名/属性值"对。
　　　□ 输入量 S 是一个构架。该构架包含 2 个域：vertices 和 faces。在这两个域中分别包
　　　　含着顶点库数组和面结构数组。S 一般由诸如 isosurface、reducepatch 等专门命令
　　　　生成。
　　　□ 输出量 Ph 是 patch 命令返回的片块图形对象的句柄。

3．标量体数据可视化示例

◢ 例【5.4－3】　本例借助标量体数据函数 $v = x e^{-x^2 - y^2 - z^2}$ 演示：用于标量体数据可视化的
三维网格生成命令 meshgrid、标量体数据切片图形命令 slice、标量体数据等值面计算命令 iso-
surface、面顶数据稀疏命令 reducepatch、片块图形绘制命令 patch 等的配合应用；片块图形对
象的内涵；切面色彩和等值面色彩的协调；视角调整对函数全貌表现的影响（见图 5.4－3）。

```
clear,close all,figure                    % 清工作空间、关闭已有图形窗、开启新图形窗
[X,Y,Z] = meshgrid( - 2:.1:2, - 2:.1:2, - 2:.1:2);      % 三维格点数组              <2>
V = X. * exp( - X.^2 - Y.^2 - Z.^2);      % 标量体数据                              <3>
[m1,ind1] = min(V(:));                    % V 最小值及序号                          <4>
[m2,ind2] = max(V(:));                    % V 最大值及序号
xs = [X(ind1(1)),X(ind2(1))];            % 在每个极端值之一处各设垂直 x 轴切面
ys = Y(ind1(1));zs = Z(ind1(1));         % 在最小值之一处分设垂直 y、z 轴切面        <7>
slice(X,Y,Z,V,xs,ys,zs)                   % 产生切片图                              <8>
shading interp                            % 对切片插值着色
iv = 0.2;                                 % 指定等值面的面值                        <10>
fv = isosurface(X,Y,Z,V,iv);              % 产生等值面的顶面数据                    <11>
nfv = reducepatch(fv,0.3);                % 使片块面数减少为原数的 30 %             <12>
cbn = round((iv - m1)/(m2 - m1) * 256);   % 确定 iv 值在(256 * 3)色阶数组中的行序号  <14>
CM = jet;                                 % 获取 MATLAB 提供的 jet 色阶数组
pec = CM(cbn,:);                          % 获得 iv 对应的 RGB 三元数组              <16>
Ph = patch(nfv,'FaceColor','none',...                                         %    <17>
    'EdgeColor',pec)                      % 绘制稀疏化的网格等值面                  <18>
colormap(CM)                              % 设置图形窗色阶
colorbar                                  % 显示色条
caxis([m1,m2]);                           % 指定色阶对应的数值范围（可省略）        <21>
```

```
view([-10,15])                          % 控制观察角                           <22>
legend(Ph,'v=0.2 等值面 ','Location','NorthEast Outside')    % 仅标注等值面图例    <23>
xlabel('x'),ylabel('y'),zlabel('z')
title('\fontsize{14}\it v = xe^{-x^{2}-y^{2}-z^{2}}')
set(gca,'Box','on','BoxStyle','full')    % 使坐标轴系全封闭                      <26>
Ph =
  Patch with properties:
      FaceColor: 'none'
      FaceAlpha: 1
      EdgeColor: [1 0.5625 0]
      LineStyle: '-'
          Faces: [674×3 double]
       Vertices: [339×3 double]
  Show all properties
```

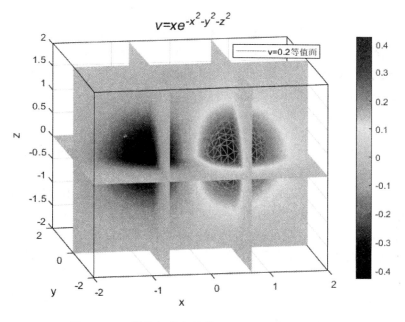

图 5.4 - 3　借助切片和等值面显示三元标量体数据

※说明

● 关于三维网点坐标数据及三元函数值计算的说明：
　□ 三维网点坐标数据 X、Y、Z 都是三维数组，它们必须借助 meshgrid 算出。而 mesh-grid 的输入量 x、y、z 都必须是单调增或减的行（或列）数组，参见行〈2〉。
　□ 为计算三元函数值 V 编写的代码必须符合"数组运算规则"，参见行〈3〉。
　□ sx,sy,sz 是决定切片位置的数值标量或行数组。假如取"空阵"，就表示不取切片。
● 关于选择 slice 切片位置的说明：
　□ xs,ys,zs 切片位置必须选择在能较好反映三元函数特征的位置。
　□ 行〈4～7〉代码就是为选择切面通过 V 函数最小、最大值位置而写的。并且，考虑极端值存在多点的情况下，只取其中一个极端点。

- 关于等值面绘制的说明：
  - □ 行〈16，17〉代码用于创建网格等值面对象 Ph。
  - □ 一般而言，为绘制片块图形，patch 命令可接受多种格式的坐标数据输入量。本例行〈16〉中的第 1 输入量 nfv 是一个构架，它包含两个域：faces 面结构数据域和 vertives 顶点数据域。
  - □ 一般而言，patch 的构架输入量都来自 MATLAB 专门设计的 reducepatch 和 isosurface 命令的输出结果。只有那些十分简单的片块对象才可能由用户人工编写这种构架型输入量。
  - □ 行〈14～16〉代码用于确定"值 iv＝0.2 的等值面网格线的颜色"，即寻找色条上 0.2 处的颜色 RGB 三元组。这样设计的网格等值面颜色，以便与整个 V 体数据的颜色表达相一致（还请参见行〈17〉）。
- 关于片块对象内涵的说明：
  - □ 行〈5〉代码可返回所建曲面对象的句柄 Ph，并显示该句柄的内涵。
  - □ 显示内容表明，所创网格等值面对象属于 Patch 片块类。
  - □ 从行〈16，17〉运行的显示可知，该对象的网格片块面 FaceColor 无色、网格片块面部透明度 FaceAlpha 为 1、片块网线色 EdgeColor 为 RGB 三元组色[1，0.5625，0]、网格线型 LineStyle 为细实线等属性设置。
- 关于标量体数据可视化的说明：
  相对于二元函数可视化而言，标量体数据可视化更需注意：
  - □ 切片位置的选择要反映函数特征。本例选择切面过极端值位置，就是出于这种考虑。
  - □ 要注意 shading 着色方式，应进行不同着色方式的比较，从中选优。本例采用 interp 着色模式，使 V 值在空间的颜色变化比较反映真实。
  - □ 等值面的网格疏密要适度、是否透视视具体情况而定，网色选择要协调。本例等值面无色，因此可透视内核色彩；而网格色彩与色条刻度一致，能较好反映 V 函数的分布状况。
  - □ 要显示色条，以提供色彩与 V 值大小之间的尺度转换；还要显示等值面网格线的图例（参见第〈23〉行）。
  - □ 要注意用 view 选择适当观察角，尽量揭示可观察信息。本例选择的视角，可让用户观察到 4 卦中的网格等值面。

5.5 动态变化图形

5.5.1 直接命令法生成动态图形

在 MATLAB 的"上层"图形命令中的彗星轨线命令、色图变幻命令、影片动画命令，能很方便地使图形及色彩产生动态变化效果。

由于在硬拷贝下，这种动态变化效果都无法表现，因此本节所有例题都不提供图形，而只给出有关命令。当读者在 MATLAB 命令窗中运行这些命令后,便可在图形窗中看到相应的动态图形。

1. comet 彗星状动态轨线图

comet(x,y,p)	生成简单的二维彗星动态轨线图
comet3(x,y,z,p)	生成简单的三维彗星动态轨线图

说明

● 彗星轨线命令能动态地展示质点的运动轨迹。彗头用蓝色小圈表示,彗尾用红色表示,轨迹用杏黄表示。注意,这三种色彩及彗头形状都不可设置。

● p 是决定彗星长度的参量。默认值为 0.1,此时二维图形中彗长 p * length(y);三维图形中,彗长为 p * length(z)。

例【5.5-1】 通过绘制心形线 $\rho = 1 - \sin\theta$ 演示:comet 的调用格式、使用的简捷性和彗星线属性的不可更改性。

```
clear,close
ca = [0.7,0,0.7];
Hf = figure('Color',ca);                %开启玫瑰底色图形窗
at = pi/2: - pi/50: - 15/2 * pi;
x = (1 - sin(at)). * cos(at);
y = (1 - sin(at)). * sin(at);
plot(x,y,'Color','w','LineWidth',11)     %绘心形背景线
set(gca,'Color',ca)                      %轴色也取玫瑰色
axis square off                          %各轴等长且消隐
title('\fontsize{18}\rho = 1 - sin(A)','Color','w')
                                         %显示特色字符的轴系图名
hold on                                  %允许叠绘
% comet(x,y,0.05);                       %生成图 5.5 - 1A 动迹尾线     <13>
cometZZy(x,y,0.05,'.',40,9,'r','g','m'); %生成图 5.5 - 1B 动迹尾线     <14>
hold off                                 %不再叠绘
```

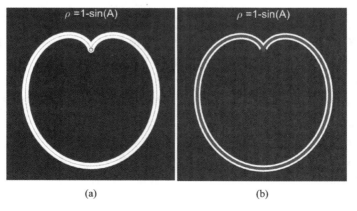

(a)   (b)

图 5.5 - 1 动态结束后的心迹线

☆说明

● 关于 comet（以及 comet3）函数命令的说明：

　　□ 这组函数命令初建于 2006 年,具有简便绘制动线的优点,缺点也明显,即动线的属性无法设置,如图 5.5 - 1(a)所示。

　　□ 从 2014b 版 MATLAB 起,该函数命令依然保持原先功能不变,但内部代码已经采用 animatedline 等命令重写。

　　□ 实际上,animatedline 等命令能更灵活、更个性化地表现动线。有兴趣的读者可以尝试。

● 心迹线试验须知：

　　□ 如果读者想产生如图 5.5 - 1(a)的心迹线,那么应使行〈13〉成为可执行代码,使行〈14〉成为"注释码"。

　　□ 如果读者想画出如图 5.5 - 1(b)所示的动线头体及迹线均可设置的个性化心迹线,可用行〈14〉代码置换行〈13〉代码。于是,个性化心迹线将出现在独立弹出的 MATLAB 图形窗中。

2. spinmap 变幻图形色彩

　　MATLAB 为颜色的动态变化提供了一个命令 spinmap 。它的功能是使当前图形的色阶数组的行序号循环变化,从而产生图形色彩的变幻。与前面的动态轨迹线不同,该命令不涉及图形对象特性的操作,而只限于对色阶数组的操作。命令格式如下：

　　spinmap(t,inc)　　　　　　使当前图形窗中图形的着色发生周期性变化

☆说明

● 输入量 t 用于设定色彩变幻的持续时间长度,以秒为单位。

● 输入量 inc 用于设置（每 3 s）色阶数组行序号的变化间隔,默认行间隔为 2。间隔愈小,色彩变化愈柔缓。

■例【5.5 - 2】　本例通过二元参变函数 $\begin{cases} x = 2r\cos u \sin v \\ y = 2r\sin u \sin v & 0 \leqslant u < 2\pi \\ z = r\cos v & 0 \leqslant v < 2\pi \\ r = 2 + \sin(5u + 2v) \end{cases}$ 的可视化演示：

数学参变函数的匿名函数句柄表达;函数句柄功能绘图命令 fsurf 的调用格式及图形效果;色阶数组的自定义;色阶变幻命令 spinmap 的应用（见图 5.5 - 2）。

```
figure
r = @(u,v)3 + sin(5. * u + 2. * v);          %供 x,y,z 用的 r 匿名函数句柄表达          <2>
x = @(u,v)2 * r(u,v). * cos(u). * sin(v);     %x 的匿名函数句柄表达
y = @(u,v)2 * r(u,v). * sin(u). * sin(v);     %y 的匿名函数句柄表达
z = @(u,v)r(u,v). * cos(v);                   %z 的匿名函数句柄表达                    <5>
Fh = fsurf(x,y,z,[0 2 * pi 0 pi]);           %接受 x,y,z 参变表达                     <6>
Fh.EdgeColor = 'none';                        %使曲面对象的网线消隐
camlight                                      %开启相机右侧光
axis equal off                                %各轴单位长度相同,轴系消隐
```

```
CM = [turbo;flipud(turbo)];          % 构成(512 * 3)循环色阶数组          <10>
colormap(CM)                         % 使用自定义色阶数组                <11>
colobar                              % 色阶条
tic                                  % 从 0 开始计时
spinmap(30,20)                       % 每 3 秒变化 20 行色阶,持续 30 秒   <14>
toc                                  % 停止计时,反映 spinmap 运行时间      <15>
```
历时 30.081886 秒。

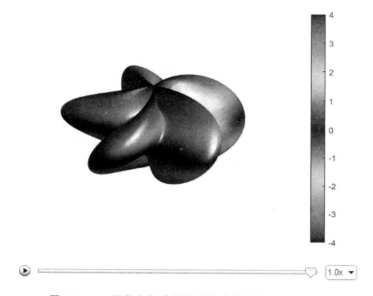

图 5.5 - 2　函数句柄功能绘图命令绘制的五星彩果图

💡说明
- 关于功能绘图命令的说明：
  □ MATLAB 功能绘图函数的旧版 ez 类命令(如 ezplot、ezsurf、ezmesh 等)即将废止，而启用新版 f 类命令(fplot、fsurf、fmesh 等)。
  □ f 类功能绘图函数接受函数句柄或符号函数为输入。本例行〈6〉中的 fsurf 接受以 u、v 为参变量的匿名参变函数句柄为输入量,并限定参变量 u、v 的取值范围。
- 关于自定义色阶数组 CM 的说明：
  □ et 是 MATLAB 提供的(256 * 3)的 RGB 七彩过渡色阶数组。
  □ 为了避免变幻中色彩在"头尾之间的突变"。本例借助行〈10〉代码自定义一个"(512 * 3)循环 turbo 色阶数组"。

5.5.2　实时动画和影片动画

1. 对象属性更新的实时动画

除部分影片动画外,几乎所有的动态图形都离不开图形对象的属性更新。即便是 MATLAB 提供的如 comet、comet3、streamparticles 等直接形成图形要素视觉动态的命令,其内部源代码也是通过图形对象属性更新实现的。

自 MATLAB R2014b 起,MATLAB 的图形可视化系统全面升级为"建立在属性和方法基础上的面向对象"平台,从而使动态图形绘制更加方便、灵活、细致、快速。

一般而言,编写生成动态图形的代码时应考虑以下因素:

- 动态图形对象的选定:
  根据所需表现的动态变化,选定图形对象,如线、面、块等。
- 图形对象的创建:
  □ 采用适当的命令创建初始状态的、待动变的图形对象。
  □ 为更好表现图形对象的动变,还应注意该动变对象的上层父对象(如图形窗、轴系等)的创建。比如使用 colormap 命令设定色阶,使用 XLim、YLim、ZLim 等为轴系设定表达范围,使用 view 命令设定观察视角等。
- 构建属性和图形更新的循环:
  □ 在循环中,可采用以下方式对动变图形对象属性值进行动态设置:
  "点调用"设置属性方式,该法适于单个或少量属性的逐个更新;借助 set 命令设置属性方式。该法适于多个属性或对象组属性的"批量"更新。
  □ 在所有对象属性完成动态设置后,必须借助 drawnow 或 pause(s)命令执行图形更新。注意,pause 命令不仅在暂停期间会自动更新图形,而且能由 s 数值的大小控制暂停时间的长短(以秒为单位)。

2. 此前已有的对象属性更新动画示例

为应顺这种"划代性"的升级,本书作者在重写本章时,就把面向对象的编程要素渗透于各节之中,其中借助属性更新表现动态变化的示例有:

- 在例 5.3 - 6 中,从代码上看,内球面的旋转是借助 rotate 命令实现的。但实际上 rotate 在程序内部,改变了其第 1 输入量内球面句柄 Hs1 的数据属性。
- 在例 5.4 - 2 中,通过在循环中对 surface 曲面图形对象高度属性 ZData 和曲面定色属性 CData 的不断更新,表现曲面"高度与着色""斜率与着色""曲率与着色"的动态变化。
- 在例 5.5 - 1 中,命令 comet3 在程序内部通过改变其线对象数据属性的方法使彗星运动的。
- 在例 5.5 - 2 中,命令 spinmap 就是通过改变图形窗色阶属性中数组行序号的次序,使图形色彩变幻的。

3. 实时动画制作示例

例【5.5 - 3】 制作沿空间曲线运动的双动线线段(见图 5.5 - 3)。本例分步演示借助基本绘图命令创制实时动画的步骤。

1) 步骤一:设计和绘制动线轨迹

```
clear,close              % 清空内存,关闭此前图形窗
ld = 6;                  % 决定动线线段长度
Nt = 150;               % 封闭路径的点数
```

```
t = (0:Nt)/Nt * 2 * pi;                    % 周期参数数组
nt = length(t);
figure                                      % 开启图形窗
x = sin(2 * t);                             % x 坐标参数表达式
y = cos(2 * t). * cos(3 * t);               % y 坐标参数表达式
z = sin(t). * cos(5 * t);                   % z 坐标参数表达式 'LineWidth',0.5,
plot3(x,y,z,'Color',[0.9,0.3,0.9])          % 绘制粉色迹线
view( - 133,27)                             % 设置观察视角
xticks([]),yticks([]),zticks([])
set(gca,'LineWidth',2,'Box','on','BoxStyle','full',...
        'XColor','y','YColor','y','ZColor','y',...
        'Color',get(gcf,'Color'))           % 设置坐标轴系
```

2）步骤二：创建双动线对象

```
w = (1:ld)';
dd = [w,w + Nt/2];                          % 双动线段起始位置数组          <17>
hd = line(x(dd),y(dd),z(dd),'LineWidth',4); % 绘制双动线段              <18>
hd(1).Color = 'r';hd(2).Color = 'b';        % 两线段分设为红、蓝线        <19>
```

3）步骤三：在循环中改变双动线对象的坐标数据，使双动线不断运动（见图 5.5 - 3）

```
kc = 4;                                      % 绕封闭路径的次数
for jj = 1:kc
    for ii = 1:nt
        tt = rem(dd + ii,nt);               % 求余运算                    <23>
        if any(tt(:) == 0);                 % 避免整除的余数 0             <24>
            tt = tt + Nt * (tt == 0);
        end;                                 %                            <26>
        set(hd(1),'XData',x(tt(:,1)),'YData',...
```

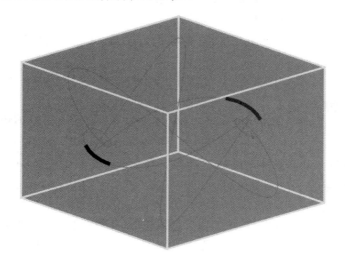

图 5.5 - 3　双线段运动的起始状态

```
            y(tt(:,1)),'ZData',z(tt(:,1)))      % 改变红线段坐标
        set(hd(2),'XData',x(tt(:,2)),'YData',...
            y(tt(:,2)),'ZData',z(tt(:,2)))      % 改变蓝线段坐标
        pause(0.1)                              % 控制速度
    end
end
```

💡 说明

- 关于本例各步骤的说明：
  - □ 步骤一中，计算动线运动轨迹是必需的，但不必显示轨线。在此之所以显示轨线，是为了更好地表现小球运动轨迹的空间感。
  - □ 步骤二中，使用 line 绘制小球时必须返回该球的句柄。在此，因为行〈17,18〉采用"2列"数组作为绘线数据，所以会产生两个线对象。行〈19〉代码就用于分别设置线对象的色彩。
  - □ 步骤三中，pause 是必需的。它的存在有两个作用：在对象属性改变后，允许图形窗内显示出对象属性的变化；可针对不同计算机，通过 pause 命令输入量的不同数值控制动画的变化速度。当然，pause 命令也可以用 drawnow 替代，不过这种替代将使动画速度无法控制。
- 行〈23〉的求余运算，使数据序号超出 nt 长度时，返回重新记序；而行〈24～26〉用于被 nt 整除后，产生的 0 余数。

4. 影片动画

（1）影片动画概述

影片动画是指：把以任何方式表现在图形窗中图形，借助 getframe 命令抓获，并以特定形式保存为数据，然后再通过 movie 命令给予连续显示。

影片动画制作、放映的基本步骤：

- 在动画制作阶段，为不断更新图形，需要构造循环，并在每一轮循环中，依次执行以下操作：
  - □ 直接借助命令绘制图形，或借助属性更新坐标变换等方法更新图形对象要素。
  - □ 借助 drawnow 或 pause(s)，更新图形窗中所显示的图形。
  - □ 借助 getframe 命令抓获更新图形窗中的图形，并把数据保存为构架数组变量（比如 GF）。
- 在循环结束后，全部影片动画数据都保存在 GF 构架数组中。GF 还可以进一步借助 save 命令保存为 mat 数据文件，以供今后重现该影片动画。
- 影片动画的播放：
  - □ 借助 imshow 命令可以重现 GF 数组中任何一个构架中所保存的单帧图形。
  - □ 借助 movie 命令可以播放 GF 数组中的多个或全部构架中保存的图形，产生动画。

（2）制作影片动画的命令

GF＝getframe(fa)   抓获 fa 图形窗或轴系上的图形后保存为构架数组 GF

movie(fa,GF,n,fps)   以 fps 帧速连续播放 n 遍 GF 构架数据图形

说明

- 关于 getframe 命令的说明：
  - 输入量 fa 缺省时，该命令抓获当前轴系上的图形。
  - 输入量 fa 可以是图形窗或轴系对象的句柄。当 fa 为图形窗句柄时，被抓获的不仅是轴系及其子对象，而且还可抓获在图形窗"层级与轴系相同的"其他图形对象，诸如交互控件、轴系外注释对象等。
  - 输出量 GF 是构架数组，每抓获一幅图形，就保存在一个构架元素中。每个构架有两个域：cdata 和 colormap 域。cdata 用于存放抓获图形的 uint8 数据；此保存数据的规模与屏幕分辨率有关。colormap 用于保存相应的色阶数组；在真彩情况下，此域为空。
- 关于 movie 命令的说明：
  - fa 用于指定在哪个图形窗或轴系播放动画；fa 可以缺省，缺省时在当前轴系上播放影片动画。
  - GF 是由 getframe 产生的输出。
  - 输入量 n：当 n 缺省时，默认播放 GF 中所有数据一个轮次；当 n 为标量正整数时，指定播放 GF 数据 n 个轮次。
  - 输出量 fps，用以指定每秒播放的帧数。fps 缺省时，默认的播放帧速为每秒 12 帧。但其最高播放帧速受计算机硬件制约。

例【5.5-4】 制作和播放"旋转的巴拿马草帽"动画。本例演示：制作实时动画中，固定坐标轴系范围不变的重要性；抓获图形窗画面命令 getframe 的使用；播放影片动画命令 movie 的使用；imshow 用于重显保存在 MF 构架中的抓获图像；参见图 5.5-4 和图 5.5-5。

1）影片动画制作

```
clear all
FH = figure('Renderer','zbuffer');              %使绘图更快更准确地着色
x = linspace( - 3 * pi,3 * pi,50);y = x;
[X,Y] = meshgrid(x,y);
R = sqrt(X.^2 + Y.^2) + eps;                     %避免产生 Z 时出现 0/0          <5>
Z = sin(R)./R;                                   %                              <6>
h = surf(X,Y,Z);                                 %绘制曲面,并生成图柄(见图 5.5 - 4)
h.EdgeColor = [0.6,0.6,0.6];                     %网线呈浅灰
shading flat,material metal
camlight left,camlight headlight,camlight
colormap(jet);
axis([ - 4 * pi,4 * pi, - 4 * pi,4 * pi, - 0.22,1])   %固定坐标轴系的显示范围        <12>
axis off                                         %消隐坐标轴
n = 24;da = 360/n;
GF(n) = struct('cdata',[],'colormap',[]);        %预设 n 元构架                  <16>
forii = 1:n
rotate(h,[0 0 1],da);                            %绕 z 轴旋转 15 度/每次
drawnow                                          %更新显示
```

```
GF(ii) = getframe(FH);              % 保存每帧捕获画面动画              <20>
end
```

2）影片动画的播放

```
fig = figure;                       % (在命令窗运行时)开启新图形窗        <22>
movie(fig,GF,5,20)                  % (在命令窗运行时)重复播放 5 次       <23>
% FH.Visible = 'on';                % (在实时编辑器运行时)显现图形窗      <24>
% movie(FH,GF,5,20)                 % (在实时编辑器运行时)重复播放 5 次   <25>
```

3）单个动画画面的显示(见图 5.5-5)

```
figure
imshow(GF(:,3).cdata)               % 重现 MF 单幅图像                   <27>
```

图 5.5-4　旋转之前的巴拿马草帽　　　　　　　图 5.5-5　右旋 60 度的巴拿马草帽

🌀说明

- 关于 getframe 命令的说明：
  □ 保存抓获图像的构架数组,应尽量进行预设置(见〈16〉行),可加快运行速度。
  □ 〈20〉行的 getframe 必须与 drawnow 或 pause 命令配合使用,确保能抓取每个更新的画面。
  □ 由于〈20〉行的 getframe 中指定了图形窗句柄 FH,所以抓取的画面中还包含轴系图名"旋转的巴拿马草帽"。
- 关于 movie 命令的说明：
  □ 由于本例的 MF 是在〈20〉行那种指定图形窗句柄的情况下产生,所以 movie 运行时必须采用〈22,23〉行格式,以保真重播。
  □ 重播动画的持续时间及画面更新速度由 movie 命令的后两个输入量决定,参见第〈23〉行。
- imshow 可以重现保存在构架 cdata 域中的图像数据,参见第〈27〉行。

习题 5

1. 已知椭圆的长、短轴 $a=4,b=2$,用"小红点线"画如图 5P-1 所示的椭圆 $\begin{cases} x=a\cos t \\ y=b\sin t \end{cases}$。
   (提示：参量 t;点的大小;axis equal。)

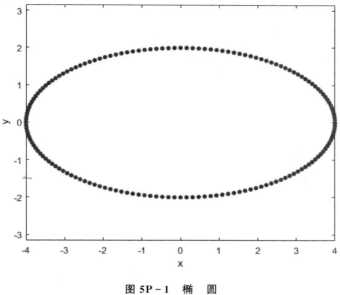

图 5P - 1　椭　圆

2. 根据表达式 $\rho = 1 - \cos\theta$ 绘制如图 5P - 2 的心脏线。（提示:polar,注意 title 中特殊字符,线宽,axis square;也可以用 plot 试试。）

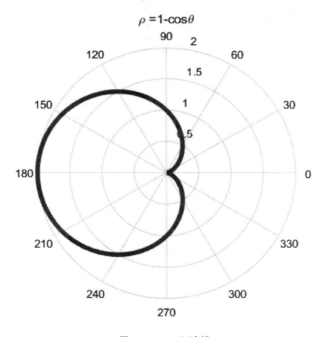

图 5P - 2　心脏线

3. A,B,C 三个城市上半年每个月的国民生产总值表 5P - 3。试画出如图 5P - 3 所示的三城市上半年每月生产总值的累计直方图。（提示:bar(x,Y,'style');colormap(cool);legend。）

表 5P - 3　各城市生产总值数据

亿元

城　市	1 月	2 月	3 月	4 月	5 月	6 月
A	170	120	180	200	190	220
B	120	100	110	180	170	180
C	70	50	80	100	95	120

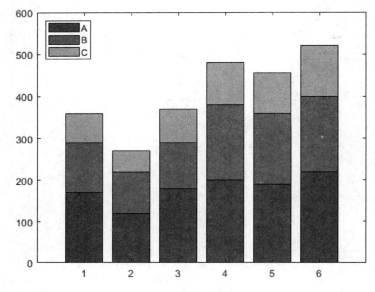

图 5P - 3　累计直方图

4. 用蓝色实线绘制 $x = \sin(t)$，$y = \cos(t)$，$z = t$ 的三维螺旋曲线，曲线如图 5P - 4 所示。（提示：参变量；plot3；线色线粗。）

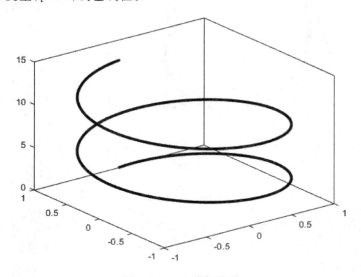

图 5P - 4　三维螺旋线

5. 采用两种不同方法绘制 $z = 4x\,\mathrm{e}^{-x^2-y^2}$ 在 $x,y \in [-3,3]$ 的如图 5P-5 的三维透视网格曲面图。(提示:ezmesh; mesh; hidden。)

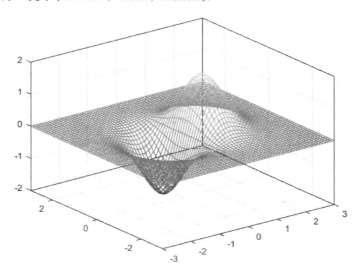

图 5P-5 三维透视网格图

6. 在 $x,y \in [-4\pi,4\pi]$ 区间里,根据表达式 $z = \dfrac{\sin(x+y)}{x+y}$,绘制如图 5P-6 所示的二元 Sinc 函数曲面。(提示:NaN 的处理。)

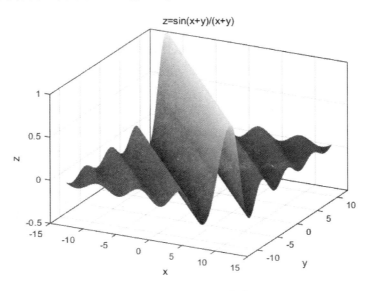

图 5P-6 二元 Sinc 函数曲面

7. 试用图解法回答:

(1) 方程组 $\begin{cases} \dfrac{y}{(1+x^2+y^2)} = 0.1 \\ \sin(x+\cos(y)) = 0 \end{cases}$ 有多少个实数解?

（2）求出离 $x=0, y=0$ 最近且满足该方程组的一个近似解。

（提示：图解法；fplot；图形窗放大工具图标。）

8. 请采用"点调用格式"或 set 命令替换例 5.3－6 行⟨8,9,10⟩代码在 surf 命令中对曲面 Hs1 属性的设置，以达到重现例 5.3－6 的全部动画效果。

9. 运行文件 prob0509.p，观察如图 5P－9 所示的图形和色彩变化。请编写出产生同样效果的代码文件。（提示：使用 flipud 进行色图组合；spinmap。）

10. 在 $[0, 4\pi]$ 区间内，根据 $y(t, x) = e^{-0.2x} \sin\left(\dfrac{\pi}{24} t - x\right)$，通过如图 5P－10 所示曲线表现"行波"。做题前，请先运行 prob0510.p 文件，观察演示。（提示：采用实时动画；使用两个 line 对象；使用 pause 控制动画速度。）

图 5P－9

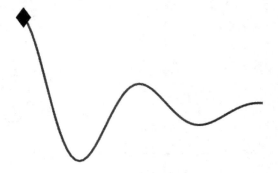

图 5P－10　行波截图

11. 利用影片动画法，据函数 $f(x, t) = \sin(x)\sin(t)$ 制作如图 5P－11 所示驻波动画。在做题前，先运行 prob05011.p 产生的演示动画。（提示：用 2 个 line 分别产生带图柄的线和点对象；用 set 通过线图柄操作线位置；getframe；movie。）

12. 编写使红色小球沿三叶线 $\rho = \cos(3\theta)$ 运动的程序。具体参见演示程序 prob05012.p 的运行实况。图 5P－12 显示的是该动画的初始图形。（提示：用参量方程表达三叶线；用 line 绘制线对象；用 line 创建红点的图柄；用 set 操作红点坐标，构成动画；pause。）

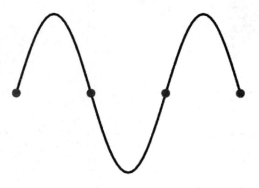

图 5P－11　驻波截图

图 5P－12　红点沿三叶线运动的初始位置

13. 请采用在例 5.4－2 的 S2、S3 创建命令 surf 中含"属性名/属性值对"输入的调用格式,分别替换⟨23,24⟩行、⟨36,37⟩行进行对象属性设置的"点调用格式",并保证重现例 5.4－2 的全部动画效果。

14. 请在例 5.4－3 的代码基础上,增写若干代码,给图 5.4－3 的蓝色部分面增添一个如图 5P－14 所示的透明的等值网格面。

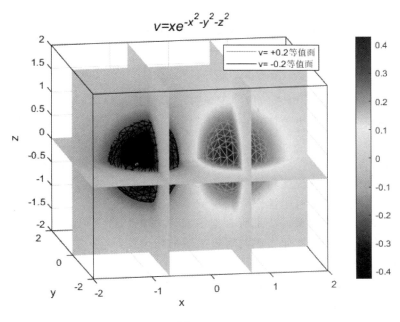

图 5P－14

第6章
M脚本/函数及MLX脚本/函数

前面章节的算例虽然已经零零散散用了单行或多行简单代码,运行了一些带数据流控制的较复杂代码,间或还囫囵吞枣地使用一些 M 脚本及 M 函数,但并没有论及脚本及函数的编写规则、程序结构及各自的特点。

就编程方法而言,程序可循"面向过程"的思维逻辑编写,也可按"面向对象"的观察视角编写。习惯上认为,面向过程编程比较容易上手,这种程序阅读起来也比较顺畅。而面向对象的程序比较少见,阅读起来难免有生涩感。

事实上,程序的面向过程编写法是所有程序编写的基础,因为"面向过程"确实是一个个数学问题解决步骤的理性映射,即便在面向对象编写的程序中,许多方法函数的编写还遵循"面向过程"的逻辑。

本章专述内容——普通脚本及函数(以. m 为扩展名)和实时脚本及函数(以. mlx 为扩展名),都采用"面向过程"思维逻辑,是 MATLAB 中"面向过程"程序的两种主要表现形式。至于"面向对象"的 App 应用程序(以. mlapp 为扩展名),则是第 8 章的内容。

本章共分五节。6.1 节叙述体现面向过程逻辑的数据流控制结构;6.2 节介绍普通 M 脚本、M 函数的结构及编写规则;6.3 节则深入叙述带局域函数的 M 脚本和 M 函数;6.4 节讲述具名和匿名函数句柄的创建和使用;6.5 节讲述涉及 MLX 实时脚本和 MLX 实时函数的内容,且重点讲述实时脚本这是因为实时脚本是自 MATLAB R2016a 开始推出的一种全新工作环境,集"醒目标题、悦目文字、漂亮公式、分节代码、标准数学表达式、线面图形及动画"等要素于一体,是一种特别适用于循序渐进课堂教学讲稿和活灵活现学术演讲稿的信息载体,是一种特别适合于个人探索笔记、与人交流的文理相兼文档。

6.1 MATLAB 控制流

与所有独立、完善的计算机语言一样,采用 MATLAB 语言编写的应用程序,除包含数据(Data)、变量(Variables)、运算符(Operators)、专用符(Special Characters)、自备基本函数及工具包函数等基本要素外,通常还包含一组分支转向(if/else/end)、多向切换(switch/case/end)、循环(for/end、while/end)等控制数据流向的关键词。由于 MATLAB 的这些命令与其他语言相应命令的用法十分相似,因此本节只结合 MATLAB 给定的描述关键词,对这四种命令进行简要的说明。

6.1.1　if – else – end 条件控制

作为一种成熟的程序语言,MATLAB 也拥有表 6.1 – 1 所列的条件分支结构。这种条件分支结构的表达方式与传统程序语言有许多相似之处。通过表 6.1 – 1 中的文字说明,读者不难理解 if – else – end 条件分支结构的使用方法。但是,基于 MATLAB 所拥有的独特的数组算术、关系、逻辑运算能力,在此有必要提醒读者注意以下两点:

- 在编写解决复杂问题的程序中,条件分支结构是必不可少的。比如在指定区间上,寻找多极值函数最小值的例 6.1 – 1 就不得不使用条件分支结构。
- 由于 MATLAB 拥有"数据成批处理"的数组运算体系,所以传统程序语言中使用"标量循环＋条件分支"解算的部分问题,可以采用 MATLAB 的数组算术、关系、逻辑运算更简洁地实现。本书计算逐段连续函数值的例 3.3 – 3 就是这方面的典型算例。

表 6.1 – 1　if – else – end 分支结构的使用方式

单分支	双分支	多分支
if　expr 　　（commands） **end**	**if**　expr 　　（commands1） **else** 　　（commands2） **end**	**if**　expr1 　　（commands） **elseif** expr2 　　（commands） 　　······ **else** 　　（commandsk） **end**
当 expr 给出"逻辑 1"时,（commands）命令组才被执行	当 expr 给出"逻辑 1"时,（commands1）命令组被执行;否则,（commands2）被执行	expr1,expr2,… 中,首先给出"逻辑 1"的那个分支的命令组被执行;否则,（commandsk）被执行。该使用方法常被 switch – case 所取代

说明

- expr 是控制其下分支的条件表达式,通常是关系、逻辑运算构成的表达式;该表达式的运算结果是"标量逻辑值 1 或 0"。expr 也可以是一般代数表达式,此时给出的任何非零值的作用等同于"逻辑 1"。
- 在 MATLAB 中,expr 允许进行数组之间的关系、逻辑运算,因此 expr 可能给出逻辑数组。在这种情况下,只有当该逻辑数组为全 1 时,才执行该 expr 控制的分支。当 expr 给出数值数组时,只有当该数组不包含任何零元素时,才执行该 expr 控制的分支。
- 如果 expr 为空数组,MATLAB 认为条件为假(false),则该 expr 控制的分支不被执行。

例【6.1 – 1】　在例 4.1 – 7 中,非线性函数 $y = e^{-0.1x} \sin^2 x - 0.5(x + 0.1)\sin x$ 在 $-50 \leqslant x \leqslant 5$ 区间中最小值之所以能成功确定,是因为借助图形观察对 fminbnd 进行了搜索区间的适当设置。本例演示:借助条件分支结构、while 环、for 环实现多极值函数最小值自动求取的一种方法。此外,还通过随书数码文档提供 MATLAB 的四种基本程序文件:M 脚本、M 函数、MLX 实时脚本、MLX 实时函数。

1) 利用 exm060101M 绘制出所给函数曲线,并标识最小值点

在确保 M 脚本 exm060101M. m 在 MATLAB 搜索路径上的前提下,运行以下命令。

```
% exm060101M.m
```

```
clear
fx = @(x)(sin(x).^2.* exp(-0.1*x)-0.5*sin(x).*(x+0.1));
a = -50;b = 5;
fplot(fx,[-50,5],'Color','r')              % 绘制图 6.1-1 中的红色曲线
ylim([-10,160])
grid minor
xlabel('\it x'),ylabel('\it f(x)')
title('\it f(x) = sin(x)^{2} e^{-0.1x}-0.5sin(x)(x+0.1)')
[xmin,fmin,n] = exm060101F(fx,a,b,3);      % 搜索最小值
fprintf('在 x = %6.5f 处,函数到达最小值 %6.5f\n',xmin,fmin)
fprintf('最终子区间分割数为 %d\n',n)
line(xmin,fmin,'Color','k',...             % 用 + 标识最小值点
    'Marker','+','LineStyle','none')
legend('函数曲线','最小值点')
```

在 x = -19.60721 处,函数到达最小值 -3.34765
最终子区间分割数为 128

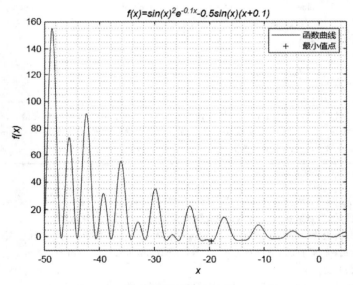

图 6.1-1　多极值函数曲线和最小值点

2）编写自动求取最小值的 M 函数文件 exm060101F.m

```
function [xmin,fmin,n] = exm060101F(fx,a,b,Nt)
% exm060101F.m              用于在指定区间上求取一元多极值函数的最小值点
% fx                        采用匿名函数或函数句柄表达的"一元多极值函数"
% a、b                      分别是指定区间的左、右端点
% Nt                        在子区间连续倍增情况下,求得同一个最小值点的重复次数阈值
% xmin、ymin                分别是最小值点的 x、y 坐标位置值
% n                         最终分割的子区间数
    [~,f0] = fminbnd(fx,a,b);  % 在全区间上寻找极值点
```

```
n = 1;                          % 子区间数的初始值
jj = 1;                         % jj 用于记录子区间端点倍增次数
while 1
    n = 2 * n;                  % 使子区间倍增
    d = (b - a)/n;              % 子区间长度
    x = a:d:b;                  % 各子区间的接续端点
    ii = 0;
    xc = zeros(1,n);fc = xc;    % 预设内存变量
    for k = 1:n                 % 逐个求各子区间的极值点
        [w,f,eflag] = fminbnd(fx,x(k),x(k + 1));    % 求子区间极值点
        if eflag>0              % 假如 fminbnd 找到子区间极值点则记录之
            ii = ii + 1;
            xc(ii) = w;
            fc(ii) = f;
        end
    end
    [fmin,kk] = min(fc);        % 在所有极值点中找出最小值候选
    xmin = xc(kk);              % 记录最小值候选的自变量位置
    if abs(f0 - fmin)<1e - 6    % 若新最小值候选 fmin 与原最小值候选 f0 的误差小于 1e - 6
        jj = jj + 1;            % 记录找到同一最小值候选的重复次数
        if jj>Nt                % 若重复次数超过阈值则跳出循环
            break               % 跳出 while 循环
        end
    elseif f0 - fmin>1e - 6     % 若新找得的最小值候选 fmin 小于原最小值候选 f0
        f0 = fmin;              % 记录新最小值候选
        jj = 1;                 % 更新重复次数为 1
    end
    end
end
```

💡说明

- 有兴趣的读者,可以把本例的寻优算法与例 4.1 - 7 进行比较。
- 本例中的条件分支结构是必需的,是不能用"数组混合运算"替代的。
- 本例中的 while 环也是必需的,因为无法事先预知子区间分割的次数。而本例中的 for 环的循环次数虽是动态改变的,但总是事先已知的。
- 在本书中,本例仅列出了 M 脚本 exm060101M. m 和 M 函数文件 exm060101F. m。而随本书的数码文档则还为本例配备了实时脚本 exm060101Mx. m 和实时函数 exm060101Fx. mlx。这样做的目的如下:
  □ 展示四种文件的代码差异。
  □ 不管是哪种文件,都可以调用其他类型的文件(不管是 M 扩展名,还是 MLX 扩展名),只要被调用的文件在搜索路径上,且文件名正确即可。

6.1.2　switch – case 控制结构

switch – case 控制结构的使用方式如表 6.1 – 2 所列。

表 6.1 – 2　switch – case 控制结构的使用方式

指令格式	含　义
switch expr 　　**case** value_1 　　　　（commands1） 　　**case** value_2 　　　　（commands2） 　　**case** value_k 　　　　（commandsk） 　　**otherwise** 　　　　（commands） **end**	● expr 为根据此前给定变量进行计算的表达式 ● value_1 是给定的数值、字符串标量(或元胞数组) ● 若 expr 与 value_1 相等,则执行 commands1 代表的命令 ● value_k 是给定的数值、字符串标量(或元胞数组) ● 若 expr 结果与 value_k(或其中的元胞元素)相等,则执行 ● 该情况是以上所有选项的"补" ● 若所有 case 都不发生,则执行该组命令

说明

- 当遇到 switch 结构时,MATLAB 将表达式 expr 的值依次与各个 case 命令后面的检测值进行比较。如果比较结果为假,则取下一个检测值再来比较,而一旦比较结果为真,MATLAB 将执行相应的一组命令,然后跳出该结构。如果所有的比较结果都为假,即表达式的值和所有的检测值都不等,MATLAB 将执行 otherwise 后面的一组命令。由此可见,上述结构保证了至少有一组命令会得到执行。
- switch 命令后面的表达式 expr,不管是已赋过值的变量还是变量表达式,expr 的值只能是标量数值或者标量字符串。对于标量形式的表达式,比较这样进行:表达式 == 检测值 i。而对于字符串,MATLAB 将调用函数 strcmp 来实现比较:strcmp(表达式,检测值 i)。
- case 命令后面的检测值不仅可以为一个标量值或一个字符串,还可以为一个元胞数组。MATLAB 将把表达式 expr 的值和该元胞数组中的所有元素进行比较,如果元胞数组中某个元素和表达式的值相等,MATLAB 认为此次比较结果为真,从而执行与该检测值相应的一组命令。

例【6.1 – 2】　已知学生的名字和百分制分数。要求根据学生的百分制分数,分别采用"满分""优秀""良好""及格"和"不及格"等表示学生的学习成绩。本例演示:switch 结构的用法。

```
clear;
%定义分数段:满分(100),优秀(90 – 99),良好(80 – 89),及格(60 – 79),不及格(<60)。
for k = 1:10
    a(k) = {89 + k};b(k) = {79 + k};c(k) = {69 + k};d(k) = {59 + k};
end;
c = [d,c];
%输入学生的名字和分数
A = cell(3,5);                          % 预生成一个(3 * 5)的空元胞数组
A(1,:) = {'Jack','Marry','Peter','Rose','Tom'};    % 注意等号两侧括号形状不同        <7>
A(2,:) = {72,83,56,94,100};             % 注意等号两侧的括号形状不同              <8>
%根据学生的分数,求出相应的等级。
fork = 1:5
    switch A{2,k}                       % 注意"花括号"
```

```
case 100                           % 该 case 后的 value 是一个标量数值 100
    r = '满分';
case a                             % a 是一个元素为数值的元胞数组{90,…,99}
    r = '优秀';
case b                             % b 是一个元素为数值的元胞数组{80,…,89}
    r = '良好';
case c                             % c 是一个元素为数值的元胞数组{60,…,79}
    r = '及格';
otherwise                          % 分数低于 60 的情况
    r = '不及格';
end
A(3,k) = {r};
end
TA = cell2table(A)                 % 把元胞数组转换成列表
TA = 3 × 5 table
```

	A1	A2	A3	A4	A5
1	'Jack'	'Marry'	'Peter'	'Rose'	'Tom'
2	72	83	56	94	100
3	'及格'	'良好'	'不及格'	'优秀'	'满分'

💡说明

- 本例使用了元胞数组。元胞数组的不同元胞允许放置不同类型的数据。
- 对每个元胞赋值时,被赋的值必须放置在"花括号"内。
- 注意 a,b,c 都是元胞数组。关于元胞数组的说明,请参见附录 A.2。
- switch 工作机理说明:比如,因为 A{2,2} 是数值 83,它与元胞数组 b 中的一个元素相等,所以程序被转入 case b 分支,使 r = '良好'。
- 本例 TA 的表格形式显示取自 exm060102.mlx 在实时编辑器环境中运行的结果。若直接在 MATLAB 命令窗中运行本例代码,所得结果的美观程度则稍逊。

6.1.3　for 循环和 while 循环

循环结构的使用方式如表 6.1-3 所列。

表 6.1-3　循环结构的使用方式

for 循环	while 循环
for ix＝array 　　（commands） **end**	**while** expression 　　（commands） **end**
● 变量 ix 为循环变量,而 for 与 end 之间的 commands 命令组为循环体 ● ix 依次取 array 中的元素;每取一个元素,就运行循环体中 commands 命令组一次,直到 ix 大于 array 的最后一个元素跳出该循环为止 ● for 循环的次数是确定的	● 当 MATLAB 碰到 while 命令时,首先检测 expression 的值,如其值为逻辑真(非 0),则执行组命令;当组命令执行完毕,继续检测表达式的值,若表达式值仍为真,循环执行组命令;而一旦表达式值为假时,结束循环 ● while 循环的次数是不确定的

◢**例【6.1-3】**　创建 Hilbert 矩阵。本例演示：for 循环的使用；给矩阵预配置内存空间，有利于提高运行速度。此外，本例将再次强调：对于涉及数组（或矩阵）的同一类数学表达式、关系逻辑表达式等的运算处理，都应采用"数组（或矩阵）化"编程。

1）Hilbert 矩阵是一种著名"坏条件"矩阵

该矩阵的元素的表达式是 $a(i,j) = \dfrac{1}{i+j-1}$。

2）借助 for 循环生成 Hilbert 方阵的程序

```
K = 5;
A = zeros(K,K) ;              %给矩阵预配置内存空间。推荐使用！
for m = 1:K                   %循环变量 m 依次取 1,2,…,K
    for n = 1:K               %循环变量 n 依次取 1,2,…,K
        A(m,n) = 1/(m+n-1);
    end
end
format rat
A
format
A =
```

1	1/2	1/3	1/4	1/5
1/2	1/3	1/4	1/5	1/6
1/3	1/4	1/5	1/6	1/7
1/4	1/5	1/6	1/7	1/8
1/5	1/6	1/7	1/8	1/9

3）矩阵空间预配置可提高运行速度（对高阶矩阵影响明显）

下面通过两个循环的耗时，说明数组空间预配置的影响，并希望读者摒弃对"待创建矩阵不进行空间预配置"的不良编程习惯。

```
clear
tic                           %启动秒表计时
K = 1000;
for m = 1:K
    for n = 1:K
        A1(m,n) = 1/(m+n-1);
    end
end
t1 = toc                      %给出运行所用时间
t1 =
    0.5222
tic
K = 1000;
A2 = zeros(K,K);              %给矩阵预配置内存空间
for m = 1:K
```

```
    for n = 1:K
        A2(m,n) = 1/(m + n - 1);
    end
end
t2 = toc
t2 =
    0.0436
```

4）产生 Hilbert 矩阵的数组化编程将大大提高运行速度

应尽量采用数组化编程，但需要对 MATLAB 函数有较深刻的认知。

```
tic
N = 1000;
n = repmat(1:N,N,1);
m = n';
A3 = 1./(n + m - 1);
t3 = toc
t3 =
    0.0310
```

🔆**说明**

- 本例再次强调：采用 MATLAB 提供的数组混合运算算符、函数和矩阵运算算符、函数进行数组（或矩阵）化编程，可替代相当多的循环次数预知的 for 环，而使 M 码更加简明高效。

- 例中所得 t1、t2、t3 的值受计算机配置、MATLAB 版本、该程序是否首次运行等因素影响，会有所变化。

- 当 Hilbert 矩阵阶数较高时，将严重"病态"。其表现之一是：矩阵的条件数（用 cond 计算）很高。

- 高阶 Hilbert 矩阵求逆需要非常谨慎。假如 A 是 Hilbert 矩阵，那么 B＝inv(A) 所求得的所谓逆矩阵 B 是很不可信的，A 逆阵的正确获取应是 C＝invhilb(length(A))。有兴趣的读者可以用 10 阶以上的 Hilbert 矩阵进行验证性练习。

◀例【6.1－4】　创建 n 阶幻方矩阵，限定条件是 n 为能被 4 整除的偶数。本例演示：while 循环与 break 的配合使用；input 命令的使用；幻方矩阵的性质和历史渊源。

1）幻方矩阵

所谓幻方矩阵（Magic matrix），是指矩阵由 1 到 n^2 的正整数按照一定规则排列而成，并且每列、每行、每条对角线元素的和都等于 $\dfrac{n(n^2+1)}{2}$。就生成规则而言，幻方矩阵可分成三类：一，n 为奇数；二，n 为不能被 4 整除的偶数；三，n 为能被 4 整除的偶数。

2）程序代码

下面是"n 为能被 4 整除的偶数"时，生成 n 阶幻方矩阵的 M 脚本文件程序。

```
function [A,n] = exm060104F(n)
% exm060104F.m          生成一类幻方矩阵,该幻方矩阵的阶 n 为能被 4 整除的偶数
% A                     为幻方矩阵
```

```
% n                              幻方矩阵的阶数
    while 1                      % 当环起始行                                      〈5〉
        if mod(n,4) = = 0
            break
        else
            n = input('请输入一个能被 4 整除的正整数! n =    ');       % 现场请求用户输入
        end
    end                          % 当环结束行                                     〈11〉
    G = logical(eye(4,4) + rot90(eye(4,4)));         % 4 阶双对角全 1 逻辑阵
    m = n/4;
    K = repmat(G,m,m);           % 需要进行"补运算"的元素位置阵
    N = n^2;
    A = reshape(1:N,n,n);
    A(K) = N - A(K) + 1;         % 对选定元素关于(n² + 1)进行求补运算
    end
```

3) exm060104F.m 的运行及幻方特性检查

● 把 exm060104F.m 文件放置在 MATLAB 的搜索路径上。

● exm060104F.m 的输入量 n 若不能被 4 整除,那么该函数将请求重新输入能被 4 整除的正整数。

● 以下程序取输入量 n 等于 12,是为读者可重现结果而设。程序中,幻方矩阵各列、各行、正对角线以及反对角线的元素和应等于 $\frac{n(n^2+1)}{2}$,该值被称为"标称和"。

```
clear,clc
n = 8;
[A,~] = exm060104F(n)
s0 = round(n * (n * n + 1)/2);         % "标称和"
disp([int2str(n),'阶幻方矩阵的标称和是    ',int2str(s0)])
Ns0 = round(2 * (n + 1));                 % 对 n 矩阵而言,须检查 Ns0 组不同元素之和是否等于"标称和"
B = A';
SC = sum(A);                             % 各列"实际和"
SR = sum(B);                             % 各行"实际和"
Sd = sum(diag(A));                       % (正)对角"实际和"
Sdi = sum(diag(B));                      % 反对角"实际和"
LS = [SC,SR,Sd,Sdi] == s0;               % 检查各列、行、正反对角线的"实际和"是否等于"标称和"
NS = round(sum(LS));                     % "实际和"等于"标称和"的元素组数
if NS == Ns0
    disp('经"标称和"验证,A 是幻方矩阵。')
else
    disp('经"标称和"验证,A 不是幻方矩阵。')
end
AA = magic(n);                           % MATLAB 制造商提供的幻方矩阵
STR = '由 exm060104F 生成的幻方阵与 MATLAB 的幻方阵';
```

```
if all(all(A == AA)) || all(all(A == AA'))                    %                        <21>
    disp([STR,'  相同。'])
else
    disp([STR,'  不同 '])
end
A =
    64     9    17    40    32    41    49     8
     2    55    47    26    34    23    15    58
     3    54    46    27    35    22    14    59
    61    12    20    37    29    44    52     5
    60    13    21    36    28    45    53     4
     6    51    43    30    38    19    11    62
     7    50    42    31    39    18    10    63
    57    16    24    33    25    48    56     1
```

8 阶幻方矩阵的标称和是　260
经"标称和"验证,A 是幻方矩阵。
由 exm060104F 生成的幻方阵与 MATLAB 的幻方阵相同。

说明

- 在 exm060104F.m 文件中,由第〈5〉到〈11〉行代码构成的 while 环是为防止用户错误输入矩阵阶数而设计的。若 exm060104F.m 的输入量 n 不能被 4 整除,命令窗里就会出现"请输入一个能被 4 整除的正整数!n ＝　　"的提示。只有当输入数字是 4 的整数倍时,才可能跳出 while 环。

- 关于幻方矩阵的说明:

  □ MATLAB\toolbox\matlab\demos 文件夹上的 durer.mat 数据文件是一幅版画"Melencolia I(忧郁人)"的电子数据。该版画是文艺复兴时期德国画家、业余数学家 Albrecht Dürer 创作的。在此版画的右上角,绘制着一个 4 阶幻方(Magic Square)。有兴趣的读者,通过运行 load durer,image(X),colormap(map),axis image 看到这幅版画。

  □ 幻方具有许多迷人的数学特性,至今仍是组合数学的一个研究课题。在 MATLAB 帮助文件的算例中经常用到幻方矩阵。

  □ 考证表明:幻方源于古代中国,时称"纵横图",伴有浓重神秘色彩。部分学者认为,"纵横图"始于《洛书》。[二九四,七五三,六一八]是最早文字记载的 3 阶幻方矩阵(见图 6.1-2),称为"九宫图"。它见诸于公元前 1 世纪的《大戴礼记》"明堂篇"。公元 1275 年宋朝数学家杨辉著的《续古摘奇算法》中,有关于"纵横图"的专门研究。"纵横图"经由东南亚、印度、阿拉伯向西方传播。公元 15 世纪,"纵横图"从土耳其的伊斯坦布尔传入欧洲。

四	九	二
三	五	七
八	一	六

图 6.1-2　九宫图

6.1.4　控制程序流的其他常用命令

控制程序流的其他常用命令如表 6.1-4 所列。

表 6.1 - 4　控制程序流的其他常用命令

命令及使用格式	使用说明
v＝input('message') v＝input('message','s')	该命令执行时,"控制权"交给键盘;待输入结束,按下回车键,"控制权"交还给 MAT-LAB。message 是提示用的字符串。第一种格式用于键入数值、字符串、元胞数组等数据(见例 6.1 - 5);第二种格式,不管键入什么,总以字符串形式赋给变量 v
keyboard	遇到 keyboard 时,将"控制权"交给键盘,用户可以从键盘输入各种 MATLAB 命令。仅当用户输入 dbcont 命令后,"控制权"才交还给程序。它与 input 的区别是:它允许输入任意多个 MATLAB 命令,而 input 只能输入赋给变量的"值"
break	break 命令,或导致包含该命令的 while、for 循环终止,或在 if - end,switch - case,try - catch 中导致中断,参见例 6.1 - 1
continue	跳过位于它之后的循环体中其他命令,而执行循环的下一个迭代,见例 6.1 - 5
pause pause(n)	第一种格式使程序暂停执行,等待用户按任意键继续;第二种格式使程序暂停 n 秒后,再继续执行
return	结束 return 命令所在函数的执行,而把控制转至主调函数或者命令窗。否则,只有待整个被调函数执行完后,才会转出

6.2　M 脚本和函数

　　从文件扩展名看,如今 MATLAB 术语、代码编写和运行的程序文件有三大类:M 脚本和函数文件、MLX 实时脚本和函数文件、MLAPP 应用程序文件。前两类文件均为"面向过程"程序,而后者则是面向对象程序。

　　本节要介绍的是面向过程编写的 M 脚本和 M 函数文件。关于 MLX 实时文件将安排在6.5 节,而 MLAPP 应用文件则在第 8 章中专述。

6.2.1　概　述

1. 何谓 M 脚本

　　对于一些比较简单的问题,从命令窗中直接输入命令进行计算是十分轻松简单的事。但随着代码行数的增加,或随着控制流复杂度的增加,或重复计算要求的提出,直接从命令窗进行计算就显得烦琐。此时,脚本文件最为适宜。"脚本"本身反映这样一个事实:MATLAB 只是按文件所写的代码执行。关于 M 脚本文件的编写,请参见 1.5.2 小节。

　　这种文件的构成比较简单,其特点是:
- 它只是一串按用户意图排列而成的(包括控制流向命令在内的)MATLAB 命令集合。
- 脚本文件运行后,产生的所有变量都驻留在 MATLAB 基本工作空间(Base work-space)中。只要用户不使用 clear 命令清除,只要 MATLAB 命令窗不关闭,这些变量将一直保存在基本工作空间中。基本空间随 MATLAB 的启动而产生;只有关闭MATLAB 时,该基本空间才被删除。
- 在各种不同扩展名的文件中,以 . m 为扩展名的脚本就是 M 脚本。它出现最早,格式最简单、最基础,应用也最广。

2. 何谓 M 函数

简单地说,M 函数是封装了的 M 脚本,也以.m 为扩展名。函数文件(Function file)犹如一个"黑箱",从外界只看到:传给它的输入量和送出来输出结果,而内部运作是藏而不见的(除非函数体内代码处于调试状态)。它的特点是:

- 从形式上看,与脚本文件不同,函数文件的第一行总是以"function"引导的"函数申明行"(Function declaration line)。该行还罗列出函数与外界交换数据的全部"标称"输入输出量。"输入输出量"的数目并没有限制,既可以完全没有输入/输出量,也可以有任意数目的输入/输出量。
- MATLAB 允许使用比"标称数目"较少的输入/输出量,以实现对函数的调用。
- 从运行上看,与脚本文件运行不同,每当函数文件运行时,MATLAB 就会专门为它开辟一个临时工作空间,该空间称为函数工作空间(Function workspace)。所有中间变量都存放在函数工作空间中。当执行完文件最后一条命令后,或当遇到 return,就结束该函数文件的运行,同时该临时函数空间及其所有的中间变量就立即被清除。
- 函数空间随具体 M 函数文件被调用而产生,随调用结束而删除。相对基本空间,函数空间是独立的、临时的。在 MATLAB 整个运行期间,可以产生任意多个临时函数空间。
- 假如在函数文件中发生对某脚本文件的调用,那么该脚本文件运行产生的所有变量都存放于该函数空间之中,而不是存放在基本空间。

6.2.2 基本空间变量、局部变量和全局变量

就存储空间而言,在 MATLAB 中的变量有三种:基本空间变量、局部变量、全局变量。

1. 基本空间(Worspace)变量

这种变量存在于 MATLAB 的基本工作空间。凡在 MATLAB 命令窗中运行代码、运行 M 脚本文件、MLX 实时脚本文件产生的变量都保存在该基本空间。

这种基本空间变量只要不被删除,就一直保留在基本空间中,直到 MATLAB 平台被关闭。

2. 局部(Local)变量

存在于函数空间内部的中间变量产生于该函数的运行过程中,其影响范围也仅限于该函数本身。正由于这种空间、时间上的局部性,中间变量被称为局部变量。

3. 全局(Global)变量

通过 global 命令,MATLAB 允许几个不同的函数空间以及基本工作空间共享同一个变量,这种被共享的变量称为全局变量。每个希望共享全局变量的函数或 MATLAB 基本工作空间必须逐个用 global 对变量加以专门定义。没采用 global 定义的函数或基本工作空间,将无权享用全局变量。

如果某个函数的运作使全局变量的内容发生了变化,那么其他函数空间以及基本工作空

间中的同名变量也就随之变化。

除非与全局变量联系的所有工作空间都被删除，否则全局变量一直存在。

说明

- 对全局变量的定义必须在该变量被使用之前进行。建议把全局变量的定义放在函数体的首行位置。
- 虽然 MATLAB 对全局变量的名字并没有任何特别的限制，但为了提高 M 文件的可读性，建议选用大写字母命名全局变量。
- 由于全局变量损害函数的封装性，因此不提倡使用全局变量。

6.2.3   M 函数结构和运行

1. M 函数结构简述

从结构上看，脚本文件只是比函数文件少一个"函数申明行"，所以只需描绘清楚函数文件的结构，脚本文件的结构也就无须多费笔墨了。

典型 M 函数文件的结构如下：

- 函数申明行（Function declaration line）：位于函数文件所有可执行代码的首行；以 MATLAB 关键字 function 开头；函数名以及函数的输入/输出量名都在这一行被定义。
- H1 行（The first help text line）：紧随函数申明行之后以％开头的第一注释行。按 MATLAB 自身文件的规则，H1 行包含：函数文件名；运用关键词简要描述的函数功能。H1 行供 lookfor 关键词查询。
- 在线帮助文本（Help text）区：H1 行及其之后的连续以％开头的所有注释行构成整个在线帮助文本。它通常包括：函数输入/输出宗量的含义；调用格式说明。这部分信息可供 doc 或 help 在线查询使用。
- 编写和修改记录：其几何位置与在线帮助文本区相隔一个"空行（不用％符开头）"。该区域文本内容也都以％开头；标志编写及修改该 M 文件的作者和日期；版本记录。它用于软件档案管理。
- 函数体（Function body）：为清晰起见，它与前面的注释以"空行"相隔。这部分内容由实现该 M 函数文件功能的 MATLAB 命令组成。它接受输入量，进行程序流控制，创建输出量。其中为阅读、理解方便，也配置适当的空行和注释。
- 对应于函数申明行的 end 结尾行：历史上，MATLAB 不要求普通 M 函数用"end 结尾行"。至今，MATLAB 虽仍不强迫普通 M 函数使用"end 结尾行"，但已强烈建议，为所有 M 函数配置"对应于 function 申明行的 end 结尾行"。该建议的理由是：随着 M 函数种类的多样化，函数结构的复杂化，"函数申明行与 end 结尾行的配对"可使不同函数分类更加严谨、易读。
- 若仅从运算角度看，唯"函数申明行"和"函数体"两部分是构成 M 函数文件所必不可少的。

例【6.2-1】 编写一个 M 函数文件。它具有以下功能：根据指定的半径，画出蓝色圆周线;可以通过输入字符串,改变圆周线的颜色、线型;假若需要输出圆面积,则绘出圆。本例演示:M 函数文件的典型结构;doc、help 及 lookfor 对该文件帮助信息的查询;命令 nargin,nargout 的使用和函数输入/输出量数目的柔性可变,switch – case 控制结构的应用示例,if – elseif – else 的应用示例,error 的使用。

1) 编写具有典型结构的函数 M 文件 exm060201F. m

```
function [S,L] = exm060201F(N,R,str)
% exm060201F 计算正多边形面积和周长的函数
% N      The number of sides
% R      The circumradius
% str    A line specification to determine line type/color
% S      The area of the regular polygon
% L      The perimeter of the regular polygon
% exm060201F                          用蓝实线画半径为 1 的圆
% exm060201F(N)                       用蓝实线画外接半径为 1 的正 N 边形
% exm060201F(N,R)                     用蓝实线画外接半径为 R 的正 N 边形
% exm060201F(N,R,str)                 用 str 指定的线画外接半径为 R 的正 N 边形
% S = exm060201F(...)                 给出多边形面积 S,并画相应正多边形填色图
% [S,L] = exm060201F(...)             给出多边形面积 S 和周长 L,并画相应正多边形填色图

%    Zhang Zhiyong 修改于 2023 – 01 – 10

    switch nargin
        case 0
            N = 100;R = 1;str = '– b';
        case 1
            R = 1;str = '– b';
        case 2
            str = '– b';
        case 3
                                        %不进行任何变量操作,直接跳出 switch – case 控制结构
        otherwise
            error('输入量太多。');
    end
    t = 0:2 * pi/N:2 * pi;
    x = R * sin(t);y = R * cos(t);
    if nargout = = 0
        plot(x,y,str,'LineWidth',3);    %画不填色多边形
    elseif nargout>2
        error('输出量太多。');
    else
        S = N * R * R * sin(2 * pi/N)/2;    %多边形面积
        L = 2 * N * R * sin(pi/N);          %多边形的周长
```

```
        fill(x,y,str,'LineWidth',3)         %填色多边形
    end
    axisimage                               %使图形边界抵达坐标轴范围
    set(gcf,'Color','white')                %把图形窗背景色设置为白
    box on
    shg
end
```

2）借助 doc、help 及 lookfor 查询该文件的帮助信息

在实施以下步骤前，应确保 exm060201F.m 文件在 MATLAB 当前文件夹或搜索路径上。

● 在 MATLAB 命令窗中运行 doc 命令，可在 MATLAB 帮助浏览器中显示出帮助信息。（顺便指出：若用 help 替换 doc，则所得帮助信息显示在命令窗中，但内容相同。）

```
doc exm060201F              %参见图 6.2-1
```

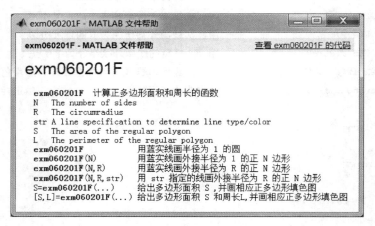

图 6.2-1　在帮助浏览器中显示的帮助信息

● 在 MATLAB 命令窗中运行 lookfor 命令可对 exm060201F.m 函数文件 H1 行中的关键词进行搜索。具体搜索情况如下：

```
lookfor 面积和周长
exm060201F                       - 计算正多边形面积和周长的函数
```

3）运行函数文件实施计算

再次强调：应确保 exm060201F.m 文件在 MATLAB 当前文件夹或搜索路径上；然后，在命令窗中运行以下命令：

```
[S,L] = exm060201F(6,2,'-g')      %计算外接半径为 2 的正六边形面积和周长，并绘图 6.2-2
S =
   10.3923
L =
   12.0000
```

💡说明

● 从结构上看，M 脚本文件仅比 M 函数文件少一个"函数申明行"，其余各部分的构造和作用都相同。

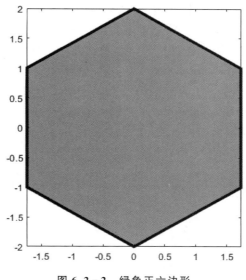

图 6.2-2　绿色正六边形

- 函数定义名和保存文件名一致。两者不一致时,MATLAB 将忽视文件首行的函数定义名,而以保存文件名为准。
- 函数文件的名字必须以字母开头,后面可以是字母、下划线以及数字的任意组合,但不得超过 63 个字符。
- H1 行及帮助文本区的内容既可用英文编写,也可用中文编写。使用哪种文字,由文件的使用环境决定。
- 值得指出:关于 exm060201F 的帮助信息,不能借助帮助浏览器的搜索工具获得。
- 在随书数码文档中,还有一个与本例配套的实时脚本文件 exm060201.mlx。该文件内含一个局域函数 exm060201_zzy。

2. 需输入量函数的编辑器运行法

M 函数最基本、最常用的调用方法是:在命令窗中,M 脚本或函数、MLX 实时脚本或实时函数中通过相应代码调用。关于此不予赘述。

本小节将着重介绍 M 编辑器的一个新功能:在编辑器上,向 M 函数提供外部输入。出于具体表述考虑,叙述将以示例形式展开。顺便指出:与该编辑器类似的功能及使用方法,在讲述 App 应用程序的第 8 章还会提及。

例【6.2-2】　以 exm060201F.m 函数为例,介绍如何在编辑器中直接运行该函数接受三个外部输入量的调用格式码。

1) 在编辑器中开启 M 函数文件 exm060201F.m

MATLAB 当前文件夹窗口中,双击 exm060201F.m 文件,便可在编辑器中显示出相应文件的代码。

2) 在编辑器中首次运行 exm060201F 的操作

假如读者想采用"无输入"格式运行,那么直接点击编辑器工具条上"右指绿色三角"的运行图标即可。

假如读者想首次采用"有输入"格式运行,那么请按以下步骤进行(以三输入为例):

● 点击编辑器工具条上"运行＋倒三角"区,引出下拉菜单,如图 6.2-3(a)所示。

● 点击下拉菜单中"键入要运行的代码"区,便在此区中即刻显现函数三输入被调的通用格式 exm060201F(N,R,str),如图 6.2-3(b)所示。

● 若此前在 MATLAB 基本工作空间内没有 exm060201M 所需的三个输入量,则可直接键入如图 6.2-3(b)所示的符合这三个输入量格式的数值及字符。

● 按[回车]键,便会显示出如图 6.2-4 所示红色正 12 边形。与此同时,编辑器工具条的运行图标将呈现含新输入格式记忆的形态,如图 6.2-3(b)所示。

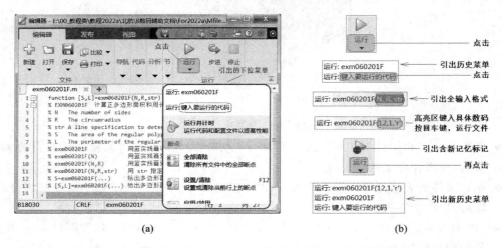

(a)　　　　　　　　　　　(b)

图 6.2-3　编辑器运行 exm0602010F 函数的操作步骤及界面形态变化

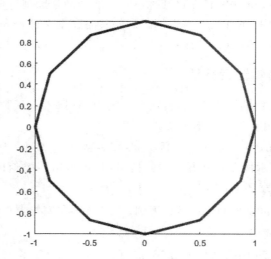

图 6.2-4　在编辑器运行 exm0602010F 函数三输入格式命令后的输出图形

3) 在编辑器中再次运行 exm060201F 的操作(见图 6.2-3(b))

● 可以观察到编辑器工具条上的"运行"图标已增加的蓝色"省略"标志。它表示下拉菜单中已保存有调用该函数的历史记录。假如用户再次调用,那么直接点击那个历史记录就能获得运行结果。

- 假如用户需要运行新的调用格式,那么再次键入相应代码便是。

6.3　MATLAB 的函数类别

在 MATLAB 中,函数 Function 又被细分为:主函数,子函数,嵌套函数,私用函数,匿名函数等。限于篇幅,本节只对主函数、子函数及匿名函数进行阐述。

6.3.1　主函数

就函数代码是否以独立文件存在划分,主函数(Primary function)有两种:具名函数和匿名函数。具名函数以独立文件形式保存于媒介体上,而匿名函数则以代码形式存在于其他文件之中。从严格意义上说,匿名函数不包含子函数;而通常所说的主函数是专指具名函数而言的。

主函数的特点:
- 一般为"与保存文件同名"的函数;
- 在当前目录、搜索路径上,列出文件名的函数;
- 在命令窗中或其他函数中,可直接调用的函数;
- M 函数(或 MLX 实时函数)文件中,由第一个 function 关键词引出的函数。
- 借助 doc functionname 或 help functionname 可获取函数所携带的帮助信息的那个函数。

6.3.2　子函数

以前,子函数(Subfunction,也称局域函数 Local Function)是相对于主函数而言的。但从 MATLAB R2016b 版起,子函数不仅存在于 M 函数或 MLX 实时函数中,也可以存在于 M 脚本或 MLX 实时脚本文件之中。

1. 函数文件中的子函数

子函数的特点:
- 子函数与主函数的关系:
  - □ 子函数不能独立存在,只能寄生在主函数体内;
  - □ 在函数文件中,由非第一个 function 关键词引出的函数;
  - □ 一个主函数 M 文件中可以包含多个子函数。
- 根据子函数是否包含在主函数体内,子函数又可分成两类:
  - □ 位于主函数体外的子函数,称为局域函数。本章所述子函数围绕局域函数展开。
  - □ 位于主函数体内的子函数,称为内嵌函数,而主函数则称为外套函数。它们合称为"嵌套函数"。嵌套函数具有主、子函数共享变量的特点。由于相关内容超出本书的定位,所以不予展开。有兴趣及需要的读者,请看参考文献[1]。
- 子函数的调用:
  - □ 子函数只能被其所在的主函数和其他"同居"子函数调用;
  - □ 子函数可以出现在主函数体的任何位置,其位置先后与调用次序无关。

　　□ 在 M 函数文件中,任何命令通过"名字"对函数进行调用时,子函数的优先级仅次于
　　　 MATLAB 厂家提供的内建函数。
　　□ 不管在什么地方,只要存在该子函数句柄,就可以直接调用子函数。
● 同一文件的主函数、子函数的工作空间是彼此独立的。各函数间的信息,或通过输入
　输出宗量传递,或通过全局变量传递。
● 采用 help functionname/subfunctionname 可获取子函数所带的帮助信息。

例【6.3-1】 编写一个内含子函数的 M 函数绘图文件。本例演示:内含子函数的 M 函数
文件;switch-case 用法示例;函数句柄的用法示例;脱离主函数,直接利用子函数句柄的示例。

1) 编写函数 M 文件 exm060301F.m

```
function Hr = exm060301F(flag )
% exm060301F          Demo for handles of primary functions and subfunctions
%               flag    可以取字符串 'line' 或 'circle'
%               Hr      子函数 cirline 的句柄
    t = (0:50)/50 * 2 * pi;
    x = sin(t);
    y = cos(t);
    Hr = @cirline;    % 创建子函数的句柄
    Hr(flag,x,y,t)
end

% ------------ subfunction --------------------------
function cirline(wd,x,y,t)
% cirline(wd,x,y,t)   是位于 exm060301F 函数体内的子函数
% wd                   接受字符串 'line' 或 'circle'
% t                    画线用的独立参变量
% x                    由 t 产生的横坐标变量
% y                    由 t 产生的纵坐标变量
    switch wd
        case 'line'
            plot(t, x, 'b' ,t , y, 'r', 'LineWidth', 2)
        case 'circle'
            plot(x, y, '-g', 'LineWidth', 8),
            axis square off
        otherwise
            error(' 输入宗量只能取 ''line'' 或 ''circle'' ! ')
    end
    shg
end
```

2) 把 exm060301.m 文件保存在 MATLAB 的搜索路径上,然后在命令窗中运行以下命
令(见图 6.3-1)

```
figure
HH = exm060301('circle')                    % 绘制图 6.3-1
```

```
HH =

    @cirline
```

3) 直接利用创建的子函数句柄,调用子函数(见图 6.3 - 2)

t = 0:2 * pi/5:2 * pi;x = cos(t);y = sin(t);　　　% 为绘制正五边形准备数据

figure

HH('circle',x,y,t)　　　　　　　　　　% 利用句柄绘图(见图 6.3 - 2)

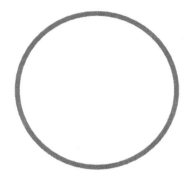

图 6.3 - 1　绿色圆周线　　　　　　　图 6.3 - 2　由子函数绘制的绿色正五边形

2. 脚本文件中的局域函数

局域函数的特点:

- 局域函数与脚本文件(包括 M 脚本和 MLX 实时脚本)关系:
  □ 局域函数即指存在于具体脚本文件中的子函数。
  □ 它也以关键词 function 为起首,且必须以 end 为结尾。
  □ 一个主函数 M 文件中可以包含多个子函数;但所有的局域函数都必须位于脚本本体代码的最后部分;各局域函数相互位置的先后,不影响调用次序。
- 局域函数的调用:
  □ 局域函数只能被其所在的脚本和其他"同居"的局域函数调用。
  □ 在 M 脚本文件中,任何命令通过"名字"对函数进行调用时,局域函数的优先级仅次于 MATLAB 厂家提供的(sin、log 之类)内建函数。
  □ 在脚本运行过程中生成的局域函数句柄是有效的,是可以在脚本运行后被独立使用的。
- 局域函数的工作空间独立于脚本文件的 MATLAB 基本工作空间。
- 借助 help scriptname>localfunctionname 可获取名为 localfunctionname 的局域函数所带的帮助信息。

例【6.3 - 2】　以例 3.3 - 3 为基础,编写脚本 exm060302M. m。它包含采用"标量循环＋条件分支"编写的 ComputeByForIf 局域函数和采用"数组化运算"编写的 ComputeByArray 局域函数。本例演示:含局域函数的脚本结构;在脚本中生成有效的局域函数句柄;局域函数帮助信息的获取。

1) 在 M 文件编辑器中编写如下的脚本 exm060302M. m

```
    % exm060302M. m          包含局域函数的脚本文件示例                                    〈1〉
    x = - 2:0.01:2;                        % 形成自变量采样行数组
    y1 = ComputeByForIf(x);                % "标量循环 + 条件分支"模式编写的 M 函数          〈3〉
    y2 = ComputeByArray(x);                % 数组化编写的 M 函数
    e12 = max(abs(y1(:) - y2(:)))          % y1 和 y2 所有元素差之最大绝对值              〈5〉
    figure                                 % 创建图形窗                                〈6〉
    plot(x,y2,'r','Linewidth',3)           % 画函数曲线
    xlabel('x'),ylabel('y')                % 标识坐标轴名称
    grid on                                % 显示分格线
    axis([ - 2,2,min(min(y1)),max(max(y1))])    % 控制坐标范围                         〈10〉
    hCBFI = @ComputeByForIf;               % 生成 ComputeBy_ForIf 局域函数的句柄          〈11〉
    hCBA = @ComputeByArray;                % 生成 ComputeBy_Array 局域函数的句柄          〈12〉
    % * * * * * * * * * * * * * * * * * * 以下是局域函数代码 * * * * * * * * * * * * * * * * * * *
    function y = ComputeByArray(x)
    %ComputeByArray        采用"算术、关系、逻辑数组"综合运算,计算分区间函数值
    %x                     函数自变量行数组
    %y                     函数值行数组
        L1 = x< = 1;                        %关系运算生成"定义子区间 1 的逻辑数组" L1
        L2 = -1<x&x< = 1;                   %关系逻辑混合运算生成"定义子区间 2 的逻辑数组" L2
        L3 = 1<x;                           %关系运算生成"定义子区间 3 的逻辑数组" L3
        y = zeros(size(x));                 %为以下命令正常运行,必须预配置数组 y
        y(L1) = x(L1);                      %在子区间 1 上的计算函数值
        y(L2) = x(L2).^3. * cos(2 * pi * x(L2));   %在子区间 2 上数组化计算函数值
        y(L3) = exp( - x(L3) + 1);          %在子区间 3 上数组化计算函数值
    end
    % -------------------------------------------------------------------
    function y=ComputeByForIf(x)
    %ComputeByForIf        采用传统"标量循环＋条件分支"结构,计算分区间函数值
    %x                     函数自变量行数组
    %y                     函数值行数组
        M=length(x);
        y=zeros(1,M);
            for jj=1:M
                if x(jj)< = -1
                    y(jj)=x(jj);
                elseif -1<x(jj)& &x(jj)< =1
                    y(jj)=x(jj)^3 * cos(2 * pi * x(jj));
                else
                    y(jj)=exp(-x(jj)+1);
                end
            end
    end
```

2) 试验一:运行 exm060302M. m,比较两个局域函数的计算结果,并绘制曲线

- 确保 exm060302M. m 位于 MATLAB 的当前文件夹或其搜索路径上的文件夹上；
- 在 MATLAB 工作界面的命令窗中，键入 exm060302M，并回车执行。于是，可以看到：
  - □ 由 exm060302M. m 第〈5〉行代码 e12＝max(abs(y1(:)－y2(:)))产生的 0，表明两个局域函数的计算结果相同。
  - □ 由 exm060302M. m 第〈6～10〉行所绘制的分段连续曲线与图 3.3－5 完全相同。

3) 试验二：运行以下命令，测试生成句柄 hCBA 的有效性

```
x = - 2:2                       % 输入数组
y1 = hCBFI(x)                   % 调用 ComputeByForIf 局域函数句柄计算分段函数值      <2>
y2 = hCBA(x)                    % 调用 ComputeByArray 局域函数句柄计算分段函数值      <3>

x =

    - 2    - 1     0     1     2

y1 =

    - 2.0000    - 1.0000         0    1.0000    0.3679

y2 =

    - 2.0000    - 1.0000         0    1.0000    0.3679
```

4) 试验三：借助 help 获取脚本和局域函数的帮助信息

```
help exm060302M                 % 获取脚本文件的帮助信息                          <4>
  exm060302M. m        包含局域函数的脚本文件示例

help exm060302M>ComputeByArray  % 获取脚本的局域函数的帮助信息                    <5>
  ComputeByArray       采用"算术、关系、逻辑数组"综合运算，计算分区间函数值
  x                    函数自变量行数组
  y                    函数值行数组
```

🛈 **说明**

- 关于 exm060302M. m 的说明：
  - □ 该脚本包含局域函数的结构形式具有典型性。该脚本的前 12 行代码是脚本的"本体"。而局域函数 ComputeByForIf 和 CmputeByArray 必须在此脚本的第〈12〉行之后。
  - □ exm060302M. m 中第〈3〉行调用的局域函数 ComputeByForIf 排在局域函数 CmputeByArray 之后。这样安排是用于验证：局域函数在脚本中的前后次序与被调用次序无关。
- 关于局域函数句柄的说明：
  - □ exm060302M. m 第〈11〉〈12〉行分别创建了局域函数 ComputeByForIf 和 CmputeByArray 的"具名函数句柄"hCBFI 和 hCBA。关于具名函数句柄的详细叙述，请看第 6.4.1 节。
  - □ 在试验二中的第〈2〉〈3〉行代码的含义是：借助已建具名函数句柄计算函数值的典型格式，详见第 6.4.1 节。
  - □ 试验二中所用的两个句柄 hCBFI 和 hCBA，是在 exm060302M. m 运行中由第〈11，12〉行代码产生的，因此是有效的。
  - □ 假如那第〈11，12〉行代码不编写在 exm060302M. m 脚本体中，而编写在 MAT-

LAB 命令窗中并运行,那么这样生成函数句柄一定是无效的。其原因是:局域函数 ComputeByForIf 和 CmputeByArray 的作用域仅在 exm060302M. m 环境中,所以只可能 exm060302M. m 运行中产生的句柄才有效。

- 关于 exm060302M. m 及其局域函数帮助信息获取的说明:
  - □ 获得用户自编 M 文件帮助信息的前提条件是,M 文件必须在 MATLAB 当前文件夹或搜索路径中的文件夹上。
  - □ 由于 exm060302M. m 在可执行代码前只编写了一行注释,所以试验三中行〈4〉的运行结果只有一行文字说明。
  - □ 试验三中行〈5〉演示:获取脚本局域函数帮助信息的命令编写格式。
  - □ 顺便指出:实时脚本、实时函数及其局域子函数的帮助信息无法借助 help 命令获取。读者可运行 exm060302.mlx 实践观察。

6.4　函数句柄

6.4.1　函数句柄概述

函数句柄（Function handle）是 MATLAB 专为函数设计的一种数据类型。它用于承载该函数被调用时所需的全部信息:函数名、调用格式、输入输出列表及变量名称等。对于以 M 文件形式存在的具名函数而言,函数句柄中还包含该函数文件的绝对位置信息。

函数句柄有具名函数句柄和匿名函数句柄之分。这两者的主要差别在于:句柄所承载信息中的函数是否以 M 文件存在。如函数不以 M 文件存在,那么就是匿名函数;其对应的句柄就称匿名函数句柄。

具名函数的句柄并不随文件的生成而自动产生,具名函数句柄必须专门创建。但匿名函数则不同,其句柄伴随匿名函数而生。

函数句柄的应用价值是:

- 借助句柄向 feval、integral、fzero、fminbnd、fplot、fsurf 等功能函数（或称泛函,Function Function）可靠有效地传送"被运算函数"及可调参数。
- 借助句柄可扩展该句柄联系函数原先的作用域（Function Scope）;提高函数调用速度,特别在反复调用情况下更显效率。
- 提高软件重用性,扩大子函数和专属函数（Private Function）的可调用域;可迅速获得同名重载函数的位置、类型信息。
- 句柄可作为数据,以 MAT 文件保存,供以后再次开启的 MATLAB 使用。

6.4.2　具名函数句柄的有效创建

1. 创建具名函数句柄的命令格式

假设在当前目录上有一个"以 x、a、b 为输入量,Aout1、AoutM 为输出量"的如下调用格式 M 函数文件

　　　[Aout1，AoutM]＝Function_Name(x，a，b)　　　　　**假设的待建句柄的函数**

那么,在命令窗中运行以下任何一行代码,就能有效地创建关于 Function_Name 函数的具名函数句柄。

Fh＝@ Function_Name　　　　　　　　　　　借助转义符@创建具名函数句柄

Fh＝str2func(' Function_Name ')　　　　　借助转换函数 str2func 创建具名函数句柄

说明

- 采用以上命令创建的句柄之所以被称为"具名函数句柄"有两层含义:
  - □ 被创建句柄的函数本身以"具有确切名称的文件真实地存在着"。
  - □ 仅凭借函数文件的名称,就可实现函数句柄的创建,而不需要注明输入量。
- 关于以上创建代码中 Function_Name 的具体说明:
  - □ Function_Name 是待建句柄的函数名。注意:在实际使用时,该 Function_Name 应使用具体函数名取代。
  - □ Function_Name 函数名既不包括扩展名,也不包括"路径信息"。
- Fh 是保存所建函数句柄信息的变量。
- 值得指出:
  - □ 创建具名函数句柄时,要注意待创建句柄的函数是否在创建命令的视野内。假如不在视野内,那么就不可能生成有效的函数句柄。(关于视野的含义请看随后内容)
  - □ 具名函数 Function_Name 的有效句柄 Fh 建立后,就可以不管 Function_Name 函数文件是否在当前视野内,而借助句柄 Fh 正确地调其代表的原函数实施计算。
  - □ 在不使用函数句柄的情况下,对 Function_Name 进行多次调用时,每次都要为该函数进行全面的路径搜索,因而影响计算速度。借助 Fh 则可完全克服这种无谓的时间消耗。

2. 创建具名函数句柄命令的视野

在创建具名函数句柄前,用户应该确知:待建句柄的函数是否在创建命令的"视野"内? 待建句柄函数自身的作用域是什么? 为此,用户必须注意以下要点:

- "命令所拥有"的视野(Scope)是指:该命令所在位置(如文件体内或工作空间等),以及 MATLAB 的当前文件夹及 MATLAB 搜索路径上的文件夹。
  - □ 对于 MATLAB 命令窗中的命令而言,其视野是:基本工作空间、当前文件夹、搜索路径上的文件夹。
  - □ 对于在 MATLAB 命令窗中运行的脚本文件中的命令而言,其视野是:脚本体内、基本工作空间、当前文件夹、搜索路径上的文件夹。
  - □ 对于函数文件中的命令而言,其视野是:函数体内、函数工作空间、当前文件夹、搜索路径上的文件夹。
- 如何测试所调函数(比如名为 Fun)是否在"视野"内。在待测视野的命令所在处,运行 which－all Fun 后,若能给出 Fun 所在位置及所在文件名称,那么可以断定 Fun 在视野内。
- 若能搜索到多个同名函数,那么罗列在最上方的函数的优先级别(Precedence Order)最高。所创建句柄一定关联到优先级别最高的那个函数。

3. 观察函数句柄的内涵

创建句柄变量的内涵可以借助 functions 命令进行观察。具体如下：

Obs＝functions(Fh)　　　　函数句柄内涵观察命令

说明

- 输入量 Fh 是待观察的函数句柄变量。
- 输出量 Obs 是表达句柄内涵的构架。该构架包含三个或三个以上字段(或称域)。具体如下：
  - □ function 字段：保存句柄所关联函数名。
  - □ type 字段：指明函数所属的"子类"，如 simple 表示一般函数；nested 表示嵌套函数；scopedfunction 表示视野内的用户函数等。
  - □ file 字段：保存函数文件所在的绝对位置。注意：该字段内容若为"空"，则表明该具名句柄的关联函数不在视野内，因此在此环境中所建句柄无效。请参见例 6.4-1 的行〈2〉、例 6.4-2 的行〈3〉〈9〉命令运行后的显示结果。
  - □ workspace 字段：句柄建立时，确定的参数值。注意：只有匿名函数句柄才有此字段。
- 值得指出：
  - □ file 字段存有关联函数"绝对地址"的函数句柄，可以脱离原视野而正确使用。
  - □ file 字段没有关联函数"绝对地址"的函数句柄，说明关联函数不在该句柄创建地的视野内，在该环境中对该句柄的调用都将失败(参见例 6.4-2 的行〈10〉)。

例【6.4-1】　为 MATLAB 厂家提供的 magic 函数创建函数句柄，观察其内涵，并进行调用计算。

1) 创建句柄

```
hm = @magic              % 创建具名函数句柄                                〈1〉
hm =
包含以下值的 function_handle：
    @magic
```

2) 借助命令 functions 观察内涵

```
CC = functions(hm)       % 观察句柄内涵                                   〈2〉
CC =
包含以下字段的 struct：
    function: 'magic'
        type: 'simple'
        file: 'E:\ER2022a\toolbox\matlab\elmat\magic.m'
```

3) 具名函数句柄的调用方法

```
M1 = hm(4)               % 利用函数句柄创建 4 阶魔方阵                      〈3〉
M1 =
    16     2     3    13
     5    11    10     8
     9     7     6    12
```

```
      4    14    15     1
```

💡说明

- 命令 hm＝@magic 的功能，可以用 hm＝str2func('magic') 替代。
- 由于本例是在 MATLAB 命令窗中运行 hm 句柄创建命令（行〈1〉代码），又由于 MAT-LAB 厂家提供的 magic 函数在搜索路径上，也就是在创建命令的"视野"内，所以所建句柄 hm 是有效的。
- 行〈2〉命令运行结果得到的 CC 是一个构架。从该构架的各字段可知：
  □ 该句柄的原函数名为 magic，是 MATLAB 厂家提供的基本函数。
  □ 该 magic 函数文件的位置是：'E:\ER2022a\toolbox\matlab\elmat\magic.m'。
- 行〈3〉运行计算结果，与原函数调用格式 magic(4)产生的结果相同。

4. 具名函数句柄的调用

若名为 Function_Name 的原函数的有效具名句柄变量为 Fh，那么原函数调用和句柄变量调用之间的等价关系如下：

- 带输入列表时，与原函数调用等价的具名句柄调用格式：

  〔Aout1，AoutM〕＝Function_Name(x,a,b)　　　**原函数调用格式**

  〔Aout1，AoutM〕＝Fh(x, a, b)　　　　　　　**句柄变量调用格式**

- 无输入列表调用具名句柄时的格式：

  〔Aout1，AoutM〕＝Function_Name　　　　　　**原函数调用格式**

  〔Aout1，AoutM〕＝Fh( )　　　　　　　　　　**句柄变量调用格式**

💡说明

- 在带输入列表的情况下，具名句柄调用格式与原函数直接调用格式的差别仅在于：一个使用"具名句柄名"，另个使用"具名函数名"。该调用格式的使用范例，请见例 6.4－1 的行〈3〉、例 6.4－2 的行〈6〉
- 在无输入列表情况下，具名句柄之后必须用"空括号"，而原函数直接调用格式的函数名后不需要"空括号"。该调用格式的使用范例，请见例 6.4－2 的行〈7〉。

例【6.4－2】　以本书算例 6.2－1 所建函数文件 exm060201F.m 为基础，理解：视野概念；不同文件夹设置对视野的影响；如何检验待处理函数是否在视野内；具名函数句柄的创建；所建具名句柄内涵观察及有效性判断；具名句柄的调用格式。

1）试验一：使函数文件 exm060201F.m 所在文件进入命令窗视野

把 exm060201F.m 所在的文件夹设置为当前文件夹。此时，在 MATLAB 界面的"当前文件夹 Current　Folder"中可以看到。这也表明，当前文件夹在命令窗的视野内。

2）试验二：直接调用函数

由于 exm060201F.m 在命令窗中的视野内，那么在命令窗发出的对 exm060201F.m 的调用命令一定可以有效执行。所以，运行以下命令后，一方面可输出 S 及 L，另方面可画出如图 6.4－1 所示的图形。

```
[S,L] = exm060201F(3,2,'-r')    % 计算外接半径为 2 的等边三角形面积和周长，并绘图    <1>
S =
   5.1962
```

```
L =
   10.3923
```

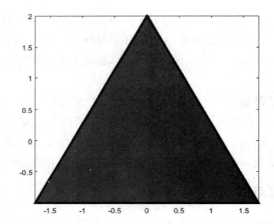

图 6.4 - 1　直接调用函数 exm060201F 所画的红色等边三角形

3）试验三：在命令窗中可创建 exm060201F 具名函数的有效句柄

因为 exm060201F. m 在命令窗的视野内，所以运行以下命令，可有效地创建 exm060201F. m 的函数句柄。

```
Hexm = @exm060201F                    %创建具名函数句柄                      <2>
Hexm =
包含以下值的 function_handle:
    @exm060201F
C1 = functions(Hexm)                  %观察所建具名句柄的内涵                <3>
C1 =
包含以下字段的 struct:
    function: 'exm060201F'
        type: 'simple'
        file:"E:\00_教程类\教程 2022a\ch6\exm060201F.m'
```

由以上显示结果可知：functions 命令返回的 C1 变量是具有 3 个字段的构架；且 C1. file 字段中存放着 exm060201F. m 的绝对位置。

4）试验四：重置当前文件夹，使 exm060201F. m 脱离命令窗的视野

MATLAB 安装时，自动（为用户）建立的文件夹 C:\Users\zyzhang\Documents\MATLAB 设置为当前文件夹，从而使 exm060201F. m 所在文件夹脱离 MATLAB 命令窗的视野。在命令窗中运行以下命令可检查 exm060201F. m 是否视野内。

```
PWD = pwd;                            %获取当前文件地址
cd c:                                 %使 C 盘为当前文件夹
which('exm060201F')                   %因脱离视野而无法获知 exm060201F
未找到 'exm060201F'.
```

5）试验五：视野外的 Hexm 句柄依然有效，但 exm060201F. m 不再能调用

● 带输入列表的具名句柄调用：

虽然当前文件夹不在句柄创建时的视野里，但由于句柄变量中包含着 exm060201F. m

文件的绝对地址,故凭借 Hexm 中的地址仍可正确调用 exm060201F.m,给出计算结果并绘图。

```
[S,L] = Hexm(12,2,'-b')            % 带输入列表调用句柄绘出蓝色正 12 边形           <5>
S =
   12.0000
L =
   12.4233
```

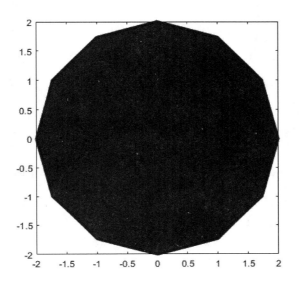

图 6.4-2　在新视野中调用带输入列表的具名句柄 Hexm 所画的蓝色正 12 边形

● 无输入列表的具名句柄调用:

基于与上相同的道理,运行以下命令,仍可正确绘制出蓝色单位圆。

```
Hexm()        % 无输入列表调用句柄绘出蓝色单位圆                                    <6>
```

● 在原视野外,通过函数名直接调用 exm060201F.m 则失败。由于离开了原视野,使得 exm060201F.m 既不在 MATLAB 的当前文件夹上,也不在其搜索路径上,因此以下的命令运行必然失败。

```
[S,L] = exm060201F(12,2,'-b')  % 企图绘制半径为 2 的圆内接蓝色正 12 边形           <7>
在当前文件夹或 MATLAB 路径中未找到 'exm060201F',但它位于:
E:\00_教程类\教程 2022a\ch6
更改 MATLAB 当前文件夹 或 将其文件夹添加到 MATLAB 路径。
```

6）试验六:当 exm060201F.m 在视野外时,所建函数句柄是无效的

● 保持试验四的当前文件夹设置不变。在 MATLAB 命令窗中,运行以下命令,为 exm060201F.m 具名函数再建一个函数句柄 Hexm2。观察该命令运行后的显示内容可以发现:显示内容与试验三中行〈3〉的显示内容完全相同。

```
Hexm2 = @exm060201F
Hexm2 =
   包含以下值的 function_handle:
     @exm060201F
```

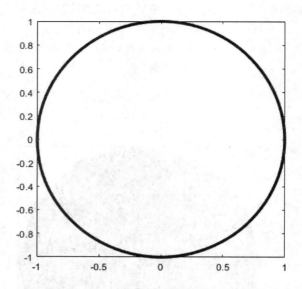

图 6.4 - 3   在新视野中调用无输入列表具名句柄 Hexm 所画的蓝色单位圆

● 运行以下命令，观察 Hexm2 的内涵可以发现，C2. file 字段的内存为"空"。这表明新建句柄 Hexm2 是无效句柄。

```
C2 = functions(Hexm2)              % 获取 Hexm2 句柄的内涵                        <9>
C2 =
  包含以下字段的 struct：
    function：'exm060201F'
        type：'simple'
        file：''
```

● 运行以下命令，对 Hexm2 进行无输入列表调用试验，结果失败。

```
Hexm2()                            % 企图绘制蓝色单位圆                           <10>
在当前文件夹或 MATLAB 路径中未找到 'exm060201F'，但它位于：
E:\00_教程类\教程 2022a\ch6
更改 MATLAB 当前文件夹或将其文件夹添加到 MATLAB 路径。
```

说明

● 关于 MATLAB 命令窗视野的说明：

□ 视野都是相对"命令发出的位置"而言。在本例中，因为命令都在"MATLAB 命令窗中运作"，所以视野都是相对"命令窗"而言的。

□ "MATLAB 命令窗"的视野包括：基本空间中的变量、当前文件夹、MATLAB 搜索路径中的文件夹。

□ 若命令从脚本或函数内部发出，那么视野就应该是相对"脚本或函数内部"而言的。

● 关于待处理函数或变量是否在视野内的判断：

□ 可根据已经掌握的规则（如命令窗的视野规则等）判断（参见本例试验一）。

□ 可根据调用命令是否返回警告判断。比如，本例行〈7〉〈10〉给出警告，说明命令中被运行的函数都不在视野内。

□ 借助 which 可验证指定函数或脚本是否在视野内;借助 who 可验证指定变量是否在当前空间内。
● 关于有效句柄的说明:
　□ 本例试验三的行〈2〉所创具名句柄是有效的。该句柄不仅知道关联函数名,而且知道关联函数的绝对地址。
　□ 拥有关联函数绝对地址的句柄,不仅可在句柄创建处使用,而且可以在创建处视野外使用(参见试验五的行〈5〉〈6〉)。
　□ 有效句柄会借助绝对地址直接调用关联函数,因此不受地域影响,也不必花费路径扫描时间,从而显得更为高效。
● 关于具名句柄调用格式的说明:
　□ 比较行〈5〉和行〈1〉可知,带输入列表的具名句柄调用格式的输入、输出列表与原函数调用格式完全相同。
　□ 在编写无输入列表的具名句柄调用命令时,千万别遗忘在句柄变量后编写"空括号"。
● 注意:在本例运作后,当前文件夹已经发生变动。如想回到本例运作前的文件夹,那么请在命令窗中运行 cd(PWD),或者直接在 MATLAB 界面上进行设置操作。

6.4.3　匿名函数及其句柄

1. 匿名函数概念

匿名函数(Anonymous Function)是一种"面向命令行"的函数形式,特别适合表示较为简单的(能在一个物理行内表述的)数学函数。它的生成方式最简捷,可在命令窗、任何函数体内或任何 M 脚本文件中通过一行命令直接生成。

匿名函数句柄及匿名函数的关系如图 6.4 - 4 所示。具体结构如下:
● 匿名函数:
匿名的含义:它不像具名函数那样,一定要以具体函数文件为依托,因此也就可以没有具体的文件名称。匿名函数由以下两部分组成:
　□ M 码函数体:用 M 码编写的表达式。表达式由数字、函数变量、参数、MATLAB 提供的任何函数名、用户自编函数名、各种算符等组成。函数体一般都较短,通常不会超过一个物理行长度。
　□ (函数)输入量列表:列出函数体中所有变量。假如需要,该列表也允许包含函数体中任何未赋值的参数。
　□ 匿名函数寄生于句柄中,不能独立存在。
● 匿名函数句柄:
　□ 如图 6.4 - 4 所示,以"转义符@"为前导的匿名函数就形成匿名函数句柄;匿名函数只能以句柄形式存在。为简洁起见,除特殊场合外,以后说及"匿名函数"就是指"匿名函数句柄"。

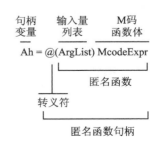

图 6.4 - 4　匿名函数的结构

    □ 若在 MATLAB 命令窗中,直接编写匿名函数句柄并运行,那么会在 MATLAB 的基本工作空间(Basic Workspace,也即 MATLAB 界面上的工作区)内,生成一个句柄数据类的 ans 变量。

    □ 如果把匿名函数句柄赋值给 Ah,那么 Ah 就承载了该匿名函数句柄。

2. 含参和无参匿名函数的创建

在 MATLAB 命令窗中,或在 M 脚本、函数文件的代码行里,匿名函数有含参匿名函数和无参匿名函数之分。它们各自的创建格式如下:

@(x,y,a,b,c)EXPxyabc	无指定句柄变量的含参匿名函数创建
Fh= @(x,y,a,b,c) EXPxyabc	指定句柄变量 FH 的含参匿名函数创建
a=Number1;	
b=Number2;	
c=Number3;	
@(x,y)EXPxyabc	无指定句柄变量的无参匿名函数创建
Fh= @(x,y) EXPxyabc	指定句柄变量 FH 的无参匿名函数创建

💡说明

- EXPxyabc 是匿名函数的函数体。它可由数字、函数变量(如 x、y)、参数(如 a、b、c)、MATLAB 提供的任何函数名、用户自编函数名、各种算符等组成。
- (x,y,a,b,c)、(x,y)都是匿名函数输入列表。但它们分别具有不同含义:
  □ 输入列表(x,y,a,b,c)在此意味着:该表罗列了函数体 EXPxyabc 所包含的全部变量(如 x、y)和参数(如 a、b、c)。据此,本书把输入列表为(x,y,a,b,c)的匿名函数称为"含参匿名函数"。
  □ 输入列表(x,y)在此意味着:该表只罗列了函数体 EXPxyabc 所包含的全部变量(如 x、y),而不包含函数体中的"形式参数(如 a、b、c)",并据此把输入列表为(x,y)的匿名函数称为"无参匿名函数"。

      需要指出:在创建无参匿名函数时,函数体内出现的参数(如 a、b、c)都必须因已经被赋值而存在。换句话说,在无参匿名函数体内的参数 a、b、c 只是一种形式而已;实际上,它们都代表具体的数值。

  □ 顺便指出:拥有输入列表是匿名函数句柄区别于具名函数句柄的根本标志。
- Fh 是保存所建匿名函数的句柄变量。
- 值得指出:
  □ 匿名函数的含参和无参表达形式,都同样适用于那些"直接计算函数值"的应用场合。
  □ 无参匿名函数可用作 MATLAB 所有泛函命令第一输入量;而含参匿名函数,一般不能用作 MATLAB 泛函命令的第一输入量。
  □ 关于匿名函数和泛函命令的适配性使用,请看例 6.4-3 及文献[3]。

◀例【6.4-3】 服从 $N(0,\sigma^2)$ 分布的正态概率密度函数为 $f(x)=\dfrac{1}{\sigma\sqrt{2\pi}}\mathrm{e}^{-\frac{x^2}{2\sigma^2}}$,要求使用匿

名函数表达方式分别计算在 $N(0,1)$ 和 $N\left(0,\dfrac{1}{3^2}\right)$ 分布下的概率密度和累计概率密度。本例演示:匿名函数的创建;无参和含参匿名函数概念、调用格式及应用场合的不同;函数句柄元胞数组的应用体验。

1) 试验一:服从 $N(0,1)$ 分布的概率密度函数的无参匿名函数编写和使用

```
fx1 = @(x)exp( - x.^2/2)/sqrt(2 * pi);        % 为 N(0,1)分布创建无参匿名函数          <1>
x1 = [ - 3, - 1,0,1,3]                         % (1 * 5)数值数组
f1 = fx1(x1)                                   % 算出(1 * 5)概率密度数组              <3>
cf1 = NaN(size(x1));
for ii = 1:length(x1)
    cf1(ii) = integral(fx1, - inf,x1(ii));     % fx1 用作泛函 integal 的输入           <6>
end
cf1                                            % (1 * 5)累计概率密度数组
x1 =
    - 3    - 1     0     1     3
f1 =
    0.0044    0.2420    0.3989    0.2420    0.0044
cf1 =
    0.0013    0.1587    0.5000    0.8413    0.9987
```

2) 试验二:服从 $N(0,\sigma^2)$ 的通用概率密度函数的无参匿名函数编写和使用

```
sg = 1/3;                                      % 参数赋值                          <9>
fx2 = @(x)exp( - x.^2/2/sg^2)/sg/sqrt(2 * pi); % 为通用分布创建无参匿名函数          <10>
x2 = [ - 1, - 1/3,0,1/3,1]                      % (1 * 5)数值数组
f2 = fx2(x2)                                   % (1 * 5)概率密度数组               <12>
cf2 = NaN(size(x2));
for ii = 1:length(x2)
    cf2(ii) = integral(fx2, - inf,x2(ii));     % fx2 用作泛函 integral 的输入        <15>
end
cf2                                            % (1 * 5)累计概率密度数组
x2 =
    - 1.0000    - 0.3333         0    0.3333    1.0000
f2 =
    0.0133    0.7259    1.1968    0.7259    0.0133
cf2 =
    0.0013    0.1587    0.5000    0.8413    0.9987
```

3) 试验三:调用匿名函数元胞数组绘制多条曲线(图 6.4 - 5)

```
TH = fplot({fx1,fx2},'LineWidth',2);           % 句柄数组用作泛函 fplot 的输入       <18>
TH(1).LineStyle = ':';
grid minor
xlabel('x'),ylabel('f(x)')
legend('\sigma = 1','\sigma = 1/3')
title('不同标准差的正态概率密度函数曲线 ')
```

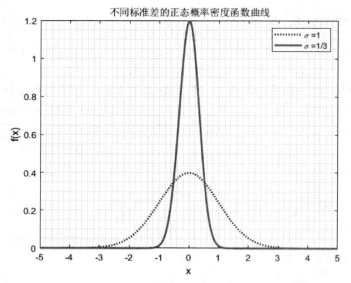

图 6.4-5　利用匿名函数元胞数组绘制多条曲线

4）试验四：含参匿名函数可用于直接计算函数值

```
fx3 = @(x,sg)exp(-x.^2/2/sg^2)/sg/sqrt(2*pi);    %创建含参匿名函数              <24>
x3 = [-1,-1/3,0,1/3,1]                           %(1*5)数值数组
f3 = fx3(x3,1/3)                                 %用含参匿名函数句柄变量计算函数值    <26>
x3 =
  -1.0000   -0.3333        0    0.3333    1.0000
f3 =
   0.0133    0.7259    1.1968    0.7259    0.0133
```

💡**说明**

- 关于匿名函数的创建：
  □ 本例行〈1〉的 M 码匿名函数体由数字、变量、算符、MATLAB 厂家提供函数名等组成。
  □ 在行〈10〉中，M 码匿名函数体内有参数 sg，但输入列表中不包含 sg，因此创建的是无参函数句柄。又由于在该句柄创建前的行〈9〉已经把 sg 赋值为 1/3，所以函数体内的 sg 只是形式上的参数。
  □ 编写 M 码函数体表达式时，要特别注意运用“数组运算符（带小黑点的算符）”，因为匿名函数的使用场合（如被泛函调用）往往需要进行数组运算，参见行〈1〉〈10〉中的算符；行〈3,12〉执行数组运算；行〈6〉〈15〉〈18〉中 integral、fplot 都要求匿名函数能执行数组运算，否则出错。
- 关于匿名函数的调用：
  □ 句柄被调用时，输入量的数目、排列次序都应与该句柄输入列表中的变量数目和排列次序一致。
  □ 只有当匿名函数体符合“数组运算”规则时，句柄才能接受“数组输入”。如在本例行〈3〉〈12〉中，句柄接受的（1*5）数组。

　　□ MATLAB 厂家提供的泛函命令行都要求函数句柄能满足数组运算规则。如本例行〈6〉〈15〉中的 integral、〈18〉中的 fplot 都要求用作输入量的句柄都满足"数组运算规则"。

● 关于含参匿名函数应用限制的说明：

　　□ 像无参匿名函数一样，含参匿名函数也可用于直接计算函数值。请把行〈24〉〈26〉代码及计算结果与行〈10〉〈12〉进行对照比较。

　　□ 与无参匿名函数不同，大多数 MATLAB 泛函命令的第一输入量不接受含参匿名函数。

6.5　MLX 实时脚本和实时函数

前面介绍的 M 脚本和 M 函数是 MATLAB 提高代码工作效率及重用性的最基本的程序形式。实时脚本和实时函数是 MATLAB 为进一步扩展其工作能力和适应更广泛应用场合而从 2016 年起营造的新程序形式。

MLX 实时脚本不仅具有 M 脚本的代码工作能力，还具有相当好的格式化文本表现力，因此本节内容围绕实时脚本展开，兼顾实时函数的特征介绍。

6.5.1　实时脚本及实时编辑器

1.　实时脚本

MathWorks 公司于 2016 年创建了一种英文术语名为 Live Script 的鲜活脚本。MATLAB 的中文版界面，把该英文术语翻译为实时脚本。这种新脚本的扩展名是 .mlx，其本质在于鲜活，而表现其鲜活的环境必须是"实时编辑器（Live Editor）"。若在 MATLAB 命令窗中运行 MLX 实时脚本文件，它的表现与 M 脚本完全一样。

MLX 实时脚本以醒目易读格式化文字形式显示。它汇集"标题、正文表述、数学公式、运算代码、计算的数值结果、曲线曲面图形、动画"等要素于同一界面中的文件。

MLX 实时脚本能在 MATLAB 中运行，能在实时编辑器中鲜活地进行代码分节跳节运行。它既能用于阐述命题的理论表述、数学原理，又能展现具体的代码实现，还能形象生动地表现计算结果。

MLX 实时脚本可以被另存为 PDF、DOCX、HTML、TEX 等文件，当然这种文件形式的转变以牺牲实时脚本的鲜活性为代价。

因此，实时脚本特别适合于循序渐进的课堂教学讲稿、活灵活现的学术演讲稿，适合于个人探索试验的笔记，适合于文理兼容的交流文件。

2.　实时编辑器中的实时脚本

M 文件编辑器（Editor）是编写、调试乃至运行普通 M 脚本的环境；实时编辑器则是 MLX 实时脚本编写、修改、运行的唯一环境。也就是说，实时脚本的鲜活性仅能在实时编辑器中得以呈现。

下面以示例形式展开，希望读者边读边实践，以真切感受实时脚本和实时编辑器的运行特性，为此后自己编写实时脚本奠定基础。

◢例【6.5-1】 本例详细演示：什么是实时脚本，什么是实时编辑器；实时脚本与实时编辑器的依存关系；实时脚本的各种组成部分；实时脚本的分节运行；实时脚本特有的鲜活性；实时编辑器界面上的主要指示性标记；实时编辑器界面上主要工具图标的功用；M 代码与计算结果之间的互动；输出图形交互操作对 M 输入代码的反馈性修改。

1) 试验一："输出清空"的实时脚本 exm060501.mlx 的开启

● 把 exm060501.mlx 所在文件夹设置为 MATLAB 的当前文件夹。

● 清空 MATLAB 工作空间（Workspace）中的所有变量。

● 按如下任何一种方法开启 exm060501.mlx：

　□ 方法一，在当前文件夹中，用鼠标双击 exm060501.mlx，即可引出实时编辑器，并显示出 exm060501.mlx。

　□ 方法二，无论在 M 文件编辑器中，还是在实时编辑器中，可借助编辑器界面工具条上的"打开"图标，可在此后引出的 Windows 标准界面引导下，打开处于任何文件夹上 MLX 实时脚本。

● 初步感受实时编辑器和开启的 exm060501.mlx 文件（参见图 6.5-1）：

　□ 图 6.5-1(a)，右侧边有两个"管理计算结果输出方式"的图标按键：上图标按键执行为"右窗显示"，下图标按键执行为"内嵌显示"（参见图 6.5-2）。在默认情况下，"右窗显示"按键处于激活态。因此，所开实时编辑器呈现出左、右两个窗口。左窗展示文件的文本代码内容；右窗则用于显示文件中运行代码的输出结果。左右窗口的宽度，可以借助鼠标操作两窗间的界线调节。

　□ 假如读者所开启 exm060501.mlx 后，右窗（即输出区）包含数据或图形，请用鼠标右键单击实时编辑器的右侧窗口；在引出的现场菜单中，选中"清除所有输出"菜单项；使右窗清空。

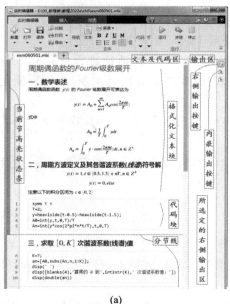

(a)　　　　　　　　　　　　　　(b)

图 6.5-1　实时脚本示例

　　□ 假如显示脚本内容的第 1 节块左侧窗边没有浅蓝色的"高亮状态条",请读者用鼠标
　　　左键单击第 1 节块任何位置,使其高亮,参见图 6.5 - 1(a)。

2) 试验二:观察"清空输出"的 exm060501.mlx 实时脚本

● 鉴于篇幅,把完整的实时脚本 em060501.mlx 分割成如图 6.5 - 1(a)和(b)所示的两
　幅图。

● "清空输出"的实时脚本的外观形象和组成(见图 6.5 - 1):

　　□ 实时脚本的版式与 HTML 超文本文件相似。

　　□ 在"右窗显示输出"的默认设置下,清空了全部输出的实时脚本的总体形象,如
　　　图 6.5 - 1 所示。实时脚本 exm060501.mlx 包含:5 个标题引导的格式化文本块;3
　　　条分节线划分的 4 个 M 代码节块(参见图 6.5 - 1)。

　　□ 每个文字叙述块可包含:(题头)、标题、普通文字、数学表达式(参见图 6.5 - 3)。

　　□ 每个 M 代码块,由可执行的 MATLAB 代码,也可适当包含行码注释。

● 为以下试验的实施作准备:

　　　　请读者对本书作者提供的或经自己使用过的 exm060501.mlx 文件进行以下检查
　和修改:

　　□ 若第 6 行代码是 K＝13,请改为 K＝7。

　　□ 若第 23 行代码为 title('草图'),请把这些代码删除。

3) 试验三:实时脚本运行时的动态标志(见图 6.5 - 2)

● 使光标位于高亮的第 1 代码节所在的块,单击实时编辑器工具菜单上的"运行节"
　图标;

● 由于符号计算引擎初始启动比较费时,很适于观察实时编辑器的如下动态标志:

图 6.5 - 2　第 1 节代码运行中的动态标志

□ "代码运行"标志：代码运行过程中，位于编辑器左边框顶部，会出现一个"不断旋转的蓝色半圆环"。

□ "运行进程"标志：代码运行时，在编辑器左边框代码行序号的右近侧会出现一个"灰色滑动块"，标志"此行正在运行中"。如图 6.5 - 2 所示，灰色滑动块表示第 5 行代码正在运行中，而结束运行时第 4 行代码生成的结果已显示在右侧的输出窗里。

4）试验四：运行结束后的实时脚本及其观察

● 在此前运行基础上，再用鼠标单击"标题三"，即第 2 代码节所在的块，使之成为当前节；再单击实时编辑器界面上的"运行到结束"图标，使第 2 节及以后各节代码依次运行。

● 于是，在右窗中就会自上而下依次显示出各代码块运行后产生的结果或绘制的图形（见图 6.5 - 3）。

● 对实时脚本运行后的左右两窗的同步性观察（见图 6.5 - 3）：

□ 借助鼠标滚动轮或左、右窗边的滑动条，都能使左、右窗内容分别上下拉动；与此同时，另一个窗中内容也会作相应的上下移动，尽量使代码节块与其输出结果的水平位置相一致。

□ 当用鼠标单击某产生输出的代码行时，该行对应的输出结果一定会被高亮并显示在其右侧；单击某输出结果时，输出该结果相应的代码行会被高亮并移动到结果的左侧。

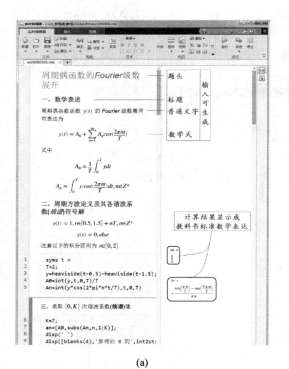

(a)

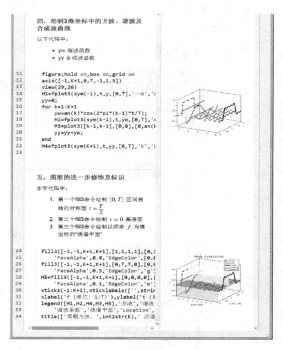

(b)

图 6.5 - 3　exm060501.mlx 运行结束后呈现的状态

- 对实时脚本运行后的左右两窗显示内容的观察(见图 6.5 - 3)：
  - □ 正如前面所说,左窗的文字表达与 HTML 超文本相似,题头、各序号标题、普通文字叙述的文字远比一般脚本醒目易读。
  - □ 右窗显示的数值计算结果的表现力与 MATLAB 命令窗一样;而符号计算结果,特别是符号表达式,则呈现为广为熟知且赏心悦目的经典教科书表达形式,其表现力远非排成一行的 ASCII 代码表达可比。(见图 6.5 - 3(a))
  - □ 实时脚本中运行产生的图形不仅与图形窗双向关联,而且与代码间也存在双向关联,从而使右窗显示的图形表现出非凡活性。
- 值得指出：
  - □ 像普通脚本一样,实时脚本运行结束后,实时脚本中的所有变量都会显性地罗列在 MATLAB 工作区,以供随时调用。
  - □ 与普通脚本不同的是,实时脚本运行后,工作区中除了保存显性变量信息外,还保存有许多隐性信息,如非图形输出与其输出命令间的关联信息、输出图形与图形生成代码之间的关联信息等。正是这些运行后生成的隐性信息保证了 exm060501. mlx 的"鲜活性"。

5) 试验五:左半窗 M 代码修改与右半窗输出结果的一致性问题

- 如果在以上运行基础上,把行⟨6⟩的 K＝7 修改为 K＝13,那么代码和输出结果之间就不再匹配。为此,实时编辑器会使被修改那节的状态从蓝色高亮变为"蓝色斜条纹",给予提示警告。
- 用鼠标点击蓝色斜条纹能"使该节代码运行",并使右半窗重新显示该节对应的新计算结果。
- 切记:点击左侧状态条只能使本节运行,而不会使其后各节重新运行! 因此,为保证输出结果与某节参数修改相匹配,最可靠的操作方法是:在修改参数后,直接点击实时编辑器工具条上的"运行到结束"图标。

6) 试验六 :实时编辑器的交互式注释图形功能

- 用鼠标点击右侧输出窗第一幅图形,第⟨11～23⟩行代码节块便自动成为当前块,与此同时实时编辑器顶部显示图窗工具带。
- 为图形添加标题并自动修改代码的试验：
  - □ 用鼠标点选图窗工具带上的"标题"图标,就会在事先被激活的坐标框上方呈现出一个浅蓝色的标题填写栏(见图 6.5 - 4)。
  - □ 在标题栏中填写"草图"字样后按[Enter]键,便在被激活图形左下角显现出:待自动修改代码的交互操作区(见图 6.5 - 4)。
  - □ 点击交互操作区的"更新代码"键,就会在行⟨23⟩下的第⟨24⟩行自动添加新一行代码 title('草　图')。
  - □ 再双击该代码块左侧高亮蓝色斜条纹,使该块运行,从而保证代码与内存信息一致。
- 值得指出:以上关于标题交互式添加并自动生成 M 代码的操作过程,对图窗工具条上的所有图标都适用,对坐标框上浮现的所有现场操作图标也适用。

⚙️说明

- 关于刚开启 exm060501. mlx 实时脚本右窗中"已有图形输出"的说明：

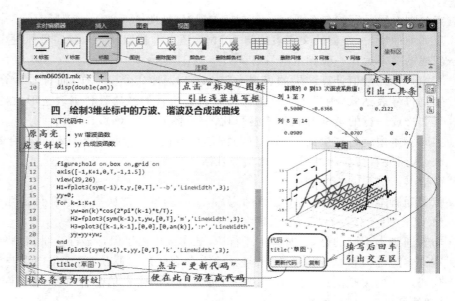

图 6.5 - 4　注释图形标题交互操作步骤示意

□ 这种图形不过是 exm060501.mlx 上次运行后保存下来的"留影"，不具有鲜活性。
□ 用鼠标单击该图形，会在此图右上角显示出浅蓝色信息图标 **i** 以及"运行代码以访问交互式工具"的提示。
□ 只有 exm060501.mlx 运行后，重新生成的图形才具有试验六所描述的那种鲜活性。
● 需要再次强调：只有在实时编辑器环境中，实时脚本才拥有"分节运行""现场修改""自动生成 M 代码"等鲜活的交互功能。
● 还需指出：MLX 实时脚本也能像普通 M 脚本一样，可通过在命令窗中键入实时脚本名称（比如 exm060501）后直接运行。此时，其运行的特性表现与普通 M 脚本完全相同：
□ 不管实时脚本是否分节，整个脚本一定连续运行而不会中断。
□ 文件运行产生的数值或符号结果，将像普通脚本一样显示在命令窗中；而产生的图形，将显示在单独的图形窗中。
□ 在命令窗运行方式下，不会呈现实时脚本编辑器中分节运行产生的中间草图，而只在图形窗中给出最终成图。
□ 假如在同一目录下，存在同名的 MLX 实时脚本和 M 脚本，则优先运行实时脚本。（关于此，读者在阅读下节后，可自行试验。）
□ 顺便指出：假如单击在实施编辑器中开启的 exm060501.mlx 文件右窗框上方的"内嵌显示键" □（见图 6.5 - 2），那么左右窗就合并成一个窗口。此时，计算结果和图形就内嵌在相应的可执行代码节块之下。

6.5.2　实时编辑器中的实时脚本创建

上节叙述了什么是实时脚本，本节则要专门讲述如何在实时编辑器中创建实时脚本。

1. 实时编辑器通用工具图标简介

（1）工具条"文件"区

- "新建""打开""保存"等图标的应用及操作都是按标准的 Windows 规范设计的，使用者不会有任何困难。值得指出：该区提供的"另存为"操作不仅可以把一个名称的实时脚本（或函数）另存为另一个名称的同类文件，而且还能把实时脚本（或函数）另存为 DOCX、PDF 等文件。
- "比较"图标在较大文件的修改时十分有用。操作者可以在实时编辑器提供的比较窗口中把原程序文件和正修改的程序文件并列。比较窗口会用不同的颜色标出两个文件间的差别。
- "导出"图标可更直接由实时脚本（或函数）导出 DOCX、PDF 等文件。

（2）工具条"文本"区

- "文本"图标：在实时编辑器左侧代码块的行代码任何位置，若点击"文本"图标，就会在光标位置处插入"空文字行"；若在空代码行处点击"文本"图标，则空代码行就变为"空文字行"。
- "普通"图标处的"倒三角"：点击此倒三角图标，所引出的下拉菜单中有各种标题及普通正文等多个菜单项供选择，它们用于非代码文字的格式化。
- 文本区的"项目符号""编号""对齐"等其他工具图标的使用方法类同于 Word、WPS 等文字处理软件。

（3）工具条"代码"区

"代码"图标：该图标的功能与"文本"图标功能互逆。换句话说，在实时编辑器左侧非代码行文字的任何位置，若点击"文本"图标，就会在光标位置处插入"空代码行"；若在空文字行处点击"代码"图标，则空文字行就变为"空代码行"。

2. 实时编辑器的运行/调试功能

（1）实时脚本中的 App 插件功能

"任务"图标：点击该图标下方的"倒三角"，引出含有丰富选项的 App 应用程序菜单。比如，该菜单最下方"符号数学"子菜单中有一个"Simplify Symbolic Expression"图标。点击该图标就能引出用于简化符号表达式的 App 交互界面，更详细的应用示例请见 2.5.1 节的例 2.5 - 2。

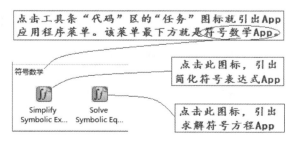

图 6.5 - 5　任务图标引出的符号数学 App

（2）实时编辑器的分节运行功能

在实时编辑器中，该工具图标区中的图标最常用。图 6.5-6 清晰地标注了各工具图标的功能。

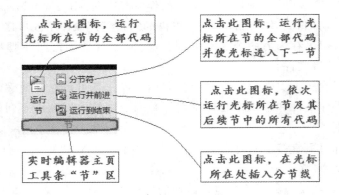

图 6.5-6   操纵实时脚本各节代码运行的常用图标

（3）实时编辑器的调试功能

图 6.5-7 注释了实时编辑器"运行"区工具图标的功能及使用方法。值得指出：图注使用步骤同样适用于 MATLAB 普通脚本、函数编辑器的调试工具，以及制作用户 App 设计平台编辑器（见第 8 章）的调试工具。

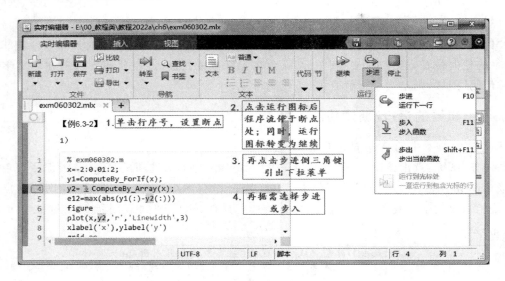

图 6.5-7   调试断点的设置和进程方式选择

3. 文本区数学式的结构化编写

实时编辑器为文本中嵌入数学表达式提供了两套编写方法：MathML 结构化编写法和 LaTeX 文本化编写法。用户可以根据自己的使用习惯进行选择。本小节专门讲述 MathML 结构化编写法；而 LaTeX 文本化编写法被安排在下一小节。

在实时脚本中,插入数学表达式的 MathML 结构化编写法有以下主要特点:

● MathML 是数学标记语言 Mathematical Markup Language 的英文缩写。它基于 XML 标准,专用于编写数学符号及公式的语言,广泛应用于 Web 网页、Word、WPS 等文档中数学公式的编写。现今的 MATLAB 实时脚本也支持 MathML 的使用。

● 数学标记语言是"所见即所得"的编写语言。

● 配置 MathML 的数学式编写系统,都会提供符号库、结构体库等交互式图形用户界面,以便用户编写。

值得指出:实时脚本中 MathML 编写法的操作步骤与 Word 几乎没有区别。因此,本书无意对其给予详述,但仍将借助示例让读者感受:MathML 编法、LaTex 编法各自的特点。

例【6.5-2】　编写如图 6.5-8 所示的实时脚本 exm060502.mlx。本例目的:如何在刚开的实时脚本空白窗口中增扩代码行,如何产生文本行;详细描述在实时脚本中插入数学矩阵的 MathML 结构化编写法;演示矩阵规模设定方格板、结构体模板库、符号库及使用。

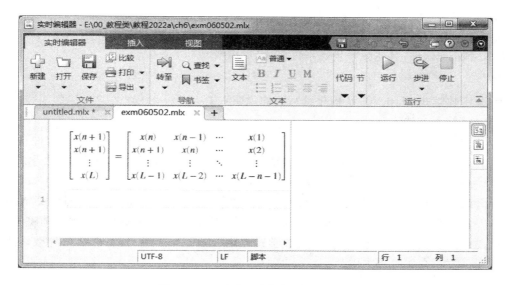

图 6.5-8　文本区中插入的矩阵方程

1)试验一:实时编辑器的空白窗口和数学式 MathML 结构化编写对话窗的开启

● 在 MATLAB 工作界面上,点击工作界面左上方的"新建实时脚本(New Live Script)"工具图标,引出具有空白窗口的实时编辑器。

● 使文件窗口内生成题给要求的"一个文本行、一个代码行":
　　□ 确认光标在空白代码行,按回车键[Enter],形成由两行构成的代码块;
　　□ 把光标放在第一代码行,然后单击实时编辑器界面上的"文本(Text)"图标,在代码行上方生成一个文本行(见图 6.5-9)。

● 引出结构化编写对话窗:
　　□ 确认光标在文本行中,然后点选实时编辑器"插入"页,引出插入工作界面。
　　□ 单击插入界面工具条中的 Σ 图标,引出如图 6.5-9 所示的结构化编写对话窗。

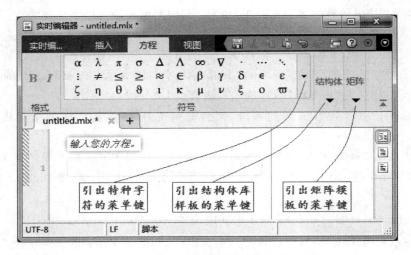

图 6.5 - 9　结构化编写数学表达式的对话窗

2）试验二：编写矩阵的结构生成法

实时编辑器的结构化编写数学表达式的对话窗的使用方法，完全类同于 Word、WPS 等最常用的文字处理软件，具体编写步骤不再赘述。

※说明

● 关于数学式 MathML 结构化编写法的说明：

　　□ 该编写方法直观、易于掌握。

　　□ 由于 Word 办公软件的数学式编写也借助 MathML 实施，所以 Word 文件和实时脚本中的数学式可以彼此复制、粘贴。这意味着，Word 文档中的文字、数学式、M 代码等内容都很容易借助复制手段转移到实时脚本中。

　　□ 对于诸如矩阵、多表达式函数等占用较多物理行、结构复杂的数学表达式，MathML 结构化编写法更显直观简捷，而此时 LaTeX 文本化编写法往往显得繁琐臃肿。

● 顺便指出：假如 Word 文档中的数学式是用 MathType 编写的，那么这种数学式不能正确发布在实时脚本中。

4. 文本区数学式的文本化编写

LaTeX 是 Lamport Tex 的英文缩写，是一种高质量的排版系统（High－quality typesetting system）。它被理工科学者专用于编写包含数学式、希腊拉丁等特殊字符的科学技术文档，成为科技交流和出版的一种事实性标准。

LaTeX 的工作特点是：文档编写者只需注重叙述内容的正确性，而无须顾及文字的排版。因此，文档编写者使用一系列特定专用符号进行"所见非所得"的纯文本编写数学式，然后经由排版系统发布为赏心悦目的数学表达式。出于编写方便的考虑，大多数使用 LaTeX 的软件都会为"文本化"编写式配置"排版预览"窗口。

例【6.5－3】　采用 LaTeX 格式文本码编写如图 6.5－10 的数学分段表达式，并将文件保存为 exm060503.mlx。本例目的：LaTeX"编辑方程"预览界面的使用；感受 LaTeX 格式代码各种符号在形成数学式中功用。

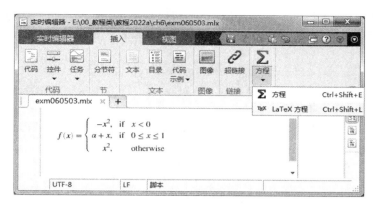

图 6.5-10　采用 LaTex 编写数学分段表达式

1）试验一：在实时脚本编辑器中开启空白窗口，生成文本行
● 在 MATLAB 工作界面上，点击工作界面左上方的"新建实时脚本"工具图标，引出具
有空白窗口的实时编辑器；点击实时编辑器上的"文本"图标，生成文本行。
● 点选界面上的"插入页"，引出插入工作界面。
2）试验二：借助"编辑方程"预览界面编写 LaTex 格式代码
● 在"插入"页工具条上点选"方程"下倒三角图标。
● 在引出的下拉菜单中，选择"LaTex 方程"菜单项，引出如图 6.5-11 所示的"编辑方
程"预览界面。

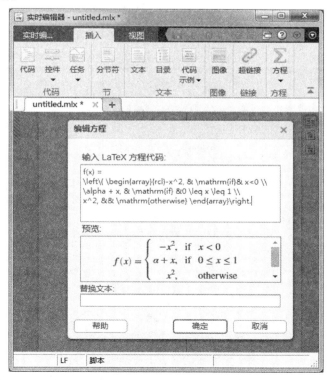

图 6.5-11　LaTex 格式编写数学式的预览界面

● 在预览界面的上窗口中,按规则输入如下所列的 LaTex 格式码,就会在其下窗口中显示相应的数学表达式。预览界面对纠正格式码输入中错误十分有用。

```
f(x) =
\left\{ \begin{array}{rcl} - x^2, & \mathrm{if}& x<0 \\
\alpha + x, & \mathrm{if} &0 \leq x \leq 1 \\
x^2, && \mathrm{otherwise} \end{array}\right.
```

● 待预览界面下窗显示的数学式符合要求后,点击预览界面上的［确定］键,把数学表达式嵌入到指定的文本位置。
● 在"编辑器"页上,单击"保存"图标,将其保存为 exm060503.mlx。

🔆说明

对于不熟悉 LaTeX 格式语言的读者,本书作者建议:
● 借助较易编写的 MATLAB 符号计算代码生成所需的 LaTex 规范数学表达式。
● 尽量采用 MathML 结构化编写法生成数学表达式。

5. Latex 数学式的符号计算创建法

◀例【6.5－4】 借助 MATLAB 符号计算代码生成包含 LaTex 格式数学表达式的 DOCX 文档,如图 6.5－12 所示。本例演示:如何借助 MATLAB 符号计算产生 LaTex 格式码;如何对机器生成格式码进行手工修改;如何由实时脚本导出诸如 DOCX、PDF 文件;符号计算命令 symmatrix、symmatrix2sym、piecewise、latex 等的功能。

图 6.5－12　在 WPS 中显示的含 LaTex 数学表达式的 DOCX 文档

1) 创建能展现非常类似图 6.5 - 12 表达式的符号计算代码实时脚本 exm060504A. mlx

这里的"非常类似"意指:数学表达式中诸如 a、β、ω 等希腊字母不能或不方便直接写成 MATLAB 符号计算代码。因此,在符号表达式中,分别采用比较简单的引文字母替代。图 6.5 - 13 展示了 exm060504A. mlx 实时脚本运行后的全貌。

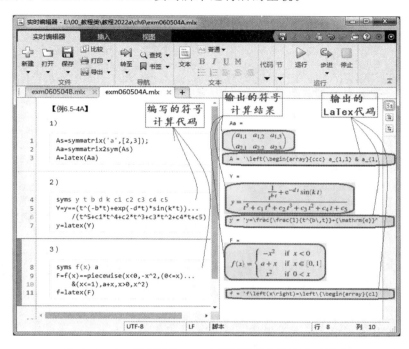

图 6.5 - 13　用于产生 LaTex 代码的符号计算实时脚本

2) 利用 LaTex 代码生成标准数学表达式

● 创建空白实时脚本并引出编辑方程对话窗:

　□ 在实时编辑器中,生成一个无代码行的全文本实时脚本文件 exm060504B. mlx。

　□ 点击实时编辑器\插入页\方程\倒三角图标,在引出的下拉菜单中选择"LaTex 方程"菜单项,引出空白"编辑方程"对话窗,如图 6.5 - 14 所示。

● 在 exm060504A 显示界面上,用鼠标右键单点其输出区关于 A 的 LaTex 代码,引出如图 6.5 - 15 所示现场菜单。该菜单中有两个复制 LaTex 代码的菜单项可供选择:

　□ "复制输出"项:该菜单项工作比较可靠,但复制得到的代码中有两个画蛇添足的"单引号"需要手工删除(见图 6.5 - 15)。

　□ "复制为 LaTex"项:经该菜单项复制得到的代码,无需额外的手工修改,可直接运用,但该菜单项偶尔会复制失败。

● 在"编辑方程"对话窗中的操作(见图 6.5 - 15)

　□ 把复制内容粘贴到 exm060504B 页的"编辑方程"对话窗的"输入 LaTex 方程代码"对话框中,预览框中即刻显示出显示结果。

　□ 观察"预览框"可以发现:显示矩阵两侧各多了个单引号。它们是由复制代码中的"单引号"影射产生的。因此,应采用人工方法在"输入 LaTex 方程代码"对话框中把那两个单引号删除。

● 删除多余"单引号"后,再点击编辑方程对话窗下方的[确定]键,就完成了在 exm060504B. mlx 文本区书写 LaTex 规范的 A 矩阵表达式。

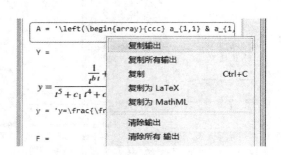

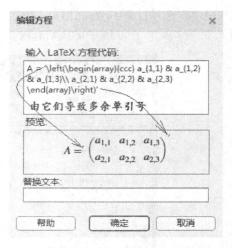

图 6.5 − 14　复制符号计算产生的 LaTex 代码　　　　图 6.5 − 15　在编辑方程对话窗中的操作示意

3) 数学式中的希腊字母

除圆周率 π 外,其他希腊字母几乎都不会出现在由符号计算获得的 LaTex 数学式中。因此,含希腊字母的数学表达式不大可能直接由符号计算产生的 LaTex 代码表现,比如 exm060504A. mlx 中第 2 式中的 d 和 k 本应是 β 和 ω。下面介绍含有 β 和 ω 的数学表达式(参见图 6.5 − 12 中第 2 式)的创建步骤:

● 在 exm060504A 中,对输出 y 的 LaTex 代码进行复制操作;

● 在 exm060504B 新的空白行处,进行 LaTex 方程插入操作,引出新的"编辑方程"对话窗,并将复制内容粘贴进该对话窗的"输入 LaTex 方程代码"框(见图 6.5 − 16)。

● 在"输入 LaTex 方程代码"框中,通过键盘把原代码中的 d 用{\beta}替换、k 用{\omega-ga}替换(见图 6.5 − 16)。

图 6.5 − 16　代码中字符的手工替换

● 于是就得到所希望的数学表达式(见图 6.5 - 12 的 2)式)。

4) 生成包含三个数学表达式的 DOCX 文件

在 exm060504B. mlx 文件中,完成三个数学表达式的创建后,点击实时编辑器"文件"区的"导出"倒三角图标;在引出的下拉菜单中,选择"导出为 Word"菜单项,再进行"保存"操作,便可得到 DOCX 文件,比如名为 exm060504B. docx 的文档。

值得指出:假如读者机器上没有 Office 办公软件中 Word 套件,而使用了 WPS 文字处理软件,那么就既无法据 mlx 文件产生 Docx 文件,也无法获得 WPS 文件,而只能得到 PDF 文件。

● 标准的数学表达都可以被简捷地直接复制应用,而不必再费周折。但是,在实际应用中,确实有许多地方需要 LaTex 格式码。本例展示的方法拓展了生成 LaTex 格式码的途径。

● 本例展示的希腊字母替换法也是一种普适方法。关于希腊字母及一些特种符号的 La-Tex 代码表达,参见第 5.2.2 - 4 节和附录 B。

● 符号计算命令 piecewise 应用于生成分段函数的 LaTex 代码十分方便。

● 关于符号计算命令 symmatrix、symmatrix2sym 的更详细表述,请看 2.10.1 的第 3 小节。

6.5.3　实时函数

到目前为止,文件扩展名为 MLX 的实时函数的重要性远远不如同扩展名的实时脚本,但作为 2016 年起新出现的一种文件类型,本书还是应给予适当的介绍。

● 与 M 函数比较:

□ MLX 实时函数与 M 函数具有相同的代码结构,都以关键词 function 为可执行代码的开端,以另一个关键词 end 为结尾。

□ 与 M 函数一样,MLX 实时函数运作时有独立的函数空间;实时函数既可以直接用函数名调用,也可以通过句柄调用;允许变长度输入和输出;在函数体内允许包含各种子函数。

□ MLX 函数相较于 M 函数的优点:MLX 函数允许在程序代码任何位置插入非执行的格式化文本,包括文字、公式、图片等。而 M 函数只能在执行代码前后添加"由 %引导的注释性文字"。

□ MLX 实时函数与 M 函数相似:MLX 函数可在实时编辑器中借助编辑器工具图标对被测试程序设置断点、步进、步入、步出、继续等调试操作。

● 与实时脚本比较:

□ 实时函数具有与实时脚本完全相同的"静态版面"特点。所谓"静态版面",是指在同一版面中允许编写的文本块和代码块,且这两个功能块允许上下间隔排列,文本块中允许嵌入各种格式化文字、数学公式、图表;代码块中允许任何合法的 MATLAB 代码。

□ 实时函数的"动态版面"完全不同于实时脚本。"动态版面"包括实时脚本的拥有输出结果的右侧显示区或内嵌显示区,而实时函数根本没有输出结果显示区;实时脚本允许分节运行,实时函数完全无此功能。

□ 除以上不同外,实时函数与实时脚本之间还具有普通函数与普通脚本之间的所有不同之处。比如,实时函数的可执行代码的第一个关键词必须是 function;实时脚本中产生的变量都可见且保存在 MATLAB 的基本工作内存中,而实时函数运作在独自的函数内存中,且在运作结束后除输出量外的所有中间变量全部消失等等。

● 实时函数的创建及注意事项:

　　□ 直接编写。

　　□ 由实时脚本转换而来。在实时编辑器中,选取实时脚本的全部代码或部分代码,借助"重构"工具图标生成实时函数。值得指出:选择实时脚本代码进行"重构"操作并非总能成功。比如,若所选代码中含有对用户自定义函数的调用,则不被允许重构。此外,由所选脚本代码重构得来的实时函数都是无输入列表的。

　　□ 由普通 M 函数转换而得的方法:

　　　　转换方法一:在 MATLAB 平台当前文件夹窗口中用右键点选普通 M 函数文件,然后在引出的现场菜单中,选择"以实时函数方式打开"菜单项,然后再把它"另存为"实时函数文件。

　　　　转换方法二:在开启普通函数文件的编辑器中,直接进行"另存为"操作,使之成为实时函数。

◢例【6.5-5】　利用随书数码文档中的 exm060201F.m 普通函数文件,转换生成 exm060505Fx.mlx 实时函数文档。

1) 由 M 函数文件转换生成 MLX 实时函数草稿

● 在 MATLAB 平台的当前文件夹窗口中,用鼠标右点 exm060201F.m 函数文件,便引出现场菜单。

● 在该现场菜单中,选择"以实时函数方式打开"的菜单项,于是就在实时编辑器中显示出如图 6.5-17 所示的实时函数草稿 exm060201F.mlx。

● 将新生成的草稿"另存为"exm060505Fx.mlx。

2) 手工整理草稿

● 修改函数代码:

　　把代码首行中的函数名,即把实时函数草稿中的 exm060201F 修改为 exm060505Fx。

● 修改文本标题:

　　□ 在文本块第一行前添加 exm060505Fx;

　　□ 选择第一行,然后点选实时编辑器"文本"区的"普通"按键,引出下拉菜单,再选择其红色标题项,使该行文字变红。

● 整理帮助信息:参照 exm060201F 普通函数帮助信息的文字格式,对实时函数草稿中连成一片的文字进行分行整理和修改(见图 6.5-17)。

3) 把稿件整理修改后,再点击"保存"图标,便可得到符合要求的 exm060505Fx.mlx。

4) exm060505FX 实时函数帮助信息的获取

在 MATLAB 命令窗中,运行 doc exm060505Fx 代码,就可在 MATLAB 帮助浏览器中显示该函数的帮助信息,请见图 6.5-18。

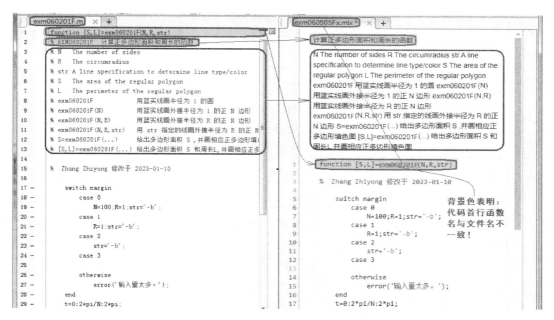

图 6.5 – 17　普通函数及转换而得的实时函数比较

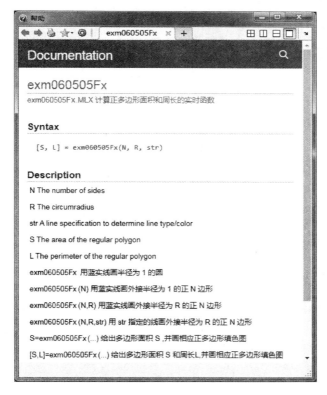

图 6.5 – 18　整理后生成的 exm060505Fx. mlx 提供的帮助信息

习题 6

1. 请编写一个实时脚本，用于求 $K = \sum_{i=0}^{N} 0.2^i = 1 + 0.2 + 0.2^2 + \cdots + 0.2^N, N = 1 \times 10^6$ 时的和。求和方法应至少包括如下 4 种方法中的 3 种：for 循环计算法、while 循环计算法、数值求和命令计算法、符号求和命令计算法。此外，请采用 tic、toc 命令算出每种方法所消耗的计算时间。（提示：sum 和"指数数组算符"配合。）

2. 在指定阈值 τ 的情况下，求 $S_N = \sum_{n=1}^{N} R_n$，在此通项 $R_n = \dfrac{1}{\sum\limits_{k=1}^{n} k}$，而 N 是使通项 $R_n < \tau$

（在此 $\tau = 0.0001$）满足的最小正整数 n；还要求借助符号求和命令验算所求得的结果是否正确。本题要求用实时脚本实现解算。（提示：在实时脚本中编写一个局域函数，该局域函数的输入量为阈值 τ，输出量是满足要求 $R_n < \tau$ 的最小正整数 N 及 N 项和 S_N。然后，利用 symsum 计算 R_N 和 S_N，进行验算。）

3. 编写一个 MLX 实时函数或 M 函数文件。它的功能：没有输入量时，画出单位圆（见图 6P-3-1）；输入量是大于 2 的自然数 N 时，绘制正 N 边形，图名应反映显示多边形的真实边数（见图 6P-3-2）；输入量是"非自然数"时，给出"出错提示"。此外，函数 M 文件应有 H1 行、帮助说明和程序编写人姓名。（提示：nargin, error, int2str。）

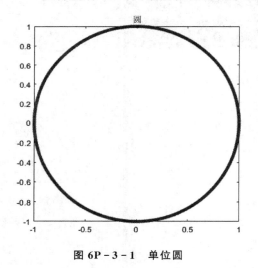

图 6P-3-1　单位圆

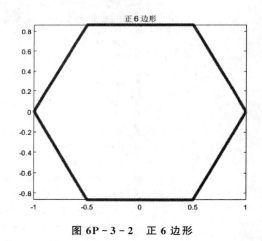

图 6P-3-2　正 6 边形

4. 使用泛函命令 fminbnd 寻找 $y(x) = -\mathrm{e}^{-x} |\sin[\cos x]|$ 在 $x = 0$ 附近的极小值，并绘制出该函数在 $[-2, 2]$ 间的图形加以验证。本题要求：fminbnd 的第一个输入量使用匿名函数表达。（提示：注意搜索范围的选择；假如极值在边界附近，进一步扩大搜索范围是合理的选择。）

第7章
Simulink交互式仿真集成环境

Simulink 是 MATLAB 最重要的组件之一。它向用户提供一个动态系统建模、仿真和综合分析的集成环境。在这个环境中,用户只需通过简单直观的鼠标操作,选取适当的库模块,就可构造出复杂的仿真模型,而无须书写大量的程序。Simulink 的主要优点:

- 适应面广。可构造的系统包括:线性、非线性系统;离散、连续及混合系统;单任务、多任务离散事件系统。
- 结构和流程清晰。它外表以方块图形式呈现,采用分层结构;既适于自上而下的设计流程,又适于自下而上逆程设计。
- 仿真更为精细。它提供的许多模块更接近实际,为用户摆脱理想化假设的无奈开辟了途径。
- 模型内码更容易向 DSP、FPGA 等硬件移植。

基于本书定位,为避免内容空泛,本章对于 Simulink 将不采用横断分层描述,即不对 Simulink 库、模块、信号线勾画标识等进行分节阐述。本章将以四个典型算例为主线,纵向描述 MATLAB R2022a 所伴随 Simulink 的使用要领。

7.1 连续时间系统的建模与仿真

创建动态系统 Simulink 模型一般步骤如下。

- 建立所研究系统的理论数学模型:
  - □ 根据理论写出全部动力学方程(包括微分方程、差分方程、代数方程等)。
  - □ 把理论方程整理成采用其他各阶导数和函数组成表达式表达最高导数的形式,参见式(7.1 – 2)。
  - □ 分析构造动力学方程所需的 Simulink 的模块类型及模块数目。
- 借助 Simulink 模块库构建所研究系统的仿真模型:
  - □ 进入 Simulink 工作环境,并开启空白模型窗。
  - □ 打开 Simulink 模型库浏览器;根据所需模块类型,开启相应的模块子库。
  - □ 从所选模块子库中,将所需模块复制进模型窗。
- 在模型窗中勾画各模块间的信号连接线并修改模块参数:
  - □ 据每个积分模块可把输入的导数信号降阶一次的原理,用已经复制进模型窗的积分模块,再复制出足够的积分模块(最高导数的阶次就是所需积分模块的数目);并使各积分模块依次相隔一定距离水平排列。

□ 把求和（或加法）模块放置在积分模块行的最左侧。

□ 按整理过的理论表达式，复制生成多个增益模块，其数量等于理论表达式等号右边
   各项的项数。

□ 按整理后的理论表达式，连接各模块间的信号线；修改各模块的参数，使得仿真模块
   模型的信号关系与理论表达式一致。

● 根据所给条件和要求，完善模型：

□ 根据所给初始条件，修改相应模块的初始参数。

□ 根据所给要求，添加和连接观察模块或其他输出模块。

□ 保存初步建成的模型。

● 进行初步仿真：

□ 对新建模型进行初步仿真，观察结果。

□ 适当调整示波器参数，以便更清晰地观察。

□ 适当修改模型仿真参数（如解算器的选择、最大步长的设置、仿真终止时间的设定、
   是否插值使输出曲线光滑化），使输出结果清晰、准确地反映动态过程。

7.1.1 基于微分方程的 Simulink 建模

本节将从微分方程出发，以算例形式详细讲述 Simulink 模型的创建和运行。

例【7.1−1】 在图 7.1−1 所示的系统中，已知
质量 $m=1$ kg，阻尼 $b=2$ N·s/m，弹簧系数 $k=$
100 N/m，且质量块的初始位移 $x(0)=0.05$ m，其
初始速度 $x'(0)=0$ m/s，要求创建该系统的 Simu-
link 模型，并进行仿真运行，观察质量块的位移动态
曲线。本例演示：据物理定理建立微分方程，并以此
微分方程创建 Simulink 模型的完整步骤：微分方程
的整理；模块的复制；信号线的构建；模块参数设置；
示波器的调整；仿真参数设置。

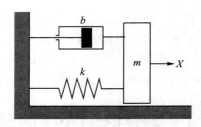

图 7.1−1　弹簧—质量—阻尼系统

1）建立理论数学模型

对连续动态系统而言，描述该系统动力学的微分方程或传递函数是 Simulink 建模的原始
出发点。

对于无外力作用的"弹簧—质量—阻尼"系统，据牛顿定律可写出

$$mx'' + bx' + kx = 0 \tag{7.1-1}$$

代入具体数值并整理，可得

$$x'' = -2x' - 100x \tag{7.1-2}$$

在此顺便指出：为方便 Simulink 模型的构作，常把微分方程的最高阶导数项写在等号左边，而
把函数及其他导数项写在等号右边。

2）建模的基本思路

● 采用"积分"模块，而不采用"求导"模块，描写二阶导数与一阶导数、一阶导数与函数间
   的关系。

- 式(7.1-2)等号右边各项的非 1 系数借助"增益"模块实现。
- 式(7.1-2)等号右边两项的代数和运算采用"求和"模块实现。
- 为了观察位移随时间的变化,还需要显示"示波器"模块。

3) 启动 Simulink、创建空白模型窗

- 启动 Simulink:在 MATLAB 工作界面(Desktop)的工具条"主页"的"SIMULINK"区,
  单击图标 ;或在 MATLAB 命令窗中运行 simulink,就可引出如图 7.1-2 所示的
  Simulink Start Page 启动页。

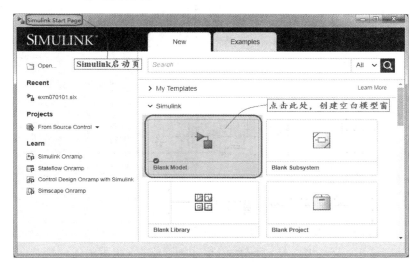

图 7.1-2　Simulink 启动页

- 创建空白模型窗:单击启动页上的 Blank Model 空白模型图标,就会引出如图 7.1-3
  所示的空白模型窗。(注意:窗中的模块是以后步骤复制、翻转的。)

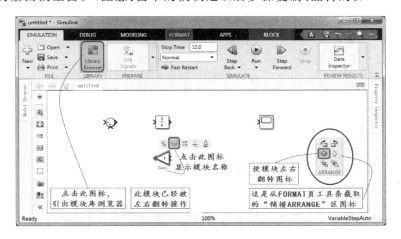

图 7.1-3　新建模型窗(窗内库模块经后面步骤复制及翻转)

4) 开启模块库浏览器

- 单击空白模型窗工具条上的 Library Browser 模块库浏览器图标 ,引出如图 7.1-4
  所示的界面。假如用户希望模块库浏览器始终浮在桌面顶层,单击 Stay on Top 始终

浮在顶层图标 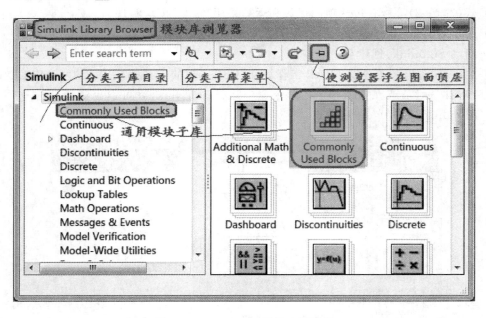 。

图 7.1－4　Simulink 模块库浏览器

● 再双击库浏览器左侧目录列表中的 Commonly Used Blocks 条目，或双击目录图标窗
中的 Commonly Used Blocks 图标，引出如图 7.1－5 所示的通用模块子库界面。

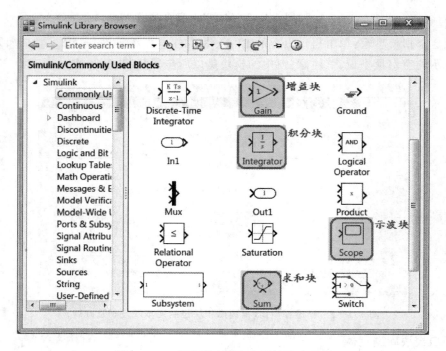

图 7.1－5　浏览器中的通用模块子库界面

5) 把所需模块从模块库复制进空白模型窗(参见图 7.1－3)

● 把求和模块＜Sum＞复制进空白模型窗：

　□ 在通用模块库中,点选求和模块＜Sum＞;

　□ 按住鼠标左键,把此求和模块从模块库拖进模型窗。

● 按以上方法,把积分模块＜Integrator＞、示波模块＜Scope＞、增益模块＜Gain＞分别
"拖拉"进空白模型窗。

● 拖入空白模型窗的库模块,默认不标识模块名称。假如用户希望显示模块名,请按以
下步骤操作：

　□ 单击模块,使之呈现高亮蓝色边框,同时在模块上方出现 3 个蓝色小点;

　□ 把光标移到 3 个小点处,便展开一个现场图标菜单(参见图 7.1－3);

　□ 再用鼠标点选第 2 个图标,模块下方就显示出名称。

　□ 使 Sum 块名称上移的操作：点亮 Sum 模块;点击 FORMAT 标签,引出它的工具
条;选中工具条 BLOCK LAYOUT 模块布局区的翻转名称图标▱即可。

● 使增益模块翻转有以下两种方法：

　□ 用鼠标点亮增益模块＜Gain＞;用鼠标右键引出现场菜单,然后选择格式菜单项;再
从其引出的菜单中选择 Flip Block 翻转模块菜单项,使增益模块＜Gain＞翻转,如
图 7.1－3 所示。

　□ 用鼠标点亮增益模块;再点选模型窗 FORMAT 格式页;在该页 ARRANGE 排列区
中点选左右翻转图标 ✿,见图 7.1－3 右下角截图。

● 对新建模型窗进行保存操作。为及时保留此前的完成的工作,单击模型窗工具条上的
Save 保存图标▤,把模型保存为 exm070101. slx。

6) 新建模型窗中的模型再复制(见图 7.1－6)

因为式(7.2)是二阶微分方程,二阶导数 x'' 需要经过"2 次积分"才能生成函数 x,所以需
要"2 个 integrator 积分模块"以及与之配套的"2 个 Gain 增益模块"。于是需要执行以下操作：

● 复制生成另一个积分模块：

　□ 按住[Ctrl]键,用鼠标"点亮"积分模块＜Integrator＞后,向右水平拖拉到适当位置,
放开鼠标按键,便生成另一个积分模块＜Integrator1＞。

　□ 在拖拉操作的同时,在第一个积分模块和复制生成的另一个积分模块之间,会自动
生成信号连接线(见图 7.1－6)。

● 按以上方法,复制生成另一个增益模块(但不会自动生成模块间连线)(见图 7.1－6)。

7) 模块与模块间信号线的连接(见图 7.1－6)

● 生成＜Sum＞求和模块输出口到＜Integrator＞积分模块输入口的信号连线：

　□ 单点＜Sum＞求和模块输出口,模型窗中各模块所有允许连线的输入口都会显现蓝
色导向符(见图 7.1－6);

　□ 让光标移近目标模块入口处的导向符,便显现出一条"由起点引向该终点的蓝色引
线"(见图 7.1－6);

　□ 再单点鼠标,完成所需的黑色连线。

● 采用以上方法,再生成＜Integrator1＞积分模块输出口与＜Scope＞示波模块输入口
间的连接线;生成＜Gain＞增益模块输出口与＜Sum＞求和模块下输入口之间的连

线；生成＜Gain1＞增益模块输出口与＜Sum＞求和模块左输入口之间的连线。

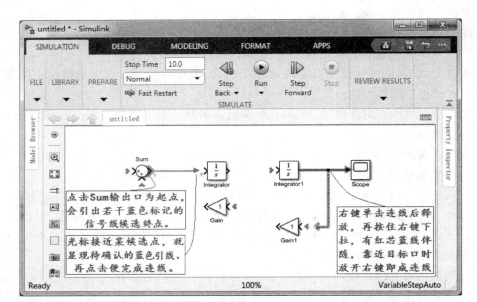

图 7.1－6　生成建模所需的所有模块并完成模块间信号连接后的模型

8）信号线与模型块输入口之间的连接

● 生成＜Integrator1＞与＜Scope＞模块间已经存在的信号线到＜Gain1＞模块输入口的连接线：

　□ 使光标置于＜Integrator1＞与＜Scope＞模块间已经存在的信号线上，按下鼠标右键，光标变为"单线十字叉"；

　□ 往下拖动鼠标，引出红芯蓝线，当光标与＜Gain1＞输入口靠得足够近时，红芯蓝线就变为黑色的连接线，放开右键即可。

● 采用与上同样的方法，完成＜Integrator＞与＜Integrator1＞模块间连线到＜Gain＞输入口的连接，就得到如图 7.1－7 所示的模型。

● 单击模型窗工具条上的 Save 保存图标，保存已完成的连接。

9）在信号线上标识 x'', x', x 等信号名称

● 标识＜sum＞输出口的信号名称：

　□ 用鼠标左键双击＜sum＞输出口与＜Integrator＞输入口之间的信号线，在信号线下方弹出指示"文字填写处"的亮标线；

　□ 在那亮标线处键入文字 x''。

● 标识＜Integrator＞输出口的信号名称：

　在＜Integrator＞输出口与＜Integrator1＞输入口线间，采用与上类似的操作手法，在弹出竖线处键入 x'。

● 采用与上相同的操作手法，把＜Integrator1＞输出口的信号名称标识为 x。

● 单击模型窗工具条上的 Save 保存图标，保存已进行的标识。

10）根据理论数学模型式（7.1－2）设置模块参数

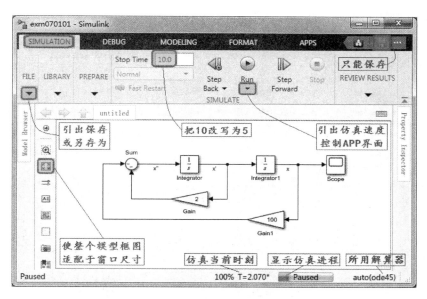

图 7.1－7　最终模型窗

- 设置增益模块＜Gain＞参数：
  □ 双击模型窗中的增益模块＜Gain＞,引出如图 7.1－8 所示的参数设置窗;
  □ 把 Gain 增益栏中默认数字 1 改写为所需的 2,再单击［OK］键,完成设置;
  □ 此时,新建模型窗中＜Gain＞增益模块上会出现数字 2(见图 7.1－7)。

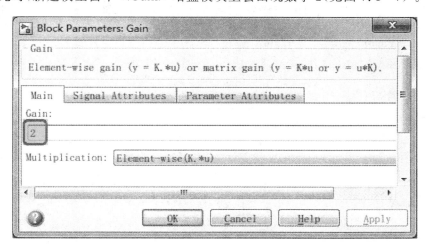

图 7.1－8　参数已经修改为 2 的＜Gain＞增益模块参数设置窗

- 参照以上方法,把＜Gain1＞增益模块的增益系数修改为 100。
- 据式 $x'' = -2x' - 100x$,修改求和模块输入口的代数符号(见图 7.1－9):
  □ 双击求和模块,引出如图 7.1－9 所示的参数设置窗;
  □ 把符号列表栏(List of signs)中的默认符号(＋＋)修改成式(7.2)所需的代数符号(├-),单击[OK]键,完成设置;
  □ 此时,求和模块将呈现图 7.1－7 中的样式。

● 单击模型窗工具条上的 Save 保存图标,保存模块参数设置。

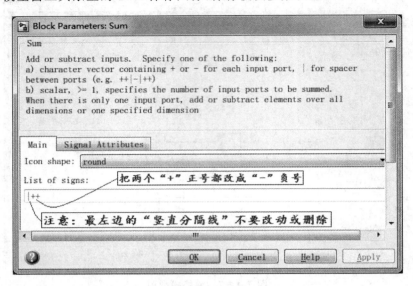

图 7.1 - 9　求和模块两输入口参数尚未改成负号

11) 据题给初始条件,对积分模块进行设置

● 据初始位移 $x(0) = 0.05$ m 对＜Integrator1＞积分模块的初始状态进行设置(见图 7.1 - 10):

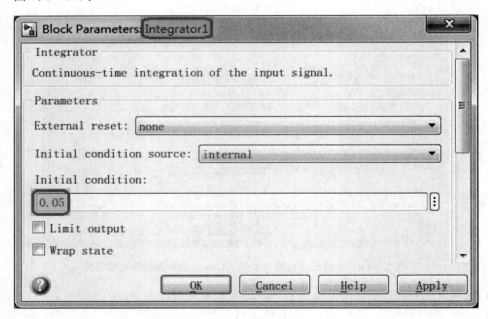

图 7.1 - 10　实现初始位移 0.05 设置的＜Integrator1＞设置窗

□ 双击积分模块＜Integrator1＞,引出如图 7.1 - 10 所示的参数设置窗;

□ 把初始条件 Initial condition 栏中的默认 0 初始修改为题目给定的 0.05,单击[OK] 键,关闭该窗口,完成设置。

● 由题给条件 $x'(0)=0$ 可知，<Integrator> 积分模块的默认设置满足此要求。因此，无需再作设置。

● 单击模型窗工具条上的 Save 保存图标，保存已进行的初始设置。

12）试运行

● 双击 <Scope> 示波器模块，引出示波显示窗，并使它不与 exm070101 模型窗重叠。

● 单击 exm070101 模型窗或示波器上的 ⏵ 仿真启动键，使该模型运行，并呈现如图 7.1-11 所示的波形。

● 观察和可能的改进：
　　□ 示波器显示的波形变化范围在 [−0.5, 0.5] 之间，是否能设置为显示范围。
　　□ 仿真持续时间似乎过长，是否可缩短为 5s。因为 $t=5$ 后，波形几乎不变。
　　□ 波形显得很不光滑，呈分段折线状，希望曲线更光滑。

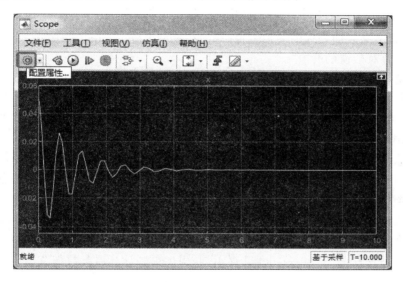

图 7.1-11　　在示波器默认设置下显示的系统输出波形

13）示波器纵轴和仿真时间设置

● 示波器纵轴范围的重置：
　　□ 单击 Scope 示波器窗口工具条上的配置属性图标 ⚙，引出如图 7.1-12 所示的配置属性对话窗；
　　□ 点选 Display 显示页面，引出图 7.1-12 对话界面；
　　□ 在 Y 范围（最小值）栏中填写 −0.05，在 Y 范围（最大值）栏中填写 0.05；
　　□ 单击 [OK] 键，完成设置，关闭对话窗。

● 仿真持续时间的重置：
　　□ 在没有人为设置仿真时长的情况下，SIMULATION 页工具条正中的 "Stop Time" 栏默认把仿真时长设置为 10。
　　□ 根据本例实际，把仿真时长从 10 修改为 5。

14）仿真曲线光滑化处理

　　仿真曲线的光滑化涉及微分方程解算器 Solver 和解算结果的后期处理。对于解算器

图 7.1-12　对显示屏的纵坐标范围进行设置

　　和计算结果后期处理的参数配置，都须在模型设置（Model Settings）对话窗中进行。

● 模型设置对话窗的开启：

　　　模型设置对话窗有两个常用的开启方法：

□ 方法一：在 SIMULATION 页，点击 PREPARE 准备区的倒三角图标，引出下拉菜单；再点击 CONFIGULATION & SIMULATION 配置和仿真子菜单中的 Model Settings 模型设置图标，引出模型设置对话窗。

□ 方法二：在 MODELING 建模页，直接点击位于工具条中间 SETUP 设置区的 Model Settings 模型设置图标即可。假如所开模型窗较小，工具条不直接显示模型设置图标，则需要先点击 SETUP 区的倒三角展开键，引出模型设置图标。

● 使曲线光滑的方法之一：减小解算器的解算步长。

□ 先在开启的模型设置对话窗左侧栏，选中解算器 Solver 条目（见图 7.1-13）；再点击对话窗右侧的 Solver detail 提示词，引出更多计算器参数细节。

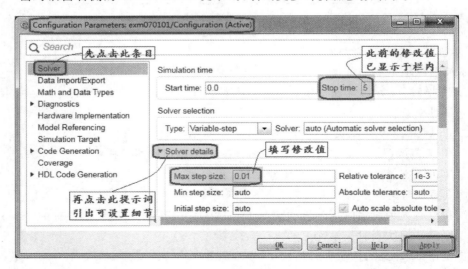

图 7.1-13　减小解算器的最大步长

　　□ 在 Max step size 最大步长栏把默认值改为 0.01；再点击[Apply]键。

　　□ 顺便指出：此对话窗的 Stop Time 栏中的数字已经反映出"此前对仿真终止时间所作的修改"。这也表明，修改仿真终止时间也可以在此进行。

● 使曲线光滑的方法之二：解算结果的精良化插补。

　　□ 先点击模型设置对话窗左侧栏中的 Data Import/Export 数据输入输出条目；再点击对话窗右侧的 Additional parameters 附加参数提示词，引出计算结果后期处理参数细节。

　　□ 在 Refine factor 细化因子栏中将默认的 1 修改为 10，再点击[Apply]键。

● 对两种光滑方法的选择：

　　□ 对本例而言，使用以上任何一种方法都可以使输出曲线光滑，但这种现象并不适用于所有算例。

　　□ 改变解算器计算的最大步长会增加计算数据点，消耗计算资源较多；提高精良因子并不增多计算点数，而仅改变对计算点的插值方式，消耗资源较少，但这种方法的保真度不如前者。

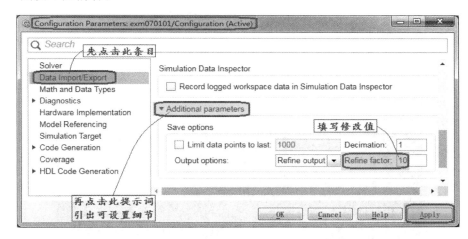

图 7.1 - 14　修改计算结果的细化因子

15）示波曲线的再修饰

假如用户希望改变示波曲线的颜色和粗细等属性，则再进行以下操作：

● 用鼠标右键点击示波器窗口（见图 7.1 - 16），引出现场菜单；再点选菜单中"样式"菜单项，弹出如图 7.1 - 15 所示的"样式：Scope"设置对话窗。

● 把 Line 栏的线宽从默认的 0.75 修改为 2.0，并在调色板上将线色从默认的黄色修改为红色。

● 单击[OK]键，完成设置，关闭窗口。

16）修改后示波器所显示的曲线

● 单击模型窗工具条上的 Save 保存图标，保存此前所有原先修改、设置内容。

● 单击模型窗工具条上的 Run 启动仿真图标，就可以在如图 7.1 - 16 所示的示波器中看到一条红色醒目的光滑曲线。（注意：图 7.1 - 16 中的现场菜单是作者为展示菜单内容而故意引出的。）

图 7.1 – 15　修改示波器显示图像属性

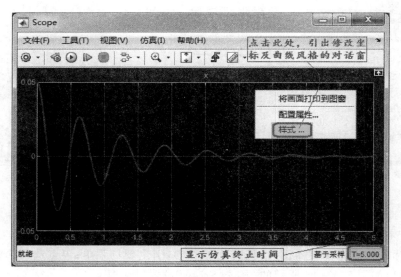

图 7.1 – 16　最终模型生成的仿真曲线

☀说明

● 本例构建 Simulink 模型的过程是：以"二阶导数"为建模的"起点信号"，然后通过积分
模块得到"一阶导数"，再通过积分模块得到"函数本身"。这是基于微分方程创建
Simulink 模型的一般程式。

● 不要企图以"函数"为"起点信号"，通过求导模块得到"一阶导数"，再得到"二阶导数"。
在 Simulink 中，求导模块的使用要特别谨慎。

● 本章模型是在配套于 MATLAB R2022a 版本的 Simulink 环境下创建的（验证表明，也适用于 R2021a)。由于 Simulink 模块的内码随版本变化较大，所以在其他版本上运行本书提供的 SLX 文件(Simulink 模型)也许会遇到困难。假如读者根据本书算例步骤，在自己的 MATLAB/Simulink 环境中上重新构造模型，那么所得到的仿真结果将是相同的。

- 本例描述的建模过程虽是对"无外力的弹簧—质量—阻尼系统"而言的，但本例勾画的建模程式对更复杂的动态系统(包括机械系统、电路系统等)也都适用，只要那些系统能用微分方程描述即可。

7.1.2 基于传递函数的 Simulink 建模

例【7.1-2】 求出图 7.1-17 所示多环控制系统的系统传递函数 $G(s) = \dfrac{Y(s)}{U(s)}$，并计算该系统的单位阶跃响应。

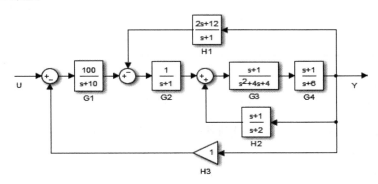

图 7.1-17 多环控制系统

1) 建模的基本思路

本算例的系统数学模型是通过形象直观的框图和各环节传递函数给出的，这特别便于采用 Simulink 的传递函数模块建模。

2) 构造"用于系统传递函数计算"的 Simulink 模型

- 单击 Simulink 模块库浏览器工具条上的图标，或直接从 Similink Sart Page 启动页的 Blank Model 图标引出空白模型窗。
- 从库浏览器复制典型模块：
  □ 把＜Simulink\Continuous＞子库的＜Transfer Fcn＞传递函数模块拖进空白模型窗；
  □ 分别把＜Simulink\Common used Blocks＞子库的＜Gain＞增益模块、＜In1＞输入口模块、＜Out1＞输出口模块、＜Sum＞求和模块拖进空白模型窗。
- 根据题给要求，在空白模型窗中，进行模块复制：
  □ 因为题目需要 6 个传递函数模块，所以需要在空白模型窗中，再复制 5 个传递函数模块；
  □ 又因为题目中需要 3 个求和模块，所以需要在空白模型窗中，再复制 2 个传递函数模块。
- 对某些模块进行"翻转"操作：

□ 对传递函数中模块的翻转操作须逐个实施。比如先点选＜Transfer Fcn4＞,再选中现场菜单中格式菜单的翻转子菜单项,实现模块的翻转。

□ 用鼠标点选＜Gain＞增益模块,对该模块实施翻转操作。

□ 双击某个求和模块,引出其参数设置对话窗;把符号列表栏(List of signs)中的默认符号(｜＋＋)修改成所需的(－ ＋｜);单击[OK]键,完成设置;此时,求和模块的一个"负输入口"就将出现在该模块的上方,如图 7.1-18 所示。

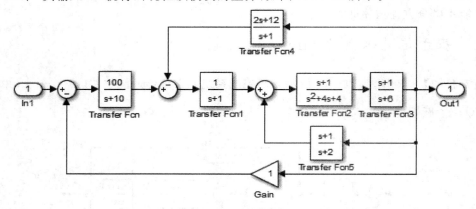

图 7.1-18 在模型窗中完成连接和参数设置的模型

● 根据题给框图 7.1-17,整理、排列各模块。注意:在此,把自左向右的模块称前馈通路模块(见图 7.1-18)。

● 进行各模块间的连接(见图 7.1-18):

□ 介绍另一种快捷模块连接法:用鼠标左键单击＜In1＞输入口模块;然后按住[Ctrl]键不放,自左至右,用鼠标左键依次单击前馈通路上的各模块,就完成了前馈通路上各模块的连接。

□ 用鼠标左键单击＜Gain＞模块,再按住[Ctrl]键不放,再单击左边第一个求和模块,就完成＜Gain＞和第一个求和模块的连接。

□ 采用同样的方法,分别完成＜Transfer Fcn4＞与第二个求和模块的连接,＜Transfer Fcn5＞与第三个求和模块的连接。

□ 使光标置于＜Out1＞模块的输入信号线上;按下鼠标右键,光标变为"单线十字叉";移动鼠标,使引出的"虚连线"向＜Transfer Fcn4＞模块的输入口靠近;当光标与输入口靠得足够近,单十字叉变为双十字叉;放开鼠标右键,"虚连线"便变为带箭头的信号连线。

□ 采用同样的方法,分别完成"＜Out1＞模块的输入信号线与＜Transfer Fcn5＞输入口连接""＜Out1＞模块的输入信号线与＜Gain＞输入口连接"。

● 进行各模块(非几何位置)的参数设置(参见图 7.1-18):

□ 在第一个求和模块参数对话窗的符号列表栏(List of signs)中,把默认符号(｜＋＋)修改成(｜＋ －)。

□ 双击＜Transfer Fcn2＞模块,引出如图 7.1-19 所示参数对话窗;按照"多项式系数用行向量"表示的规则,在 Numerator Coefficients 分子栏填写 [1 1],在 Denominator Coefficients 分母栏填写[1　4　4]；单击[OK]键，就完成了该模块的传递函数表达。

□ 采用同样的方法，分别对各传递函数模块的设置。

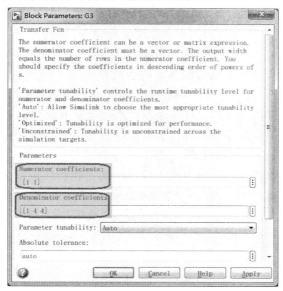

图 7.1－19　传递函数参数设置对话窗

● 模块名称的改写（见图 7.1－18）：

根据题给框图对模型窗中各模块进行如下"名称改写"：

□ 双击＜Transfer Fcn＞模块的默认名，引出文字框；删去原有文字，再写入 G1。

□ 其他模块的名称可以进行类似的改写，于是可得到如图 7.1－18 所示模型。

● 在仿真参数配置窗（见图 7.1－13）左侧选择栏中，点中 Solver 项，然后在右侧的 Max step size 最大步长栏中填写 0.01。

● 经以上操作后，把此模型保存为 exm070102.slx（见图 7.1－20）。

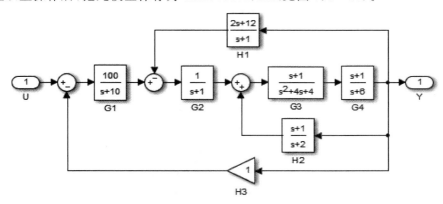

图 7.1－20　在模型窗中建成的用于计算系统传递函数的模型

3）系统模型的获取

图 7.1－20 所示模块图所体现模型的数学表达的获取，需借助 MATLAB 命令代码。这

些代码有如下三个不同的工作环境：

- MATLAB 命令窗，这是最基本、最历史悠久的工作环境。计算的数值及符号结果显示在 MATLAB 平台的命令窗，而图形曲线则显示于图形窗。
- 代码以 M 文件形式显示(或/和运行)于 MATLAB 编辑器环境，此 M 文件运行后的结果显示方式与"直接在 MATLAB 命令窗运行命令"相同。
- 代码以 MLX 文件形式运行于实时编辑器环境。在该环境中，代码运行结果内嵌在 MLX 文件中，且符号计算结果的显示特别悦目。

随书数字文档有两个用于调用本例 Simulink 块图模型的文件：exm070102M. m 和 exm070102MLX. mlx。当在 MATLAB 命令窗中直接运行其文件名时，计算结果都以 MATLAB 传统经典方式表达。但若在 MATLAB 新提供的实时编辑器中运行后者，其中的符号计算结果会显示呈现得如教科书般地优雅。

文件 exm070102M. m 和 exm070102MLX. mlx 的可执行代码完全相同，具体如下：

```
[Num,Den] = linmod('exm070102');      %算出模型传递函数的分子分母多项式系数 <1>
STF = tf(Num,Den)                      %据分子分母写出有理分式形式的传递函数 <2>


STF =


              100 s^2 + 300 s + 200
  -----------------------------------------------
  s^5 + 21 s^4 + 157 s^3 + 663 s^2 + 1301 s + 910


Continuous - time transfer function.

TF1 = poly2sym(Num,sym('s'))/...      %把多项式系数转换成符号有理分式 <3>
      poly2sym(Den,sym('s'))
TFs = simplify(TF1)                    %获得最简传递函数 <4>
```

$$TF1 = $$
$$\frac{100s^4 + 500s^3 + 900s^2 + 700s + 200}{s^7 + 23s^6 + 200s^5 + 998s^4 + 2784s^3 + 4175s^2 + 3121s + 910}$$

$$TFs = $$
$$\frac{100s^2 + 300s + 200}{s^5 + 21s^4 + 157s^3 + 663s^2 + 1301s + 910}$$

```
t0 = (0:0.1:5)';                       %给定系统响应的时间数组
[y,t] = step(STF,t0);                  %算出系统在单位阶跃下的响应
plot(t,y,'r','LineWidth',3)            %用粗红线绘制响应曲线
grid on,grid minor
axis([0,5,0,0.4])
title('exm070102 模型的单位阶跃响应 ')
xlabel('t'),ylabel('y')
```

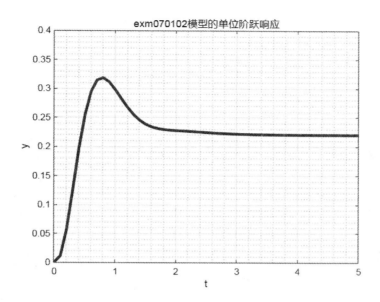

图 7.1 - 21　系统的单位阶跃响应

💡**说明**

- 利用 Simulink 模型,很容易求出系统传递函数。这对复杂系统传递函数的求取特别有用。
- 本例从一个侧面展示了 Simulink 与 MATLAB 之间的交互。
- 行⟨1⟩命令算出块图模型传递函数分子分母多项式的系数行数组 Num 和 Den。
- 行⟨2⟩命令的结果 STF 是一个结构体(即构架),它显示为"由若干行 ASCII 码组合成的表达式"。
- 行⟨3⟩中的 poly2sym 命令可把多项式系数行向量转写为符号多项式,进而两多项式相除而形成有理分式。
- 行⟨4⟩用于消除有理分式中可能存在的"分子分母的公因式",得到最简分式。
- 系统的单位阶跃响应可以直接通过 step(STF)得到。值得指出:通过计算得到的线性时不变对象 STF 还可以算出许多其他曲线。如命令 impulse(STF)可以给出系统的冲激响应,bode(STF)给出系统的对数频率曲线等。
- 本例所得传递函数结果与例 2.10 - 6 中的参数具体化传递函数 Y2Uc 相同。
- 最后顺便指出:
  □ 假如开启模型窗中传递函数模块的图形尺寸缩得过小,那么这模块将不再显示有理分式表达的展开形式(见图 7.1 - 22a),而显示为通用的分子/分母简略形式(见图 7.1 - 22b)。
  □ 用鼠标选中"模块"使之高亮后,再用左键在模块边角处推拉,使模块几何尺寸变大或变小,就可实现两种显示形式间变换。

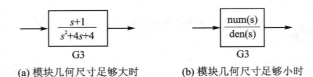

(a) 模块几何尺寸足够大时   (b) 模块几何尺寸足够小时

图 7.1 - 22   传递函数模块几何尺寸大小对传递函数显示形式的影响

7.2   离散时间系统的建模与仿真

与连续系统不同,离散时间系统动态过程的数学描述工具是差分方程和 Z 变换传递函数(或滤波器)。在建立离散时间系统的 Simulink 模型时,采样周期是最重要的一个设置参数。本节将通过"低通滤波"算例演示实现离散时间系统建模与仿真的基本要领。

例【7.2 - 1】   设计一个如图 7.2 - 1 所示的数字低通滤波器 $F(z)$,从受噪声干扰的多频率混合信号 $x(t)$ 中获取 10 Hz 的信号。

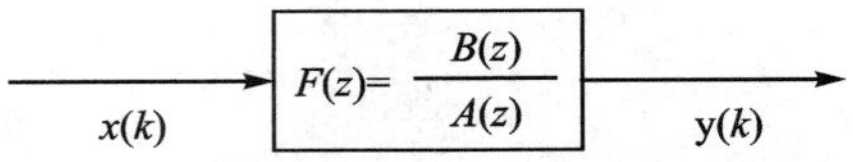

图 7.2 - 1   数字滤波示意图

$$x(t) = \sin(2\pi \cdot 10 \cdot t) + 1.5\cos(2\pi \cdot 100 \cdot t) + n(t) \tag{7.2 - 1}$$

在此, $n(t) \sim N(0, 0.2^2)$, $t = k \cdot \dfrac{1}{f_s} = k \cdot T_s$。采样频率取 $f_s = 1\,000$ Hz,即采样周期 $T_s = 0.001$ s。本例演示:纯离散时间系统建模的完整过程;离散时间仿真模型中采样周期的设定;影响模块几何结构的参数;示波模块对示波图形属性的设置。

1) 分析

考虑采样,式(7.2 - 1)可写为

$$x(kT_s) = \sin(2\pi \cdot 10 \cdot kT_s) + 1.5\cos(2\pi \cdot 100 \cdot kT_s) + n(kT_s) \tag{7.2 - 2}$$

因为 T_s 是常数,所以式(7.2 - 2)可进一步写成

$$x(k) = \sin(2\pi \cdot 10 \cdot k) + 1.5\cos(2\pi \cdot 100 \cdot k) + n(k) \tag{7.2 - 3}$$

设无限冲激滤波器的形式为

$$F(z) = \frac{B(z)}{A(z)} = \frac{b_1 + b_2 z^{-1} + \cdots + b_{n_b+1} z^{-n_b}}{a_1 + a_2 z^{-1} + \cdots + a_{n_a+1} z^{-n_a}} \tag{7.2 - 4}$$

那么有

$$y(k) = F(z)x(k) = \frac{B(z)x(k)}{A(z)}$$

$$A(z)y(k) = B(z)x(k)$$

经展开、整理,可写出

$$y(k) = \frac{1}{a_1} \left[b_1 x(k) + b_2 x(k-1) + \cdots + b_{n_b+1} x(k-n_b) - a_2 y(k-1) - \cdots - a_{n_a+1} y(k-n_a) \right]$$

$$\tag{7.2 - 5}$$

值得指出:用 Simulink 模型构建的数字滤波器就是根据式(7.2 - 5)进行仿真计算的。这是一种递推计算,是数据的时间流处理。

2）模型的构建

● 模块的获取：

　□ 从＜Simulink\Sources＞子库获取＜Sine Wave＞正弦波模块、＜Random Number＞随机数模块。

　□ 从＜Simulink\Math Operations＞子库获取＜Sum＞ 或 ＜Add＞求和模块。

　□ 从＜DSP System Toolbox\Filtering\Filter Implementations＞子库获取＜Digital Filter Design＞滤波器模块。

　□ 从＜Simulink\Signal Routing＞子库获取＜Mux＞合路复用模块。

　□ 从＜Simulink\Sinks＞子库获取＜Scope＞示波模块。

　□ 如果模型窗不显示模块名称，则用鼠标框选所有模块；然后，点击模型窗 FORMAT 格式页上的 BLOCK LAYOUT 模块布局区倒三角图标；在引出的下拉菜单中，再点击"Name On 名称打开"倒三角，展开菜单内容便可见各模块名称，如图 7.2－2 所示。

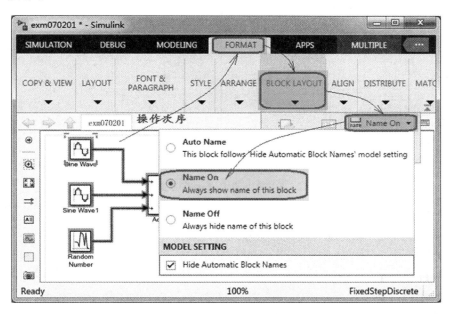

图 7.2－2　显示模块名称的操作示意

● 模块的几何参数设置：

　□ 双击＜Add＞运算模块，引出参数对话窗；在 List of signs 符号列表栏中，填写 ＋＋＋；单击［OK］键，模块就出现三个输入口。

● 根据题意，对＜Digital Filter Design＞数字滤波器设计模块（见图 7.2－3）进行如下设置：

　□ 因为题目要求从 10 Hz 和 100 Hz 两个频率的混合信号中提取 10 Hz 信号，所以滤波器采用"低通（Lowpass）"频率响应。

　□ 可以实现低通滤波的典型滤波器很多，本例采用"无限冲激响应（Infinite－duration Impulse Response IIR）"的巴特沃思（Botterworth）滤波器。

□ 滤波器的阶数 n_a 取 10 阶。

□ 为了滤去 100 Hz 的信号，取截止频率为 30 Hz。

□ 所给采样频率 1 000 Hz 大于被采样信号的最高频率 100 Hz 的 2 倍以上，因此这个采样频率对于本例而言是适当的。

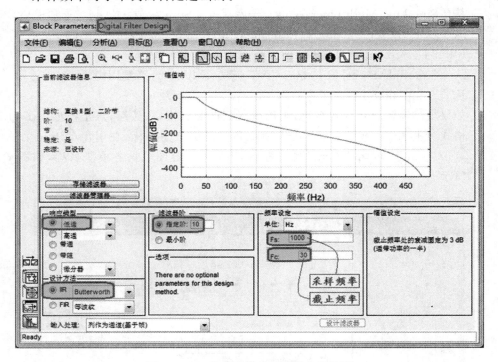

图 7.2 - 3　数字滤波设计模块参数设置

● 模块间信号线的连接和标识：

□ 按照图 7.2 - 4 完成各模块间信号线的连接。

□ 参照图 7.2 - 4，双击由 <Add> 模块输出口连接到 <Mux> 合路复用模块"上"输入口的信号线，会出现一个文字输入框，在此框内键入 x(k)。

□ 参照图 7.2 - 4，双击 <Digital Filter Design> 模块输出口的信号线，在出现的文字框内，键入 y(k)，以供示波图例文字注释。

● 对 <Scope> 模块的设置：

□ 双击 exm070201 模型窗中的示波模块 <Scope>，引出如图 7.2 - 6 所示的示波窗。

□ 点击示波窗最左端的"配置属性"图标 ⚙，引出配置属性对话窗（见图 7.1 - 12）；在对话窗中，点选"画面"页，然后在 Y 范围（最小值）栏填写 −3，在 Y 范围（最大值）栏填写 3。

□ 单击 ⚙ 图标旁的倒三角展开键 ▾，在引出的下拉工具带中点选 📈 "样式"图标（见图 7.2 - 6），引出如图 7.2 - 5 所示的"样式：Scope"对话窗；对示波器图形窗、坐标框、信号线型、线色等对象属性进行设置，设置细节见图 7.2 - 5。

□ 再单击 ⚙ 图标旁的展开键 ▾，在引出的下拉工具带中，单击 Show Legend 显示图例图标 📇，使示波窗显示出曲线图例。

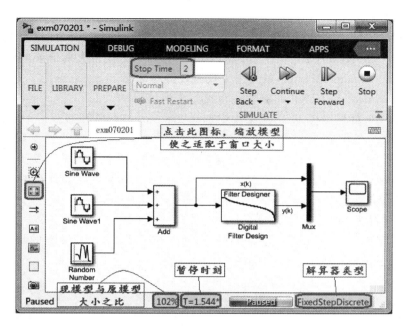

图 7.2 - 4　处于仿真暂停状态的数字滤波模型

图 7.2 - 5　对示波屏底色、网格色、示波线型、线色等属性进行设置

- 其他模块的参数设置:
  - □ <Sine Wave>模块的参数设置:Frequency 频率栏,填写 $10*2*pi$,(注意这里需要填写的是圆频率);Sample time 采样周期栏,填写 $1/1000$;其余采用默认设置。
  - □ <Sine Wave 1>模块的参数设置:Frequency 频率栏,填写 $100*2*pi$,(注意这里需要填写的是圆频率);Sample time 采样周期栏,填写 $1/1000$;其余采用默认设置。
  - □ <Random Number>模块的参数设置:Variance 方差栏,填写 0.04,(注意这里是方差,而不是标准差);Sample time 采样周期栏,填写 $1/1000$;其余采用默认设置。

- 仿真参数配置：
  - □ 在 SIMULATION 仿真页，点击 PREPARE 准备区的倒三角图标，引出下拉菜单；再点击 CONFIGULATION & SIMULATION 配置和仿真子菜单中的"模型设置 Model Settings"图标 ，就可引出模型设置对话窗。
  - □ 在 Stop time 仿真终止时间栏填写 2。
  - □ 在 Solver 解算器栏，从下拉菜单中选择 discrete 离散解算器。
  - □ 在仿真步长类型 Type 栏，选择 Fixed - step 定步长。这是为便于观察 Simulink 仿真计算的"时间流"特征而"有意"选择的。（注意，一般解算采用变步长。）
  - □ 在 Fixed - step size 定步长大小栏中，填写 0.0000001。取如此小的步长，也是为了便于读者观察 Simulink 仿真计算的"时间流"特征。
- 把模型保存为 exm070201.slx。
- 启动仿真后，在大约仿真进程 75% 处，按暂停键。此时，仿真模型的状态如图 7.2 - 3 所示，而示波器中的示波图形如图 7.2 - 6 所示。

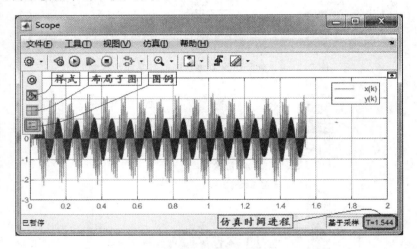

图 7.2 - 6　对应于仿真暂停状态时的示波图形

💡说明

- <Digital Filter Design>模块用在本例显得有些"奢侈"，因为该模块拥有丰富的功能，可以用于解决远比本例复杂的滤波问题。
- 在对采样离散系统建模时，要保证："采样频率"与"被采样系统中信号最高频率"之比起码要大于 2。在采样频率上限没有特别限制的场合，比例通常取 5~10。
- 在采样离散系统的 Simulink 模型中，一定要注意各模块的采样频率设置。
- 注意：现在的示波模块可以对示波曲线的多种图形属性进行设置，使它们特色更加鲜明，更易识别。

7.3　Simulink 实现的元件级电路仿真

就仿真模型逼近被仿真系统的真实程度而言，前两节所建 Simulink 模型属于功能级仿真模型。这种模型所使用的模块与真实的物理器件之间不存在一一对应的关系;这种模型的构建以抽象的数学模型为基础。较早的 Simulink 就是进行功能级仿真的软件环境。现在已有许多专业工具包把仿真推进到了元器件级。

　　本节将利用<Simcape/Electrical>库中的模块构建一个在元器件级上对应的电路模型,然后通过该模型进行电量的瞬态分析。在实践以下算例时,一定要耐心细致。

例【7.3-1】　在图 7.3-1 所示的电路中,已知 $L=0.3$ H,$C=0.3$ F,$R_1=2$ Ω,$R_2=0.01$ Ω,$R_3=5$ Ω ,$V_C(0^-)=-1$ V,$i_L(0^-)=1$ A,$V_S=10$ V,开关 K 在 $t=0$ 时闭合。试采用 simulink 的 <Simcape/Electrical>模块库器件进行元件级仿真,求 i_L 和 V_C。

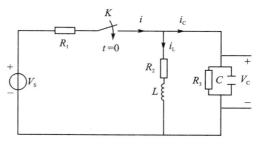

图 7.3-1　二阶 RLC 电路

　　1) 建模的基本思路

　　与功能级仿真建模不同,本例建模不以理论数学模型为出发点,而是根据电路的结构、器件的类型从<Simcape/Electrical>库中调用模块直接构建的。

　　2) 仿真模型所用器件的来源及参数设置

　　<Simcape/Electrical>库中的大多数模块不是"理论教学中的那种理想器件",因此利用它们构建理想电路时,要仔细阅读模块的使用说明,以避免出乎意料的仿真误差和计算结果分析上的困惑。本例仿真模型中所用的开关器件就是一个典型,对它的参数设置要特别小心。构建本例模型所用器件,除示波器外,都取自<Simcape/Electrical>库的各个子库。库模块的具体名称、所在库位置以及具体的参数设置详述如下。

- 电路中 V_S 直流电压源:
  - □ 取 < Simscape/Electrical/Specialized Power Systems/Sources > 库 的 < DC Voltage Source>模块;
  - □ 在双击该模块弹出对话窗的 Amplitude 栏,填写 10;单击[OK]键。
- 电路中 R_1 电阻:
  - □ 取<Simscape/Electrical/Specialized Power Systems/Passives>库的<Series RLC Branch>模块;
  - □ 双击该模块弹出对话窗的 Branch type 栏,选择 R;Resistance 栏,填写 2;单击[OK]键(参见图 7.3-2,因此块是纯电阻,所以器件上的"红+号"标识的位置可不必在意)。
- 电路中 R_2 电阻和 L 电感:
  - □ 取<Simscape/Electrical/Specialized Power Systems/Passives>库的<Series RLC Branch>模块;
  - □ 在该模块复制进模型窗后,用鼠标右键单击该模块,引出现场菜单;点选{Rotate&Flip>Clockwise}菜单项,使模块顺时针旋转,确保该器件的"红+号"处于模块上方(参见图 7.3-2)。
  - □ 双击该模块弹出对话窗;在 Branch type 栏,选择 RL;在 Resistance 栏,填写 0.01;在 Inductance 栏,填写 0.3;勾选 Set the initial inductor current,并在 Inductor ini-

tial current 栏,填写 1,单击[OK]键。

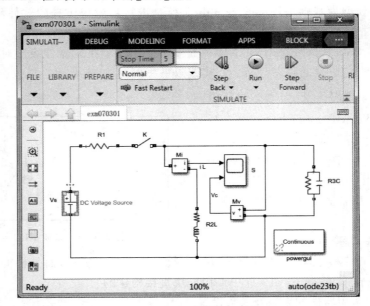

图 7.3 - 2　模型窗中构建的元件级仿真模型 exm070301

- 电路中 R_3 电阻和 C 电容:

　□ 取＜Simscape/Electrical/Specialized Power Systems/Passives＞库的＜Parallel RLC Branch＞模块;

　□ 在该模块复制进模型窗后,用鼠标右键单击该模块,引出现场菜单;点选 {Rotate&Flip＞Clockwise}菜单项,使模块顺时针旋转,确保该器件的"红＋号"处于模块上方(参见图 7.3 - 2)。

　□ 双击该模块弹出对话窗;在 Branch type 栏,选择 RC;在 Resistance 栏,填写 5;在 Capacitance 栏,填写 0.3;勾选 Set the initial capacitance voltage,并在 Capacitor initial voltage 栏,填写-1,单击[OK]键。

- 电路中 K 开关:

　□ 取＜Simscape/Electrical/Specialized Power Systems/Power Grid Elements＞库的 ＜Breaker＞模块;

　□ 双击该模块弹出对话窗;为使该非理想的默认开关模块,符合图给要求,需对该对话框中各栏进行如下重新设置:在 Initial status 栏,填写 0,表示仿真启动前,开关处于 "断开"状态;在 Switching times 栏,填写 0,表示开关动作无延迟;撤销 External 小框中的勾选,使开关模块图标的外控口消失;Breaker resistance Ron 栏填 0,Subber resistance Rs 栏填 inf,Subber capacitance Cs 栏填 0,使开关理想化,模块图标也变成理想开关样(见图 7.3 - 2)。

　□ 实现理想化设置的对话窗如图 7.3 - 3 所示,最后单击[OK]键完成理想化设置。

- 电路中 i_L 电流测量:

　□ 取＜Simscape/Electrical/Specialized Power Systems/Sensors and Measurements＞ 库的＜Current Measurement＞模块;

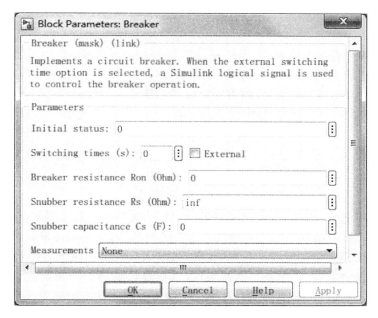

图 7.3 - 3　设置成理想开关对话窗

□ 确保模块正端口在左,负端口在右(参见图 7.3 - 2)。

● 电路中 V_C 电压测量:

□ 取<Simscape/Electrical/Specialized Power Systems/Sensors and Measurements>库的<Voltage Measurement>模块;

□ 在该模块复制进模型窗后,用鼠标右键单击该模块,引出现场菜单;点选{Rotate&Flip>Flip Block>Left - Right}菜单项,使模块左右翻转,确保该模块正端口在上,负端口在下(参见图 7.3 - 3)。

● 为显示 i_L 电流和 V_C 电压波形:

□ 取<Simulink/Sinks>库的<Scope>模块;

□ 在该模块复制进模型窗后,用鼠标双击该模块,引出示波器界面。

□ 在示波窗内,单击鼠标右键引出现场菜单;选中"配置属性"菜单项,引出示波器的"配置属性:Scope"对话窗。

单击"常设"页;在"输入端口个数"栏填写 2,以产生 2 个输入口(见图 7.3 - 2);再点击此栏右侧的"布局"键,在引出的方格图上选上下 2 个相邻的方格,使示波窗出现上下两个坐标轴系(见图 7.3 - 6)。

单击"画面"页;在"活动画面"栏选中 1,然后在 Y 范围(最小值)栏填写 0,在 Y 范围(最大值)栏填写 7,点击[Apply]键;再在"活动画面"栏选中 2,在 Y 范围(最小值)栏填写 -2,在 Y 范围(最大值)栏填写 3,点击[OK]键。

□ 在示波窗内,单击鼠标右键引出现场菜单;选中"样式"菜单项,引出"样式:Scope"对话窗。

在"活动画面"栏中点选 1,把 Line 线条区中的 0.75 改写为 2,点击[Apply]键;在"活动画面"栏中点选 2,把 Line 线条区中的 0.75 改写为 2,点击[OK]键。

3）仿真模型元器件间的连线

＜Simscape/Electrical/Specialized Power Systems＞库模块仿真模型的构建方法与一般Simulink 模型的构建方法大体相同：先把器件模块复制进模型窗；然后对模块进行参数设置以形成元器件的正确几何结构（如通过参数设置，使通用的 RLC 模块成为具体的电阻、电容等）；再借助鼠标勾画元器件间的连接；借助鼠标对元器件和连线进行适当的排列。

下面以 exm070301 模型（参见图 7.3－2）为例，说明构建元器件级仿真模型时的若干特点：

- exm070301 模型中，构成电路的基本器件，如电源、电阻、电容、电感、开关等都只有"无向"端接口。这种端口在模块上以"小方块"表示。这种端接口仅供器件间的物理连接使用。它既不接收信号输入，也不向外输出信号。
- 构成电路的 RLC、开关、测量等器件的"极性"决定"初始状态"设置的正确性，以及测量数据解读或示波曲线形状的正确性。（关于"极性"的更多描述请见本例后的说明。）
- exm070301 模型中的示波器只有"有向"的输入口。这种输入口（或输出口）在未经连接的原始模块上以"指向模块的箭头（或背向模块的箭头）"表示。它用来显示模型中令人感兴趣的信号，但无法与只有"无向"端接口的器件直接相连。
- exm070301 中的电流、电压测量模块既有"无向"端接口，又有"有向"的信号输出口。它们是"无向"器件和"有向"模块之间的"中间连接件"。
- 模型中的连线也分两类：一类是物理连接线，它是单纯的线段；另一类是信号流向线，它是带实心箭头的线段。这两种线不允许、也不可能相互连接。两种连线，都可以采用例 7.1－1 中介绍的方法，借助鼠标实现。
- 假如模型仅有"无向"端口器件组成，那么在仿真过程中就无法观察到仿真模型中任何量的动态变化。

4）按理论模型，对仿真模型中各模块和信号线进行标识

- 以直流电压源为例，说明具体操作步骤：
  □ 单击电源模块，使该模块高亮，并显示模块名称；
  □ 避开显示的模块名称，用鼠标在该模块的近旁空白处双击，引出淡蓝色菜单；从菜单中点选 Create annotation，引出指示"文字填写处"的亮标线；在标线处填写所需的文字 Vs，即可。
  □ 注意：已创建的标识文字，可以用鼠标拖拉到所希望的位置。
- 采用类似方法，参照理论电路，对模型窗中的其他模块标识名称，参见图 7.3－2。
- 双击电流测量模块 Mi 的电流输出口到示波器上输入口的信号线，在信号线下方弹出指示"文字填写处"的亮标线，在亮标线处填写 iL；再双击电压测量模块 Mv 的电压输出口到示波器下输入口的信号线，在信号线旁弹出指示"文字填写处"的亮标线，在亮标线处填写 Vc，参见图 7.3－3。

5）营造＜Simscape/Electrical/Specialized Power Systems＞库模块仿真环境的＜powergui＞模块

对＜Simscape/Electrical/Specialized Power Systems＞库模块构造的模型而言，＜powergui＞模块是必不可少的。其名称是不可更改的，必须使用 powergui 这个名称。该模块的作用和地位极为重要。因为正是＜powergui＞模块的存在，才能把它所在模型窗中的结构模型

映射为进行仿真计算的状态方程。

　　＜powergui＞模块的母版存放在＜Simscape/Electrical/Specialized Power Systems＞库的根目录上。它通常在元器件模型构建完成以后才被复制进模型窗。＜powergui＞模块与所构建的元器件模型之间没有任何物理连接，可以悬浮在模型窗的任何空白处。在 exm070301模型中，处于模型窗的右下方，见图 7.3 - 2。值得指出：刚引入的＜powergui＞默认库模块的图标上显示 Continuous 字样。

　　＜powergui＞模块一般都需根据仿真要求和模型特点进行适当的配置。针对本例的具体操作步骤如下：

- 把＜Simscape/Electrical/Specialized Power Systems＞库的根目录上的＜powergui＞模块复制进所建的模型窗。
- 双击＜powergui＞模块，引出如图 7.3 - 4 所示的仿真电路参数设置对话窗。
- 选中 Tools 页，单击［Measurements and States Analyzer］键，引出如图 7.3 - 5 所示的对话窗。
- 在"Initialize the model"栏，选择"from user settings"，再点击［OK］键。

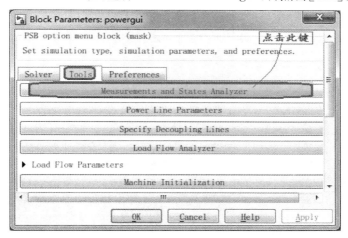

图 7.3 - 4　双击 powergui 模块引出的对话窗

6）仿真

- 在模型窗的仿真终止时间栏中把 10 改写 5，缩短仿真持续时间，突出起始段的变化部分。
- 单击模型窗上的保存图标，把由以上步骤创建的模型保存为 exm070301.slx。
- 单击仿真启动图标▶，便可得到如图 7.3 - 6 所示的电流、电压波形。

💡说明

- 器件（模块）的极性和正方向：
  □ 当对电容电压，或电感电流设置非零初始值时，会遇到"这些物理量的极性认定问题"；当使用多用表（Multimeter）测量支路电压或电流时，会遇到"这些物理量的正方向假设问题"。
  □ 电阻、电感、电容库器件（模块）的极性（Polarities）和正方向（Positive Direction）。在模块库中，"串联 RLC（Series RLC Branch）"和"并联 RLC（Parallel RLC Branch）"

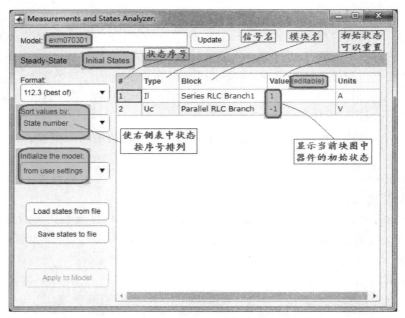

图 7.3 - 5　初始状态对话窗

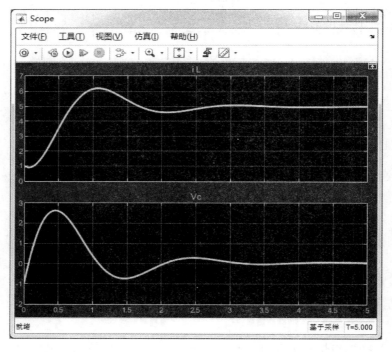

图 7.3 - 6　仿真所得的电感电流和电容电压变化曲线

　　库器件如图 7.3 - 7 所示,都是"水平放置器件(Horizontal Blocks)"。它们的左端都用"红 ＋ 号"标注为"正",即支路的正方向是"向右(Right)"的。

□ 多用表模块的极性。在模块库中,测量电流、电压的多用表库模块如图 7.3 - 8 所示。它们的接线端有"正、负"标识,用于标注其测量电流或电压的正方向。

□ 在建模过程中,无论是阻抗器件还是多用表模块,都可以根据构图需要进行反转、旋转等操作。不管经过什么操作,这些器件上的"极性"标注总能正确地指示器件的"正端"或"正方向"。

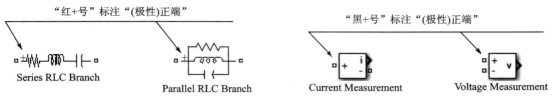

图 7.3 - 7　RLC 库器件原型　　　　　　　　　图 7.3 - 8　RLC 库器件原型

● 影响仿真初始状态的三个途径:

□ 模型窗各种储能模块的参数设置对话框中,都有专门对该模块初始状态进行设置的栏目。

□ 在双击<powergui>模块弹出的对话窗的 Preferences 页上,有个对模型器件初始状态进行强制设置的栏目 Start simulation with initial electrical states from。该栏的默认选项是 blocks。

□ 由<powergui>模块对话窗上[Measurements and States Analyzer]按键可引出的如图 7.3 - 5 所示的对话窗,可以对被仿真电路中所有器件的初始状态进行更复杂的设置。右侧的"from steady - state"或"from zero"选项可以把电路中的状态强迫设置为"稳态值"或"零初始",而不管此前电路状态如何设置。右下方的"load states from file"选项,可使再次仿真时的初始状态可取自"先前保存的模型状态文件"。

习题 7

1. 利用 Simulink 求解 $I(t)=\int_0^t \mathrm{e}^{-x^2}\mathrm{d}x$ 在区间 $t\in[0,1]$ 积分,求出积分值 $I(1)$,并用有限精度符号计算验算。(提示:时间变量由 Clock 产生;注意使用 Product,Math function,Integrator,Display,Scope 等库模块。)

2. 利用 Simulink 求解微分方程 $\dfrac{\mathrm{d}^2 x}{\mathrm{d}t^2}-\mu(1-x^2)\dfrac{\mathrm{d}x}{\mathrm{d}t}+x=0$,方程的初始条件为 $x(0)=1$,$\dfrac{\mathrm{d}x(0)}{\mathrm{d}t}=0$。在增益模块"Gain"取值分别为 2 和 100 的情况下(数学表达式中 $\mu=2$,100)运行,给出运行结果。(提示:注意使用 Constant,Product,Add,Gain,Integrator,Scope 等库模块;注意初始状态设置;针对不同 μ,采用不同解算器,并设置不同仿真终止时间;运算结果可与例 4.1 - 9 对照。)

3. 已知某系统的框图如图 7P - 3 所示,求该系统的传递函数。(提示:参考例 7.1 - 2。)

4. 采用 Simulink 基本库和 DSP System Toolbox/Filtering/Filter Implementations 库的"Analog Filter Design 模拟滤波设计"模块构建的 Simulink 模型解决第 7 章算例 7.2 - 1。(提示:可使用 Sine Wave,Analog Filter Design 等库模块;注意采样时间设置。)

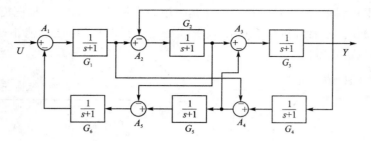

图 7P－3

5. 在如图 7P－5 所示的交流电路中，其中 $Z_1 = \mathrm{j}1\ \Omega$，$Z_2 = Z_4 = Z_5 = 1\ \Omega$，$Z_3 = -\mathrm{j}1\ \Omega$，$\dot{V} = 20\angle 120°\ \mathrm{V}$，$\dot{I} = 10\ \angle 45°\ \mathrm{A}$，$f = 50\ \mathrm{Hz}$，求 Z_3 支路中的电流和 Z_5 两端的电压。（提示：采用相量分析法；要注意电压源、电流源库模块的频率、相角设置；特别要注意模块所采用的幅值是"峰幅值"，它应是"有效值"的 $\sqrt{2}$ 倍；电压、电流测量模块的输出信号，可选择 Magnitude－Angle 幅相模式；powergui

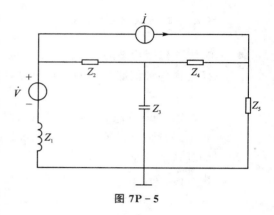

图 7P－5

模块的仿真类型 Simulation type 应选择"相量 Phasor"；仿真终止时间非 0 即可；仿真可采用纯离散解算器 discrete。）

第8章
App开发和面向对象编程

2016 年，MATLAB 推出了制作应用程序（Applications，简称 App）的新设计工具 App Designer。经几年的改进和完善后，MATLAB 制造商申明：原先制作图形用户界面的交互式工作平台 GUIDE 将被废弃，并向用户推荐 App 设计平台（App Designer）。基于 MATLAB 版本升级的现实，并考虑到 App 设计平台是比 GUIDE 更强、更现代的面向对象编程的开发工具，本章将分四节由浅入深地介绍该设计平台的开发应用及面向对象编程的基本要素。

无论读者是否具有 App 设计平台使用经验，是否知晓面向对象编程，都可以轻松地从 8.1 节的示例实践中跨入借助 App 设计平台开发简单应用程序的门槛，并通过 8.2 节的学习来掌握 App 编程开发的基本技巧。

8.3 节系统介绍 App 开发的一般流程，包括从开发目标界定、核心算法实现到 App 框架构建和函数编程。

在前三节零散而感性实践面向对象编程的基础上，8.4 节简明系统地叙述了面向对象编程的基本要旨（类定义文件及结构、构造函数及析构、属性及方法、继承及组合等），介绍面向对象程序的调试和纠错，以及如何实现多控件功能协调。

由于本章示例程序规模较大，出于节省篇幅考虑，除一些关键代码外，实现本书示例目标的程序代码都以随书配套的数码文档提供。值得指出：数码文档不仅包括每个示例的终极文件，而且还包含若干中间文件，它们可用作读者从事 App 不同制作阶段实践的基础文件。

8.1　App 开发入门

无论读者是否具有开发 App（Application）应用程序的经验，是否熟悉面向对象编程，只要能循着以下示例的操作步骤一步步实践，就一定能顺利跨进在 MATLAB 平台上开发 App 应用程序的大门，感受到自己成功制作 App 应用程序的快乐。

例【8.1-1】　为演示归一化二阶系统 $G(s) = \dfrac{1}{s^2 + 2\zeta s + 1}$ 中阻尼比 ζ 对单位阶跃响应的影响，需要制作如图 8.1-1 所示的用户界面。要求：在界面右侧配置可以使阻尼比 ζ 在 $[0,2]$ 区间内调节的滑块。随滑块指针位置的变化，在坐标轴上能画出相应的单位阶跃响应曲线。本例目的：介绍 App Designer 设计工具的功能及操作方法；了解 App 应用程序的大致结构；体验组件回调函数的编写特点；理解滑块界面操作引发曲线变化的原理。

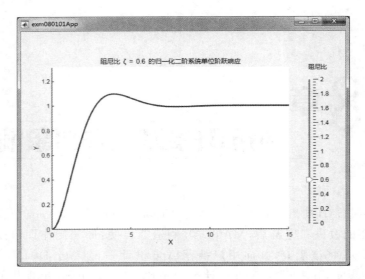

图 8.1 - 1　待制作的二阶系统单位阶跃响应演示 App 界面

1) App 设计工具的引入

利用以下任何一种方法都可以引入 App 设计工具：

● 工具图标引入法：

　　□ 在 MATLAB 平台界面的顶部，选中标写"APP"的页面；

　　□ 在引出的《APP》页工具条上，点击其最左端的"设计 App"工具图标，便引出如图 8.1 - 2 所示的"App 设计工具首页"界面；

　　□ 在该首页《新建》栏中，点击"空白 App"图框，引出如图 8.1 - 3 所示的 App Designer - app1.mlapp 设计平台，此平台界面正中部分为灰色空白画布(Canvas)。（在此说明：图 8.1 - 3 中画布上的组件是由此后的操作拖入的。）

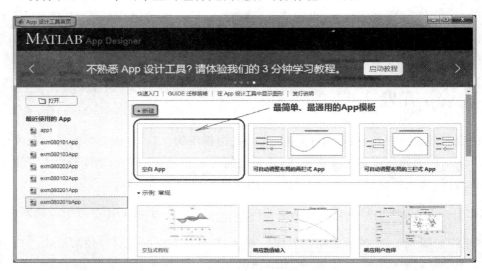

图 8.1 - 2　App 设计工具首页

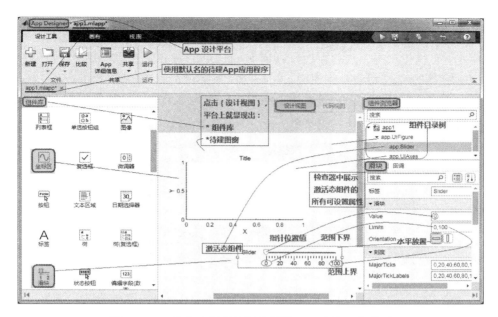

图 8.1-3　拉入坐标区和滑块后的 App 设计工具界面

- 运行命令引入法：
  - □ 在 MATLAB 平台界面的命令窗中，运行命令 appdesigner，引出如图 8.1-2 所示的"App 设计工具首页"界面。
  - □ 再点击该首页界面〔新建〕栏中的"空白 App"，便可引出如图 8.1-3 所示 App Designer-app1.mlapp 的 App 空白设计界面。

2）创建实现本例要求所需的组件（见图 8.1-3）

为实现本例目标，需要两个组件（Component）：坐标轴系和滑键。创建这两个组件的具体操作如下：

- 点击设计平台正中空白处（即待建 App 的图窗界面）右上方的〔设计视图 Design View〕，使得包含大量成品组件的〔组件库 Component Library〕出现在待建 App 图窗的左侧。
- 在〔组件库〕中，按住鼠标左键点选"坐标区"组件，并将其拖拉到待建 App 图窗上。
- 再在〔组件库〕中，选择组件"滑块"，并将其拖拉到待建图窗内。
- 经以上操作后，在待建 App 图窗右侧的〔组件浏览器 Component Browser〕中就会显现一个按父子关系分层罗列的组件目录树。自上而下依次为 app1（类对象）、app. UIFigure（App 图窗）、app. Slider（滑块）、app. UIAxes（坐标区）等四个组件。

3）把拉入的横卧滑块调整为竖直形态

- 点击待建图窗中的默认滑块图标，或在目录树中点击 app. Slider 节点，使滑块处于可操作的激活态。
- 在〔滑块 Slider〕页滑块分栏的"放置方式 Orientation"项中，点选右侧的"垂直放置"图标〔▯〕，使滑块呈如图 8.1-4(a)所示的直立状。
- 用鼠标点中待建窗口中的滑块名称标识对象 Slider，按住左键，将其从默认的滑块组件左下方推送到滑条上方的适当位置,如图 8.1－4(a)所示。

● 先用鼠标点选滑块标识,然后按住[Ctrl]键后再点选滑条,使它们(见图 8.1－4(b))同时处于可操作状态。然后在设计界面"画布"页的对齐工具栏(见图 8.1－5)中,选择"左对齐"图标,使滑块标识对象 Slider 与滑条实现左对齐(见图 8.1－4(b))。

● 值得指出:以上操作方法,既适用于同一组件内各对象模块间的几何关系的调整,也适用于不同组件间的几何关系调整。

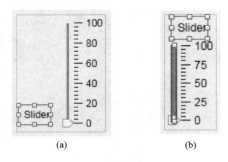

图 8.1－4   调整滑块形态的操作过程

图 8.1－5   借助画布上的左对齐工具使滑块标识与滑条对齐

4) 调整坐标区与滑块间的相对位置及大小

坐标区应设置得尽可能大,滑块应拉得与坐标纵向区间适配。具体操作如下:

● 对滑块的操作:

□ 在与 App 窗口边界保持适当间距的前提下,尽可能地把滑块拉向 App 窗口的左侧。

□ 把滑块拉长,使滑块高度约占 App 窗口高度的 70%。

● 对坐标区的操作:

借助鼠标的拖拉操作,在保留足够边界距的前提下,尽可能扩大坐标区在 App 窗口中的占位大小;同时使坐标区的纵横比在 0.5～0.8 之间,以体现黄金分割之美。

● 使坐标区与滑块的横向中心对齐。借助鼠标使坐标区组件和滑块组件同时处于可操作状态,然后在画布页对齐工具区中点击横向中心对齐图标(见图 8.1－5),使坐标区与滑块中心对齐。

● 经以上操作后,借助 App Designer 设计工具上的图标进行"保存"操作,此保存文件名为 exm080101App。

5) 所建 App 应用程序的保存

一般而言,用户在编写一个较复杂程序,或创建一个较生疏的应用程序时,都应养成及时保存"已编写程序或操作结果"的良好习惯。在 App Designer 设计平台做应用程序设计时,也应及时保存操作成果。

首次保存新建应用程序的操作步骤如下(见图 8.1-6):

● 点击 App Designer 设计平台"画布"页工具条最左端文件保存栏的"倒三角"标识,引出下拉菜单。

● 在下拉菜单中,点选"另存为"菜单项,并选定"位于 MATLAB 搜索路径上的文件夹",把所建应用程序命名为 exm080101App 后加以保存。

图 8.1-6　首次保存新建应用程序时的操作示意图

6) 设置滑块指针取值、刻度范围及修改滑块名称

● 滑块指针取值、刻度范围的设置(见图 8.1-7):

　□ 点击 App 窗口中的滑块图标,或点击{组件浏览器}对象树中的 app. Slider 节点。

　□ 在滑块页滑块栏 Value 右侧填写栏中输入 1。与此同时,滑块组件的指针位置将停留于标尺数值的 1 处。

　□ 在滑块页滑块栏 Limits 右侧填写栏中输入 0,2(注意:在英文状态下输入标点逗号)。与此同时,滑块组件的标尺上、下端刻度将显示 2,0。

● 修改设计视图中滑块的显示名称(见图 8.1-8):

　□ 在 App 图窗(即设计视图页)中双击滑块名称标识 Slider,此时组件浏览器的滑块页面上将显示出该名称标识对象的全部可设置属性。

　□ 滑块名称的修改可在经鼠标双击后的设计视图页直接进行,也可以在滑块所显示的该名称对象的{文本栏}的 Text 属性右侧的填写栏中进行。

　□ 注意:以上修改的只是滑块组件的显示名称,并不改变该目录中滑块节点名称 app. Slider。事实上,节点名称 app. Slider 是程序代码中所罗列的对象属性名(即滑块组件的援引名),该名称由设计平台自动赋予,人工不可改变。

● 经以上步骤后,再次进行"保存"操作。

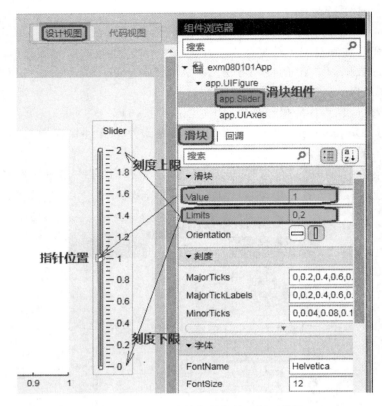

图 8.1-7　设置滑块指针取值及标尺范围

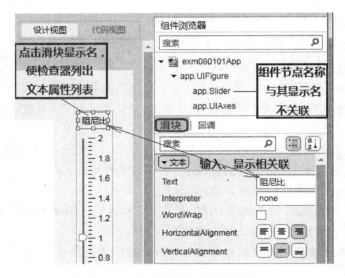

图 8.1-8　滑块组件名称的修改

7）以上组件布局和属性设置自动生成的程序代码

在以上实施组件布局、属性设置、保存等操作的同时，App Designer 设计平台会自动生成相应的 exm080101.mlapp 代码文件。

点选〈代码视图 Code View〉，就会展现如图 8.1 - 9 所示的 exm080101. mlapp 类定义文件。出于篇幅考虑，图 8.1 - 9 仅展示类定义文件的前十几行代码。

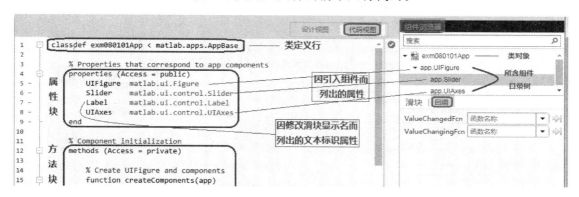

图 8.1 - 9　完成组件布局后所生成的类定义文件

假如此时运行 exm080101. mlapp（运行方法参见步骤 9），就可引出如图 8.1 - 13 所示的静白界面。该应用界面显示布局好的坐标框、滑块和滑块中文名，并且可以用鼠标推拉着滑块指针上下移动。值得指出：此时的指针位置变动是不会引发任何其他变化的孤立动作，其原因是还没有为滑块动作编写引发各组件间互动的回调函数。关于滑块回调函数的编写请见步骤 7 和 8。

8）滑块动作的回调函数框架的引入

为使坐标区能出现响应曲线，并使该曲线形状随滑块指针的上下位置而变化，就需要对发起动作的滑块回调（Callback）属性进行编程。具体如下：

- 在〈组件浏览器〉的组件目录树中，先点选 app. Slider 节点；然后点选〈回调 Callback〉页，于是显示出与图 8.1 - 10 类似的界面。
- 引入自动添加的回调函数框架：
  □ 点击 ValueChangedFcn 属性项最右侧的下拉菜单箭头，其紧邻下方便出现〈添加 ValueChangedFcn 回调〉菜单（见图 8.1 - 10）。
  □ 点击菜单选项〈添加 ValueChangedF-cn 回调〉，引出如图 8.1 - 11 所示界面。此时，App 设计平台的中间区域自动切换到〈代码视图〉页。
  □ 在代码视图页中，显示出包含"一片供设计者编写响应代码的空白区"的回

图 8.1 - 10　为添加滑块回调函数的操作

调函数框架，其默认函数名称为 SliderValueChanged（假如必须，用户可以自定义该函数名）。

  □ 该 SliderValueChanged 函数的第一行是自动生成的。它将滑块指针的位置值 app. Silder. Value 赋给默认变量 value。当然，变量名 value 可由用户根据需要进行自定义。

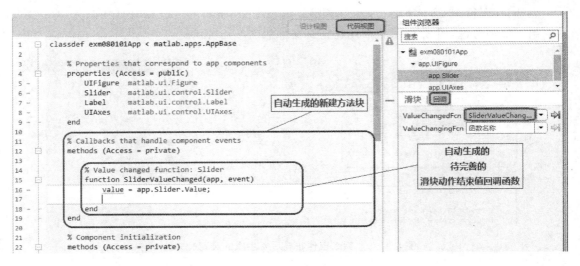

图 8.1 - 11　引入滑块回调函数框架时的默认界面

9) 滑块回调函数的填写和特点

● 根据画响应曲线的要求编写的回调函数体内的完整代码如下(见图 8.1 - 12):

代码	注释	行号
zeta = app. Slider. Value;	% 指针运动结束时的值	(16)
t = 0:0.05:15;	% 时间采样数组	(17)
y = step(tf(1,[1,2 * zeta,1]),t);	% 单位阶跃响应数组	
ym = max(y);	% 响应最大值	
plot(app.UIAxes,t,y,'Color','r','LineWidth',2)	% 绘制红色响应曲线	(20)
app. UIAxes. YLim = 1.2 * [0,max([ym,1])];	% 设置纵坐标范围	(21)
app. UIAxes. Title. String = ['阻尼比 \zeta = ', ...	% 坐标图形名称	(22)
num2str(zeta),'的归一化二阶系统单位阶跃响应'];		
app. UIFigure. Name = 'exm080101App';	% App 应用图窗名称	(24)

● 这段程序的特点是:

□ 从编程思路和各行代码之间的逻辑关系看,该程序与读者所习惯的"面向过程编程"没有区别。

□ 绘线命令 plot 调用格式有些特别,即该命令第一输入量必须是用于指定被绘线的坐标名称 app. UIAxes。

□ 除 zeta、t、y、ym 外,该程序中其他变量名都采用宗亲关系完整的"点调用"格式(注:最近几个 MATLAB 版本,称它为"圆点表示法")。比如 app. Slider. Value 所表达的含义是"类对象 app 中滑块组件 Slider 的指针值 Value"。这些变量可在各方法函数之间、方法函数与组件之间,相互查询、访问和援引。

□ 至于 zeta、t、y、ym 等四个变量,它们仅存在于 SliderValueChanged 函数中,而与该函数外界无关。

10) 保存并运行应用程序 exm080101App. mlapp

运行应用程序,可采用以下两种基本方法中的任何一个。

● 在当前的 App Designer 平台工具条上,直接点击"运行"图标即可完成保存并运行。

● 在 MATLAB 平台的命令窗中,键入应用程序文件名 exm080101App,按回车键运行。

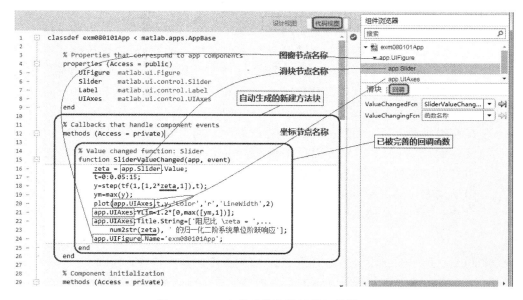

图 8.1 - 12　完善后的滑块回调函数界面

注意:这种运行方法实施前,必须先对文件进行保存操作。

11) exm080101App. mlapp 运行后产生的 App 界面及操作

● exm080101App. mlapp 运行后的界面(见图 8.1 - 13):

　　□ 运行后引出的应用程序界面呈如图 8.1 - 13 所示的静白状,即除窗口左侧的滑块组件较显著地表现出被设计过的模样外,坐标区一片空白,且纵横轴刻度、坐标区标题,以及应用程序图窗名称都呈现为“默认的缺省状态”。

　　□ 在此需要提醒读者注意:尽管该启动后引出的界面形态与回调函数编写前(即步骤 8 前)引出的界面相同,但它已不再对界面操作“无动于衷”。

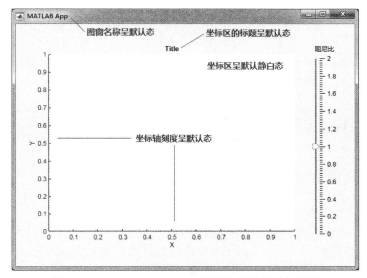

图 8.1 - 13　　exm080101App 运行后的起始静白界面

- 引出界面图形的滑块操作：

  采用以下任何一种滑块操作手法，都可使 App 窗口呈现如图 8.1-1 所示的界面。

  □ 点击滑块标尺法。用鼠标左键点击滑块标尺 0.6 刻度处，滑块指针就会立即移到鼠标点击位置。在左键放开的霎那，App 窗口将发生一系列变化：坐标区中绘出单位阶跃响应曲线，坐标区标题显示为对所画曲线的描述，App 窗口的名称也显出该应用程序的名称 exm080101App（见图 8.1-1）。

  □ 拖拉滑块指针法。用鼠标左键按住滑块指针，将其拉到标尺刻度为 0.6 处，放开鼠标左键，于是 App 窗口界面就出现"由 SliderValueChanged 函数体内代码运行所引发的一系列变化"，使之呈现为如图 8.1-1 所示的模样。

  □ 借助以上任何一种手法对指针进行操作，exm080101App 界面就能呈现出不同阻尼比下的单位阶跃响应曲线。

说明

- 借助 App Designer 设计工具开发 App 应用程序的基本步骤：

  □ 开启 App Designer 设计工具及引出空白的 App 窗口（即设计视图），参见本例第 1 步。

  □ 所需 App 应用界面的"静态"布局设计，参见本例第 2～6 步。在 App Designer 界面的正中空白的{设计视图}页中进行组件的引入、形态调整、铺排布局，以及组件属性的设置。此阶段完成所需 APP 程序界面的静态外观设计，并自动生成相应的代码。

  □ 所需 App 应用界面的"动态"代码设计参见本例第 7、8 步。在 App Designer 界面{代码视图}页所显示的自动生成代码中引入回调函数，并在其函数体内根据设计要求，编写适当的执行代码。此阶段完成所需 App 界面操作引发界面动态变化的代码设计。

  □ 试运行，并根据运行效果进行修改，使其完全符合设计要求，参见本例第 9、10 步。

- 关于本例滑块回调函数的说明：

  □ 在本例中，滑块回调函数是唯一需要用户自己动手编写代码的函数。

  □ 滑块组件有两个行为方式不同的回调函数供用户选择：SliderValueChanged 函数和 SliderValueChanging 函数。前者使界面图形变化发生在鼠标操作结束后（本例即如此），而后者使界面图形的变化随鼠标操作而动。

8.2 影响 App 行为和性能的编程要素

8.2.1 启动函数和 App 界面初始化

为克服 eam080101App.mlapp 运行后引出静白界面的窘境，本例将引入启动函数，使新创建的 exm080201.mlapp 运行后显示反映滑块初始位置值的单位阶跃响应。

例【8.2-1】 本例以例 8.1-1 为基础，通过适当的代码改写，创建一个 exm080201App 应用程序。该程序 exm080201App 启动后将出现如图 8.2-1(a)所示的初始化界面。该界面坐标区显示出 $\zeta=1$ 的绿色单位阶跃响应曲线。本例展示：如何为 App 应用程序引入启动函数框架,以及借助启动函数初始化该 App 应用程序界面。

1) 创建 exm080201App 新应用程序的途径

创建能满足本例要求的应用程序,有以下两个实施方法:

● 全新设计实施法:像例 8.1−1 那样,设计从 MATLAB 提供的模板开启。

● 已有程序修改法:以已有的应用程序为基础,通过组件的重新配置、布局,改写或增写回调函数、启动函数、辅助函数,产生满足新要求的应用程序。

为避免重复表述及出于本例设计简便考虑,下面将以 exm080101App 为基础,创建满足要求的应用程序 exm080201App。

2) 产生待修改的 exm080201App 草稿

● 在 MATLAB 平台上,把 exm080101App. mlapp 文件所在的文件夹设置为当前文件夹。

● 在 MATLAB 平台的当前文件夹窗中,双击 exm080101App. mlapp 文件,引出显示该文件的 App Designer 设计工具界面。

● 在 App Designer 设计平台上,点击工具条"保存"工具图标下的"倒三角",引出下拉菜单。

● 在下拉菜单中,点选"另存为"菜单项,并以 exm080201App 的新名称将文件保存在当前文件夹,或其他位于 MATLAB 搜索路径上的文件夹。

● 在"另存为"操作后,点选{代码视图}页,可以发现原先的 exm080101App 代码已被进行了两处重要修改(这种修改是默认的、自动实施的):

□ 程序第一行的"类定义关键词 classdef"之后的文件名已经从原先的 exm080101App 自动修改为 exm080201App。

□ 与此同时,在代码中与类定义名相同的 App 构造函数(Constructor)的首行也由原先的 function app = exm080101App 修改为 function app = exm080201App。

● 完成以上步骤后,请实施"保存"操作。至此,就得到了 exm080201App 草稿。

● 注意:为使应用程序运行所引出的界面图窗左上角显示 exm080201App 名称,读者应自己动手把 SliderValueChanged 函数体内最后第一行代码修改为

`app.UIFigure.Name = 'exm080201App';`

3) exm080201App 草稿中引入启动函数框架(见图 8.2−1)

参考图 8.2−1,用鼠标点选{组件浏览器}组件目录树中的 exm080201App 节点,再点选{回调}页。然后,再点选"倒三角"下拉菜单图标,并选中〈添加 StartupFcn 回调〉,就可引入启动函数框架(见图 8.2−2)。引出启动函数框架的另一方法见图 8.3−6。

4) 编写启动函数体内程序

本例启动函数的目的是:使 App 应用启动后,在坐标区内绘制出滑块指针值所对应的响应曲线。因此,实施以下操作:

图 8.2−1   引入启动函数框架的操作示意图

● 参照图 8.2−2 把 SliderValueChaned 函数体内的代码复制到 startupFcn 函数体内。

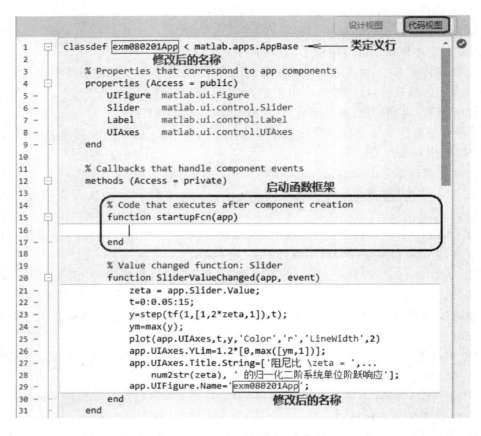

图 8.2 - 2　引入的启动函数框架

- 为让读者能从视觉上感受到启动函数运行和滑块回调函数运行的不同阶段，特作如下修改：
  - □ 为使启动函数绘制出"滑块指针设置值，即 zeta＝1"时的绿色响应曲线，需把 plot 命令中的色彩属性值由 r 修改为 g（见图 8.2 - 3）。
  - □ 为形成启动函数和滑块回调函数产生图形的视觉差别，在滑块回调函数体内代码的最后添加了一行 grid(app. UIAxes，'on')命令，用于显示坐标网格（见图 8.2 - 3）。
- 完成以上步骤后，请实施"保存"操作。
- 5）exm080201App 的运行
- 点击 App Designer 设计界面工具条上的"运行"图标，就可在引出的 exm080201App 图窗中看到如图 8.2 - 4(a)所示坐标区内用绿实线绘制的曲线，坐标标题为"阻尼比 ζ＝1 的归一化二阶系统单位阶跃响应"。
- 启动后，当用鼠标改变滑块指针位置后，exm080201App 应用界面则在带网格的坐标上绘制出如图 8.2 - 4(b)所示的红色响应曲线（注意：曲线绘制发生在鼠标操作结束后）。

图 8.2－3　新写启动函数和修改了的回调函数

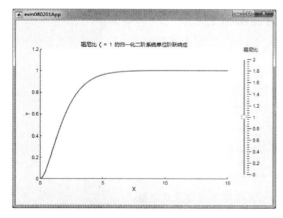

(a) 启动界面

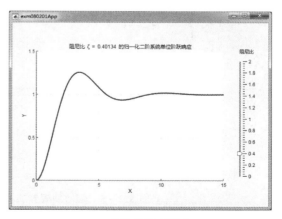

(b) 滑块操作后界面

图 8.2－4　exm080201App 的初始界面和滑块调节界面

8.2.2　辅助函数和 App 程序代码的去冗

细心的读者也许已经注意到：exm080201App. mlapp 中的启动函数 StartFcn(app) 和回调函数 SliderValueChanged(app) 的绝大多数代码是相同的，这被称为代码冗余。本节将以 exm080201App. mlapp 为基础，生成功能不变但代码去冗的 exm080202App 应用程序。

例【8.2-2】　本例展示：如何引入辅助函数框架；如何编写辅助函数；辅助函数引入后，对启动函数及滑块回调函数的简化性修改。

1）exm080202App. mlapp 草稿的产生
● 在 MATLAB 平台界面的当前文件夹中，双击 exm080201App. mlapp，使该文件在 App Designer 设计工具平台上开启。
● 点击 App Designer 设计工具平台的"保存"图标下的倒三角；在引出的下拉菜单中选择"另存为"菜单项；将其保存为 exm080202App. mlapp，形成初稿。
2）辅助函数框架的引入
● 引入辅助函数框架的方法之一（见图 8.2-5）：
　□ 点击｛代码视图｝，使 App Designer 设计界面显示出"编辑器"及其工具条。
　□ 在点击"函数"工具图标下方"倒三角"后引出的下拉菜单中，选择"私有函数"菜单项，便会在 exm080202App 代码中引入一个如图 8.2-6 所示的包含辅助函数框架的"私有方法块"。

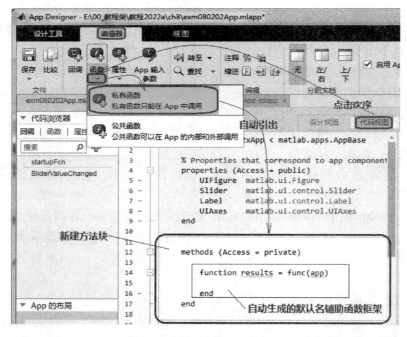

图 8.2-5　借助编辑器工具图标引入辅助函数框架示意图

● 引入辅助函数框架的方法之二（见图 8.2-6）：
　□ 在 App Designer 设计界面上，先点选｛代码视图｝，使界面左侧显现｛代码浏览器｝。
　□ 在｛代码浏览器｝中，选中｛函数｝页，再点击"添加图标"，便能在｛代码视图｝和｛代码浏览器｝中分别出现自动生成的辅助函数框架和辅助函数名（见图 8.2-6）。
3）辅助函数的编写，以及启动函数、回调函数的改写
● 辅助函数的编写（参见图 8.2-7）：
　□ 把 SliderValueChaned 函数体内"第 2 行到最后第 2 行的所有代码"剪贴到辅助函数体内。

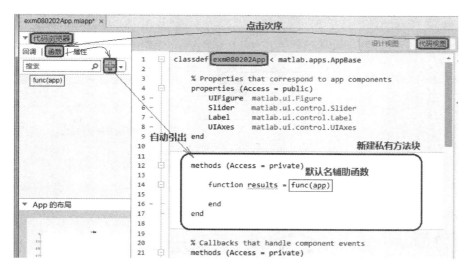

图 8.2 - 6　借助添加图标引入包含辅助函数框架的新建私有方法块

□ 把辅助函数首行的函数名更改为 reuseplot,把 zeta 作为该函数的第 2 输入量(注意:第一输入量必须是默认的 app),并为该函数增写了输出量 LH(响应曲线的句柄)。改写后的辅助函数首行如下:

function LH = reuseplot(app,zeta)

□ 对辅助函数体内 plot 命令行的修改:行前增写"LH = ";行尾增写英文分号";",参见图 8.2 - 7。

□ 把辅助函数体内最后一行代码中的 exm080201App 改为 exm080202App。

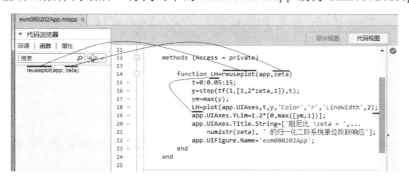

图 8.2 - 7　编写好的辅助函数代码

● 启动函数和原滑块回调函数的改写(参见图 8.2 - 8):

□ 在启动函数中,除保留的第一行外,第二行代码实现对辅助函数的调用并返回曲线句柄,第三行使响应曲线为绿色。

□ 在滑块回调函数中,保留第一行,第二行实施对辅助函数的直接调用(注意:第二行尾的分号可以抑制 MATLAB 命令窗中返回句柄信息的出现)。

4) 保存以上修改,并运行检验修改后的效果

经保存操作后,在 App Designer 设计工具平台上运行该文件所产生的效果与 wxm080201App. mlapp 完全相同(请参照上例第 5 步的叙述和图 8.2 - 4 所示的 App 界面),

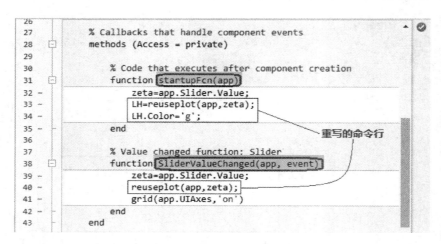

图 8.2-8　编写好的辅助函数代码

但 exm080202App. mlapp 的代码重用性更好。

💡**说明**

- 辅助函数是所有程序（不管是面向过程还是面向对象）去冗的最常用手段。
- 事实上，在面向对象编写的程序中，常采用辅助函数体现较复杂的核心算法，而诸如启动函数、滑块回调函数等通常都仅包含条件控制及对辅助函数调用的代码。本章此后各节的示例文件都将体现该原则。
- 本例中，采用"面向过程编程"惯用的方法，为 LH＝reuseplot(app,zeta)辅助函数设计了 2 个局部变量 zeta 和 LH，以实现不同函数间的数据传递。事实上，在面向对象的类定义文件中，借助"对象专用属性"实现不同函数间的信息交互更便捷（请见下节）。
- 注意：在 App Designer 设计平台上开发 App 应用界面所产生的 mlapp 文件都是面向对象的类定义文件。

8.2.3　自定义属性和数据共享

上节示例生成的 exm080202App. mlapp 文件中，辅助函数计算响应 zr 时所需的阻尼比 zeta 是通过辅助函数的第 2 输入量传递的。事实上，在面向对象编写的类定义文件中，实现不同函数间、不同组件对象间数据共享的最有效载体是"类对象的属性"。以下将通过示例叙述类对象属性的设置和使用。

▲**例【8.2-3】**　本例新应用程序 exm080203App. mlapp 将通过对 exm080202App. mlapp 的修改而产生。本例目的：如何引入类对象专用（私有）属性；类对象属性如何实现不同函数和组件间数据共享；类对象属性的表达格式；演示"实时反馈滑块位置移动值"的滑动回调函数的功能；如何删除 mlapp 类定义文件中由用户导入及编写的回调函数。

1）生成 exm080203App. mlapp 草稿

- 在 MATLAB 平台界面的当前文件夹中，双击 exm080202App. mlapp，使之在 App Designer 设计工具平台上开启。

- 把类定义文件中 reuseplot 函数体内最后一行代码中的 exm080202App 修改为 exm080203App。
- 采用"另存为"操作,将其保存为 exm080203App. mlapp,获得草稿。

2) 引入自定义私有属性块

- 引入自定义属性的两种常用方法:
  - □ 借助编辑器工具图标的创建法(见图 8.2-9 中圆角粗线框标志):选中⟨代码视图⟩;在"编辑器"页上,点选"属性"工具图标下的"倒三角";在引出的下拉菜单中,选择"私有属性"菜单项,便可在 exm080203App 类定义文件中插入新的自定义属性块(见图 8.2-9)。
  - □ 借助代码浏览器的创建法(见图 8.2-9 方角细线框标志):选中⟨代码浏览器⟩中⟨属性⟩页;再点击"添加"图标右侧的"倒三角",引出下拉菜单;选择"私有属性"菜单项。至此,也能引出新的自定义属性块(见图 8.2-9)。

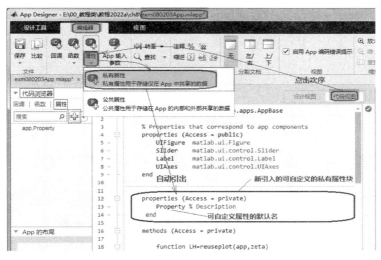

图 8.2-9　引出自定义属性块的操作要点

3) 自定义属性和函数代码的修改(见图 8.2-10)

- 在"Access＝private 私有秉质"(意指:仅供本类定义使用)的自定义属性块中,需创建以下 2 个属性变量:
  - □ 阻尼比 zeta＝0。该属性在本例中的功用一:预赋值 0 将用作 App 初始化界面中响应曲线的阻尼比。功用二:在应用界面上实施滑块操作时,用于存储滑块指针运动结束值(或实时随变值),并接受 reuseplot 函数的访问援引。
  - □ 自变量 t＝0:0.05:15,该数组在运行过程中始终保持不变,供 reuseplot 函数的访问援引。
- 对 reuseplot 辅助函数的修改:
  - □ 因为新建的 zeta、t 都是类定义的属性,所以它们都包含在本类定义文件运行后生成的 app 对象变量中。因此,图 8.2-10 的第 19 行的 reuseplot 辅助函数的输入变量表中,就不需要再列出第 2 输入变量 zeta。基于同样理由,图 8.2-10 的第 20 行也不再需要。

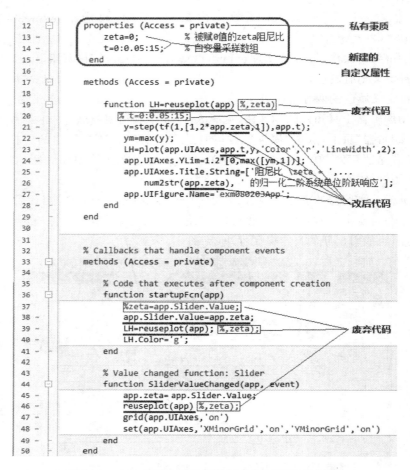

图 8.2 − 10　采用自定义属性后的代码修改示意图

□ 概括地说,zeta、t 作为类定义专用(私有)属性,可以在本类定文件的任何代码位置, 该文件的任何运行时间,借助"点调用"结构形式进行访问、援引及赋值。因此,在 reuseplot 辅助函数中,原 exm080203App 草稿文件的 zeta、t 变量名都应该分别用 app. zeta、app. t 替换(见图 8.2 − 10)。

● 对 startupFcn 启动函数的修改:

□ 本例为了演示,借助自定义属性 zeta＝0 对应用界面初始化,所以废弃了图 8.2 − 10 第 37 行的草稿代码。

□ 为了使起始应用界面中滑块指针位置与 zeta＝0 相一致,新增了一行用于设置滑块 指针位置的代码(见图 8.2 − 10 第 38 行)。

□ 按新修改的 reuseplot 辅助函数调用格式,对原草稿代码进行修改(见图 8.2 − 10 第 39 行)。

● 对 SliderValueChanged 回调函数的修改:

□ 先把滑块指针移动后的位置值赋给新建属性变量 app. zeta(见图 8.2 − 10 第45行)。

□ 然后,该新的阻尼比再通过 app 传送进辅助绘图函数,用于更新界面曲线(见图 8.2 − 10 第 46 行)。

4）在类定义文件中增添"实时反馈滑块位置移动值"的回调函数 SliderValueChanging

此前滑块回调都使用 SliderValueChanged，该回调函数"反馈滑块运动结束位置值"。下面讲述，如何把滑块回调函数改换为"实时反馈滑块位置移动值"回调函数 SliderValueChanging（app）。

- 在｛组件浏览器｝中，鼠标右键点击目录树节点 app. Slider；在引出菜单中，点击"回调"项，并在引出菜单中选择"添加 ValueChangingFcn 回调"菜单项，于是在类定义中就会自动添加 SliderValueChanging（app，event）回调函数的框架（见图 8.2 - 11）。
- 把 SliderValueChanging（app，event）框架回调函数体内第一行中自动生成的提示变量 changingValue 修改为 app. zeta。
- 再把原 SliderValueChanged（app，event）回调函数体内的第 2～4 行代码复制为 SliderValueChanging（app，event）框架回调函数体内的第 2～4 行。

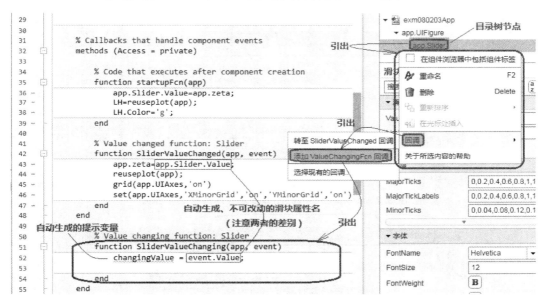

图 8.2 - 11　为滑块增添新回调函数的操作示意及新老回调函数差异

5）删除原"反馈滑块运动结束位置值"的回调函数（见图 8.2 - 12）

- 在设计平台左侧的｛代码浏览器｝中，选中"回调"后，便见其下栏板中罗列着该类文件中现有的各回调函数名；
- 用鼠标右键点选待删除的 SliderValueChanged 函数名，并随之在所引出的菜单中点选"删除"项。

6）运行修改后的 exm080203App

- 点击设计平台上的"运行"工具图标，平台将先对修改后文件实施"保存"，然后再"运行"。

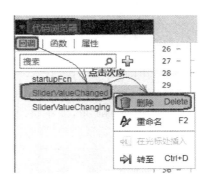

图 8.2 - 12　删除多余回调函数的操作示意

- exm080203App 界面的工作观察：

    □ 运行后的应用程序初始化界面如图 8.2 – 13 所示。

    □ 在此 App 界面上拖拉滑块指针，响应曲线瞬即随变，而不像此前 App 示例那样需在鼠标释放后才变。

    □ 此外 exm080203App 界面在滑块操作后产生的坐标具有细化网格，以示区别。

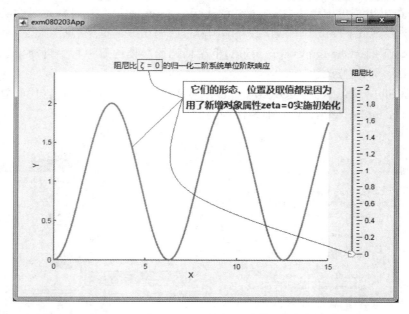

图 8.2 – 13   exm080203App 应用程序的初始化界面

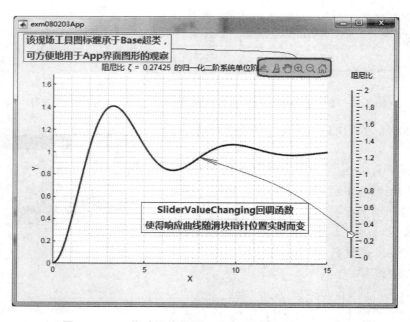

图 8.2 – 14   拖动滑块指针可使响应曲线瞬即随之而变

8.2.4　接受外部输入的 App 应用程序

此前各节示例所创建的 App 应用程序都是"自封闭"的,即应用程序内外没有任何数据传递。本节将介绍如何借助启动函数及含输入量的 App 运行格式,把外界的数据传递给 App 应用程序。

例【8.2-4】　本例新应用程序 exm080204App. mlapp 将通过对 exm080203App. mlapp 的修改而产生。对新应用程序的要求是:允许无输入量运行;允许输入任何阻尼比运行;允许输入阻尼比,并输入绘制响应曲线的任何时间范围。此外,本例还显示如何在设计平台上运行含输入量的应用程序;如何在命令窗中通过编程代码直接运行含输入量的应用程序;关于变长度输入变量 varargin 的使用及说明。

1) 生成 exm080204App. mlapp 草稿

参照上例中关于生成草稿文件的表述,利用 exm080203App. mlapp 获得新的 exm080204App. mlapp 草稿。

2) 在新 App 草稿的启动文件中引入输入量(见图 8.4-15)

- 在 App Designer 设计平台上,点选｛代码视图｝,使平台在"编辑器"页面上显示出程序代码。
- 点击"编辑器"工具条上的"App 输入参数"图标,引出"待添加输入参数"对话窗(见图 8.2-15(a))。
- 因为本例允许"无输入、单或双输入量",所以在"输入参数"空白框里填写 MATLAB 专门提供的"变长度输入变量名"varargin,然后点击"确定"按键,原有 startupFcn 启动函数的输入列表中就会在 app 之后自动添加 varargin(见图 8.2-15(b))。

3) 改写新 App 草稿中的启动函数体内代码

为了满足新 App 能在无输入、1 个、2 个输入量的情况都正常运行,需对草稿中的 starupFcn 启动函数进行如图 8.2-16 所示的适应性修改,然后再进行"保存"操作,这样就得到了满足本题要求的 exm080204App。

关于 sartupFcn 修改代码的说明:

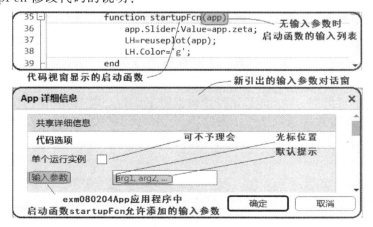

图 8.2-15(a)　无输入参数启动函数代码和待添加输入参数对话窗

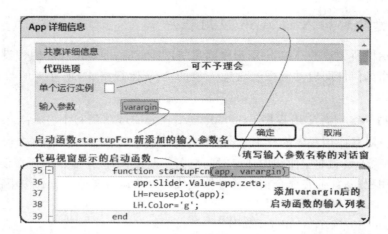

图 8.2－15(b)　添加 varagin 输入参数的对话窗和新生的含输入参数的启动函数

- 在 sartupFcn 函数体内，第 36～41 行代码是为适应不同数目输入量而新添加的。
  - □ 它们会根据运行 exm080204App 时外给输入量数目的不同，在该文件启动后决定是否对 App 对象的属性 zeta 和 t 进行重置。
  - □ 本例中，假如运行格式中除 app 外，还附带外给输入，那么第 2 输入必须是阻尼比，取[0，2]区间中的任何实数。第 3 输入必须是用作时间采样的实数数组。

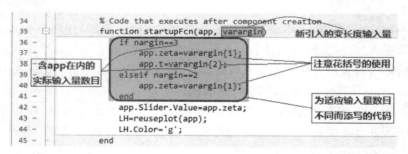

图 8.2－16　为使 App 适应不同数目的输入量而进行的修改

4) 包含 1 个外给输入量的 exm080204App 的首次运行

在完成以上步骤后，如果直接点击 App 设计平台工具条上的运行图标（见图 8.2－17 (a)），那么 exm080204App 所给出的初始界面将与 exm080203App 没有任何区别，即初始界面绘制的是阻尼比为 0 的曲线、滑块指针也在 0 处（见图 8.2－13）。

若用户希望 exm080204App 的初始界面呈现阻尼比为 2 的响应曲线，那么可以借助外给输入实现。该条件下的首次运行操作步骤如下：

- 在 App 设计平台上，点击"含倒三角图标的运行"工具图标区（见图 8.2－17(a)），引出下拉菜单。
- 在下拉菜单的"含浅灰 varargin 提示符的方框"中填写数值 2（见图 8.2－17(b)）；按[回车]键，exm080204App 就带着这个外给输入量开始运行，产生如图 8.2－18 所示的初始界面。在此界面上的曲线、坐标标题、滑块指针位置正是由外给阻尼比数值 2 决定的。

- 请注意：在首次运行后，在 exm080204App 激活状态下的 App 设计平台工具条上运行图标的形态将发生变化，请读者对照图 8.2-14(a)和图 8.2-19 中的运行图标。

(a)　　　　　　　　　　　　　(b)

图 8.2-17　带 1 个外给输入量运行格式的首次操作示意图

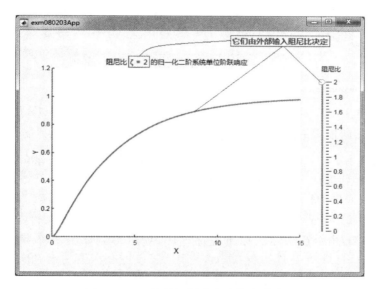

图 8.2-18　外给阻尼比产生的启动界面

5）包含 2 个外给输入量的 exm080204App 的首次运行

在设计平台上，exm080204App 包含 2 个输入量格式的首次运行步骤与含 1 个输入量情况大致相同。具体如下：

- 在 App 设计平台上，点击"含倒三角图标的运行"工具图标区（见图 8.2-16），引出下拉菜单。

- 在下拉菜单的"含浅灰 varargin 提示符的方框"中填写阻尼比数值和时间采样数组

图 8.2-19　首次运行含输入量 exm080204App 时的运行图标及下拉菜单

（见图 8.2-19）；按［回车］键，exm080204App 就带着这 2 个外给输入量开始运行，并产生如图 8.2-20 所示的初始界面。

- 请注意：所引出的初始界面上坐标标题和滑块指针位置都由输入量 0.3 确定，而坐标的横坐标刻度已由外给的第 2 输入重置,所画的响应曲线则受两个输入量的共同影响(见图 8.2 - 20)。

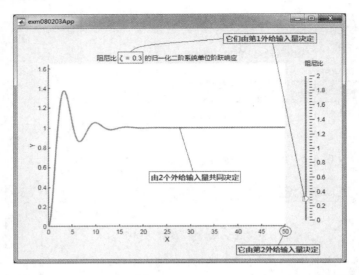

图 8.2 - 20　　运行 exm080204App(0.3,0:0.1:50)格式命令后的初始界面

6) 借助 MATLAB 编程代码运行 exm080204App. mlapp 应用程序

在此前的所有示例中,制作的各个 App 应用程序都是在 App Designer 设计平台上运行的。事实上,所有制作完成的 App 应用程序都可以借助命令窗命令运行或被其他程序调用。下面以包含 2 个输入量的格式为例,在命令窗中运行生成 App 应用界面。

● 确保被调用的 exm080204App. mlapp 文件在 MATLAB 当前文件夹或搜索路径上。

● 在 MATLAB 命令窗中运行以下程序代码,就可得到如图 8.2 - 21(a)所示的初始界面。

```
zeta = 0.2;                      % 在 MATLAB 基本空间中生成阻尼比变量
t = 2:0.1:10;                    % 在 MATLAB 基本空间中生成时间采样数组变量
exm080204App(zeta,t)            % 以 2 输入量格式运行应用程序
```

说明

● 值得指出:虽然 App 程序编写者只是改写了 startupFcn 启动函数的部分代码,但实际上在用户保存修改内容时,App Designer 设计平台还自动把 exm080204App. mlapp 类定义文件中构造函数修改为**app = exm080204App(varargin)**,把该函数体内的运行启动函数命令修改为**runStartupFcn(app, @(app)startupFcn(app, varargin{:}))**,如图 8.2 - 22 所示。

● varargin 本身是 MATLAB 设计的一个以元胞数组为载体的专用变量,只能用作MATLAB 函数输入列表中的最后一个输入量。

● 关于"含 varargin 输入量的函数调用格式的说明":

出于具体化考虑,下面解释均以本例创建的 exm080204App. mlapp 应用函数为例。

□ exm080204App. mlapp 应用函数的调用格式是由图 8.2 - 16 中人工添加的代码决定的。修改代码可以得到其他的调用格式,比如允许 3 个或更多的输入量。

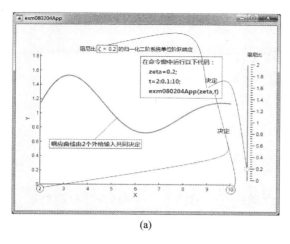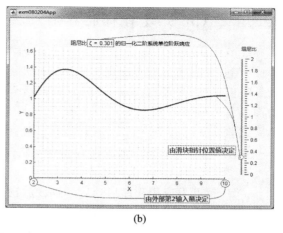

(a)　　　　　　　　　　　　　　　　　　(b)

图 8.2 - 21　代码 exm080204App(zeta,t)运行产生的初始界面及滑块操作后界面

图 8.2 - 22　被自动修改的构造函数

□ exm080204App. mlapp 应用函数允许以下所列各种调用格式:注意在以下格式中,
zeta、t 必须是已经被赋值的数值变量,或者这两个变量位置直接用适当的具体数值
代替。

exm080204App	% 无输入量调用格式
exm080204App(zeta)	% 含 1 个阻尼比输入量的调用格式
exm080204App(zeta,t)	% 含阻尼比及时间采样数组等 2 个输入量的调用格式
APP = ...	% 运行后产生对象输出的以上三种调用格式

8.3　App 应用程序开发流程

在前两节基础上,本节将以设计制作"多个组件控制数学图形的演示 App"为例,系统地
介绍 App 应用程序开发的一般步骤。

8.3.1　App 开发目标的界定

App 应用程序开发的起点是"开发目标"，而开发目标是由外界需求和现有资源决定的。因此，App 开发人员首先需要对开发目标进行界定。

举例来说，本书的 App 开发目标是"适合本书读者对象的 App 教材示例"。该示例应以前面各章为基础，所用控件应具有典型性、可延拓性，开发步骤则应具有一般性。于是，在几个草案试验基础上，归纳出如下具体的开发目标：

● 待开发 App 应用程序应具有如图 8.3 - 1 所示的图窗界面。
● 对坐标区曲线、曲面的要求：
    □ 待开发应用程序启动后，界面应初始化为既画有阻尼比为 0.4 的阶跃响应曲线，还画有半透明的彩色 3 维响应曲面背景，如图 8.3 - 1 所示。响应曲线与响应曲面的关系是：阻尼比在 [0,2] 区间内取值的任何一条响应曲线必定落在 3 维响应曲面上。
    □ 参照响应曲面采用半透明的彩色曲面来表现。响应曲面绘制在 0:0.05:15 时间采样数组与 0:0.02:2 阻尼比数组张成的网格上。

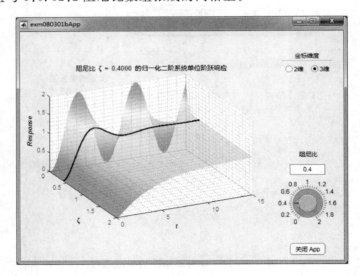

图 8.3 - 1　待开发目标 App 的界面图窗

● 控件的选用及配置：
    □ 借助"单选按钮组"控件，使响应曲面和响应曲线可在 3 维视图（默认）和 2 维视图之间切换。"切换按钮组"的功能及使用方法与"单选按钮组"相似。
    □ 借助"数值编辑字段（框）"控件输入准确数值的阻尼比。"数值编辑框"是快捷输入准确值的最常用组件。
    □ 转动"旋钮"指针可使系统阻尼比在 [0,2] 区间内连续快速地变化，并使坐标中的曲线实时随变。"旋钮"与"滑块"的功能及使用方法相似。
    □ 在任何时候，界面上所有控件显示的数值、位置、曲线等形态都应协调一致。"数值编辑框"和旋钮指针位置之间的协调一致，可典型地表现不同组件间的数据交换及共享。

　　□ 借助"按钮"控件,关闭 App 应用界面图窗。"按钮"是关闭 App 界面的最常用组件。
● App 应用界面图窗的整体布局:
　　□ 坐标区布置在 App 界面的左侧,约占全界面宽度的 3/4。
　　□ 所有控件都铺排在 App 界面的右侧,它们自上而下的次序为:二选一的单选按钮组
　　　（控制维度）,数值可编辑框（显示或设置阻尼比）,旋钮（可连续改变阻尼比）,按键
　　　（关闭 App）。

8.3.2　可视化程序的准备和功能分解

　　一般的 App 应用程序开发,首先要解决数学图形的绘制、表演内容的表述。以本节的待
开发目标 App 为例,对于 App 开发初学者来说,想一气呵成地编写出生成如图 8.3-1 界面的
App 程序相当困难。再考虑到 App Designer 设计平台生成的面向对象程序,更增加了初学者
的生疏感。

　　一般说来,在不熟悉"面向对象编程"的情况下,解决数学问题可视化编程可取方法是先从
"面向过程编程"着手,然后在 App Designer 设计平台的辅助下,按 App 应用要求,把"面向过
程"写就的各段代码分配给由 App 设计平台引出的启动函数、辅助函数、控件及其回调函数。

　　在着手设计 App 应用程序之前,先考虑如何编写图 8.3-1 左侧所示的曲线、曲面图形。
对于一般读者来说,可以先按"面向过程思路"编写绘制目标图形的程序。

　　为标识和叙述方便,按"面向过程思路"编写的 exm080301_00. mlx,采用图 8.3-2 展示
的方案。(注:该文件的代码可从配套于本书的数字化文件获取。)

图 8.3-2　准备性程序及其代码在 App 应用程序中的分配预案

　　根据所设开发要求,凭借前两节学到的设计平台开发 App 的基本知识,可把这段代码分门别类地向辅助函数、回调函数、组件属性、App 对象属性等进行预分配,如图 8.3-2 所示。

8.3.3　App 应用程序的构建

　　在 App Designer 设计平台上开发 App 应用程序,先在平台上借助鼠标拖拉等操作完成对 App 界面的布局,并获得由设计平台自动生成的 App 框架性程序;然后编写辅助函数、启动函数、回调函数、设置对象属性,以达到 App 的开发要求。

1. 创建 App 的框架性程序

　　本节讲述实现目标 App 的中间步骤,即创建 App 的狭义框架性程序。这种程序运行后可形成布局与设计目标一致的界面,界面组件也可被鼠标独立操作,但组件与组件间、组件与图形间无法联动。在此,"狭义"是指虽已引入组件并布局,但还没有引入各组件的回调函数框架。为阐述具体化,本节以示例形式展开。

◀**例【8.3-1】**　根据第 8.3.1 节所述设计要求,创建如图 8.3-1 所示组件布局的 App 应用程序的狭义框架性文件 exm080301App. mlapp。本例系统展示:组件引入和布局,单选按钮组件中多余按钮的删除,旋钮刻度的设置,组件名称的改写,坐标轴名称的字体控制、坐标网格属性设置。

　　1) 在 App Designer 设计平台上引入待建 App 所需的组件
　● 设计平台的开启和空白模板的引入:
　　□ 在 MATLAB 平台界面的顶部,选中"APP"页;
　　□ 点击"App"页工具条最左侧的"设计 App"工具图标,引出"App 设计工具首页";在首页上,点选"空白 App",引出名为 app1. mlapp 灰色空白画布。
　● 挑选并引入组件库中的适用组件:
　　□ 把常用子库中的"坐标区"组件拉到画布左侧;
　　□ 再把常用子库中的"单选按钮组""(数值)编辑字段""按钮",以及仪表子库中的"旋钮"组件逐个拉到画布右侧,并按图 8.3-1 要求的次序和位置铺排各个控件,由此得到如图 8.3-3 所示的界面组件初稿。

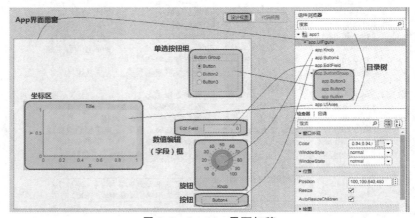

图 8.3-3　App 界面初稿

2）按要求逐个调整各组件的几何性质、标识及其他属性

● 对"单选按钮组"的调整：

　□ 用鼠标右键点选画布上"单选按钮组"中的 Button3，或点选组件浏览器目录树中的 app.button3 节点，在引出的现场菜单中，选择"删除"菜单项，使按钮组从默认的"三选一"变为"二选一"。

　□ 用鼠标双击画布上"二选一"组的 Button Group 名称，使其高亮，然后把此名称改为"坐标维度"；再在右侧{检查器}的 TitlePosition 栏中，选择"向中对齐"图标；在"颜色和式样"分类目录的 BorderType 栏中，点击"倒三角"引出下拉菜单，再选择"none"，使单选按钮组的外边框消失。

　□ 用鼠标分别双击画布"坐标维度"下的 Button 名称，待高亮后，将其修改为"3 维"。采用同样的方法，将 Button2 名称修改为"2 维"。

　□ 借助鼠标操作使这两个点选键呈水平排列，并使它们上下对齐。

● 对"数值编辑字段"的调整：

　□ 将编辑框标识由"Edit Field"修改为"阻尼比"，并把此标识从编辑框的左侧拖拉到框的上方。

　□ 在"组件浏览器"分类目录中的 HorizontalAlignment 栏选点"向中对齐"。

　□ 在"组件浏览器"分类目录中的 ValueDisplayFormat 栏，把 11.4g 改写为 5.4g。这种改写可使其显示的数值位数不因太长而看得眼花缭乱。

● 对"旋钮"的调整：

　□ 删除"旋钮"组件的默认标识名 Knob。

　□ 在"组件浏览器"的"旋钮"分类目录的 Limits 栏中，把默认的"0,100"修改为"0,2"。注意：修改应在键盘英文状态下进行。

　□ 在"刻度"分类目录中，将 Major Ticks 栏的默认刻度修改为 0:0.2:2；再将 Minor Ticks 栏中的默认刻度修改为 0:0.05:2。

● 对"按钮"的调整：

　□ 用鼠标双击画布上按钮图标的默认标识 Button，在英文词高亮后，把它修改为"关闭 App"。

● 对"坐标区"的属性设置：

　□ 在组件浏览器的目录树中，点选 app.UIAxes 节点。

　□ 在坐标区"标签"分类目录中填写如下：

　　XLabel.String 属性栏中填写 \bf {\zeta}

　　YLabel.String 属性栏中填写 \bf\it t

　　ZLabel.String 属性栏中填写 \bf\it Response

　□ 在"网格"分类目录中使 XGrid、YGrid、ZGrid 和 XMinorGrid、YMinorGrid、ZMinor-Grid 等 6 个属性均处于"勾选"状态。

3）对画布上的所有组件作整体布局（见图 8.3-4）

● 参照图 8.3-1，借助鼠标和画布工具图标对画布右侧的所有组件进行全局性铺排：

　□ 使数值编辑框与旋钮排得稍靠近些，因为这两个组件都可用于对阻尼比的设置和显示。

　　□ 使右侧所有控件占据幅面不超过画布横宽的 1/4。

　　□ 使右侧所有控件"向中对齐"。

● 调整坐标的几何形状：

　　□ 使坐标区占据幅面约 3/4 画布横宽。

　　□ 使坐标区宽高比稍大于黄金分割数 0.618，比如 0.7 左右。

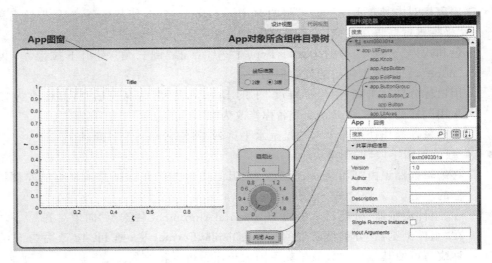

图 8.3 - 4　待建 App 应用程序框架性文件的画布形态

4) 保存和运行

● 在 App Designer 平台上，把以上工作成果"另存为"exm080301. mlapp 文件。

● 在 App Designer 平台上，运行该框架性文件，可以观察到：

　　□ 文件运行所引出的 App 应用界面与图 8.3 - 4 中的 App 图窗形态几乎完全相同。

　　□ App 界面上的单选按钮可用鼠标点选切换，数值编辑框内可以输入任何数值，旋钮的指针可转动到任何位置，右下方角的关闭按钮也可点动。但是，所有这些操作引起的变化仅仅表现在被操作组件自身，而不可能对别的组件(包括坐标区、界面图窗)产生任何影响。

2. 编写使 App 灵动的方法函数

　　上小节例 8.3 - 1 只是完成了待建 App 框架性文件的创建。为使界面灵动，满足第 8.3 - 1 的设计要求，就必须编写各种方法函数(包括启动函数、回调函数及辅助函数)。这正是本节示例的内容，它以 exm080301App. mlapp 为基础。

◢例【8.3 - 2】　根据第 8.3.1 节所述设计要求和第 8.3.2 节对 exm080301_00. mlx 程序代码的功能分解预案，以框架性文件 exm080301App. mlapp 为基础，创建能实现设计目标的 exm080302App. mlapp。本例旨在展示：在面向对象编写的程序中，属性变量援引格式、绘图命令格式与"常见的面向过程程序"的区别；新增的 zeta、t、LH 等对象属性，如何用于组件间数据共享、数据交换；如何通过程序代码协调图形、标识及各组件形态；如何借助句柄改画曲线；如何借助观察角设置命令 view 实现 2 维和 3 维坐标表现的切换；帮助理解各方法函数中输入量 app 变量的作用。

1) 添写专用属性
- 在开启 exm080301. mlapp 的 App Designer 设计平台上,把文件"另存为"exm080302. mlapp。
- 点击{代码视图},引出相应的"编辑器"页面(类似于图 8.2 - 9)。
- 在"编辑器"页上,点选"属性"工具图标下的"倒三角";在引出的下拉菜单中,选择"私有属性"菜单项,在 exm080302 的类定义文件中就会引出一个新的自定义属性块(见图 8.3 - 5)。
- 在白背景色的属性块中,填写 zeta、t、LH 等 3 个属性(参见图 8.3 - 5)。具体代码如下:

```
zeta = 0.4;              % 初始阻尼比(此变量可存储实时变化值)
t = 0:0.1:15;            % 用作响应曲线计算和绘图的时间采样数组(此值始终不变)
LH = [ ];                % 响应曲线的图形句柄(初值为"空")
```

2) 编写绘制背景响应曲面和响应曲线的辅助函数
- 添写第一个辅助函数,用于绘制背景响应曲面(见图 8.3 - 5):
  - □ 在"编辑器"页上,点选"函数"工具图标下的"倒三角";在引出的下拉菜单中,选择"私有函数"菜单项,在 exm080302App. mlapp 的类定义文件中就会引出一个新自定义的方法函数块,且其背景色为白(见图 8.3 - 5)。
  - □ 把自动生成的默认函数名修改为 Refsurf(app)。注意:不要对默认输入列表做任何改动。
  - □ 把 exm080301_00. mlx 文件中的第 4～14 行代码写入其函数体内。
  - □ 需特别指出的要点之一:被复制进辅助函数 Refsurf(app)的 11 行代码中,所有 zeta 变量名都应修改为 app. zeta;所有 t 都应修改为 app. t。这样做是因为 zeta、t 都是对象 app 的属性;而在面向对象编程的程序中,属性的援引都应标明该属性所依附的具体对象。
  - □ 需要特别指出的要点之二:被复制进辅助函数 Refsurf(app)的所有图形绘制及修饰命令都应以"该命令作用的目标对象"为第 1 输入量。具体地说,在复制进的 surface、shading、colormap 等命令中,都应在它们的第 1 输入量位置添写 app. UIAxes。
  - □ 此外,还应在 Refsurf(app)函数体的最后,添写如下两行命令:

```
view(app.UIAxes,[64,34])            % 使绘制图形以特定视角显示为 3 维图形
app.UIFigure.Name = 'exm080302App';  % 为该 App 应用程序图窗命名
```

- 添写第二个辅助函数,用于绘制响应曲线(见图 8.3 - 5):
  - □ 在同一的方法块中,再创建一个辅助函数,其函数名为 Resplot(app)。
  - □ 把 exm080301_00. mlx 文件中的第(23～27)行代码复制进 Resplot 函数体内。
  - □ 遵照"面向对象编程"规则,把被复制代码中的所有 zeta、t 变量名修改为 app. zeta、app. t;在 line、title 等图形绘制及修饰命令中,都应在第 1 输入量位置添写 app. UIAxes。
  - □ 此外,为便于对 line 命令创建的曲线进行更新,在 line 命令前还应添写"app. LH =",把绘制曲线的句柄赋给新添的对象属性 LH。

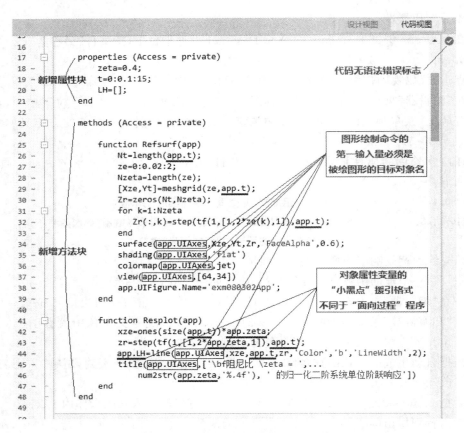

图 8.3 - 5　添写的专用属性和方法块

3）为 App 应用程序图窗初始化，编写启动函数

● 在〈组件浏览器〉中，用鼠标右键点击目录树的"根节点 exm080302App"，引出现场菜单（见图 8.3 - 6）；在菜单中选中"回调"项后，再在由此引出的子菜单中选中"添加 StartupFcn 回调"；于是在由〈代码视图〉显示的类定义文件中就会自动出现名称不可改变的 StartupFcn 启动函数。（引出启动函数框架的另一方法见图 8.2 - 1。）

图 8.3 - 6　为引出启动函数框架的操作示意

● 编写其函数体内代码后的完整启动函数如下：

```
function startupFcn(app)                    % 自动生成,不可修改
    app.EditField.Value = app.zeta;          % 据属性值使编辑框数值初始化
```

```
   app. Knob. Value = app. zeta；；          % 据属性值使旋钮指针位置初始化
   Refsurf(app)                            % 调用辅助函数绘制响应曲面
   Resplot(app)；                          % 调用辅助函数绘制响应曲线
end                                        % 自动生成,不可修改
```

- 在设计平台上,先实施"保存"操作,再点击"运行"图标,可观察到:
  - □ 运行后产生的 App 初始化界面已与图 8.3-1 所示界面相同。
  - □ 虽然已经具有了初始化 App 界面,坐标维度的切换操作、编辑框数值的改写、旋钮指针位置的改变及关闭按钮的操作都可以实施,但都不会对坐标区的图形和界面窗口产生任何影响。原因是:各组件的回调函数尚未编写。

4) 为各控件编写回调函数

- 为"二选一按钮组"编写回调函数:
  - □ 在目录树中,右键点选 app. ButtonGroup 节点;在由此引出的现场菜单中,再点"回调"菜单项,然后再在引出的子菜单中,选中"添加 SelectionChangedFcn 回调"菜单项;于是在 exm080301b 的类定义文件中就可见到相应的插入回调函数框架。
  - □ 在回调函数体内写入实现"二选一"的代码,生成完整的回调函数如下:

```
function ButtonGroupSelectionChanged(app, event)   % 自动生成,不可修改
   selectedButton = app. ButtonGroup. SelectedObject；   %(自动生成)获得所选按钮身份名
   if selectedButton = = app. Button_2                  % 若选"2 维"按钮
      view(app.UIAxes,[90,0])                           % 显"Y-Z"坐标图形
   else
      view(app.UIAxes,[64,34])                          % 显 3 维坐标图形
   end
end                                                     % 自动生成,不可修改
```

- 为"数值编辑字段"编写回调函数:
  - □ 在目录树中,右选 app. EditField 节点 → 选现场菜单中的"回调"项 → "添加 Edit-FieldValueChanged 回调"。于是,在类定义中引入相应的回调函数框架。
  - □ 在函数体内写入适当代码,形成完整的回调函数如下:

```
function EditFieldValueChanged(app, event)          % 自动生成,不可修改
   % value = app. EditField. Value；                % 废止该自动生成的执行语句
   app. zeta = app. EditField. Value；              % 把编辑字段数值赋给属性变量 zeta
   app. Knob. Value = app. zeta；                   % 使旋钮指针位置与新 zeta 值一致
   zr = step(tf(1,[1,2 * app. zeta,1]),app. t)；    % 计算响应
   app. LH. ZData = zr；                            % 改变曲线的 Z 轴向数值
   app. LH. XData = ones(size(app. t)) * app. zeta； % 改变曲线的 X 轴向数值
   app. UIAxes. Title. String = ['\bf 阻尼比 \zeta = ',.% 重置坐标标题
      num2str(app. zeta,'%. 4f'),' 的归一化二阶系统单位阶跃响应 ']；
end                                                 % 自动生成,不可修改
```

- 为"旋钮"编写回调函数(见图 8.3-7):
  - □ 参照图 8.3-7 的鼠标操作示意,在引出的子菜单中选择"KnobValueChanging"菜单项,使回调函数框架引入类定义文件。
  - □ 编写完整的旋钮指针实时位置回调函数如下:

图 8.3 - 7　为引出旋钮回调函数框架的操作示意

```
function KnobValueChanging(app, event)          % 自动生成,不可修改
  % value = event.Value;                        % 废止该自动生成的执行语句
  app.zeta = event.Value;                       % 把旋钮指针当前值实时地赋给属性变量 zeta
  app.EditField.Value = app.zeta;               % 使编辑框数值实时反映新 zeta 值
  zr = step(tf(1,[1,2 * app.zeta,1]),app.t);
  app.LH.ZData = zr;
  app.LH.XData = ones(size(app.t)) * app.zeta;
  app.UIAxes.Title.String = ['\bf 阻尼比 \zeta = ',...
    num2str(app.zeta,'% .4f'), '的归一化二阶系统单位阶跃响应'];
end                                             % 自动生成,不可修改
```

- 为"(关闭)按钮"编写回调函数:
  - □ 在目录树中,选中 app. AppButton 节点,采用与上类似的操作方法,添加 AppButtonPushed 回调函数框架。
  - □ 人工编写完整的回调函数如下:

```
function AppButtonPushed(app, event)        % 自动生成,不可修改
  close(app.UIFigure)                        % 关闭 App 界面图窗
end                                          % 自动生成,不可修改
```

5)保存及运行试验

- 在 exm080302App"高亮激活"的设计平台上,点击"运行"图标就可引出与图 8.3 - 1 一样的初始化界面。(顺便指出:设计平台在执行运行命令前,会先自动保存修改文件!)

- 点击"2 维"按钮，App 应用程序界面就变为图 8.3 - 8 的形态。
  - □ 2 维坐标中绘制阻尼比为 0.4 的蓝色二阶系统单位响应曲线。显然，响应曲线在 2 维坐标中的形态比 3 维坐标更便于精细观察。
  - □ 2 维坐标中的响应曲面表现出：当阻尼比在 $[0, 2]$ 区间变化时，相应曲线所在的范围。
  - □ 界面上的编辑框数值、旋钮指针位置，以及坐标标题中的阻尼比数值都是一致的。
- 当用鼠标连续改变旋钮位置时，编辑框中的数值会实时随变。与此同时，坐标中的曲线形状及坐标标题阻尼比都将实时地随之变化。
- 编辑框改变阻尼比的便捷性远不如旋钮，但在编辑框中设定阻尼比准确数值（如 0.335）的便捷性却远远高于旋钮。
- 请读者根据 8.3.1 节的开发目标对 exm080302App 进行 3 维、2 维坐标形态下的逐项试验检查。

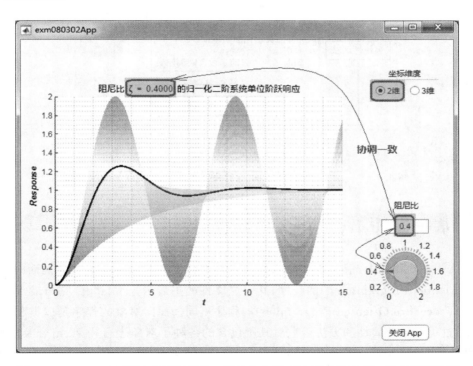

图 8.3 - 8　App 应用程序界面显示的 2 维响应曲线、背景曲面及协调一致的界面数值

8.3.4　App 开发流程归纳

　　基于 8.3.1～8.3.3 节的内容，可把借助 App Designer 设计平台开发用户 App 的工作步骤归纳为图 8.3 - 9 所示的流程。

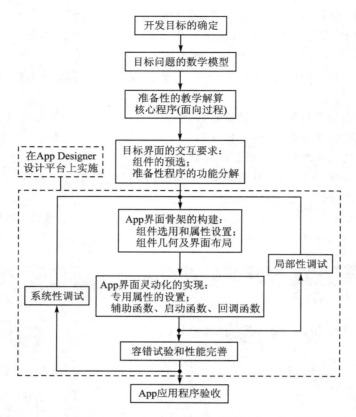

图 8.3 - 9　　借助 App Designer 设计平台开发用户 App 的流程示意

8.4　基于设计平台的面向对象编程

在 MATLAB 环境中，借助 App Designer 设计平台生成的用户 App 程序是面向对象编写（Object Oriented Programming）的程序，其生成文件的扩展名是 mlapp。它与最常见的面向过程编写（Procedure Oriented Programing）的程序不同。面向对象的程序是以类和继承为构造机制，通过类对象的属性和方法函数对其所包含的各种子对象进行构架、组合及协调互动，从而达到认识、描述和表现客观世界的目的。

基于本书的定位和篇幅，全节不对面向对象编程的类、对象、重载覆盖、继承组合等展开全面的阐述，而是借助具体实例生成的程序，简略介绍面向对象编程的基本概念及要素，让读者在毫不违和的环境中，认识、了解和掌握基于 App Designer 设计平台的面向对象编程。

大量的实践表明：面向对象的逻辑思维和编程方法更适于开发较为复杂的 App 应用程序。

8.4.1　面向对象编程简介

经本章前几节的示例实践，细心的读者已经发现：借助 App Designer 设计平台生成的 mlapp 类文件的代码结构几乎完全不同于与此前的 m、mlx 文件代码结构。其原因在于：后两者是按"面向过程"逻辑组织的,而前者 mlapp 代码文件是面向对象组织的。

1. 设计平台生成面向对象的类定义文件

基于 App Designer 设计平台产生的 mlapp 文件都是类定义文件,而由它运行生成的一个个、一次次具体示例则是该类的对象。

比如,在设计平台上运行 exm080302.mlapp 示例文件所引出如图 8.3 - 8 所示的 App 交互界面就是类文件生成的对象

又比如,在 MATLAB 命令窗中,运行图 8.4 - 1 所示命令后,不但引出了如图 8.3 - 8 所示的 App 交互界面,而且还可在命令窗中看到该对象所含的具有公共秉质的属性,即构成 App 界面的所有组件。

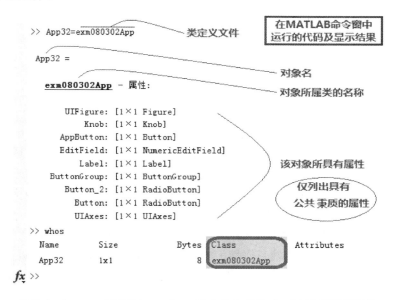

图 8.4 - 1　exm080302App.mlapp 类文件生成的 App32 对象及其属性

2. 类定义文件的一般结构

在此前示例实践基础上,可抽象出如图 8.4 - 2 所示的面向对象的类定义(Class definition)文件的一般结构。

1) 关于一般类定义结构的说明

● 关键词 classdef 所引导的行必须是类定义文件的首行:

□ 该行中的"<"号表明该 ClassName 类继承于 handle 句柄类。

□ 具体到 App 设计平台产生的 mlapp 类定义文件,它们都继承于名为 matlab.apps.AppBase 的超类。

□ 在此继承的含义是:超类中的所有属性及方法都将被待建的(子)类所拥有。

● 类定义中的属性块(Properties......end):

□ 类定义中允许有多个属性块,每个属性块可以具有不同的秉质(Attribute specification)。比如,在 App 设计平台产生的 mlapp 类定义文件中,从组件库拉到画布中的

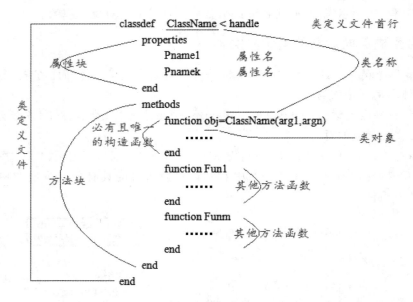

图 8.4 - 2　面向对象编写的类定义文件的一般结构

各组件名都以属性身份罗列在（Access ＝ public）公共秉质属性块中。此外，类定义中还有"私有专用秉质（Access ＝ private）"的属性块。比如在 exm080302App. mlapp 中，用户自定义的 zeat、t、LH 等三个属性就罗列在专用秉质属性块中。

□ 每个属性块中可罗列属性的数目不受限制。属性允许在类定义文件的任何位置被查询、援引、赋值。因此，属性是各组件、对象、方法函数之间的交换信息的载体。

□ 属性变量的援引规则是"对象名 ＋ 小黑点 ＋ 属性名"。比如，在此前所有示例生成的 mlapp 文件中，坐标轴系属性 UIAxes 的援引都使用 app. UIAxes 的格式。又比如在 exm080302App. mlapp 文件中，属性 zeta 的援引格式是 app. zeta。

● 类定义中的方法块（Methods......end）：

□ 类定义中允许有多个方法块，每个方法块可赋以不同的秉质：公共（public）或专用（private）。比如，由设计平台生成的 mlapp 文件总包含一个公共秉质（Access ＝ public）的方法块，该方法块中总含有构造函数和析构函数。

□ 每个方法块中可包含任意多个方法函数，方法函数可在类定义文件的任何位置被调用。

● 构造函数（Constructor Function）：

任何类定义文件都一定装备着"一个也只能一个（有可能是隐藏的）"用来产生类对象的构造函数。此构造函数的名称"必定也必须"与类定义首行关键词 classdef 后的类名称相同。

2）App Designer 设计平台创建的类定义函数的特殊性

● 设计平台产生的类定义文件中通常包含两个属性块：一个是公共秉质的属性块，另一个是专用秉质的属性块。

□ 公共属性块内所罗列的属性就是用户在平台画布上引入的所有库组件，当然应包括画布（即 UIfigure）自身。这些属性是从该定义类的父类 matlab. apps. Base 句柄类继承来的。

- □ 这些引入组件对象的属性代码都显示在{代码视窗}的类定义文件的 createCompo-
  nents 方法函数体内(具有灰色背景)。灰色背景上的代码,用户无法通过手工在{代
  码视图}中修改,但可以由用户通过设计平台的"组件浏览器"对引入的组件对象进
  行属性再设置,并自动生成方法函数体内的相应代码。
- □ 专用属性块则罗列着用户自定义的各种属性(假若用户自定义属性的话),如
  exm080302App. mlapp 中的 zeta、t、LH 等。它们具有白背景色。在{代码视图}中,
  具有白背景色的代码可以直接修改、重新编辑。
- ● 类定义文件中通常包含三种不同背景色的方法块:
  - □ 全灰背景色的方法块,包含了类定义的构造函数和析构函数,以及供构造函数调用
    的组件创建函数 createComponents(app)。
  - □ 内夹空白区的灰色背景方法块,包含了所有组件的回调函数(包括启动函数)。每个
    回调函数的名称都是由设计平台自动生成的,不可在{代码视图}中手工修改;而空
    白处则供用户根据需要自写代码。
  - □ 全白背景色方法块则包含用户自编的各种辅助函数。

3. mlapp 类文件中的构造和析构函数

App Designer 设计平台上生成的 mlapp 类定义文件都有一个公共秉质的方法块,该方法
块中只包含两个函数:构造函数(Constructor Function)和析构函数(Destructive Function),
如图 8.4 - 3 所示。

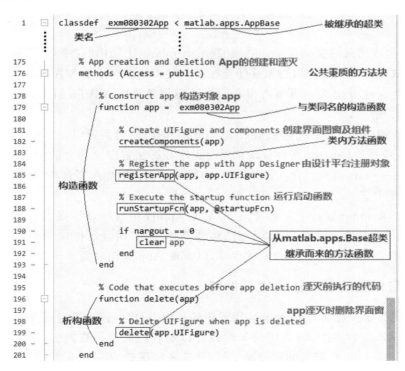

图 8.4 - 3　App 设计平台所成的 mlapp 类文件中的构造和析构函数

构造函数的名称必须与类定义名称一致，而类定义文件运行时的调用格式就是由构造函数的命名格式决定的。参见图 8.4-1 的第一行，或参见第 8.2.4 节的最后部分叙述及图 8.2-22。

构造函数首先调用类内方法函数 createComponents(app)，把继承于 matlab.apps.Base 超类的对象 UIFigure 移植为 app 的界面图窗，然后再逐个移植超类提供的 UIAxes 及用户选用的其他控件。

然后，借助超类方法函数 registerApp，把已带其他组件的 UIFigue 图窗向对象 app 进行回注，使生成的 app 对象所含的各属性名与 App Designer 平台上运行的 app 界面图窗及组件之间构成映射。

假如用户在创建该类文件的时候为类定义添写了启动函数 starupFcn，那么在构造函数中还会调用超类方法函数 runStartupFcn 对界面图窗初始化。

从一般角度说，析构函数并非绝对必需，但经设计平台生成的 mlapp 类文件中，一定有如图 8.4-3 所示的析构函数。

8.4.2 设计平台面向对象开发 App

本节将通过示例充分展示 MATLAB 提供的 App Designer 设计平台是如何充分利用面向对象编程的优点，清晰地划分界面设计和算法设计，又如何把这两类优雅地无缝组合。

本节例 8.4-1 操作生成的类文件 exm080401App.mlapp 用于解决 App 的界面设计。该设计所用的组件、方法函数（构造函数、析构函数、界面创建程序、注册程序，以及回调函数框架等）都继承于 matlab.apps.Base 超类。更可贵的是，整个界面实现代码完全由 App Designer 平台自动生成。

例 8.4-2 生成的最终类文件 exm080402cApp.mlapp 中使用的各种计算命令、绘图命令，计算所依赖的数值类型、运算符，乃至程序流控制关键词等都继承于 MATLAB 的双精度类的属性及方法函数。这可让 App 开发者得心应手地运用熟悉的 MATLAB，心无旁骛地从事核心算法的程序实现。

本节就是想通过例 8.4-1、例 8.4-2 之间分割和接续，强调说明：

- 就 App 应用程序而言，它自身就是界面程序和算法程序两部分的组合体。因此，具有继承（Inheritance）和组合（Combination）优点的面向对象编程逻辑思维最适合 App 应用程序的开发。
- 就 App Designer 设计平台而言，它是专为 App 应用程序设计提供的工具平台。该工具平台不仅有便于组件的属性设置、组件整体布局，而且所提供的编辑器特别适合于围绕组件（对象）逐个编写和调试程序，以实现 App 应用功能。

1. 设计平台自动生成 mlapp 类文件框架

本节示例将集中完成待开发 App 应用程序的界面类设计，该设计过程几乎完全独立于算法。借助示例中库组件的引入、各组件属性设计以及它们回调函数的引入，生成面向对象的 exam080401App.mlapp 类定义的框架性文件，使读者加深理解 mlapp 类定义框架生成机理、内在组织和设计平台的作用。

◢例【8.4-1】 本例具体目标是生成如图 8.4-4 所示 App 应用界面：

- 图窗左边为坐标区,右边约 1/4 窗宽处自上而下排列着"二选一"按钮组、组合在同一面板上的下拉框和列表框、组合在同一面板上的数值编辑字段和旋钮。本例中,为使轨迹点较密,把阻尼比连续变化的间隔设计得更小。此外,界面左下方,还设置一个关闭界面图窗的按钮。
- "曲线特征点"面板上的下拉框和列表框设置是本例重点介绍的两个组件。标识名为"显示方式"的下拉框,应包含 3 个不可复选的选项:不显示、显示当前(特征点)、显示(特征点)轨迹。而标识为"特征点类型"的列表框则包含允许复选的 3 种特征点选项:上升时间(黑点)、镇定时间(红点)、最大峰值(黄点)。

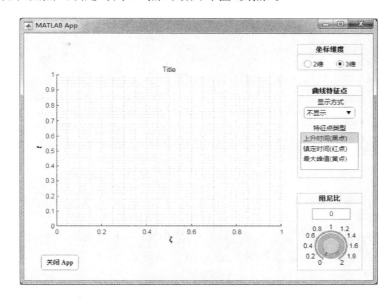

图 8.4 - 4　待开发的目标界面

1) 开启空白窗,引入组件、分组,并大致布位
- 借助 App Designer 设计平台创建一个空白的界面图窗。
- 先从组件库拉入单选按钮组、两个(分组用)面板、坐标区及左下按钮。
- 把下拉框及列表框从组件库拉进较上方的分组面板中,把数值编辑框及旋钮拉入下方的分组面板,形成图 8.4 - 5 模样。

2) 修改各组件属性、外形

关于"二选一"按钮组、数值编辑字段、旋钮、"关闭"按钮的设置细节,请参考例 8.3 - 1。在此,仅指出调节阻尼比的旋钮控件设置与例 8.3 - 1 有两处稍微不同:一,删除标识 Knob;二,Minor Ticks 栏设置得更细,为 0:0.01:2。

下面主要讲述下拉框、列表框,以及对面板名称的设置步骤。

- 对下拉框的设置:
  □ 在{设计视图}的画布上,直接双击下拉框名称"Drop Down",将其改写为"显示方式",并把它从下拉框左侧拉到框上方;在组件浏览器的"下拉框"页面的"字体 Font"分类属性页中,把属性值设置为"12 号宋粗体"。
  □ 在{设计视图}画布上,双击下拉框的"Option"栏,引出默认的下拉列表项(Items),

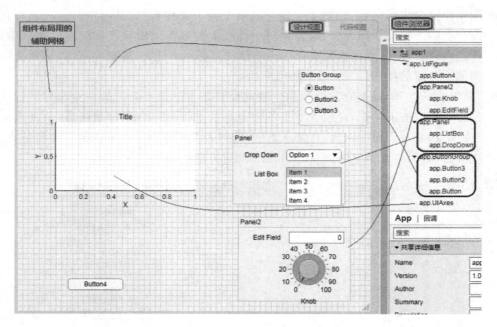

图 8.4-5　从库继承来的各种组件铺放在画布窗上

选中 Option4,把其删除;在组件浏览器"下拉框"页面的 ItemsData 栏中(在英文状态下)填写 1:3。

□ 在画布上,借助鼠标双击及键盘输入,把"Option1、Option2、Option3"分别改写为"不显示、显示当前、显示轨迹";通过组件浏览器"下拉框"页面,把字体设置为"12号宋体"。

□ 注意:当 ItermsData 栏中填写[1,2,3]数组后,该下拉框的属性 Value 栏中的输入或显示数字就与三个选项名称对应。比如,Value 栏中的 1 就对应选项名称"不显示"。

● 对列表框的设置:

□ 将其名称从"List Box"修改为(12号宋粗体的)"特征点类型",并把它从下拉框左侧拉到框上方。

□ 在组件浏览器"列表框"页的 Items 栏中,删除 Item4,并把"Item1、Item2、Item3"分别改写为"上升时间(黑点)、镇定时间(红点)、最大峰值(黄点)"。

□ 在组件浏览器"列表框"页的 ItemsData 栏中(在英文状态下)填写 1:3。

□ 特别强调:在组件浏览器"列表框"页的"交互"子类中,勾选"Mulitslect"。若不勾选此栏,以后列表框就只允许选择 1 个选项,而不能同时选择 2 个或 3 个选项。

□ 此外需再次指出,ItermsData 栏中填写[1,2,3]数组的功用是:建立起"Iterms 栏中选项名"与"IermsData 栏中数字"之间的对应关系,从而使列表框 Value 属性的取值(1、2、3 的任何组合)与列表框中高亮的选项名相对应。

● 对面板名称的修改:

□ 把 Panel 面板名称改为"特征点类型",用粗 12 号宋体;

□ 把 Panel_2 面板名称改为"阻尼比",用粗 12 号宋体。

3）借助画布工具将坐标区和各控件精细布局成图 8.4 - 1 的模样

先在"画布"页工具条上,勾选"显示网格"和"对齐网格"(见图 8.4 - 5),然后借助鼠标拖拉、画布工具条上的"上下中对齐"工具,将整个界面布局成图 8.4 - 1 的模样。经以上操作后,将其"另存为"exm080401App. mlapp 文件。

4）引入启动函数及各控件的回调函数框架,生成 exm080401App 框架性程序

在以上操作基础上,再为各个对象引入相应的回调函数框架。具体如下:

- 为 exm080401App 对象引入回调(启动函数)框架:
  □ 在〖组件浏览器〗的目录树中,用鼠标右键点 exm080401App 节点,引出现场菜单;
  □ 在菜单中,选中"回调",再选择"添加 startupFcn 回调",便生成启动函数框架。
- 引入坐标维度"二选一"组件的回调函数框架:在目录树中,点选 app. ButtonGroup 节点;点选回调菜单中的"添加 SelectionChangedFcn 回调",于是生成 ButtonGroupSelectionChanged 回调函数的框架。
- 引入显示方式下拉菜单的回调函数框架:在目录树中,点选 app. DropDown 节点;点选回调菜单中的"添加 ValueChangedFcn 回调",于是生成 DropDwonValueChanged 回调函数的框架。
- 引入特征点类型列表框菜单的回调函数框架:在目录树中,点选 app. ListBox 节点;点选回调菜单中的"添加 ValueChangedFcn 回调",于是生成 ListBoxValueChanged 回调函数的框架。
- 引入阻尼比数值编辑框的回调函数框架:在目录树中,点选 app. EditField 节点;点选回调菜单中的"添加 ValueChangedFcn 回调",于是生成 EditFieldValueChanged 回调函数的框架。
- 引入阻尼比旋钮的回调函数框架:在目录树中,点选 app. Knob 节点;点选回调菜单中的"添加 ValueChangingFcn 回调",于是生成 KnobValueChanging 回调函数的框架。(在此提醒,该回调函数可反馈旋钮指针位置的实时值。)
- 引入关闭按钮的回调函数框架:在目录树中,点选 app. AppButton 节点;点选回调菜单中的"添加 ButtonPushFcn 回调",于是生成 AppButtonPushed 回调函数的框架。
- 经以上操作后,点击"保存"便获得框架性文件 exm080401App. mlapp。

5）该文件运行后产生如图 8.4 - 4 所示的界面

至此,App 应用程序的界面(类)开发已大体完成。用户可在 AppDesigner 设计平台的〖代码视图〗中看到:

- exm080401App. mlapp 类定义代码按面向对象规则组织得非常规范、严整、清晰。
  □ 灰色背景上显示的代码都是从 matlab. apps. Base 继承来的、用于创建 App 的界面的、全自动生成的、不可在〖代码视图〗中手工更改的。
  □ 而启动函数及回调函数的函数体内具有白背景色。白背景的函数体内或不含任何代码,或包含一行反馈回调值的(推荐性)代码。其余空白处是有待用户编写代码的。
- 该文件运行产生的界面,所有控件都可以借助鼠标进行操作。
  □ 例如,用鼠标点击"坐标维度"的 2 维键,它就呈现小黑点的激活态,而 3 维键内的黑点则消失。

- □ 再比如,用鼠标可任意点选"特征点类型"中的任一项;而若按住 Ctrl 键,则鼠标可点选多个选项。
- □ 再则,若把鼠标移到坐标区,在坐标区右上方就能立马显示出现场图形操作工具图标(见图 8.2－14),供用户使用。值得指出:对所有控件的操作所引起的变化都是孤立的、不影响图形的。这是因为该程序中的所有回调函数都尚未人工填写。

2. 以对象为中心编写算法程序

上小节实施了 App 界面的设计,生成了 App 的框架文件。本节将实施 App 的算法设计,算法设计将遵循面向对象编程的理念,围绕控件对象逐个实施。

本节示例有 3 个相互衔接的 mlapp 类文件,每个文件都将围绕不多于 2 个控件编写算法代码。这些算法代码都编写和显示在 App Designer 设计平台{代码视图}所展示的类定义文件的白色背景框内。

例【8.4－2】 本例目标是生成如图 8.4－10 所示的 App 界面,除"曲线特征点"面板外,所有控件都应正常发挥功能。因此,本例算法设计中所涉及的组件式样虽与例 8.3－2 别无两样,但坐标区中增添了参照面,即响应曲线所在的 ζ 取值面,并且当阻尼比取值改变时,该参照面应伴随响应曲线沿 ζ 轴滑动。

本例将用三个接续的文件记录不同操作阶段生成文件的完整代码。这样处理:一是节省篇幅,二是为读者提供练习用的中间文件。这三个相互接续的文件依次为:

- exm080402aApp. mlapp,仅包含启动函数及供其调用的两个辅助函数。该文件运行产生的 App 界面如图 8.4－6 所示。通过辅助函数 Resplot(app) 的修改,向读者展示 App Designer 设计平台"编辑器"的调试功能。
- exm080402bApp. mlapp,记录了为使参照面相伴响应曲线而动所修改的数值编辑字段及旋钮回调函数。
- exm080402cApp. mlapp,新增辅助函数 Moveplot(app) 专司参照面相伴响应曲线的滑动。而数值编辑字段及旋钮回调函数则专管控件的协调和对辅助函数的调用。(说明:不同函数的这种功能分配是面向对象编程的一大特点,也是优点。)

1) exm080402aApp. mlapp 框架文件的产生

在 MATLAB 界面的当前目录窗中,双击 exm080401App. mlapp,使之在 App Designer 设计平台中开启;再进行"另存为"操作,生成 exm080402aApp. mlapp 文件。

2) 具有图 8.4－6 所示初始化界面的 exm080402aApp. mlapp 的生成

exm080402aApp. mlapp 的设计目标:运行后初始界面坐标区的图形由三部分组成,即彩色的半透明响应曲面;阻尼比为 0.4 的蓝色响应曲线;衬托响应曲线所在平面位置及曲线稳定目标区间的粉色半透明参照面。

- 由于以上设计目标中,除参照面外,响应曲面和响应曲线都与此前示例设计目标相同,因此可以按 exm080302App. mlapp 的代码结构,把涉及启动函数的所有代码(包括属性、辅助函数等)直接复制进 exm080402aAPP. mlapp。
- 借助设计平台"编辑器"的调试功能,改写 Resplot(app),使之能同时绘出衬托响应曲线所在位置及稳定区间的参照面。初步考虑参照面的绘制方案是:先用比较熟悉的绘线命令 line 绘制参照面下方的"倒 Ⅱ 线";然后借助设计平台"编辑器"的调试功能,尝

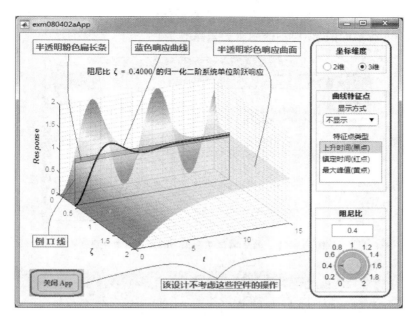

图 8.4 - 6　设计 exm080402aApp. mlapp 的初始目标界面

试用较生疏的多面体绘制命令 patch 绘制表示稳定区间的半透明粉色扁长条。具体修改方法如下：

□ 如图 8.4 - 7 所示，先在 Resplot 辅助函数原有代码下方增写绘线代码；

□ 用鼠标点击第 58 行序号右侧，生成"红色调试断点"；

□ 点击设计平台的"运行"图标，绘出如图 8.4 - 9 所示图形，并见到"倒 Ⅱ 线"。（说明：图上的扁长条是此后命令画上去的。）

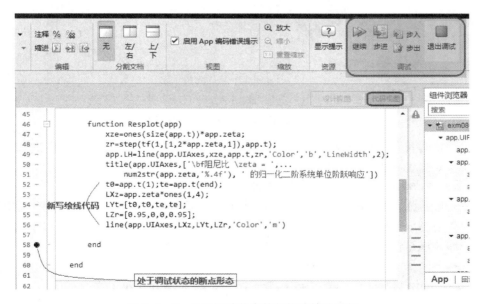

图 8.4 - 7　处于调试状态的新修改辅助函数

□ 在 MATLAB 命令窗中写入并运行绘制粉色扁长条的命令(见图8.4-8),得到如图
8.4-9 所示的图形(但不透明且边框呈黑色)。

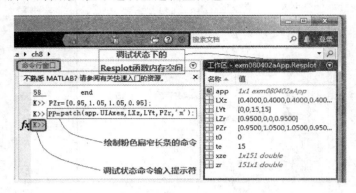

图 8.4-8　处于调试状态的 MATLAB 命令窗

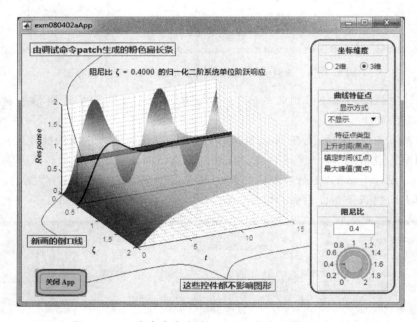

图 8.4-9　在命令窗中输入 patch 命令所画的参照面

□ 为使扁长条边框线也取粉色,且使扁长条呈半透明,在命令窗中再借助如下 set 命
令对扁长条进行修饰尝试。

```
set(PP,'EdgeColor','m','FaceAlpha',0.3)
```

□ 观察得知,以上命令所画图形满足要求。于是,可把 set 命令中的属性设置合并到
先前的 patch 命令中。也就是说,只要在 Resplot(app)的最后添写以下两行命令,
即可满足设计要求,完整代码请看 exm080402aApp.mlapp。

```
PZr=[0.95,1.05,1.05,0.95];
patch(app.UIAxes,LXz,LYt,PZr,'m','EdgeColor','m','FaceAlpha',0.3)
```

● 保存 exm080402aApp.mlapp 以供后用。

3)为数值编辑字段、旋钮、"二选一"按钮组、"关闭 App"按钮等控件的功能实现编写

exm080402bApp. mlapp

由于本例所要生成的应用程序 exm080402bApp. mlapp 的功能与 exm080302App. mlapp 大致相同,仅需特别注意:新添的参照面和响应曲线应该同步随动于阻尼比变化。

基于以上分析,可列出以下操作步骤:
- 据 exm080402aApp. mlapp,生成 exm080402bApp. mlapp 草稿。
- 借助设计平台,把 exm080302App. mlapp 涉及"二选一"按钮组、数值编辑字段、旋钮、"关闭按钮"等四个控件的回调函数、辅助函数复制进 exm080402bApp. mlapp。
- 对生成的 exm080402bApp 进行试运行,可以观察到:
  - □ "二选一"按钮组、"关闭 App"按钮的功能发挥正常。
  - □ 当借助数值编辑字段或旋钮改变阻尼比时,响应曲线能正确随动,但参照面停在初始位置不变。
- 修改措施:解决参照面随动问题。

    观察数值编辑字段、旋钮的回调函数可知:响应曲线随动是借助该曲线对象的 X 轴向和 Z 轴向数据的更新实现的,而参照面固定不动就是缺少这种数据更新。为此,采取以下修改措施:
  - □ 在 Resplot(app)辅助函数中,为绘制参照面的 line、patch 命令增设对象变量 LP,即分别把 line、patch 的运行结果赋给 app. LP{1}、app. LP{2}。
  - □ 在对象属性块中,增设属性 LP=[ ],供不同函数间的数据传递用。
  - □ 在数值编辑字段及旋钮回调函数中,分别增添更新参照面对象 X 轴坐标数据的如下命令:

    ```
    app. LP{1}. XData = app. zeta * ones(1,4);
    app. LP{2}. XData = app. zeta * ones(1,4);
    ```
  - □ 经以上修改后,运行检验表明:修改正确。

4) 把执行响应曲线和参照面随动的算法程序收纳成新的辅助函数

观察 exm080402bApp 数值编辑字段和旋钮的回调函数可以发现:两个函数中有许多相同代码,其行数为代码总行数的 3/4。增设新的辅助函数是解决这种冗余浪费的有效措施。事实上,在借助 App Designer 平台设计应用程序时,通常的设计处理是:借助辅助函数形式执行复杂或较为复杂算法;而回调函数则专司界面不同组件间的信息交互、协调及对算法辅助函数的调用。

基于以上理由,并为保存以上代码于 exm080402bApp. mlapp 的需要,以下修改代码将由 exm080402cApp. mlapp 体现。执行以下修改步骤:
- 基于 exm080402bApp. mlapp 文件,生成新的 exm080402cApp. mlapp 草稿。
- 在草稿中,增写新辅助函数 Moveplot(app):

```
function Moveplot(app)                          % 使响应曲线及参照面随 zeta 值而变
  zr = step(tf(1,[1,2 * app.zeta,1]),app.t);   % 据实时 zeta 值计算系统响应
  app.LH.ZData = zr;                            % 新响应曲线 z 坐标由新 zr 数组决定
  app.LH.XData = ones(size(app.t)) * app.zeta;  % 新响应曲线 x 坐标由新 zeta 值决定
  xzb = app.zeta * ones(1,4);                   % 据新 zeta 值生成新参照面的 x 坐标
  app.LP{1}.XData = xzb;                        % 改变上参照面的 x 坐标
  app.LP{2}.XData = xzb;                        % 改变下参照面的 x 坐标
```

```
  app.UIAxes.Title.String = ['\bf 阻尼比 \zeta = ',...    % 重写坐标标题
    num2str(app.zeta,'%.4f'),'的归一化二阶系统单位阶跃响应'];
end
```

- 把数值编辑字段和旋钮回调函数修改为:

```
function EditFieldValueChanged(app, event)      % 数值编辑框回调函数
  app.zeta = app.EditField.Value;               % 取编辑框中数值向属性 zeta 赋值
  app.Knob.Value = app.zeta;                     % 使旋钮指针位置同步
  Moveplot(app)                                  % 调用辅助函数使响应曲线及参照随实时 zeta 而动
end

function KnobValueChanging(app, event)          % 旋钮回调函数
  app.zeta = event.Value;                        % 实时改写属性 zeta 值
  app.EditField.Value = app.zeta;                % 使数值编辑框显示数值同步
  Moveplot(app)                                  % 调用辅助函数使响应曲线及参照随实时 zeta 而动
end
```

5) 保存并运行 exm080402cApp.mlapp
- 点击 App Designer 设计平台上的"运行"工具图标(注:文件运行前会先行保存),再在数值编辑框中输入阻尼比 1.45,就可看到响应曲线及参照面实时地变化形态及位置(见图 8.4-10),并且旋钮指针位置、坐标的标题阻尼比都能同步改变。
- 曲线特征点面板中的两个控件虽可操作,但仍不影响图形。

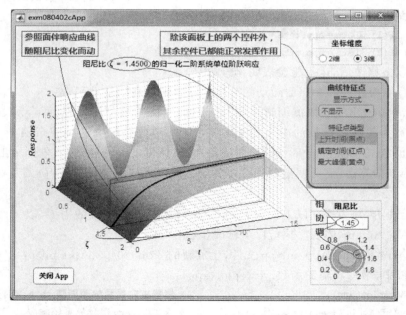

图 8.4-10 数值编辑框输入阻尼比 1.45 后生成的 exm080402bApp 界面

💡说明

- 本例 exm080402cApp.mlapp 的编写体现着一个重要理念:辅助函数用于执行复杂或较复杂的核心算法,而回调函数则专司各控件间的协调和对辅助函数的调用。

- 本例第 2)步中对设计平台"编辑器"调试功能的介绍仅起抛砖引玉的作用。实际上,本章的许多程序都是借助"编辑器"的调试功能,在设计平台直接编写、修改而成的。
- 再次指出:请读者不要放弃对本例三个类定义文件的阅读、比较。类文件的比较可通过点击设计平台工具条上的"比较"后引出的专门界面进行。该界面采用不同颜色标志文件之间的异同,如图 8.4 - 11 所示。

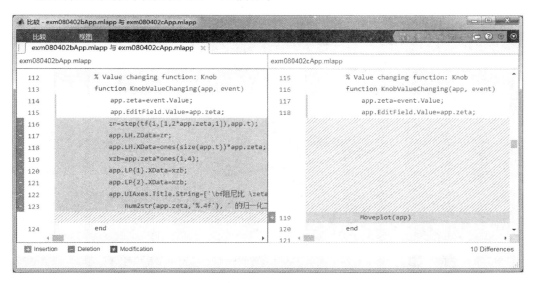

图 8.4 - 11　显示 exm080402bApp 与 exm080402cApp 旋钮回调函数异同的专用比较界面

8.4.3　多控件协调和面向对象程序的调试

为使叙述内容更具体、可比较、可实践,本例内容依然采用多文件形式的示例展开。因本例对 App 的设计要求比以往更高,且所用控件的功能比较复杂,所以读者一定要上机实践,耐心地分步实施。

例【8.4 - 3】　本例终极目标是:生成如图 8.4 - 12 所示的界面,该界面上各控件能独立而协调使用,并实时绘制所希望的 2 维或 3 维曲线、轨迹。

本例叙述将以上例为基础展开。为便于读者掌握较复杂控件或多个控件算法间的协调、回调函数、辅助函数的编写及调试,本示例的全部内容将通过相互接续的 6 个 mlapp 文件表达,具体如下。

- exm080403aApp. mlapp:专述如何利用 ListBox 列表框的多选性,为绘制各种不同组合特征点编写回调函数、辅助函数及添写对象属性 ListV,设计效果参见图 8.4 - 13。
- exm080403bApp. mlapp:专述由下拉框引入不同显示模式后,如何编写回调函数、辅助函数、添写对象属性 DDV,以及如何与数值编辑框操作、旋钮操作功能相协调,设计效果参见图 8.4 - 14。
- exm080403cApp. mlapp:专述如何借助列表框的"Enable 使能"属性,避免误操作,设计效果参见图 8.4 - 15。
- exm080403dApp. mlapp:专述"二选一"控件的按钮值控制法,以及如何利用多控件控制条件扩展 App 的表现能力,设计效果参见图 8.4 - 16。

- exm080403eApp. mlapp：专述如何利用设计平台"编辑器"的调试工具查错，又如何借助 keyboard 命令探寻纠错办法。而 exm080403eApp. mlapp 不仅供调试使用，而且还记录了 2 次纠错用的代码。
- exm080403fApp. mlapp：体现本例 App 的终极开发目标。它由 exm080403eApp. mlapp 删除不必要的注释而成。

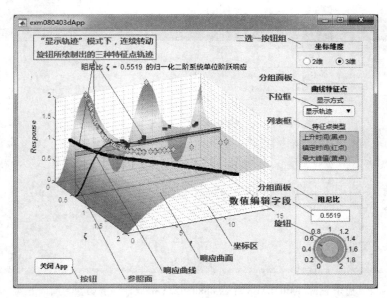

图 8.4 - 12　例 8.4 - 3 的终极交互界面

1）生成 exm080403aApp. mlapp 草稿文件
- 在 MATLAB 当前文件夹窗中，双击 exm080402cApp. mlapp 文件，使之在 App Designer 设计平台中开启。
- 在设计平台上，进行"另存为"操作，生成 exm080403aApp. mlapp 草稿文件。
- 注意：把辅助函数 Refsurf 体内最后一行中的 exm080402cApp 修改为 exm080403aApp。

2）为"特征类型点"列表框控件编写回调函数及其辅助函数

由于本例引用的 ListBox 列表框对象的"允许多选 Multiselect"属性被"勾选"，所以"特征点类型"框允许选择三个不同类型点的任意组合。

当用鼠标对列表框进行操作时，就使"老的点组合"转变为"新的点组合"，如何应对这些组合的转变，就必须由 App 制作者约定规则。

- 下面给出本书作者约定的特征点更新规则：
  □ 当新组合的类型数目少于老组合类型数时，先清空所有原先绘制特征点，然后按新要求重绘特征点。
  □ 在新老组合的类型数相同但类型不同时，也先清空所有原先绘制特征点，然后按新要求重绘特征点。
- 根据约定规则编写的列表框回调函数如下：

```
function ListBoxValueChanged(app, event)              % 列表框回调函数
    value = app. ListBox. Value;                      % 列表框当前值
```

```
    if (length(value)<length(app.ListV)) ||...          %把当前值 value 与老值 ListV 比较
        (length(value) = = length(app.ListV)&& value~ = app.ListV)
        delANDplot(app)                                  %清空已有特征点
    end
    app.ListV = value;                                   %用当前值更新属性列表值
    ListPoint(app)                                       %按新要求绘制特征点
  end
```

● 增添属性列表值 **ListV** 。由于列表回调函数中需要对"新老列表值"进行对比,所以必须增列一个对象属性 **ListV＝1**,初始值 1 反映了列表框的默认取值;该属性还用来记录老的列表值。具体代码请见 exm080403aApp.mlapp 文件。

● 编写列表框回调函数调用的辅助函数 ListPoint(app)。

　□ 辅助函数 ListPoint(app)的功能是:按照 ListV 属性列表值在坐标区中计算和绘制特征点。由于计算特征点需要系统响应 zr,考虑到系统响应 zr 已经在辅助函数 Re-splot 或 Moveplot 中被计算过,所以把 zr 增设为对象属性是最好的选择。

```
function ListPoint(app)                                  %据列表框的选值数组绘制所需的特征点
  K = length(app.ListV);                                 %选值数组的元素数
  for jj = 1:K
    switchapp.ListV(jj)
      case 1                                             %计算、绘制上升时间点
        k95 = find(app.zr>0.95,1,'first');k952 = [(k95 - 1),k95];
        t95 = interp1(app.zr(k952),app.t(k952),0.95);    %借助插补技术计算更精确时间
        line(app.UIAxes,app.zeta,t95,0.95,...
            'marker','o','Markeredgecolor','k',...
            'Markerface','k','markersize',4);            %画黑色圆点
      case 2                                             %计算、绘制镇定时间点
        ii = find(abs(app.zr - 1)>0.05,1,'last');
        if ii<length(app.t)                              %在坐标时间范围内条件
          line(app.UIAxes,app.zeta,app.t(ii + 1),app.zr(ii + 1),...
              'Marker','s','MarkeredgeColor','r',...
              'Markerface','r','MarkerSize',6);          %画红方块
        end
      case 3                                             %计算、绘制最大峰值点
        [ym,km] = max(app.zr);
        if km<length(app.t) && (ym - 1)>0                %在坐标范围内且峰值大于1
          line(app.UIAxes,app.zeta,app.t(km),ym,...
              'marker','d','markeredgecolor','r',...
              'Markerface','y','markersize',6);          %画黄菱形点
        end
    end
  end
end
```

　□ 在对象(专用)属性块中,为传递系统响应增设新的属性 **zr＝[ ]** 。

　　　　　□ 在增设系统响应属性**zr** 的同时，必须把**Resplot(app)** 及**Moveplot(app)** 中所有**zr** 修
　　　　　改为**app. zr** 。

● 编写辅助函数**delANDplot(app)**。

　　　　delANDplot(app) 如何实现列表框回调函数对它的功能定位，即如何在坐标区中
删除所有已绘的特征点，而保留其他已绘的响应曲面、响应曲线、参照面？一个比较简
单粗暴的处理办法是：先把坐标区中已画的所有面、线、点统统删除；然后再调用 Ref-
surf(app) 和 Resplot(app) 重画响应曲面和响应曲线。具体实现代码如下：

```
function delANDplot(app)                    % 清空已成的所有特征点
    delete(app.UIAxes.Children)             % 清空所有已画的面线点
    Refsurf(app)                            % 重画响应曲面
    Resplot(app)                            % 重画响应曲线及参照面
end
```

3) 运行检验以上操作的成果

值得指出：在完成以上操作后的 exm080403aApp，若进行运行试验，可以发现（见图 8.4 - 13）：

● 在特征点类型控件被操作之前，App 界面没有任何特征点显示，而不管操作界面的哪
　个控件。

● 在特征点类型控件被点选后，图形能按约定规则显示不同特征点。

● 在点选特征点后，若改变旋钮指针位置或改变编辑框内数值，则图上仍保留着老 zeta
　值响应曲线的特征点，而不显示新 zeta 值响应曲线的特征点。这是因为，无论是旋钮
　回调函数还是数值编辑框回调函数，都不能驱动特征点的绘制。

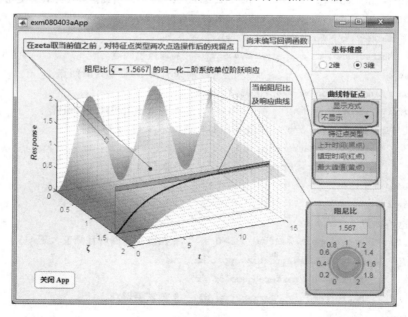

图 8.4 - 13　引入特征类型点控件后的 exm080403aApp 产生的 App 界面存在许多不协调缺陷

　　4) 为"显示方式"下拉框控件编写回调函数、辅助函数以及修改受影响函数代码（修改内
容由 exm080403bApp. mlapp 体现）

● exm080403aApp 产生运行缺陷（如图 8.4 - 13 所示）的原因分析：

　　□ 下拉框操作没有发挥作用,因为它的回调函数尚未体现各选项的操作要求。

　　□ 旋钮、数值编辑字段操作尚未接受来自"显示方式"的控制。

● 为比较及参照,本例的以下操作的结果将记录在新的 exm080403bApp. mlapp 中。而该新文件的底稿是由 exm080403aApp. mlapp 文件经"另存为"操作产生的。

● 为 exm080403bApp. mlapp 的下拉框控件编写回调函数。该回调函数的功能设计:一,接受下拉框选择显示方式而生成的 Value 属性值,并将它传递给新设的 DDV 对象属性值;二,调用为不同显示方式设计的核心算法程序 DisplayType(app)(再次强调指出:把核心算法分离出回调函数更便于 App 应用程序的开发和管理)。具体回调函数如下:

```
function DropDownValueChanged(app, event)          % 下拉框回调函数
  app. DDV = app. DropDown. Value;                 % 把下拉框选值向属性 DDV 传递
  DisplayType(app)                                 % 实现不同显示方式算法的辅助函数
end
```

● 实现不同方式显示的辅助函数 DisplayType(app)。

```
function DisplayType(app)                          % 据 DDV 属性决定显示方式的辅助函数
  switch app. DDV                                  % 对象属性 DDV
    case 1                                          % 选项 1:不显示
      delANDplot(app)
    case 2                                          % 选项 2:显示当前响应曲线特征点
      delANDplot(app)
      ListPoint(app)
    case 3                                          % 选项 3:显示特征点的历史轨迹
      Moveplot(app)
      ListPoint(app)
  end
end
```

● 修改受显示方式影响的关联控件回调函数:

　　□ 把数值编辑字段回调函数中的**Moveplot** 修改为**DisplayType** 。

　　□ 把旋钮回调函数中的**Moveplot** 修改为**DisplayType** 。

● 记住:还应在对象属性列表中增写**DDV＝1**。值 1 体现了下拉框的默认选值"不显示"。

● 运行经以上操作后产生的 exm080403bApp,可以发现:

　　□ exm080403bApp 应用程序已经克服了 exm080403aApp 的许多缺陷,已经能正确实施"显示当前""显示轨迹"两种显示模式,也不再会残留以往特征点。

　　□ 依然存在缺陷:在"不显示"模式下,通过操作特征点类型选择,仍会在图形中显示出特征点,见图 8.4 - 14。

　5) 借助列表框控件的"使能/失能"属性改善应用程序的协调性(修改内容由 xm080403cApp. mlapp 体现)

　　克服 exm080403bApp 缺陷的方法也许不止一个,但借助下拉框"使能/失能"属性解决以上不协调矛盾的效果尤为显著。为此实施以下操作:

● 借助 exm080403bApp. mlapp 生成 exm080403cApp. mlapp 草稿。

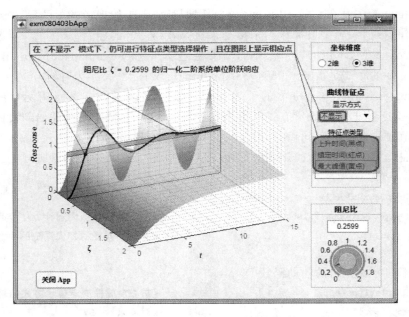

图 8.4 - 14   exm080403bApp 的不协调缺陷示意

● 修改启动函数：为使 App 启动后的初始界面上的"特征点类型"列表框处于"失能"状态，需要在启动函数绘制响应曲面命令 Refsurf(app)之前增写如下一行代码。

app. ListBox. Enable = 'off';   % 使下拉框"失能"

● 修改下拉框回调函数：为正确反映下拉框对"不显示"的操作，需把下拉框回调函数改写为：

```
function DropDownValueChanged(app, event)            % 改写后的下拉框回调函数
    app. DDV = app. DropDown. Value;
    ifapp. DDV = = 1                                 % 若点选"不显示"
        app. ListBox. Enable = 'off';
    else                                            % 若点选"显示当前或轨迹"
        app. ListBox. Enable = 'on';
    end
    DisplayType(app)
end
```

● 运行经以上操作后产生的 exm080403cApp. mlapp，可以发现：

□ 该文件运行后的启动界面上，下拉框处于"不显示"模式，而用于选择特征点类型的列表框则处于灰色的"失能"状态，无法操作。

□ 只有当下拉框经操作改为"显示当前"或"显示轨迹"后，才能进行特征点的选择。

□ 无论是 App 的初始化界面，还是经任何操作后点击"不显示"模式产生的界面，都如图 8.4 - 15 所示，特征点类型选项都被灰化失能，从而避免误操作。

6) 利用"二选一"按钮值显示 2 维特征点轨迹(修改内容由 xm080403dApp. mlapp 体现)

在此前"二选一"按钮组回调函数下，当选中"2 维"按钮时，只能显示 Y - Z 平面上的投影图形，即系统响应曲线。该观察角度对于"不显示或显示当前"模式下生成这种 2 维图形，使观

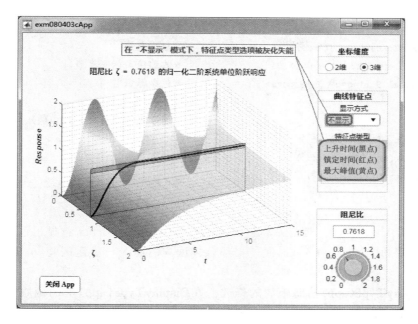

图 8.4 - 15　"不显示"模式下的 App 界面

察者更清晰地看到系统响应随时间的变化细节,是恰当的。

但对"显示轨迹"模式而言,Y - Z 平面投影图上系统响应曲线和特征点轨迹混杂交叉,不仅图形混乱而且毫无价值。而若能对 3 维图形在 Y - X 平面投影,那么可看到清晰的特征点轨迹(见图 8.4 - 16),它十分有利于观察具有"上升速度快、镇定时间短、最大峰值低"最佳响应的系统阻尼比的取值范围。

为此,希望:在"2 维"按钮选中时,又有两种情况,即在"不显示"或"显示当前"的选择下,应生成投影在 Y - Z 平面的响应曲线(及当前特征点);在"显示轨迹"情况下,则应生成投影在 Y - X 平面的轨迹线。为实现此想法,对 App 代码作进一步修改,具体如下。

● 基于 exm080403cApp. mlapp 生成 exm080403dApp. mlapp 草稿。

● 先在对象属性块中,增添属性**Dim2V=0**,值 0 意味着"2 维"按钮处于"不点选"状态。

● 修改"二选一"回调函数函数体内的全部代码为:

```
function ButtonGroupSelectionChanged(app, event)          % 新的"二选一"回调函数
    app.Dim2V = app.Button_2.Value;                       % 把"2 维"按钮值赋给对象新属性 Dim2V
    DimChanged(app)                                        % 调用新的辅助函数 DimChanged
end
```

● 增添如下新的辅助函数**DimChanged(app)**。

```
function DimChanged(app)                                   % 变维辅助函数
    if app.Dim2V = = 1                                     % 若 2 维按钮值为 1(即点黑)
        if app.DDV~ = 3                                    % 非"显示轨迹"模式
            view(app.UIAxes,[90,0])                        % 显示 3 维图形的 Y - Z 面投影
            colorbar(app.UIAxes,'off')                     % 色条消隐
            caxis(app.UIAxes,[0,2])                        % 恢复到 Refsurf 设定的色条标值范围
```

```
      else
        view(app.UIAxes,[90,-90])                    % 显示 3 维图形的 Y-X 面投影
        C = colorbar(app.UIAxes);                     % 显示色条
        caxis(app.UIAxes,[0.95,1.05])                 % 收缩色条标值范围
        C.Label.String = '\it Response';              % 色条标识名
      end
    else                                              % 若 3 维按钮值为 1（即点黑）
      view(app.UIAxes,[64,34])
      colorbar(app.UIAxes,'off')                      % 色条消隐
      caxis(app.UIAxes,[0,2])
    end
  end
end
```

说明：在 DDV 值为 3 时（即显示轨迹），该函数代码中的 colorbar 将显示色条，caxes 则重置色条标值范围为 [0.95, 1.05]，以便于据颜色判读响应曲线与稳定区间 [0.95, 1.05] 之间的关系。

● 对 **DisplayType(app)** 辅助函数的修改。在 **DisplayType(app)** 辅助函数体内 **switch** 关键词所在行之前，增添调用命令 **DimChanged(app)**。

● 经以上操作后，运行 exm080403dApp.mlapp，结果发现：

□ 在先选择显示方式，后把坐标维度从"3 维"切换到"2 维"情况下，坐标区能呈现所希望的两种不同的图形。在"显示轨迹"模式下，图形表现阻尼比 zeta 在 [0,2] 区间连续变化后产生的三种特征点的轨迹（见图 8.4-16）。它清楚地表明：在阻尼比 zeta 取 0.7 左右时，上升时间最短、镇定时间也最短，且最大峰值也不高，仅 1.04（红紫色交界处）。

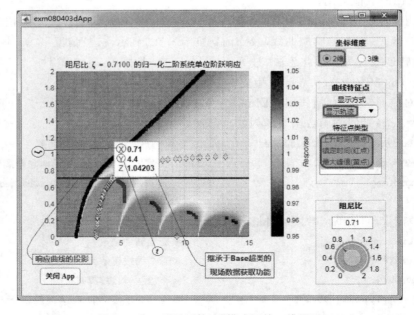

图 8.4-16　"显示轨迹"模式下的 2 维图形

　　□ 但在"2 维"选定后,若显示方式从"显示轨迹"切换成"不显示"或"显示当前",则都会错误地显示为 3 维图形。

　7) 借助编辑器的调试功能查找错误根源(试验文件为 exm080403eApp. mlapp)

　　在查找错误之前,特别提醒:在试验中,应保证显示被试文件代码的设计平台和被试文件运行产生的 App 图窗界面同时显示在屏幕上。查找错误时,所有操作都需格外谨慎,一步一步地推进;要同时观察进程的代码位置和代码执行前后的图形变化;正确使用"步入"工具图标,有利于确定发生错误的准确位置。

　　为预防调试操作导致 exm080403dApp. mlapp 破坏的可能,先据 exm080403dApp. mlapp 生成新的试验用文件 exm080403eApp. mlapp。为此后调试,把 exm080403eApp. mlapp 文件中的 **delANDplot(app)** 方法函数修改成如图 8.4 - 17 所示代码。

```
105         function delANDplot(app)
106    %         disp('请从键盘输入命令。')
107    %         keyboard            %控制权交给键盘|
108    %         delete(app.UIAxes.Children(1:(end-4)))
109    %         Moveplot(app)
110    %         dbquit              %控制权由键盘返回被调试函数
111             delete(app.UIAxes.Children)
112             Refsurf(app)
113             Resplot(app)
114         end
```

图 8.4 - 17　修改后的 delANDplot 方法函数

请读者循以下步骤实践"故障点的确定"。

● 运行准备:
　□ 点击设计平台工具条上的"运行"图标,引出 exm080403eApp 界面及显示的 3 维图形。
　□ 在 exm080403eApp 界面上进行操作:在下拉框中选择"显示轨迹"模式;在"二选一"组中,点选"2 维"按钮,就可看到 2 维图形;缓慢连续转动旋钮,在 2 维图上就会出现一条反映上升时间的"黑点"轨迹线。

● 断点设置:
　□ 错误现象分析:在"2 维"选项下,"显示轨迹"切换成"不显示"或"显示当前"的操作会使图形变成 3 维。所以,调试断点选择在控制显示方式的下拉框回调函数中比较合适。
　□ 在设计平台的〖代码视图〗中的操作:用鼠标点击 **DropDownValueChanged(app, event)** 下拉框回调函数体内第一行的编号(见图 8.4 - 18 中第 171 行),使该编号显示为具有红背景色的"调试断点"。

● 进入图窗和代码的联调状态:
　□ 回到已经开启的 **exm080403eApp** 图窗界面上,用鼠标选点下拉框中的"不显示"模式, **exm080403eApp**〖代码视窗〗界面呈现为图 8.4 - 18 模样:编辑器工具条运行区将鲜明显示各种调试操作图标;在代码区的红背景色断点右侧出现一个"绿色箭头",它指示:调试将从箭头所指行开始。
　□ 分次点击(切勿连击)设计平台"编辑器"调试工具区的"步进"图标。由于选择"不显示"模式,意味着 DDV=1,因此分次点击将使进程执行第 173 行代码,使 App 图窗

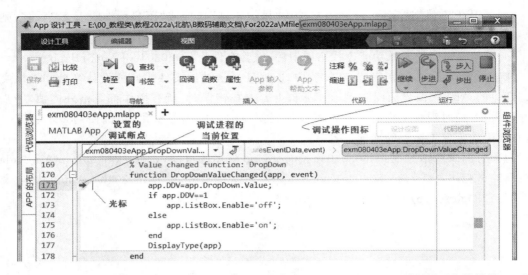

图 8.4 - 18   设置断点并在 App 图形界面上点选"不显示"项后，App 设计工具平台的模样

中列表框整体变灰而失能。

☐ 步入 **DisplayType(app)** 函数的操作：当调试箭头行进到第 177 行 **DisplayType(app)** 前时，点击调试工具图标中的"步入"图标，进程箭头转到 **DisplayType(app)** 辅助函数体内，{代码视图}第 117 行的 **DimChanged(app)** 之前。

☐ 步入 **DimChanged(app)** 函数的操作：点击"步入"图标，进程箭头转到 **DimChangde(app)** 体内代码第一行（即第 131 行），再点击"步进"图标 2 次。因为此时 Dim2V 为 1，"不显示"模式对应的 DDV 也为 1，所以"步进"箭头将抵达第 133 行前端。

　　　注意：此时最好使"代码、调试图标"和"App 图形界面"都并列显示于前台，以便观察逐次点击"步进"图标使第 133、134、135 行代码逐行执行后 App 界面图形的变化过程。这 3 行代码执行后，坐标图形已正确地投影到 Y - Z 平面，色图也变得与启动界面一致，但是图形仍残留着黑点轨迹。

☐ 再逐次点击"步进"图标，使进程箭头回到 **DisplayType(app)**，并进入程序分支 **case 1**。

☐ 步入 **delANDplot(app)** 函数的操作：当箭头位于第 120 行 **delANDplot(app)** 前时，点击"步入"图标，箭头转到 **delANDplot(app)** 函数体内第一行（即第 111）代码之前。

　　　再次提醒：此时应把"代码、调试图标"和"App 图形界面"都并列显示于前台。然后，点击"步进"图标，执行 **delete(app. UIAxes. Children)** 命令，可见坐标区图形全部删除。而后再连续点击"步进"2 次，便分别执行 **Ressurf(app)** 和 **Refplot(app)**，就在坐标区绘出了 3 维形态的响应曲面、响应曲线及参照面。

☐ 至此，错误根源已经找到。点击设计平台上的"继续"图标，执行完剩余的进程结束调试，并且没发现图形有新的变化。

● 事实上，当"显示轨迹"切换为"显示当前"时所出现的错误根源也在 **delANDplot(app)**。有兴趣的读者可以自己实践。

8）借助键盘输入纠错程序（在此，本书作者借机介绍 keyboard、dbquit 的用法）

由诊断调试可知:在 2 维前提下,显示方式从"显示轨迹"切换为"不显示"或"显示当前"时,之所以会显示出 3 维形态的响应曲面、响应曲线、参照面,根本原因是设计 delANDplot(app)贪图简单造成的。它错误地删除了坐标区的所有线、面、点,而后又不考虑"坐标维度"约束,调用了 Ressurf(app) 和 Refplot(app)。

为精准设计删除不需要轨迹点的命令,需要再次使 delANDplot(app) 函数体内处于调试状态。下面介绍如何借助 **keyboard** 命令进入手工调试状态。

- 先对 exm080403eApp.mlapp 文件中的 **delANDplot(app)** 方法函数修改如下:
  - □ 把图 8.4 - 17 所示的第 111、112、113 行转变成"注释行",使它们不被执行。
  - □ 把图 8.4 - 17 所示的第 106、107 行前的"注释符%"删除,使这 2 行成为可执行代码。

- 调试步骤
  - □ 在设计平台上,点击"运行"图标,引出 exm0804030eApp 图窗界面。
  - □ 用鼠标点选图窗界面显示方式下拉框中"显示轨迹"项;再点选坐标维度中的"2 维"按钮;连续转动旋钮,不断改变阻尼比,便在 2 维坐标上画出默认的反映上升时间的黑点轨迹。
  - □ 在 App 图窗界面上,当用鼠标把显示方式改变为"不显示"时,程序就会进入 delANDplot(app) 函数体内,并在 MATLAB 的命令窗中显示"请从键盘输入调试命令"的提示(见图 8.4 - 19)。

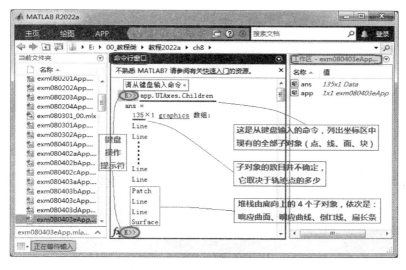

图 8.4 - 19　进入键盘调试状态后的命令窗、键盘输入命令及运行结果

  - □ 在键盘操作提示符后,输入 **app. UIAxes. Children** 命令,在命令窗中列出 App 坐标区中现有的所有子对象类型。正如图 8.4 - 19 注释所说,坐标区中子对象的数目并不确定,因为数目与坐标区轨迹上特征点数有关。但是可以肯定:只有位于堆栈最底层的 4 个对象是应予保留的响应曲面、响应曲线及参照面。(如何确认?请读者自行试验。)
  - □ 把 delANDplot(app) 函数体内第 108、109、110 行中的可执行命令逐条复制到命令窗中执行,可观察到怎样清除所有黑轨迹点、怎样重画与当前阻尼比一致的响应曲线和参照面,最后退出键盘调试,把控制权返回程序。

□ 结果表明:以上命令的运行可以达到目的。

9) 生成本例希望的终极 App 类定义文件 exm080403fApp. mlapp

● 生成 exm080403fApp. mlapp 底稿:

□ 在开启的 exm080403fApp. mlapp 文件{代码视窗}里,把 Refsurf(app) 函数体内最后一行代码中的 exm080403eApp 改为 exm080403fApp。

□ 在设计平台上,采用"另保存"操作,获得 exm080403fApp. mlapp 底稿。

● 把 exm080403fApp. mlapp 底稿转变为符合题目设计要求的终极类文件:

□ 参照图 8.4 - 17,把底稿中 delANDplot(app) 函数体内原有的第 113、112、111、110、107、106 行都删除。

□ 把删除后留下的 2 行转变为"可执行"。至此,新的 delANDplot(app) 函数体内只有两行可执行代码。一行用于清除轨迹点,另一行用于生成相应的曲线和参照。

□ 对修改后的底稿进行"保存"操作,便得到所需的 App 类文件。

● 在设计平台上,对获得的 exm080403fApp. mlapp 进行"运行"验证,其引出的 App 图窗界面和运行功能都符合要求。

习题 8

1. 以 exm080203App. mlapp 为基础设计新的 App 应用程序。该 App 中,系统阻尼比改用旋钮调节(见图 8P - 1)。要求新设计的 App 启动后的初始化界面如图 8P - 1(a)所示,而转动旋钮后的坐标曲线如图 8P - 1(b)所示。(提示:先引进新组件、建回调函数,再删老组件。)

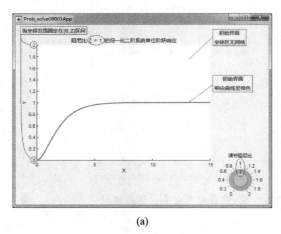
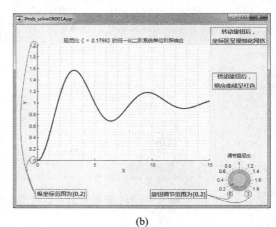

(a)　　　　　　　　　　　　　(b)

图 8P - 1　App 的界面示意

2. 以 exm080302App. mlapp 为基础生成新的 App 应用程序。该程序具有与 exm080302App. mlapp 同样的功能,但不再借助"二选一"按钮组实现坐标维度切换,而借助"菜单栏"图窗组件实现坐标维度切换。新 App 应用程序的界面如图 8P - 2 所示。(提示:先引进菜单、建回调函数,再删老组件)

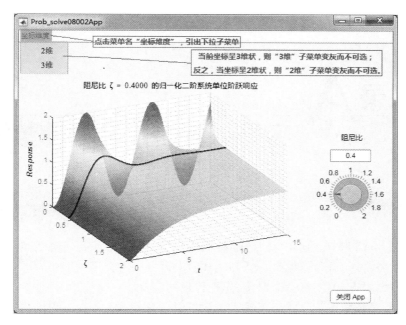

图 8P - 2　App 的界面示意

3. 以 exm080403dApp. mlapp 为基础生成新的应用程序。该应用程序应像 exm080403fApp. mlapp 那样功能协调,而不会发生显示方式切换时的显示维度错误。即在"2 维"选定后,若显示方式从"显示轨迹"切换成"不显示"或"显示当前",则都会错误地显示为 3 维图形。请注意:修改时,不得删除 exm080403dApp. mlapp 中 delANDplot(app)辅助函数体内的任何代码,不得采用 exm080403fApp. mlapp 中 delANDplot(app)函数体内的代码。

4. 因为旧版 MATLAB 的图形用户界面开发工具 GUIDE 即将废弃,MATLAB 一再警告:读者以往开发的图形用户界面程序在未来新版 MATLAB 中既无法修改又可能完全无法运行。MATLAB 制造商提出的最简明建议是:趁早将图形用户界面原先依赖的". m 文件和 . fig 文件组合"转换为". m 文件和. mat 文件新组合",以保证在今后新版 MATLAB 中顺利运行。本习题要求读者:把在 MATLAB R2018a 版中开发的图形用户界面的"exm080201. m 和 exm080201. fig 组合"转换成在新版 MATLAB 可独立运行的"Prob_solve08004. m 和 Prob_solve08004. mat 新组合"。(提示:先实施组合转换,再修改转换后的文件名称)

附录A 字符、元胞及结构体数组

A.1 字符数组

字符数组在 MATLAB 中的重要性较弱，但不可缺少。假如没有字符数组及相应的操作，那么数据可视化将会遇到困难，构造 MATLAB 的宏命令也将会遇到困难。

字符变量的创建方式是：在命令窗中，先把待建的字符放在单引号对“' '”中，再按[Enter]键。注意：单引号对必须在英文状态下输入。该单引号对是 MATLAB 识别内容“身份”（是变量名、数字，还是字符）所必需的。

例【A.1-1】 数值量与字符的区别。

```
clear                          % 清除所有内存变量
a = 12345.6789                 % 给变量 a 赋数值标量
class(a)                       % 对变量 a 的类别进行判断
a_s = size(a)                  % 数值数组 a 的“大小”
a =
   1.2346e + 04
ans =
    'double'
a_s =
     1         1
b = 'S'                        % 给变量 b 赋字符标量(单个字符)
class(b)                       % 对变量 b 的类别进行判断
b_s = size(b)                  % 符号数组 b 的“大小”
b =
    'S'
ans =
    'char'
b_s =
     1         1
whos                           % 观察变量 a,b 在内存中所占字节
  Name        Size            Bytes  Class     Attributes
a             1x1                 8  double
a_s           1x2                16  double
```

```
ans        1x4               8   char
b          1x1               2   char
b_s        1x2              16   double
```

例【A. 1 - 2】   字符的基本属性、标识和简单操作。

1) 创建字符数组

下面命令创建一个由 19 个字符组成的字符数组。这 19 个字符必须被放在单引号对内。

a = 'This is an example.'

```
a =
    'This is an example.'
```

2) 字符数组 a 的大小

在以上赋值后，变量 a 就是一个字符数组。该数组的每个字符(英文字母、空格和标点都是平等的)占据一个元素位。该字符数组的大小可用下面命令获得。

size(a)

```
ans =
     1    19
```

3) 中文字符数组

中文字符串创建时一定要特别注意：中文字符外面的单引号对仍必须在英文状态下输入，即必须是英文的单引号而不能是中文单引号。

A = '这是算例。'   % 创建中文字符数组

```
A =
    '这是算例。'
```

4) 由短字符数组构成长字符数组

ab = [A(1:4),'A.1 - 2',A(5)]   % 字符数组元素也能援引

```
ab =
    '这是算例A.1 - 2。'
```

例【A. 1 - 3】   实现数值向字符数组转换的函数**int2str, num2str**。

1) int2str 把整数数组转换成字符数组(非整数将被四舍五入，圆整后再转换)

A = eye(2,4);   % 生成一个(2 × 4)数值数组

A_str1 = int2str(A)   % 转换成(2 × 10)字符数组。请读者自己用 size 检验

```
A_str1 =
  2 × 10 char 数组
    '1   0   0   0'
    '0   1   0   0'
```

2) num2str 把非整数数组转换为字符数组(常用于图形中，数据点的标识)

rng default

B = rand(2,4);   % 生成数值矩阵

B3 = num2str(B,3)   % 保持 3 位有效数字，转换为字符

```
B3 =
  2 × 35 char 数组
    '0.815     0.127      0.632      0.278'
    '0.906     0.913      0.0975     0.547'
```

例【A.1-4】 综合例题:在 MATLAB 计算生成的图形上标出图名和最大值点坐标(见图 A.1-1)。

```
clear                                  %清除内存中的所有变量
a = 2;                                 %设置衰减系数
w = 3;                                 %设置振荡频率
t = 0:0.01:10;                         %取自变量采样数组
y = exp(-a*t).*sin(w*t);               %计算函数值,产生函数数组
[y_max,i_max] = max(y);                %找最大值元素位置
t_text = ['t = ',num2str(t(i_max))];   %生成最大值点的横坐标字符          <7>
y_text = ['y = ',num2str(y_max)];      %生成最大值点的纵坐标字符          <8>
max_text = char('maximum',t_text,y_text); %生成标志最大值点的三行字符     <9>
tit = ['y = exp(-',num2str(a),'t)*sin(',num2str(w),'t)'];
                                       %生成标志图名用的字符            <11>
hold on                                %保持绘制的线不被清除
plot(t,y,'b','LineWidth',2)            %用蓝色画 y(t)曲线
plot(t(i_max),y_max,'r.','MarkerSize',20) %用大红点标最大值点
text(t(i_max)+0.3,y_max+0.05,max_text) %在图上书写最大值点的数据值        <15>
axis([0,10,-0.1,0.6])
grid on,grid minor,box on
title(tit),xlabel('t'),ylabel('y')     %书写图名、横坐标名、纵坐标名
hold off
```

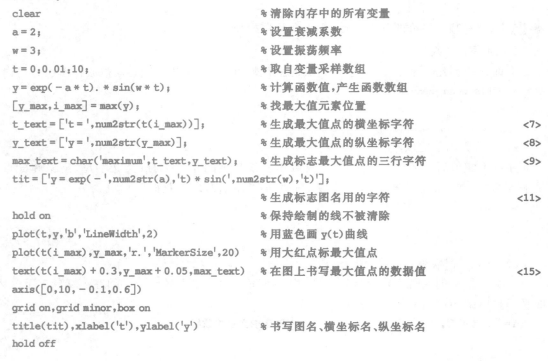

图 A.1-1   字符数组运用示意图

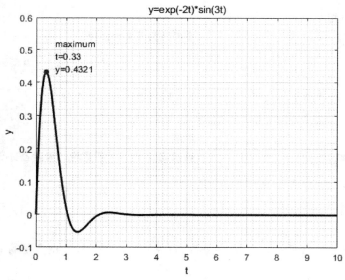 说明

● 本例第〈7〉〈8〉行是 num2str 命令的一种典型运用。由这种方式组成的字符数组的特点是:由数值转换而得的字符是可以随计算所产生的数据而变的。第〈11〉行也属这种

类型，它使得图名中的衰减系数 a 和振荡频率 w 可随不同的赋值而变（本例 a＝2，w＝3）。

- 本例第〈9〉行把多个字符数组变成一个"多行字符数组"，供第〈15〉行调用。

A.2　元胞数组

许多银行都有管理十分完善的保险箱库。保险箱库的最小单位是箱柜，可以存放任何东西，如珠宝、债券、现金、文件等。每个箱柜被编号，一个个编号的箱柜组合成排，一排排编号的箱柜排组合成室，一间间编号的室便组合成一座银行的保险箱库。

元胞数组（Cell array）如同银行里的保险箱库一样。该数组的基本组分（Element）是元胞（Cell）。每个元胞本身在数组中是平等的，它们只能以下标区分。同一个元胞数组中不同元胞可以存放不同类型和不同大小的数据，如任意维数值数组、字符串数组、符号对象等。

注意：元胞和元胞内容是两个不同概念。因此，有两种不同操作：

- "元胞标识（Cell Indexing）"，例如 A(2,3)是指 A 元胞数组中的第 2 行第 3 列的元胞；
- "元胞内容编址（Content Addressing）"，如 A{2,3}是指 A 元胞数组第 2 行第 3 列元胞中所存放的内容。请注意花括号"{ }"的用法。

例【A.2-1】　本例演示：(2×2)元胞数组的创建；同一个元胞数组中的不同元胞可以存放不同类型、不同大小的数据。

```
clear
C_str = '这是元胞数组创建算例 1';            %产生字符数组
R = reshape(1:9,3,3);                      %产生(3×3)实数阵 R
Cn = [1 + 2i];                            %产生复数标量
syms t
S_sym = sin( - 3 * t) * exp( - t);        %产生符号函数量
%创建元胞数组方法之一
B{1,1} = C_str;                           % <6>
B{1,2} = R;
B{2,1} = Cn;
B{2,2} = S_sym;                           % <9>
%元胞的援引
a = B(1,2)                                %注意：这里用"圆括号"
class(a)
a =
  1×1 cell 数组
    {3×3 double}
ans =
    'cell'
%元胞内容的援引
b = B{1,2}                                %注意：这里用"花括号"
class(b)
b =
```

```
          1      4      7
          2      5      8
          3      6      9
ans =
      'double'
```

☀说明

- 第〈6〉～〈9〉行命令是创建元胞数组的方法之一,此法常用于小型元胞数组。元胞数组
  更有效的创建方法是,借助 cell 命令预定义元胞空数组。
- 注意 a 是元胞,b 是(3×3)的双精度矩阵。

A.3　结构体数组

与元胞数组一样,结构体数组(Structure array)也能在一个数组里存放各类数据。从一
定意义上讲,结构体数组组织数据的能力比元胞数组更强、更富于变化。

结构体数组的基本组分(Element)是结构体(Structure)。数组中的每个结构体是平等
的,它们以下标区分。结构体必须在划分"字段(Field)"后才能使用。数据不能直接存放于结
构体,而只能存放在字段中。结构体的字段可以存放任何类型、任何大小的数组,如任意维数
值数组、字符串数组、符号对象等。而且,不同结构体的同名字段中存放的内容可以不同。注
意:MATLAB 把 Field 翻译为字段。

特别注意:结构体名和字段名之间的小黑点"."的作用。

◢例【A.3-1】　通过温室数据(包括温室名、容积、温度、湿度等)演示:单结构体的创建和
显示。

1) 直接对字段赋值法产生单结构体,即(1×1)结构体数组。

```
clear
G.name = '一号房';                    % G 结构体的 name 字段存放字符串                    <1>
G.volume = 2000;                     % G 结构体的 volume 字段存放标量数值                 <2>
G.temperature = [31.2,30.4,31.6,28.7];
                                     % G 结构体的 temperature 字段存放一维数值数组        <3>
G.humidity = [62.1,59.5,57.7,61.5;63,60,58.1,62.3];
                                     % G 结构体的 humidity 字段存放二维数值数组           <4>
```

2) 向第二个结构体的字段赋值,形成结构体数组

```
G(2).name = '二号房';
G(2).volume = 2400;
```

3) 结构体数组的显示

```
G                                    % 显示结构体数组                                  <7>
G =
    包含以下字段的 1 × 2 struct 数组:
      name
      volume
      temperature
```

```
            humidity
```

4）结构体元素的显示

```
G(1)
ans =
    包含以下字段的 struct：
             name：'一号房'
           volume：2000
      temperature：[31.2000 30.4000 31.6000 28.7000]
         humidity：[2×4 double]
```

5）结构体字段的显示

```
G.humidity                                              %        <9>
ans =
    62.1000    59.5000    57.7000    61.5000
    63.0000    60.0000    58.1000    62.3000
ans =
    []
```

🔆**说明**

● 对于非单结构体，直接键入单结构体名（比如命令〈7〉），那么通常只能得到该结构体的结构信息，而不显示该结构体字段中的具体内容，除非结构体字段中的内容是极为简单的数值变量或单行字符串。

● 命令窗中键入结构体字段名时（如命令〈9〉），可显示各结构体的该字段内容。

附录B
数码辅助文档使用指南

B.1 如何获得本书数码辅助文档

获得本书数码辅助资料有如下三种方式：

下载方式一：直接用微信或浏览器扫描二维码(A)，下载。

下载方式二：扫描百度云盘二维码(B)，将数字资源转存到您的云盘上，提取码：2022。

下载方式三：在微信中搜索并关注"北航科技图书"微信公众号(C)，回复"4019"获取下载地址链接和百度云盘分享地址。

       A   **B**   **C**

B.2 数码辅助文档概略

数码辅助文档是本纸质书配套专用资料。它能向读者提供诸如彩色图形、动态图形、Simulink 模块化仿真试验、GUI 图形用户界面等纸质书所不能表达的信息和实践环境。

本数码辅助文档的结构如下：

- 数码文档的目录结构和各种文件的存放位置如图 B.2-1 所示，它用作本书纸质版的补充性资料。
- 文件夹 For2022a 包含如下三个子文件夹：
  - □ 配图文件夹 Mfig：该目录包含纸质书本上所有正文插图和算例、习题图形的 PNG 文件。
  - □ 运行文件夹 Mfile：该目录承载：能展现本书大多数算例内容或习题所需的 MLX 实时脚本/函数文件、M 脚本/函数文件、供习题使用的 P 码文件、Simulink 模型的 SLX 文件、App 应用程序算例的 MLAPP 文件、供算例使用的 MAT 数据文件。
  - □ 动图文件夹 Mgif：该目录承载：可以在手机、平板、电脑上直接观看的动态图形网页文件。
- 文件夹 From2006To2018 则存放本书以往版本的数码辅助文档。

图 B.2 - 1　数码文档上的目录结构与文件存放示意图

B.3　配图文件夹 Mfig 的内容及功用

（1）文件的开启

该文件夹上的所有文件都是 PNG 格式的图形文件，因此它们可以用任何看图软件打开，而与 MATLAB 环境的存在与否无关。

（2）PNG 文件的名称编号规则

该文件夹所列配图的名称编号与纸质版书中的图形名称编号一一对应。举例如下：

● "For2022a\Mfig\图 1.2 - 1.png"，对应于纸质书的"第 1 章第 2 节图 1.2 - 1"；

- "For2022a\Mfig\图 8P – 1. png",对应于纸质书的"第 8 章习题 1 图 8P – 1";
- "For2022a\Mfig\图 B2 – 1. png",对应于纸质书的"附录 B 第 B. 2 节图 B2 – 1"。

（3）PNG 文件的功用

全书 PNG 文件共 281 个,其总容量不超过 12M。读者可很方便地把这些配图文件装载在电脑或手机上,以供阅读纸质书时观看彩色图形使用。

B. 4　运行文件夹 Mfile 的内容及功用

（1）文件的开启

- 该文件夹上的各种文件都必须在 MATLAB 环境中运行。运行的准备是：

  在开启或运行各文件之前,必须先在 MATLAB 环境中,把"文件夹 Mfile"设置为 MATLAB 的当前文件夹,或者把"文件夹 Mfile"设置在 MATLAB 的搜索路径上。

- 在"文件夹 Mfile"设置为 MATLAB 的当前文件夹的情况下,各类文件的开启方法如下：

  □ MLX 文件的开启：在 MATLAB 当前文件夹窗内,双击 MLX 文件便可使其在 MATLAB 的实时编辑器中开启,看到包括标题、文字叙述、数学表达、M 代码等在内的全部内容,进而可借助实时编辑器执行各种操作。

  □ M 文件的开启：在 MATLAB 当前文件夹窗内,双击 M 文件便可使其在 MATLAB 的(普通 M 文件)编辑器中开启,看到全部代码,进而可借助编辑器实施各种操作。

  □ SLX 文件的开启：（方法一）先在 MATLAB 平台"主页"的工具条上点击"Simulink"图标,引出 Simulink 起始页,然后再借助起始页左上角的"文件夹开启"图标,找到"文件夹 Mfile",再双击所需开启的 SLX 算例文件；（方法二）在 MATLAB 当前文件夹窗内,直接双击 SLX 文件便可在 Simulink 环境中开启,只是需要连续等待的开启时间会觉得更长。

  □ MLAPP 文件的开启：（方法一）在 MATLAB 平台"当前文件夹窗"中,直接双击所需开启算例的 MLAPP 文件名,即可引出 App Designer 工作界面并看到其代码,再点击此平台工具条上的"运行"图标,即可看到那算例的 App 界面。（方法二）在 MATLAB 命令窗中,直接运行文件名,就可直接引出该文件对应的 App 应用界面,但看不到那文件代码。

  □ P 文件的运行：在 MATLAB 平台"当前文件夹窗"中,直接双击所需的 P 码文件,即可看到该文件的运行结果。但该文件的代码是隐藏而不可见的。

（2）运行文件夹 Mfile 上各文件的名称编号规则

该文件夹上的 185 个文件都是供纸质书中算例及习题配套使用的。所以,文件的名称编号具有较好的对应性。举例如下：

- "For2022a\Mfile\exm060503. mlx",对应纸质书"第 6 章第 6.5 节的【例 6.5 – 3】";
- "For2022a\Mfile\exm060201M. m",对应纸质书"第 6 章第 6.2 节的【例 6.2 – 1】中的 M 文件";
- "For2022a\Mfile\exm070101. slx",对应纸质书"第 7 章第 7.1 节的【例 7.1 – 1】";
- "For2022a\Mfile\exm080402cApp. mlapp",对应纸质书"第 8 章第 8.4 节的【例 8.4 – 2】"

的第 c 个 App 类定义文件；

- "For2022a\Mfile\exmA0104. m"，对应纸质书"附录 A 中 A. 1 节的【例 A. 1 - 4】"；
- "For2022a\Mfile\prob0512. p"，对应纸质书"习题 5 中题 12"。
- 注意：在 Mfile 文件夹上，还有不按上述例示规则命名、编号的 M 文件，它们不能独立使用，而专供其它文件调用。

（3）各文件的功用

mfile 文件夹上的所有文件只能在具备 MATLAB 环境的电脑上使用，而且只有按纸质书相应表述进行操作，才能发挥应有的功用。更具体的说明如下：

- MLX 实时脚本文件可供读者直接运行感受、或修改另作他用：
  - □ MLX 文件是一种集格式文字、数学表达式、M 代码、计算结果及图形于一体的鲜活性文件。其外观与 HTML 超文本相似，但拥有 M 脚本的运算能力，又具有图形窗的交互能力。
  - □ 在 MATLAB 环境中，直接双击 MLX 脚本，便可使该脚本显示在实时编辑器中。然后，读者就可以在实时编辑器中，对 MLX 脚本实施分节运行、步进运行及停止等运算操作；运行产生的数值或图形计算结果，或显示于右半窗，或内嵌在代码下；生成的图形可进行交互操作，并自动生成 M 代码。
  - □ 根据需要，读者可对此文件进行修改、另存，生成自己所需实时脚本。
- M 文件数量较少，作为相应算例的配套文件使用。
- SLX 文件只能在 Simulink 平台窗中运行，向读者提供相应算例 Simulink 模型的实验环境

  由于 Simulink 工作特点的缘故，所以迄今为止所有纸质印刷书籍，都不可能列出可供直接运行的 Simulink 模型文件代码。这给读者带来许多困惑和麻烦：一，读者如想验证书中结论，那就不得不从建模做起；二，仿真模块中的参数设置常使初学者顾此失彼，从而造成仿真失败。本数码 SLX 模型文件都可直接在 MATLAB 中运行，进行验证。用户也可以在模型打开后，修改参数，观察变化。
- MLAPP 应用程序文件能为读者提供类定义代码及其工作界面：
  - □ 读者双击 MLAPP 文件名，就能在引出的 App Designer 平台上看到那文件的类定义代码和各组件的属性参数。用户可以动手修改"设计视图"上各组件界面空间位置及其他参数，可以通过 M 文件编辑器修改代码，观察模型界面的变化，以此帮助读者更快地掌握设计技巧。
  - □ 读者通过运行 MLAPP 文件名直接引出界面交互环境，观察用户界面的各种功能。这是任何纸质书籍无法提供的。
- P 码文件，数量较少。它们专为习题彩色图形或拓展 MATLAB 函数命令功能而写。

B. 5　动图文件夹 mgif 的使用说明

该文件夹上的彩色动图汇集和具体动图，是本书作者专为第 5 章涉及动态图形的算例和习题而制作的。这动图汇集和所有具体动图的开启都不依赖 MATLAB。

(1) 彩色动图汇集的获取

● 方法一:从已经下载的数码辅助文档的 Mgif 文件夹获取。

● 方法二:用手机扫描纸质书扉页后的二维码,直接从网上单独获取。

(2) 彩色动图汇集及具体动图的开启

● "彩色动图汇集.html"文件的开启

　　□ 在任何拥有网页浏览器的平台(电脑或手机)上,双击"彩色动图汇集.html"文件名,
　　　就能开启由 10 幅动图构成的汇集。

　　□ 注意:"彩色动图汇集.html"文件不能脱离"彩色动图汇集.files"文件夹而独立使
　　　用。换句话说,只有当"动图汇集.files"目录与"动图汇集.html"文件处于同一个文
　　　件夹上时,"动图汇集.htm"才能正确显示表格型的动图汇集。

● "For2022a\Mgif\彩色动图汇集.files"文件夹下具体 GIF 文件的开启

　　□ 在任何拥有展示 GIF 动图能力的平台(电脑或手机)上,双击具体 GIF 文件名,就可
　　　开启相应的动图。

　　□ 若在 Word 文档或 Windows 画图软件中,嵌入或开启 GIF 图像,则仅能显示该图像
　　　的第 1 帧,而没有"动活性"。

(3) 关于动图编号的说明

彩色动图汇集中各动图编号的含义:

● 括号前的 imagexxx 编号是该动图在"彩色动图汇集.files"文件夹中的相应 GIF 图像
编号。比如 image001,就对应"彩色动图汇集.files"文件夹中的 image001.gif 图像
文件。

● 括号内的编号指示该动图在纸质书中的算例或习题序号。比如(exm050308)就表示
该图适配于第5.3 节的算例5.3-8;而(prob05009)则表示该图用于展示第5 章习题9
的题目要求。

附录 C
MATLAB命令索引

本索引旨在帮助读者根据 MATLAB 函数命令和 Simulink 模块名称，查找解释或使用该命令的相关章节编号。

C.1 标点及特殊符号命令

+	加	(arith)	1. 2. 3 - 4; 2. 3. 1 - 2;3. 3. 1;3. 4. 2 - 1
-	减	(arith)	1. 2. 3 - 4; 2. 3. 1 - 2;3. 3. 1;3. 4. 2 - 1
*	矩阵乘	(arith)	1. 2. 3 - 4; 2. 3. 1 - 2;3. 3. 1;3. 4. 2 - 1; 3. 4. 3
. *	数组乘	(arith)	1. 2. 3 - 4; 2. 3. 1 - 2;3. 3. 1;3. 4. 2 - 1
ˆ	矩阵乘方	(arith)	1. 2. 3 - 4,5; 2. 3. 1 - 2;3. 3. 1;3. 4. 2 - 1
.ˆ	数组乘方	(arith)	1. 2. 3 - 4; 2. 3. 1 - 2;3. 3. 1;3. 4. 2 - 1
/	斜杠或右除	(slash)	1. 2. 3 - 4; 2. 3. 1 - 2;3. 3. 1;3. 4. 2 - 1; 4. 2. 3 - 2; 3. 4. 2 - 2; 4. 4. 2 - 2
\	反斜杠或左除	(slash)	1. 2. 3 - 4; 2. 3. 1 - 2; 2. 10. 2;3. 3. 1;3. 4. 2 - 1; 4. 2. 3 - 2
./或.\	数组除	(slash)	1. 2. 3 - 4; 2. 3. 1 - 2;3. 3. 1;3. 4. 2 - 1
= =	等号	(relop 或 eq)	1. 2. 3 - 4; 2. 2. 1 - 2; 2. 3. 2;3. 3. 1; 6. 1. 3
~=	不等号	(relop 或 ne)	1. 2. 3 - 4; 2. 3. 2; 3. 3. 1; 5. 4. 1
<	小于	(relop 或 lt)	1. 2. 3 - 4; 2. 3. 2; 3. 3. 1; 8. 4. 3
>	大于	(relop 或 gt)	1. 2. 3 - 4; 2. 3. 2; 3. 3. 1; 8. 4. 3
<=	小于或等于	(relop 或 le)	1. 2. 3 - 4; 2. 3. 2; 3. 3. 1
>=	大于或等于	(relop 或 ge)	1. 2. 3 - 4; 2. 3. 2; 3. 3. 1
&	逻辑与	(relop 或 and)	1. 2. 3 - 4; 2. 3. 2; 2. 7. 3 - 1; 3. 3. 1; 8. 4. 3
|	逻辑或	(relop 或 or)	1. 2. 3 - 4; 2. 3. 2; 3. 3. 1
~	逻辑非	(relop 或 not)	1. 2. 3 - 4; 2. 3. 2; 3. 3. 1
:	冒号	(colon)	1. 3. 2; 3. 1. 2; 5. 1. 2; 5. 2. 1
( )	圆括号	(paren)	1. 2. 3 - 4; 1. 3. 2; 3. 3. 1 - 3
[ ]	方括号、空数组	(paren)	1. 2. 3 - 6; 1. 3. 2; 3. 1. 3
{ }	花括号	(paren)	1. 3. 2; 5. 2. 2 - 2,3; 6. 1. 2; A. 2;
@	创建函数句柄	(punct)	1. 3. 2; 4. 1. 3; 4. 1. 5; 4. 2. 4; 5. 5. 1 - 2; 6. 3. 2; 6. 3. 3
.	小数点、数组运算标识、构架域	(punct)	1. 2. 3 - 4;1. 2. 3 - 6;1. 3. 2; 2. 10. 1; 5. 1. 1; 5. 1. 3 - 2; A. 3
...	续行号	(punct)	1. 2. 2; 1. 3. 2

，	逗号	(punct)	1.2.3 − 6；1.3.2
；	分号	(punct)	1.2.3 − 6；1.3.2
％	注释号	(punct)	1.3.2；1.5.2；6.2.4
＝	赋值符号	(punct)	1.3.2；1.2.3 − 4
〔，〕	数组元素水平串接	(horzcat)	1.2.3 − 6；3.1.3
〔；〕	数组元素垂直串接	(vertcat)	1.2.3 − 6；3.1.3
'	用于形成单引号对	(punct)	1.3.2；2.2.1 − 2；5.2.2 − 2；6.1.2；A.1
	共轭转置号	(transpose)	1.3.2；2.3.1 − 2；2.10.2
.'	非共轭转置号	(transpose)	1.3.2；2.3.1 − 2；2.7.3 − 1
_	下连符		1.3.2；1.2.3 − 2；

C.2　主要函数命令

A a

abs	模	1.2.3 − 5；2.7.4；3.3.2 − 2；4.4.1 − 2；6.1.1
acos	反余弦	2.3.1 − 3；3.3.2 − 2
acosd	反余弦(度单位)	2.3.1 − 3；3.3.2 − 2
acosh	反双曲余弦	2.3.1 − 3；3.3.2 − 2
acot	反余切	2.3.1 − 3；3.3.2 − 2
acotd	反余切(度单位)	2.3.1 − 3；3.3.2 − 2
acoth	反双曲余切	2.3.1 − 3；3.3.2 − 2
acsc	反余割	2.3.1 − 3；3.3.2 − 2
acscd	反余割(度单位)	2.3.1 − 3；3.3.2 − 2
acsch	反双曲余割	2.3.1 − 3；3.3.2 − 2
adjoint	伴随阵	2.10.1 − 2
all	所有元素均非零则为真	3.3.1 − 4；4.2.4；4.4.1 − 2
alpha	透明控制	4.4.2；5.3.3 − 4
animatedline	直接生成动线图形	5.5.2 − 3
angle	相角	1.2.3 − 5，37，2.3.1 − 3；3.3.2 − 2
ans	最新表达式的运算结果	1.3.3；
any	有非零元则为真	3.3.1 − 4；
appdesigner	引出 App Designer 设计平台 8.1
area	面域图	5.1.3 − 2；
argnames	获知函数自变量	2.4.2 − 2
asec	反正割	2.3.1 − 3；3.3.2 − 2
asecd	反正割(度单位)	2.3.1 − 3；3.3.2 − 2
asech	反双曲正割	2.3.1 − 3；3.3.2 − 2
asin	反正弦	2.3.1 − 3；3.3.2 − 2
asind	反正弦(度单位)	2.3.1 − 3；3.3.2 − 2
asinh	反双曲正弦	2.3.1 − 3；3.3.2 − 2
assume	清空后进行假设	2.2.2 − 3，4
assumeAlso	追加新假设	2.2.2 − 3

assumptions	显示已带限定的符号变量	2.2.2 - 4
atan	反正切	2.3.1 - 3；3.3.2 - 2
atand	反正切（度单位）	2.3.1 - 3；3.3.2 - 2
atanh	反双曲正切	2.3.1 - 3；3.3.2 - 2
autumn	红黄基过渡色数组	5.3.3 - 2；5.5.1 - 1
axis	轴的刻度和表现	2.11.4 - 2；5.2.1 - 3；5.2.3 - 1；5.3.3 - 1；5.3.4 - 3；
		5.5.2 - 4；6.1.3；6.3.2

B b

bar	直方图	5.1.3 - 2；5.2.3 - 2
besseli	贝塞尔函数	3.3.2 - 2
beta	Beta 函数	3.3.2 - 2
binocdf	二项分布累计概率	4.3.1 - 1
binopdf	二项分布概率密度	4.3.1 - 1
binornd	产生二项分布随机数组	4.3.1 - 1
blanks	空格字符	2.10.4；4.2.4
bode	对数频率特性曲线	7.1.2
bone	蓝色调浓淡色图阵	5.3.3 - 2
box	坐标封闭开关	4.4.2 - 2；5.2.2 - 2；6.2.4
break	终止最内循环	6.1.3；6.1.4
Button	App 按钮组件	8.3.3；
ButtonGroup	App 单选按钮组件	8.3.3

C c

camlight	相机光源	2.11.3；2.11.4 - 2；5.3.3 - 5，7
cat	串接数组	2.10.1 - 2
caxis	（伪）颜色轴刻度	2.11.4 - 2；5.4.2；5.4.3 - 3；8.4.3
cdf2rdf	复数对角型转换到	4.2.2
	实数块对角型	
ceil	朝正无穷大方向取整	2.3.1 - 3；3.3.2 - 2
cell	创建元胞数组	6.1.2
char	创建或转换为字符数组	2.6.3；2.7.3 - 2；2.8.3 - 3；A.1
charpoly	矩阵的特征多项式	2.10.1 - 2
chol	楚列斯基分解	2.10.1 - 2
clabel	等高线标注	5.4.1
class	判别数据类别	2.5.3；3.3.1 - 4；4.4.1 - 2；5.1.3 - 2；6.3.3；6.4.2；
		A.1；A.2
classdef	类定义文件首个关键词	8.2.1 - 2
clc	清除命令窗中显示内容	1.3.3；
clear	从内存中清除变量和函数	1.3.3；2.2.2 - 4
clf	清除当前图形窗图形	1.3.3；5.2.2 - 2；B.3
close	关闭图形窗	1.3.3；5.1.2；5.2.3 - 2；5.4.3 - 3；8.3.3 - 2
colorbar	显示色条	2.11.4 - 2；5.3.2 - 2；5.4.1；5.4.2；5.4.3 - 3；8.4.3
colorcube	多彩交错色数组	5.3.3 - 2
colormap	设置色阶	5.3.3 - 2，4；5.3.4；5.4.2；5.5.1 - 1

colspace	矩阵列空间基	2.10.1 − 2
comet	彗星状轨迹图	5.5.1 − 1
comet3	三维彗星动态轨迹线图	5.5.1 − 1
compass	射线图;主用于方向和速度	5.1.3 − 2
cond	矩阵条件数	2.10.1 − 2
conj	复数共轭	2.3.1 − 3；3.3.2 − 2
continue	将控制转交给外层的 for 或 while 循环	6.1.4
contour	等高线图	5.4.1
contourf	填色等高线图	5.4.1
conv	卷积和多项式相乘	4.4.1 − 2；4.4.3
cool	青粉过渡色数组	5.3.3 − 2
copper	古铜过渡色数组	5.3.3 − 2
corrcoef	相关系数	4.3.2 − 2,3
cos	余弦	1.3.3 − 5；2.3.1 − 3；3.3.2 − 2
cosd	余弦（度单位）	2.3.1 − 3；3.3.2 − 2
cosh	双曲余弦	2.3.1 − 3；3.3.2 − 2
cot	余切	2.3.1 − 3；3.3.2 − 2
cotd	余切（度单位）	2.3.1 − 3；3.3.2 − 2
coth	双曲余切	2.3.1 − 3；3.3.2 − 2
cov	协方差矩阵	4.3.2 − 3
csc	余割	2.3.1 − 3；3.3.2 − 2
cscd	余割（度单位）	2.3.1 − 3；3.3.2 − 2
csch	双曲余割	2.3.1 − 3；3.3.2 − 2
comprod	累计积	2.3.1 − 3；
cumsum	元素累计和	2.3.1 − 3；2.7.1；4.1.2
cumtrapz	梯形法累计积分	4.1.2

D d

daspect	设置 xyz 三轴单位长度比	2.11.4 − 2；5.5.1 − 1
dbquit	退出键盘输入状态	8.4.3
deconv	解卷和多项式相除	4.4.1 − 2；4.4.3
del2	计算曲率	5.4.2
delete	删除对象	8.4.3
det	行列式的值	2.10.1 − 2；4.2.1
diag	创建对角阵,抽取对角向量	2.10.1 − 2；3.1.3 − 4；6.1.3
diary	把命令窗输入记录为文件	1.3.3；
diff	求导数,差分和近似微分	2.3.1 − 3；2.7.3；4.1.1
digits	控制符号数值的有效数字位数	2.6.1
dir	列出目录清单	1.3.3；
dirac	单位冲激函数	2.8.2
disp	显示数值和字符串内容	4.2.4；6.1.3

divergence	向量场散度	2.10.1−2
disttool	概率分布计算交互界面	4.3.1−3
doc	引出帮助浏览器	1.3.3；1.7.2
docsearch	进行多词条检索	1.7.2
double	转化为双精度数值	2.6.2；2.6.3；2.11.4−2；3.3.2−2
drawnow	刷新屏幕	5.3.4−3；5.5.2−3,4
Drop Down	App下拉框组件	8.4.2−1
dsolve	求解符号常微分方程	2.9.3

E e

edit	打开 M 文件编辑器	1.3.3；
EditField	App可编辑框组件	8.3.3
eig	矩阵特征值和特征向量	2.10.1−2；4.2.2；4.4.1−2
end	数组的最大下标,结束	3.2.2−2；6.1.1；6.1.2；6.1.3
	for,while,if 语句	
eps	浮点相对误差	1.2.3−3；4.1.1；4.4.1−2；5.5.2−4
equationsToMatrix		
	线性方程组转为矩阵方程	2.10.1−2
erf	误差函数	3.3.2−2
erfinv	逆误差函数	3.3.2−2
error	显示错误信息	6.2.4；6.3.2
exist	MATLAB 自用变量名、	6，22
	函数名、文件名检验	
exit	关闭 MATLAB	1.3.3；
exp	指数	2.3.1−3；3.3.2−2；4.1.4
expand	对指定项展开	2.10.4
exprand	指数分布随机数	4.3.1−2
expm	矩阵指数	2.10.1−2；3.4.2−2
eye	单位阵	2.10.4；3.1.3−4；5.3.4−3；6.1.3；A.1

F f

factorial	n 的阶乘	2.7.1；2.7.3−2
fcontour	画符号、句柄函数等位线	2.11.1；2.11.3
feather	从 X 轴出发的复数向量图	5.1.3−2
feval	函数宏命令	6.3.2；6.4
figure	图形窗设置	2.11.4−2；5.2.3−2；5.3.4−3；5.4.2；5.5.2−4
fill	多边形填色图	2.11.4−1；4.3.1−2；4.4.2；6.2.4
fimplicit	画符号、句柄隐函数曲线	2.11.1
fimplicit3	画符号、句柄隐函数 3 维	
	空间曲线或曲面	2.11.1
find	寻找满足条件的数组元	5.3.4−2；8.4.3
	素下标	
finverse	求反函数	2.8.2；2.11.4−1
fix	朝零方向取整	2.3.1−3；3.3.2−2
flag	红白蓝黑周期色数组	5.3.3−2

fliplr	矩阵的左右翻转	3.1.4
flipud	矩阵的上下翻转	$3.1.4$；$5.1.2$；$5.3.4-3$；$5.5.1-1$
floor	朝负无穷大方向取整	$2.3.1-3$；$3.3.2-2$
fmesh	画符号、句柄隐函数网面	$2.11.1$；$2.11.3$
fminbnd	求非线性函数极小值点	$4.1.4$；$6.1.1$
fminsearch	单纯形法求多元函数极小值点	$4.1.4$
for（end）	按规定次数重复执行语句	$1.2.3-6$；$3.3.4$；$3.4.3$；$6.1.3$
format	设置数据输出格式	$1.2.3-3$；$1.3.1-2$；$2.10.2$；$4.1.4$；$5.2.3-4$；$6.1.3$；$7.1.2$
formula	获知符号函数体	$2.4.2-2$
fourier	Fourier 变换	$2.8.3-3$
fplot	绘符号、句柄函数曲线	$2.7.3-2$；$2.11.1$；$2.11.2$；$4.2.4$
fplot3	绘符号、句柄函数 3 维空间曲线	$2.11.1$；$2.11.2$
fprintf	格式化显示数值和文字	$3.3.1-4$；$3.4.3$；$6.1.1$
frac	取小数	$2.3.1-3$；
fsolve	解非线性方程组	$4.2.4$
fsurf	画符号、句柄隐函数曲面	$2.11.1$；$2.11.3$；$2.11.4-2$；$5.5.1-2$
function	函数文件头	$6.1.1$；$6.2.4$
functions	观察函数句柄内涵	$6.4.1$
funm	通用矩阵函数	$2.10.1-2$；$3.4.2-2$
fzero	求单变量函数的零点	$4.2.4$

G g

gallery	产生测试矩阵	$3.1.3-4$；$4.2.3$
gamma	Gamma 函数	$2.8.2$；$3.3.2-2$
gca	获得当前轴的柄	$5.2.3-2$；$5.5.1-1$
gcf	获得当前图的柄	$5.1.3-2$；$5.5.1-1$
get	获得图柄	$5.1.3-2$；$5.2.1-1$；$5.5.1-1$
getframe	获得影片动画图像的帧	$5.3.4-3$；$5.5.2-4$
ginput	用鼠标在图上获取数据	$4.2.4$；$5.2.3-4$
global	定义全局变量	$6.2.3$
gradient	梯度	$2.10.1-2$；$2.10.1-3$；$4.1.1$；$5.4.2$
gray	灰调过渡色数组	$5.3.3-2$
grid	画坐标网格线	$4.3.1-1$；$4.4.2-2$；$5.2.2-2$

H h

heaviside	单位阶跃函数	$2.7.3-2$；$2.8.3-3$
help	在线帮助命令	$1.3.3$；$1.7.2-2$；$6.2.4$；$6.4.1$
hermiteForm	埃尔米特规范型	$2.10.1-2$
hessian	海森矩阵	$2.10.1$；$2.10.1-3$
hidden	网线图消隐开关	$5.3.4-3$
hilb	产生希尔伯特矩阵	$2.10.2$
histfit	带拟合曲线的统计频数直方图	$4.3.1-3$

histogram	统计频数直方图	4.3.1-3；5.2
hold	图形的叠绘	4.3.1-2；5.2.1-3；5.2.3-1
horzcat	水平串接数组	2.10.1-2
hot	黑红黄白过渡色数组	5.3.3-2
hsv	两端红七彩过渡色数组	5.3.3-2

I i

i，j	虚数单位	1.2.3-3,5；2.2.1-1,2；
if-end	条件执行语句	6.1.1；6.2.4
if-else-end	程序分支控制	6.1.1；6.2.4
ifourier	Fourier 反变换	2.8.3-3
ilaplace	Laplace 反变换	2.7.3-2；2.8.2
imag	复数虚部	1.2.3-5；2.2.2-4；2.3.1-3；
image	显示图像	6.1.3
impulse	系统冲激响应	7.1.2
imshow	使保存的图像数据重现	5.5.2-4
in	描写类属的纯粹关系	2.3.2
ind2sub	据单序号换算出全下标	3.2.1-2
inf 或 Inf	无穷大	1.2.3-3；3.3.3
input	提示键盘输入	6.1.3；6.1.4
int	计算积分	2.3.1-3；2.7.4
integral	一元函数的数值积分	4.1.3
integral2	二元函数的数值积分	4.1.3
integral3	三元函数的数值积分	4.1.3
interp1	一维数据插值	8.4.3
intmax	可表达的最大正整数	1.2.3-3
intmin	可表达的最小负整数	1.2.3-3
int2str	整数转换为字符数组	2.6.3；3.3.2-2；4.3.1-2；5.5.2-3；6.1.3；A.1
int8	8 位整数	3.3.2-2
int16	16 位整数	3.3.2-2
inv	矩阵的逆	2.10.1-2；4.2.3
invhilb	求逆 Hilbert 阵	6.1.3
isa	判断指定变量类别	6.4.1；6.4.2
isAlways	判断关系式是否始终成立	2.2.1-2；2.3.2-3
ischar	若是字符数组则为真	3.3.1-4
isglobal	若是全局变量则为真	3.3.1-4
ishandle	是否图柄	3.3.1-4
iskeyword	MATLAB 关键词检验	1.2.3-2
islogical	若是逻辑数则为真	3.3.1-4
isnumeric	若是数值则为真	3.3.1-4
isosurface	获取标量体数据面顶数据	5.4.3-2,3
iztrans	Z 反变换	2.8.3

J j

| jacobian | Jacobian 矩阵 | 2.10.1-2 |

jet	蓝到红七彩过渡色	$5.3.3-2$；$5.4.3-3$；$5.5.1-2$
jordan	Jordan 分解	$2.7.3$；$2.10.1-2$

K k

keyboard	键盘获得控制权	$6.1.4$；$8.4.3$
Knob	App 旋钮组件	$8.3.3$
kroneckerDelta	Kronecker 单位脉冲函数	$2.8.3$

L l

laplace	Laplace 变换	$2.7.3-2$；$2.8.2$
latex	产生符号表达式的 LaTex 格式代码	$6.5.2-5$
legend	形成图例说明	$2.10.1-2$；$4.1.2$；$4.1.3$；$4.4.2-2$；$5.2.1-3$；$5.2.2-3$；$5.2.3-2$
length	确定数组长度	$3.1.1-3$；$5.4.2$
light	灯光控制	$5.3.3-5,7$；$5.3.4-1$
lightangle	由角度设置平行光	$5.4.2$
lighting	设置照明模式	$5.3.3-6,7$；$5.3.4$
limit	求极限	$2.7.2$；$2.7.3-2$；$4.1.1$
line	创建线对象	$2.11.4-2$；$5.5.2-3$；$8.4.3$
lines	plot 绘线色数组	$5.3.3-2$
linmod2	从 SIMULINK 模型得到系统的状态方程	$7.1.2$
linsolve	解线性方程	$2.10.1-2$；$2.10.2$
linspace	线性等分向量	$2.11.4-2$；$3.1.2-1$；$5.2.1$；$5.4.1$
List Box	App 列表框组件	$8.4.2-1$
Live Function	实时函数	$6.5.1$
Live Script	实时脚本	$6.5.1$；$6.5.2$
load	从磁盘调入数据变量	$1.4.2-1$；$5.3.4-3$；$6.1.3$
log	自然对数	$2.3.1-3$；$2.7.4$；$3.3.2-2$
log10	常用对数	$2.3.1-3$；$3.3.2-2$
log2	以 2 为底的对数	$2.3.1-3$；$3.3.2-2$
loglp	精算小 x 值的 $\log(1+x)$	$3.3.2-2$
logical	将数值转化为逻辑值	$2.3.2-3$；$3.3.1-4$；$3.3.2-2$；$6.1.3$
loglog	双对数刻度曲线图	5.2
logm	矩阵对数函数	$2.10.1-$；$3.4.2-2$
logspace	对数刻度向量	$3.1.2-1$
lookfor	关键词检索	$1.7.2-3$；$6.2.4$；$6.4.1$
lu	LU 分解	$2.10.1-2$

M m

magic	魔方阵	$3.1.3-4$；$4.2.2$；$6.4.1$
material	对象材质	$5.3.3-7$；$5.3.4-2$；$5.4.2$；$5.5.2-4$
mat2str	数值数组转为数字串数组	$2.6.3$
max	最大值	$3.3.4$；$3.4.3$；$4.3.1-3$；$5.4.1$；$5.4.2$；$5.4.3-3$

mean	平均值	4.3.1 - 3
mesh	三维网线图	5.3.2 - 2；5.3.4 - 3；5.4.2
meshgrid	用于三维曲面的分格线坐标	5.3.2 - 1；5.4.3 - 2,3
methods	类定义文件方法块首词	8.2.2；8.3.3 - 2；8.4.1 - 2
min	最小值	3.3.4；4.3.1 - 3；5.4.1；5.4.2；5.4.3 - 3
minreal	状态方程最小实现	7.1.2
mod	模数求余	2.3.1 - 3；3.3.2 - 2；6.1.3
more	命令窗口分页输出的控制开关	1.3.3；
movie	播放影片动画	5.3.4 - 3；5.5.2 - 4

N n

NaN 或 nan	非数	1.2.3 - 3；3.3.3；5.3.4 - 1
nargin	函数输入量的个数	6.2.4；8.2.4
nargout	函数输出量的个数	6.2.4
ndims	数组的维数	2.10.1 - 2；3.1.1 - 3
norm	矩阵或向量范数	2.10.1 - 2；4.2.2；4.2.3
normcdf	正态分布累计概率	4.3.1 - 2
normpdf	正态分布概率密度	4.3.1 - 2
normrnd	产生正态分布随机数组	4.3.1 - 2
nthroot	给出可能的实数根	1.2.3 - 5
null	零空间	2.10.1 - 2；4.2.2
num2str	把数值转换为字符数组	2.6.3；4.3.1 - 2；A.1
numden	提取公因式	2.10.4
numel	数组的元素总数目	2.10.1 - 2；3.1.1 - 3

O o

ode45	高阶法解微分方程	4.1.5
ones	全 1 数组	3.1.3 - 4；8.3.3 - 2
openvar	开启变量编辑器	1.5.1 - 2
optimset	创建/编辑泛函命令的控制参数	4.1.4
orth	值空间	2.10.1 - 2；4.2.2
othewise	用于 switch - case 控制结构	6.1.2

P p

pade	帕德(Pade)展开	2.7.3 - 2
palura	北美山莺色调数组	5.3.3 - 2
Panel	App 组件盘面板	8.4.2 - 1
patch	由面顶数据绘制多面体	5.4.3 - 2,3；8.4.2 - 2
pause	暂停	2.10.1 - 2；5.3.4 - 3；5.4.2；5.5.2 - 3,4；6.1.4
pbaspect	设置 xyz 轴总长比	2.11.4 - 2
pcolor	用颜色反映数据的伪色图	5.3.3 - 3
peaks	产生 peaks 图形数据	5.4.1；5.4.2
permute	重排数组维度次序	3.1.4

pi	3.1415926535897…	1.2.3−3；2.2.1−2
piecewise	分段符号函数	6.5.2−5
pie	饼形统计图	5.2
pink	粉灰过渡色数组	5.3.3−2
pinv	求伪逆	2.10.1−2
plot	二维直角坐标曲线图	4.4.2；5.2；5.2.1
plot3	三维直角坐标曲线图	5.3.1；5.5.2−3
polarplot	极坐标曲线图	5.2
poly	特征多项式,由根创建多项式	4.4.1−2
poly2sym	多项式系数转为符号多项式	4.4.1−2；4.4.2；4.4.2−2
polyfit	多项式拟合	4.4.2
polyval	求多项式的值	4.4.1−2
polyvalm	求矩阵多项式的值	4.4.1−2；
pow2	2 的幂	3.3.2−2
pretty	显示有理分式的易读形式	2.5.3
prism	光谱周期色数组	5.3.3−2
properties	类文件属性块首词	8.2.2；8.2.3；8.3.3−2；8.4.1−2

Q q

qr	QR 分解	2.10.1−2
quad	低阶法数值积分	4.1.3
quadl	高阶法数值积分	4.1.3
quit	退出 MATLAB	1.3.3；
quiver	二维箭头图；主用于场强、流向	2.9.3；5.2
quorem	求商和余数	2.3.1−3；

R r

rand	均匀分布随机数组	3.1.3−4；4.3.1−2
randi	均布随机整数	3.1.3−4；4.3.1−2
randn	正态分布随机数组	3.1.3−4；4.3.1−2
randperm	产生随机排列整数数组	3.1.3−4
randsrc	在指定字符集上产生均布数组	3.1.3−4
rank	秩	2.10.1−2；4.2.1
real	复数实部	1.2.3−5；2.2.2−4；2.3.1−3；3.3.2−2；4.2.2；4.4.1−2
reallog	非负实数的自然对数	3.3.2−2
realmax	最大浮点数	1.2.3−3；3.3.3
realmin	最小正浮点数	1.2.3−3；3.3.1−4；4.1.1
realpow	实数数组幂	3.3.2−2
realsqrt	实数平方根	3.3.2−2
reducepatch	稀疏化体数据的面顶数据	5.4.3−2,3
rem	求余数	3.3.2−2
repmat	铺放模块数组	3.1.4；5.2.2−3；5.4.2；6.1.3
reshape	矩阵变维	2.10.1−2；3.1.4；5.4.2；6.1.3

reset	重启 MuPAD 引擎	2.8.1 - 2
residue	求部分分式表达	4.4.1 - 2；6.1.3
return	返回	1.3.3；6.1.4
rewrite	重写等价表达式	2.5.2
rng	全局随机流操控	3.1.2 - 2；4.3.2 - 1
roots	求多项式的根	1.2.3 - 5；4.4.1 - 2
rose	频数扇形图；主用于统计	5.2
rot90	矩阵逆时针旋转 90 度	3.1.4；6.1.3
rotate	旋转命令	5.3.4 - 3
round	四舍五入取整	2.3.1 - 3；3.3.2 - 2；5.4.3 - 3
rref	转换为行阶梯形	2.10.1 - 2；4.2.2
S s		
scatter	画散点图	4.4.2 - 2；5.2
sec	正割	2.3.1 - 3；3.3.2 - 2
secd	正割（度单位）	2.3.1 - 3；3.3.2 - 2
sech	双曲正割	2.3.1 - 3；3.3.2 - 2
semilogx	横轴对数刻度曲线	5.2
semilogy	纵轴对数刻度曲线	5.2
set	设置图形对象属性	5.1.1；5.1.3 - 2；5.2.1 - 3；5.3.3 - 1,3,7；5.4.3 - 3；5.5.1 - 1；8.2
shading	图形渲染模式	2.11.4 - 2；5.3.3 - 3,7
shg	显示图形窗	4.1.2；4.3.1 - 2；6.2.4
sign	函数符号，符号函数	3.3.2 - 2
simplify	生成最简符号表达式	2.5.1 - 2；2.11.4 - 1
simulink	打开 SIMULINK 集成环境	7.1.1
sin	正弦	1.2.3 - 2；2.3.1 - 3；3.3.2 - 2
sind	正弦（度单位）	2.3.1 - 3；3.3.2 - 2
sinh	双曲正弦	2.3.1 - 3；3.3.2 - 2
size	确定数组的规模	2.10.4；3.1.1 - 3；A.1
slice	切片图	5.4.3 - 2,3
Slider	App 滑块组件	8.1；8.2
smithForm	求史密斯标准型	2.10.1 - 2
solve	求解代数方程组	2.2.2 - 4；2.4 - 2；2.10.3
sort	按元素大小排序	4.2.4
sphere	产生球面数据	5.5.1 - 1
spinmap	颜色周期性变化操纵	5.5.1 - 2
spring	粉黄基过渡色数组	5.3.3 - 2
sprintf	数值数转为格式数字串	2.6.3；5.2.2 - 3
sqrt	平方根	2.3.1 - 3；2.7.4 - 3；3.3.2 - 2
sqrtm	矩阵平方根函数	2.10.1 - 2；3.4.2 - 2
square	轴属性为方型	1.3.3 - 5；2.6.1；5.2.2 - 1；6.3.2
ss	产生状态方程 LTI 对象	7.1.2
stairs	阶梯形曲线图	4.1.2；5.2；5.2.3 - 1

State	用于设置 randn 随机数	
	发生器状态的关键词	4.3.2 - 1
std	标准差	4.3.2 - 3
stem	杆图	4.1.2；4.4.3；5.2；5.2.3 - 1
stem3	三维离散杆图	5.3.2 - 2
step	计算阶跃响应	7.1.2；8.1；8.2
str2double	把字符串转换为双精度数	2.6.3
str2func	创建函数句柄	6.4.1
str2mat	数字串数组转为数值数组	2.6.3
str2num	数字串变换为数值	2.6.3
strcat	合成串元胞数组	5.2.2 - 3
strcmp	比较字符串	6.1.2
string	图形对象属性-字符串	4.3；5.2.3 - 2；5.4.3 - 4；8.2
struct	生成构架	5.3.4 - 3；5.5.2 - 4
sub2ind	把全下标转换成单序号	3.2.1 - 2
subexpr	运用符号变量置换子表	2.5.3
	达式	
subplot	创建子图	5.1.2；5.2.1 - 3；5.2.3 - 3；5.4.2
subs	通用置换命令	2.5.3；2.7.3 - 2
sum	元素和	4.1.2；6.1.3
summer	绿黄基过渡色数组	5.3.3 - 2
surf	三维表面图	5.3.2 - 2；5.3.4 - 3；5.4.2
surfc	带等高线的三维表面图	5.3.4 - 1
surface	绘制曲面的底层命令	8.4.3
svd	奇异值分解	2.10.1 - 2
switch - case	多个条件分支	6.1.2；6.2.4；6.3.2；8.4.3
sym	产生符号对象	2.2.1；2.2.2；2.6.3
symfun	创建符号函数	2.4.2 - 2；
symmatrix	创建符号阵	2.10.1 - 3，6.5.2 - 5
symmatrix2sym	把符号阵转换为符号矩阵	2.10.1 - 3，6.5.22 - 5
sympref	符号计算环境预置	2.8.3 - 3
syms	定义基本符号对象	2.2.2；
symsum	符号序列的求和	2.7.1
symType	sym 类符号对象的子类型	2.2.1 - 2
symvar	认定基本或自由符号变量	2.4.2 - 3；2.10.3

T t

tan	正切	2.3.1 - 3；3.3.2 - 2
tanh	双曲正切	2.3.1 - 3；3.3.2 - 2
taylor	Taylor 级数	2.7.3 - 2；2.11.4 - 2
text	图形上文字标注	2.11.4 - 1；4.3.1 - 2；4.4.2 - 2；5.2.2 - 2,3；5.5.2 - 3
tf	产生传递函数 LTI 对象	7.1.2
tfdata	从对象中提取传递函数	
	分子分母多项式系数	7.1.2

tic	秒表起动	3.4.3；4.2.3
title	图形名	2.11.4 - 1；4.2.4；5.2.2 - 2,3；6.1.3
toc	秒表终止和显示	3.4.3；4.2.4；5.2.2 - 2,3；6.1.3
toeplitz	求特普利茨矩阵	2.10.1 - 2
trace	迹	4.2.1
trapz	梯形数值积分	4.1.2
tril	下三角分解	2.10.1 - 2
triu	上三角分解	2.10.1 - 2
turbo	蓝红七彩过渡细腻色	5.3.3 - 2，5.5.1 - 2
twister	用于设置 rand 命令随机数发生器状态的关键词	4.3.2 - 1
type	显示文件内容	1.3.3；

U u

UIAxes	App 坐标区组件	8.1；8.2；8.3；8.4
UIFigure	APP 图形窗组件	8.1；8.2；8.3；8.4
uint8	8 位正整数	3.3.2 - 2；5.5.2 - 4
uint16	16 位正整数	3.3.2 - 2

V v

var	求方差	4.3.2 - 3
varargin	变长度输入量	8.2.4
vertcat	垂直串接	2.10.1 - 2
view	设定 3 - D 图形观测点	2.11.4 - 2；5.3.3 - 1；5.3.4；5.4.2；8.4.3
vpa	给出数值型符号结果	2.6.1；2.6.3；2.7.3 - 2；4.1.3；4.4.2 - 2
vpasolve	求方程的有限精度符号解	2.10.3；4.2.4

W w

warning	警告信息显示控制	2.6.3
which	确定指定文件所在的目录	1.3.3；1.4.2 - 1；6.4.1
while end	不确定次数重复执行语句	6.1.1；6.1.3
white	全白色	5.3.3 - 2
who	列出内存中变量名	2.4.2 - 2,3
whos	列出工作内存中的变量细节	2.2.2 - 2；2.3.2 - 3；2.6.3；A.1
winter	蓝绿基过渡色数组	5.3.3 - 2

X x

xlabel	X 轴名标注	5.2.2 - 3
xor	异或	2.3.2 - 2；3.3.1 - 4
xticks	X 轴分度刻线	4.4.2 - 2；5.2.2 - 2,3
xticklabels	X 轴分度标识	4.4.2 - 2；5.2.2 - 2,3
xtickangle	X 轴分度标识倾斜角	4.4.2 - 2；5.2.2 - 2

Y y

| ylabel | Y 轴名标注 | 4.3.1 - 1；5.2.2 - 3 |
| ylim | Y 轴范围设置 | 4.3.1 - 1；5.2.3 - 2 |

yticks	Y 轴分度刻线	4.4.2 − 2；5.2.2 − 2,3
yticklabels	Y 轴分度标识	4.4.2 − 2；5.2.2 − 2,3
ytickangle	Y 轴分度标识倾斜角	4.4.2 − 2；5.2.2 − 2
yyaxis	双纵轴坐标系	4.3.1 − 1；5.2.3 − 2

Z z

zeros	全零矩阵	3.1.3 − 4；5.5.2 − 3；6.1.3
zlabel	Z 轴名标注	5.3.3 − 5；5.4.2
zoom	二维图形的变焦放大	4.2.4
ztrans	Z 变换	2.8.3

C.3   Simulink 模块

Add	求和模块	7.2
Breaker	开关	7.3
Current Measurement	电流测量器	7.3
Dc Voltage Source	直流电压源	7.3
Digital Filter Design	数字滤波器设计模块	7.2
Gain	增益模块	7.1.1
In1	输入端口模块	7.1.2
Integrator	连续函数积分	7.1.1
Mux	合路复用模块	7.2
Out1	输出端口模块	7.1.2
Parallel RLC Branch	RLC 并联支路	7.3
Powergui	营造 SimPowerSystems 仿真环境	7.3
Random Number	随机数模块	7.2
Scope	示波模块	7.1.1；7.1.2；7.2
Series RLC Branch	RLC 串联支路	7.3
Sine Wave	正弦波输出	7.2
Sum	求和模块	7.1.1；7.1.2；7.3
Transfer Fcn	传递函数模块	7.1.2
Voltage Measurement	电压测量器	7.3

参考文献

［1］张志涌,等. 精通 MATLAB R2011a［M］.北京:北京航空航天大学出版社,2011.

［2］MathWorks. MATLAB R2021a. 2021. 3.

［3］Cleve Moler. MATLAB 数值计算［M］.张志涌,等译. 修订版. 北京:北京航空航天大学出版社,2023.

［4］凌云,张志涌.MATLAB 面向对象和 C/C＋＋编程［M］.北京:北京航空航天大学出版社,2018.